“十二五”国家重点出版物出版规划项目
铁路科技图书出版基金资助出版

铁路工务技术手册

道　　岔

中国铁路总公司运输局工务部

中国铁道出版社有限公司
2023年·北京

图书在版编目(CIP)数据

道岔/中国铁路总公司运输局工务部组织编写．—北京：中国铁道出版社，2017.9(2023.12重印)
(铁路工务技术手册)
ISBN 978-7-113-22360-1

Ⅰ.①道…　Ⅱ.①中…　Ⅲ.①道岔-技术手册
Ⅳ.①U213.6-62

中国版本图书馆CIP数据核字(2016)第228089号

书　　名：铁路工务技术手册
道　岔
作　　者：中国铁路总公司运输局工务部

责任编辑：邱金帅　**编辑部电话**：(010)51873141　**电子信箱**：shuai827@gmail.com
封面设计：崔　欣
责任校对：孙　玫
责任印制：赵星辰

出版发行：中国铁道出版社有限公司(100054，北京市西城区右安门西街8号)
网　　址：http://www.tdpress.com
印　　刷：北京联兴盛业印刷股份有限公司
版　　次：2017年9月第1版　2023年12月第4次印刷
开　　本：787 mm×1 092 mm　1/16　**印张**：24.75　**字数**：572千
书　　号：ISBN 978-7-113-22360-1
定　　价：150.00元

前　言

中国铁道出版社出版发行的《铁路工务技术手册》(以下简称《手册》)是20世纪70年代中期开始由原铁道部工务局陆续组织编写出版的,90年代初期曾进行过一次修编。原《手册》共十个分册,涵盖了工务主要专业领域,多年来一直是工务系统广泛使用的应用类工具书,在生产实践、业务指导、技术培训等方面发挥了重要作用。近年来,随着高速、重载铁路的快速发展和路网规模的不断扩大,工务设备结构、技术标准、维修体制和维护技术等方面均发生了巨大变化,原《手册》已不能满足工务工作需要。为此,中国铁路总公司运输局工务部组织对《手册》进行全面修编。

新版《手册》共十二个分册,在基本保留《轨道》《道岔》《路基》《桥涵》《隧道》《线路业务》《养路机械》《防洪》《造林与绿化》《采石》等十个分册基础上,将《线路业务》更名为《线路养护》,《养路机械》更名为《工务机械》,《造林与绿化》更名为《绿化》,新增《线路检测与测量》和《房建》两个分册。

本次修编本着“科学严谨、实事求是”的态度,以及“注重延续性和发展性,确保科学性和规范性,突出全面性和实用性,具备可扩充性”的原则,组织了各铁路局以及有关科研机构、高等院校,设计、制造和施工等单位的专家编写而成。在原版框架基础上,充分吸收了高速、重载和提速有关研究成果及成功实践经验,体现了当前工务设备结构、技术标准、维护技术的现状、特点与发展方向,内容与现行国家标准、行业标准,中国铁路总公司规章及企业标准保持一致,内容全面,实用性强,体现了工具书的特点,可指导铁路工务养护维修、管理工作,亦可作为相关技术、技能人员学习培训之用。

《铁路工务技术手册》修编委员会名单:

主　任:康高亮

副主任:曾宪海　牛道安　吴景海　张大伟　钟加栋

委　员:沈　榕　万　坚　吴细水　付　锋　许建明　姚　冬

王　敏　杨忠吉　杨梦蛟　徐其瑞　洪学英　时　博

《道岔》修编过程中，综合考虑了近年来铁路提速、高速、重载线路用道岔技术的科研成果，以及新技术对工务维修体制、维护技术和技术标准等方面带来的改变。修编内容突出实用性，对技术方面的内容进行了充实，对部分技术陈旧、不常用的内容进行了删减，附图改为只附道岔总布置图；补充了道岔标准化、系列化的相关内容；对原章节结构进行了调整和补充，钢轨伸缩调节器单独成章，道岔技术管理和提速道岔内容并入相关章节；增加了高速道岔、重载道岔、无缝道岔、道岔的轨下基础、转换设备以及融雪装置等内容。本次修编保持了成熟技术的稳定性，对正在研发的新技术具有可扩充性。修编后《道岔》共十三章和五个附录。

本次修编的《道岔》是在传承前两版风格基础上完成的，其中的许多内容都凝聚着工务前辈们的心血，在此对前辈们表示由衷的敬意。修编过程中得到了各参编单位的大力支持，在此一并表示感谢。

主　编：许有全　吴细水

副主编：王树国　李振廷　段剑峰

主要编写人员：

第一章：许有全　侯爱滨（中铁工程设计咨询集团有限公司）
吴细水（中国铁路总公司运输局工务部）
段剑峰（国家铁路局设备监督管理司）

第二章：蒋　昕　何雪峰　骆　焱（中铁工程设计咨询集团有限公司）
段剑峰（国家铁路局设备监督管理司）

第三章：许有全　张东风　侯爱滨（中铁工程设计咨询集团有限公司）
肖俊恒（中国铁道科学研究院）
吴细水（中国铁路总公司运输局工务部）
郝自英（新铁德奥道岔有限公司）
费维周（中铁宝桥集团有限公司）

第四章：许有全　骆　焱（中铁工程设计咨询集团有限公司）
王树国　葛　晶（中国铁道科学研究院）

第五章：何雪峰　许有全（中铁工程设计咨询集团有限公司）
于宝东（中铁山桥集团有限公司）
费维周（中铁宝桥集团有限公司）

第六章：赵天运　许有全（中铁工程设计咨询集团有限公司）
于宝东（中铁山桥集团有限公司）

费维周(中铁宝桥集团有限公司)

第七章:蒋　昕　许有全(中铁工程设计咨询集团有限公司)

第八章:蒋金洲(中国铁道科学研究院)

郝自英(新铁德奥道岔有限公司)

第九章:王　平　肖杰灵(西南交通大学)

第十章:许有全(中铁工程设计咨询集团有限公司)

范　佳(中国铁道科学研究院)

第十一章:孙晓勇(北京全路通信信号研究设计院集团有限公司)

谢中理(北京全路通信信号研究设计院集团有限公司)

薛家兵(北京全路通信信号研究设计院集团有限公司)

第十二章:王树国　葛　晶(中国铁道科学研究院)

刘增杰(中国铁路总公司工程管理中心)

罗力军　冉丹丹(中铁十一局集团有限公司)

田　斌(武汉铁路局)

吴仕凤(南昌铁路局)

第十三章:李振廷(上海铁路局)

田　斌(武汉铁路局)

吴仕凤(南昌铁路局)

王树国　葛　晶(中国铁道科学研究院)

附　　录:王树国(中国铁道科学研究院)

骆　焱　乔神路　刘婷林(中铁工程设计咨询集团有限公司)

蒋金洲(中国铁道科学研究院)

于宝东(中铁山桥集团有限公司)

费维周(中铁宝桥集团有限公司)

郝自英(新铁德奥道岔有限公司)

主　审:孟祥红　张晓阳

主要审查人员:

孟祥红(中国铁路工程总公司)

张晓阳(中国铁路总公司运输局工务部)

杨　西(中国铁路物资股份有限公司)

奚绍良(上海铁路局)

吕关仁(济南铁路局)

侯文英(中铁工程设计咨询集团有限公司)

刘洪旭(天津铁路信号有限公司)

朱耀斌(北京铁路局)

王全生(中国铁建重工集团有限公司)

鹿广清(中铁山桥集团有限公司)

杜国伟(新铁德奥道岔有限公司)

万　坚(中国铁路总公司运输局工务部)

李晓光(沈阳铁路局)

王建军(郑州铁路局)

邱金帅(中国铁道出版社)

张　婕(中国铁道出版社)

中国铁路总公司运输局工务部

2017 年 4 月

前　　言

（1998年版）

为适应广大工务职工学习和工作的需要，"五五"期间，曾组织编写《铁路工务技术手册》，共分:《轨道》、《线路业务》、《路基》、《桥涵》、《隧道》、《防洪》、《林业》、《采石》、《道岔》、《养路机械》共10册。各册自1978年起已陆续出版，历经十几年的应用，深受读者欢迎，对提高工务技术管理水平，贯彻铁路主要技术政策和有关规范规章，提高线桥设备质量，起到了积极作用。

但是，随着科学技术的进步与发展，新技术、新工艺、新材料在工务部门的广泛应用，以及《铁路技术管理规程》、《铁路线路维修规则》和有关规章的修改，因此，手册内容亦应有进一步的修改和充实，以适应当前生产需要。为此，1986年决定于"七五"期间，对《铁路工务技术手册》作一次全面修订，并组织了编委会。

为满足铁路提速、重载运输的要求，根据部领导安排，1996年我局与部内有关司、局组织专业设计院、铁道科学研究院等单位进行提速道岔的设计和研制，已批量生产和铺设，并于同年12月底由铁道部组织鉴定。故将提速道岔纳入本手册内容。

这次修订工作，组织了路局和院校的专家，在对初版进行全面总结的基础上，又做了大量的调查研究，并广泛征集各路局的经验资料的基础上，作了修改和补充，使它更具有实用、简明、准确的特点。对统一技术用语，贯彻规范、规章，都具有现实的指导作用。

本套手册是技术应用工具书，在内容上广收博取，选材具有理论根据，且经过实践证明是切实可行的，故提供给读者，据以指导生产，达到正确贯彻现实规章的目的。主要读者对象是工务技术管理领导者和专业技术人员，包括领工员、工长均可适用。也可为广大工务职工技术学习之用。

在本册修订过程中得到各铁路局的积极支持，并经铁道部专业设计院刘语冰同志审阅，在此表示感谢。为便于读者和编者之间沟通信息，特将初版及修订版的编委会和编者名单同时列载。

本书初版由沈阳铁路局工务处主编。参加编写人员有:韩景愈(主编)、权正钧、刘安亭、德玉纯、潘宝生、李文臣、罗文彬(均为沈阳局)。

本书修订版由张正江任主编,权正钧任副主编,工务局叶庆佟任主审。

参加编写人员有张正江、徐志康、权正钧(均为沈阳局),王玉堂、王明治、沈长耀、张桂云(均为专业院),王敬安、强鹤麟、韦继生(均为上海局),顾培雄(铁科院),叶庆佟(工务局)。

铁道部工务局

1998年1月

目　　录

第一章　总　　论

把一条轨道分支为两条或以上的设备称为道岔。

道岔是铁路轨道结构的重要组成部分。铁路运输业务中的列车到发、会让、越行，机车摘挂，车辆调车、编解，机车车辆整备修理，货物装卸作业，不同铁路线路的连接以及铁路路网与矿山港口工厂专用铁路的连接等，均需借助于道岔方能实现。

各国铁路道岔与线路的比例，随着铁路运量、密度的不同而有很大差异。我国是世界铁路运量、密度较大的国家之一，因此铁路道岔的数量也较多。截至 2014 年底，我国铁路共有道岔约 16.9 万组，平均每 1 km 线路有道岔 1.5 组；高速铁路 2 万 km 正线线路，道岔约5 000组。

铁路道岔的结构较为复杂，固定型辙叉存在轨线中断，尖轨、护轨和翼轨的冲击角远大于曲线轨道，道岔区的轨道竖向和横向刚度变化也大于普通轨道。机车车辆通过道岔时，轮轨间的作用力也比通过普通线路高得多。所以道岔部分的养护工作量要比同等长度的普通轨道大得多，道岔主要部件的使用寿命也比普通轨道短。由于这些原因，使道岔成为铁路轨道的薄弱环节，也成为影响行车安全和限制行车速度的一个主要因素。

我国铁路道岔自中华人民共和国成立以来，经过六十多年的发展，通过自主创新和标准化，历经“55 型”、“62 型”、“75 型”、“92 型”和提速道岔、高速道岔、重载道岔等多个研究阶段，形成了中国铁路道岔的系列和技术标准，不仅满足了国内铁路建设的需要，也使中国铁路道岔的技术水平跨入了国际先进行列。

高速铁路由于列车运行速度高，对道岔的安全性、可靠性、平稳性提出了更高的要求，使得高速道岔具有较高的技术含量和技术难度，其制造、组装、铺设、养护维修也与普速道岔有较大的区别。目前只有少数几个国家掌握了高速道岔技术。

今后铁路道岔仍将伴随着铁路技术的发展不断进步，道岔的直向容许通过速度进一步提高，列车过岔时的平稳性进一步改善，新技术、新材料逐步得到应用，道岔的强度和稳定性进一步加强，道岔的使用寿命进一步提高，道岔的养护维修工作量将大幅减少。

第一节　道岔和交叉分类

铁路道岔设备包括道岔、交叉、道岔与交叉的组合以及其他轨道设备。由于钢轨伸缩调节器和铁鞋脱落器的结构与道岔类似，习惯上比照道岔设备进行管理。道岔设备具体分类如图 1-1-1 所示。

一、道岔种类

道岔分为单开道岔、单式对称道岔、单式不对称道岔、单式同侧道岔、对称三开道岔、不对称三开道岔和套线道岔等。

- 道岔设备
  - 道岔
    - 单开道岔
    - 单式异侧道岔
      - 对称(双开)道岔
      - 不对称道岔
    - 单式同侧道岔
    - 三开道岔
      - 对称道岔
      - 不对称道岔
    - 套线道岔
      - 三轨套线道岔
      - 四轨套线道岔
  - 交叉
    - 直角交叉
    - 菱形交叉
      - 直线菱形交叉
      - 直线与曲线菱形交叉
      - 曲线与曲线菱形交叉
  - 道岔与交叉组合
    - 单式交分道岔
    - 复式交分道岔
    - 单渡线
    - 交叉渡线

图 1—1—1　道岔设备分类

1. 单开道岔——主线为直线,侧线向主线的左侧或右侧分支的道岔,如图 1—1—2 所示。

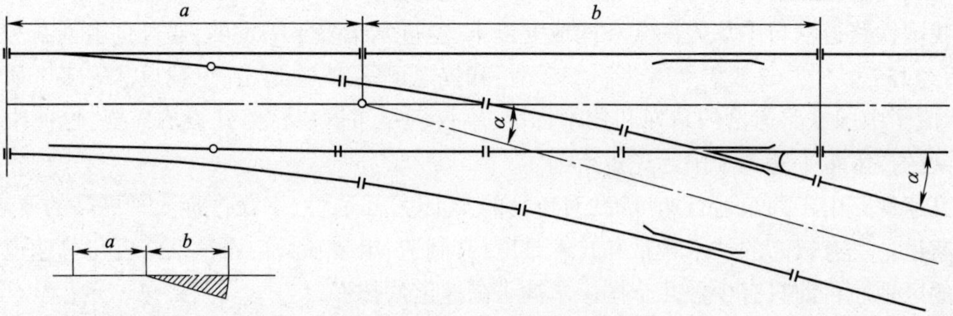

图 1—1—2　单开道岔示意

2. 单式对称道岔——又称对称双开道岔,把直线轨道分为左右对称两条轨道的道岔,如图 1—1—3 所示。

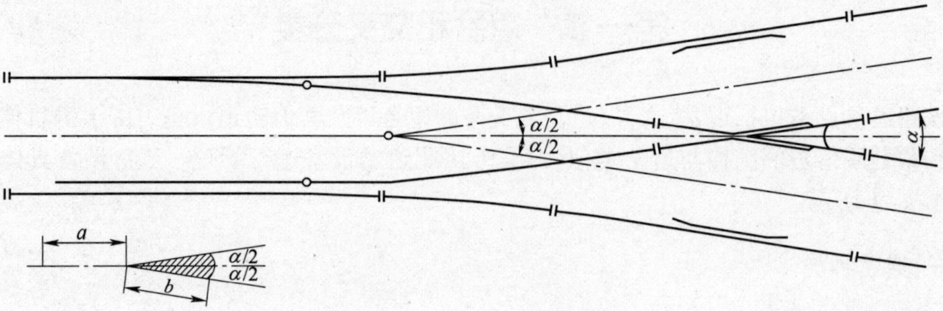

图 1—1—3　单式对称道岔示意

3. 单式不对称道岔——把直线轨道分为左右不对称的两条轨道的道岔，如图 1—1—4 所示。

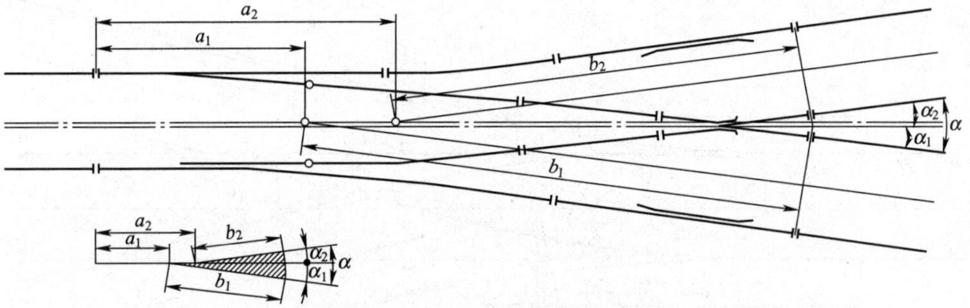

图 1—1—4　单式不对称道岔示意

4. 单式同侧道岔——把直线轨道在同一侧分为两条轨道的道岔，如图 1—1—5 所示。

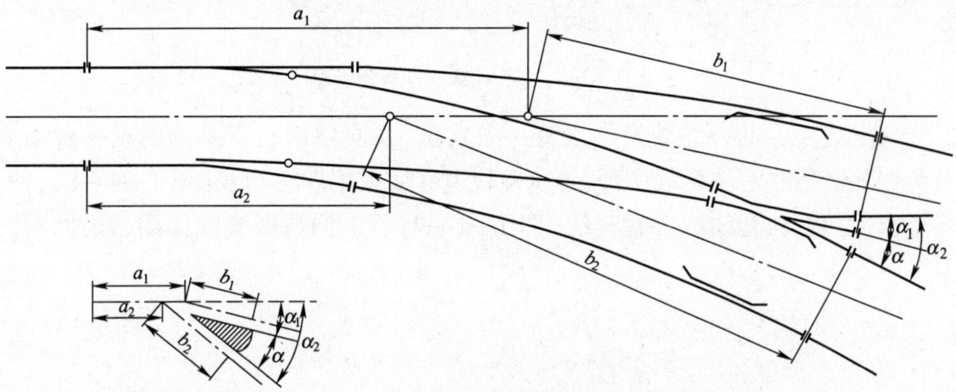

图 1—1—5　单式同侧道岔示意

5. 对称三开道岔——主线为直线，在同一部位用两组转辙器将一条轨道分为三条轨道，两侧对称分支的道岔，如图 1—1—6 所示。

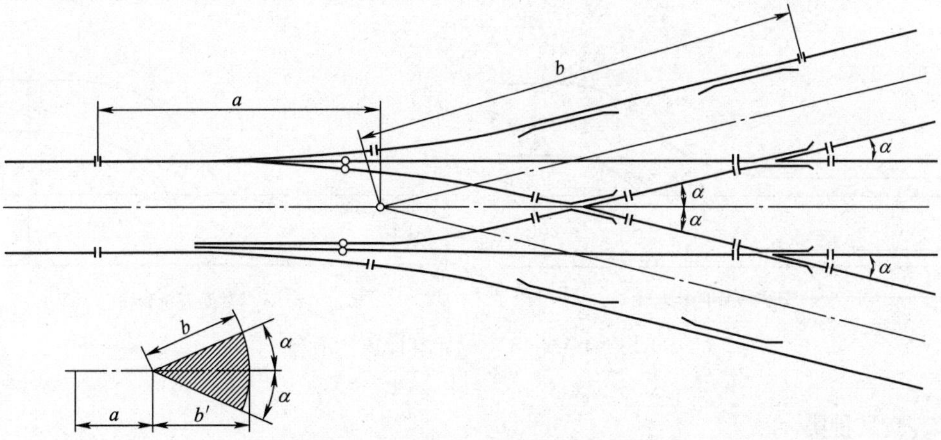

图 1—1—6　对称三开道岔示意

6. 不对称三开道岔——主线为直线，在不同部位用两组转辙器将一条轨道分为三条轨道，两侧不对称分支的道岔，如图 1—1—7 所示。

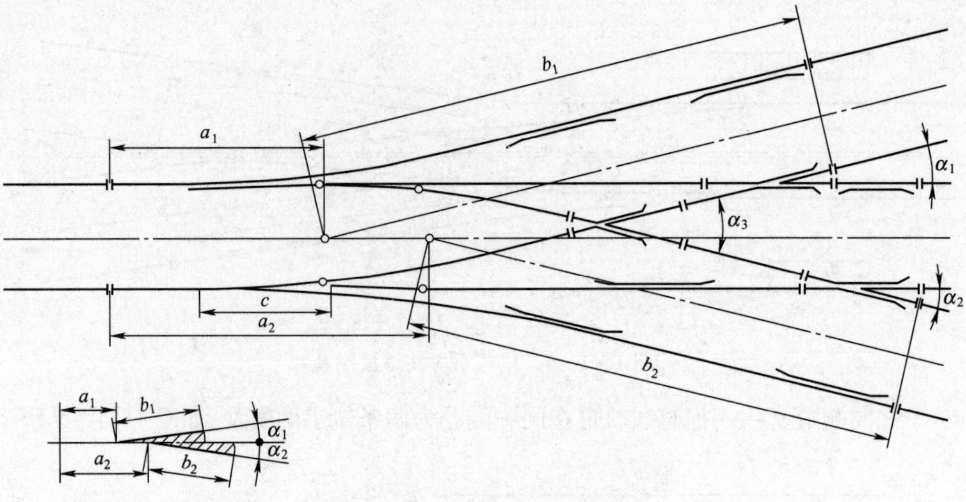

图 1—1—7　不对称三开道岔示意

7. 套线道岔——将一条轨道纳入另一条轨道，共同使用轨下基础的设备称为套线。套线分为四轨套线和三轨套线两种，等轨距轨道套线采用四轨套线(图 1—1—8)，两线路轨距不等时采用四轨套线或三轨套线(图 1—1—9)。不同轨距套线使用的道岔，称为套线道岔。

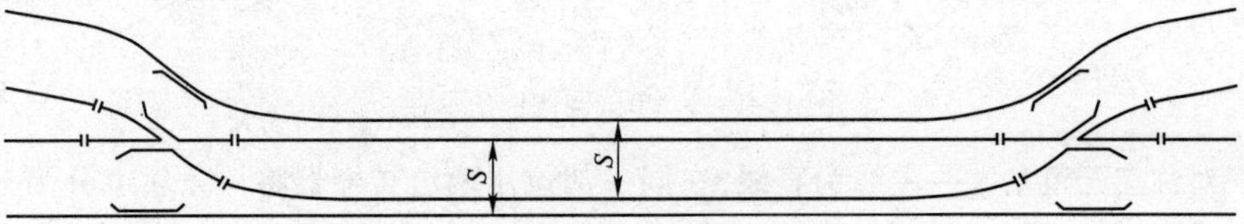

图 1—1—8　等轨距四轨套线道岔示意

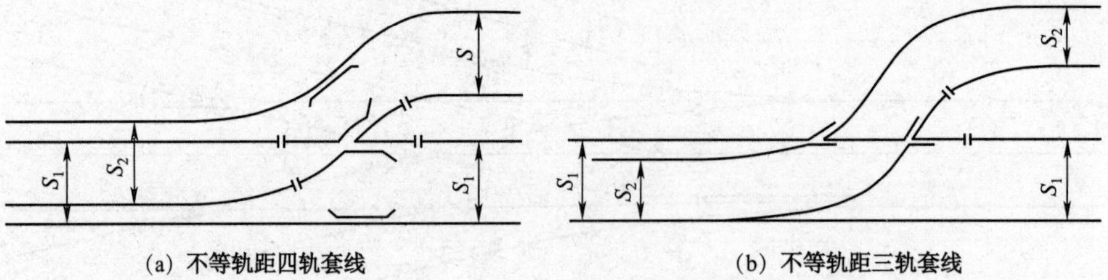

图 1—1—9　不等轨距套线道岔示意

二、交叉种类

两条轨道在同一平面上相互交叉的设备称为交叉，分为直角交叉和菱形交叉两大类。

1. 直角交叉——两条直线轨道成直角相交的交叉,如图 1—1—10 所示。

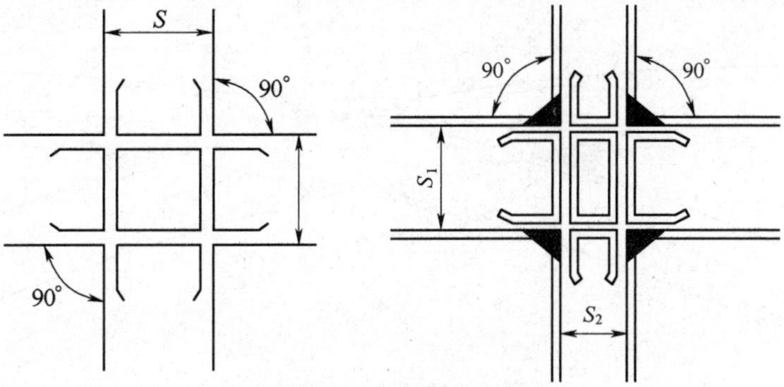

图 1—1—10　直角交叉示意

2. 菱形交叉——两股轨道相交成菱形的交叉,其交叉角小于直角。根据轨道直线、曲线的不同,菱形交叉分为以下三种。

(1) 直线菱形交叉——相交的两条轨道均为直线,如图 1—1—11 所示。

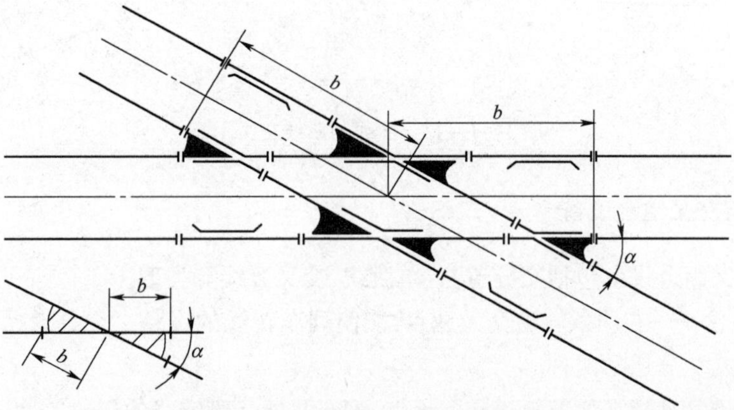

图 1—1—11　直线菱形交叉示意

(2) 直线与曲线菱形交叉——相交的两条轨道,一为直线,一为曲线,如图 1—1—12 所示。

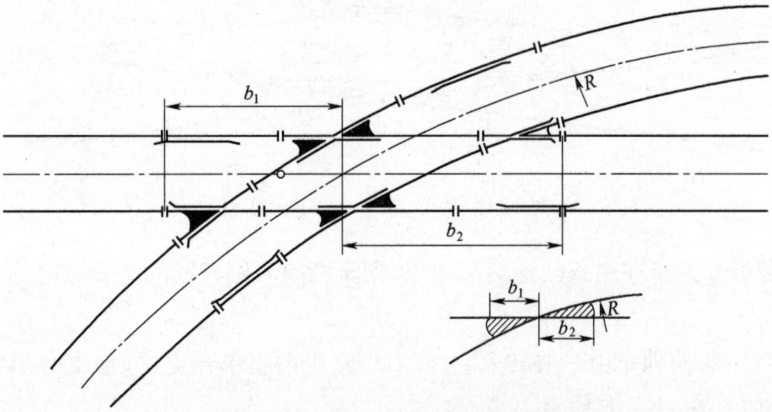

图 1—1—12　直线与曲线菱形交叉示意

(3)曲线与曲线菱形交叉——相交的两条轨道均为曲线，半径相等或不等，如图 1—1—13 所示。

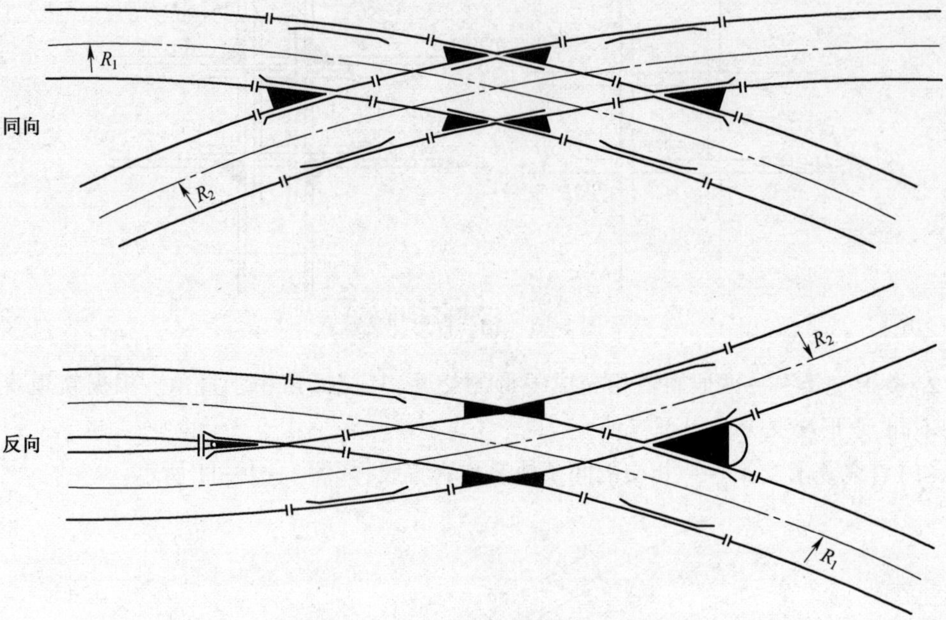

图 1—1—13　曲线与曲线交叉示意

三、道岔与交叉组合设备

道岔与交叉组合设备包括交分道岔、单渡线、交叉渡线等类型。

1. 交分道岔——在两条轨道交叉地点，能使列车转线的设备。交分道岔又可分为单式交分道岔和复式交分道岔两种。

单式交分道岔是指在两条轨道交叉地点，列车只能一侧转线的交分道岔，如图 1—1—14 所示。

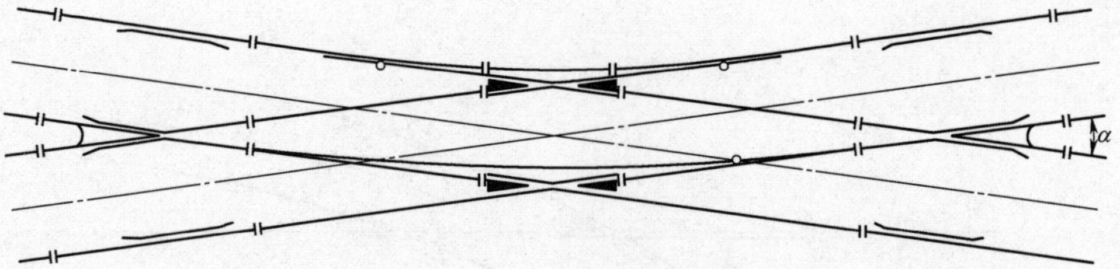

图 1—1—14　单式交分道岔示意

复式交分道岔是指在两条轨道交叉地点，列车能向两侧转线的交分道岔，如图 1—1—15 所示。

2. 单渡线——使列车由一线转入它线的设备，由两组单开道岔（或交分道岔）及一条连接轨道组成，如图 1—1—16 所示。

3. 交叉渡线——相邻两线路间由两条相交的渡线和一组菱形交叉组成的设备，如图

1—1—17 所示。

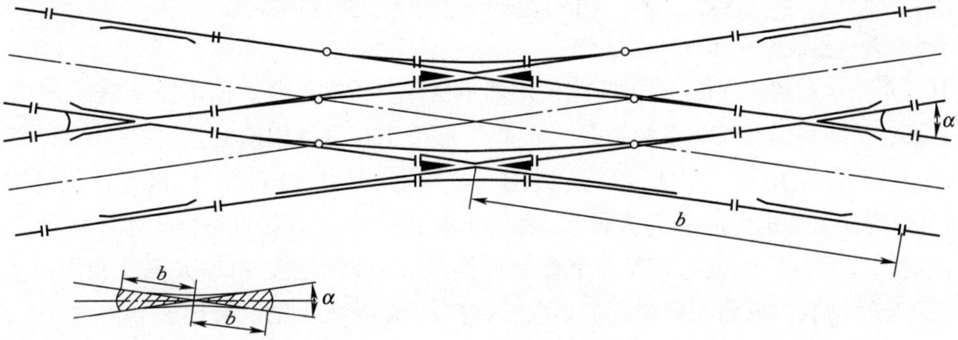

图 1—1—15 复式交分道岔示意

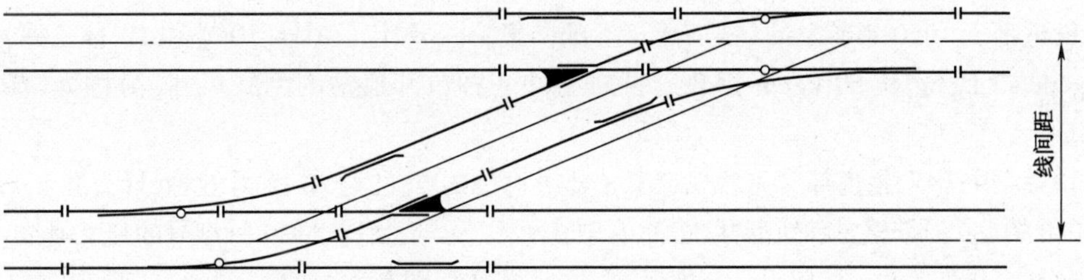

图 1—1—16 单渡线示意

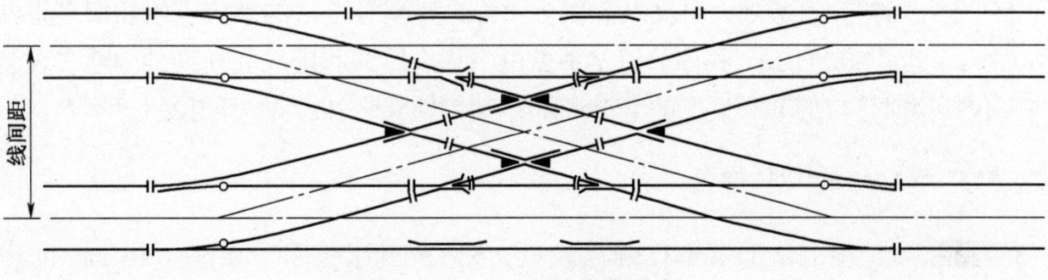

图 1—1—17 交叉渡线示意

四、其他轨道设备

其他轨道设备主要包括钢轨伸缩调节器和铁鞋脱落器等。

1. 钢轨伸缩调节器——由基本轨、尖轨、扣件系统、轨枕等部件组成，通过基本轨与尖轨之间的纵向相对位移，大幅减少桥梁与无缝线路纵向相互作用力的轨道设备，如图 1—1—18 所示。

2. 铁鞋脱落器——使铁鞋滑离轨顶并脱落于轨道外侧的装置，如图 1—1—19 所示。

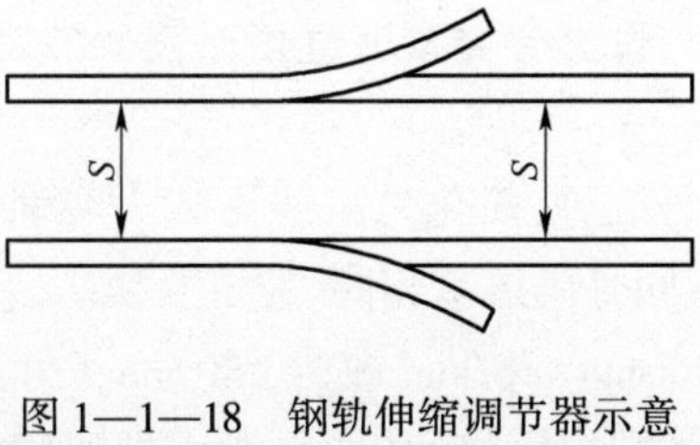

图 1—1—18 钢轨伸缩调节器示意

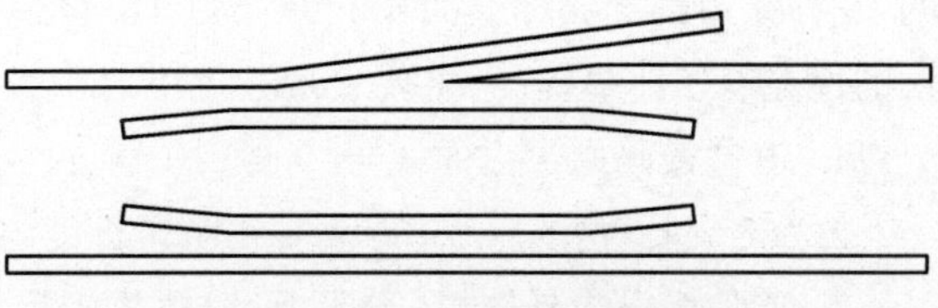

图 1—1—19 铁鞋脱落器示意

第二节　我国铁路道岔发展概况

中华人民共和国成立前,我国铁路使用的道岔主要依靠进口。据不完全统计,中华人民共和国成立初期我国有 300 多种道岔。这些道岔由 100 多种钢轨制造,仅单开道岔就有 6 号、7 号、8 号、9 号、10 号、11 号、12 号、15 号、16 号、24 号共 10 种型号,而且即使是同一轨型、同一号码的道岔也可能分为多种形式,如 40B 钢轨 8 号道岔就有“旧型”“新型”“暂定型”“战时型”等多种,给道岔的养护维修和更换造成极大不便。中华人民共和国成立后立即着手研制适应我国铁路实际情况的道岔,现将我国道岔发展情况概述如下。

一、“50”型、“53”型、“55”型和“57”型道岔

铁道部于 1950 年颁发的《铁道建筑标准图集》中,规定了 8 号、10 号和 12 号三种号码,38 kg/m、43 kg/m 和 50 kg/m 钢轨三种轨型共 9 种单开道岔的型式尺寸,简称为“50 型”道岔。

1953~1957 年,铁道部又先后规定了 8 号、9 号、10 号、11 号和 12 号五种号码,38 kg/m、43 kg/m 和 50 kg/m 钢轨三种轨型共 32 种单开道岔,以及与之配套的 12 种型号的交叉渡线、对称道岔和复式交分道岔。按照设计年度区分,这些道岔分别简称为“53”型、“55”型和“57”型道岔。其中“53”型道岔的转辙器基本轨为“切轨底”结构,投入应用后折损严重,很快就停止使用,而“55”型及“57”型道岔则大量投入应用。随着这些型号道岔的推广应用和旧型道岔的逐步淘汰,到 20 世纪 50 年代末,我国的道岔种类由中华人民共和国成立初期的 300 多种减少为 44 种(不包括当时进口的苏联生产的 P50 和 P43 型钢轨 9 号、11 号单开道岔)。

二、“75”型(含“62”型)道岔

“55”型和“57”型道岔的零部件强度较低,垫板及滑床板用 150 mm×16 mm 的扁钢制造,轨撑为单墙轨撑。在 20 世纪 50 年代末期,我国开始使用有 5 个动轴的前进型机车,并且以载重 50 t 及 60 t 的货车取代载重 30 t 的货车以后,“55”型道岔及“57”型道岔的养护难度迅速增加,脱轨事故不断发生。尤其是 5 动轴机车在 8 号道岔上脱轨以及 4 动轴货车在交分道岔固定型钝角辙叉上脱轨,成为当时的惯性事故。

为研制适应轴重 21~23 t、直向容许通过速度 80~100 km/h 的道岔,1959~1962 年,在铁道部的主持下,由专业设计院、山海关桥梁厂、铁道部科学研究院及各铁路局共同开展了道岔标准化工作。1962 年通过了我国第一代标准型单开道岔的设计标准,简称为“62”型道岔。1964 年发布了 38 kg/m、43 kg/m 及 50 kg/m 钢轨的 9 号和 12 号共 6 种型号单开道岔的 49 种铁道部部颁标准(TB 399—64~TB 448—64)。与过去各类型道岔相比较,“62”型道岔的性能有了明显提高,主要表现在以下六个方面:

1. 道岔号码由过去的 8 号、9 号、10 号、11 号和 12 号五种,简化为 9 号及 12 号两种。

2. “62”型道岔的全长、转辙器和辙叉长度与“57”型同号码道岔相同,便于互换。

3. 道岔增设内外轨撑、滑床板,轨撑垫板尺寸由 150 mm×16 mm 改为 180 mm×20 mm,单墙轨撑改为双墙轨撑,护轨单螺栓改为双螺栓,提高了螺栓等级,岔枕与滑床板的联结由

普通道钉改为螺纹道钉，因此道岔联结零件强度大幅度提高。

4. 尖轨补强板厚度由 10 mm 增加到 12 mm，长度相应加长，护轨与基本轨间隔铁由单孔改为双孔，导曲线增设轨撑垫板，增强了道岔稳定性，使维修工作量大幅减少。

5. 发展整铸高锰钢辙叉，钢轨组合式辙叉采用短心轨爬坡式，辙叉趾端、跟端设桥型垫板，翼轨采用堆焊加高，轨头顶面与护轨轨头侧面进行淬火，增强了耐磨性能。

6. 9 号交分道岔采用活动心轨型钝角辙叉，交叉渡线的钝角辙叉护轨进行堆焊加高，菱形交叉轨距由 1 435 mm 改为 1 440 mm 等，消除了不安全因素。

1972~1974 年，针对"62"型道岔在使用中发现的薄弱环节又进行了修改设计，如第一连接杆由扁钢改为方钢，轨撑螺栓直径由 18 mm 改为 22 mm 等。于 1975 年对道岔的标准进行了修订，同时取消了 38 kg/m 钢轨道岔，只保留 43 kg/m 及 50 kg/m 钢轨的 9 号和 12 号共四种单开道岔的部颁标准。至 1977 年，共颁布 45 个铁道部颁标准(TB 399—75~TB 445—75、TB 447—74)，改称为"75"型道岔。"75"型道岔的主要尺寸与"62"型道岔相同。

在 20 世纪 70 年代至 80 年代中期还设计和生产了与"75"型 9 号、12 号标准型单开道岔配套的交分道岔、交叉渡线、6 号单式对称道岔、18 号单开道岔、三开道岔、混凝土岔枕道岔等配套的"75"型系列道岔。到 90 年代初期，我国铁路铺设使用的"75"型(含"62"型)道岔超过 10 万组，占全路道岔总数的 80%以上。

长期实践证明，"75"型道岔的结构强度和稳定性，可以满足轴重不超过 23 t、直向过岔速度不超过 80~100 km/h 各型机车车辆安全运行的需要。由于"75"型道岔价格较低、维修方便、部件互换性强以及在现场已大量使用等原因，其仍将在我国铁路的低等级线路的正线、站线以及专用线上使用。本手册保留了"75"型道岔的主要尺寸、枕木布置等资料，供查阅使用。

三、"92"型(含过渡型)道岔

20 世纪 70 年代末随着 60 kg/m 钢轨的推广应用，我国开始研制与 60 kg/m 钢轨配套的各类道岔。由于 60 kg/m 钢轨主要用于铁路干线，因此采用了比"75"型道岔更高的技术标准。同时也按新的技术标准对 50 kg/m 钢轨的道岔图纸进行了修编。由于有些关键技术难度较大，研制周期较长，例如特种断面尖轨跟端锻压技术在 1986 年才通过技术鉴定，用于牵引弹性可弯尖轨和可动心轨的大功率转辙机在 1991 年才通过鉴定，因此这种道岔在 1992 年才定型，定名为"92"型道岔。其主要技术特点如下：

1. 轨型主要为 50 kg/m 及 60 kg/m 钢轨(75 kg/m 钢轨编制了单开道岔及交分道岔)，不包括 43 kg/m 钢轨。

2. 12 号道岔平面采用半切线形藏尖式尖轨、圆曲线形导曲线，道岔除尖轨尖端轨距加宽 2 mm 外，其余均为标准轨距，以保证行车时的运行平稳。

3. 尖轨采用矮型特种断面钢轨制造，消除了普通钢轨尖轨比基本轨抬高 6 mm 的垂直不平顺，辙叉部分的心轨与翼轨过渡匹配也较"75"型道岔更合理，以保证列车通过时的平稳性。

4. 60 kg/m 及 75 kg/m 钢轨道岔的尖轨采用 60AT1(原 60AT)钢轨制造、50 kg/m 钢轨道岔尖轨采用 50AT1(原 50AT)钢轨制造。

5. 尖轨尖端采用藏尖式结构，12 号、18 号单开道岔尖轨跟端采用弹性可弯式结构，9 号单开道岔、9 号和 12 号交分道岔尖轨采用间隔铁式活接头跟端结构。

6. 辙叉采用高锰钢整铸辙叉和可动心轨辙叉两种形式。其中高锰钢整铸辙叉采用前后分腿式结构，9 号和 12 号辙叉的跟长分别比“57”型及“75”型道岔同号辙叉长 721 mm 和 1 092 mm。

7. 提高了护轨强度和可靠性。护轨有槽型和 H 型两种。其中槽型护轨采用 33 kg/m 槽型钢制造，H 型护轨采用低一级钢轨制造（例如 60 kg/m 钢轨的辙叉护轨用 50 kg/m 钢轨制造）。为提高列车通过时的安全性，护轨顶面比基本轨顶面高 12 mm。

8. 扣件采用刚性弧型扣板扣件和楔型可调式轨撑，铁垫板与枕木间采用螺纹道钉联结，取消了普通道钉，扣件扣压力较“75”型道岔有较大提高。

随着 60 kg/m 钢轨的大量铺设，“92”型道岔也大量推广应用，在正线道岔总数中占了相当大的比重。这种道岔的主要结构，如矮型特种断面藏尖式尖轨、H 型（或槽型）护轨、可调式轨撑、前后分腿式整铸高锰钢辙叉和可动心轨辙叉等，性能已达到国外铁路道岔 20 世纪 80 年代的水平。道岔直向容许通过速度一般为 120 km/h。

我国铁路在 20 世纪 70 年代后期已开始铺设 60 kg/m 钢轨，当时“92”型道岔尚未定型生产。因此我国生产了一批采用爬坡式尖轨和前后分腿式高锰钢整铸辙叉的道岔，其性能介于“75”型和“92”型之间，称为“过渡型”道岔。原计划“过渡型”道岔在“92”型道岔投产后即予停产，但因弹性可弯式尖轨跟端锻压技术到 1986 年才通过铁道部技术鉴定，因此直到 1987 年才停止“过渡型”道岔的批量生产。至 1996 年底，我国铁路的 60 kg/m 钢轨线路共有 5 000 余组“过渡型”道岔。随着既有线的提速，目前过渡型道岔已基本更换下道，由提速道岔代替。

此外，我国自 20 世纪 70 年代开始进行了混凝土岔枕的研究，开发了有挡肩混凝土岔枕，并在大秦线上道使用。在此基础上，编制了 60 kg/m 钢轨 9 号、12 号混凝土岔枕的单开道岔，其钢轨件与“92”型道岔相同，扣件改为Ⅰ型弹条。由于混凝土岔枕强度高、稳定性好，该道岔在铁路干线上有一定数量的应用，在既有线提速以后逐步被提速道岔代替。

对于“92”型道岔系列，先后编制了 50 kg/m、60 kg/m 钢轨 9 号、12 号单开道岔、各间距交叉渡线、复式交分道岔及 18 号单开道岔标准图，其中 50 kg/m 钢轨 18 号单开道岔采用固定型辙叉，60 kg/m 钢轨 18 号单开道岔采用可动心轨辙叉。75 kg/m 钢轨道岔因数量较少，主要在大秦线使用，未将其资料编入。

此外，针对广深准高速铁路的使用要求，20 世纪 90 年代初，还研制了 60 kg/m 钢轨 12 号准高速道岔，道岔直向容许通过速度 160 km/h，采用弹性可弯式尖轨、可动心轨辙叉，其他技术标准与“92”型道岔相同，并在国内首次研制了外锁闭装置。该道岔曾在广深线推广使用，2003 年以后，广深线提速至 200 km/h 时，被提速道岔代替。

四、提速道岔

1995 年，铁道部作出了对铁路既有线进行提速的重大决策，这就要求研发性能比“92”型道岔更高、适应直向通过速度在 160 km/h 及以上的道岔。1995 年 12 月由铁道部工务局、电务局和建设司联合召开的“60 kg/m 钢轨提速道岔设计标准审查会”，规定了60 kg/m钢轨 12 号提速道岔的主要技术条件：

1. 旅客列车直向容许通过速度为 160 km/h。

2. 货物列车直向容许通过速度为 90 km/h(轴重 23 t)。

3. 侧向容许通过速度为 50 km/h。

根据以上条件,1996 年 1 月完成了 60 kg/m 钢轨 12 号提速道岔的研究设计和厂内试制、组装,其中辙叉分为固定型辙叉和可动心轨辙叉两种,轨下基础分为木岔枕和混凝土岔枕两种,共四个型号。其主要特征如下:

1. 道岔全长为 37 800 mm(固定型辙叉)和 43 200 mm(可动心轨辙叉),道岔前长为 16 592 mm,固定型道岔的后长为 21 208 mm。与"92"型道岔相比,前长减小了 261 mm,后长增加了 154 mm。道岔区岔枕间距一般为 600 mm,方便了大型养路机械作业。

2. 尖轨用 60AT1 钢轨加工制造,跟端设限位器结构,固定型辙叉采用高锰钢整体铸造;可动心轨辙叉的心轨采用 60AT1 钢轨组合结构,翼轨用普通钢轨制造;护轨采用 50 kg/m 钢轨制造,结构为 H 型,直向护轨缓冲段冲击角由"92"型道岔的 50′减小至 30′,减小了护轨的受力。

3. 道岔区直股钢轨接头全部采用焊接,高锰钢辙叉趾端、跟端可采用冻结或胶接接头,绝缘接头采用胶接绝缘。

4. 道岔区钢轨设置 1∶40 轨底坡或轨顶坡,扣件采用Ⅱ型弹条分开式扣件,轨下均设置铁垫板。

5. 轨下基础分为木岔枕及混凝土岔枕两种:木岔枕断面为 260 mm×160 mm,长度为 2.6~4.8 m;预应力混凝土岔枕断面为顶宽 260 mm、底宽 300 mm、高 220 mm,长度为 2.6~4.8 m,无挡肩,岔枕内预埋塑料套管,通过螺栓固定铁垫板。在道岔牵引点及安装密贴检查器部位,采用钢岔枕,转换设备杆件均放置在钢岔枕内。

6. 尖轨及可动心轨均设置两个牵引点,设外锁闭装置,尖轨分动转换。

提速道岔研制成功后,迅速在提速线路上推广应用。初期京秦、京山、沪宁等提速线路以采用木枕、可动心轨道岔为主,后期主要以混凝土岔枕、固定型道岔为主。1997 年以后根据提速需要,又研制了 60 kg/m 钢轨 18 号、30 号提速道岔和 12 号道岔各间距交叉渡线。2000 年以后,随着列车运行速度的进一步提高,又对 12 号及以上可动心轨道岔进行了优化,将直向容许通过速度提到了 200 km/h。

提速道岔的研制不仅满足了国内既有线提速的需要,也提升了国内道岔的技术水平,受到了现场的普遍欢迎。

由于提速道岔研制周期短,没有经过充分的试用,在推广使用过程中也反映了一些问题,主要表现在顺向出岔较多的岔位,曲尖轨的使用寿命较短;翼轨轨底刨切量较大,强度低;钢岔枕不稳定等。此后对提速道岔进行了优化,主要是采用半切线形曲线尖轨(长度改为 12 400 mm)、用 60AT1 钢轨锻压的翼轨代替普通钢轨翼轨、取消钢岔枕等,并编制了提速道岔标准图。

1998 年开始,为满足秦沈客运专线的建设需要,研制了秦沈线用 60 kg/m 钢轨 18 号、38 号道岔。18 号道岔采用单圆曲线的平面线形,导曲线半径为 1 100 m;38 号道岔采用半径为3 300 m圆曲线+三次抛物线的平面线形,为当时国内首创。道岔结构基本与优化后的提速道岔相同,均采用可动心轨辙叉。道岔直向容许通过速度均为 250 km/h,侧向容许通过速度分别为 80 km/h、140 km/h。该道岔除用于秦沈客运专线外,在其他提速线路也有一定数量的应用。

提速道岔全面推广使用后，对于普通线路(速度不超过 120 km/h)使用的 50 kg/m、60 kg/m钢轨 9 号、12 号、18 号各类道岔也进行更新设计，道岔平面基本与“92”型道岔相同，不设轨底坡，扣件系统与提速道岔基本相同，轨下基础采用无挡肩混凝土岔枕，转换设备以采用内锁闭为主，现场一般称为“92”改进型道岔。

五、高速道岔

高速道岔是影响行车安全性和平稳性的关键轨道设备，是高速铁路建设的关键技术之一。为满足我国客运专线大规模建设的需要，2005 年 6 月铁道部组织国内相关单位开展了高速道岔的自主研发，2006 年完成了时速 250 km 60 kg/m 钢轨 18 号高速道岔的研究设计、试制试铺，并分别在胶济线(有砟)和遂渝线(无砟)进行上道试验，取得了较好的使用效果。同年 18 号有砟道岔在沪宁线、郑武线时速 250 km 的提速线路上推广应用。

从 2007 年开始，国内相继开展了时速 350 km 60 kg/m 钢轨 18 号、42 号、62 道岔的研究，并进行上道试验，道岔的平稳性、舒适性良好。2010 年在沪杭线铺设的 60 kg/m 钢轨 18 号无砟道岔创造了 410 km/h 的过岔速度记录，显示了道岔的良好状态。国内自主研发的高速道岔称为“客专线系列”高速道岔。

2006 年 4 月，铁道部针对新建 11 条客运专线的正线道岔进行国际公开招标，通过合资建厂和技术转让的方式形成了 CN 系列和 CZ 系列高速道岔。

因此，目前国内有三个系列的高速道岔产品，分别为客专线系列、CN 系列和 CZ 系列，其中 CZ 系列主要用于合宁、合武、郑西高速铁路。

不同系列的高速道岔采用的技术标准不同，除 18 号、42 号道岔主要尺寸相同外，道岔平面布置、结构、岔枕和转换设备均不相同。不同系列的高速道岔主要特征如下：

1. 客专线系列高速道岔主要结构特征为尖轨、心轨采用 60AT2(原 60D40)钢轨制造；翼轨采用 60TY1 钢轨制造，翼轨与长心轨或叉跟尖轨胶接；叉跟尖轨采用 60 kg/m 钢轨制造；间隔设置辊轮滑床板；扣件铁垫板采用全硫化处理，扣压件为Ⅱ型弹条；轨下基础为混凝土长岔枕或道岔板，岔枕垂直于道岔直股布置；尖轨及心轨采用多机多点、分动转换。

2. CN 系列高速道岔主要结构特征为尖轨采用 60AT3(原 Zu1-60)钢轨制造，跟端采用限位器结构；转辙器部分设有轨距加宽；翼轨采用 60 kg/m 钢轨制造；心轨前端整体锻制、后端焊接普通钢轨，叉跟尖轨前段用 60E1F1 钢轨制造；转辙器部分间隔设置辊轮；扣压件主要为 SKL 12 弹条，铁垫板采用全硫化处理；轨下基础为混凝土岔枕或道岔板，岔枕按扇形布置；尖轨及心轨采用多机多点、分动转换。

3. CZ 系列高速道岔主要结构特征为尖轨、心轨、叉跟尖轨采用 60AT2 钢轨制造；翼轨采用高锰钢铸造，后端与 A74 钢轨焊接；铁垫板不采用全硫化处理；转辙器部分间隔设置辊轮滑床板；扣件为 SKL 12 弹条；轨下基础采用混凝土长岔枕，垂直于道岔直股布置；尖轨及心轨采用一机多点、联动转换。

六、重载道岔

重载铁路是实现大宗货物高效运输的有效方式，随着国内大规模客运专线的建设，既有线运能得到了有效地释放，有条件实现客货分离，大量的既有线将以货运为主，具备了采用重载运输的条件。同时很多新建铁路也为重载铁路，如山西中南部铁路通道工程等，对重载道岔提出了很高的要求。为此我国从2012年开始进行了重载道岔的研究。

重载道岔是指重载铁路正线使用的道岔，直向容许通过速度为100～160 km/h，列车轴重分为27 t、30 t两种。道岔号数分为12号、18号两种，轨型分为60 kg/m和75 kg/m两种。

重载道岔均采用单圆曲线的平面线形，道岔主要尺寸与既有道岔基本相同，可互换使用。重载道岔均采用固定型辙叉。

道岔尖轨采用60AT1钢轨制造，护轨采用33 kg/m槽型钢制造，固定型辙叉分为合金钢组合辙叉和高锰钢组合辙叉两种形式。扣件采用分开式Ⅱ型弹条扣件，道岔铁垫板通过岔枕内的预埋铁座扣压。

重载道岔研究的重点是提高道岔的强度和稳定性，延长道岔的使用寿命，减少现场的养护维修工作量，因此重载道岔采用了合金钢钢轨、高锰钢爆炸硬化等新材料和新技术。

目前国内的重载道岔已完成了研究设计、试制和上道试验工作，国内第一条30 t轴重的重载铁路——山西中南部铁路也已建成通车，27 t轴重道岔主要应用于大秦和朔黄既有线改造。但目前重载道岔仍处于优化改进阶段，道岔结构、技术标准有待进一步完善，道岔尚未定型，因此本手册对重载道岔只做简要介绍。

第三节　道岔标准化、系列化

我国铁路线路里程长，技术标准各异，道岔的使用条件也有较大差别，道岔生产企业众多，养护维修水平也不尽相同，因此道岔的标准化、系列化是统一技术标准和减少现场养护维修工作量的重要手段。

一、标准化、系列化必要性

道岔是重要、复杂的轨道设备，不仅型号繁多，类型各异，也需不断的养护维修和定期更换，因此道岔的标准化、系列化非常必要。

1. 道岔的型号是不同轨距、速度、类型、轨型、号数、结构、轨下基础的组合，随着道岔使用条件的提高和技术的不断发展，道岔的型号也不断增加。据2015年统计，铁路目前在用的道岔型号多达740种。

2. 道岔的使用寿命与使用条件密切相关，部分道岔由于主要尺寸、轨下基础和养护维修费用的原因，将长期在线路上使用，难以全部更换。

3. 道岔直接影响列车的运行安全，需要不断的养护维修，同时有些部件也容易伤损，需要常备备品、备件。

4. 各种类型的道岔既相互关联，又相互引用，如交叉渡线引用单开道岔的转辙器和辙叉，交分道岔引用单开道岔的辙叉等。

5. 道岔的主要尺寸直接影响站场设计和道岔的更换，尤其站场改造时可能引起大部分道岔位置的改变。

6. 道岔的使用与转换设备、信号系统、接触网位置相关，道岔主要尺寸、结构和位置的变动会引起信号系统及接触网位置的变化,极大地增加现场改造的投资。

根据以上情况,道岔应实现标准化,尽量减少道岔的型号,固定道岔的主要尺寸,增加道岔零部件的通用性,大幅减少备品备件的数量,方便现场的养护维修。目前中国铁路总公司运输局工务部会同科技部已组织对道岔型号进行清理和简统化工作,并取得了初步效果。

二、标准化、系列化原则

道岔的标准化、系列化应遵循以下原则:

1. 明确不同使用条件下道岔的系列,同一使用条件宜只有一个道岔系列。对于不符合系列化的道岔型号,应限制使用并逐步淘汰。

2. 同一使用条件下同轨型、同号数、同轨下基础应只有一个型号的道岔。

3. 对常用道岔的主要尺寸实行标准化,一般情况下不得随意变更,以方便站场设计和现场更换。

4. 同一系列、不同号数或同一号数、不同种类的道岔,应采用一致的结构标准,平垫板等零部件应通用。

5. 同轨型、同号数仅轨下基础不同的道岔,钢轨件应通用。

6. 同轨型、同号数仅转换设备不同的道岔,钢轨件和轨下基础应通用。

7. 站场设计时应严格按道岔的有效目录和适用范围选用各类道岔,不得超范围使用。

8. 同一线路应尽量选用同系列的道岔产品。

9. 既有线改造时,既有木枕道岔和作废图号的其他道岔应予更换。

10. 跨区间无缝线路采用固定型辙叉道岔时,应选用合金钢组合辙叉或高锰钢组合辙叉。

第二章　普速单开道岔

普速单开道岔是指直向容许通过速度小于或等于 200 km/h 的客货共线铁路使用的单开道岔，区别于高速道岔和重载道岔。普速单开道岔是目前使用最为广泛、数量最多的道岔产品，除广泛用于客货共线铁路外，也应用于高速铁路、城际铁路、重载铁路的站线及其他次要线路。

普速单开道岔历经几十年的发展，目前以采用提速标准的道岔为主，其主要特征为采用 AT 尖轨、固定型辙叉（以高锰钢整铸辙叉或合金钢组合辙叉为主）或可动心轨辙叉、弹性分开式扣件、混凝土岔枕，以有砟道岔为主。

普速单开道岔的型号较多，今后应进行标准化、简统化，逐步淘汰木枕道岔和 43 kg/m 钢轨道岔，进一步提高道岔的稳定性、可靠性和使用寿命，减少现场的养护维修工作量。

第一节　概　　述

一、单开道岔及其组成

单开道岔是指主线为直线，侧线向主线左侧或右侧分支的道岔。站在道岔前端，面向尖轨，侧线向左分支的道岔称为左开道岔，侧线向右分支的道岔称为右开道岔。

单开道岔由转辙器、连接部分、辙叉及护轨组成，如图 2—1—1 所示。按《铁路道岔和交叉名词术语》（TB/T 1353—79）规定，单开道岔各部名称如图 2—1—2 所示。

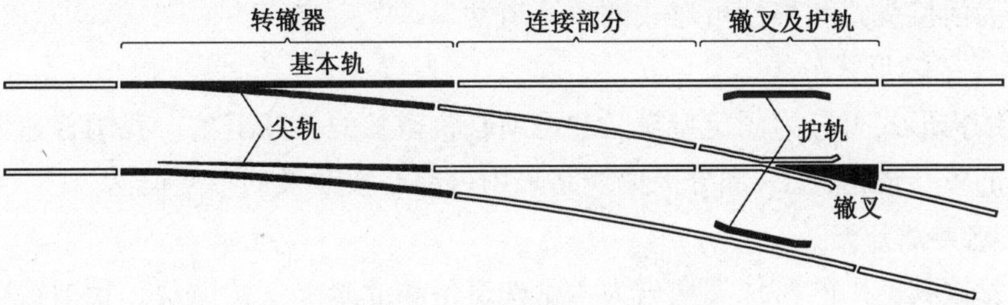

图 2—1—1　单开道岔组成示意

二、单开道岔类型

1. 按钢轨类型分类

目前我国常用的单开道岔有 43 kg/m、50 kg/m、60 kg/m、75 kg/m 钢轨四种轨型的道岔，其中 43 kg/m 钢轨道岔主要用于既有站线，目前用量较少，今后 43 kg/m 钢轨道岔应逐步采用 50 kg/m 钢轨道岔代替；75 kg/m 钢轨道岔主要用于重载铁路，线路较少，因此道岔类型也少一些。

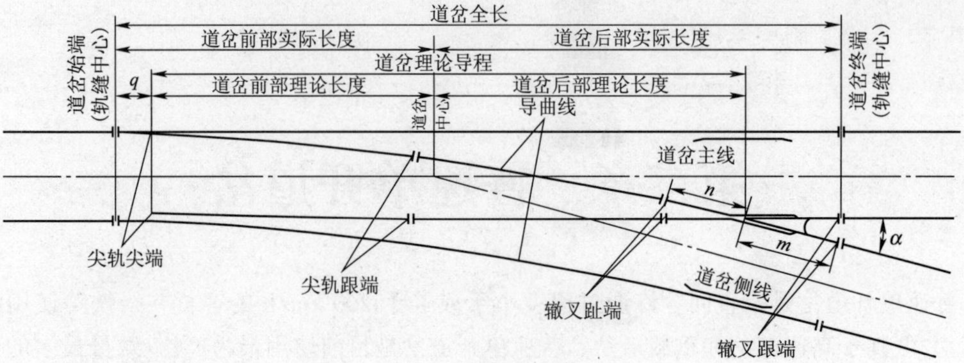

图 2—1—2　单开道岔各部名称

2. 按道岔号数分类

《铁路道岔号数系列》(TB/T 3171—2007)规定的标准轨距铁路道岔号数系列为 6 号、7 号、9 号、12 号、18 号和 24 号单开道岔。我国营业铁路干线常用的单开道岔为 9 号和 12 号,18 号道岔用于侧线速度较高的地段,24 号道岔尚未使用,也有个别地段采用了其他非标号码的道岔。既有线提速以后,还采用了 30 号和 38 号道岔。6 号和 7 号道岔为工矿企业和城市轨道交通常用的小号码道岔。

3. 按道岔容许通过速度分类

按道岔直向容许通过速度可分为 120 km/h 及以下、160 km/h 和 200 km/h 三种。其中 120 km/h 及以下、160 km/h 的道岔采用固定型辙叉,200 km/h 的道岔采用可动心轨辙叉。

4. 按道岔平面形式分类

按平面形式主要有直线形尖轨、直线形辙叉的单开道岔,曲线形尖轨、直线形辙叉的单开道岔,曲线形尖轨、曲线形辙叉的单开道岔等。我国常用的单开道岔采用前两种形式。

5. 按转辙器结构形式分类

按道岔尖轨断面形式可分为普通钢轨断面和特种钢轨断面的单开道岔;按尖轨跟端结构形式可分为活接头式和弹性可弯式的单开道岔。

6. 按辙叉结构形式分类

按辙叉结构形式可分为固定型辙叉和可动心轨辙叉的单开道岔。我国普速铁路以采用固定型辙叉的单开道岔为主,部分提速线路采用可动心轨辙叉的单开道岔。

7. 按岔枕类型分类

单开道岔按其使用的岔枕类型分为木岔枕道岔和混凝土岔枕道岔。我国铁路现阶段主要使用混凝土岔枕道岔,既有的大量木岔枕道岔正逐步更换下道。

8. 按设计年限分类

中华人民共和国成立后我国相继设计了“55”型、“57”型、“62”型、“75”型、“92”型和提速道岔等。其中“75”型、“92”型和提速道岔为现行大量使用的道岔。

三、我国单开道岔平面形式和主要尺寸

我国“75”型、“92”型和提速系列的单开道岔,采取了不同的平面形式,主要尺寸也不相同。

（一）“75”型道岔

“75”型道岔的平面形式和主要尺寸是在“57”型道岔基础上发展而成的。我国20世纪50～60年代受当时机车车辆轴重（≤21 t）、行车速度（≤100 km/h）、钢轨类型（最重的轨型是50 kg/m钢轨）和道岔加工水平（没有特种断面钢轨，高锰钢整铸辙叉刚刚起步）等条件的制约，“57”型道岔采用了直线形尖轨和直线形固定式辙叉，以后经过“62”型及“75”型两次修改，9号和12号两种单开道岔只是在结构上作了加强，平面形式和主要尺寸始终未变。“75”型道岔的直线尖轨和直线形辙叉具有加工简便、互换性强等优点，但也存在以下缺点：

1.“57”型道岔的钢轨接头为“双拼枕木”支接式，“62”型和“75”型改为悬接式接头以后，岔枕间距不匀，小到480 mm，大到580 mm。

2.“57”型道岔采用组合式辙叉，辙叉跟长较短，“62”型和“75”型采用高锰钢整铸辙叉以后，辙叉跟端只能安设两块夹板，造成维修困难。

（二）“92”型道岔

“92”型道岔主要针对“75”型道岔存在的问题进行优化。50kg/m、60kg/m钢轨“92”型9号和12号单开道岔的平面形式及主要尺寸变化情况如下：

1.“92”型9号单开道岔仍按直线尖轨和直线辙叉设计，但因为60 kg/m钢轨轨底较宽，所以“92”型9号单开道岔尖轨长度由“75”型的6 250 mm加长为6 450 mm（50 kg/m钢轨和60 kg/m钢轨的长度相同）。60 kg/m钢轨9号辙叉跟端采用分腿式结构，用4块接头夹板联结，跟长由2 050 mm增加到2 771 mm，道岔全长加长721 mm。“92”型50 kg/m钢轨9号辙叉则因考虑与既有道岔互换，跟长仍维持2 050 mm不变。

2.“92”型12号道岔主要用于正线。为适应当时我国铁路运量不断增长、过岔速度不断提高的需要，对道岔平面和主要尺寸进行了较大的修改，50 kg/m、60 kg/m钢轨12号单开道岔平面线形相同。

（1）尖轨由“75”型的直线尖轨改为相离半切线形可弯式曲线尖轨，取消了活接头，导曲线半径由330 m改为350 m。

（2）辙叉跟长由2 708 mm改为3 800 mm，采用全夹板联结，提高了接头强度。

（3）尖轨尖端前基本轨长度由2 650 mm改为2 850 mm，木枕间距改为525～530 mm，以适应混凝土岔枕道岔的需要。

（4）尖轨原设计为复曲线线形，长11 500 mm。后因尖端过于薄弱，改为11 300 mm单圆曲线相离半切线形尖轨，主要尺寸如图2—1—3所示。

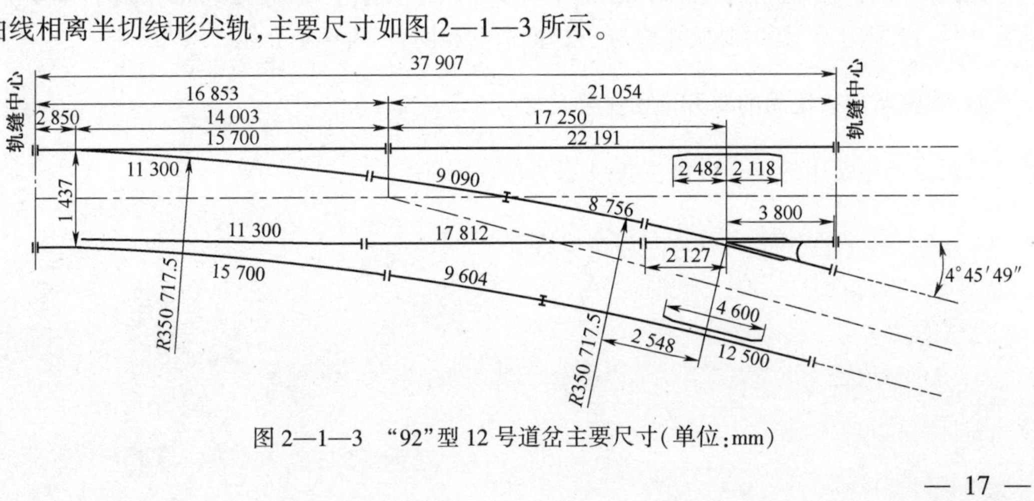

图2—1—3 “92”型12号道岔主要尺寸（单位：mm）

（三）提速道岔

提速道岔在“92”型道岔的基础上进行研制，为适应大型养路机械作业要求，对 60 kg/m 钢轨 12 号、18 号道岔的平面进行了优化，道岔主要尺寸与“92”型道岔有所不同。

1. 60 kg/m 钢轨 12 号提速道岔的主要尺寸

（1）尖轨由 11 300 mm 相离半切线形尖轨改为 12 400 mm 半切线形尖轨。

（2）固定型辙叉趾长由 2 127 mm 改为 2 038 mm，跟长由 3 800 mm 改为 3 954 mm。

（3）尖轨尖端前基本轨长度由 2 850 mm 改为 4 395 mm，岔枕间距由 525~530 mm 改为 600 mm，辙叉部分的岔枕由垂直于角分线布置改为垂直于直股布置。

（4）导曲线半径仍采用 350 m 不变。

（5）道岔前长由 16 853 mm 改为 16 592 mm，减小了 261 mm；后长由 21 054 mm 改为 21 208 mm，增加了 154 mm；总长由 37 907 mm 改为 37 800 mm。

2. 60 kg/m 钢轨 18 号提速道岔的主要尺寸

（1）采用半切线形可弯式曲线尖轨，尖轨长度由 13 500 mm 改为 15 680 mm。

（2）辙叉趾长由 4 651 mm 改为 5 991 mm，跟长由 7 947 mm 改为 11 401 mm。

（3）尖轨尖端前基本轨长度由 3 878 mm 改为 3 520 mm，岔枕间距由 525~530 mm 改为 600 mm。

（4）导曲线半径仍为 800 m。

（5）道岔前长由 22 745 mm 改为 22 744 mm，后长由 33 802 mm 改为 37 256 mm，总长由 56 547 mm 改为 60 000 mm。

3. 60 kg/m 钢轨 30 号提速道岔的主要尺寸

该道岔是为满足侧向通过速度超过 80 km/h 的提速线路使用要求而新设计的道岔，主要尺寸如下：

（1）采用半切线形可弯尖轨，尖轨长度为 27 980 mm。

（2）辙叉趾长为 4 816 mm，跟长为 19 776 mm。

（3）尖轨尖端前基本轨长度为 3 620 mm。

（4）导曲线半径为 2 700 m。

（5）道岔前长为 42 701 mm，后长为 59 699 mm，总长为 102 400 mm。

4. 提速型其他道岔的主要尺寸

提速标准的其他道岔，包括 50 kg/m 钢轨 9 号、12 号道岔，时速 120 km 及以下 60 kg/m 钢轨 9 号、12 号道岔，其主要尺寸均与“92”型道岔相同，不再详细介绍。

四、我国历年来使用的单开道岔主要尺寸

我国历年来使用的单开道岔主要尺寸见表 2—1—1。

表 2—1—1　我国历年来使用的单开道岔主要尺寸

钢轨类型(kg/m)	道岔号数	设计年度	道岔全长 L_Q(mm)	道岔前长 a(mm)	道岔后长 b(mm)	基本轨前端至尖轨尖 q(mm)	尖轨长 L_0 (mm)	辙叉 趾长 n (mm)	辙叉 跟长 m (mm)	辙叉 全长 $n+m$ (mm)	转辙角 β	辙叉角 α	导曲线半径 R (m)
60	30	1998	102 400	42 701	59 699	3 620	27 980	—	—	24 592	—	1°54′33″	2 700
60	18	2009	60 000	28 600	31 400	1 351	19 040	3 237	5 755	8 992	—	3°10′47″	1 100
60	18	2009	61 800	24 544	37 256	2 521	17 270	6 587	11 405	17 992	—	3°10′47″	950
60	18	2007	64 217	26 961	37 256	1 321	19 670	7 149	11 443	18 592	—	3°10′47″	1 000
60	18	2007	69 000	31 729	37 271	1 951	21 450	9 361	11 631	20 992	—	3°10′47″	1 100
60	18	1996	60 000	22 744	37 256	3 516	15 680	5 991	11 401	17 392	0°25′40″	3°10′47″	800
60	12	2008	43 200	16 592	26 608	1 946	14 250	4 438	9 354	13 792	—	4°45′49″	350
60	12	—	37 907	16 853	21 054	2 846	12 480	2 192	3 800	5 992	—	4°45′49″	350
60	12	1999	37 800	16 592	21 208	4 391	12 400	2 308	3 954	6 262	0°46′20″	4°45′49″	350
60	9	2002	29 569	13 839	15 730	2 646	12 400	1 540	2 771	4 311	—	6°20′25″	190
60	9	—	30 340	14 015	16 325	2 596	14 120	1 941	3 387	5 328	—	6°20′25″	400　180
50	18	2000	64 200	32 843	31 357	3 181	21 414	3 220	5 772	8 992	0°21′45″	3°10′47″	1120
50	12	2000	37 907	16 853	21 054	3 216	13 080	2 192	3 800	5 992	0°37′5″	4°45′49″	350
50	9	2003	28 848	13 839	15 009	2 646	6 450	1 542	2 050	3 592	1°21′56″	6°20′25″	180
P44.6、P38	8	1957	27 165	13 725	13 440	2 646	6 250	1 088	1 911	2 999	1°19′13″	7°07′30″	145
50、43、38、P50、P44.6、P38	9	1962 1975 1957	28 848	13 839	15 009	2 646	6 250	1 538	2 050	3 588	1°19′13″	6°20′25″	180
P50、P44.6、P38	10	1957	30 804	14 224	16 580	2 646	6 250	1 518	2 190	3 708	1°19′13″	5°42′38″	230
P50、P44.6、P38	11	1957	35 017	16 756	18 261	2 646	7 700	1 499	2 439	3 938	1°04′18″	5°11′40″	280
50、43、38、P50、P44.6、P38	12	1962 1975 1957	36 815	16 853	19 962	2 646	7 700	1 849	2 708	4 557	1°04′18″	4°45′49″	330

续上表

钢轨类型(kg/m)	道岔号数	设计年度	道岔全长 L_Q(mm)	道岔前长 a(mm)	道岔后长 b(mm)	基本轨前端至尖轨尖 q(mm)	尖轨长 L_0(mm)	辙叉			转辙角 β	辙叉角 α	导曲线半径 R(m)
								趾长 n(mm)	跟长 m(mm)	全长 $n+m$(mm)			
50	18	1969	54 000	22 667	31 333	3 862	12 500 曲	2 836	5 400	8 236	0°21′18″	3°10′12.5″	800
P43、P38	8	1955	27 874	13 937	13 937	2 646	6 250	1 088	2 412	3 500	1°19′13″	7°07′30″	145
P50、P43、P38	9	1955	29 860	14 504	15 356	2 646	6 250	1 538	2 401	3 939	1°19′13″	6°20′25″	180
P43、P38	10	1955	31 416	14 431	16 985	2 646	6 250	1 548	2 600	4 148	1°19′13″	5°42′38″	230
P50、P43、P38	11	1955	33 324	14 567	18 757	2 646	6 250	1 499	2 939	4 438	1°19′13″	5°11′40″	280
中 50、中 43	8	1951	25 908	11 915	13 993	2 850	5 030	1 453	2 535	3 988	1°44′11″	7°10′00″	148.79
中 50、中 43	10	1951	29 594	12 090	17 504	2 850	5 050	1 858	3 175	5 033	1°44′11″	5°44′00″	239.85
中 43	12	1951	36 250	15 221	21 029	2 850	6 700	2 000	3 790	5 790	1°18′08″	4°46′00″	346.47
中 38	8	1950	26 191	12 198	13 993	2 850	5 050	1 450	2 535	3 985	1°38′26″	7°10′00″	149.15
中 38	10	1950	29 967	12 463	17 504	2 850	5 030	1 855	3 175	5 030	1°38′26″	5°44′00″	239.45
中 38	12	1950	36 687	15 658	21 029	2 850	6 700	2 000	3 790	5 790	1°13′54″	4°46′00″	346.78
新 38	9	1954	31 887	16 341	15 546	5 062	6 000	1 685	2 587	4 272	1°17′56″	6°20′25″	180
新 38	11	1954	36 417	17 425	18 992	5 585	6 000	1 647	3 170	4 817	1°17′56″	5°11′40″	280
43E	8	1950	25 908	11 915	13 993	2 850	5 030	1 450	2 535	3 985	1°44′11″	7°10′00″	148.79
43E	9	1953	29 884	14 317	15 567	2 882	6 144	1 689	2 612	4 301	1°17′13″	6°20′25″	180
43E	10	1950	29 594	12 090	17 504	2 850	5 030	1 855	3 175	5 030	1°44′11″	5°44′00″	239.9
43E	11	1953	33 870	14 882	18 988	2 882	6 144	1 649	3 170	4 819	1°17′13″	5°11′40″	280
43E	12	1950	36 250	15 221	21 029	2 850	6 700	2 000	3 790	5 790	1°18′08″	4°46′00″	346.5
43E	8	1950	25 908	11 915	13 993	2 850	5 030	1 450	2 535	3 985	1°44′11″	7°10′00″	148.79
43E	9	1953	29 884	14 317	15 567	2 882	6 164	1 689	2 612	4 301	1°17′13″	6°20′25″	180
43E	10	1950	29 594	12 090	17 504	2 850	5 030	1 855	3 175	5 030	1°44′11″	5°44′00″	239.9

续上表

钢轨类型(kg/m)	道岔号数	设计年度	道岔全长 L_Q(mm)	道岔前长 a(mm)	道岔后长 b(mm)	基本轨前端至尖轨尖 q(mm)	尖轨长 L_0(mm)	辙叉			转辙角 β	辙叉角 α	导曲线半径 R(m)
								趾长 n(mm)	跟长 m(mm)	全长 $n+m$(mm)			
43E	11	1953	33 870	14 882	18 988	2 882	6 144	1 649	3 170	4 819	1°17′13″	5°11′40″	280
43E	12	1950	36 250	15 221	21 029	2 850	6 700	2 000	3 790	5 790	1°18′08″	4°46′00″	346.5
43E	9(苏)	—	29 918	15 081	14 837	4 327	6 515	2 085	1 882	3 967	0°41′25″	6°20′24″	297.259
43E	11(苏)	—	32 553	14 432	18 121	4 327	6 515	2 650	2 300	4 950	0°41′25″	5°11′40″	297.259
40B	8(新)	—	25 973	12 125	13 848	2 850	5 000	1 360	2 390	3 750	1°42′00″	7°10′00″	151.3
40B	9(新)	—	27 822	12 331	15 491	2 850	5 000	1 450	2 590	4 040	1°42′00″	6°22′00″	196.3
40B	10(新)	—	29 686	12 377	17 309	2 850	5 000	1 700	2 980	4 680	1°42′00″	5°44′00″	244
40B	12(新)	—	35 562	14 533	21 029	1 850	6 700	2 000	3 790	5 790	1°16′00″	4°46′00″	348.1
40B	10(旧)	—	26 832	9 623	17 209	760	4 572	1 690	2 880	4 570	1°47′30″	5°44′00″	246.9
40A	8(伪)	—	23 213	9 410	13 803	760	4 572	1 372	2 286	3 658	1°47′30″	7°10′00″	151.023
40A	10(伪)	—	26 983	9 690	17 293	760	4 572	1 689	2 883	4 572	1°47′30″	5°44′00″	248.615
42A	8	—	23 077	9 161	13 916	762	4 572	1 296	2 436	3 732		7°09′10″	159
42A	10	—	26 185	9 361	16 824	762	4 572	1 258	2 474	3 732		5°43′30″	270
42A	12	—	34 741	14 702	20 039	762	7 313	1 524	2 818	4 342		4°46′18″	360
43C	8	—	24 899.8	10 980.8	13 919	1 066.8	4 572	1 447.8	2 286	3 733.8	1°22′43″	7°09′9.4″	154.683
43C	10	—	28 387.6	11 560.1	16 827.5	1 066.8	4 572	1 447.8	2 286	3 733.8	1°22′43″	5°43′29″	244.4
43C	12	—	36 595	16 555	20 040	914.4	7 315	1 752.6	2 590.8	4 343.4	0°54′42″	4°46′19″	348.1

第二节　转辙器构造

一、转辙器组成

转辙器由两根基本轨、两根尖轨及各种联结零件组成。其作用是引导车轮从一线进入另一线,活接头尖轨转辙器如图 2—2—1(a)所示,弹性可弯尖轨转辙器如图 2—2—1(b)所示。

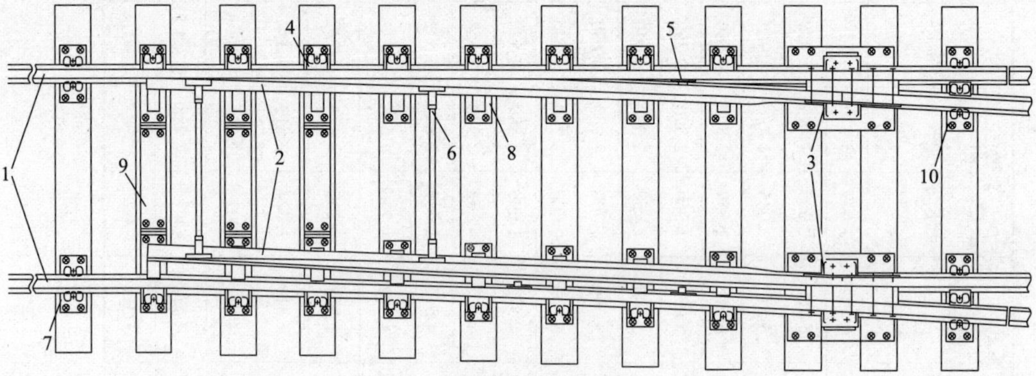

(a) 活接头尖轨转辙器

1—基本轨;2—尖轨;3—跟部结构;4—轨撑;5—顶铁;6—连接杆;

7—辙前垫板;8—滑床板;9—通长垫板;10—辙后垫板

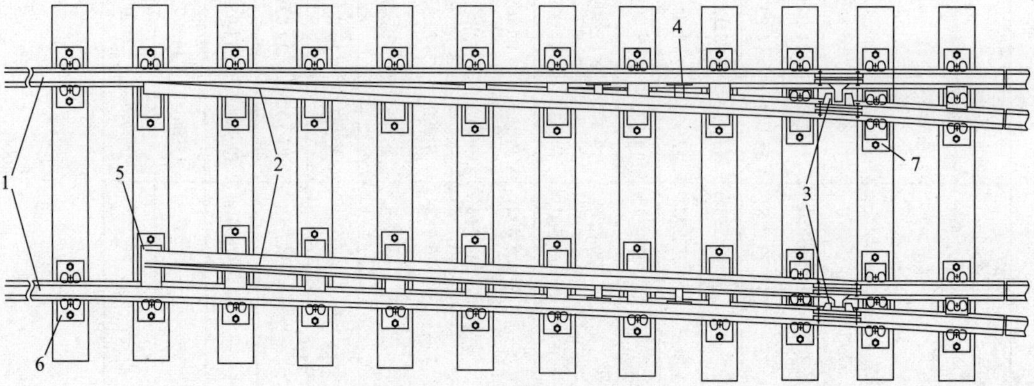

(b) 弹性可弯尖轨转辙器

1—基本轨;2—尖轨;3—限位器或间隔铁;4—顶铁;5—滑床板;6—辙前垫板;7—辙后垫板

图 2—2—1　转辙器组成示意

二、基 本 轨

(一)基本轨的形式及作用

转辙器基本轨由标准断面钢轨制成,一侧为直基本轨,另一侧为曲基本轨。“75”型及以前各型道岔尖轨采用贴尖式,基本轨轨头不加工;“92”型道岔和提速道岔尖轨采用藏尖式,基本轨轨头工作边侧面需要机加工。“92”型道岔加工斜度为 1∶3,提速道岔加工斜度,带轨底坡时为 1∶4.47,不带轨底坡时为 1∶4,如图 2—2—2 所示。

基本轨除承受车轮的垂直压力外,还与尖轨共同承受车轮的横向水平推力,并保持尖轨位置的稳定,如图 2—2—3 所示。

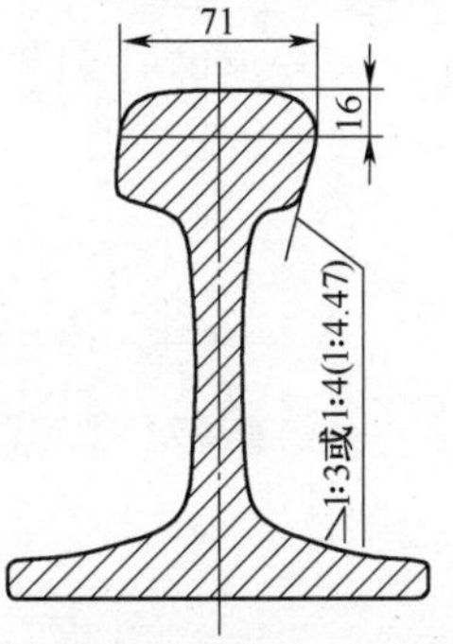

图 2—2—2 基本轨工作边加工示意(单位:mm)

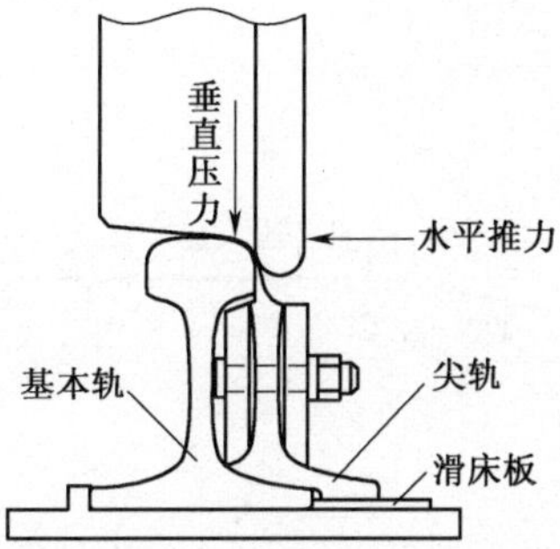

图 2—2—3 基本轨受力示意

(二)曲基本轨的弯折

直基本轨不进行弯折。曲基本轨应按支距进行弯折,以保持转辙器轨距、方向的正确,以及尖轨和基本轨的密贴,各弯折段长度按下列方法确定。

1. 直线尖轨道岔的曲基本轨

(1)弯折基线长度。从尖轨尖端到尖轨跟端范围基本轨为一直线段,作为弯折基线。为避免因弯折圆弧造成尖轨尖端不密贴,应在尖轨尖端前 100 mm 左右进行弯折,并将弯折基线延至间隔铁后 50 mm 左右。

(2)基本轨前部弯折段长度。当尖轨尖端处有轨距加宽时,为避免弯折接头夹板,接头夹板后基本轨应设一弯折点。"75"型 50 kg/m 钢轨9 号和 12 号单开道岔、60 kg/m 钢轨9 号单开道岔的曲基本轨弯折长度和支距如图 2—2—4(a)~(c)所示。

2. 曲线尖轨道岔的曲基本轨

以尖轨尖端到直尖轨轨头刨切起点这一直线段作为弯折基线,当尖轨尖端处轨距加宽时,需向前延长 100 mm 左右,使该处轨距为 1 435 mm,如图 2—2—4(d)所示。当尖轨尖端处轨距不加宽时,弯折基线不必向前延长,基本轨前部接头夹板也无须弯折。

(三)基本轨螺栓孔

基本轨轨腰上应设有用于联结轨撑和辙跟设备(辙跟间隔铁或限位器等)、转换设备的螺栓孔,"92"型和提速道岔还设有联结顶铁的螺栓孔。螺栓孔的数量和间距一般采取直、曲基本轨相同的设计。由于直、曲基本轨螺栓孔距相同,所以铺设后左右两尖轨的跟端和尖端相错几毫米。

(四)基本轨顶面淬火

为提高钢轨顶面硬度,增强耐磨性并保持与尖轨良好的密贴状态,对基本轨顶面应进行淬火处理。"75"型道岔基本轨轨头淬火范围从尖轨尖端前 200 mm 左右处开始到尖轨轨头刨切起点后 100 mm 左右处止。对于"92"型和提速道岔,基本轨轨头顶面全长淬火。

由于目前离线热处理质量不均衡,有条件的情况下,应尽量采用在线热处理钢轨制造基本轨。

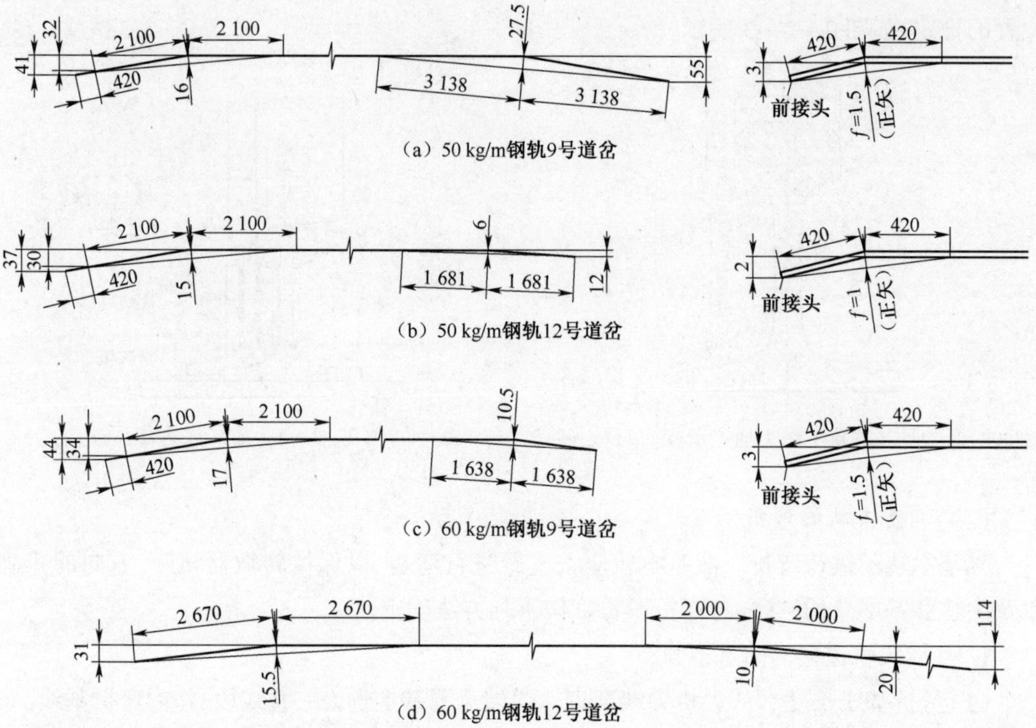

（a）50 kg/m钢轨9号道岔

（b）50 kg/m钢轨12号道岔

（c）60 kg/m钢轨9号道岔

（d）60 kg/m钢轨12号道岔

图 2—2—4　曲基本轨弯折示意(单位:mm)

三、尖　　轨

尖轨是转辙器的主要组成部件之一,列车依靠尖轨的开通方向不同而进入道岔直股或侧股线路。

(一)尖轨形式

1. 按平面形式分类

(1)直线形尖轨

直线形尖轨的工作边为一直线,它与基本轨工作边所成的交角称为转辙角 β,它与尖端角 β_o 相等,也与车轮轮缘冲击尖轨工作边的冲击角 β_c 相等,如图 2—2—5(a)所示。转辙角的大小决定了列车通过侧股速度的高低,并应与导曲线半径大小相匹配。

直线形尖轨可用于左开或右开单开道岔,加工制造简单,便于维修及更换,是我国应用较为广泛的一种尖轨形式。直线形尖轨缺点是道岔长;尖轨尖端轨距加宽值大,影响列车沿正线运行的平稳;转辙角 β 较大,当列车逆向进入侧线时,轮缘对尖轨的冲击较大,列车平稳性差。

(2)曲线形尖轨

曲线形尖轨的工作边除尖端前部有一小段直线外,其余均为圆曲线,一般冲击角 β_c 小于直线形尖轨,如图 2—2—5(b)所示,列车运行平稳,旅客的舒适性较好。同时,曲线形尖轨与导曲线的衔接比较圆顺,与同号码直线形尖轨比较,可以增大导曲线半径,提高列车侧向通过速度,道岔全长也可以缩短。曲线形尖轨缺点是左、右开道岔不能通用,加工较复杂。

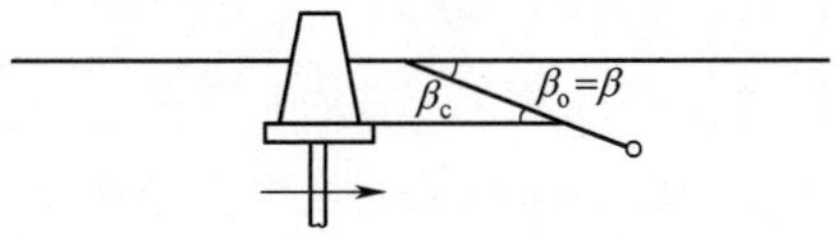

(a) 直线形尖轨

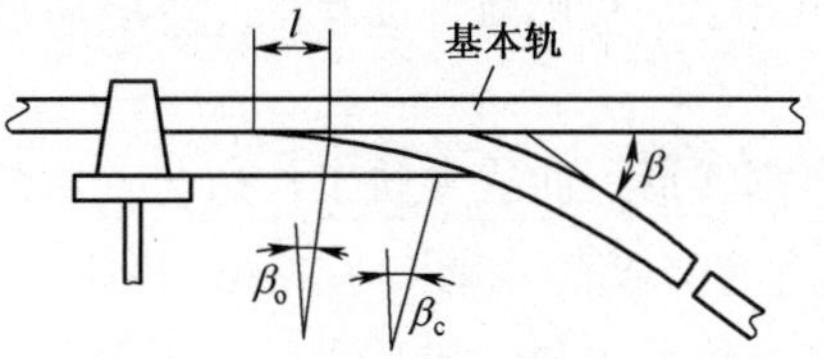

(b) 曲线形尖轨

图 2—2—5　尖轨示意

曲线形尖轨又分为切线形、半切线形、割线形和半割线形四种，如图 2—2—6 所示。我国铁路主要采用半切线形和半割线形曲线尖轨。

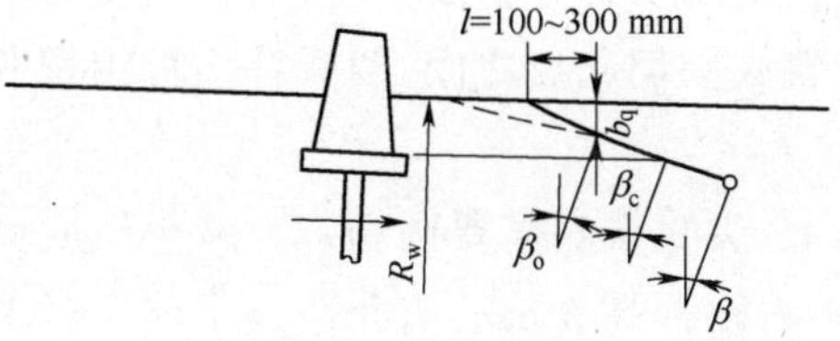

(a) 切线形

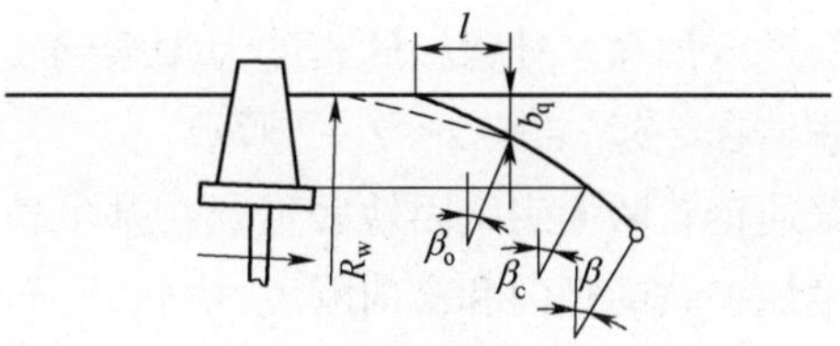

(b) 半切线形

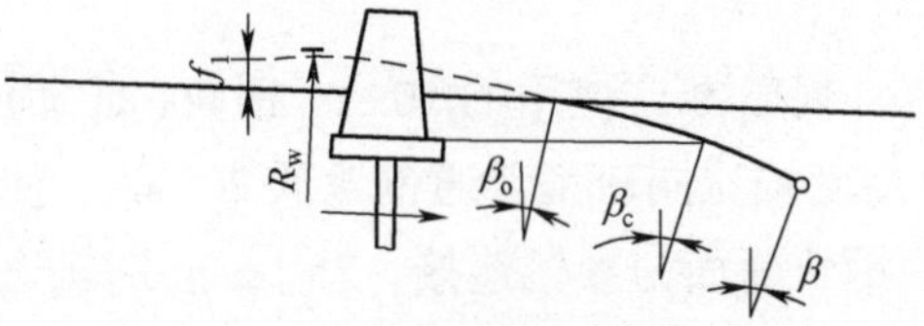

(c) 割线形

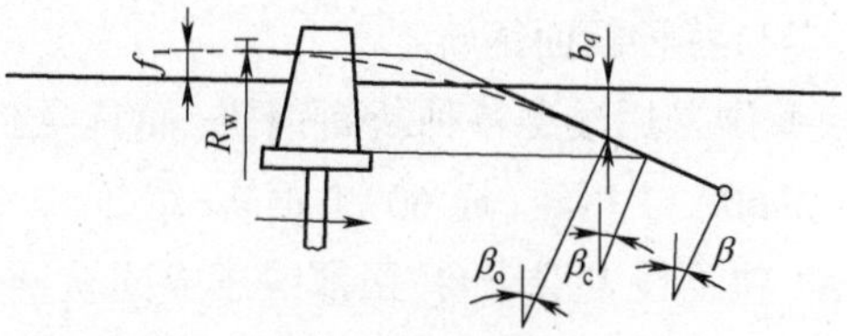

(d) 半割线形

图 2—2—6　曲线形尖轨的平面线形

①切线形。尖轨曲线的理论起点与基本轨工作边相切。为提高尖轨尖端的强度和缩短尖轨长度，在尖轨某断面宽（b_q = 3 mm 或 5 mm）前取用一段长 100 ~ 300 mm 的直线段作斜切，直线段与尖轨曲线不相切，如图 2—2—6（a）所示。与直线尖轨道岔相比，这种尖轨道岔全长较短，导曲线半径较大，行车平稳，冲击角小，尖轨尖端轨距加宽最小，可改善列车沿正线运行条件。国内初期的提速道岔曾采用该平面线形，但由于尖轨的长度较大，尖端较为薄弱，尖轨前部加工部分较长，当顺向出岔较多时，曲尖轨的使用寿命较短，因此后来的提速道岔改为了半切线形。

②半切线形。尖轨曲线的理论起点与基本轨工作边相切，在尖轨某断面（b_q 一般采用 25 ~ 40 mm）作切线，将尖轨前部取直，如图 2—2—6（b）所示。b_q 值应满足车轮逆向进岔时对尖轨的冲击角小于或等于容许值的要求。半切线形尖轨与切线形尖轨一样，可显著增大导曲线半径和缩短道岔全长，且尖轨强度较切线形有所提高。我国各种曲线尖轨主要采取此种型式。

③割线形。曲线尖轨工作边与基本轨工作边相割，如图 2—2—6（c）所示。割距 f_1 应满足车轮逆向进岔时尖轨的冲击角小于或等于容许值的要求。采用这种形式的尖轨与采用同号数切线和半切线形曲线尖轨相比较，导曲线半径可更大，道岔全长更短。但

尖轨冲击角大,尖轨前部易磨耗,列车易产生摇晃。割线形尖轨多用于小号码和全长较短的道岔。

④半割线形。曲线尖轨工作边与基本轨工作边相割或相离,在尖轨某断面(b_q)处作切线,将尖轨前部取直,如图2—2—6(d)所示。割距f_1和b_q的数值应使冲击角小于或等于容许值。半割线形尖轨一般是受条件限制,要求道岔长度尽量缩短或导曲线半径尽量加大时采用。我国各工矿企业需要小号码道岔,为了走大型机车,就采用了半割线形尖轨道岔。但半割线形尖轨冲击角大,尖轨磨耗快,运行条件差,一般情况下不宜采用。

2. 按尖轨断面形式分类

(1)普通钢轨断面尖轨

普通钢轨断面尖轨采用标准断面钢轨制造。尖轨刨切部分断面较弱,需在轨腰两侧设补强板进行加强。补强板的长度为尖端到轨头和轨底刨切起点之间,两侧补强板用螺栓与钢轨联结在一起,如图2—2—7所示。

普通钢轨断面尖轨因轨底重叠在基本轨轨底上,尖轨轨底需要刨切。为减少轨底刨切量并增加尖轨的竖向和横向刚度,尖轨顶面比基本轨轨顶高6 mm,由此造成了列车过岔的垂直不平顺,这是普通钢轨断面尖轨的一个显著缺点。另外,加工补强板、钻孔等也增加了加工制造的工作量。

(2)特种断面钢轨

我国采用矮型特种断面钢轨(简称AT轨)。现已推广使用的50AT1钢轨(原50AT钢轨)和60AT1钢轨(原60AT钢轨,图2—2—8)高度均比同轨型普通钢轨低24 mm。使用时在AT轨下设置滑床台,跟部锻压成同轨型普通钢轨断面与导轨连接。75 kg/m钢轨道岔也用60AT1轨制造尖轨,不设轨底坡时滑床台高度为48 mm。

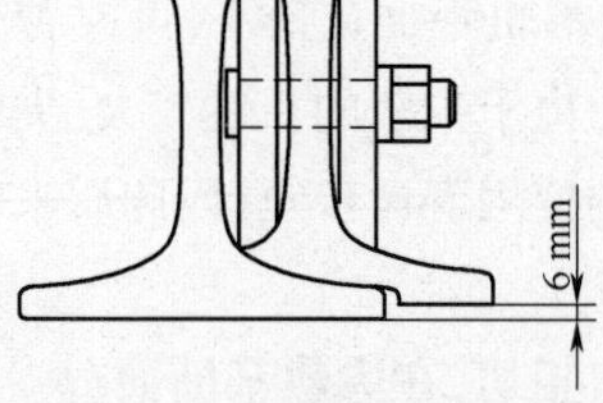

图2—2—7 普通钢轨断面尖轨示意

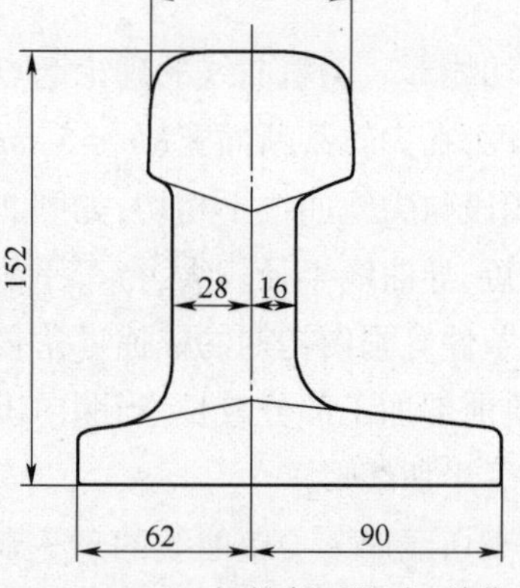

图2—2—8 60AT1钢轨断面尺寸(单位:mm)

AT轨的主要优点如下:

①取消了普通钢轨尖轨6 mm抬高量,消除了列车过岔时的垂直不平顺,可提高道岔直股过岔速度。

②AT轨整体性强,刚度大,在使用中不易出现拱腰鼓肚现象,养护维修工作量小。

③AT轨下可设置较高的滑床台,可将基本轨轨底扣住,提高了基本轨的稳定性和道岔的整体性。

④由于滑床台较高,可减小沙、雪的影响,提高行车的安全性。

3. 按尖轨尖端与基本轨接触形式分类

(1)贴尖式

“75”型道岔均采用贴尖式(参见图2—2—7),基本轨轨颚不刨切,加工简单,备品方便。

(2)藏尖式

“92”型道岔和提速道岔尖轨采用藏尖式(图2—2—9),将尖轨尖端藏在基本轨工作边内,以保护尖端不被车轮轧伤,并使尖轨在动荷载作用下保持良好的竖向稳定。因基本轨轨颚需要刨切,要求基本轨和尖轨的刨切面接触良好,加工要求严格,并需备用曲、直基本轨。

4. 按尖轨跟端构造形式分类

(1)间隔铁式(活接头式)

间隔铁式尖轨如图2—2—10所示,采用间隔铁保持基本轨与尖轨、导轨的间隔尺寸,并设内外轨撑与辙跟垫板联结,以保持辙跟不爬行、不跳动。在跟部设双头螺栓保持间隔铁与夹板的距离,以使尖轨扳动灵活。但尖轨跟部不能固定,形成活接头,稳定性较差,容易发生病害。

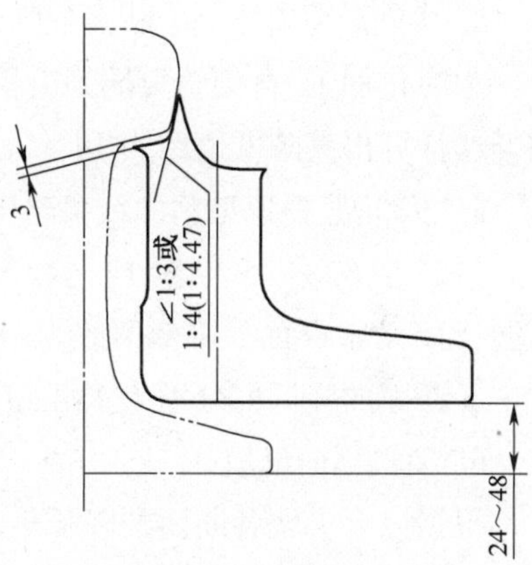

图2—2—9　藏尖式尖轨示意

(单位:mm)

(2)可弯式

可弯式尖轨如图2—2—11所示。尖轨跟部采用普通钢轨接头形式,用间隔铁或扣件保持与基本轨的距离,“92”型道岔还用轨撑保持跟部位置和稳定性。为减小扳动力,12号道岔在尖轨固定位置前将尖轨轨底一侧或两侧刨掉一部分(长1～2 m),成为柔性点,尖轨便可围绕该点转动和弹性弯曲。可弯式尖轨结构简单、稳定、易于保养,比活接头尖轨有较大的优越性,但尖轨较长,如果不设置第二拉杆,扳动后尖轨非工作边与基本轨间的轮缘槽往往小于容许值(65 mm),所以“92”型和提速12号和18号单开道岔可弯尖轨均设第二拉杆。

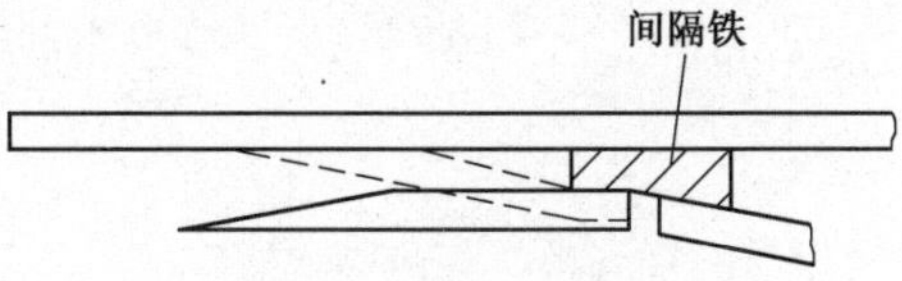

图2—2—10　间隔铁式尖轨示意

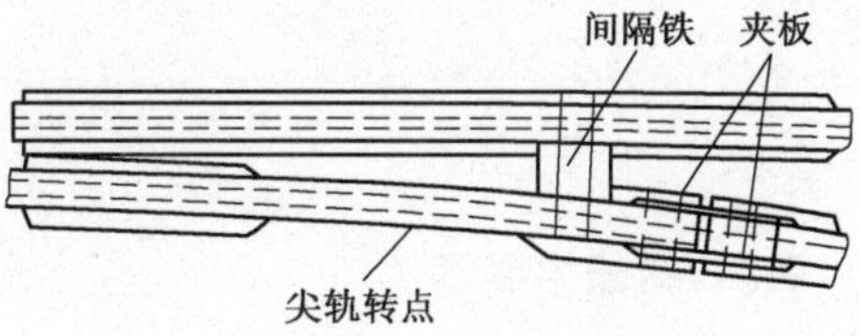

图2—2—11　可弯式尖轨示意

(二)尖轨降低值

尖轨降低值直接影响行车平稳性和尖轨的使用寿命。我国尖轨各部位采用以下降低值。

1. 尖轨尖端降低值

尖轨尖端的降低值不应大于车轮轮缘高度25 mm,以免车轮逆向进岔时爬上尖轨。另外还应考虑在轮缘最大垂直磨耗18 mm、基本轨轨顶也有一定垂直磨耗时也不会轧伤尖轨尖端。经过多年实践证明,尖轨尖端降低值采用 23 mm 是安全可靠的。

2. 尖轨轨头宽 20 mm 断面处降低值

在尖轨轨头宽 20 mm 处,基本轨与尖轨共同承受车轮的垂直荷载。因车轮踏面有1∶20和 1∶10 的坡度,因此在此断面处尖轨应有一定的降低值,一般采用 2~4 mm。

3. 尖轨轨顶降低始点(与基本轨顶面同一水平)断面宽度

为了保证行车安全,当具有最小轮背距和轮缘极限磨耗的轮对紧贴一侧基本轨,另一侧车轮踏面外侧圆弧相接触的尖轨轨顶宽度为 50 mm 时,确定为轨顶降低始点。《铁路线路修理规则》中规定,在尖轨顶面宽 50 mm 及以上断面处,尖轨顶面不得低于基本轨顶面 2 mm及以上,以免轮对挤宽轨距或挤翻基本轨。

4. 尖轨轨头宽 5 mm 断面处降低值

为简化加工,自尖轨尖端到尖轨轨头宽 20 mm 断面间可采用一个坡度刨切,因此,可用内插法计算出其降低值约为 14 mm,实际采用值为 14~18 mm。

5. "92"型、提速道岔曲线尖轨降低值

"92"型 60 kg/m 钢轨 12 号单开道岔试铺试验时,尖轨前部磨耗剥离掉块严重,经研究试验,将 5 mm 断面处降低值改为 18 mm、20 mm 断面处降低值改为 4 mm。提速道岔 5 mm、20 mm 断面的降低值分别为 14 mm、4 mm。

6. 尖轨顶面纵坡

根据以上尖轨各断面的降低值,可绘制出尖轨顶面的纵坡,如图 2—2—12 所示。可以看出,尖轨轨头宽 50 mm 以后部位完全承受车轮的压力;尖轨轨头宽 20 mm 以前完全由基本轨承受车轮的压力;尖轨轨头宽 20~50 mm 部分为车轮荷载的过渡段。

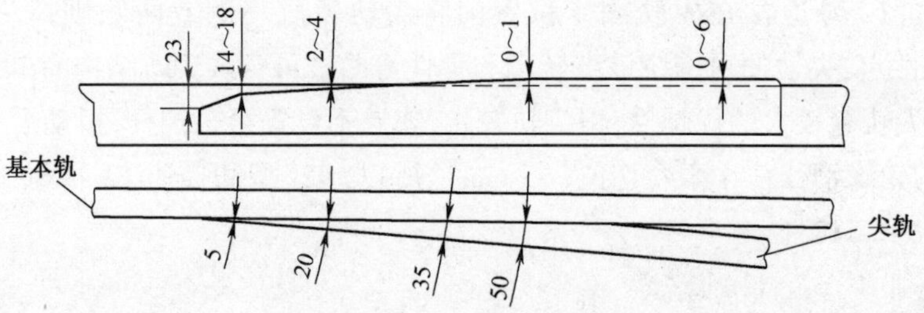

图 2—2—12　尖轨顶面纵坡示意(单位:mm)

四、转辙器主要零件

转辙器的主要联结零件,"75"型、"92"型和提速道岔均有所不同,现分别加以说明。

(一)道岔顶铁

道岔顶铁设置在尖轨轨头刨切起点之后的尖轨或基本轨轨腰上,其作用是保持尖轨与基本轨的距离,将尖轨所受的水平力传递给基本轨,并防止尖轨跳动。

"75"型道岔顶铁如图 2—2—13 所示,由扁钢热弯成型,"92"型道岔和提速道岔顶铁如图 2—2—14 所示,由方钢锻制。部分提速道岔也采用铸造顶铁,如图 2—2—15 所示。当顶铁与轨腰的间隙大于 1 mm 时,可用顶铁调整片调整。

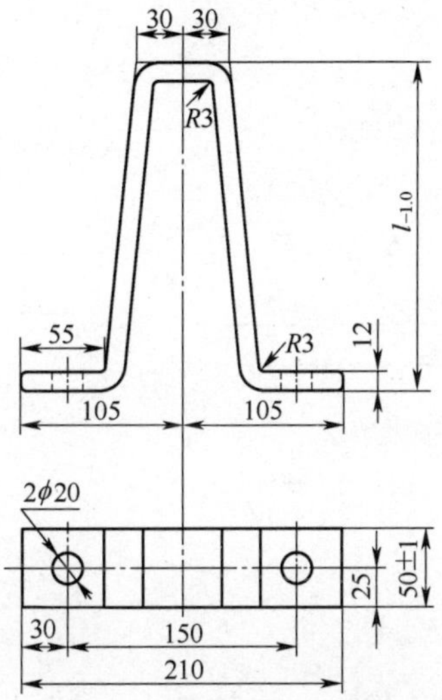

图 2—2—13 “75”型道岔顶铁(单位:mm)

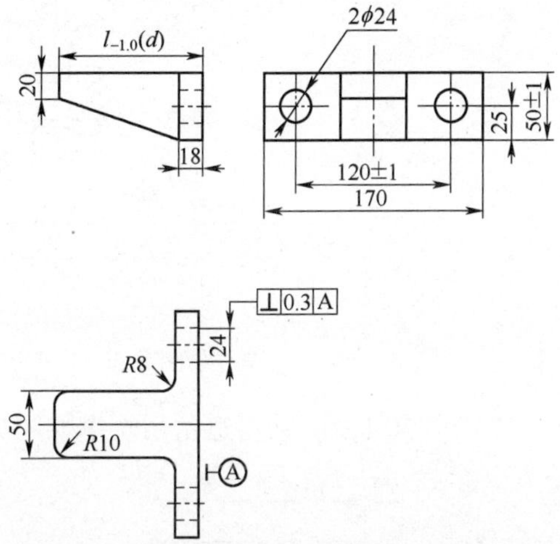

图 2—2—14 “92”型、提速道岔顶铁(单位:mm)

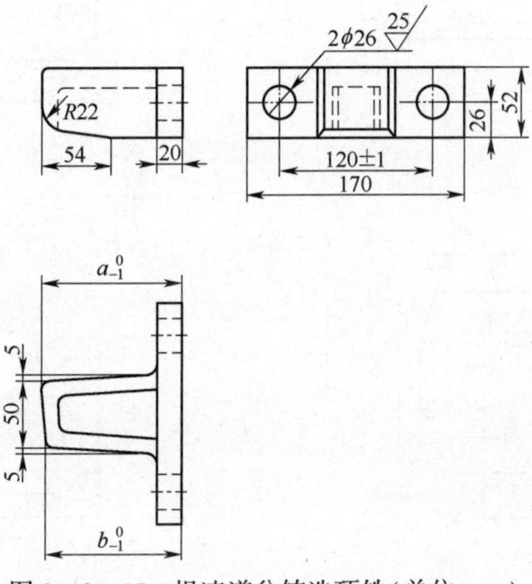

图 2—2—15 提速道岔铸造顶铁(单位:mm)

(二)轨撑

轨撑一般安设在转辙器基本轨外侧,以防止基本轨横向移动和外翻,起到控制基本轨轨头位移的作用。

1.“75”型道岔用轨撑

“75”型道岔轨撑为双墙式,铁垫板上冲长方孔,上焊圆孔铁座,用两个 φ22 mm 的垂直螺栓将轨撑与垫板相结,用一个水平螺栓与基本轨相联结。轨撑与垫板的联结组装如图 2—2—16所示。

双墙式轨撑的优点是与铁垫板和钢轨的联结较为牢固,缺点是难以调整基本轨的横向位置。

双墙式轨撑除安设在基本轨外侧以外,也可用于导曲线钢轨和护轨,此时可不设与钢轨联结的水平螺栓。

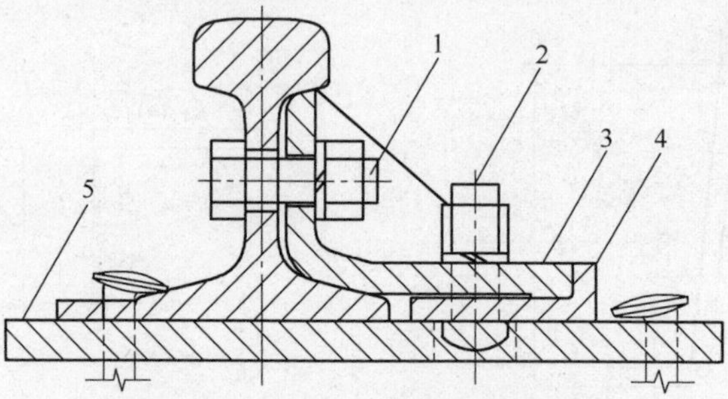

图 2—2—16 “75”型道岔轨撑组装

1—六角螺栓;2—长方头螺栓;3—轨撑;4—铁座;5—垫板

“75”型 50 kg/m 钢轨道岔用轨撑如图 2—2—17 所示。

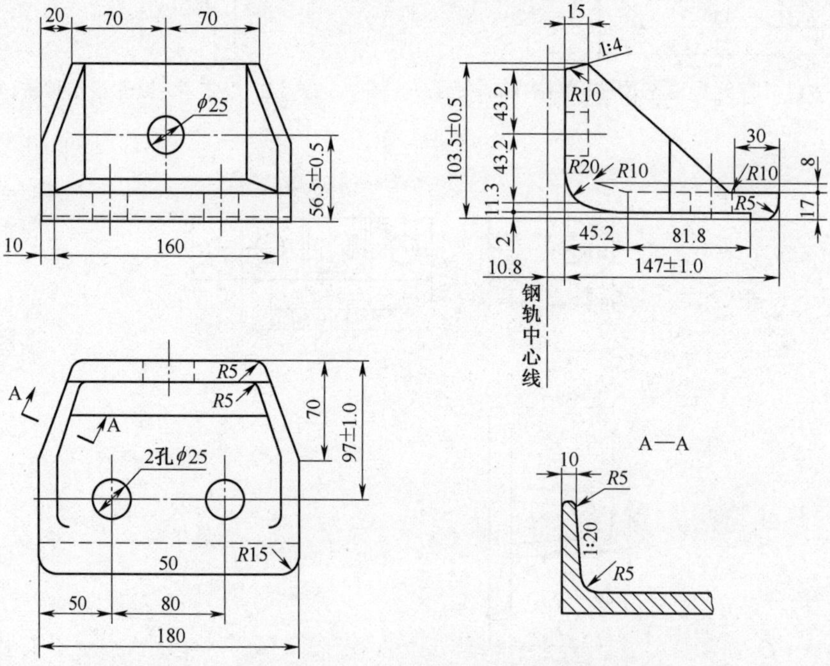

图 2—2—17 “75”型 50 kg/m 钢轨道岔用轨撑结构(单位:mm)

2. “92”型道岔用轨撑

“92”型道岔用轨撑结构形式如图 2—2—18 所示,为可调式轨撑,由轨撑、调整楔、垫板挡铁、两个垂直螺栓和一个水平螺栓组成。通过调整楔高低位置的变化来调整基本轨的横向位置,即当调整楔的螺栓拧紧时,可把基本轨固定在滑床板上。调整楔设有突出部分卡在轨撑内,可阻止基本轨爬行。“92”型 60 kg/m 钢轨道岔用轨撑和调整楔分别如图 2—2—19 和图 2—2—20 所示。

轨撑的横向调整范围为±6 mm,出厂时调整楔上表面不应低于挡铁顶面,以免在使用磨耗后调整楔很快落地,失去调整作用。

3. 提速道岔用轨撑

提速道岔由于采用弹性扣件,因此研制了弹条扣压的轨撑,如图 2—2—21 所示。轨撑的横向位置可以通过变动调整块的上下位置和调边使用来进行调整。

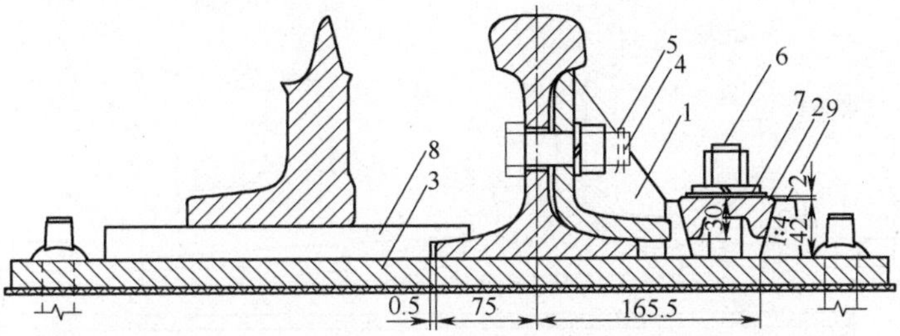

图 2—2—18 “92”型道岔用轨撑结构(单位:mm)

1—轨撑;2—调整楔;3—滑床板;4—六角螺栓;5—开口销;6—沉头螺栓;7—平垫圈;8—滑床台;9—挡铁

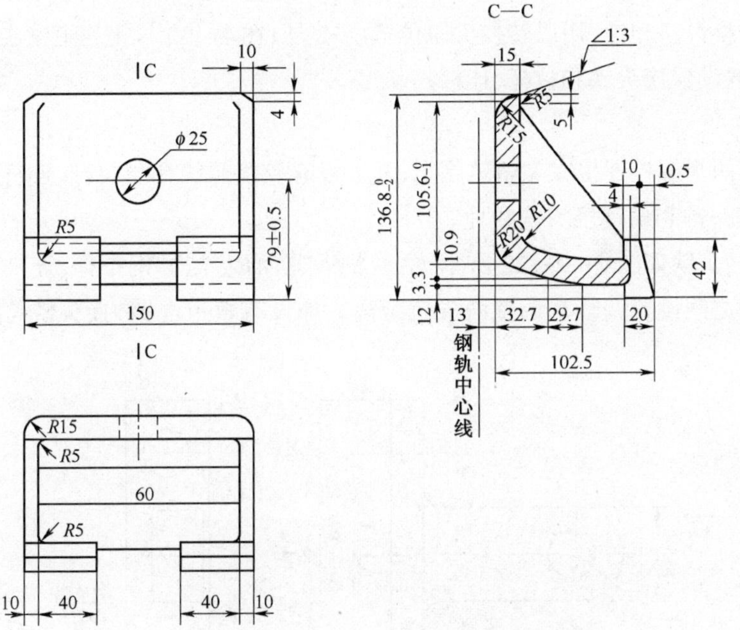

图 2—2—19 “92”型 60 kg/m 钢轨道岔用轨撑(单位:mm)

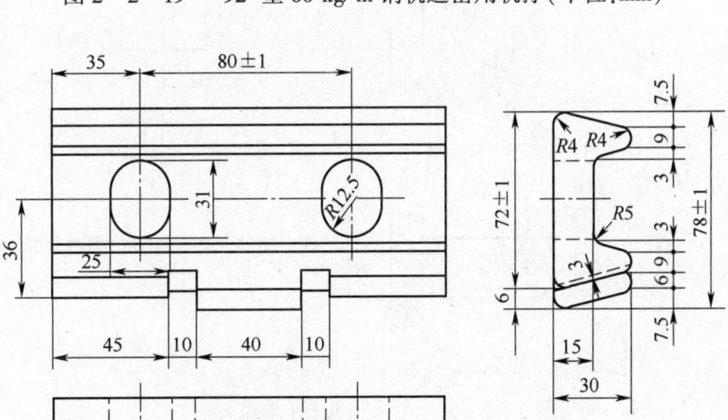

图 2—2—20 “92”型 60 kg/m 钢轨道岔用调整楔(单位:mm)

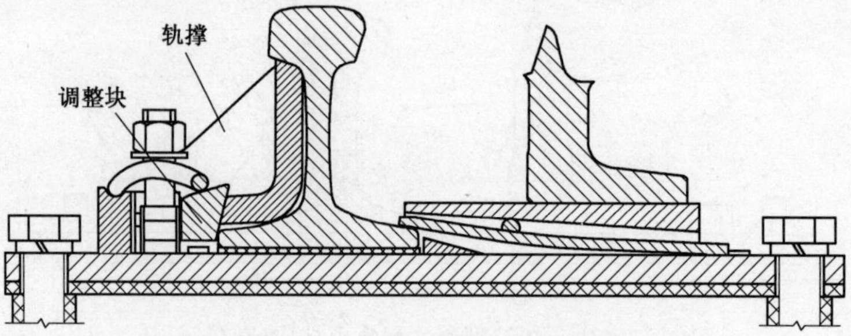

图 2—2—21　提速道岔用轨撑结构

(三)道岔接头铁、拉杆及连杆

道岔接头铁、拉杆及连杆是连接两尖轨以增强尖轨的框架刚度、提高尖轨稳定性的设备。拉杆与转换设备相连,用以转换尖轨位置。12 号、18 号、30 号提速道岔尖轨采用分动转换,因此不需要设置接头铁和拉杆、连杆。

1. 接头铁

接头铁用两个螺栓连接在尖轨轨腰上,其上设有铰接螺栓孔与拉杆、连杆相连。目前主要使用 T 形接头铁和扁钢接头铁两种。

(1)T 形接头铁如图 2—2—22 所示,由型钢锻造而成,与方钢拉杆、连杆配合使用。在接头铁与尖轨之间设置调整片调整两尖轨距离。如设有轨道电路,接头铁与尖轨之间应设置绝缘。

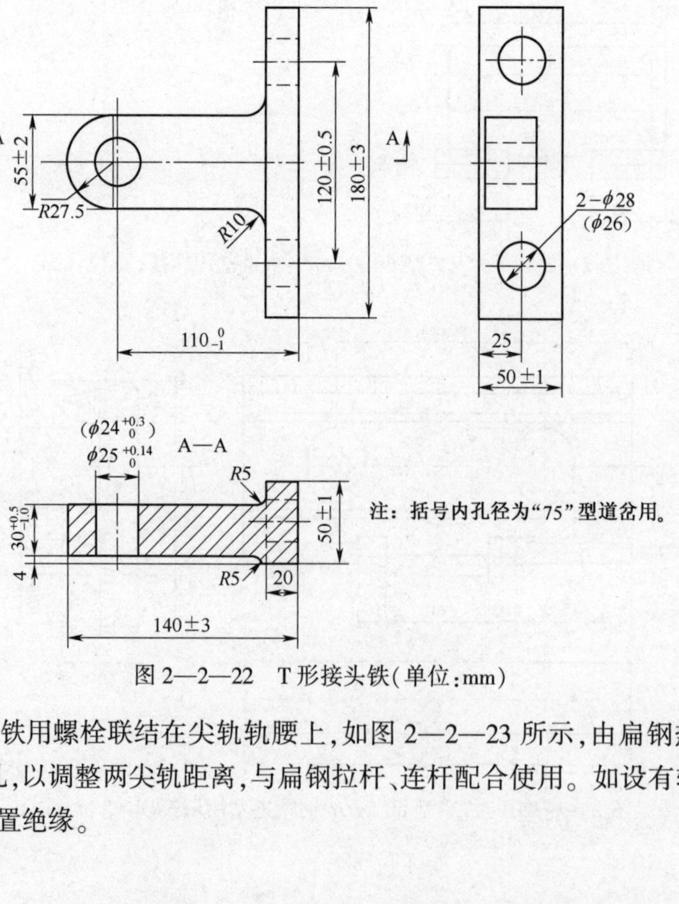

图 2—2—22　T 形接头铁(单位:mm)

(2)扁钢接头铁用螺栓联结在尖轨轨腰上,如图 2—2—23 所示,由扁钢热弯成型,其上设 3 个铰接螺栓孔,以调整两尖轨距离,与扁钢拉杆、连杆配合使用。如设有轨道电路,在拉杆、连杆的中部设置绝缘。

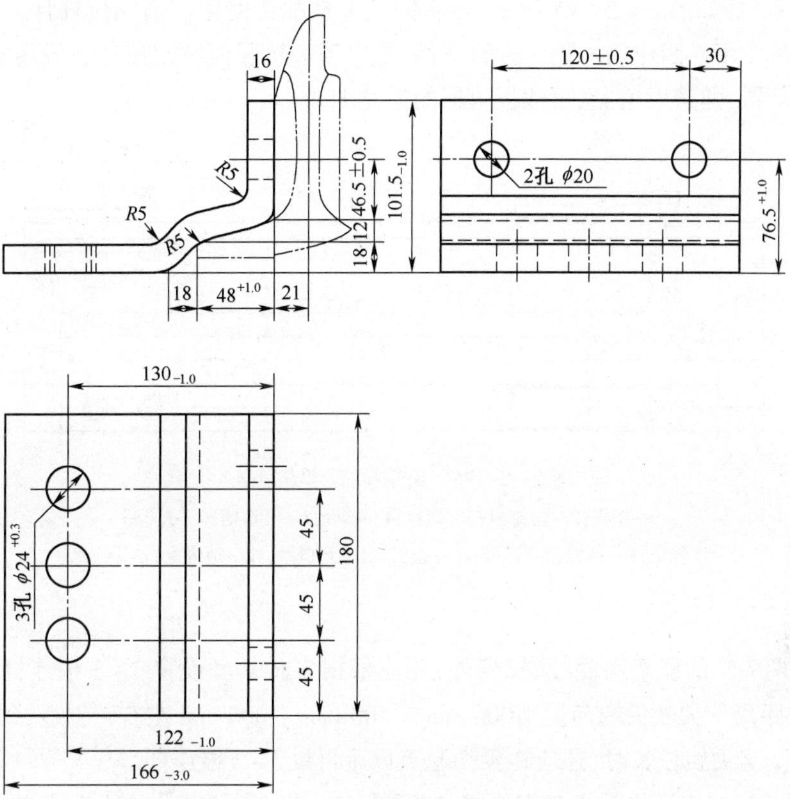

图 2—2—23　50 kg/m 钢轨道岔用扁钢接头铁(单位:mm)

2. 拉杆

拉杆一般设在尖轨尖端后两个岔枕之间,“75”型和“92”型道岔距尖轨尖端 380 mm,提速道岔距尖轨尖端约 440 mm。在拉杆中部设 4 个螺栓孔连接转换设备的杆架,以拉动尖轨。对于可弯尖轨的道岔,还应在尖轨轨头刨切起点附近设第二拉杆,以保证基本轨与尖轨的密贴以及最小轮缘槽不小于 65 mm。单开道岔使用的拉杆有方钢拉杆和扁钢拉杆两种。

(1)方钢拉杆如图 2—2—24 所示,与 T 形接头铁配合使用。因其设在尖轨轨腰中部位置,对防止尖轨假密贴效果较好,是目前使用的主要形式。

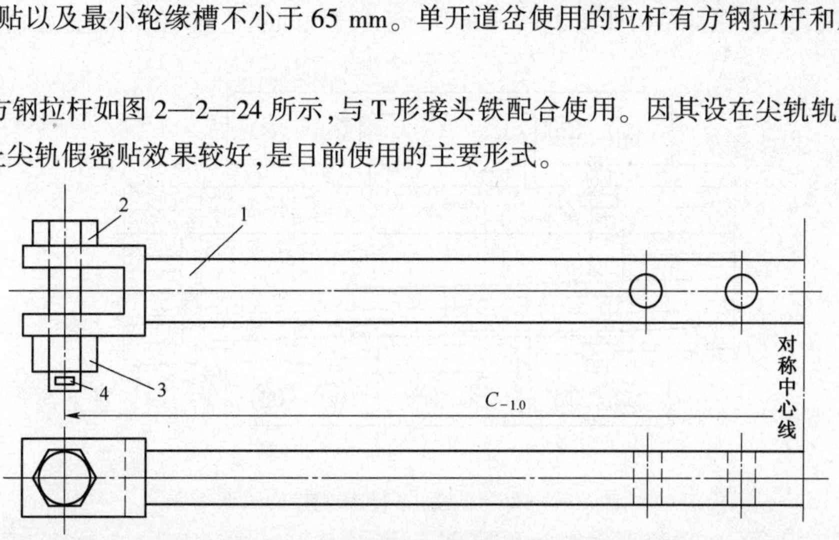

图 2—2—24　方钢拉杆(单位:mm)

1—方拉杆;2—螺栓;3—螺母;4—开口销

(2)扁钢拉杆如图2—2—25所示,与扁钢接头铁配合使用。扁钢拉杆伸入基本轨轨底对尖轨有防跳作用。因作用力偏于尖轨下部,易出现尖轨假密贴现象。一般用于牵纵拐肘、握柄道岔表示器、弹簧扳道器、重锤扳道器的道岔上。

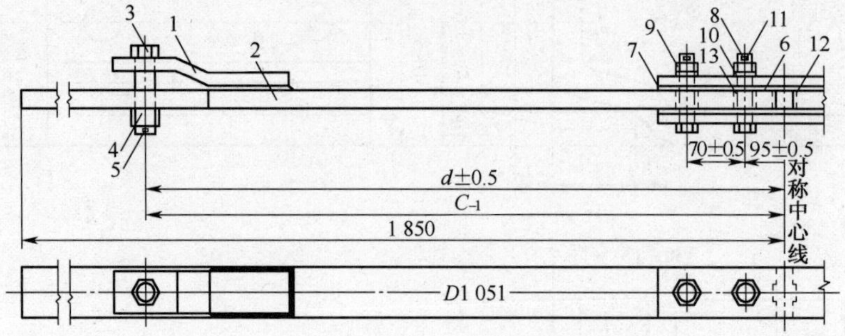

图2—2—25　扁钢拉杆(单位:mm)

1—扣板;2—短拉板;3—螺栓;4—螺母;5—开口销;6—夹板;

7—绝缘垫;8—螺栓;9—螺母;10—垫圈;11—开口销;12—绝缘塞;13—绝缘管

3. 连杆

为增强两尖轨的框架刚度,除拉杆外,还应根据尖轨长度设置1~3根连杆。相邻连杆(或拉杆)的距离从尖轨尖端向后1 000 mm、1 500 mm、2 000 mm左右,一般设到尖轨轨头刨切起点前后。当尖轨较长时,还应在刨切起点以后再设1~2根连杆。

"75"型道岔的连杆均采用扁钢形式,如图2—2—25所示,如为不设轨道电路的道岔,可取消中部的绝缘装置。"92"型道岔连杆均采用方钢形式,与拉杆相同,但取消了拉杆中部的4个螺栓孔。

(四)尖轨跟部构造

尖轨跟部构造主要有活接头式、"92"型可弯式和提速道岔可弯式三种形式。

1. 活接头式尖轨跟部结构

活接头式尖轨跟部结构如图2—2—26所示,由辙跟间隔铁、辙跟夹板、辙跟内外轨撑、

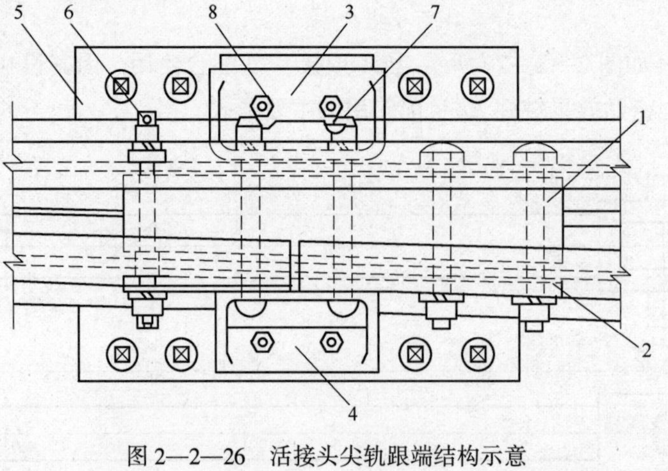

图2—2—26　活接头尖轨跟端结构示意

1—辙跟间隔铁;2—辙跟夹板;3—辙跟外轨撑;4—辙跟内轨撑;

5—辙跟垫板;6—双头螺栓;7—辙跟螺栓;8—长方头螺栓

双头螺栓、辙跟垫板及联结螺栓等组成;“75”型道岔和“92”型、提速 9 号道岔尖轨采用此种结构。现以 50 kg/m 钢轨道岔为例介绍如下。

(1)辙跟间隔铁用以保持辙跟轮缘槽宽度,并与辙跟夹板配合,将基本轨、尖轨及导轨联为一体,一般采用五孔间隔铁。间隔铁用可锻铸铁铸造。

间隔铁上下耳肩与钢轨接触,其接触面应进行机械加工。间隔铁两侧面不与钢轨轨腰接触,留有 2~3 mm 空隙,以减少加工量。上耳比下耳宽度窄 2 mm,以免耳边外露。间隔铁前部靠尖轨一侧的耳宽一般需要减小,以免与车轮相碰。“75”型 50 kg/m 钢轨道岔用辙跟间隔铁如图 2—2—27 所示。

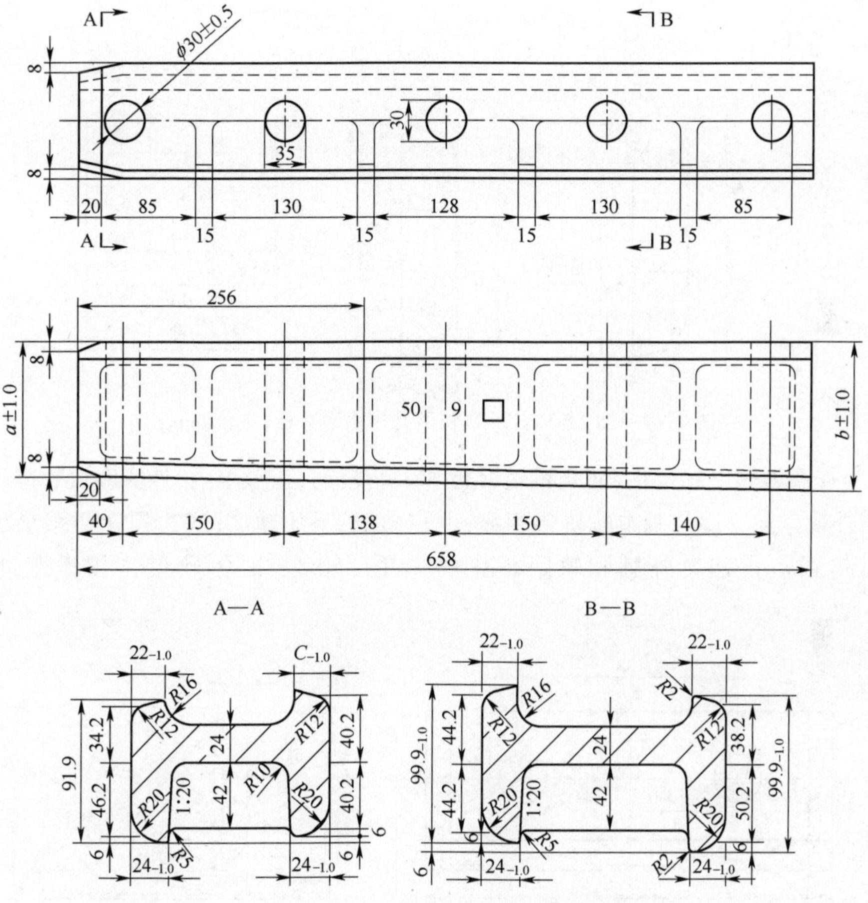

图 2—2—27 “75”型 50 kg/m 钢轨道岔用辙跟间隔铁(单位:mm)

(2)辙跟夹板与辙跟间隔铁一起将尖轨、基本轨和导轨联为一体,一般采用厚 24 mm 的钢板制造。

为使尖轨能在辙跟间隔铁和辙跟夹板之间转动,辙跟夹板需在相对辙跟轨缝中心处进行弯折,弯折支距根据尖轨在夹板前端的扳动距离计算确定。夹板弯折后突出尖轨工作边之外,与车轮轮缘相碰,故应对弯折部分的夹板顶部进行刨切,其刨切宽度与弯折支距相同,深度从轨顶向下不小于 50 mm。50 kg/m 钢轨道岔用辙跟夹板如图 2—2—28所示。

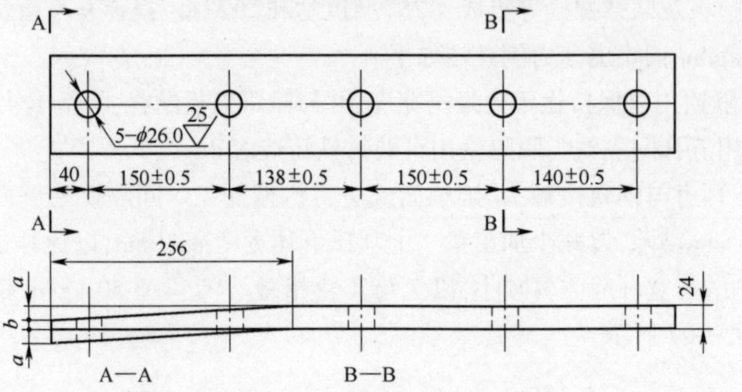

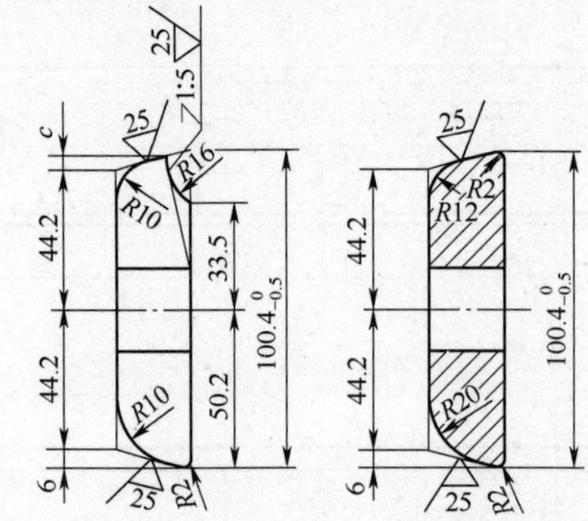

a	b	c
2	22	5.5
4	20	5.0
6	18	4.5
8	16	4.0
10	14	3.5
12	12	3.0

图 2—2—28　50 kg/m 钢轨道岔用辙跟夹板（单位：mm）

（3）为提高辙跟的稳定性，防止钢轨爬行和尖轨跳动，在辙跟内、外侧应设轨撑。

辙跟外轨撑前立墙与基本轨轨腰相靠，上顶轨颚，下压轨底，底边顶在辙跟垫板的挡肩上。轨撑起到防止钢轨外翻和轨距扩张的作用。50 kg/m 钢轨道岔用辙跟外轨撑如图 2—2—29 所示。

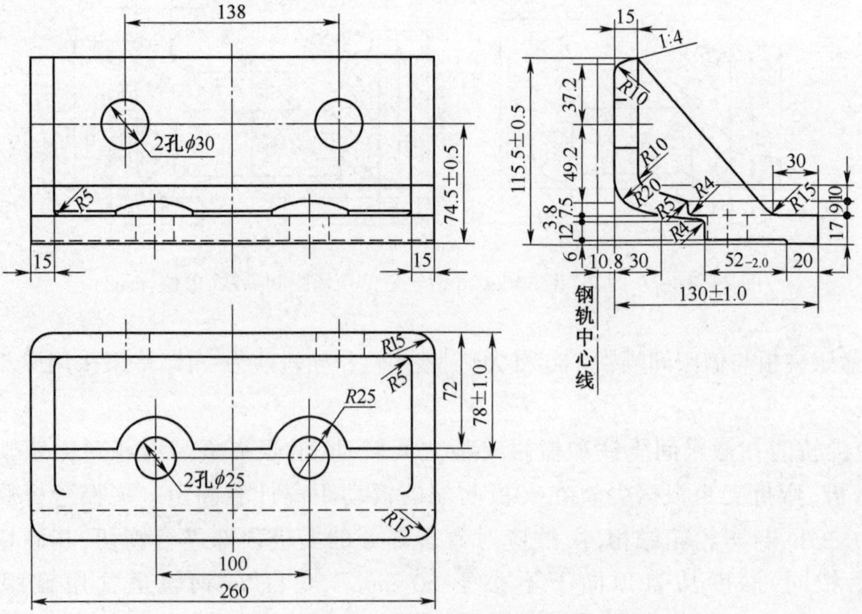

图 2—2—29　50 kg/m 钢轨道岔用辙跟外轨撑（单位：mm）

辙跟内轨撑设在辙跟夹板一侧,立墙底部与尖轨轨底留有空隙,尖轨可自由扳动。立墙设方形螺栓孔,以便卡住辙跟螺栓跟部紧固防松。底板设长圆孔,以方便调整内轨撑与辙跟垫板的联结。50 kg/m 钢轨道岔用辙跟内轨撑如图 2—2—30 所示。

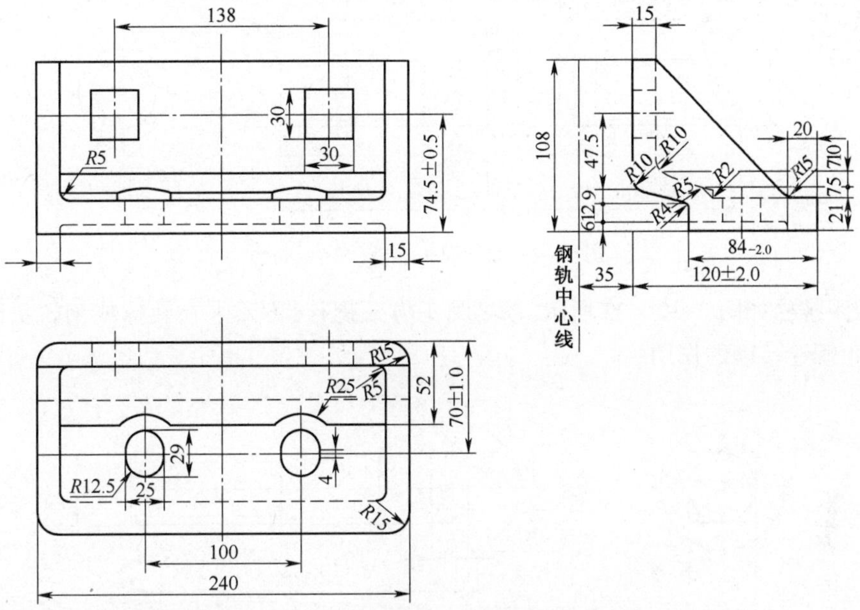

图 2—2—30　50 kg/m 钢轨道岔用辙跟内轨撑(单位:mm)

(4)为提高辙跟接头的稳定性,一般设桥式垫板,将内、外轨撑联结在垫板上,可参见图 2—2—26。50 kg/m 钢轨 9 号道岔用辙跟垫板如图 2—2—31 所示。

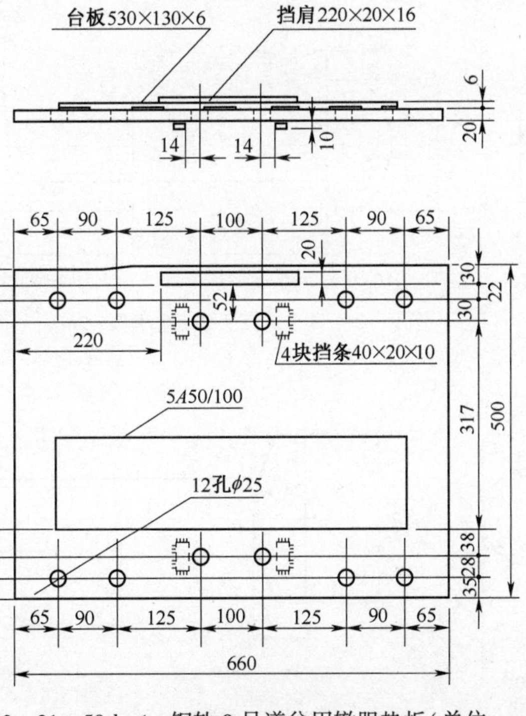

图 2—2—31　50 kg/m 钢轨 9 号道岔用辙跟垫板(单位:mm)

(5)辙跟联结零件

①双头螺柱如图 2—2—32 所示，粗径部分位于尖轨轨腰螺栓孔内，在间隔铁和夹板之间起撑开作用，以保证尖轨能够自由转动。螺柱两端设开口销以防止螺母脱落。

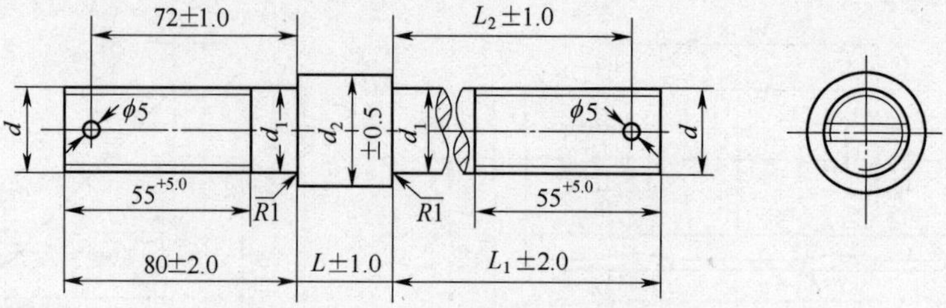

图 2—2—32　双头螺柱(单位:mm)

②辙跟螺栓如图 2—2—33 所示，系半圆头方颈螺栓，方颈卡在轨撑或钢轨垫圈的方孔内，起防止螺栓转动的作用。

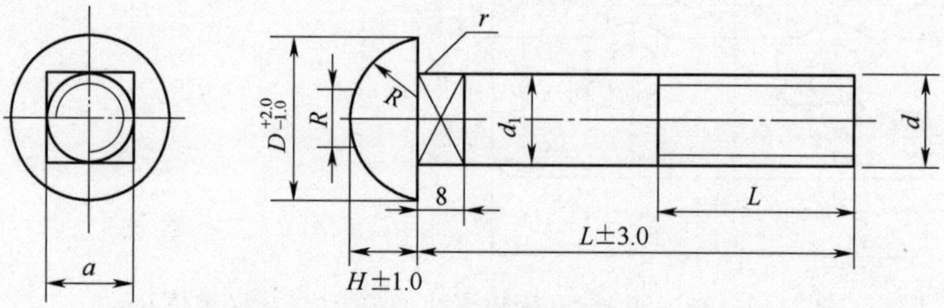

图 2—2—33　方颈螺栓(单位:mm)

③T 形螺栓用于轨撑和辙跟垫板的联结。“75”型道岔采用长方头螺栓，如图 2—2—34 所示，“92”型道岔采用长方沉头螺栓，如图 2—2—35 所示。

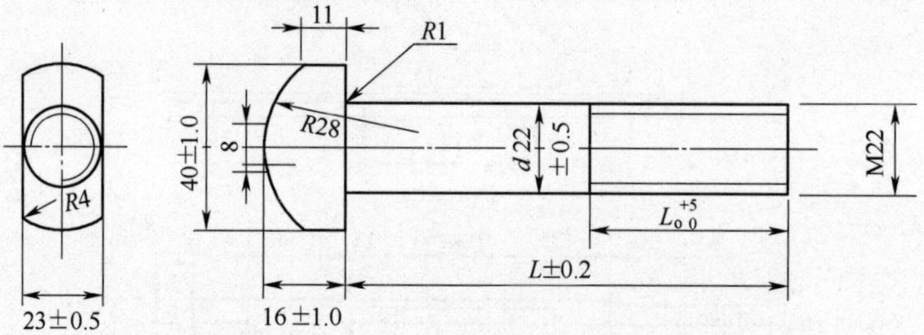

图 2—2—34　长方头螺栓(单位:mm)

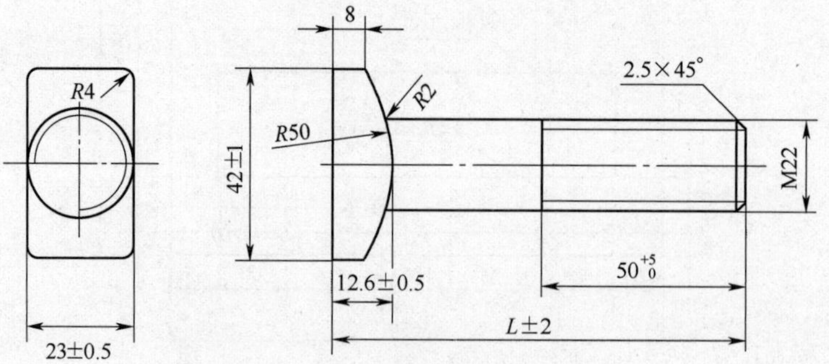

图 2—2—35　T 形螺栓(单位:mm)

2. “92”型可弯式尖轨跟部结构

与普通线路接头一样，可弯式尖轨跟端与导轨的联结也用两块接头夹板联结，尖轨与基本轨之间仍用间隔铁保持间距。“92”型 12 号和 18 号道岔采用 AT 可弯尖轨，其跟部结构主要由辙跟间隔铁、辙跟轨撑、两个可调轨撑、辙跟垫板及联结零件组成，如图 2—2—36 所示。

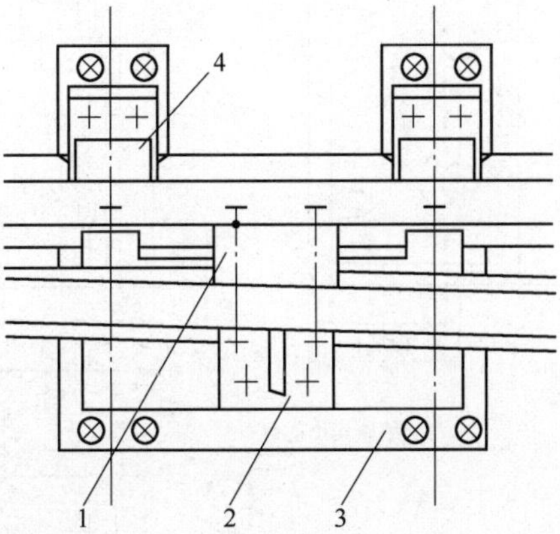

图 2—2—36 “92”型可弯式尖轨跟部结构

1—辙跟间隔铁；2—辙跟轨撑；3—辙跟垫板；4—可调轨撑

(1)60 kg/m 钢轨道岔用辙跟双孔间隔铁如图 2—2—37 所示，因其只起间隔作用，一般采用灰口铸铁制造。

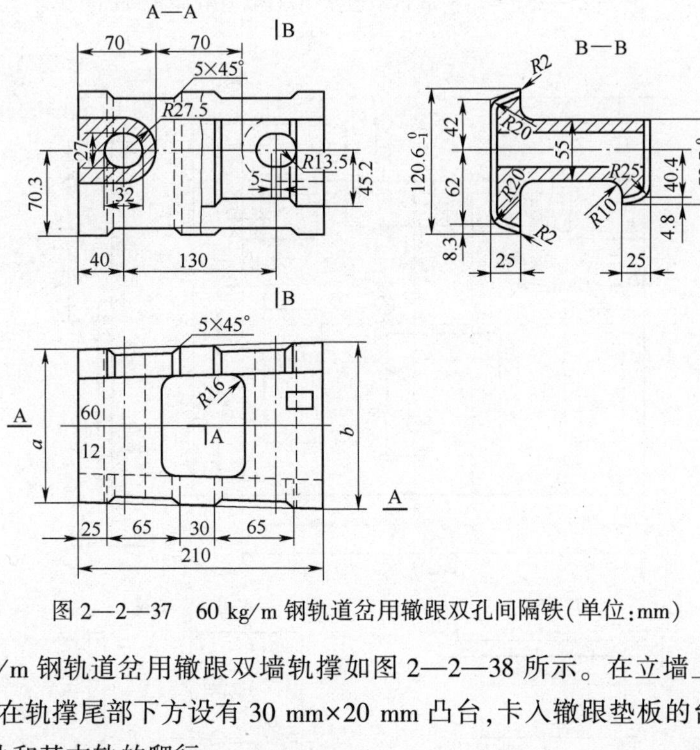

图 2—2—37 60 kg/m 钢轨道岔用辙跟双孔间隔铁(单位：mm)

(2)60 kg/m 钢轨道岔用辙跟双墙轨撑如图 2—2—38 所示。在立墙上设方孔，以防方颈螺栓转动。在轨撑尾部下方设有 30 mm×20 mm 凸台，卡入辙跟垫板的台板槽内，以固定轨撑，阻止尖轨和基本轨的爬行。

(3)60 kg/m 钢轨 12 号道岔用辙跟垫板如图 2—2—39 所示。其上设两块滑床台，可卡住基本轨轨底，一块台板承垫尖轨和辙跟轨撑，在台板上设槽，以卡住辙跟轨撑。两块挡铁为可调轨撑使用。

（4）可调轨撑及联结螺栓与滑床板用轨撑相同。

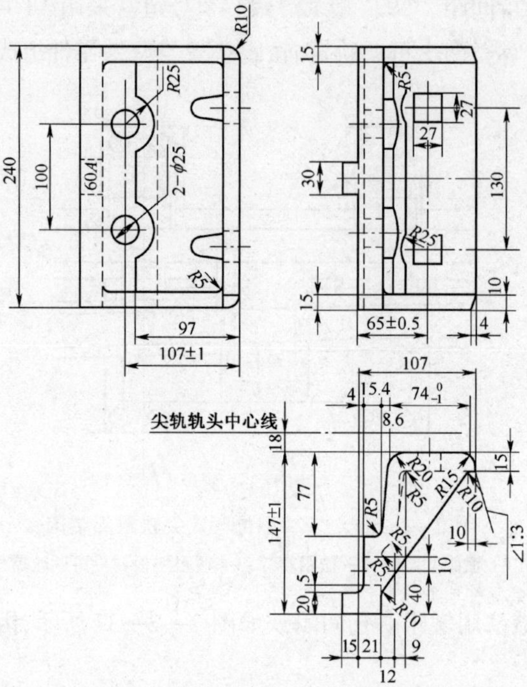

图 2—2—38　60 kg/m 钢轨道岔用双墙轨撑（单位：mm）

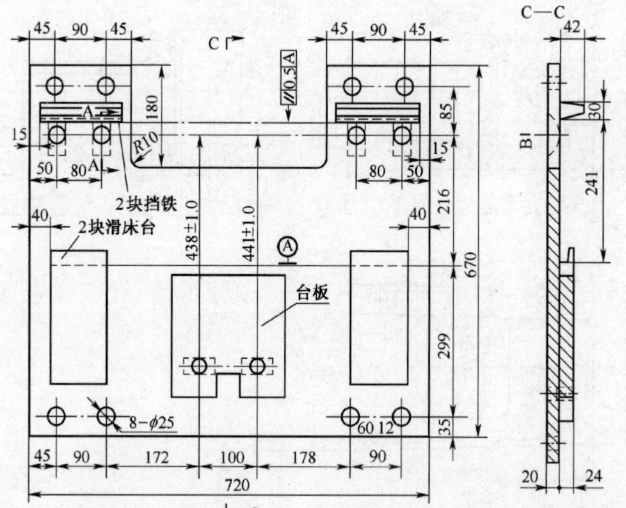

图 2—2—39　60 kg/m 钢轨 12 号道岔用辙跟垫板（单位：mm）

3. 提速道岔可弯式尖轨跟部结构

当道岔用于跨区间无缝线路时,辙叉后端的温度力要通过辙叉和导曲线钢轨传递到尖轨,再通过尖轨传递给基本轨,为此一般在尖轨跟端设传力结构。尖轨跟端结构有限位器式、间隔铁式两种类型。

(1)限位器式尖轨跟端结构如图 2—2—40 所示,其优点是可以释放钢轨产生的部分温度力,基本轨所受的温度附加力较小,但尖轨前端的位移较大,且当限位器受力较大时,在尖轨跟端容易形成小方向,影响行车的平稳性。根据道岔号码的不同,可以设置一个或多个限位器。

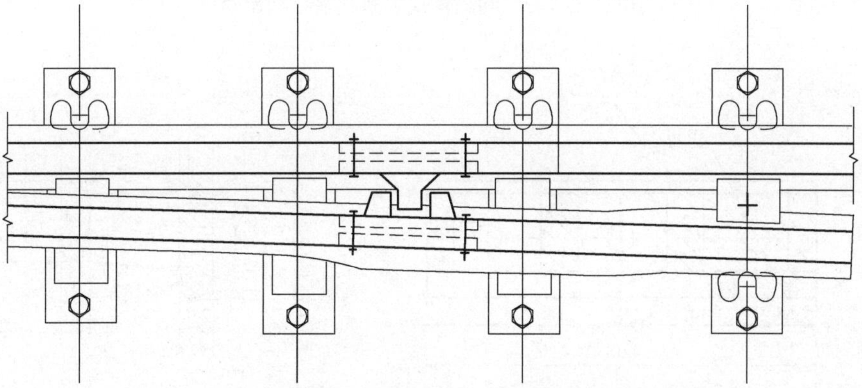

图 2—2—40　限位器式尖轨跟端结构

限位器采用子母块结构,铸钢材质,通过螺栓分别与基本轨、尖轨联结,子母块之间的间隙为 7~10 mm。60 kg/m 钢轨道岔用限位器子母块如图 2—2—41 所示。

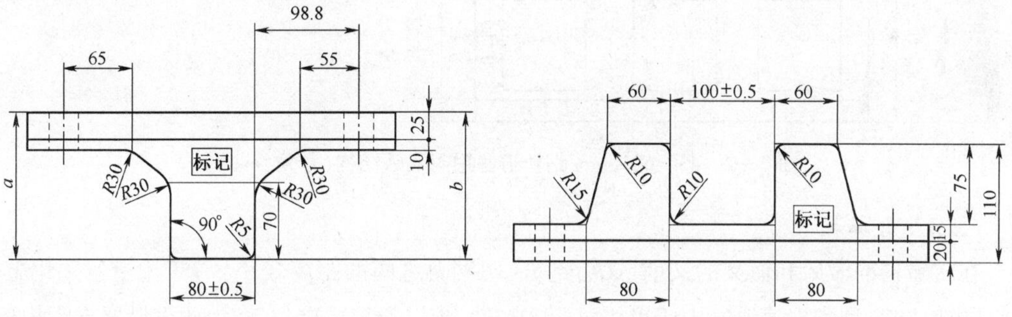

(a) 子块　　　　(b) 母块

图 2—2—41　60 kg/m 钢轨道岔用限位器子母块(单位:mm)

(2)间隔铁式尖轨跟端结构如图 2—2—42 所示,其优点是将尖轨与基本轨紧密联结,尖轨前端的位移较小,但基本轨承受的温度附加力较大。根据道岔号码的不同,可以设置一个或多个间隔铁。

间隔铁采用铸钢材质,侧面与钢轨轨腰全断面接触,通过高强度螺栓与基本轨、尖轨联结,60 kg/m 钢轨道岔用间隔铁结构如图 2—2—43 所示。

此外,提速标准的 50 kg/m 钢轨 9 号、60 kg/m 钢轨 9 号直线尖轨的道岔,尖轨跟端仍采用活接头结构,与“92”型道岔活接头结构基本相同。

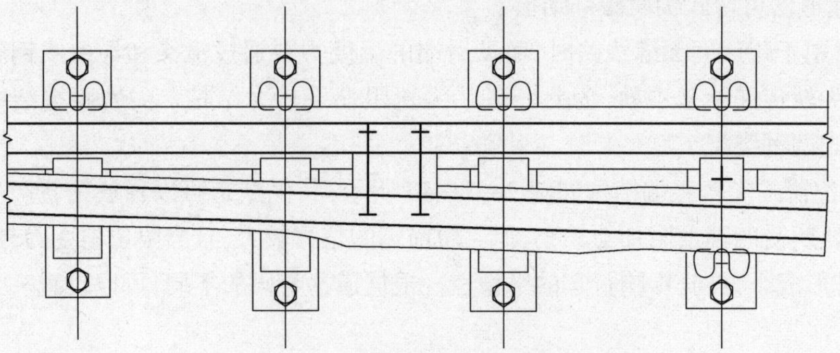

图 2—2—42　间隔铁式尖轨跟端结构示意

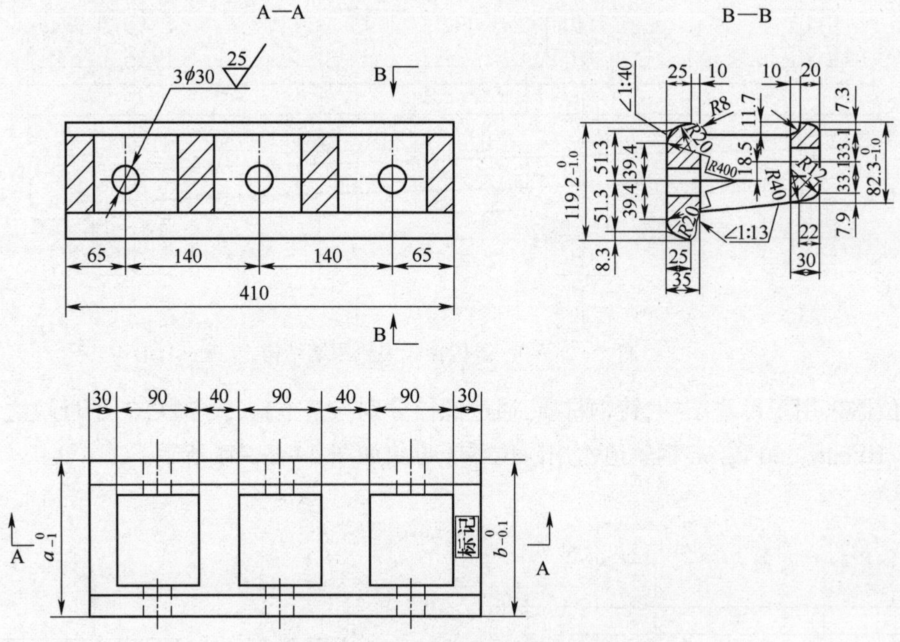

图 2—2—43　60 kg/m 钢轨道岔用间隔铁结构(单位:mm)

(五)支距扣板

在转辙器的辙后和辙叉的叉前、叉后部分,两钢轨之间的距离较小,"75"型道岔采用普通道钉联结,"92"型和提速道岔由于采用分开式扣件,难以安装标准扣件,为此需设置支距扣板。

1."92"型道岔用支距扣板

在两轨轨底相距较近时,采用单面支距扣板,如图 2—2—44 所示,沿钢轨纵向移动位置可调整扣板与轨底的距离,但调整量较小。

在两轨轨底相距较远时,采用双面支距扣板,如图2—2—45所示,可通过移动位置和上下翻面使用调整与轨底的距离,调整量较大。

2. 提速道岔用支距扣板

提速道岔用支距扣板采用弹条扣压,如图 2—2—46、图 2—2—47 所示。

(六)垫板

"75"型及"92"型道岔用垫板一般采用厚 20 mm、宽 180 mm 的扁钢制造,其上根据需要设挡肩、道钉孔等。

提速道岔用铁垫板分别采用厚 27 mm、宽 190 mm（木枕道岔）和厚22 mm、宽 170 mm（混凝土枕道岔）的扁钢制造，轨底坡通过机加工在铁垫板上形成。时速 120 km 及以下的提速标准混凝土枕道岔，采用厚 20 mm、宽 180 mm 的扁钢制造，不设轨底坡。

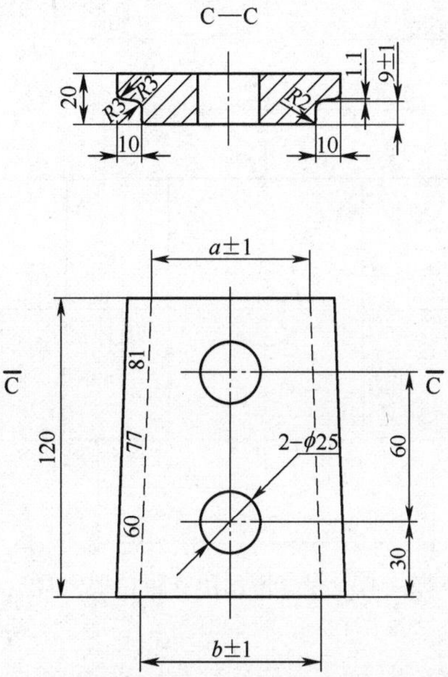

图 2—2—44 “92”型道岔用单面支距扣板（单位：mm）

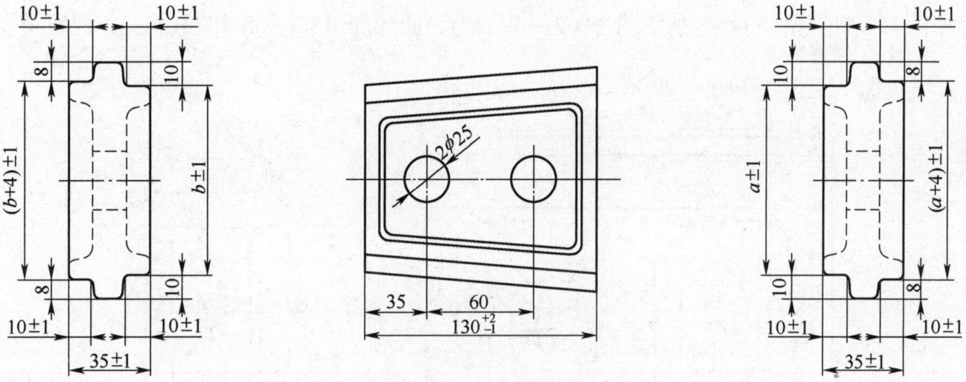

图 2—2—45 “92”型道岔用双面支距扣板（单位：mm）

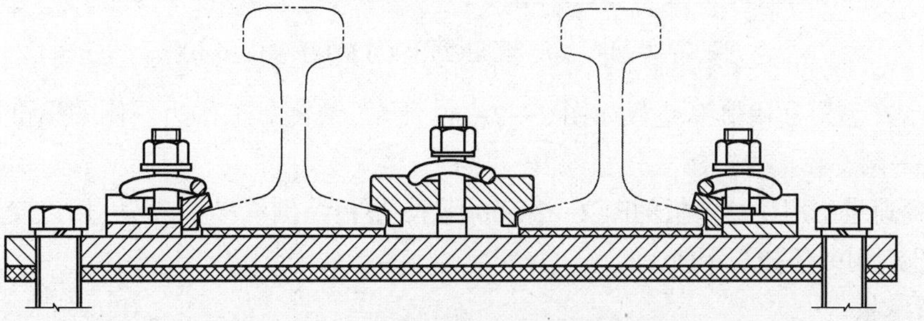

图 2—2—46 提速道岔用支距扣板安装

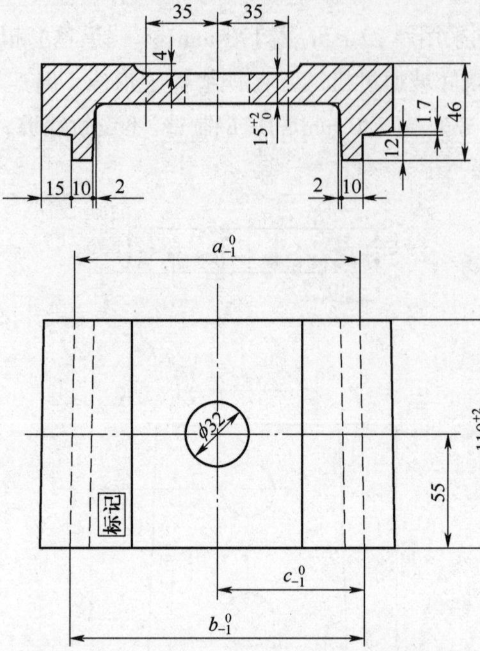

图 2—2—47　提速道岔用支距扣板(单位:mm)

1. 轨撑垫板

轨撑垫板安设在转辙器尖轨前基本轨下或导曲线钢轨下,以保持基本轨或导轨的横向稳定。

(1)"75"型道岔轨撑垫板如图 2—2—48 所示,通用于 43 kg/m 和 50 kg/m 钢轨道岔。

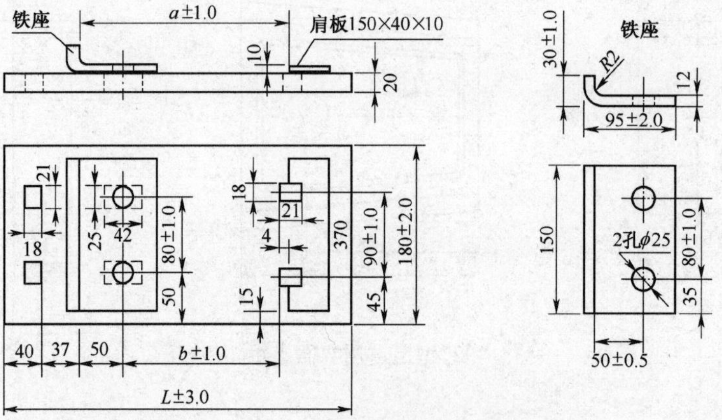

图 2—2—48　"75"型道岔用轨撑垫板(单位:mm)

(2)"92"型道岔用轨撑垫板如图 2—2—49 所示,钢轨非工作边一侧安设可调轨撑,钢轨工作边一侧安设 4 号扣板。

(3)提速道岔用轨撑垫板如图 2—2—50 所示,垫板一侧焊接 K 型铁,用以安装轨撑;另一侧设铁座,用弹条扣压钢轨。

2. 滑床板

滑床板是承垫基本轨并供尖轨滑动或承垫翼轨并供可动心轨滑动的垫板。

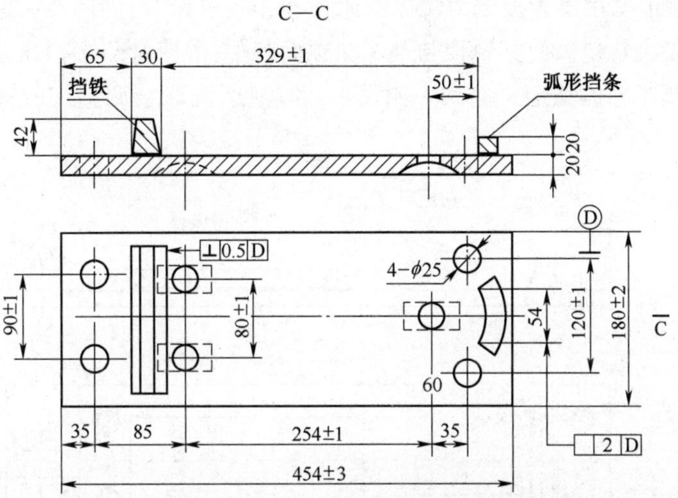

图 2—2—49 "92"型 60 kg/m 钢轨道岔用轨撑垫板(单位:mm)

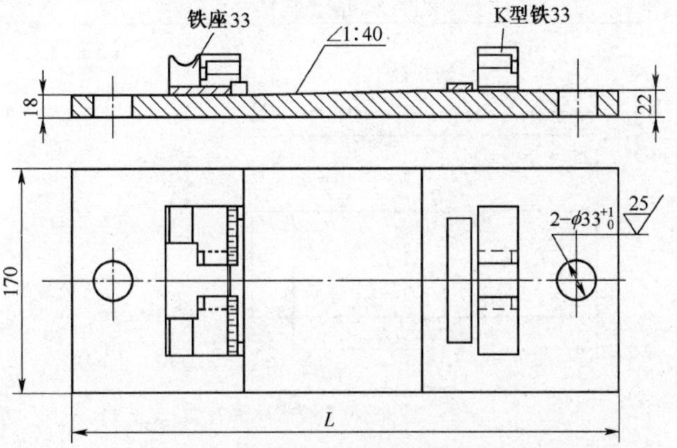

图 2—2—50 提速道岔用轨撑垫板(单位:mm)

(1)"75"型 50 kg/m 钢轨道岔用滑床板如图 2—2—51 所示。因尖轨抬高 6 mm,设有 6 mm厚滑床台。滑床台与基本轨轨底边距离 2 mm 左右,以保证基本轨和轨撑的正常安装。轨撑设在铁座上,用两个长方头螺栓与垫板联结。

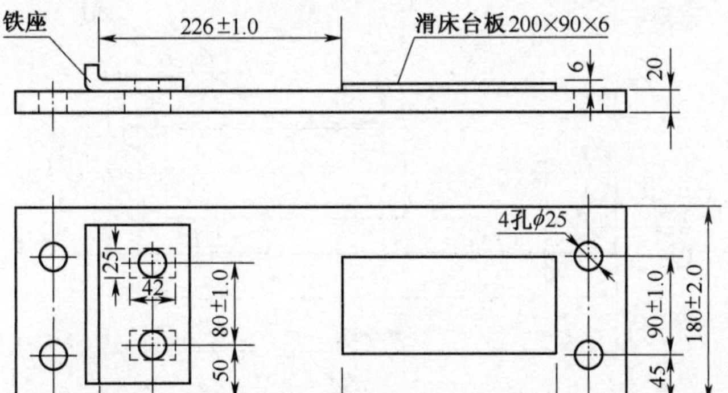

图 2—2—51 "75"型 50 kg/m 钢轨道岔用滑床板(单位:mm)

（2）“92”型道岔用滑床板分为轨撑滑床板和扣板滑床板，如图 2—2—52 所示。滑床台高24 mm，将 AT 尖轨垫高使其轨顶与基本轨顶面持平，滑床台凸缘扣压基本轨轨底，与可调轨撑共同保持基本轨的稳定。挡铁一侧设 1∶4 斜度，当联结调整楔的螺栓上紧时，可把轨撑压紧。

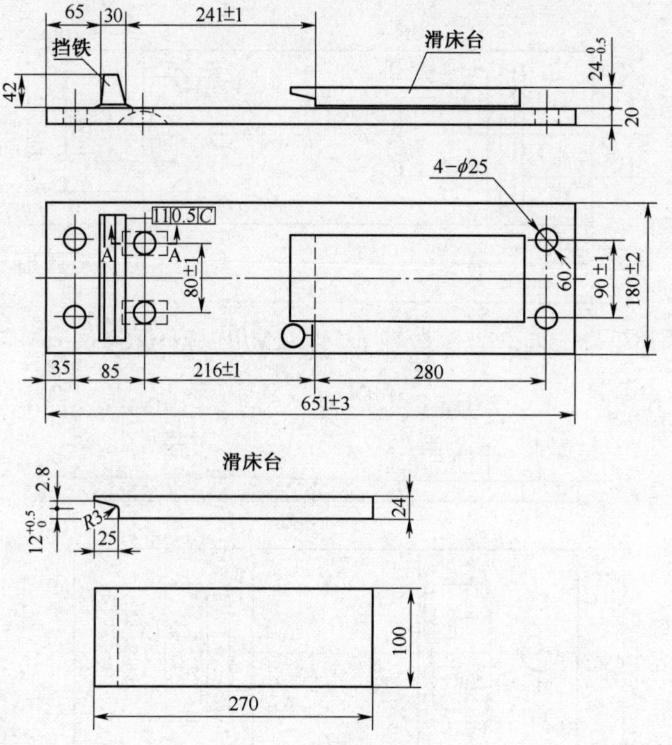

(a) 轨撑滑床板

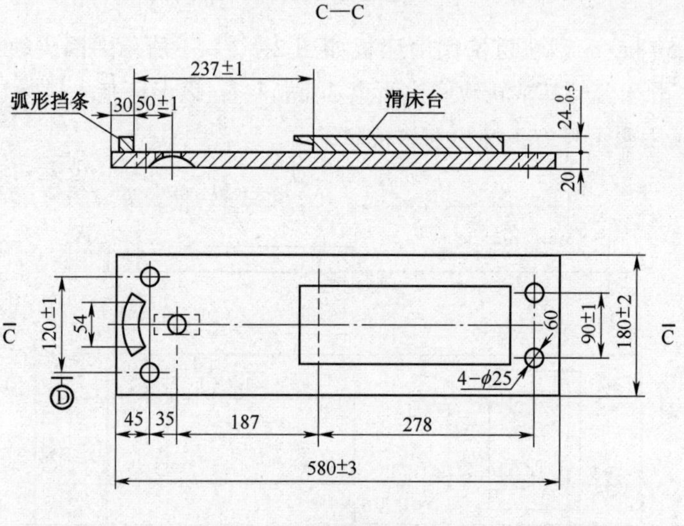

(b) 扣板滑床板

图 2—2—52 “92”型 60 kg/m 钢轨道岔用滑床板（单位：mm）

(3)提速道岔用滑床板如图 2—2—53 所示,设有轨底坡时,轨底坡在铁垫板上形成,滑床板高 32 mm 或 33 mm,内设弹片扣压基本轨;不设轨底坡时,滑床板高 29 mm,用滑床台的凸缘扣压基本轨。基本轨轨下设有 5 mm 厚弹性垫板。

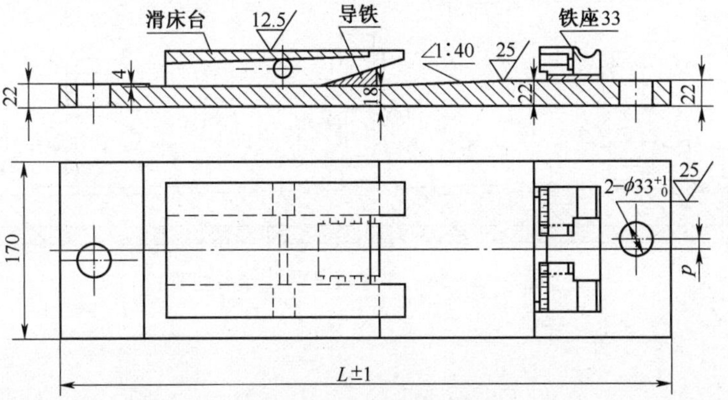

图 2—2—53　提速道岔用滑床板(单位:mm)

3. 辙后垫板

在尖轨跟端以后或辙叉前后,因基本轨与导轨相距较近,不能设普通平垫板,故需在两轨下设置两轨共用的辙后垫板。

“92”型道岔在辙后垫板上两轨间设支距扣板,如图 2—2—54 所示;两轨相距较远时可分设中间扣板,如图 2—2—55 所示。

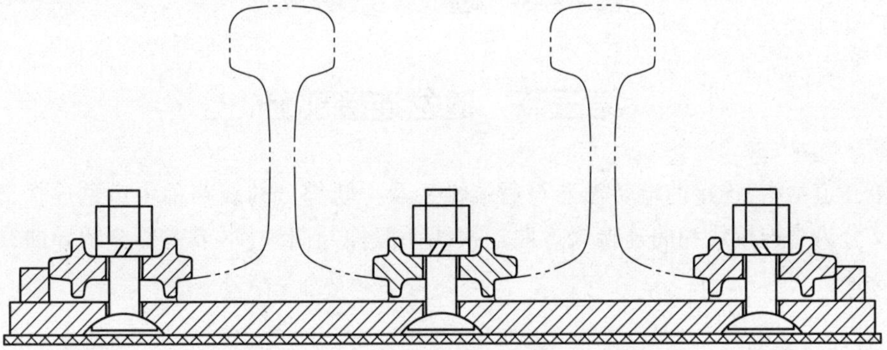

图 2—2—54　“92”型道岔三孔辙后垫板

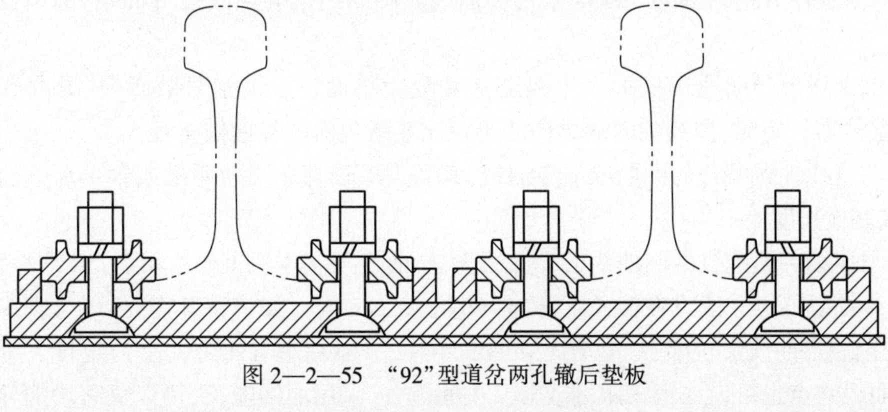

图 2—2—55　“92”型道岔两孔辙后垫板

提速道岔在辙后垫板上一般设置弹条扣压的支距扣板,如图 2—2—56 所示;当两轨相距较远时,分设铁座,用弹条扣压钢轨,如图 2—2—57 所示。

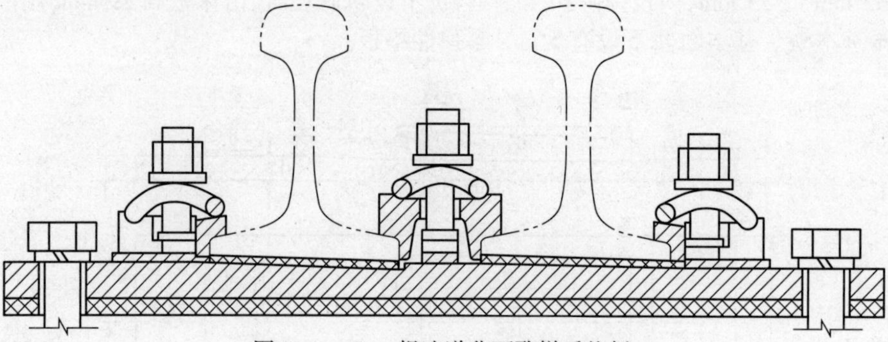

图 2—2—56　提速道岔两孔辙后垫板

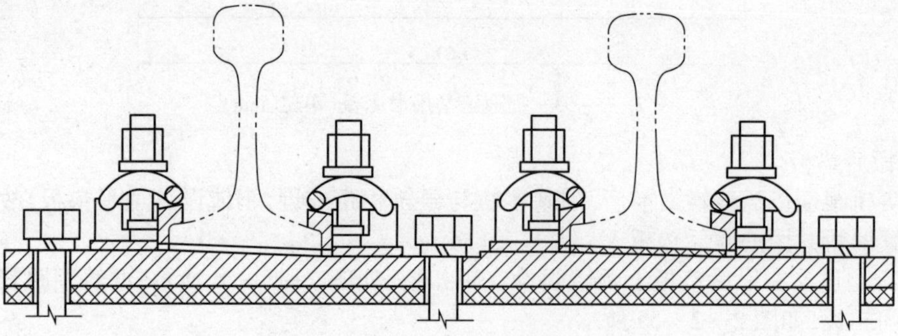

图 2—2—57　提速道岔三孔辙后垫板

第三节　道岔连接部分

在单开道岔中,连接前端转辙器与后端辙叉及护轨部分的线路称为道岔连接部分。连接部分又分为直连接线和曲连接线。曲连接线一般称导曲线,本节主要介绍导曲线的平面和构造特征。

一、导曲线平面

我国普速单开道岔的导曲线均采用圆曲线。圆曲线形导曲线设计简单,铺设及养护较为方便。

1. 圆曲线形导曲线半径的大小视道岔号数大小而定。道岔号数越大,导曲线半径越大。道岔号数一定时,曲线尖轨的导曲线半径比直线尖轨的导曲线半径大。

2. 与直线尖轨配合的圆曲线形导曲线,其切点可选择在尖轨跟端或跟端后适当的位置(一般取夹板长度的一半)。

3. 与曲线尖轨配合的圆曲线形导曲线,尖轨曲线与基本轨工作边相切、相割或相离。

4. 导曲线终点一般设在辙叉趾端前 400~600 mm 处。如有特殊需要,可与直线辙叉相割,常与割线形曲线尖轨配合,以增大导曲线半径,一般在小号码道岔上为走行大机车时采用。导曲线终点也可设在辙叉跟端或辙叉中间位置,采用曲线辙叉,可以显著增加导曲线半径,国内的 18 号固定型道岔已经采用。

5. 导曲线半径小于350 m时,应设置轨距加宽,加宽递减率一般不大于6‰。

二、导曲线构造

1. 导曲线外轨超高

在导曲线上设置少量超高,对防止出现反超高和保持轨距等有利。但由于道岔导曲线较短,没有足够的超高递减距离,因此一般不设超高。国内只在“92”型50 kg/m钢轨道岔上设置了6 mm超高。现场为整治反超高,有时自行设置4~8 mm的超高。

2. 导曲线轨底坡

设置轨底坡对改善车轮与钢轨的接触条件,减少车轮对钢轨的横向力及增加线路的稳定是有利的。但在道岔上设轨底坡将使结构复杂化,制造加工作业量加大,所以我国“75”型和“92”型道岔均不设轨底坡。直向容许通过速度超过120 km/h的提速道岔设有1∶40的轨底坡,轨底坡在铁垫板上设置。

3. 导曲线结构

导曲线的钢轨采用普通钢轨制造,一般进行全长淬火处理。导曲线部分的铁垫板一般采用平垫板,垂直于钢轨进行布置。“75”型和“92”型道岔导曲线采用同一型号的平垫板,提速道岔根据垫板螺栓孔偏斜量的不同,导曲线不同位置需采用不同型号的平垫板。

4. 导曲线加强

为防止导曲线钢轨在动载作用下的外倾和轨距扩大,“75”型道岔在导曲线两股钢轨外侧成对安设一定数量的轨撑。“92”型道岔和提速道岔导曲线部分使用分开式扣件,扣压力较大,一般不设轨撑。

为减少道岔钢轨的爬行量,木枕道岔(提速道岔除外)还应按《铁路线路修理规则》的规定安装足够的防爬设备,将道岔锁定。

三、导曲线支距

导曲线支距系指直股外侧钢轨工作边至导曲线外股钢轨工作边的垂直距离。支距点按布置图规定从导曲线起点在直股外侧钢轨工作边的投影点开始(一般自尖轨跟端开始),按每2 m设一个支距点排列。因为导曲线始点到终点的横距并非正好是2 m的倍数,所以导曲线终点到邻近支距点的距离往往不是整数。

导曲线支距允许偏差为±2 mm。导曲线正矢用5 m弦测量时,连续正矢差不得超过2 mm,最大与最小差不得大于3 mm。

我国“75”型及以前的各类单开道岔导曲线支距见表2—3—1,其他道岔支距见相应的道岔总布置图。

表 2—3—1 “75”型及以前各类道岔导曲线支距

道岔型号			始点(mm)		各点支距(mm)														终点(mm)	
轨型(kg/m)	道岔号	设计年度	距尖轨跟横距	支距	$x_1=$ 2 m	$x_2=$ 4 m	$x_3=$ 6 m	$x_4=$ 8 m	$x_5=$ 10 m	$x_6=$ 12 m	$x_7=$ 14 m	$x_8=$ 16 m	$x_9=$ 18 m	$x_{10}=$ 20 m	$x_{11}=$ 22 m	$x_{12}=$ 24 m	$x_{13}=$ 26 m	$x_{14}=$ 28 m	支距	距前一点横距
50	18	1975	0	157	199	246	298	355	417	484	556	633	715	802	894	991	1 094	1 201	1 233	577
50、43、38 P50、P44.6、P38	12	1962 1975 1957	0	144	188	243	311	391	483	587	703	831	972	1 125					1 229	1 280
50、43、38 P50、P44.6、P38	9	1962 1975 1957	0	144	201	281	382	506	652	820	1 011								1 201	1 793
P50、P44.6、P38	11	1957	0	144	189	247	321	408	509	625	756	901	1 059						1 248	156
P44.6、P38	10	1957	0	144	199	271	360	468	592	734	893	1 071							1 228	1 641
P44.6、P38	8	1957	0	144	204	291	406	549	719	917									1 231	2 717
P43、P38	12	1955	300	151	203	266	341	427	525	634	754	886	1 030	1 185					1 267	997
P50、P43、P38	11	1955	300	151	204	272	354	450	561	685	825	979	1 146						1 227	899
P43、P38	10	1955	300	151	206	278	368	475	600	742	901	1 078							1 232	1 589
P50、P43、P38	9	1955	874	164	221	301	403	527	673	842	1 034								1 217	1 731
32A	10	新		150	218	302	402	519	652	802	968	1 151							1 265	1 165
32A	10	旧、暂		150	214	295	392	506	637	784	948	1 128							1 265	1 404
32A	8	新		150	223	322	447	600	779	985	1 218								1 265	387
32A	8	旧、暂		150	219	315	438	587	763	967									1 265	2 540

第四节　固定型辙叉

辙叉是使车轮由一股钢轨通过另一股钢轨的轨线平面交叉设备。我国普速单开道岔以采用固定型辙叉为主,本节主要介绍固定型辙叉的组成和结构。

固定型辙叉可以分为整铸辙叉和组合辙叉两大类,其中组合辙叉又可分为合金钢组合辙叉(含合金钢钢轨组合辙叉)、高锰钢组合辙叉、普通钢轨组合辙叉等。目前普速道岔主要采用高锰钢整铸辙叉和合金钢组合辙叉两种类型的固定型辙叉。普通钢轨组合辙叉由于强度低、使用寿命短,已很少采用,既有辙叉也将逐步淘汰。

一、辙叉组成

高锰钢整铸辙叉和合金钢组合辙叉的组成及各部名称如图 2—4—1 所示。

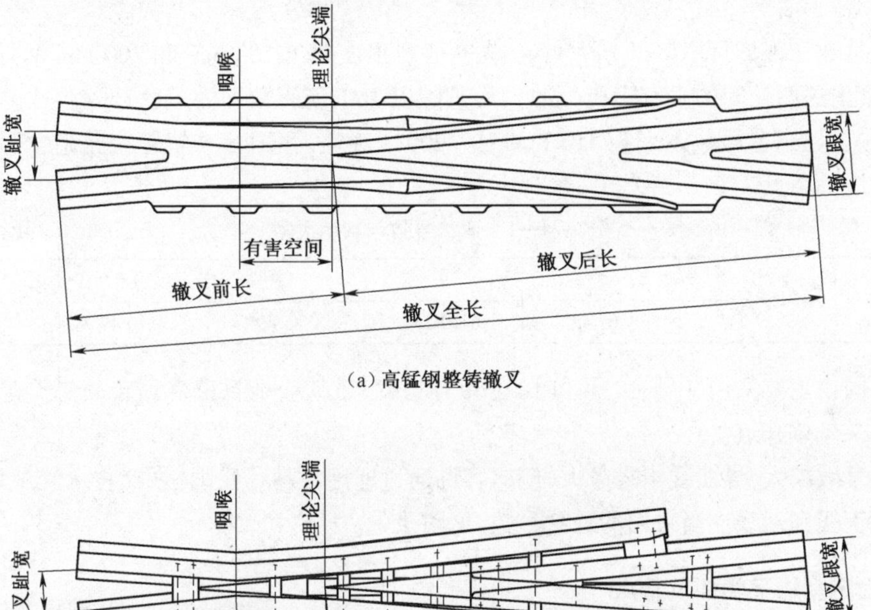

(a) 高锰钢整铸辙叉

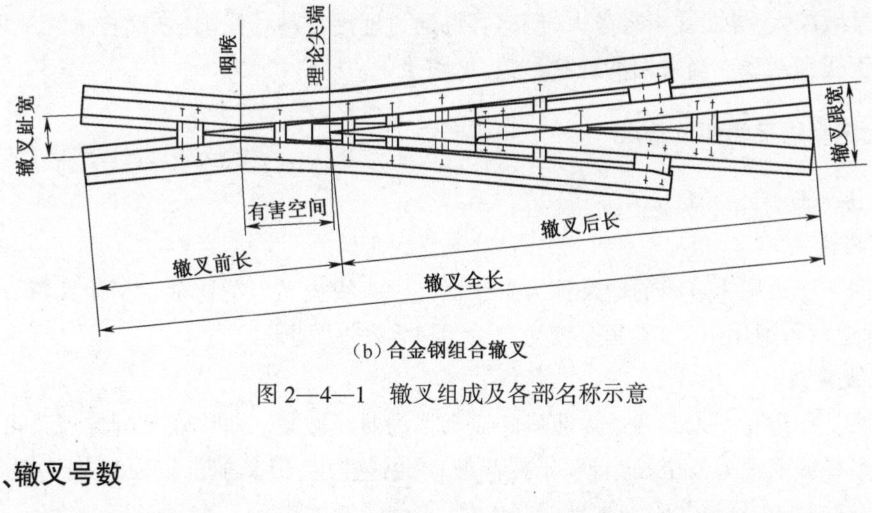

(b) 合金钢组合辙叉

图 2—4—1　辙叉组成及各部名称示意

二、辙叉号数

辙叉跟端心轨两工作边(工作边是曲线时为其切线)的交角称为辙叉角。辙叉号数根据辙叉角的大小确定,道岔号数以辙叉号数表示。我国《铁路道岔号数系列》(TB/T 3171—2007)规定,道岔号数 n 以辙叉角 α 的余切值表示,如图 2—4—2 所示,即

$$n = \frac{AC'}{BC'} = \cot\alpha \tag{2—4—1}$$

式中　BC'——叉心工作边上任一点 B 至另一工作边的垂直距离；

AC'——由辙叉理论尖端沿工作边量至垂足的长度。

$$\alpha = \arctan\frac{1}{n} \tag{2—4—2}$$

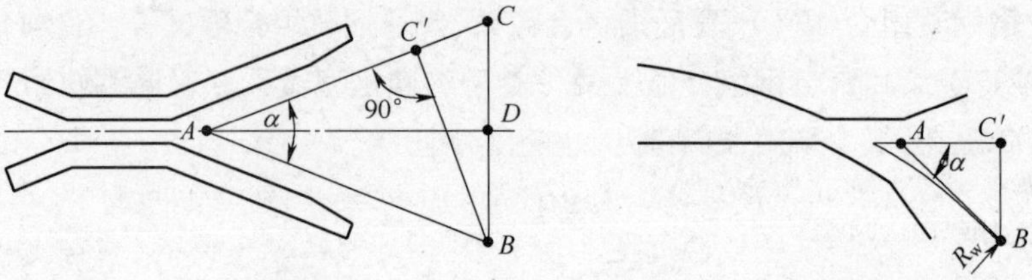

(a) 直线辙叉　　(b) 曲线辙叉

图 2—4—2　辙叉号数计算图式

道岔号数在现场可用以下方法测定:先在心轨顶面找出 100 mm 和 200 mm 两处顶宽位置,然后量出这两处间的垂直距离(mm),用其除以 100,所得数即为道岔号数。

根据《铁路道岔号数系列》(TB/T 3171—2007)规定,我国标准轨距铁路道岔号数与辙叉角的对应关系见表 2—4—1。

表 2—4—1　道岔号数与其辙叉角

道岔号数 N	6	7	9	12	18	24
辙 叉 角 α	9°27′44″	8°07′48″	6°20′25″	4°45′49″	3°10′47″	2°23′09″

我国国铁主要采用 9 号、12 号和 18 号单开道岔,工矿企业铁路和城市轨道交通有时采用 6 号和 7 号单开道岔。

道岔号数越大,导曲线半径越大,侧向容许通过速度越高。我国《铁路技术管理规程》规定了铁路正线和站线应当采用的道岔号数,见附录一。

三、固定型辙叉类型及特点

(一)按平面形式分类

1. 直线辙叉

辙叉两工作边均为直线的辙叉称为直线辙叉。直线辙叉当岔枕垂直于辙叉角分线布置时,左右开道岔可通用,且加工制造较为简单,是辙叉的主要形式。

2. 曲线辙叉

辙叉两工作边有一条或两条为曲线的辙叉称为曲线辙叉。曲线辙叉的优点是可加大道岔导曲线半径或缩短道岔全长,有利于提高侧向通过速度,但其加工较为复杂,左右开道岔不能通用。目前 18 号道岔为加大导曲线半径,采用了曲线辙叉。

(二)按构造形式分类

1. 高锰钢整铸辙叉

高锰钢整铸辙叉采用含锰量 11%~14%和含碳量 1.0%~1.4%的高锰钢铸造,使翼轨和心轨成为一个整体,如图 2—4—3 所示。

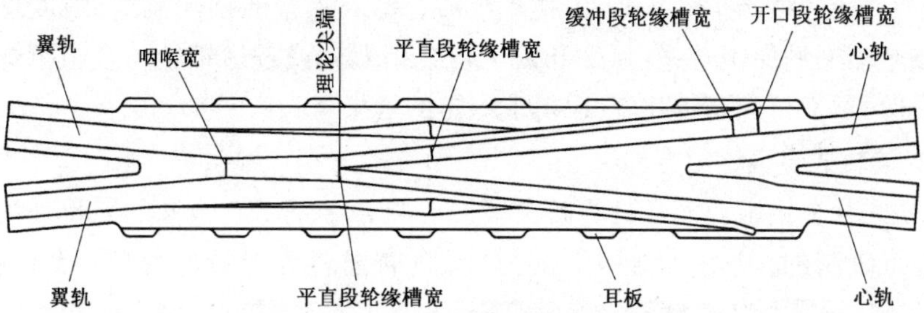

图 2—4—3　高锰钢整铸辙叉示意

高锰钢整铸辙叉具有较高的强度和良好的冲击韧性,并具有坚固耐磨、稳定性好、维修工作量少、使用寿命较长等优点。此外,其主要尺寸与普通钢轨组合式辙叉相同,可互换使用。目前,我国铁路广泛使用高锰钢整铸辙叉。

为使高锰钢整铸辙叉走行车轮的表面光滑平顺和各部尺寸精确,需要对铸造的辙叉进行机加工,加工部位为轨顶面、轨底面、翼轨和心轨工作边、趾端和跟端端面、与接头夹板贴合面及螺栓孔等。对于次要站线及工矿企业使用的小号码道岔,出于成本考虑,可以不进行机加工。

由于高锰钢辙叉初期硬度较低,需要经过车轮的不断碾压来提高硬度,因此辙叉上道初期磨耗较快。为进一步延长高锰钢辙叉的使用寿命,目前也采用高锰钢辙叉顶面爆炸硬化的工艺,可有效提高高锰钢辙叉顶面的硬度,但由于费用较高,目前主要应用在重载道岔上。

此外,由于高锰钢与普通钢轨的焊接技术较为复杂,且难以探伤,因而当其用于无缝道岔时,一般在辙叉两端采用冻结接头。

2. 合金钢组合辙叉

合金钢组合辙叉是 2000 年以后逐步发展起来的一种固定型辙叉结构形式,主要由翼轨、合金钢心轨、叉跟轨通过高强螺栓联结而成。其中叉心采用高强度合金钢锻造而成,具有强度高、耐磨性好的特点,使用寿命也较长。同时翼轨、叉跟轨均采用普通钢轨制造,方便了与线路钢轨的焊接,适用于跨区间无缝线路,因而近年来在铁路正线道岔上得到了广泛的应用。

随着合金钢辙叉技术的发展,其结构形式也不断增多,目前可分为锻制合金钢心轨组合辙叉、镶嵌翼轨式合金钢组合辙叉、合金钢钢轨组合辙叉等多种形式。

(1)锻制合金钢心轨组合辙叉

锻制合金钢心轨组合辙叉由翼轨、锻造心轨、叉跟轨等通过高强度螺栓联结,其中翼轨可以采用普通钢轨或合金钢钢轨制造,或采用普通钢轨与合金钢焊接的结构,以提高翼轨的使用寿命,如图 2—4—4 所示。

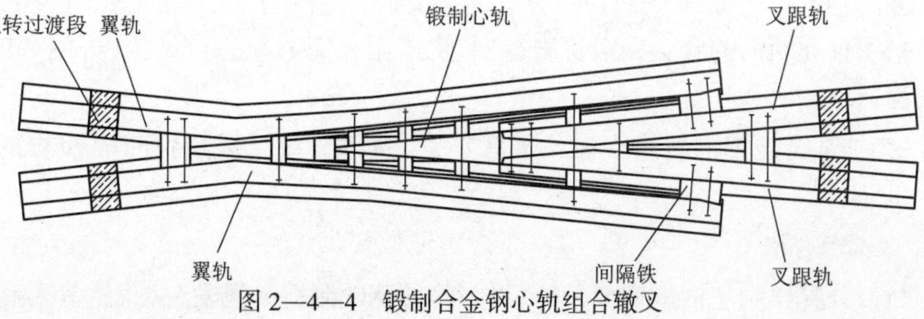

图 2—4—4　锻制合金钢心轨组合辙叉

锻制合金钢心轨组合辙叉是合金钢组合辙叉的基本形式,结构简单,加工制造方便,是目前使用最为广泛的结构形式。但由于其翼轨主要采用普通钢轨制造,强度低,使用寿命短,影响了整个辙叉的使用寿命,为此开发了合金钢翼轨或普通钢轨与合金钢焊接的翼轨,用以提高磨耗严重部位的翼轨强度,取得了一定的效果。

(2)镶嵌翼轨式合金钢组合辙叉

镶嵌翼轨式合金钢组合辙叉是为解决锻制心轨合金钢组合辙叉的翼轨强度低、使用寿命短的问题而研制的,其心轨结构不变,在翼轨磨损较为严重的部位(辙叉咽喉至心轨50 mm断面范围)镶嵌与叉心材质一致的合金钢,从而提高翼轨强度和耐磨性能,其结构如图2—4—5所示。

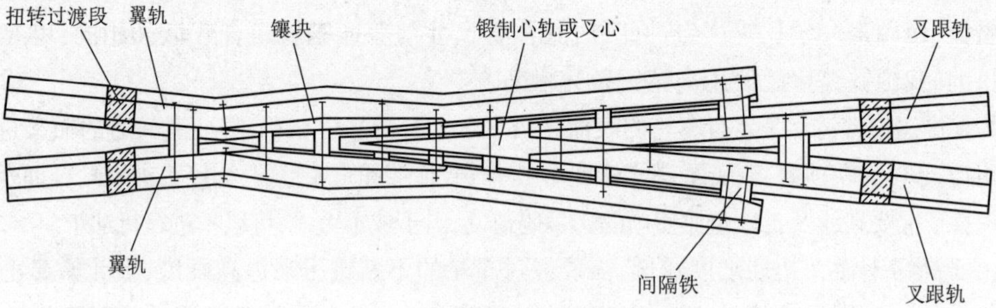

图2—4—5　镶嵌翼轨式合金钢组合辙叉

由于翼轨镶嵌的合金钢体积较小,锻造质量容易保证,因此可有效提高翼轨的使用寿命。但其制造组装难度较大,造价也较高。

(3)合金钢钢轨组合式辙叉

合金钢钢轨组合式辙叉是由翼轨、长心轨、短心轨通过高强度螺栓联结而成的辙叉,如图2—4—6所示,其翼轨、长心轨、短心轨均采用合金钢材质的钢轨制造。

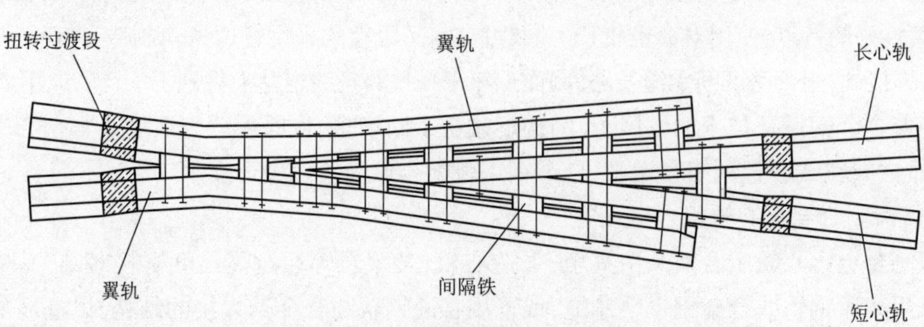

图2—4—6　合金钢钢轨组合式辙叉

翼轨采用普通断面的合金钢钢轨制造,心轨采用长短心轨组合结构,可用AT钢轨或高型特种断面钢轨制造。

此外,为加强合金钢钢轨组合辙叉的联结,也有部分辙叉采用将间隔铁与钢轨胶接的结构。

3. 高锰钢组合辙叉

叉心与部分翼轨用高锰钢铸成一体,再与普通钢轨制造的翼轨、叉跟轨等用高强螺栓联结组成的辙叉称为高锰钢组合辙叉,如图 2—4—7 所示。这种辙叉的优点是节省锰钢,铸件尺寸较小,铸造质量容易保证,有利于提高心轨、翼轨的使用寿命。

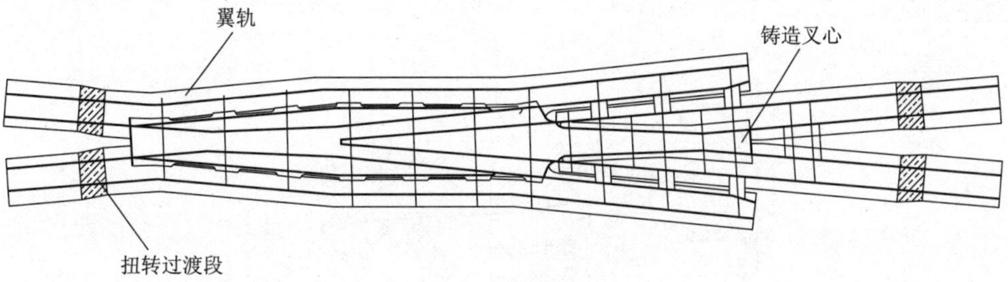

图 2—4—7　高锰钢组合辙叉

高锰钢组合辙叉能够充分发挥高锰钢的特点,配合顶面爆炸硬化工艺,可有效提高叉心和翼轨的使用寿命,缺点是加工制造较为复杂,成本较高,目前主要用于重载线路。

4. 钢轨组合式辙叉

用普通钢轨经过弯折、刨切加工而组成的辙叉称为钢轨组合式辙叉,如图 2—4—8 所示。钢轨组合式辙叉由长心轨、短心轨、翼轨、间隔铁、垫板及其他零件组成,这种结构取材容易,无特殊工艺要求,加工制造方便,但零件多,整体性差,养护工作量大,使用寿命也较短,在我国铁路干线上已很少使用,站线上组合式辙叉的比例也在减少。

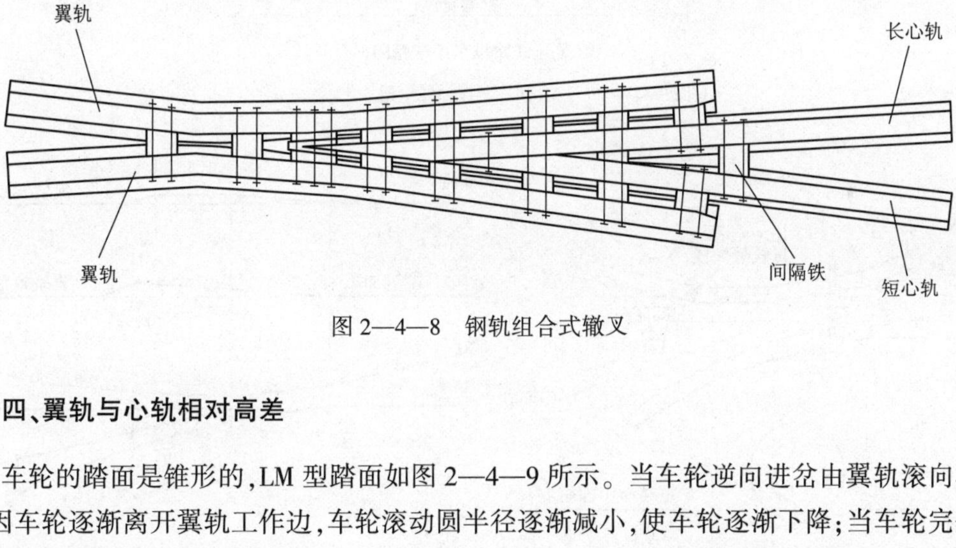

图 2—4—8　钢轨组合式辙叉

四、翼轨与心轨相对高差

车轮的踏面是锥形的,LM 型踏面如图 2—4—9 所示。当车轮逆向进岔由翼轨滚向心轨时,因车轮逐渐离开翼轨工作边,车轮滚动圆半径逐渐减小,使车轮逐渐下降;当车轮完全滚上心轨时,车轮又上升到原来高度。反之,当车轮由心轨滚向翼轨时亦然,如图 2—4—10 所示。因此,为了避免车轮在翼轨与心轨间过渡时产生冲击,应将心轨端部适当降低。同时,还应将翼轨顶面提高。

翼轨顶面的提高值是根据原型车轮和磨耗车轮的踏面坡度计算值及辙叉实际的磨耗情况确定的。实践证明,翼轨的提高值在辙叉理论尖端至心轨顶面宽 40 mm 的范围内提高 3 mm是合适的。两侧的顺坡为向前顺至咽喉,向后顺至心轨顶面宽 50 mm 处。轨顶的横坡采用 1 : 20,“62”型和“75”型道岔高锰钢整铸辙叉就是这样进行设计的,“92”型道岔机加工的高锰钢整铸辙叉,翼轨的升高值随着心轨工作边至翼轨工作边的距离而变化。正对辙叉理论尖端处的提高值,9 号为 2. 3 mm,12 号为 2. 5 mm;正对心轨顶面宽 50 mm 处的提高值均为4. 8 mm。轨顶横坡采用1∶20。“75”型和“92”型道岔高锰钢整铸辙叉翼轨和心轨的轨顶纵坡如图 2—4—11 所示。

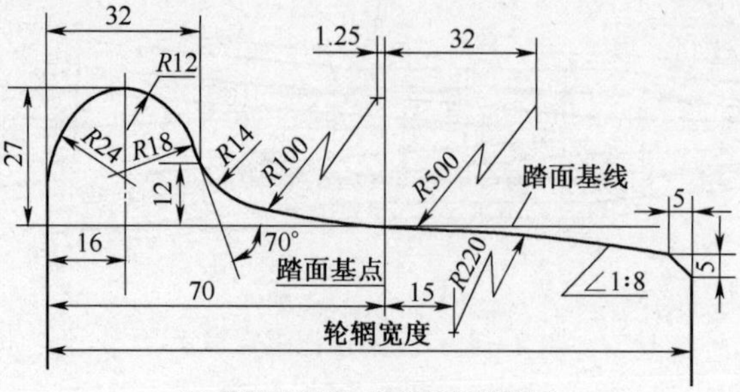

(a) 普速铁路客、货车用车轮踏面

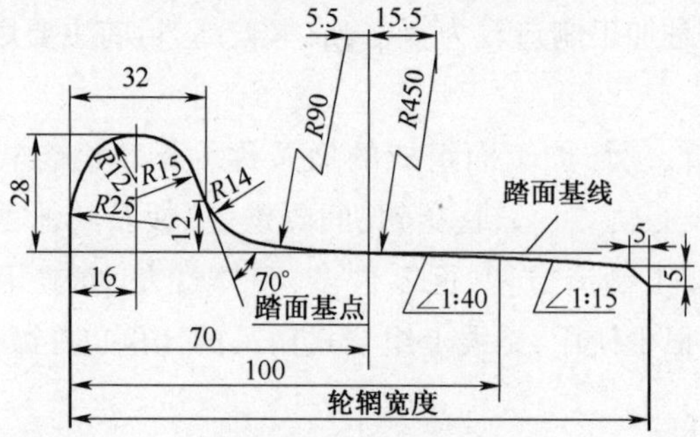

(b) 普速铁路机车用车轮踏面

图 2—4—9　LM 型车轮踏面轮廓(单位:mm)

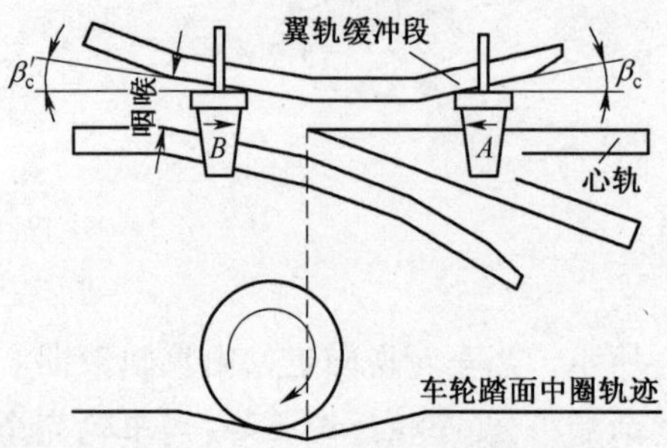

图 2—4—10　车轮通过辙叉示意

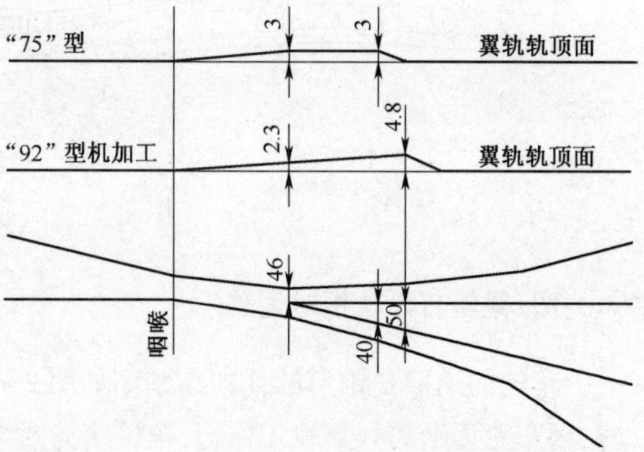

图 2—4—11　翼轨抬高示意(单位:mm)

辙叉心轨在运用中磨损到一定限度后须更换。

五、高锰钢整铸辙叉主要零部件

当叉跟不分腿时,主要零部件有叉跟间隔铁、叉跟联结螺栓和叉跟垫板。如叉跟分腿时,则无上述特制零部件。

1. 叉跟间隔铁

叉跟间隔铁设于不分腿高锰钢整铸辙叉后端,用来保持叉后两钢轨的间距。一般采用 3 孔间隔铁，用灰口铸铁制造。“75”型 50 kg/m 钢轨 9 号和 12 号道岔叉跟间隔铁如图 2—4—12 所示。

2. 叉跟用半圆头方颈螺栓

叉跟采用与辙跟相同的半圆头方颈螺栓。一般采用 6 根，螺栓直径与夹板螺栓相同，50 kg/m、60 kg/m 钢轨用螺栓直径均为 ϕ24 mm。螺栓方颈卡入方孔夹板垫圈内，以防止螺栓转动。

3. 叉跟垫板

叉跟垫板设于不分腿叉跟接头处，用以增加接头强度。为保持接头处两轨位置，在两侧设挡肩。“75”型 50 kg/m 钢轨 9 号和 12 号道岔叉跟垫板如图 2—4—13 所示。

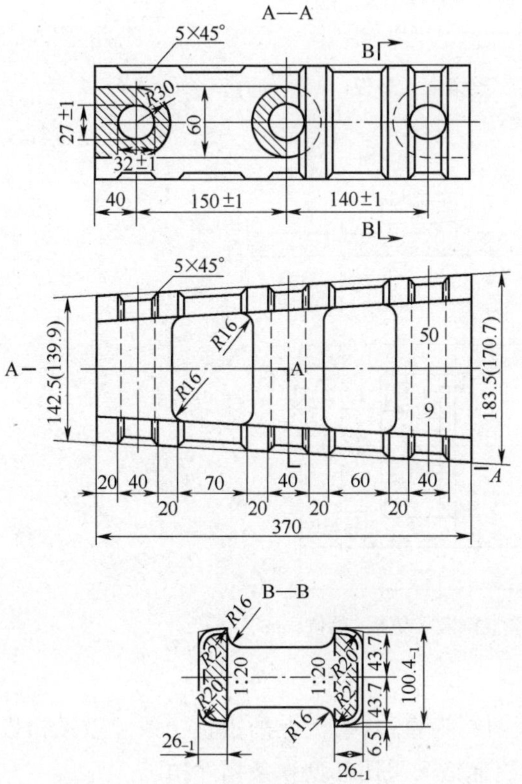

图 2—4—12　叉跟间隔铁（单位：mm）

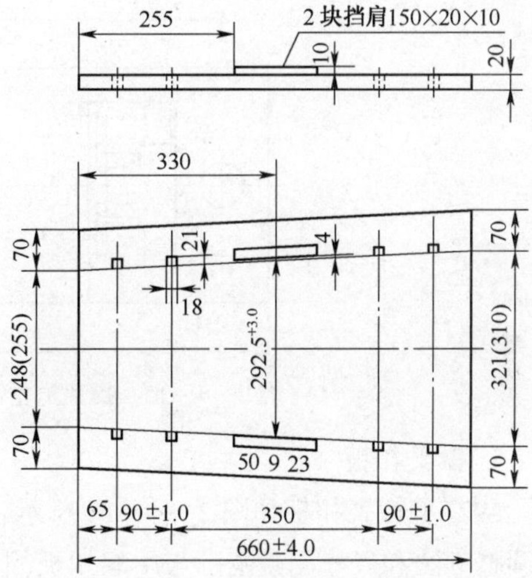

图 2—4—13　叉跟垫板（单位：mm）

4. 辙叉垫板

“75”型道岔直接用螺纹道钉将锰钢辙叉的底板与枕木联结，高锰钢整铸辙叉下不设垫板，因行车时高锰钢整铸辙叉振动起伏等原因，螺纹道钉与枕木的联结失效较多。“92”型和提速道岔将高锰钢整铸辙叉与枕木的联结改为分开式结构，高锰钢整铸辙叉下设垫板，高锰钢整铸辙叉与垫板用扣件联结，垫板与岔枕间用螺纹道钉或 M30 螺钉联结。分开式结构方便了高锰钢整铸辙叉的更换，同时也可减轻螺纹道钉的松动和失效。“92”型高锰钢整铸辙叉垫板如图 2—4—14 所示，提速道岔高锰钢整铸辙叉垫板如图 2—4—15 所示，辙叉前后均设辙叉垫板，形状与辙后垫板相似。

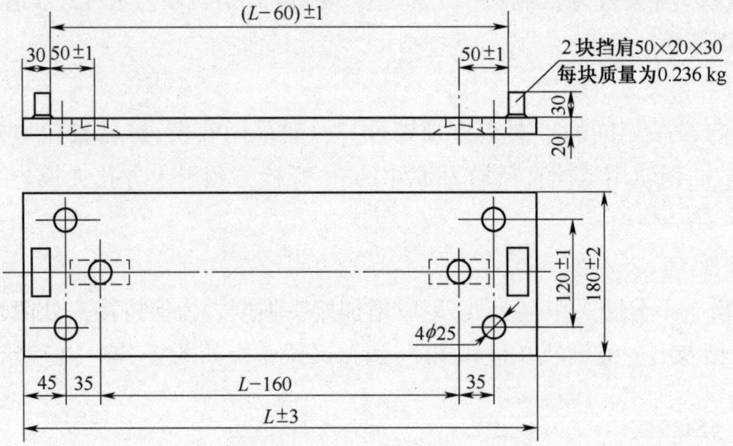

图 2—4—14 “92”型道岔高锰钢整铸辙叉垫板(单位:mm)

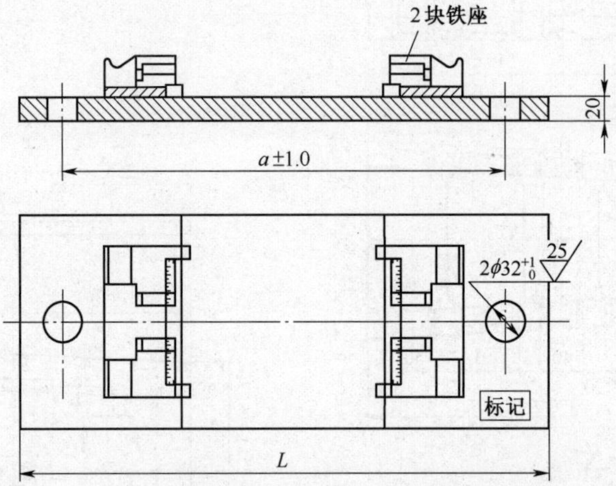

图 2—4—15 提速道岔高锰钢整铸辙叉垫板(单位:mm)

5. 辙叉扣板

“92”型辙叉扣板如图 2—4—16 所示,扣板两端为直边,垫板上采用直挡条。辙叉扣板的调整方法和尺寸调整范围与中间扣板相同。提速辙叉采用Ⅱ型弹条扣件扣压。

6. 辙叉接头扣板

“92”型辙叉接头扣板如图 2—4—17 所示。

六、合金钢组合辙叉主要零部件

合金钢组合辙叉根据结构形式的不同,主要零部件有锻造叉心、翼轨、叉跟轨、合金钢钢轨、翼轨镶块、铁垫板、联结螺栓、间隔铁、扣件等,其组成如图 2—4—18 所示。

1. 合金钢锻造叉心

合金钢锻造叉心采用强度高、韧性好、耐磨性强的合金钢锻造并进行机加工,如图 2—4—19所示。其机械性能如下:

(1)其抗拉强度 $\sigma_b \geq 1\ 240$ MPa;

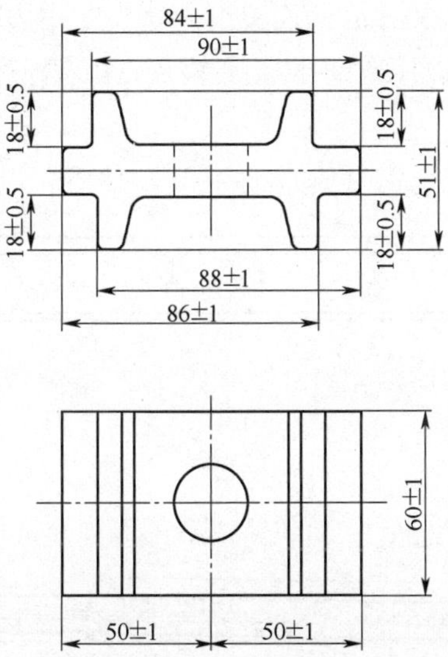

图 2—4—16 辙叉扣板(单位:mm)

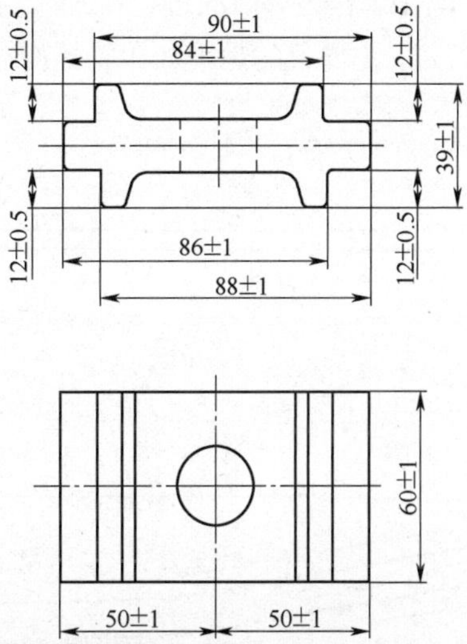

图 2—4—17 接头扣板(单位:mm)

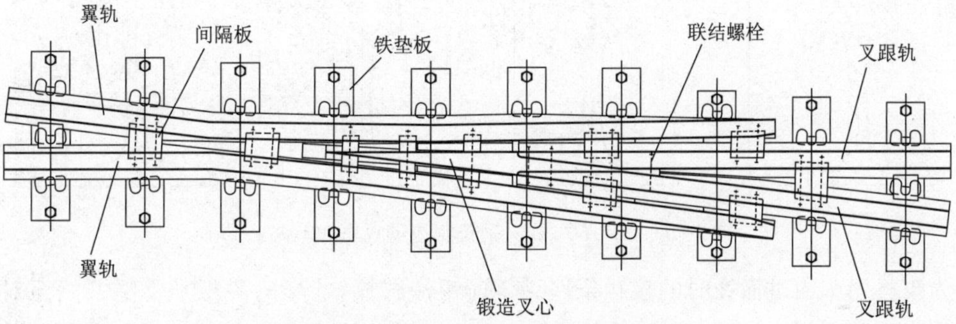

图 2—4—18 合金钢组合辙叉主要零部件

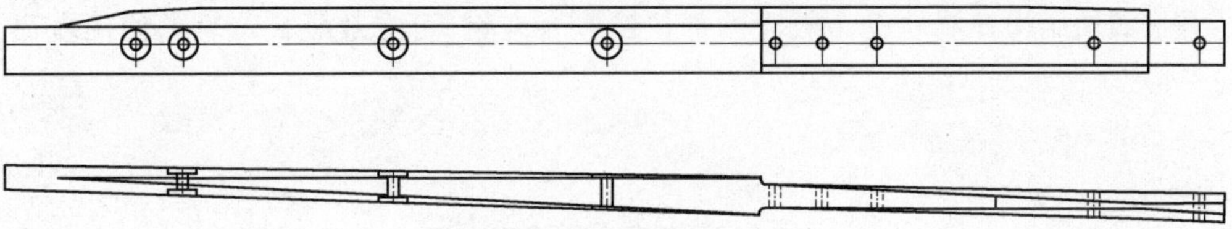

图 2—4—19 合金钢锻造叉心

(2)洛氏硬度 HRC 38~45；

(3)冲击韧性aku ≥70 J/cm^2(+20 ℃)；

aku ≥35 J/cm^2(-40 ℃)。

锻造心轨前端通过间隔铁与翼轨联结,后端与叉跟尖轨拼接后,与翼轨联结。

2. 翼轨

翼轨一般采用 U75V 在线热处理钢轨或合金钢钢轨制造,也有采用普通钢轨与合金钢焊接的结构形式,60 kg/m 钢轨制造的翼轨如图 2—4—20 所示。

翼轨在辙叉咽喉、对应心轨尖端或 20 mm 断面处、对应心轨 50 mm 断面处要进行弯折,同时要对轨头工作边和轨底进行机加工,在相对心轨 20~50 mm 断面范围内轨头工作边竖向刨切 0~7 mm,主要目的是增加车轮踏面在翼轨顶面上的碾压宽度,防止翼轨及心轨磨损过快。

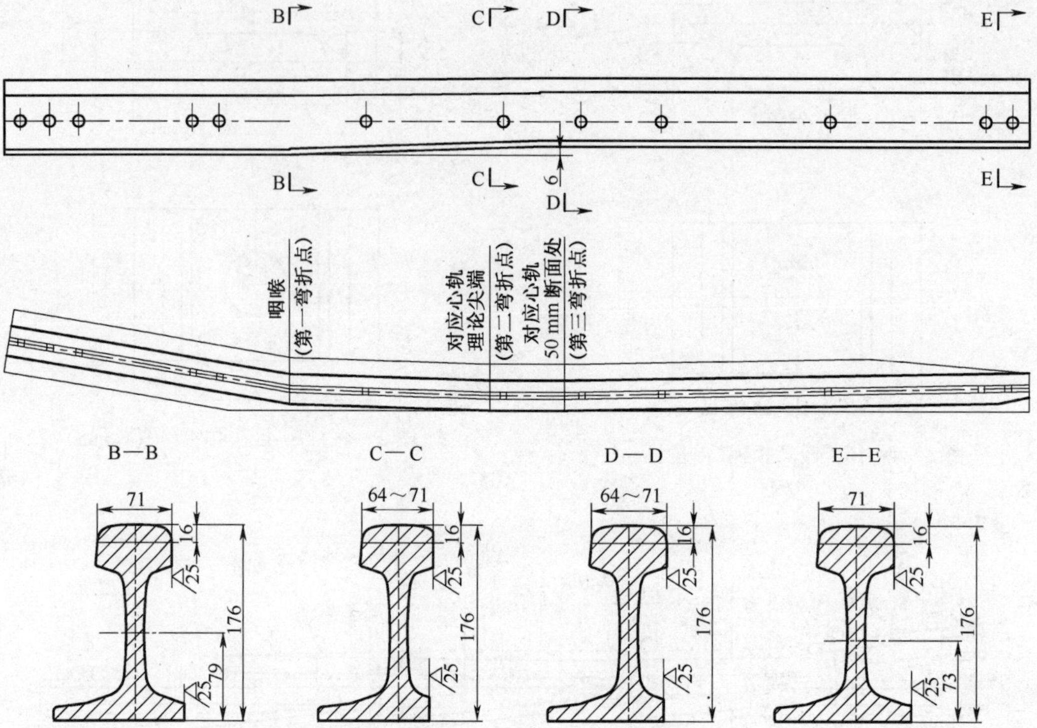

图 2—4—20　60 kg/m 钢轨制造的翼轨(单位:mm)

为改善列车通过辙叉时的接触条件,翼轨(镶嵌式翼轨除外)一般从咽喉开始至对应心轨尖端附近进行竖向弯折,将翼轨抬高 6 mm。当道岔设有轨底坡时,翼轨前端还需扭转 1∶40的轨底坡,以便与导曲线钢轨连接。

镶嵌翼轨结构在翼轨受力较大的部位镶嵌合金钢,可有效延长翼轨的使用寿命,如图 2—4—21 所示。

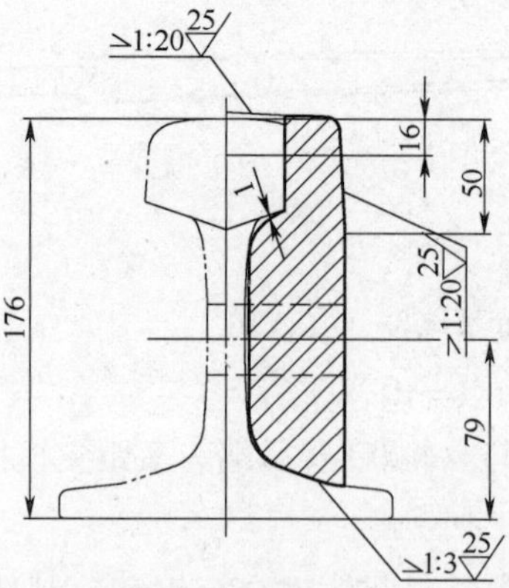

图 2—4—21　翼轨镶块示意(单位:mm)

3. 叉跟轨

叉跟轨一般采用 U75V 淬火钢轨制造,前端进行弯折并进行机加工,与锻造心轨拼接。道岔设有轨底坡时,后端需扭转 1:40 的轨底坡,以便与岔后钢轨连接,如图 2—4—22 所示。

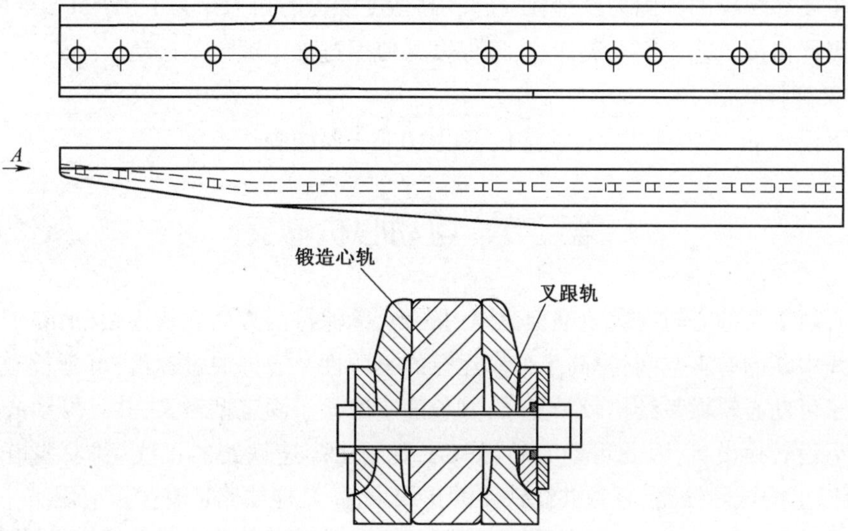

图 2—4—22　叉跟轨示意

4. 长心轨、短心轨

钢轨组合式合金钢辙叉的心轨采用长短心轨组合式,心轨用高型特种断面合金钢钢轨制造,钢轨断面参见图 4—2—5。长短心轨通过机加工拼接,用高强度螺栓联结。

5. 间隔铁

间隔铁主要起保证辙叉各部间隔和防止轨件跳动的作用,其数量和位置需根据辙叉结构的要求确定,一般采用单孔或双孔间隔铁。间隔铁一般采用铸钢材质,断面尺寸应与联结的钢轨件尺寸相匹配,间隔铁侧面应与轨腰全断面接触。

6. 铁垫板

铁垫板采用焊接垫板,结构形式与提速道岔基本相同。合金钢辙叉应通过铁垫板与高锰钢辙叉互换使用,如图 2—4—23 所示。

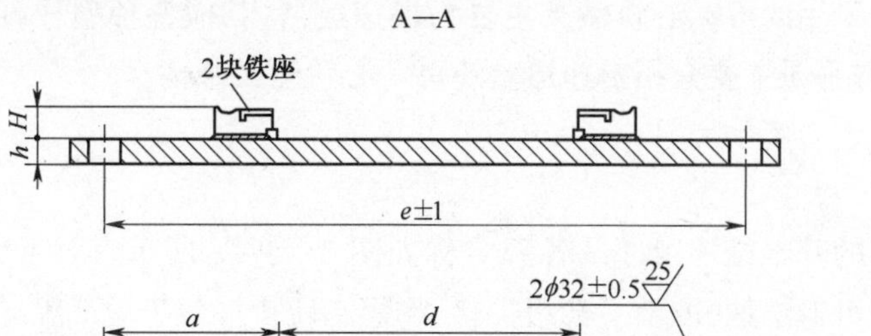

图 2—4—23　合金钢辙叉用铁垫板(单位:mm)

7. 联结螺栓

水平联结螺栓一般采用 10.9 级 ϕ27 mm 的高强度螺栓，在螺栓两端设置钢轨垫圈。辙叉的轨件主要靠螺栓的紧固力联结在一起。高强度螺栓的扭力矩为 1 100~1 200 N·m。辙叉组装时需严格按工艺规程安装螺栓，确保辙叉使用过程中螺栓不松动。

8. 辙叉弹性垫层

钢轨下设 5 mm 厚橡胶垫板，铁垫板下设 10 mm 厚橡胶垫板。

第五节　可动心轨辙叉

可动心轨辙叉的心轨在翼轨框架范围内转换，以保持两方向轨线连续，消除了固定型辙叉存在轨线中断的有害空间，提高了列车运行的平顺性及容许通过速度，可延长辙叉使用寿命。但由于可动心轨辙叉结构较为复杂，其长度一般长于固定型辙叉，并且可动心轨的定反位转换需另设转换设备，因此可动心轨辙叉主要用于高速铁路的正线、到发线道岔和时速 160 km 及以上的城际铁路、客货共线铁路的正线道岔，其他线路也有少量应用。

我国铁路自 20 世纪 70 年代初期开始研制可动心轨辙叉，并先后在沈阳铁路局文官屯、绕阳河站和上海铁路局唯亭站试铺 50 kg/m 钢轨 12 号可动心轨辙叉单开道岔，在中国铁道科学研究院环行试验线和北京铁路局黄村站试铺 60 kg/m 钢轨 12 号可动心轨辙叉单开道岔；20 世纪 90 年代初在广深准高速铁路及沪宁线正线全线铺设了 60 kg/m 钢轨 12 号可动心轨辙叉单开道岔。长期运营实践和动态测试结果表明，可动心轨辙叉的使用寿命为同型号高锰钢整铸辙叉的 6~9 倍，养护维修工作量减少 40%，极大地减少了机车车辆通过时的冲击力，提高了过岔容许速度和旅客舒适度。

除 60 kg/m 钢轨 12 号可动心轨辙叉单开道岔外，我国铁路线路上还曾铺设了 60 kg/m、75 kg/m钢轨 18 号锰钢翼轨的可动心轨辙叉单开道岔。

既有线提速以后，陆续研制的 60 kg/m 钢轨 12 号、18 号、30 号提速道岔也采用了可动心轨辙叉，与以前的可动心轨辙叉相比，在结构上有较大改进，一是采用长翼轨结构，以传递无缝线路的温度力；二是心轨前端轧制了转换凸缘，用于安装转换设备。

由于目前国内采用的可动心轨辙叉主要为提速道岔，其他各种型号可动心轨道岔已基本更换下道，因此本手册主要介绍提速道岔的可动心轨辙叉结构。

一、辙叉组成

可动心轨辙叉的基本结构组成及各部名称如图 2—5—1 所示。对于大号码道岔，心轨一般采用双肢弹性可弯结构，取消了叉跟尖轨，将短心轨直接延于辙叉跟端。

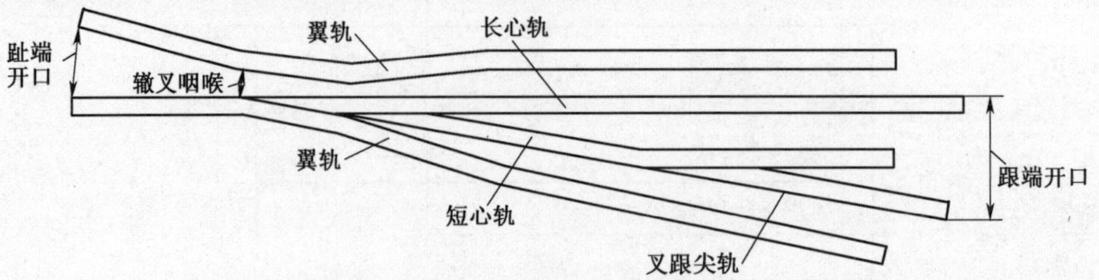

图 2—5—1　可动心轨辙叉示意

二、主要零部件

(一)工电结合部结构

可动心轨辙叉设计的难点在于翼轨与心轨间需有转换设备的安装空间,因此需要翼轨、心轨和转换设备一体设计。国内主要采用了4种工电接口形式。

1. 通过翼轨轨腰牵引方式

该结构是在翼轨轨腰上开长圆孔,转换杆件与长心轨用螺栓联结后,通过翼轨轨腰上的长圆孔引出,如图2—5—2所示。

图2—5—2 翼轨轨腰牵引方式

通过翼轨轨腰牵引方式的优点是加工制造简单,心轨受力位置较高,有利于心轨的稳定。缺点是翼轨开孔较大,对翼轨强度有较大削弱;心轨伸缩量较大时,转换杆件容易与翼轨相碰;同时列车通过时,转换杆件上下跳动,也容易击打翼轨。

2. 通过高锰钢铸造翼轨轨下牵引方式

为增大转换设备的安装空间,可采用铸造整体式翼轨,转换设备与心轨用螺栓联结后,通过接头铁从翼轨底部引出,如图2—5—3所示。高锰钢铸造翼轨可有效解决工电接口的矛盾,翼轨的整体性也较好。缺点是铸件体积较大,铸造质量难以保证,翼轨容易伤损,从而影响其使用寿命。用于跨区间无缝线路时,铸造翼轨还要与普通钢轨焊接,需解决高锰钢与普通钢轨的焊接工艺问题。

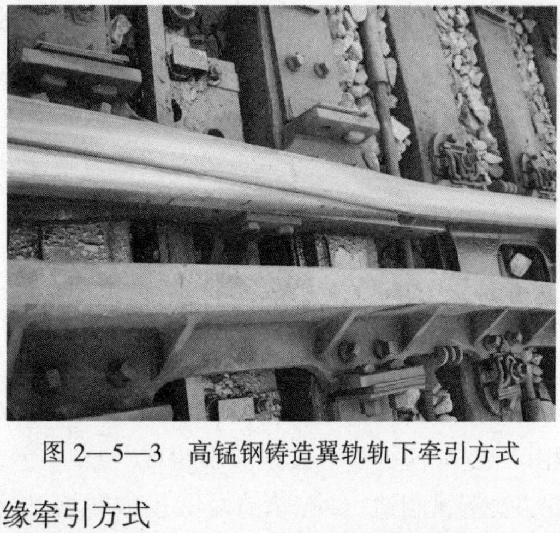

图2—5—3 高锰钢铸造翼轨轨下牵引方式

3. 通过心轨转换凸缘牵引方式

提速道岔采用了心轨前端锻压转换凸缘的方式连接转换设备。转换杆件也从翼轨下方通过，如图 2—5—4 所示。通过心轨转换凸缘牵引方式的优点是可以采用普通钢轨制造翼轨，且不必在轨腰开长圆孔。缺点是心轨前端需锻压转换凸缘，心轨受力点较低，转换时心轨前端容易扭转，造成电务 4 mm 不锁闭检查失效。

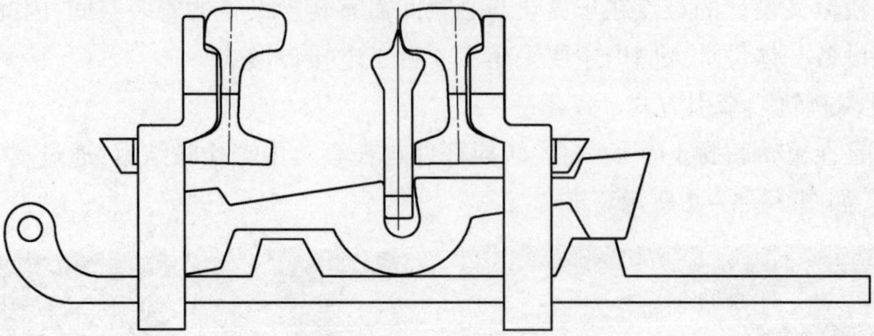

图 2—5—4　心轨转换凸缘牵引方式

4. 轧制特种断面翼轨方式

轧制特种断面翼轨方式与高速道岔采用的结构形式相同，具体见“第三章　高速单开道岔”部分。

目前我国提速可动心轨辙叉主要采用上述第 3、4 两种工电接口方式，第 1、2 两种工电接口方式的可动心轨道岔已淘汰下道。

(二) 翼轨

翼轨的前端与导曲线钢轨连接，承受列车的运行荷载，引导列车的运行，后端与长、短心轨(或叉跟尖轨)连接，传递心轨后端的温度力。

翼轨可以采用普通钢轨机加工、60AT1 钢轨锻压、60TY1 钢轨机加工等方式进行制造。提速道岔初期采用 60 kg/m 钢轨制造翼轨，但轨底刨切量较大，严重削弱了翼轨的强度，后研制了用 60AT1 钢轨锻压成特种断面的方式制造翼轨。高速道岔研制过程中，开发了厂内轧制的特种断面翼轨，使用效果较好，也用于提速道岔。因此目前在用的可动心轨辙叉翼轨主要以 60AT1 钢轨锻压翼轨和特种断面翼轨为主，本手册主要对这两种翼轨进行相关介绍。

1. 60AT1 钢轨锻压翼轨

翼轨前端至心轨第一牵引点后约 800 mm 范围采用 60AT1 钢轨制造，前端锻压成 60 kg/m钢轨或 75 kg/m 钢轨断面，后端锻压成特种断面(图 2—5—5)，并与普通 60 kg/m、75 kg/m 钢轨焊接，然后再进行弯折和机加工。60AT1 钢轨锻压翼轨虽然满足了转换设备安装空间的要求，翼轨强度也较高，但制造较为复杂，对焊接质量要求也较高，现场有一定数量的焊缝断裂情况发生。

2. 特种断面翼轨

特种断面翼轨与高速道岔采用的翼轨相同，具体参见“第三章　高速单开道岔”部分。

(三) 心轨

国内可动心轨辙叉的心轨一直采用 60AT1 钢轨组合式，具有取材容易、制造简单的特点，技术成熟。心轨一般由长心轨、短心轨、叉跟尖轨组成。

长、短心轨均采用 60AT1 钢轨制造，长心轨前端锻压成转换凸缘或只进行机加工，后端锻压成 60 kg/m 钢轨或 75 kg/m 钢轨断面，如图 2—5—6 所示。短心轨通过机加工与长心轨拼接,后端进行弯折,与叉跟轨拼接,如图 2—5—7 所示。叉跟尖轨一般采用 60 kg/m 钢轨或 75 kg/m 钢轨通过机加工而成,如图 2—5—8 所示。

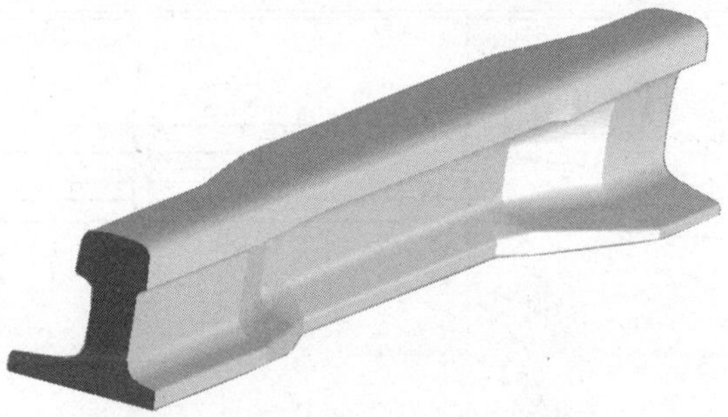

图 2—5—5　60AT1 钢轨锻压翼轨

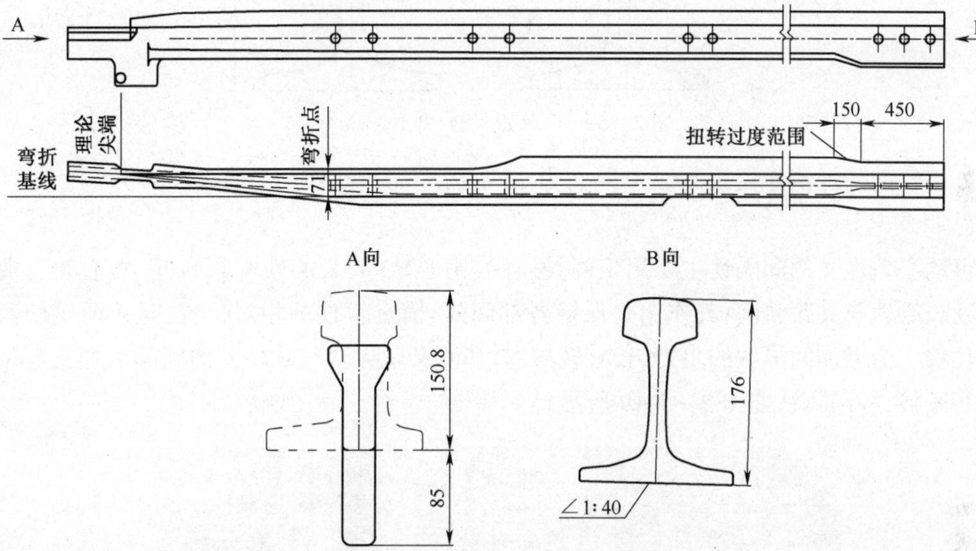

图 2—5—6　长心轨(单位:mm)

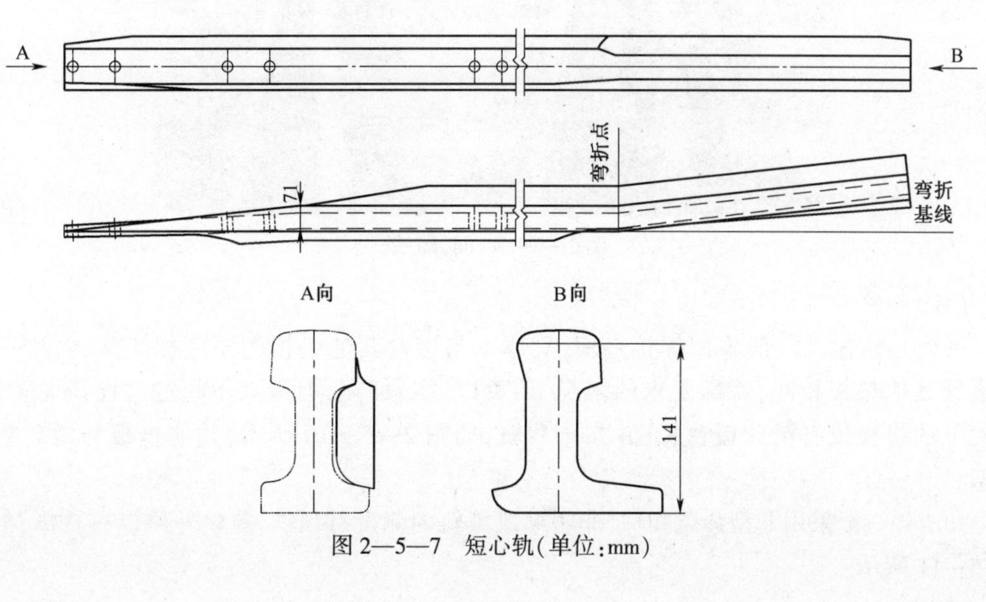

图 2—5—7　短心轨(单位:mm)

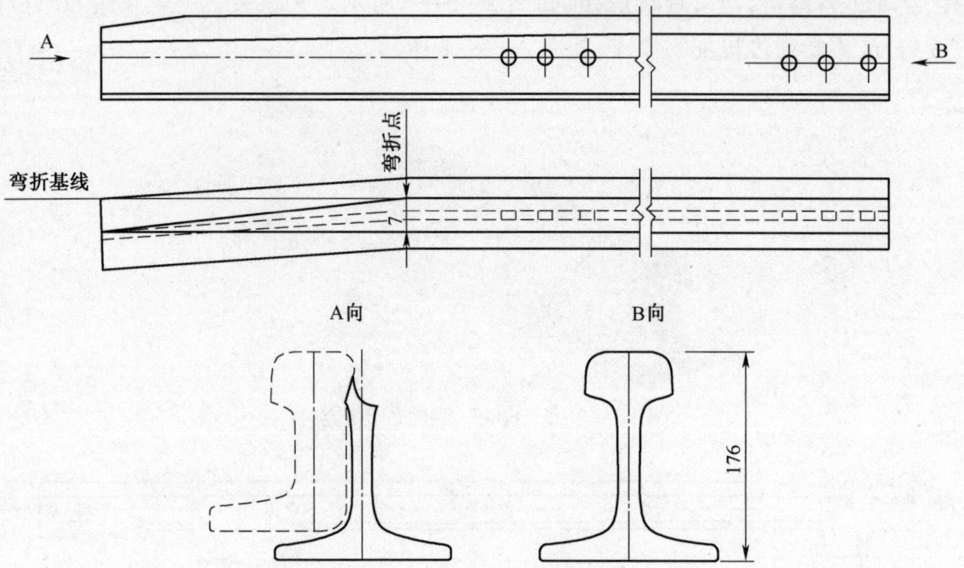

图 2—5—8　叉跟尖轨(单位:mm)

长心轨的降低值与尖轨类似,0 断面为 23 mm,5 mm 断面为 14 mm。

(四)间隔铁

可动心轨辙叉的间隔铁主要用于两翼轨间、两心轨间、长心轨与翼轨间、短心轨与翼轨间以及长心轨与叉跟轨间,其作用是保持各部间隔、固定轨件的相对位置,阻止两钢轨间的相对位移。为增加间隔铁的阻力,长心轨与翼轨间、叉跟尖轨与翼轨间的间隔铁通常与钢轨间进行胶接,各间隔铁如图 2—5—9 所示。

图 2—5—9　间 隔 铁

(五)扣件

可动心轨辙叉一般采用焊接垫板,其厚度与道岔其他垫板的厚度相匹配,宽度一般与道岔其他垫板相同,特殊要求的情况下,可以适当加宽,但最大不超过岔枕顶面宽度。心轨下的垫板设有滑床板台板,并扣压翼轨,如图 2—5—10 所示,其他垫板与辙后垫板类似。

扣压件一般采用Ⅱ型弹条扣件,非密贴段翼轨内侧设有顶铁,翼轨外侧设有轨撑,如图 2—5—11 所示。

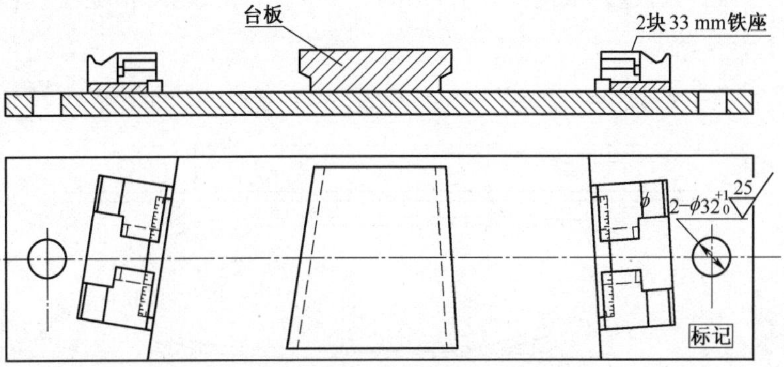

图 2—5—10　可动心辙叉垫板

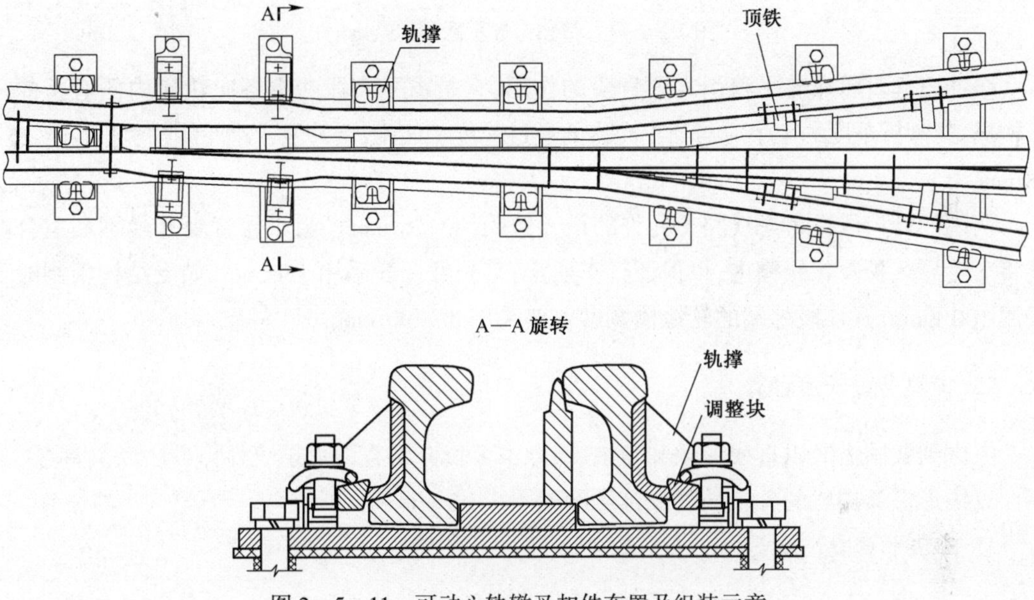

图 2—5—11　可动心轨辙叉扣件布置及组装示意

第六节　护　　轨

护轨是固定型辙叉的重要组成部分，一般设置在辙叉两侧，是控制车轮运行方向，防止其在辙叉有害空间冲击或爬上辙叉心轨尖端，保证行车安全的重要设备。在可动心轨辙叉中，一般仅在侧股设护轨，用以防止心轨的侧面磨耗。

一、护轨组成

护轨由平直段、两侧缓冲段和两端开口段组成，如图 2—6—1 所示。平直段是护轨实际起作用的部分，其长度一般从咽喉起到心轨宽 40～50 mm 处。根据构造要求，两端还可增加 0～300 mm的调整量。护轨工作边至辙叉心轨工作边之间的距离称作查照间隔，《铁路技术管理规程》规定此距离不得小于1 391 mm，以保证轮缘不冲击或爬上心轨；护轨工作边至翼轨工作边的距离称为护背距离，《铁路技术管理规程》规定此距离不得大于1 348 mm，以保证最小轮背距时轮对通过。根据我国实际条件,护轨平直段轮缘槽宽度应在 42~44 mm 范围内。

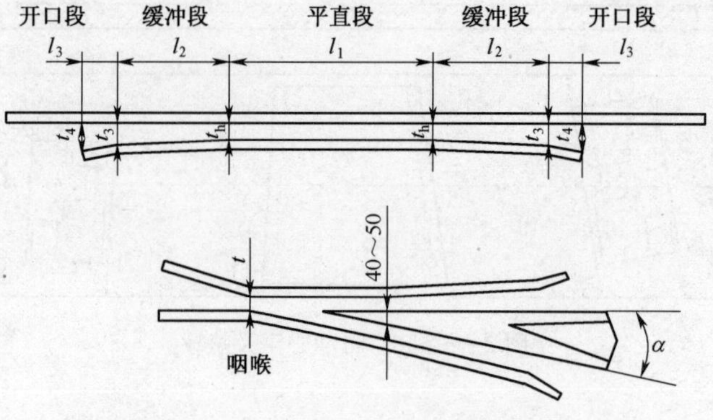

图 2—6—1　护轨布置示意(单位:mm)

缓冲段起着将车轮平稳引入平直段的作用,它是由平直段两端各向轨道内侧弯折的一段构成,其弯折角度的大小应与列车允许的通过速度相匹配,缓冲段末端轮缘槽宽度应为 65~68 mm。

两端的开口段是考虑线路上允许的最大轨距(1 456 mm)、最小轮背距等最不利组合时能将车轮导入护轨轮缘槽内,以保证行车安全,其长度一般采用 150 mm,如受结构限制时可采用 100 mm。开口段外端的轮缘槽宽度一般采用 80~90 mm。

二、护轨各段长度计算

考虑到我国辙叉以直线形辙叉为主,因此本节仅介绍直线形护轨计算方法以供参考。

直线形辙叉护轨的各段长度及符号参见图 2—6—1。

1. 护轨平直段长度 l_1

$$l_1=\frac{t_1+b_x}{\tan\alpha}+2\times(0\sim300) \tag{2—6—1}$$

式中　t_1——咽喉理论尺寸(不包括两翼轨圆弧外长);

b_x——辙叉轮缘槽终点处心轨轨头宽度,为 50(或 40)mm;

(0~300)——调整量。

2. 护轨两侧缓冲段长度 l_2

$$l_2=\frac{t_3-t_{\rm h}}{\tan\beta_{\rm c}} \tag{2—6—2}$$

式中　$\beta_{\rm c}$——护轨缓冲段的冲击角。

3. 护轨开口段长度 l_3

护轨开口段长度通常采用 100~150 mm。

因此,护轨工作边全长为

$$l_{\rm k}=l_1+2(l_2+l_3) \tag{2—6—3}$$

我国“92”型及以前常用道岔护轨尺寸见表 2—6—1,提速道岔护轨尺寸见附录五中各道岔布置图。

表 2—6—1　常用道岔护轨尺寸(mm)

钢轨类型及道岔号数	设计年度	护轨平直段长 l_1	缓冲段及开口段总长 $2(l_2+l_3)$	开口段轨头刨切长及宽	护轨总延展长度	护轨两端弯折支距	轨底刨切起点距弯折点距离
60 kg/m 钢轨　18 号可动心	1995	1 829	2 785	150,—	7 400	24.3	—
60 kg/m 钢轨　12 号过渡型	1981	1 982	1 279	150,12	4 540	26	—
60 kg/m 钢轨　12 号	1993	1 640	1 730	150,—	5 100	25	—
60 kg/m 钢轨　12 号可动心	1979	1 792	1 279	150,—	4 350	26	—
60 kg/m 钢轨　9 号	1993	1 524	1 138	150,—	3 800	26.5	—
50 kg/m 钢轨　18 号	1969 1989	2 110 2 152	2 945 2 674	150,—	8 000 7 500	— 24.4	— —
50 kg/m 钢轨　12 号	1975 1991	1 646 1 140	1 427 1 730	150,19 150,—	4 500 4 600	29 23	1 228 —
50 kg/m 钢轨　9 号	1975 1991	1 616 1 324	1 142 1 138	148.8,18 150,—	3 900 3 600	30 26.5	955 —
43 kg/m 钢轨　12 号	1975	1 646	1 427	150,19	4 500	29	344
43 kg/m 钢轨　9 号	1975	1 616	1 142	148.8,18	3 900	30±2	267

三、护轨类型及其结构零件

目前我国道岔的护轨类型主要有钢轨间隔铁型、H 型和槽型三种。

(一)钢轨间隔铁型护轨结构

钢轨间隔铁型护轨结构如图 2—6—2 所示。采用普通钢轨作为护轨,用间隔铁保持各部轮缘槽宽度,在护轨内侧设 4 个轨撑以保持护轨的位置,采用半圆头方颈螺栓进行联结,是“75”型道岔护轨的主要形式。

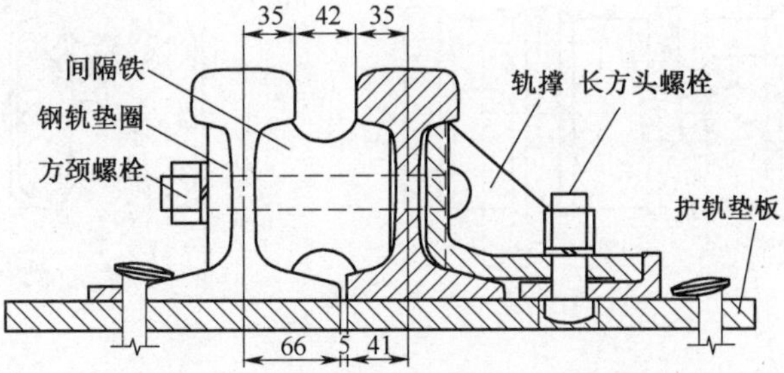

图 2—6—2　钢轨间隔铁型护轨结构(单位:mm)

间隔铁式护轨为不分开式结构,护轨与基本轨联结牢固,但现场调整不便,护轨垫板规格不统一。目前除“75”型道岔外,已不采用。

1. 护轨

钢轨间隔铁型护轨采用与道岔同轨型的钢轨制造,缓冲段系将钢轨弯折而成,开口段采用斜切轨头的方法形成。为了调整轮缘槽宽度,护轨轨底与基本轨轨底留有 5 mm 以上的间隙,为此需将护轨轨底作少量刨切,如 50 kg/m 钢轨的护轨需刨掉轨底 25 mm。为延长护轨使用寿命,其轨头工作边侧面应进行淬火处理。图 2—6—3 为“75”型 50 kg/m 钢轨 12 号道岔用护轨的形式和尺寸。

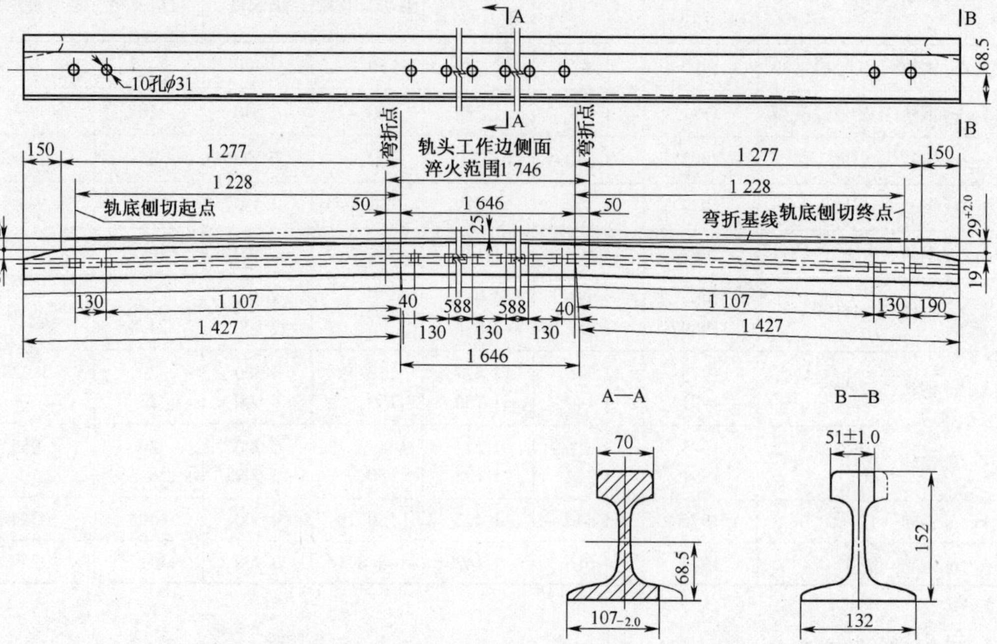

图 2—6—3　50 kg/m 钢轨 12 号道岔护轨形式尺寸(单位:mm)

2. 护轨间隔铁

护轨间隔铁分为护轨中部间隔铁和护轨端部间隔铁。“75”型 50 kg/m 钢轨的中部间隔铁如图 2—6—4 所示,端部间隔铁如图 2—6—5 所示。

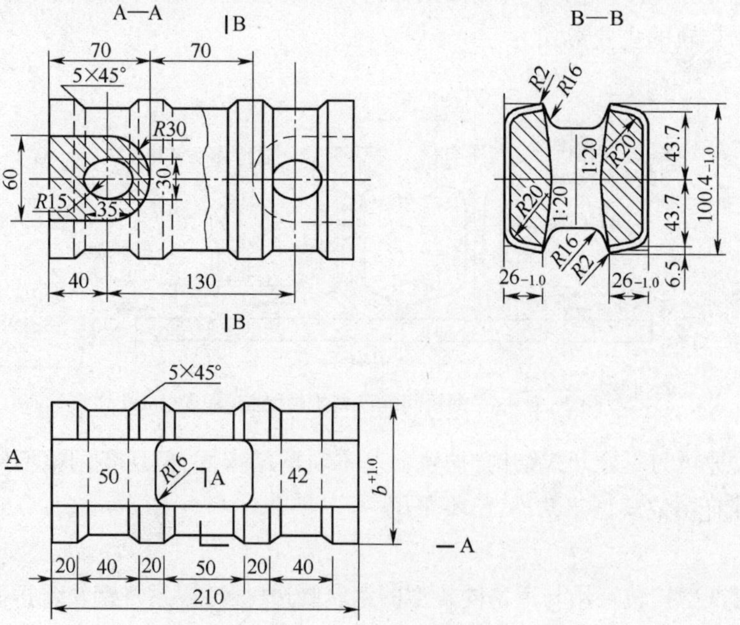

图 2—6—4　中部间隔铁(单位:mm)

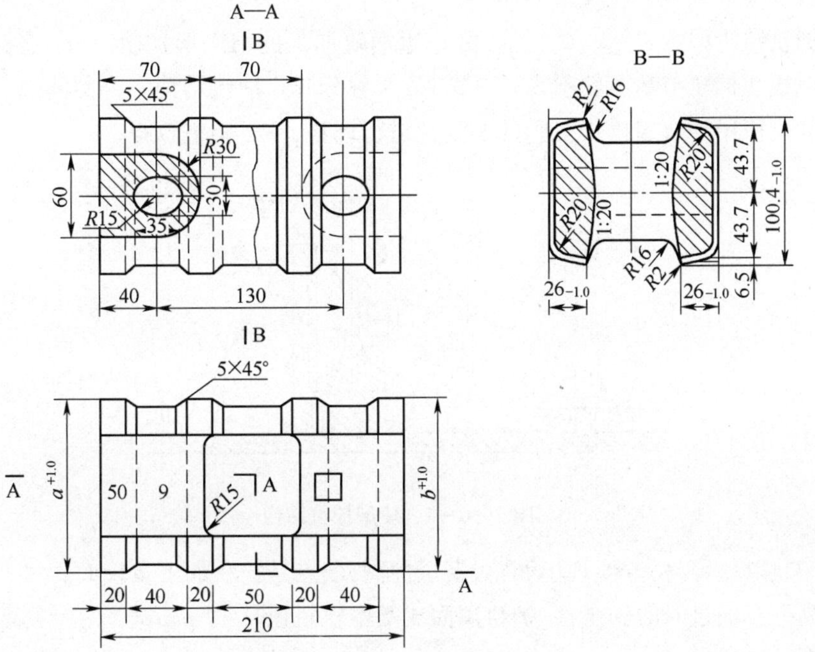

图 2—6—5　端部间隔铁(单位:mm)

3. 钢轨垫圈

钢轨垫圈是为联结螺栓使用的零件,紧贴轨腰安装,起垫平和防转作用,还可起到防止钢轨扭斜和增大受力面的作用。

钢轨垫圈分为圆孔垫圈和方孔垫圈,在螺栓头一侧用方孔垫圈,起螺栓防转作用;在螺母一侧使用圆孔垫圈。在护轨两端因有弯折,需要用斜垫圈垫平,垫圈的斜差每 3 mm 为一级,可根据钢轨斜度角选用。50 kg/m 钢轨垫圈的形状和尺寸如图 2—6—6 所示。

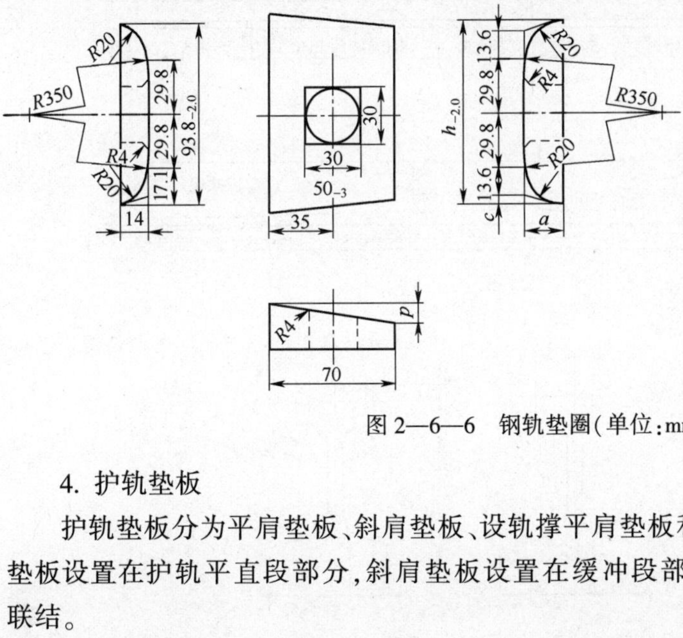

斜差 p (mm)	a (mm)	c (mm)	h (mm)	质量(kg≈) 圆孔	质量(kg≈) 方孔
0	14	3.5	93.8	0.487	0.471
3	17	4.3	95.4	0.554	0.536
6	20	5.0	96.8	0.621	0.601
9	23	5.8	98.4	0.682	0.661
12	26	6.5	99.8	0.750	0.726
15	29	7.3	101.4	0.816	0.790

图 2—6—6　钢轨垫圈(单位:mm)

4. 护轨垫板

护轨垫板分为平肩垫板、斜肩垫板、设轨撑平肩垫板和设轨撑斜肩垫板等 4 种。平肩垫板设置在护轨平直段部分,斜肩垫板设置在缓冲段部分。护轨使用的轨撑不与护轨联结。

(二)H 型护轨结构

H 型护轨结构如图 2—6—7 所示,由普通钢轨加工的"H"形护轨、护轨垫板、调整片和联结螺栓组成。护轨与基本轨不直接联结,故又称分开式护轨结构。查照间隔、护背距离和轮缘槽宽度可使用护轨与撑板之间的调整片进行调整,不必调整轨距。

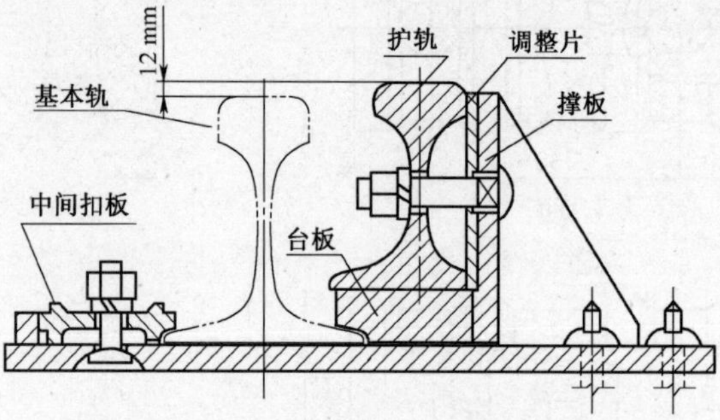

图 2—6—7　H 型护轨结构

H 型护轨取材容易,方便现场调整,安全性高,缺点是护轨加工量较大。

为提高列车通过时的安全性,护轨顶面比基本轨轨顶高 12 mm。

1. 护轨

护轨采用比道岔钢轨低一级的钢轨制造,如 60 kg/m 钢轨道岔的护轨采用 50 kg/m 钢轨制造。护轨工作边缓冲段通过钢轨弯折形成,开口段通过轨头机加工形成。为保证护轨垫板规格的统一,将护轨轨头非工作边和轨底刨切成一直线。60 kg/m 钢轨 12 号道岔用护轨如图 2—6—8 所示。

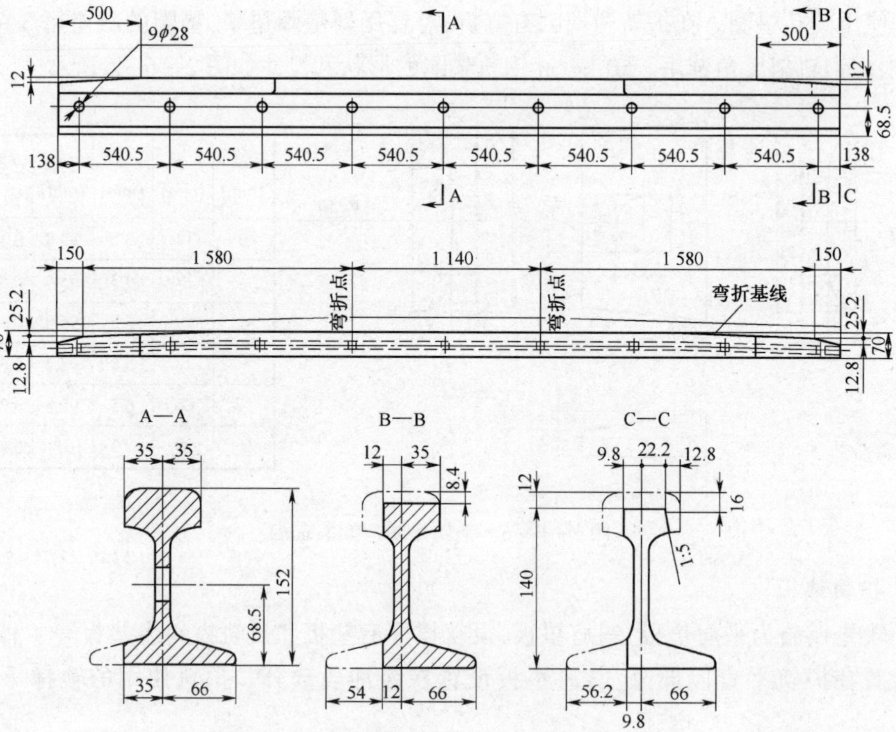

图 2—6—8　60 kg/m 钢轨 12 号道岔用护轨(单位:mm)

2. 护轨垫板

"92"型道岔 H 型护轨垫板如图 2—6—9 所示。为使护轨轨顶高出基本轨轨顶 12 mm，在垫板上焊有厚 36 mm 的台板，台板上设凸缘用以扣压基本轨。同时在垫板上焊接"U"形撑板，其立墙上设方孔，起护轨联结螺栓防转作用。弧形挡条为安设中间扣板使用。

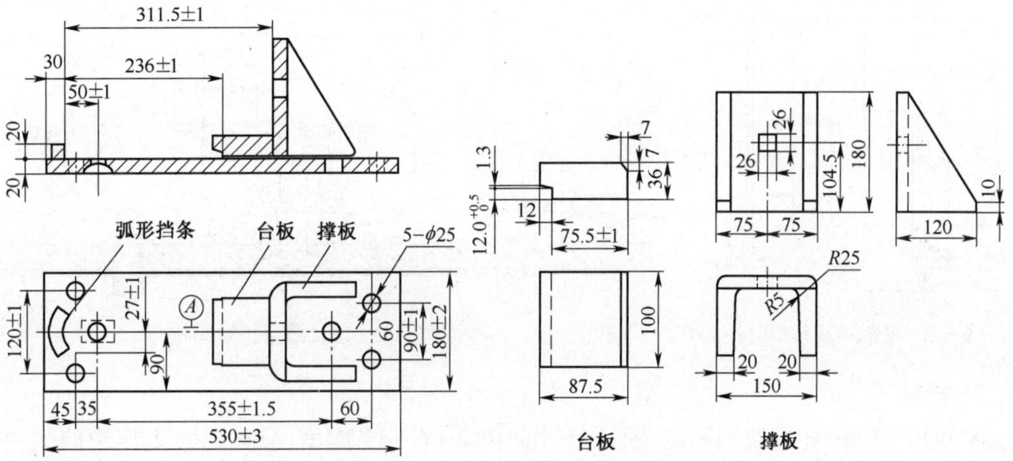

图 2—6—9 "92"型道岔 H 型护轨垫板(单位:mm)

提速道岔护轨垫板如图 2—6—10 所示，主要采用焊接垫板，部分采用铸造垫板。垫板上设有台板，内设弹片用以扣压基本轨。撑板结构与"92"型道岔基本轨相同。设有轨底坡时，在护轨垫板上形成。

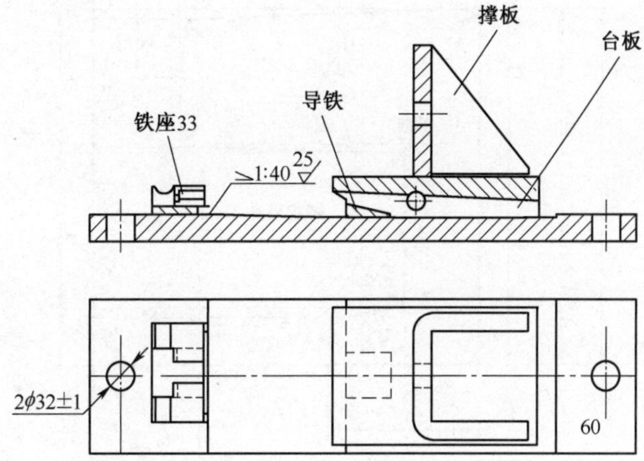

图 2—6—10 提速道岔护轨垫板

3. 护轨调整片

护轨调整片如图 2—6—11 所示，厚度有 2 mm 和 3 mm 两种，安装护轨时应预装 3 mm 厚调整片。铺设或使用后护轨位置不合格时，可用备用调整片进行调整。

(三)槽型护轨结构

"92"型道岔槽型护轨结构如图 2—6—12 所示，由槽型钢护轨、护轨垫板、扣板、调整片及联结螺栓等组成，为分开式结构，不但可以调整查照间隔和护背距离，当护轨一侧基本轨采用扣件扣压时,还可调整轨距,也是目前广泛采用的一种护轨形式。

槽型护轨用钢量最少,经济性好,加工较为简单。缺点是需要专门轧制槽型轨,护轨垫板的受力也较大。"92"型道岔使用中发现护轨垫板在撑板焊接处易发生断裂,需要对护轨垫板进行加强处理。

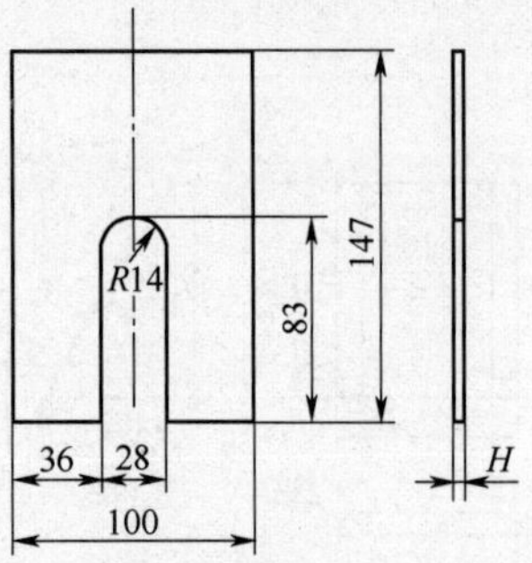

图 2—6—11　护轨调整片(单位:mm)

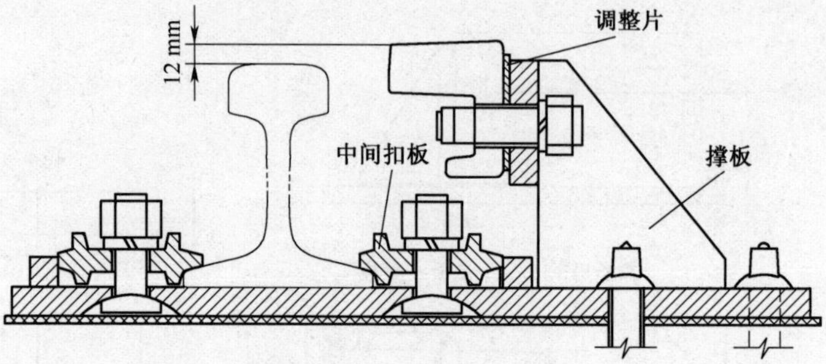

图 2—6—12　槽型护轨结构

1. 护轨

护轨用 33 kg/m 槽型钢制造,断面尺寸如图 2—6—13 所示,只对护轨工作边的缓冲段和开口段进行机加工,护轨工作边应进行全长淬火处理。护轨非工边为一直线,保证了护轨垫板的规格统一。"92" 型 60 kg/m 钢轨 12 号道岔用槽型护轨如图 2—6—14 所示。

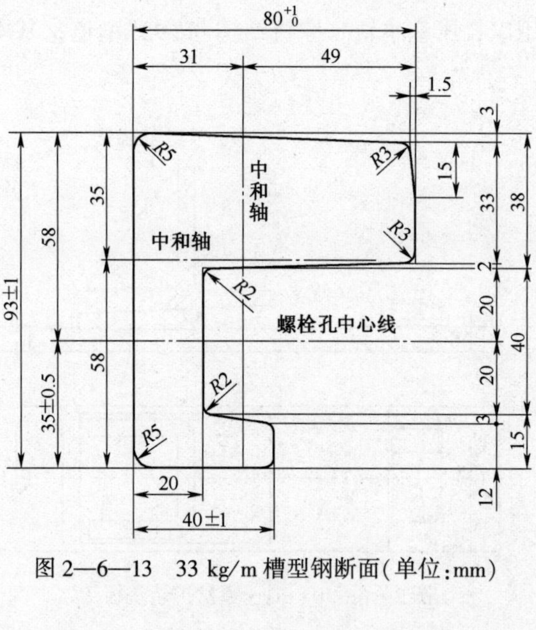

图 2—6—13　33 kg/m 槽型钢断面(单位:mm)

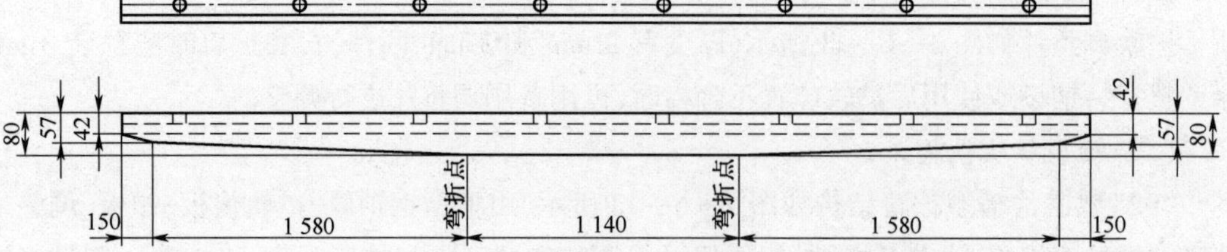

图 2—6—14　"92"型 60 kg/m 钢轨 12 号道岔用槽型护轨(单位:mm)

2. 护轨垫板

槽型护轨的垫板与 H 型护轨垫板类似，只是撑板结构有所不同。“92”型道岔槽型护轨垫板如图 2—6—15 所示。

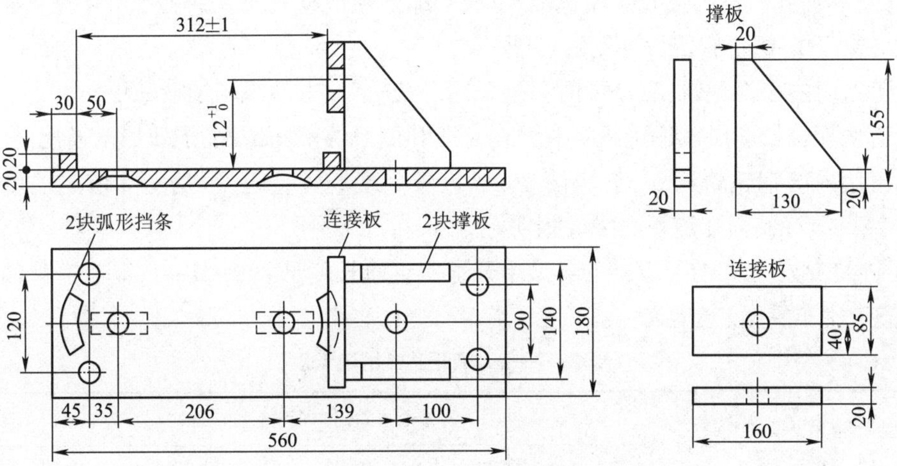

图 2—6—15 “92”型道岔槽型护轨垫板(单位:mm)

第七节 钢 轨

道岔中的钢轨主要有标准断面钢轨、特种断面钢轨两类。标准断面钢轨主要用于制造基本轨、导曲线钢轨、翼轨、叉跟轨、护轨等；特种断面钢轨主要有 AT 钢轨、60TY1 轨、槽型轨等，用于制造尖轨、翼轨、心轨、护轨等，其中 AT 钢轨分为 50AT1(原 50AT)、60AT1(原 60AT)、60AT2(原 60D40)、60AT3(原 Zu1—60)四种。钢轨的材质主要为 U71Mn、U75V 或其他高强度钢轨等，也有一些为合金钢材质。制造道岔的钢轨应符合相关标准的规定。

特种断面钢轨已在转辙器和辙叉相关章节中介绍，本节主要介绍导曲线部分的钢轨。

一、道岔钢轨设计原则

1. 道岔内钢轨的材质应与相连线路钢轨同材质或强度等级高于线路钢轨。对于无缝道岔，当材质不同时，应考虑不同材质钢轨的焊接性能。

2. 为提高道岔的使用寿命，道岔内的钢轨均应进行热处理。在有条件的情况下，应优先使用在线热处理钢轨。

3. 用于无缝道岔的钢轨，两端不钻接头夹板螺栓孔。

4. 导曲线钢轨不宜进行机加工或钻孔(接头螺栓孔除外)，以便于现场更换。

二、配轨长度计算

1. 钢轨长度均按钢轨中心线长度计算。

2. 转辙器及辙叉的左右基本轨长度一般采用等长，以方便下料和减少基本轨的备件数量，并有利于左右开道岔通用，但还应照顾到导曲线配轨的合理性。

3. 导曲线配轨长度不宜过短，一般情况下不应小于 6. 25 m。在小号码道岔中也不应小于 4. 5 m。在有条件的情况下，应尽量采用长配轨，以减少道岔内的钢轨接头。

4. 导曲线配轨长度应与岔枕布置相配合，使岔枕间距均匀、合理。

5. 配轨应经济合理，优先采用标准定尺轨、缩短轨或整轨长度的 1/2、1/4 等。如采用零数，应考虑锯下的钢轨有留作他用的可能。

6. 道岔内的多根配轨，有条件时尽量采用等长轨，以方便现场铺设和更换。

7. 道岔配轨长度应考虑绝缘接头设在直股和侧股的不同情况，配轨尽量通用。

8. 道岔内的钢轨轨缝，一般均按 8 mm 设置。现场焊接时，根据实际情况现场锯轨焊接。有特殊要求的，需在道岔订货时指明。

我国"92"型、"75"型及以前的各型单开道岔钢轨长度见表 2—7—1，提速道岔的配轨长度见相应道岔布置图。

表 2—7—1　单开道岔钢轨长度

钢轨类型（kg/m）	道岔号数	设计年度	道岔全长（mm）	道岔组内钢轨长度（mm）									
				$L_{尖}$	$L_{基}$	L_1	L_2	L_3	L_4	L_5	L_6	L_7	L_8
P43、P38	8	1955	27 882	6 250	12 500	7 385	8 000	5 136	10 386	5 109	10 351	7 385	7 850
P44. 6、P38	8	1957	27 165	6 250	12 500	4 541	10 100	6 207	9 100	6 144	9 100	4 519	10 000
P43、P38	9	1955	29 868	6 250	12 500	4 844	12 500	12 500	4 562	12 500	4 507	4 735	12 500
P44. 6、P38	9	1957	28 848	6 250	12 500	5 450	10 874	6 894	9 500	6 838	9 500	5 342	10 874
50、43、38	9	1962 1975	28 848	6 250	12 500	5 324	11 000	6 894	9 500	6 838	9 500	5 216	11 000
P43、P38	10	1955	31 424	6 250	12 500	6 400	12 500	12 500	5 902	12 500	5 854	6 300	12 500
P44. 6、P38	10	1957	30 804	6 250	12 500	5 780	12 500	7 225	11 000	9 388	8 786	5 683	12 500
P43、P38	11	1955	33 324	6 250	12 500	12 500	8 038	12 500	7 518	12 500	7 472	12 500	8 220
P44. 6、P38	11	1957	35 017	7 700	12 500	12 500	9 993	12 500	8 251	12 500	8 206	12 500	9 902
P50、P44. 6、P38	12	1957	36 815	7 700	12 500	11 791	12 500	9 426	12 500	9 385	12 500	12 500	11 708
50、43、38	12	1962 1975	36 815	7 700	12 500	11 791	12 500	12 500	9 426	12 500	9 385	11 708	12 500
P43	12	1955	35 205	6 250	12 500	10 181	12 500	9 327	12 500	9 285	12 500	10 098	12 500
P50	18	1969	54 000	12 500	12 500	10 226	18 750	16 903	12 500	16 874	12 500	10 173	18 750

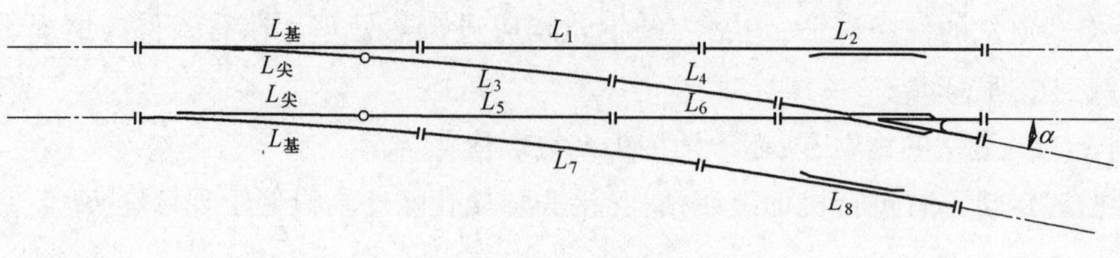

钢轨类型（kg/m）	道岔号数	设计年度	道岔全长（mm）	道岔组内钢轨长度（mm）													
				$L_{尖}$	$L_{基}$	L_1	L_2	L_3	L_4	L_5	L_6	L_7	L_8	L_9	L_{10}	L_{11}	L_{12}
43E	8	1950	25 908	5 030	12 500	7 392	—	6 000	7 480	6 598	—	7 470	6 548	—	7 421	—	6 030
43E	9	1953	29 884	6 144	12 500	4 872	—	12 500	10 000	6 598	—	10 000	6 541	—	4 764	—	12 500

续上表

钢轨类型（kg/m）	道岔号数	设计年度	道岔全长（mm）	道岔组内钢轨长度(mm)													
				$L_{尖}$	$L_{基}$	L_1	L_2	L_3	L_4	L_5	L_6	L_7	L_8	L_9	L_{10}	L_{11}	L_{12}
43E	10	1950	29 594	5 030	12 500	4 578	—	12 500	12 500	4 208	—	12 500	4 160	—	4 634	—	12 500
43E	11	1953	33 870	6 144	12 500	12 500	—	8 858	12 500	7 555	—	12 500	7 509	—	12 500	—	8 770
43E	12	1950	36 250	6 700	12 500	11 234	—	12 500	12 500	8 426	—	12 500	8 386	—	11 274	—	12 500
43E(苏式)	9	—	29 918	6 515	12 500	4 894	—	12 500	6 574	8 576	—	6 561	8 533	—	4 906	—	12 380
43E(苏式)	11	—	32 553	6 515	12 500	9 223	—	10 806	10 884	5 907	—	10 853	5 890	—	9 179	—	10 766
40B(新型)	8	—	25 973	5 000	10 058	5 853	—	10 058	10 058	4 368	—	10 058	4 307	—	5 914	—	10 058
40B(新型)	9	—	27 822	5 000	10 058	10 058	—	7 702	10 058	5 922	—	10 058	5 886	—	10 058	—	7 758
40B(新型)	10	—	29 686	5 000	10 058	10 058	—	9 566	10 058	7 141	—	10 058	7 090	—	10 058	—	9 617
40B(旧型)	10	—	26 832	4 572	7 315	10 058	—	9 455	10 058	6 915	—	10 058	6 864	—	10 058	—	9 506
40A(伪满)	8	—	23 213	4 572	7 315	5 835	—	10 058	10 058	4 216	—	10 058	4 159	—	5 899	—	10 058
40A(伪满)	10	—	26 983	4 572	7 315	5 032	7 315	7 315	10 058	7 068	—	10 058	7 015	—	5 030	7 315	7 315
40B(新型)	12	—	35 562	6 700	10 058	10 058	5 552	9 888	10 058	5 029	6 166	10 058	5 029	6 125	10 058	5 593	9 888

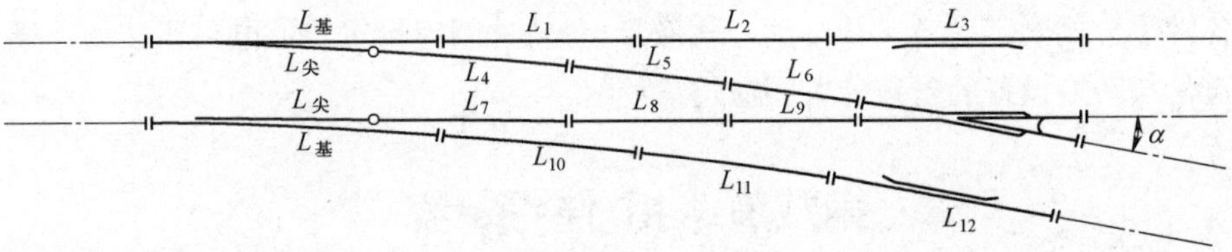

三、道岔内绝缘接头

当道岔用于设有轨道电路的线路时，道岔内必须设置绝缘接头，以保证轨道电路的正常使用。绝缘接头的布置应符合下列规定：

1. 绝缘接头应设置在道岔连接部位，绝缘接头两端应至少有一侧的铁垫板已分开为两块独立的铁垫板。

2. 道岔中设置钢轨绝缘接头，应使两股钢轨成为不同极性，保证机车车辆在道岔中任何部位都不能短路；若不能把相邻钢轨的极性错开时，须调换道岔钢轨绝缘接头的安装位置（原来在直股时，调换至曲股；或反之），以取得正确的极性配置。

3. 两股钢轨上的绝缘接头应对齐，如难以对齐时，相错量不应大于 2. 5 m。

4. 绝缘接头应在道岔直股和侧股均可设置。

5. 绝缘接头处的钢轨轨缝应为 6~8 mm。

6. 道岔用于渡线时，在渡线中间应具有设置绝缘接头的条件。

7. 交叉渡线应按设计图增设绝缘。

8. 用于驼峰的小号码对称道岔,其绝缘接头位置应符合信号设计规定。

钢轨绝缘接头分为胶接绝缘接头和普通绝缘接头两种。目前正线道岔一般采用胶接绝缘接头,站线道岔可采用普通绝缘接头。绝缘接头的结构应符合相关标准图的规定。

需要注意的是,由于绝缘接头夹板较宽,有些道岔在绝缘接头两侧难以安装道岔标准扣件,需采用特殊扣件。同时为保证绝缘性能,也需将扣压件、轨距块等与钢轨绝缘,具体见道岔图纸。

四、轨道电路对道岔要求

1. 道岔总布置图配轨计算时,应考虑道岔直股或曲股都能设置绝缘接头的条件。

2. 联结道岔钢轨件的有关零件,如接头铁、拉杆、连杆、通长垫板(连接不同极性时)和轨距杆等,都需设有绝缘零件。

3. 道岔的扣件系统应具有良好的绝缘性能,道岔钢轨与岔枕间、弹条与绝缘接头夹板间应绝缘。

4. 安装绝缘接头的两根钢轨不得为异型钢轨。

5. 道岔中各钢轨接头应留出足够的位置,以便安装轨道电路连接线。安装连接线的岔枕附近不应安装防爬器。

6. 在高锰钢辙叉的趾、跟端轨腰或底板上,应设有安装轨道电路连接线的导电销。

7. 各种组合式固定型辙叉和可动心轨辙叉,各轨件间应设置轨道电路连接线连通。

8. 道岔与转换设备的安装装置间应可靠绝缘。

第八节　扣 件 系 统

扣件系统是道岔不可或缺的组成部分,其主要功能是固定道岔钢轨的位置,抵抗车轮作用在钢轨上的垂向力和横向力,缓冲钢轨对轨下基础的冲击力作用。因此扣件系统应具有足够的扣压力、适当的弹性及一定的轨距和高程调整能力,为钢轨的伸缩提供阻力。

一、系统组成

“75”型道岔采用普通道钉联结钢轨、垫板和岔枕,在滑床板和护轨垫板部分采用螺纹道钉联结铁垫板和岔枕。

“92”型道岔采用分开式刚性可调扣板式扣件,该扣件系统由铁垫板、扣板、T形螺栓、螺母、弹簧垫圈、板下塑料垫片和螺纹道钉组成,见图2—8—1(a)、表2—8—1。该扣件为刚性扣件,可通过扣板的翻面和调边来调整轨距,无需更换扣板,轨距调整量为+4 mm,−8 mm。该扣件的优点是采用弧形扣件,可适应铁垫板与钢轨偏斜的不同情况,铁垫板的规格较为统一;缺点是采用刚性扣压,扣压力受螺栓扭矩影响较大。

提速道岔采用分开式弹性扣件,主要采用有螺栓扣件,由铁垫板、Ⅱ型弹条、T形螺栓、岔枕螺钉、螺母、平垫圈、弹簧垫圈、轨距块、轨下橡胶垫板和板下橡胶垫板、塑料套管等组成，见图 2—8—1(b)、表 2—8—1。设轨底坡时在铁垫板上形成，可通过更换不同号码的轨距块调整轨距，调整量为+8 mm，-12 mm。有些提速标准的 50 kg/m 钢轨各类道岔采用Ⅰ型弹条扣压，且不设轨底坡，其他与提速道岔相同。

此外，部分提速道岔也采用了无螺栓弹条扣件，由铁垫板、Ⅲ型弹条、岔枕螺钉、弹簧垫圈、轨距块、轨下橡胶垫板和板下橡胶垫板、塑料套管等结构组成，见图 2—8—1(c)、表 2—8—1。

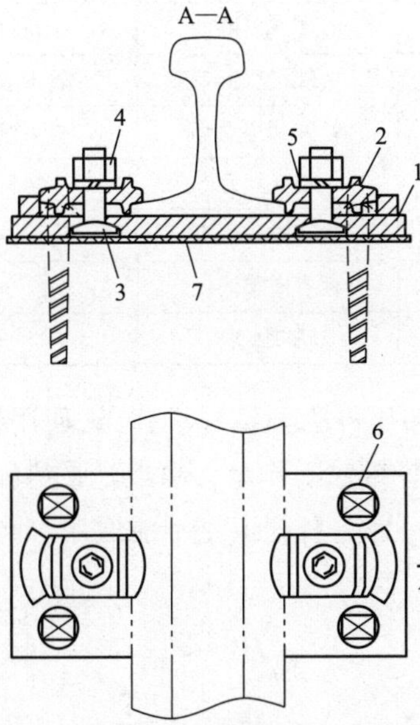

(a)“92”型道岔扣件

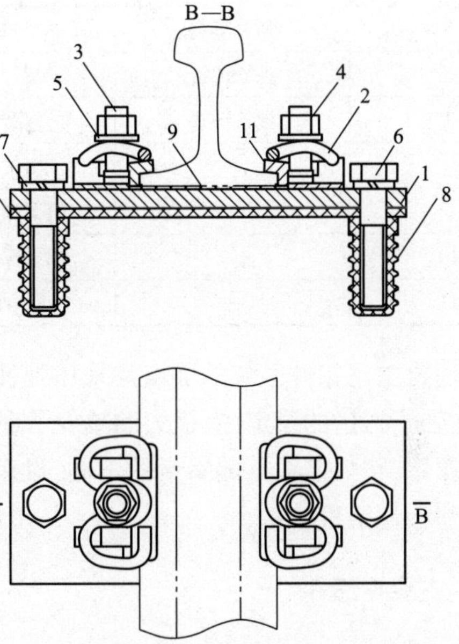

(b)Ⅰ型、Ⅱ型弹条扣件

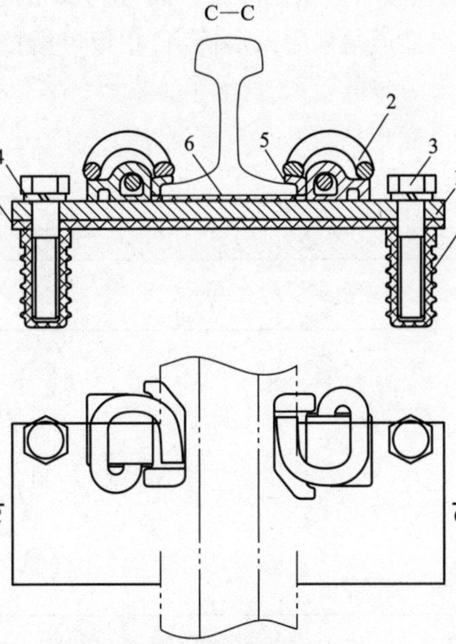

(c)Ⅲ型弹条扣件

图 2—8—1　扣件系统组装

注：标示线所注内容见表 2—8—1。

表 2—8—1　各种扣件系统零部件明细

序号 \ 类型	"92"型扣件	Ⅰ型弹条扣件	Ⅱ型弹条扣件	Ⅲ型弹条扣件
1	铁垫板	铁垫板	铁垫板	铁垫板
2	扣板	Ⅰ型弹条	Ⅱ型弹条	Ⅲ型弹条
3	T形螺栓	T形螺栓	T形螺栓	螺钉
4	螺母	螺母	螺母	弹簧垫圈
5	弹簧垫圈	平垫圈	平垫圈	轨距块
6	螺纹道钉	螺钉	螺钉	轨下橡胶垫板
7	塑料垫片	弹簧垫圈	弹簧垫圈	板下橡胶垫板
8	—	塑料套管	塑料套管	塑料套管
9	—	轨下橡胶垫板	轨下橡胶垫板	—
10	—	板下橡胶垫板	板下橡胶垫板	—
11	—	轨距块	轨距块	—

提速道岔用扣件系统的优点是采用弹性扣件，扣压件为国铁标准弹条，通用性强，扣压力大，增强了道岔的稳定性，极大的减少了现场的养护维修工作量。缺点是平垫板只能垂直于钢轨布置，垫板需根据偏斜量的不同，设多种规格，且左右开道岔不能通用。同时滑床板和护轨垫板调距量非常小。

二、主要零部件

1. 垫板

"75"型及"92"型道岔的垫板一般采用厚 20 mm、宽 180 mm 的钢板制作，其上根据需要设挡肩、道钉孔等。其中"92"型道岔采用弧形挡肩，扣板可沿挡肩旋转，以适应钢轨的不同方向，如图 2—8—2 所示。

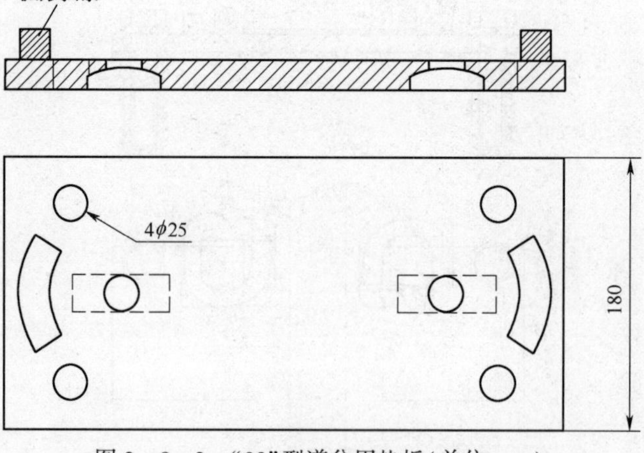

图 2—8—2　"92"型道岔用垫板(单位：mm)

提速道岔的垫板一般采用厚 22 mm(不设轨底坡时为 20 mm)、宽 170 mm(不设轨底坡时为 180 mm)的钢板制作，其上根据需要焊接铁座、设螺钉孔等。铁座高度分为 33 mm、

41 mm两种,以适应普通钢轨和AT轨、锰叉等不同位置。提速道岔的平垫板和滑床板采用垫板螺栓孔偏斜的方式适应钢轨方向的变化,垫板垂直于钢轨布置;其他垫板采用铁座偏斜的方式适应钢轨方向的变化,垫板平行于岔枕布置。设有轨底坡时,在铁垫板上形成。提速道岔用垫板如图2—8—3所示。

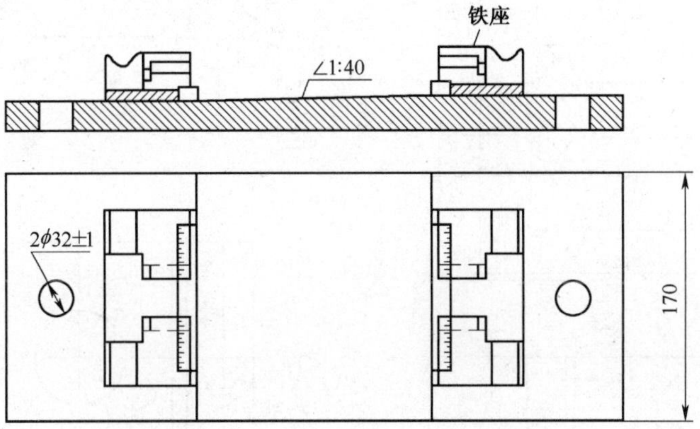

图2—8—3 提速道岔用垫板(单位:mm)

2. 扣压件

"75"型道岔采用普通道钉扣压。

"92"型道岔采用扣板扣压钢轨,分中间扣板和接头扣板。

中间扣板主要用于导曲线部分,以及转辙器部分辙前垫板、部分滑床板和辙后垫板上。60 kg/m钢轨用扣板形状和尺寸如图2—8—4所示。使用时通过翻转和调边来调整距离,扣板两面共分为0号、2号、4号、6号四个号,即四个不同距离。铺设时,钢轨工作边一侧安装4号扣板,非工作边一侧安装2号扣板,可调整轨距为+4 mm,−8 mm。负差采用8 mm,是考虑轨头侧面磨耗后轨距扩大时便于将轨距调小。

扣板两端采用弧形,使平垫板均可平行于枕木布置,各类道岔的平垫板通用,且规格统一。

接头扣板用于钢轨接头处,以防止扣板的凸缘与夹板相碰。接头扣板有0—2号与4—6号两种,其合计轨距调整量也可达到+4 mm,−8 mm,如图2—8—5所示。

提速道岔采用Ⅰ型、Ⅱ型、Ⅲ型弹条扣压钢轨,如图2—8—6所示,通过采用不同号码的轨距块调整轨距。

3. 橡胶垫板或塑料垫板

"92"型道岔以采用木岔枕为主,木枕本身具有一定的弹性,因此钢轨下不设弹性垫板,铁垫板下设置5 mm厚的塑料垫片,起缓冲和调高作用,防止铁垫板切割枕木。

提速道岔以采用混凝土岔枕为主,在钢轨下设5 mm的橡胶垫板,如图2—8—7(a)所示,起缓冲作用。铁垫板下设置10 mm厚的橡胶垫板,如图2—8—7(b)所示,既有缓冲作用,又为道岔提供弹性。

橡胶垫板采用沟槽形式,以满足垫板不同刚度的要求。

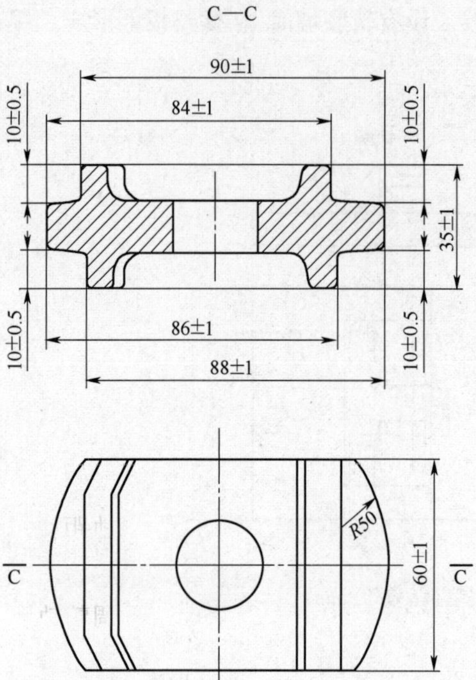

肩至端部距离(mm)	84	86	88	90
扣板号数	0	2	4	6

图 2—8—4　中间扣板(单位:mm)

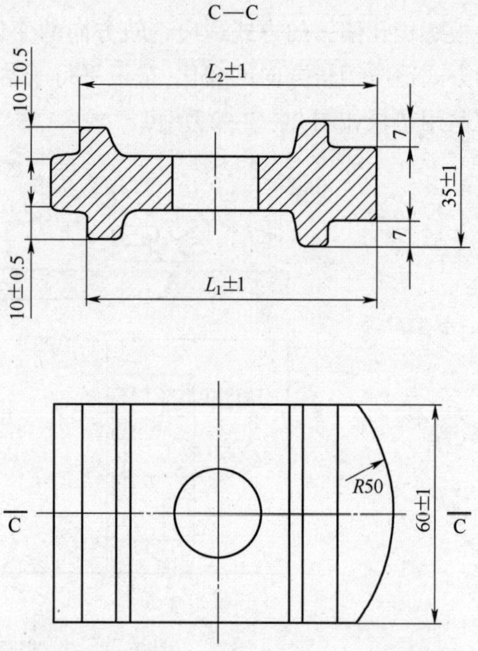

类型	号数	L_1(mm)	L_2(mm)	质量(kg≈)
0～2	0	84		0.698
	2		86	
4～6	4	88		0.724
	6		90	

图 2—8—5　接头扣板(单位:mm)

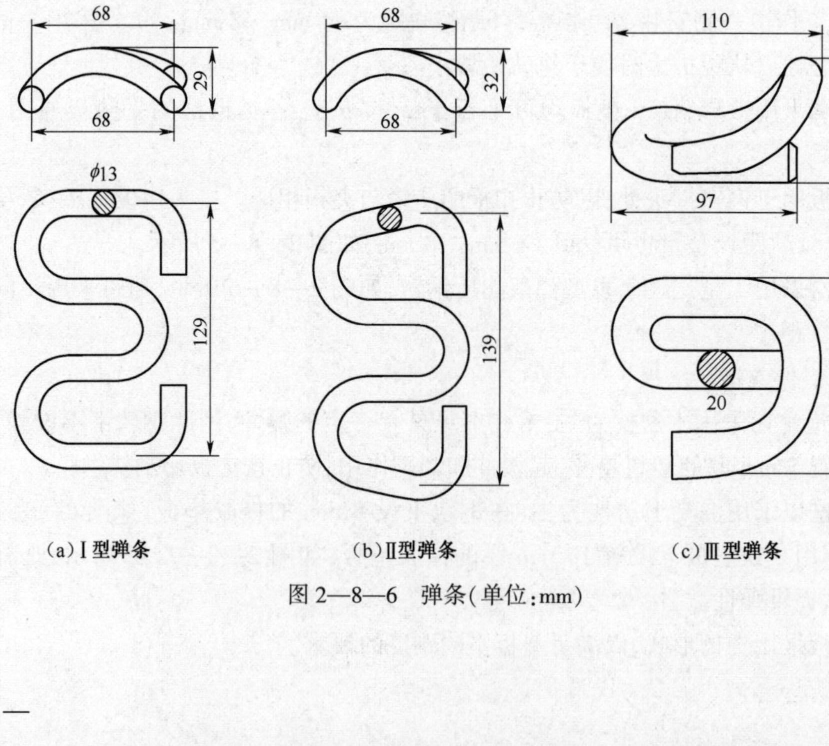

(a) Ⅰ型弹条　(b) Ⅱ型弹条　(c) Ⅲ型弹条

图 2—8—6　弹条(单位:mm)

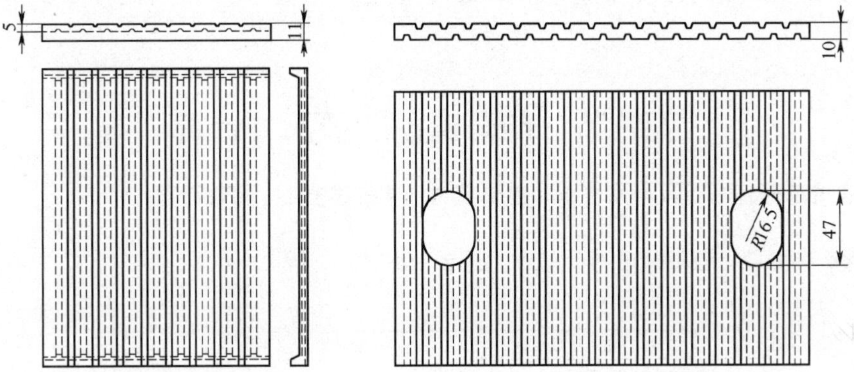

(a) 钢轨下橡胶垫板　　(b) 铁垫板下橡胶垫板

图 2—8—7　橡胶垫板(单位:mm)

4. 轨距块

提速道岔采用轨距块调整轨距，Ⅰ 型、Ⅱ 型弹条扣件轨距块有 7/17、9/11、13/15 三种类型,7 号、9 号、11 号、13 号、15 号、17 号六个型号,每个型号间相差 2 mm,同一轨距块可调边使用,如图2—8—8(a)所示。铺设时钢轨工作边一侧安装 13 号轨距块,钢轨非工作边一侧安装 11 号轨距块;辙叉一侧采用 13 号轨距块,另一侧采用 11 号轨距块;可调整轨距为+8 mm,−12 mm。Ⅲ型弹条扣件轨距块有 7 号、9 号、11 号、13 号四个型号,每个型号间相差 2 mm,如图 2—8—8(b)所示。铺设时钢轨工作边一侧安装 11 号轨距块,钢轨非工作边一侧安装 9 号轨距块,可调整轨距为+4 mm,−8 mm。轨距块采用铸钢制造。现场轨距变化时,可以更换不同号码的轨距块进行调整。

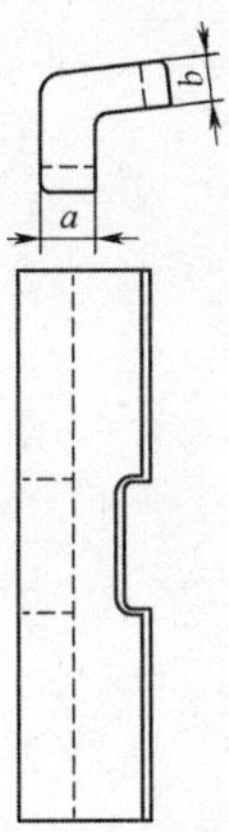

号数	a	b
7	17	7
17		
9	11	9
11		
13	15	13
15		

(a) Ⅰ型、Ⅱ型弹条用轨距块

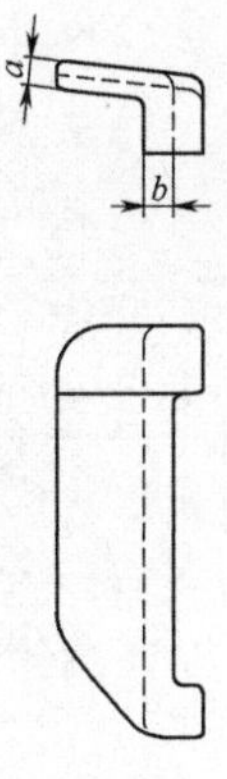

号数	a	b
7	8.0	7
9	8.2	9
11	8.4	11
13	8.6	13

(b) Ⅲ型弹条用轨距块

图 2—8—8　轨距块(单位:mm)

5. 塑料套管

提速道岔在混凝土岔枕内预埋塑料套管,通过 M30 螺钉与铁垫板连接。

提速道岔早期采用Ⅱ型塑料套管,套管高度 120 mm,螺距为 6 mm;后有些道岔改用Ⅲ型塑料套管,套管高度 135 mm,螺距为 8 mm。在套管外侧上、下各有直径 8 mm、深 6 mm 的圆柱孔。道岔生产、订货时应注意塑料套管应与 M30 螺钉配套。

此外,也有些道岔在塑料套管外增设一钢套,以方便塑料套管的更换。

扣件系统中用到的螺栓、螺母、垫圈、螺纹道钉等,一般均为标准件,具体见相关标准或通用图。

第九节　单开道岔主要尺寸计算

一、常用单开道岔(固定型辙叉)主要尺寸、导曲线支距、配轨计算

(一)直线尖轨、直线辙叉单开道岔(图 2—9—1)

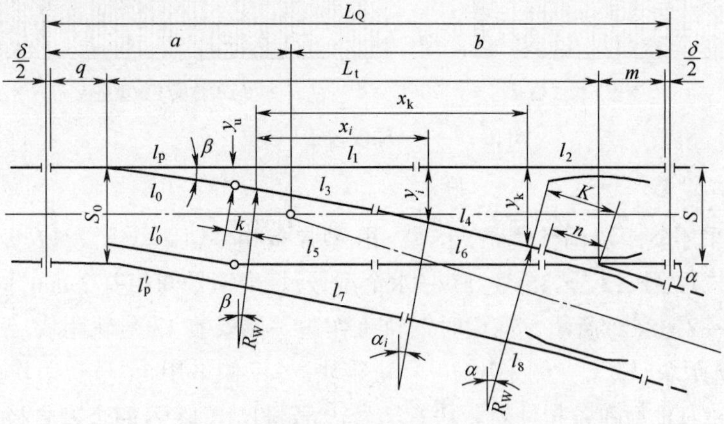

图 2—9—1　直线尖轨、直线辙叉单开道岔计算图式

1. 主要尺寸计算(各公式应根据已知条件选用)

$$S=(l_0+k)\sin\beta+R_W(\cos\beta-\cos\alpha)+K\cdot\sin\alpha \tag{2—9—1}$$

$$L_t=(l_0+k)\cos\beta+R_W(\sin\alpha-\sin\beta)+K\cdot\cos\alpha \tag{2—9—2}$$

$$L_Q=q+L_t+m+\delta \tag{2—9—3}$$

$$R_W=-\frac{S-(l_0+k)\sin\beta-K\cdot\sin\alpha}{\cos\beta-\cos\alpha} \tag{2—9—4}$$

$$K=\frac{S-(l_0+k)\sin\beta-R_W(\cos\beta-\cos\alpha)}{\sin\alpha}\geqslant K_{\min} \tag{2—9—5}$$

$$b=\frac{S}{2\tan(\alpha/2)}+m+\delta/2 \tag{2—9—6}$$

$$a=L_Q-b \tag{2—9—7}$$

2. 导曲线支距计算

$$x_k=R_W(\sin\alpha-\sin\beta) \tag{2—9—8}$$

或
$$x_k=L_t-(l_0+k)\cos\beta-K\cdot\cos\alpha \tag{2—9—9}$$

$x=0$ 时
$$y_0=(l_0+k)\sin\beta \tag{2—9—10}$$

$x=x_i$ 时
$$y_i=y_0+R_W(\cos\beta-\cos\alpha_i) \tag{2—9—11}$$

$x=x_k$ 时
$$y_k=S-K\cdot\sin\alpha \tag{2—9—12}$$

式中
$$\alpha_i=\arcsin(\sin\beta+x_i/R_W) \tag{2—9—13}$$

支距计算可列表进行。

x_i	x_i/R_W	$\sin\beta$	$\sin\alpha_i=\sin\beta+x_i/R_W$	$\cos\alpha_i$	$\cos\beta-\cos\alpha_i$	$R_W(\cos\beta-\cos\alpha_i)$	y_0	$y_i=y_0+R_W(\cos\beta-\cos\alpha_i)$

3. 配轨计算

如按图 2—9—1 配轨方案，则

$$l_1+l_2=L_Q-l_p-3\delta \quad (2—9—14)$$

$$l_3+l_4=\left(R_W+\frac{b}{2}\right)(\alpha-\beta)\frac{\pi}{180}+K-n-2\delta'-\delta+k \quad (2—9—15)$$

$$l_5+l_6=L_t-l_0\cdot\cos\beta-n-2\delta'-\delta \quad (2—9—16)$$

$$l_7+l_8=q+(l_0+k)\cos\beta-S'_g\cdot\tan\beta+\left(R_W-S_R-\frac{b}{2}\right)(\alpha-\beta)\frac{\pi}{180}+K+m-l'_p-2\delta \quad (2—9—17)$$

式中 b——轨头宽；

δ——轨缝宽。

注：当 $R<150$ m 时，为避免导曲线钢轨在辙跟接头内弯曲，应将导曲线起点设在辙跟接头夹板外，此时尖轨跟端后有一直线段 k，k 一般可采用 300~500 mm；当 $R\geqslant150$ m 时，可令 $k=0$。

（二）切线及半切线形曲线尖轨、直线辙叉单开道岔（图 2—9—2）

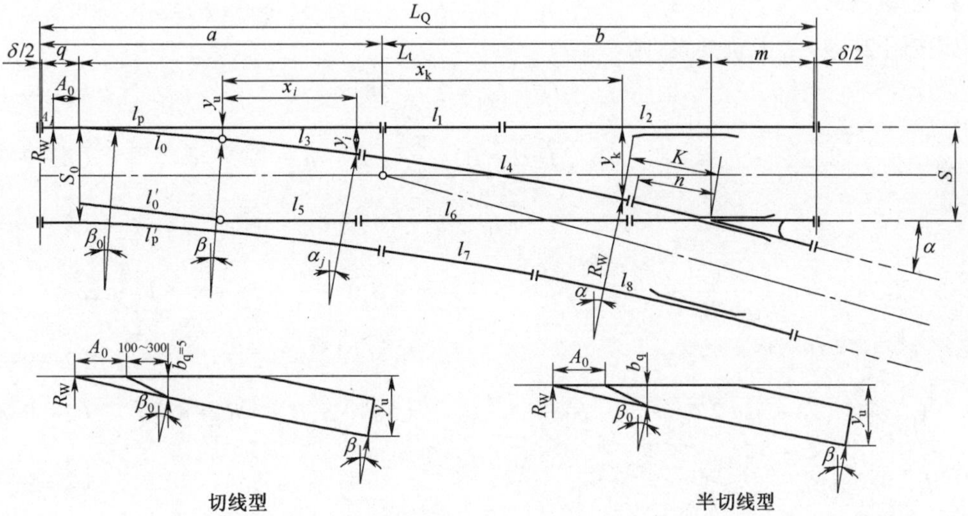

图 2—9—2 切线及半切线形曲线尖轨、直线辙叉单开道岔计算图式

1. 主要尺寸计算（各公式应根据已知条件选用）

$$S=R_W(1-\cos\alpha)+K\cdot\sin\alpha \quad (2—9—18)$$

$$L_t=R_W\cdot\sin\alpha-A_0+K\cdot\cos\alpha \quad (2—9—19)$$

$$L_Q=q+L_t+m+\delta \quad (2—9—20)$$

$$R_W = \frac{S - K \cdot \sin\alpha}{1 - \cos\alpha} \tag{2—9—21}$$

$$K = \frac{S - R_W(1 - \cos\alpha)}{\sin\alpha} \geqslant K_{min} \tag{2—9—22}$$

$$b = \frac{S}{2\tan\alpha/2} + m + \delta/2 \tag{2—9—23}$$

$$a = L_Q - b \tag{2—9—24}$$

2. 导曲线支距计算

$$x_k = R_W(\sin\alpha - \sin\beta) \tag{2—9—25}$$

$x = 0$ 时 $$y_u = R_W(l - \cos\beta) \tag{2—9—26}$$

$x = x_i$ 时 $$y_i = y_u + R_W(\cos\beta - \cos\alpha_i) \tag{2—9—27}$$

$x = x_k$ 时 $$y_k = S - K \cdot \sin\alpha \tag{2—9—28}$$

式中 $$\alpha_i = \text{arc}\ \sin(\sin\beta + x_i/R_W) \tag{2—9—29}$$

支距计算可列表进行。

x_i	x_i/R_W	$\sin\beta$	$\sin\alpha_i = \sin\beta + x_i/R_W$	$\cos\alpha_i$	$\cos\beta - \cos\alpha_i$	$R_W(\cos\beta - \cos\alpha_i)$	y_u	$y_i = y_u + R_W(\cos\beta - \cos\alpha_i)$

3. 配轨计算

如按图 2—9—2 配轨方案，则

$$l_1 + l_2 = L_Q - l_p - 3\delta \tag{2—9—30}$$

$$l_3 + l_4 = (R_W + b/2)(\alpha - \beta)\frac{\pi}{180} + K - n - 2\delta' - \delta \tag{2—9—31}$$

$$l_5 + l_6 = L_t - l_0' - n - 2\delta' - \delta \tag{2—9—32}$$

$$l_7 + l_8 = q + \frac{x_b}{\cos\beta_2} + (R_W - S_R - b/2)(\alpha - \beta_1)\frac{\pi}{180} + K + m - l_p' - 2\delta \tag{2—9—33}$$

式中 $$x_b = (\sqrt{(f_2 + b)(2R_N - f_2 - b)} - A_0 \quad (f_2 = S_R - S, R_N = R_W—S_R) \tag{2—9—34}$$

$$\beta_1 = \text{arc}\ \sin\frac{A_0 + x_b}{R_N} \tag{2—9—35}$$

$$\beta_2 = \text{arc}\ \tan\frac{b - (S_0 - S)}{x_b} \tag{2—9—36}$$

（三）割线及半割线形曲线尖轨、直线辙叉单开道岔（图 2—9—3）

1. 主要尺寸计算（各公式应根据已知条件选用）

$$S = R_W(1 - \cos\alpha) + K \cdot \sin\alpha - f_1 \tag{2—9—37}$$

$$L_t = R_W \cdot \sin\alpha - A_0 + K \cdot \cos\alpha \tag{2—9—38}$$

$$L_Q = q + L_t + m + \delta \tag{2—9—39}$$

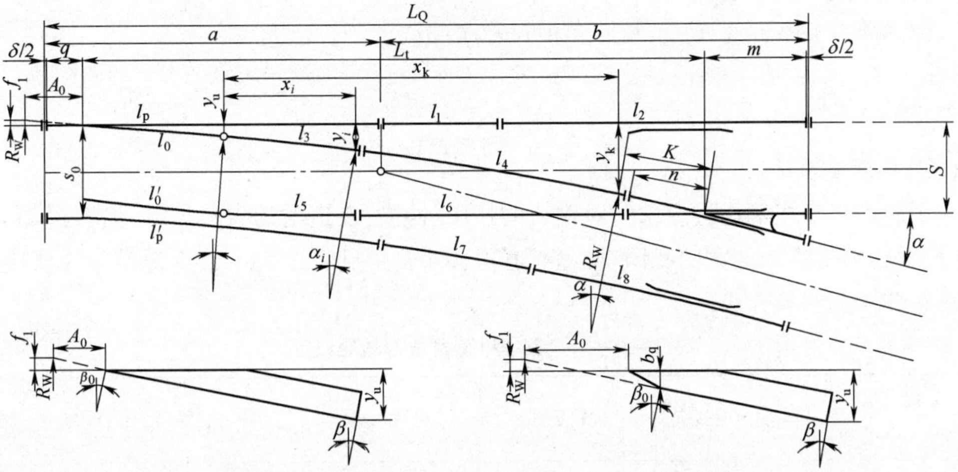

割线型　　　　半割线型

图 2—9—3　割线及半割线形曲线尖轨、直线辙叉单开道岔计算图式

$$R_{\mathrm{W}} = -\frac{S + f_1 - K\sin\alpha}{1 - \cos\alpha} \tag{2—9—40}$$

$$K = \frac{S - (I_0 + k)\sin\beta - R_{\mathrm{W}}(\cos\beta - \cos\alpha)}{\sin\alpha} \geqslant K_{\min} \tag{2—9—41}$$

$$b = \frac{S}{2\tan(\alpha/2)} + m + \delta/2 \tag{2—9—42}$$

$$a = L_{\mathrm{Q}} - b \tag{2—9—43}$$

2. 导曲线支距计算

$$x_{\mathrm{k}} = R_{\mathrm{W}}(\sin\alpha - \sin\beta) \tag{2—9—44}$$

$x = 0$ 时

$$y_{\mathrm{u}} = R_{\mathrm{W}}(1 - \cos\beta) - f_1 \tag{2—9—45}$$

$x = x_i$ 时

$$y_i = y_{\mathrm{u}} + R_{\mathrm{W}}(\cos\beta - \cos\alpha_i) \tag{2—9—46}$$

$x = x_{\mathrm{k}}$ 时

$$y_{\mathrm{k}} = S - K \cdot \sin\alpha \tag{2—9—47}$$

式中

$$\alpha_i = \arcsin\left(\sin\beta + \frac{x_i}{R_{\mathrm{W}}}\right) \tag{2—9—48}$$

3. 配轨计算

如按图 2—9—3 配轨方案，则

$$l_1 + l_2 = L_{\mathrm{Q}} - l_{\mathrm{p}} - 3\delta \tag{2—9—49}$$

$$l_3 + l_4 = (R_{\mathrm{W}} + b/2)(\alpha - \beta)\frac{\pi}{180} + K - n - 2\delta' - \delta \tag{2—9—50}$$

$$l_5 + l_6 = L_{\mathrm{t}} - l_0' - n - 2\delta' - \delta \tag{2—9—51}$$

$$l_7 + l_8 = q + \frac{x_{\mathrm{b}}}{\cos\beta_2} + (R_{\mathrm{W}} - S_{\mathrm{R}} - b/2)(\alpha - \beta_1)\frac{\pi}{180} + K + m - l_{\mathrm{p}}' - 2\delta \tag{2—9—52}$$

注：(1)尖轨为割线形时，$b_{\mathrm{q}} = 0$；

(2)导曲线支距可列表计算;

(3)配轨计算中β_1、β_2及x_b见前述,其中$f_2=S+f_1-S_R$。

二、轨　　距

(一)轨距标准

为了缓冲机车车辆通过道岔时对钢轨的挤压、冲撞,在道岔的尖轨尖端、尖轨跟部、导曲线部分,轨距需要适当加宽。我国"75 型"道岔各部轨距见表 2—9—1,其他道岔各部轨距见相应总布置图。

表 2—9—1　"75 型"道岔各部轨距(mm)

位置 / 道岔号	基本轨前端接头	尖轨尖端	尖轨跟端	导曲线	辙　叉
8 号	1 435	1 450	1 439	1 450	1 435
9 号	1 435	1 450	1 439	1 450	1 435
10 号	1 435	1 450	1 439	1 450	1 435
11 号	1 435	1 445	1 439	1 450	1 435
12 号	1 435	1 445	1 439	1 445	1 435
18 号	1 435	1 437	1 435	1 435	1 435

注:(1)除 18 号道岔外尖轨跟端,直、侧向均为 1 439 mm,曲尖轨按定型图或设计图办理。

(2)现有历史遗留的淘汰型陈旧设备暂时还在运用,与本表尺寸不符暂准保留,需有计划地改造。

(3)辙叉部分直、侧向轨距均为 1 435 mm,既有道岔改造困难时,侧向可保留为 1 441 mm 轨距。

(4)尖轨中部轨距为尖轨尖端与跟部轨距的平均值。

(5)叉心直股与曲股前、中、后三处,轨距为 1 435 mm。

(6)道岔轨距的允许误差,在有控制锁的尖轨尖端处为±1 mm,其他各处均为$^{+3}_{-2}$ mm。

(二)轨距递减

1. 尖轨尖端轨距加宽部分按不大于 6‰向外方递减。两道岔对向布置时:

(1)两尖轨尖端距离短于 6 m,两尖端处轨距相等时不作递减;不相等时,则从较大的轨距向较小的轨距均匀递减。

(2)两尖轨尖端之间的距离大于 6 m 时,须按不大于 6‰递减率递减,但中间应有不短于 6 m 的相等轨距地段。

2. 道岔的前端与另一道岔的后端相连时,尖轨尖端轨距递减率原则上不应超过 6‰,如不能按 6‰递减时,可以将前面道岔的辙叉轨距加大为 1 441 mm,仍不能解决时,旧有道岔容许超过 6‰。

3. 尖轨跟端直向轨距加宽部分递减距离,向辙叉方向为 1.5 m。

4. 导曲线两端轨距递减距离:直尖轨时,至尖轨跟端为 3 m,至辙叉前端为 4 m;曲尖轨时,按定型图或设计图办理。

(三)轨距的检算

为使机车车辆能顺利通过道岔侧线,需要检算道岔各部位的轨距。道岔各部位轨距应保证机车车辆能以静力正常强制内接的条件通过。道岔轨距检算时,应选用可能通过的固定轴距最大的机车轮对资料。

1. 通常检算下列五个部位的轨距，如图 2—9—4 所示。

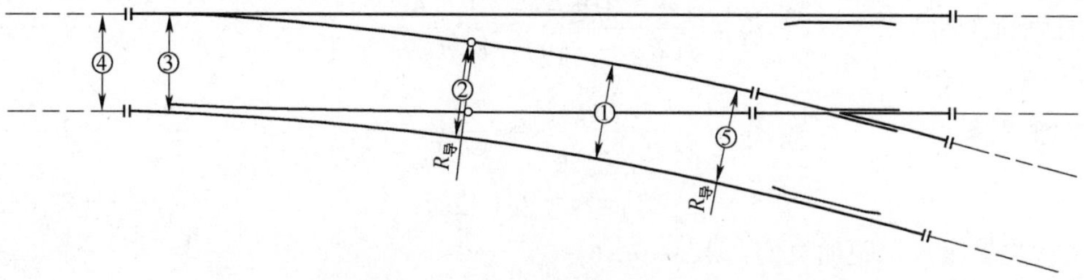

图 2—9—4　轨距检算部位示意

(1) 导曲线中部轨距。

(2) 尖轨跟端处侧股轨距。

(3) 尖轨尖端处轨距。

(4) 基本轨前端接头处轨距。

(5) 导曲线终点处轨距。

在工务段日常工作中，可只检算前三种轨距，而对后两种轨距只需按工务维修规定的道岔轨距递减规定办理即可。

按静力正常强制内接条件检算的道岔各部位轨距为

$$S = T_{max} + 2 \times d_{max} + 2 + \frac{\delta_{min}}{2} + Z_i \qquad (2—9—53)$$

式中　S——加宽后的轨距；

T_{max}——最大轮背距；

d_{max}——最厚轮缘；

δ_{min}——轮轨最小游间；

Z_i——楔形内接时道岔轨距加宽值。

式(2—9—53)中除 Z_i 值为未知数外，其余各值均为已知，因此，道岔各部位轨距的检算实际上就是各部位轨距加宽值 Z_i 的检算。

2. 上述五项中的前三项轨距加宽值的计算公式如下。

(1) 导曲线轨距加宽值(图 2—9—5)

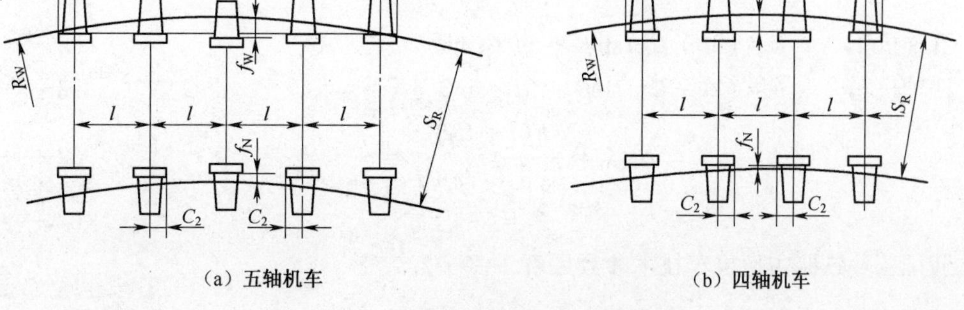

图 2—9—5　导曲线轨距加宽计算图示

$$f_W = \frac{(L_0 + 2C_1)^2}{8R_W} \approx \frac{L_0^2}{8R_W} \qquad (2—9—54)$$

五轴机车

$$f_N = \frac{(2l - 2C_2)^2}{8(R_W - S_R)} \approx \frac{4l^2}{8(R_W - S_R)} \qquad (2—9—55)$$

四轴机车

$$f_N = \frac{(l - 2C_2)^2}{8(R_W - S_R)} \approx \frac{l^2}{8(R_W - S_R)} \qquad (2—9—56)$$

$$Z_R = f_W — f_N — \sum\eta \qquad (2—9—57)$$

(2)尖轨跟端轨距加宽值(图 2—9—6)

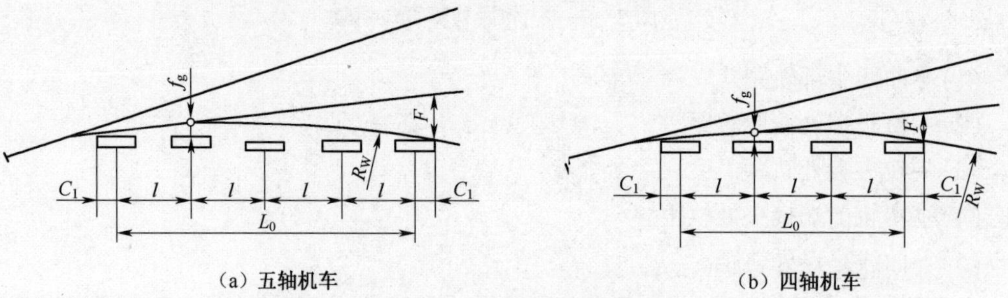

图 2—9—6　尖轨跟端轨距加宽计算图示

五轴机车

$$F = \frac{(3l + C_1)^2}{2R_W} \approx \frac{9l^2}{2R_W} \qquad (2—9—58)$$

四轴机车

$$F = \frac{(2l - C_1)^2}{2R_W} \approx \frac{4l^2}{2R_W} \qquad (2—9—59)$$

$$f_g = \frac{F(l - C_1)}{L_0 + 2C_1} \approx \frac{F \cdot l}{L_0} \qquad (2—9—60)$$

$$Z'_g = f_g — \sum\eta \qquad (2—9—61)$$

(3)尖轨尖端轨距加宽值(图 2—9—7)

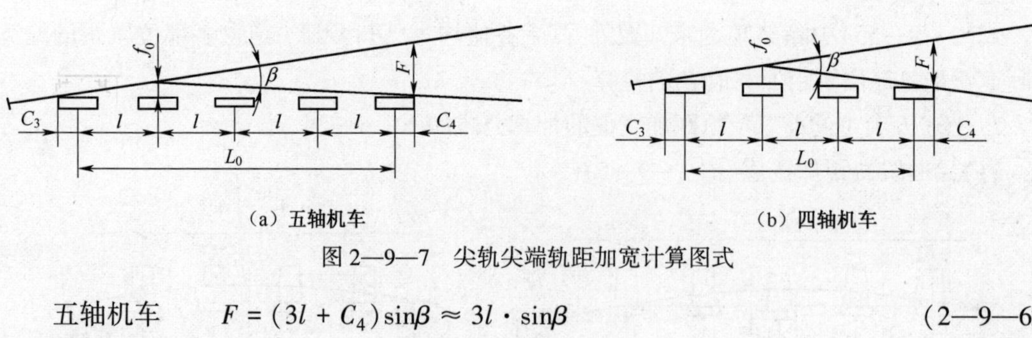

图 2—9—7　尖轨尖端轨距加宽计算图式

五轴机车　　$F = (3l + C_4)\sin\beta \approx 3l \cdot \sin\beta$　　(2—9—62)

四轴机车　　$F = (2l + C_4)\sin\beta \approx 2l \cdot \sin\beta$　　(2—9—63)

$$f_0 = \frac{F(l + C_3)}{L_0 + C_3 + C_4} \approx \frac{F}{L_0} \qquad (2—9—64)$$

$$Z_0 = f_0 — \sum\eta \qquad (2—9—65)$$

我国营业铁路主型机车技术参数见表 2—9—2。

表 2—9—2　检算轨距用机车走行部分技术资料

机车类型 项　　目		蒸　汽　机　车					内燃机车	动车组
		FD	QJ	DK3	JF 及 JS	JF6	DFH4	CRH1
动 轮 数		5	5	5	4	4	3_0—3_0	2
固定轴距 L_0(mm)		6 500	6 400	6 000	4 419	4 410	4 100	2 500
各轴中心距 l(mm)		1 625	1 600	1 500	1 473	1 470	2 050	1 250
最大轮缘厚度 d_{max}(mm)		33	33	33	33	33	33	32
最大轮背距 T_{max}(mm)		1 356	1 356	1 356	1 356	1 356	1 356	1356
各轴允许横动游间 η(mm)	1 位轴	±10	±10	±5	±3.5	±3	9~10	—
	2 位轴	±1	±1	±3	±3.5	±3	9~10	—
	3 位轴	±1	±1	±1	±3.5	±3	9~10	—
	4 位轴	±1	±1	±3	±3.5	±3	—	—
	5 位轴	±10	±10	±5	—	—	—	—
总横动游间 $\sum\eta$ (mm)		11	11	6	7	6	—	—

三、尖轨动程

按跟端结构形式不同,尖轨可分为活接头式和弹性可弯式。活接头式尖轨一般采用单个牵引点,弹性可弯式尖轨一般采用多个牵引点。尖轨动程是指尖轨在道岔拉杆中心位置上的移动距离,它应保证具有最不利条件的轮对(轮背距最小、车轮轮缘最薄、轮缘紧贴另一侧基本轨运行)顺利通过,而不挤压或碰撞尖轨。图 2—9—8 是活接头式尖轨动程与轮缘槽、轨距、跟距等相关尺寸示意图, d_1表示牵引点动程。

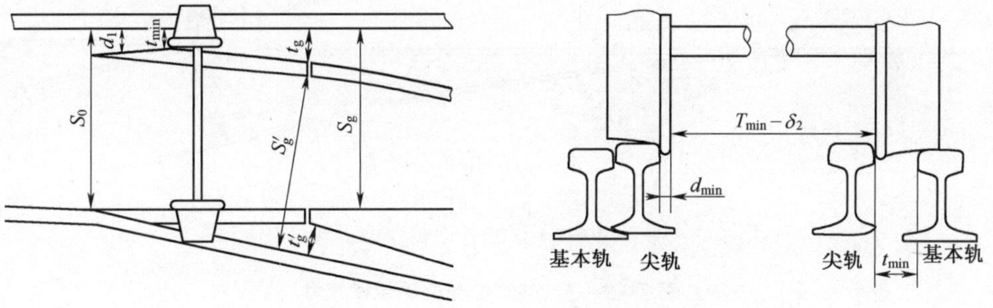

图 2—9—8　活接头式尖轨动程计算示意

计算活接头式尖轨 d_1值的基本公式为

$$d_1 \geqslant t_g + b + (S_0—S_g)\frac{l_{尖} - l_q}{l_{尖}} \tag{2—9—66}$$

式中　d_1——尖轨第一牵引点动程;

t_g——直向辙跟轮缘槽宽;

b——轨头宽;

S_0——尖轨尖端处轨距;

S_g——尖轨跟端处直股轨距;

$l_尖$——尖轨长度;

l_q——第一拉杆距尖轨尖端距离。

弹性可弯尖轨动程计算还要考虑反弹力的影响,在第一牵引点动程确定后,其他各牵引点动程以尖轨弹性可弯中心为原点,通过线性插值计算。

不同长度、平面线形和跟端结构的尖轨,不同加宽值的轨距,所需要的 d_1 值也不一样。通常直线尖轨需要的动程较小,曲线尖轨需要的动程较大。我国现有"75"型及旧型 9 号、12 号道岔转辙器的 d_1 值为 152 mm,"92"型 12 号、18 号道岔弹性可弯尖轨的 d_1 值为 180 mm,提速 12 号、18 号道岔弹性可弯尖轨的 d_1 值为 160 mm。

四、轮缘槽宽度

(一)辙叉及护轨平直段以外的轮缘槽

辙叉及护轨平直段以外的轮缘槽,原则上按最不利因素组合法计算,其基本计算公式为

轮缘槽宽度≥(标准轨距+轨道弹性扩张值+做道正公差)-(最小轮背距-车辆轮对内侧距在荷载下的减少值)-最薄轮缘厚度+轨距加宽值

=[1 435+(2~4)+3]-[1 350-(0~2)]-(22~23)+轨距加宽值

=67~70(mm)

我国道岔各部位采用的轮缘槽尺寸见图 2—9—9 及表 2—9—3。

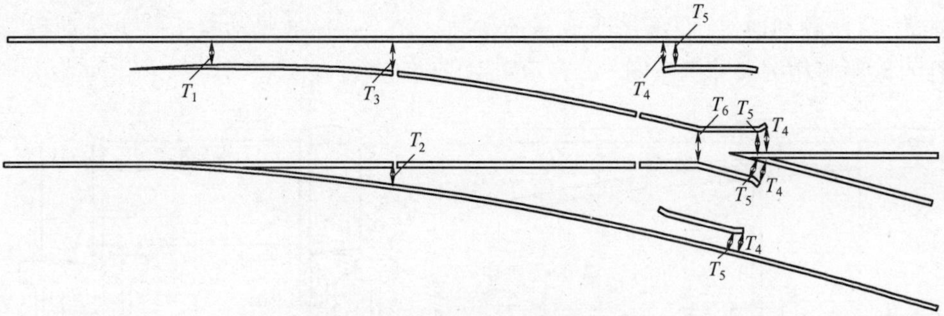

图 2—9—9 道岔各部轮缘槽示意

表 2—9—3 道岔各部位轮缘槽尺寸

顺号	代号	名 称	实际采用值	说 明
1	T_1	尖轨非工作边最小轮缘槽	轨距加宽值+65 mm	根据尖轨尖端与尖轨跟端轨距计算出该点轨距加宽值,然后加 65 mm 为该点标准值。如无法满足时,至少应保证尖轨非工作边不发生车轮擦痕
2	T_2	曲向尖轨跟端轮缘槽	轨距加宽值+70 mm	标准型 9 号和 12 号道岔(6.25 m 和 7.7 m 直线尖轨)为 74 mm,其余各型道岔按标准图设置,曲线尖轨跟端轨距不加宽
3	T_3	直向尖轨跟端轮缘槽	轨距加宽值+70 mm	标准型 9 号和 12 号道岔(6.25 m 和 7.7 m 直线尖轨)为 74 mm,其余各型道岔按标准图设置

续上表

顺号	代号	名　　称	实际采用值	说　　明
4	T_4	翼轨及护轨开口段末端轮缘槽	轨距加宽值+80 mm	各型单开道岔和交叉渡线等原则上均为 80 mm,轨距加宽 5 mm 的辙叉为 85 mm
5	T_5	翼轨及护轨缓冲段末端轮缘槽	轨距加宽值+65 mm	各型道岔原则均为 65 mm,轨距加宽 5 mm 的辙叉为 70 mm
6	T_6	辙叉咽喉轮缘槽	轨距加宽值+65 mm	钢轨组合辙叉应增加两个咽喉弯折矢,轨距加宽 5 mm 的辙叉为 70 mm

(二)辙叉及护轨平直段轮缘槽

因受道岔查照间隔限制,辙叉及护轨平直段轮缘槽尺寸由下列公式决定。车辆轮对、轨距与查照间隔的关系如图 2—9—10 所示,其平面如图 2—9—11 所示。

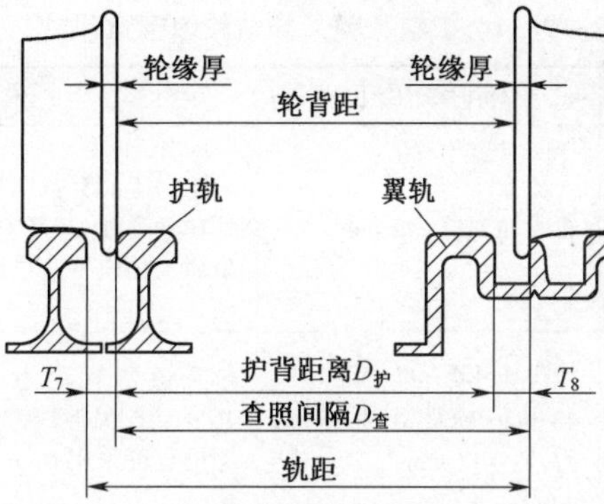

图 2—9—10　车辆轮对、轨距与查照间隔关系示意

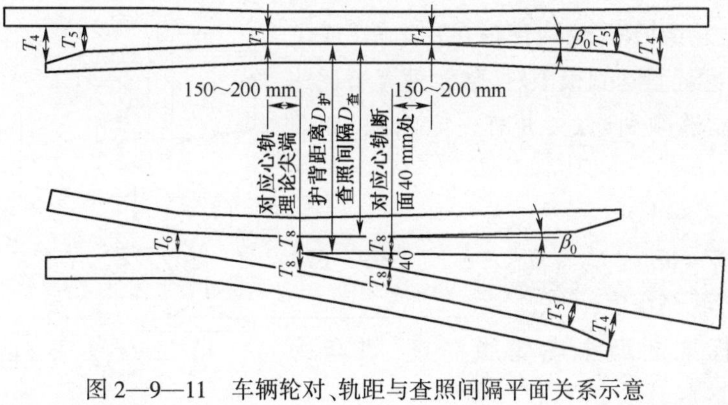

图 2—9—11　车辆轮对、轨距与查照间隔平面关系示意

1. 为避免在最不利情况下车轮轮缘冲击辙叉心轨,由护轨头部外侧至辙叉心轨工作边距离 $D_查$ 为

$$D_查 \geqslant 最大轮背距+(蒸汽机车)车轴下弯时轮背扩大值+最厚轮缘$$
$$=1\ 356+(0\sim2)+(32\sim33)$$
$$=1\ 388\sim1\ 391(mm)$$

《铁路技术管理规程》规定,$D_查 \geqslant 1\ 391$ mm。

2. 为避免在最不利情况下车轮轮对卡在护轨与翼轨之间,由护轨头部外侧至辙叉翼轨

工作边距离 $D_{护}$ 为

$$D_{护} \leqslant 最小轮背距-(蒸汽机车以外的)机车车辆的车轴上弯时轮背距缩小值$$
$$=1\ 350-2=1\ 348(mm)$$

《铁路技术管理规程》规定，$D_{护} \leqslant 1\ 348$ mm。

3. 为保证 $D_{查} \geqslant 1\ 391$ mm，护轨平直段轮缘槽 T_7 应满足下列要求：

$$T_7 \leqslant 轨距-D_{查}-护轨侧面磨耗限度$$
$$=轨距-1391-2$$

4. 为保证 $D_{护} \leqslant 1\ 348$ mm，辙叉翼轨平直段轮缘槽 T_8 应满足下列要求：

$$T_8 \leqslant 轨距-D_{护}-T_7$$
$$=轨距-1\ 348-T_7$$

实际采用值见表 2—9—4。

表 2—9—4　护轨及辙叉翼轨轮缘槽宽尺寸

顺号	代号	名　　称	实际采用值	说　　明
7	T_7	护轨平直段轮缘槽宽度	轨距加宽值+42 mm	轨距为 1 435 mm 时，轮缘槽宽度均采用 42 mm，各型单开道岔、双开道岔均采用此值。交叉渡线的钝角辙叉护轨平直段轨距为 1 440 mm，采用 47 mm
8	T_8	翼轨平直段轮缘槽宽度	轨距 1 435 mm 时，T_8 = 46 mm；轨距 1 440 mm 时，T_8 = 47 mm	单开道岔轨距为 1 435 mm，轮缘槽宽度采用 46 mm；交叉渡线钝角辙叉轨距为 1 440 mm 时，轮缘槽宽度采用 47 mm

五、轮缘槽深度

道岔各部位轮缘槽深度，应保证在基本轨（或尖轨及辙叉）垂直磨耗量达到极限时，踏面垂直磨耗达到极限的车轮能够顺利通过，并有一定间隙，如图 2—9—12所示。

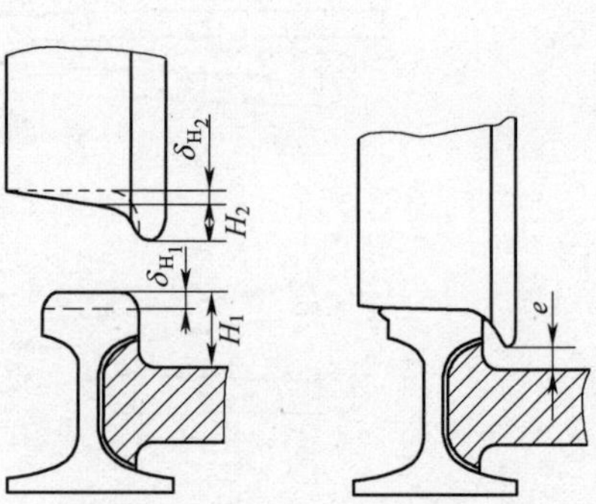

图 2—9—12　轮缘槽深度示意

从图 2—9—12 可知：

$$H_1 = \delta_{H_1} + H_2 + \delta_{H_2} + e \quad (2—9—67)$$

式中　H_1——轮缘槽深度；

H_2——标准断面车轮轮缘高度，机车为 28 mm；

δ_{H_2}——车轮踏面容许磨耗深度，机车为 7 mm；

δ_{H_1}——道岔钢轨容许垂直磨耗深度，正线、到发线以外线路为 10 mm；

e——容许车轮与间隔铁顶部最小间隙，至少应为 3 mm。

新制道岔轮缘槽深度为

$$H_1 \geqslant 10+28+7+3=48(mm)$$

磨耗到限的道岔轮缘槽深度为

$$H_1' \geqslant 28+7+3=38(mm)$$

实际新制道岔轮缘槽深度均大于 48 mm，各工务段可按表 2—9—5 检查新铺道岔的轮缘槽深度。

在日常养护维修中，应保证轮缘槽深度不小于 40 mm。在风沙区及有冰雪区段，应经常清理轮缘槽。

标准型新制道岔轮缘槽深度见表 2—9—5。

表 2—9—5 标准型新制道岔轮缘槽深度

顺号	名　称	图　例	钢轨类型(kg/m)		
			75 或 60	50	43
1	辙跟间隔铁或限位器轮缘槽深度	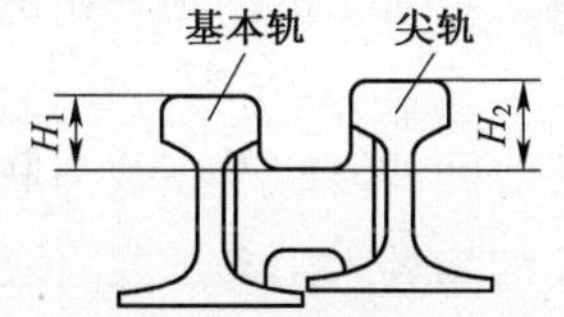	$H_1=50\sim60$ mm	$H_1=53.5$ mm $H_2=59.5$ mm	$H_1=48.5$ mm $H_2=54.5$ mm
2	辙叉和护轨间隔铁轮缘槽深度	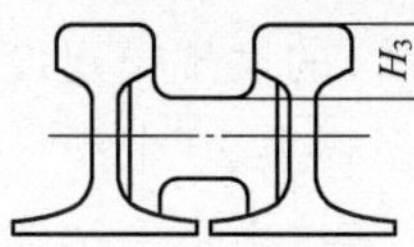	—	$H_3=58.5$ mm	$H_3=56.5$ mm
3	高锰钢整铸辙叉轮缘槽深度	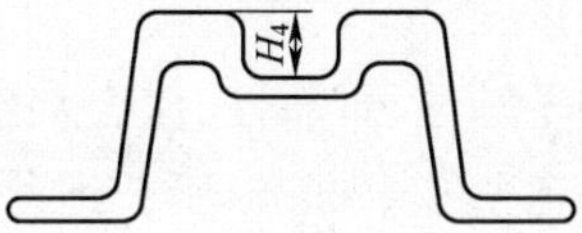	$H_4=50\sim55$ mm	$H_4=50$ mm	$H_4=50$ mm
4	顶铁距轨顶深度	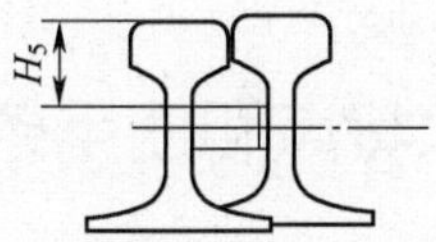	$H_5=50\sim60$ mm	$H_5=58.5$ mm	$H_5=58.5$ mm
5	尖轨尖端轮缘槽深度	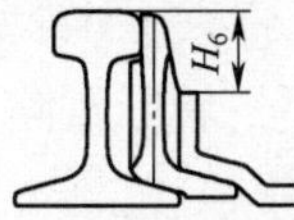	$H_6=50$ mm	$H_6=50$ mm	$H_6=50$ mm

第三章　高速单开道岔

高速道岔是指适用于200 km/h及以上的铁路和200 km/h以下仅运行动车组列车的铁路且直向容许通过速度不小于250 km/h的道岔。广义上的高速道岔除包括道岔外，还包括配套的混凝土岔枕和转换设备。

高速道岔主要用于连接正线与到发线、两正线间的渡线及正线与联络线等。

高速道岔应具有高安全性、高可靠性和较高的旅客乘坐舒适度，使得高速道岔具有较高的技术含量和技术难度，其设计、制造、组装、铺设和养护维修也与普速道岔有较大的区别。

我国的高速道岔是伴随着高速铁路（或客运专线）的大规模建设而逐步发展的，采用自主研发与技术引进并行的方式，目前已形成了三个系列共20个型号的产品，不仅满足了国内高速铁路、城际铁路建设的需要，也使国内道岔整体技术水平达到了国际先进水平，成为国际上少数几个掌握高速道岔技术的国家之一。

高速道岔的发展趋势是进一步提高道岔的平顺性、可靠性、旅客乘坐舒适度和道岔直向容许通过速度，精简道岔系列和产品型号，统一道岔技术标准，延长道岔的使用寿命，减少现场的养护维修工作量。

第一节　高速道岔技术特点和使用条件

一、技术特点

1. 道岔种类较为单一，以单开道岔为主，只有60 kg/m一个轨型。
2. 道岔号码较大，一般在18号及以上，最大为62号；城际铁路可以采用12号。
3. 道岔要具有高平顺性、高可靠性，保证列车运行平稳、舒适。
4. 采用50 m及以上的长定尺轨，减少道岔内的钢轨焊接接头。
5. 辙叉采用可动心轨辙叉。
6. 道岔应适用于跨区间无缝线路。
7. 电务转换采用外锁闭装置。
8. 采用全硫化铁垫板，在岔区实现轨道刚度均匀化。
9. 轨下基础采用混凝土长岔枕或道岔板，并与道床相匹配。
10. 道岔应具备安装融雪装置的条件。
11. 道岔具有较高的制造、组装、铺设精度。

二、使用条件

1. 道岔直向容许通过速度：客车350 km/h；客车250 km/h，货车120 km/h。

2. 列车轴重:350 km/h 客运专线客车轴重小于等于 170 kN(+10%);250 km/h 客运专线客车轴重小于等于 170 kN(+10%),货车轴重小于等于 230 kN(+10%)。

3. 道岔侧向通过速度分为 80 km/h、160 km/h 和 220 km/h 三种。

4. 轨下基础分为有砟轨道和无砟轨道两种。

5. 线间距:最高速度 350 km/h 线路为 5 m,最高速度 250 km/h 线路为 4.6 m。

6. 年最大轨温差为 100 ℃。

第二节　高速道岔系列

我国目前有客专线、CN 和 CZ 三个系列的高速道岔,其中客专线系列是我国自主研发的高速道岔。

一、客专线系列高速道岔

客专线系列高速道岔按号码分为 12 号、18 号、42 号和 62 号(其中 18 号道岔按速度分为250 km/h和 350 km/h 两种);按轨下基础类型分为有砟道岔和无砟道岔两种,其中无砟道岔采用混凝土岔枕和道岔板基础时,道岔基本相同,不再区分。62 号道岔目前只在哈大线长春西站铺设了两组无砟道岔。

客专线系列高速道岔共有 9 个型号,见表 3—2—1;其中时速 250 km 无砟道岔、时速 350 km 有砟道岔和 62 号道岔目前使用较少。

表 3—2—1　客专线系列高速道岔型号

道岔号数	容许通过速度(km/h)		轨下基础类型		备　注
	直　向	侧　向	有　砟	无　砟	
12	250	50	√	√	主要用于城际铁路
18	250	80	√	√	兼顾货运线路铁路
	350		√	√	
42	350	160	√	√	
62	350	220		√	铺于长春西站

二、CN 系列高速道岔

CN 系列高速道岔按号码分为 18 号、39.173 号、42 号和 50 号(其中 39.173 号只在京津城际铁路铺设了 2 组,50 号只在京广高速铁路武广区段铺设了 8 组),按轨下基础类型分为有砟道岔和无砟道岔。无砟道岔轨下基础也分为混凝土岔枕和道岔板两种,但道岔相同。

CN 系列高速道岔共有 7 个型号,见表 3—2—2;其中 39.173 号、50 号道岔目前限于线路大修使用。

三、CZ 系列高速道岔

CZ 系列高速道岔按号码分为 18 号和 41 号;按轨下基础类型分为有砟道岔和无砟道岔

两种,没有采用道岔板基础的道岔。CZ 系列高速道岔目前共有 4 个型号,见表 3—2—3。

表 3—2— 2　CN 系列高速道岔型号

道岔号数	容许通过速度(km/h)		轨下基础类型		备　注
	直　向	侧　向	有　砟	无　砟	
18	250	80	√		兼顾货运线路铁路
	350		√	√	
39.173	350	160		√	限于线路大修使用
42	350	160	√	√	
50	350	220		√	限于线路大修使用

表 3—2—3　CZ 系列高速道岔型号

道岔号数	容许通过速度(km/h)		轨下基础类型		备　注
	直　向	侧　向	有　砟	无　砟	
18	350	80	√	√	限于线路大修使用
41	350	160	√	√	限于线路大修使用

CZ 系列高速道岔主要用于合宁线、合武线和郑西线,目前限于线路大修使用。

第三节　客专线系列高速道岔

客专线系列高速道岔是国内自主研发的高速道岔,充分吸收了国外高速道岔的先进技术和国内提速道岔的使用经验,形成了系列化的高速道岔产品,满足了国内高速铁路建设需要, 提高了我国高速道岔的研究、设计和制造水平。

客专线系列高速道岔的研究,建立了高速道岔轮轨关系、无缝道岔纵横垂向耦合设计理论,研制了轧制特种断面翼轨和心轨水平藏尖结构,在岔区实现了轨道低刚度和均匀化,提高了列车通过时的安全性与平稳性;优化了转换锁闭机构及传力部件结构,解决了转换卡阻的难题,满足了尖轨、心轨伸缩的技术要求;形成了我国高速道岔设计、制造、铺设等系列技术标准。

一、平面线形和主要尺寸

高速道岔的平面线形有圆曲线、复曲线、变半径曲线等多种线形。在有条件的情况下应尽量采用圆曲线线形,以方便制造和养护维修。

1. 客专线 18 号道岔的平面线形

客专线 18 号道岔采用单圆曲线线形,导曲线半径为 1 100 m,如图 3—3—1 所示。道岔采用我国特有的相离式平面线形设计,导曲线理论起点与基本轨相离 12 mm,改善了动车组侧向过岔时的运行条件,有利于延长曲尖轨的使用寿命。

2. 客专线 42 号道岔的平面线形

对于侧向通过速度较高的大号码道岔,当用于渡线时,由于两反向曲线间夹直线长度较短,为避免列车通过圆直点和直圆点时产生的冲击振动叠加,一般采用“圆曲线+缓和曲线”

的组合平面线形。其中缓和曲线一般采用三次抛物线(或放射螺旋线),其优点是列车通过时未被平衡的离心加速度增量是常量。

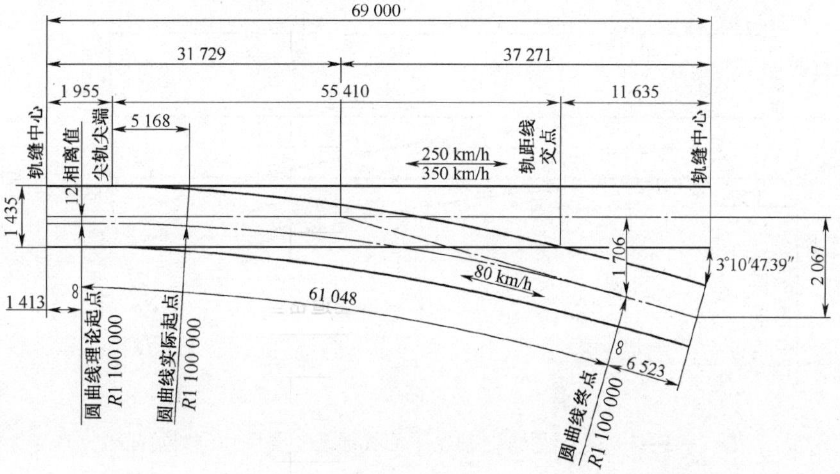

图 3—3—1　客专线 18 号道岔平面线形及主要尺寸(单位:mm)

注:相离值 12 mm 指道岔侧股中心圆曲线理论起点至道岔直股中心线的距离,下同。

目前大号码道岔的平面线形主要有两种,一是“缓和曲线+圆曲线+缓和曲线”的平面线形,其优点是尖轨部分导曲线半径较大,列车侧向通过时的舒适性较好,缺点是尖轨长度较长,加工制造不便,尤其是尖轨前端较为薄弱;另一种是“圆曲线+缓和曲线”的平面线形,其优点是道岔长度较短,尖轨部分为圆曲线,加工制造相对简单,缺点是曲尖轨部分的半径较小,列车侧向通过时的舒适性相对较差。

客专线 42 号道岔采用“圆曲线+缓和曲线”线形,前部为半径 5 000 m 圆曲线,后部为缓和曲线,如图 3—3—2 所示。

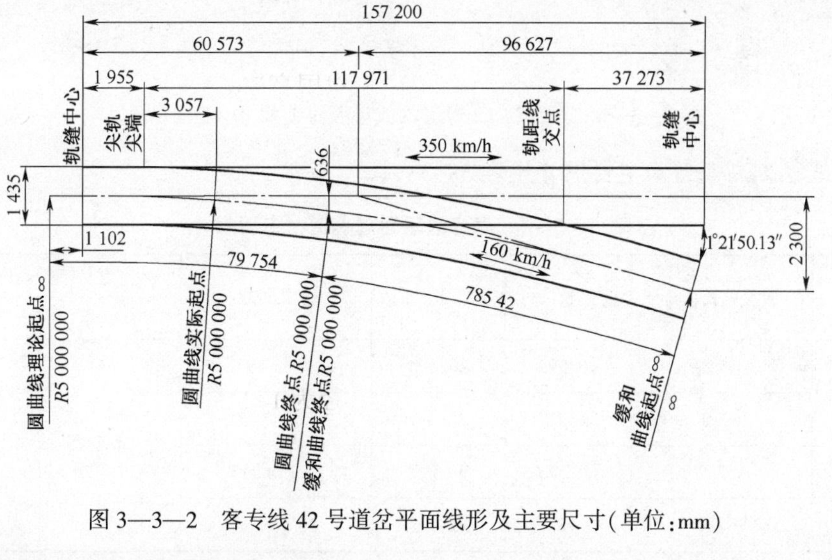

图 3—3—2　客专线 42 号道岔平面线形及主要尺寸(单位:mm)

3. 客专线 62 号道岔的平面线形

客专线 62 号道岔也采用“圆曲线+缓和曲线”线形,前部为半径 8 200 m 的圆曲线,后部为缓和曲线,如图 3—3—3 所示。

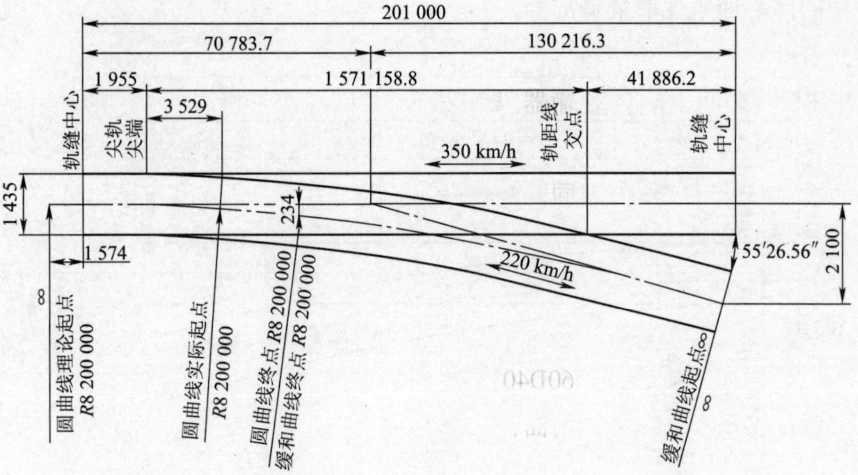

图 3—3—3　客专线 62 号道岔平面线形及主要尺寸(单位:mm)

4. 客专线 12 号道岔的平面线形

客专线 12 号道岔采用单圆曲线的平面线形,导曲线半径为 350 m,相离值为12 mm,如图 3—3—4 所示。

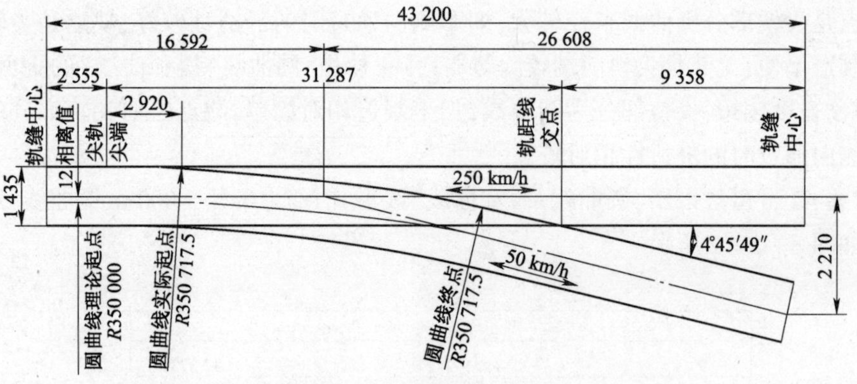

图 3—3—4　客专线 12 号道岔线形及主要尺寸(单位:mm)

客专线系列高速道岔主要尺寸见表 3—3—1。

表 3—3—1　客专线系列高速道岔主要尺寸

道岔号数	道岔总长(m)	前　长(m)	后　长(m)	辙叉角度	道岔结构高度(mm)	
					有　砟	无　砟
12	43.2	16. 592	26. 608	4°45′49″	448	419
18	69. 0	31. 729	37. 271	3°10′47. 39″		
42	157. 2	60. 573	96. 627	1°21′50. 13″		
62	201. 0	70. 783 7	130. 216 3	55′26. 56″		

注:有砟道岔结构高度为轨顶至枕底的高度,无砟道岔结构高度为轨顶至岔枕钢筋底部的高度。

二、道岔结构

(一)道岔结构组成

道岔按平面布置可以分为转辙器、导曲线、可动心轨辙叉和岔后连接四部分;按不同的零部件可以分为尖轨-基本轨组件、可动心轨辙叉、配轨及零部件等。道岔的结构组成与普速可动心轨辙叉单开道岔基本相同。

(二)道岔主要零部件

1. 钢轨件

(1)道岔基本轨、导轨、叉跟尖轨用 60 kg/m 钢轨制造。

(2)尖轨、心轨用 60AT2(原 60D40)钢轨制造,钢轨断面尺寸如图 3—3—5 所示;尖轨、长心轨跟端锻压成 60 kg/m 钢轨断面,成型段长度为 450 mm,过渡段长度为 150 mm,如图 3—3—6 所示。

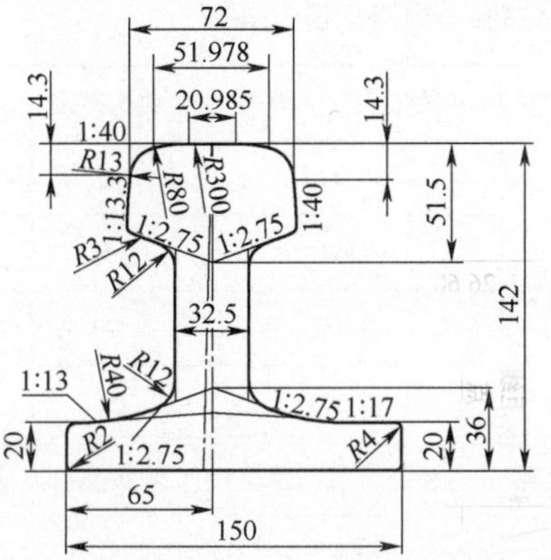

图 3—3—5　60AT2 钢轨断面尺寸(单位:mm)

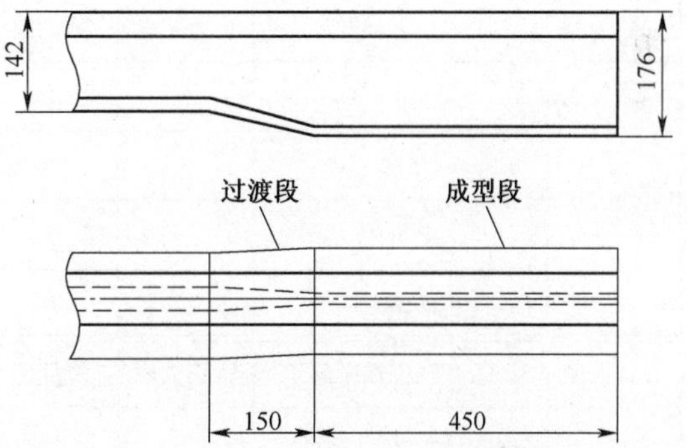

图 3—3—6　尖轨跟端成型段和过渡段(单位:mm)

(3)18 号道岔侧线设置护轨,采用 33 kg/m 槽型钢制造,侧面工作边做淬火处理。42 号、62 号道岔直向和侧向均不设置护轨。

(4)钢轨件材质应与线路钢轨相同。时速 250 km 高速道岔轨头顶面做淬火处理,时速 350 km 高速道岔钢轨件不淬火。

(5)心轨采用 60AT2 钢轨组合结构。

(6)道岔内钢轨均采用焊接接头,绝缘接头采用胶接绝缘。绝缘接头均设置在道岔侧股。

(7)配轨长度均按预留 8 mm 轨缝计算,以便于厂内组装。现场焊接时,可按需要长度锯切。

(8)道岔内各钢轨件均预留轨道电路连接线安装孔。

(9)道岔尖轨、心轨降低值见表 3—3—2 ~ 表 3—3—6。

表 3—3—2　18 号(时速 250 km)道岔尖轨、心轨降低值(mm)

尖轨类型	距尖轨尖端距离	轨头宽度	降低值	尖轨类型	距尖轨尖端距离	轨头宽度	降低值
直线尖轨	0	0	23	曲线尖轨	0	0	23
	960	5	14		964	5	14
	3 852	20	4		3 855	20	4
	8 598	50	0		8 604	50	0
心轨类型	距心轨尖端距离	轨头宽度	降低值	心轨类型	距心轨尖端距离	轨头宽度	降低值
长心轨	0	1	23	短心轨	0	0	23
	559	20	5		575	20	2
	1 454	50	0		1 423	50	0

表 3—3—3　18 号(时速 350 km)道岔尖轨、心轨降低值(mm)

尖轨类型	距尖轨尖端距离	轨头宽度	降低值	尖轨类型	距尖轨尖端距离	轨头宽度	降低值
直线尖轨	0	0	23	曲线尖轨	0	0	23
	575	3	14		964	5	14
	2 889	15	3		3 855	20	3
	7 304	40	0		8 604	50	0
心轨类型	距心轨尖端距离	轨头宽度	降低值	心轨类型	距心轨尖端距离	轨头宽度	降低值
长心轨	0	1	16	短心轨	0	0	23
	389	22.5	4		586	20	2
	1 225	50	0		1 449	50	0

表 3—3—4　42 号道岔尖轨、心轨降低值(mm)

尖轨类型	距尖轨尖端距离	轨头宽度	降低值	尖轨类型	距尖轨尖端距离	轨头宽度	降低值
直线尖轨	0	0	23	曲线尖轨	0	0	23
	4 014	5	14		4 015	5	14
	9 190	15	4		9 192	15	4
	16 942	40	0		16 945	40	0
心轨类型	距心轨尖端距离	轨头宽度	降低值	心轨类型	距心轨尖端距离	轨头宽度	降低值
长心轨	0	1	16	短心轨	0	0	23
	652	20	3		1 304	20	2
	2 315	45	0		3 239	50	0

表 3—3—5　62 号道岔尖轨、心轨降低值(mm)

尖轨类型	距尖轨尖端距离	轨头宽度	降低值	尖轨类型	距尖轨尖端距离	轨头宽度	降低值
直线尖轨	0	0	23	曲线尖轨	0	0	23
	5 526	5	14		5 527	5	14
	12 155	15	4		12 156	15	4
	22 082	40	0		22 085	40	0
心轨类型	距心轨尖端距离	轨头宽度	降低值	心轨类型	距心轨尖端距离	轨头宽度	降低值
长 心 轨	0	1	16	短 心 轨	0	0	23
	1 018	20	3		1 903	20	2
	3 438	45	0		4 733	50	0

表 3—3—6　12 号道岔尖轨、心轨降低值(mm)

尖轨类型	距尖轨尖端距离	轨头宽度	降低值	尖轨类型	距尖轨尖端距离	轨头宽度	降低值
直线尖轨	0	0	23	曲线尖轨	0	0	23
	423	5	14		532	5	14
	1 692	20	3. 5		2 127	20	3. 5
	4 231	50	0		4 789	50	0
心轨类型	距心轨尖端距离	轨头宽度	降低值	心轨类型	距心轨尖端距离	轨头宽度	降低值
长 心 轨	0	1	23	短 心 轨	0	0	23
	259	20	5		309	20	2
	723	50	0		773	50	0

2. 尖轨跟端传力结构

高速道岔均为无缝道岔,需承受区间线路钢轨传递来的温度力,会引起尖轨、心轨尖端的伸缩。由于道岔结构的限制,必须控制尖轨尖端伸缩位移在一定限度以内,因此尖轨跟端需设置传力机构,用以控制尖轨跟端处钢轨的位移。

道岔尖轨跟端的传力结构有间隔铁(图 3—3—7)、限位器(图 3—3—8)和只用扣件固定三种方式。

图 3—3—7　尖轨跟端间隔铁

图 3—3—8　尖轨跟端限位器

(1)限位器

限位器的优点是传力较为明确,基本轨所受的温度附加力较小,但尖轨尖端的位移较大。当限位器受力较大时,可能引起尖轨跟端的方向变化,影响行车平稳性。

(2)间隔铁

间隔铁的优点是尖轨的固定比较牢固,尖轨尖端的位移较小,也有利于保持尖轨的线形;缺点是基本轨承受的温度附加力较大,间隔铁本身的受力也较大。

(3)只用扣件固定

尖轨跟端不设单独的传力结构,只用扣件固定,结构较为简单,不会引起钢轨方向的变化,有利于行车的平稳性。但尖轨尖端的位移较大且难以控制,严重时可能影响尖轨的转换。

以上三种传力机构有不同的轨温差适用范围,道岔选用时可按不同地区的轨温差选用合适的传力结构类型。目前要求统一采用限位器结构。

限位器和间隔铁均采用铸钢并进行机加工,侧面与轨腰全断面接触,用高强度螺栓与钢轨联结。其结构形式与普速单开道岔用限位器、间隔铁基本相同。12 号道岔采用一组限位器或间隔铁,18 号、42 号和 62 号道岔采用两组限位器或间隔铁。

3. 滑床板范围基本轨内侧弹性扣压

滑床板范围基本轨内侧采用弹性夹扣压,其优点是扣压力大,安装和拆卸均较为方便,其规格型号见本章扣件部分。弹性夹的安装和拆卸应采用专用工具。

4. 滑床台板减摩方案

为减小扳动力和尖轨、心轨后端的不足位移,在尖轨和心轨的滑床台板表面增设了合金镀层,用以减小摩擦力。

在尖轨部分,每隔 3 m 左右设置一对辊轮滑床板,上面安装辊轮,如图 3—3—9 所示。该辊轮结构的特点是可以无级调高,最大调整量为 6 mm,能够保证所有辊轮与尖轨轨底的接触。辊轮的安装、调整应采用专用工具。

图 3—3—9　辊　　轮

5. 可动心轨辙叉翼轨

高速道岔普遍采用长翼轨方式,翼轨前部承受列车荷载,后部与心轨联结,以传递温度力。

为解决心轨一动工电接口设计的难题,采用专门设计和轧制的 60TY1 钢轨(断面尺寸如图 3—3—10 所示)制造翼轨。翼轨采用机加工的方式制造,前端加工成 60 kg/m 钢轨断面与导曲线钢轨连接。心轨一动处工电接口如图 3—3—11 所示。

由于目前轧制的 60TY1 钢轨定尺长度一般为 22 m,而 42 号、62 号道岔的翼轨长度分别为 27.45 m 和 36.45 m,为此这两种道岔的翼轨采用 60TY1 钢轨与 60 kg/m 钢轨厂内焊接的方式制造。

6. 心轨结构

心轨采用 60AT2 钢轨组合结构,长短心轨间用间隔铁和螺栓联结,如图 3—3—12 所示。

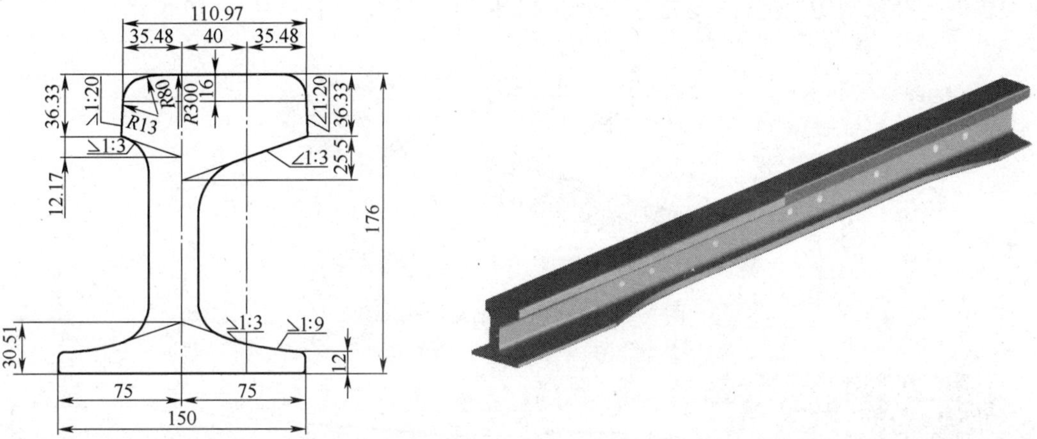

图 3—3—10　60TY1 钢轨断面(单位:mm)

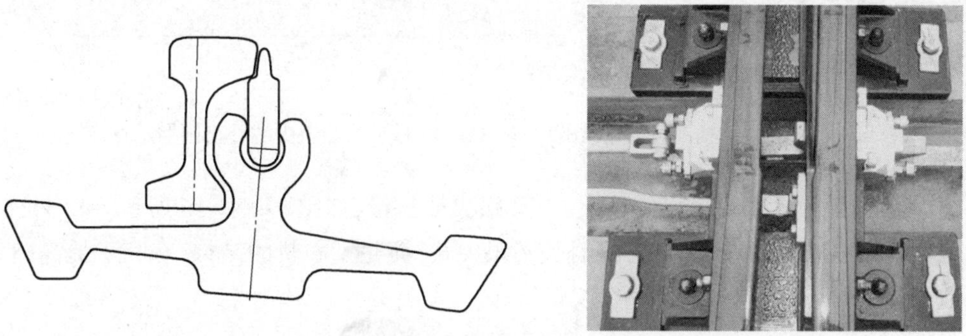

图 3—3—11　心轨一动工电接口

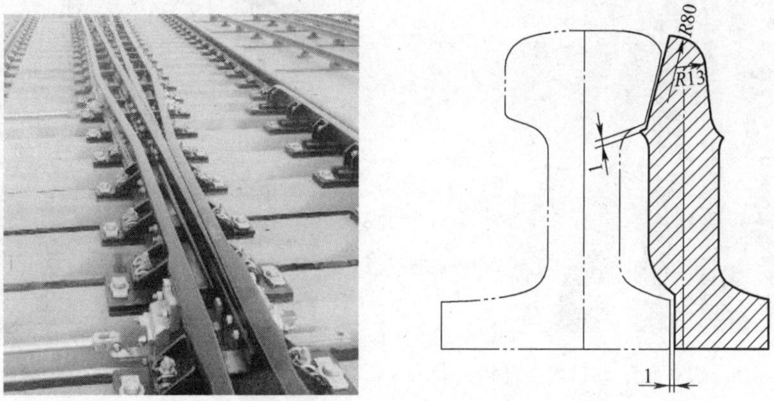

图 3—3—12　60AT2 钢轨组合式心轨(单位:mm)

长心轨前端需进行机加工,以方便与转换设备的连接,其结构示意如图 3—3—13 所示。后端需锻压成 60 kg/m 钢轨断面,与线路钢轨连接。

时速 350 km 的高速道岔心轨前端采用水平藏尖结构,如图 3—3—14 所示。其目的是加宽心轨实际尖端的轨头宽度,减小心轨尖端的降低值,使轮载快速由翼轨过渡到心轨,提高列车过岔时的平稳性。为此,需要对翼轨轨头工作边进行机加工。同时为保证心轨第一牵引点处有 4 mm 以下间隙时心轨尖端仍处于轨距线以内,使车轮不致撞击心轨尖端,对心轨尖端进行补充刨切处理,18 号道岔心轨尖端补充刨切示意如图 3—3—15 所示。

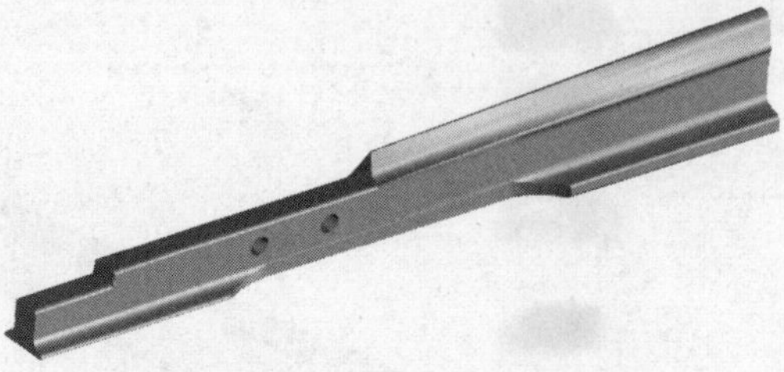

图 3—3—13　心轨前端结构示意

图 3—3—14　水平藏尖结构

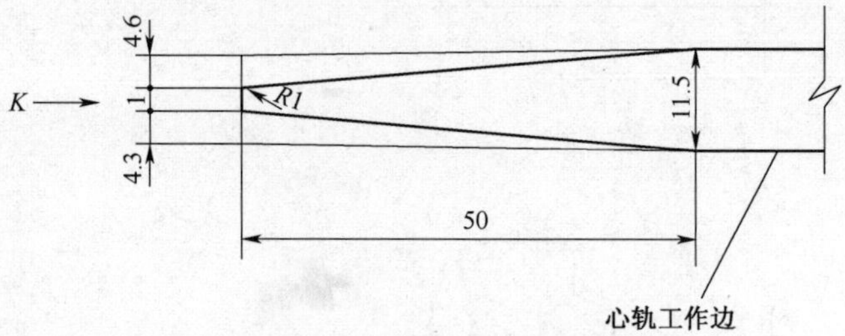

图 3—3—15　18 号道岔心轨尖端补充刨切示意(单位:mm)

18 号道岔短心轨跟端采用斜接头,与叉跟尖轨拼接,如图 3—3—16 所示。42 号、62 号道岔心轨采用双肢弹性可弯结构,取消了叉跟尖轨,简化了心轨的结构,有利于提高道岔的侧向通过速度,如图 3—3—17 所示。

图 3—3—16　短心轨跟端斜接头结构

图 3—3—17　双肢弹性可弯心轨

尖轨、心轨的跳动不仅影响列车运行的平稳,也加剧道岔零部件的磨损,为此采用顶铁扣压尖轨或心轨轨底、在翼轨上设置防跳卡铁、将心轨前端伸到间隔铁下三种措施,控制尖轨和心轨的跳动,如图 3—3—18 ~ 图 3—3—20 所示。

7. 翼轨跟端与心轨或叉跟尖轨的联结

翼轨跟端与心轨或叉跟尖轨间采用两个大间隔铁联结,并在间隔铁与钢轨轨腰之间胶接,可有效阻止翼轨与心轨或叉跟尖轨间的相对移动,如图 3—3—21 所示。

对于 42 号、62 号道岔,在叉后两心轨间,增设两个间隔铁,并与大垫板相连,增强了心轨的稳定性，结构示意如图 3—3—22 所示。

图 3—3—18　防跳顶铁

图 3—3—19　翼轨上的防跳卡铁

图 3—3—20　心轨的防跳间隔铁

图 3—3—21　翼轨跟端结构

图 3—3—22　大号码道岔心轨跟端间隔铁

8. 护轨

18 号道岔侧线设置护轨，采用 33 kg/m 槽型钢制造，护轨垫板内侧采用弹性夹扣压基本轨，如图 3—3—23 所示。

9. 特殊扣件

客专线系列道岔采用Ⅱ型弹条扣件，通过铁座和轨距块扣压基本轨，结构形式与提速道岔相同。

钢轨轨下设有 5 mm 厚橡胶垫板，但在可动心轨辙叉的翼轨密贴段及以前部分轨下设 7 mm 厚橡胶垫板，密贴段以后部分不设橡胶垫板（铁垫板上焊有台板）。

(a) 护轨　　(b) 护轨垫板

图 3—3—23　护轨及护轨垫板

在辙后、叉前等安装支距扣板的位置及可动心轨辙叉安装轨撑、扣铁等的位置，T 形螺栓从上向下安装，到底后旋转 90°上提，再拧紧螺母。平时需保持螺栓的紧固状态，防止螺栓脱落，如图 3—3—24、图 3—3—25 所示。翼轨外侧设置轨撑，以增加翼轨的稳定性。轨撑采用有挡肩结构，用螺栓分别与翼轨和铁垫板联结，如图 3—3—26 所示。

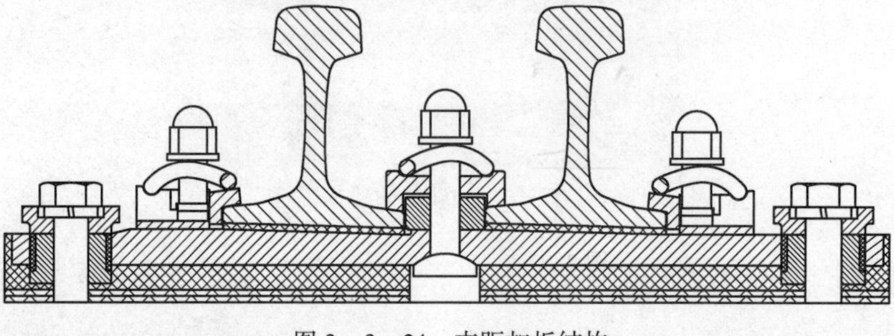

图 3—3—24　支距扣板结构

图 3—3—25　辙叉双边扣板结构

图 3—3—26　翼轨轨撑结构

(三) 相同速度同号码无砟道岔与有砟道岔主要区别

相同速度同号码无砟道岔与有砟道岔相比，道岔钢轨件相同，只是弹性垫板刚度不同，有砟道岔扣件节点刚度为 50 kN/mm，无砟道岔为 25 kN/mm，同时岔枕不同。

(四) 时速 250 km 18 号道岔与时速 350 km 18 号道岔主要区别

1. 尖轨降低值及设置位置不同。

2. 时速 350 km 18 号道岔心轨采用水平藏尖结构，因而可动心轨辙叉部分尺寸、结构和转换设备与时速 250 km 18 号道岔不同。

三、扣件系统

(一)扣件系统结构组成

采用带铁垫板的弹性分开式结构,如图 3—3—27 所示。

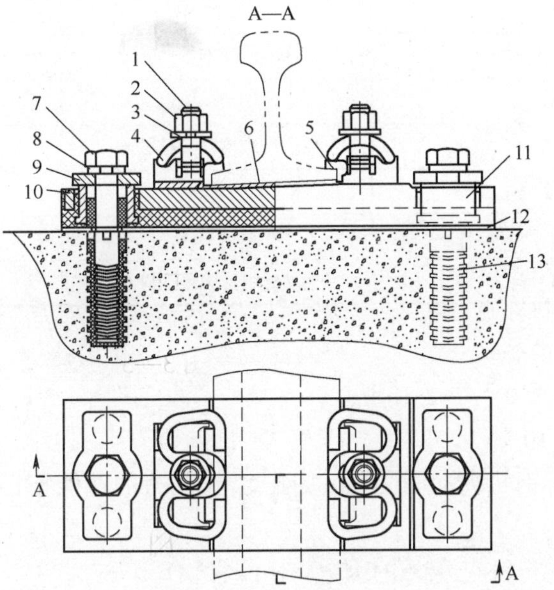

图 3—3—27 扣件系统组装

1—M24×60 mm T 形螺栓;2—M24 螺母;3—平垫圈;4—Ⅱ型弹条;5—轨距块;6—轨下胶垫;
7—垫板螺栓;8—ϕ30 mm 重型弹簧垫圈;9—盖板;10—缓冲调距块;11—弹性铁垫板;
12—调高垫板;13—预埋套管

1. 铁垫板上部采用有螺栓扣件系统,铁垫板为整体硫化弹性垫板。

2. 铁座与钢轨轨底间设轨距块,可用于调整和保持轨距。

3. 钢轨与铁垫板间设轨下橡胶垫板,主要起缓冲作用;铁垫板与混凝土岔枕间设聚乙烯调高垫片,主要起调高作用。

4. 铁垫板与混凝土岔枕内预埋套管间采用螺栓联结;垫板螺栓通过盖板扣压铁垫板,盖板上附有弹性较好的橡胶垫圈,既不对铁垫板产生较大压力,也可防止垫板倾翻。

5. 复合定位套与螺栓间设缓冲调距块,既缓冲铁垫板对螺栓的横向冲击,又可调整铁垫板的位置从而调整轨距,调整级别为 1 mm。

6. 扣件系统零部件数量见表 3—3—7。

表 3—3—7 扣件零部件数量(每组扣件用量)

序号	名　称	数量	材　料	质量或体积
1	M24×60 mm T 形螺栓	2	Q235-A	0.72 kg
2	螺母 M24	2	Q235-A	0.224 kg
3	平 垫 圈	2	Q235-A	0.138 kg

续上表

序号	名　称	数量	材　料	质量或体积
4	Ⅱ型弹条	2	$60Si_2CrA$	0.96 kg
5	轨 距 块	2	ZG230-450	0.642 kg
6	轨下胶垫	1	橡　胶	143 cm^3
7	垫板螺栓	2	Q235-A	2.42 kg
8	ϕ30 mm 重型弹簧垫圈	2	65Mn 或 $60Si_2Mn$	0.090 kg
9	盖　板	2	QT450-10	1.84kg
10	缓冲调距块	2	玻璃纤维增强聚酰胺 66	48 cm^3
11	弹性铁垫板	1	组 合 件	25 kg
12	调高垫板	1	聚 乙 烯	—
13	预埋套管	2	玻璃纤维增强聚酰胺 66	0.26 kg

（二）扣件系统技术参数

1. 扣压件初始扣压力不小于 10 kN。

2. 防爬阻力大于 10 kN。

3. 疲劳试验前后，钢轨纵向阻力、垫板刚度、扣压力的性能指标变化应分别小于等于 20%、25%、20%。

4. 绝缘性能：两走行轨间绝缘电阻应大于 $1\times10^8\ \Omega$（干态）。

5. 高低调整量：无砟道岔为-4～+26 mm，有砟道岔为 0～10 mm。

6. 轨距调整量：-8～+4 mm，调整级别为 1 mm。

通过调整轨距块可实现-2～+4 mm 的轨距调整，加以缓冲调距块的调边使用可实现-8～+4 mm 的轨距调整，一般地段轨距调整无需备件。表 3—3—8 为不同轨距时轨距块和缓冲调距块配置。

对于滑床板和护轨垫板，由于钢轨一侧为滑床台，只能采用移动滑床板和护轨垫板的方式进行轨距调整。可通过更换不同号码的缓冲调距块实现。表 3—3—9 为滑床板和护轨垫板处轨距调整配置。

表 3—3—8　一般地段轨距调整配置

单股钢轨位置	钢轨内侧			钢轨外侧		
	缓冲调距块		轨距块	轨距块	缓冲调距块	
	外侧	内侧			内侧	外侧
0	6	9	10	11	6	9
+1	6	9	11	10	6	9
+2	6	9	12	9	6	9
-1	6	9	9	12	6	9
-2	9	6	11	10	9	6
-3	9	6	10	11	9	6
-4	9	6	9	12	9	6

表 3—3—9　滑床板和护轨垫板处轨距调整配置

单股钢轨位置	钢轨内侧		钢轨外侧	
	缓冲调距块		缓冲调距块	
	外侧	内侧	内侧	外侧
0	6	9	6	9
+1	5	10	5	10
+2	4	11	4	11
-1	7	8	7	8
-2	8	7	8	7
-3	9	6	9	6
-4	10	5	10	5

7. 预埋件抗拔力：大于 100 kN。

8. 轨底坡：1∶40。

9. 系统刚度：单股钢轨作用地段扣件节点刚度有砟道岔为 50 kN/mm，无砟道岔为 25 kN/mm，其他地段以刚度均匀化原则设置。

（三）扣件系统主要零部件

扣件系统的零部件主要有 T 形螺栓、盖板、缓冲调距块、弹性铁垫板、预埋套管、调高垫板、弹性夹、滑床板、平垫圈、锚固螺栓、重型弹簧垫圈、Ⅱ型弹条、轨距块、轨下胶垫和辊轮等。

1. 垫板螺栓

垫板螺栓型号分为 A 型、B 型两种，如图 3—3—28 所示。A 型垫板螺栓 $L=192$ mm，B 型垫板螺栓 $L=207$ mm。一般情况下采用 A 型垫板螺栓，当扣件系统调高量超过 15 mm 时采用 B 型垫板螺栓，螺栓材质为 45 号钢。

图 3—3—28　垫板螺栓

2. 盖板

盖板由铸板和橡胶垫圈镶嵌而成，长 150 mm，宽 80 mm（圆弧处），厚 16 mm（橡胶垫圈处），如图 3—3—29 所示。铸板采用 QT450-10 制造，厚 13 mm。

3. 缓冲调距块

缓冲调距块材料为玻璃纤维增强聚酰胺 66，分为 6-9 号、4-11 号、5-10 号和 7-8 号。其中 6-9 号为正常安装号码，其余三种为备用缓冲调距块，主要用于滑床板和护轨垫板处的轨距调整，外形轮廓如图 3—3—30 所示。

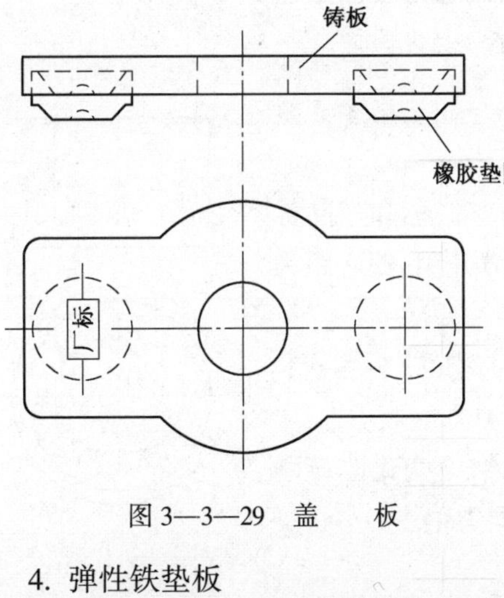

图 3—3—29　盖　　板

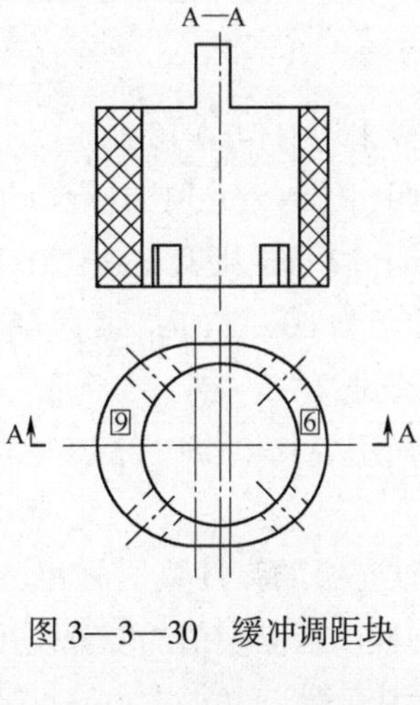

图 3—3—30　缓冲调距块

4. 弹性铁垫板

弹性铁垫板由橡胶、铁垫板和钢套组成，通过橡胶将铁垫板、钢套硫化为一体，厚度为

45 mm，长度随垫板位置不同而变化，如图 3—3—31 所示，铁垫板外形轮廓如图 3—3—32 所示，底部橡胶型面如图 3—3—33 所示。

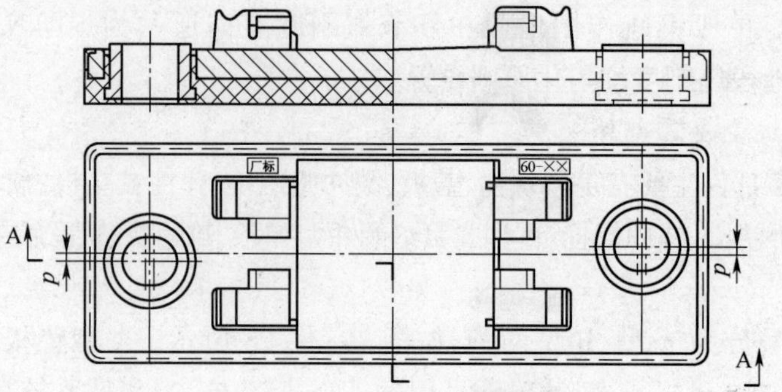

图 3—3—31　弹性铁垫板

A—A

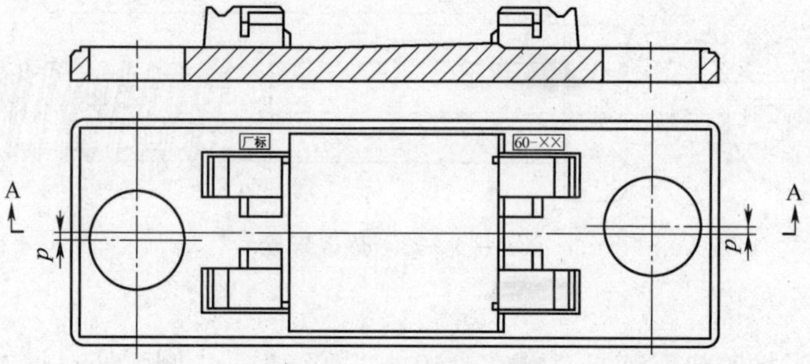

图 3—3—32　铁 垫 板

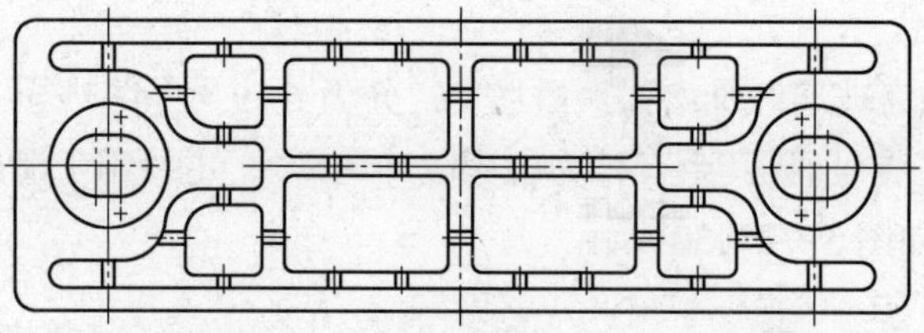

图 3—3—33　弹性铁垫板底部橡胶型面

铁垫板采用 QT450-10 制造，铁垫板上的孔中心与铁垫板中心线存在偏心距，图 3—3—31 中所示为 p，偏心距 p 分为 0 mm、3 mm、6 mm、9 mm、12 mm 及 15 mm 共 6 种。铁垫板上标有厂标和产品标记，产品标记为 60—3Y 时，表示 60 kg/m 钢轨道岔右开用、偏心距为 3 mm的铁垫板。

钢套采用 ZG230-450 或 QT450-10 制造，外形轮廓如图 3—3—34 所示。

弹性铁垫板的弹性垫层采用分块式结构，通过结构变化改变刚度，通过弹性垫板刚度值的变化实现岔区轨道刚度均匀化。

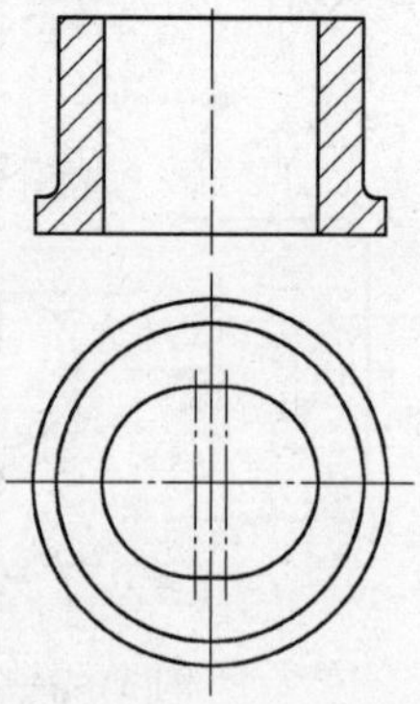

图 3—3—34　钢　　套

5. 预埋套管

预埋套管的材料为玻璃纤维增强聚酰胺 66，其外形轮廓如图 3—3—35 所示。

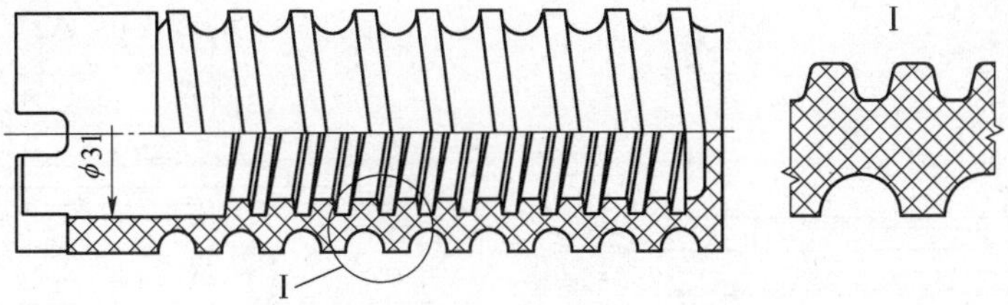

图 3—3—35　预埋套管(单位:mm)

6. 调高垫板

调高垫板材料为聚乙烯,其外形轮廓如图 3—3—36 所示,长度比铁垫板长 10 mm,厚度分为 1 mm、2 mm、4 mm、5 mm 和 10 mm 五种规格。正常组装状态时,弹性铁垫板下设 4 mm厚调高垫板,当需要调整钢轨高低位置时,可根据需要增加或撤除相应厚度的调高垫板,钢轨高低调整范围为−4～+26 mm,调高垫板可多块配合使用,但同时使用数量不得超过 3 块。

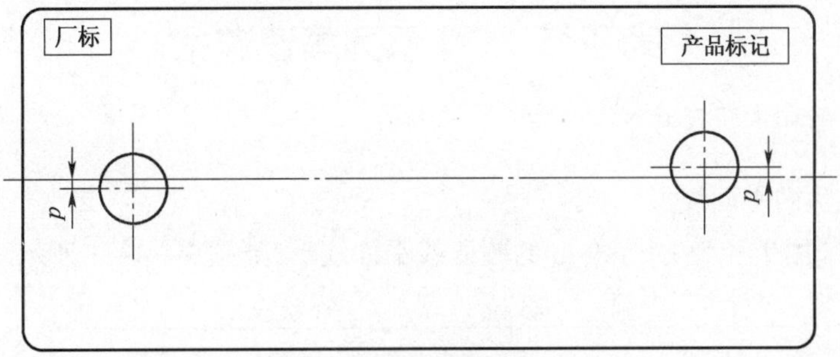

图 3—3—36　调高垫板

7. 弹性夹

弹性夹用于扣压基本轨内侧,其外形轮廓如图 3—3—37 所示。弹性夹分为三种类型,SSB4(L=360 mm)用于尖轨跟端,SSB3(L=303 mm)用于滑床板,SSB2(L=224 mm)用于护轨垫板。

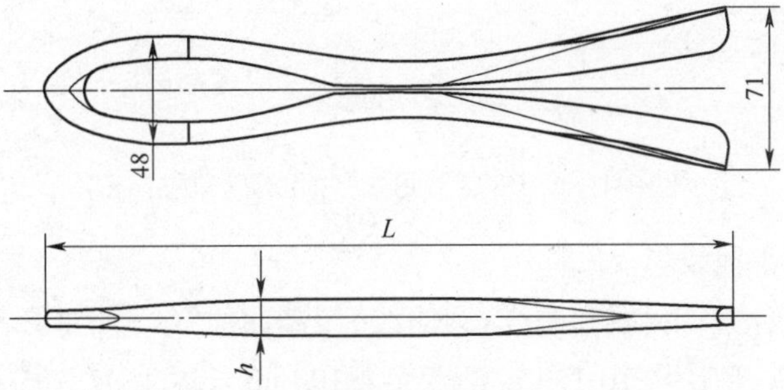

图 3—3—37　弹性夹示意(单位:mm)

8. 滑床板

普通滑床板外形轮廓如图 3—3—38(a)所示,长 770 mm,宽 180 mm。辊轮滑床板(双辊轮)长 770 mm,宽 260 mm,如图 3—3—38(b)所示。

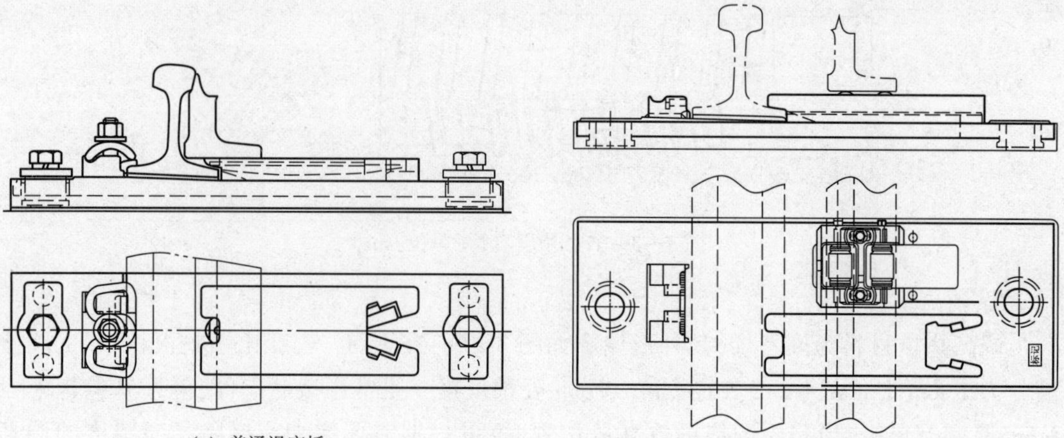

(a) 普通滑床板　　(b) 辊轮滑床板

图 3—3—38　滑 床 板

第四节　CN 系列高速道岔

一、平面线形和主要尺寸

1. 18 号道岔的平面线形

18 号道岔采用半径为 *R*1 100 m 的圆曲线平面线形，如图 3—4—1 所示。

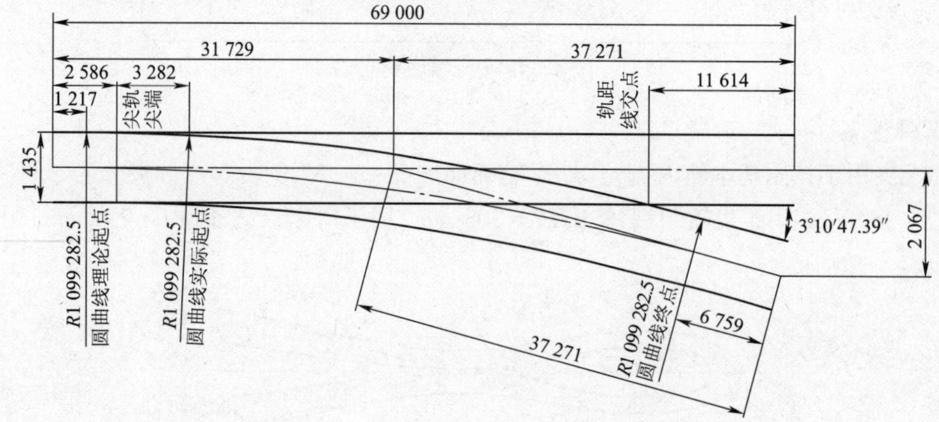

图 3—4—1　CN18 号道岔平面线形（单位：mm）

2. 42 号道岔的平面线形

CN 系列 42 号道岔采用“缓和曲线+圆曲线+缓和曲线”线形，如图 3—4—2 所示。道岔前部为一段缓和曲线，半径从 10 119 m 渐变至 4 100 m，长度为 37. 735 m；中部为圆曲线，半径为 4 100 m；后部为缓和曲线，半径由 4 100 m 变化至无穷大。

为使道岔后长与客专线 42 号道岔后长一致，缓和曲线后连接一段直线。

3. 50 号道岔的平面线形

CN 系列 50 号道岔采用“缓和曲线+圆曲线+缓和曲线”线形，如图 3—4—3 所示。道岔前部为一段缓和曲线，半径从17 000 m 渐变至 7 300 m，长度为 63. 312 m；中部为圆曲线，半径为 7 300 m,长度为67.049 m;后部为缓和曲线,半径由 7 300 m 渐变至无穷大,长度为 49.731 m。

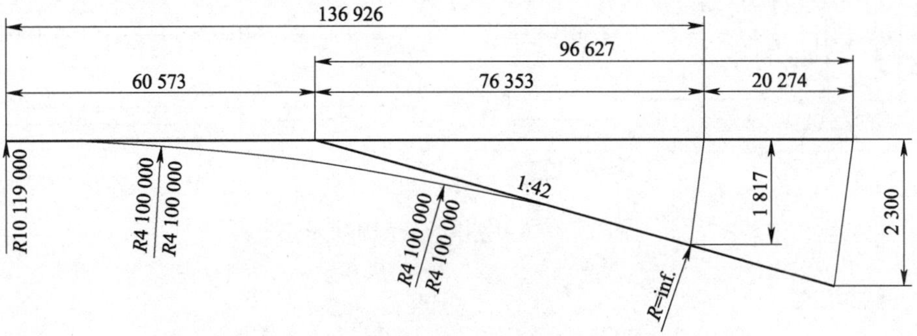

图 3—4—2　CN42 号道岔平面线形及主要尺寸(单位:mm)

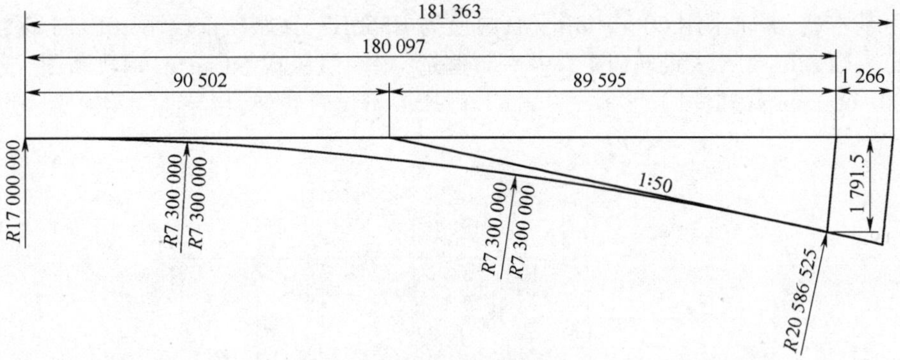

图 3—4—3　CN50 号道岔平面线形及主要尺寸(单位:mm)

4. 主要尺寸

CN 系列高速道岔主要尺寸见表 3—4—1。

表 3—4—1　CN 系列高速道岔主要尺寸

道岔号数	道岔总长(m)	前长(m)	后长(m)	辙叉角度	道岔结构高度(mm)	
					有　砟	无　砟
18	69.0	31.729	37.271	3°10′47.39″	434(250 km/h) 460(350 km/h)	423
39.173	136.945	62.862	74.083	1°27′52.34″	460	423
42	136.926 (可延长至 157.2)	60.573	76.353	1°21′50.13″	460	423
50	181.363	90.502	90.861	1°08′44.75″	460	423

注:有砟道岔结构高度为轨顶至枕底的高度,无砟道岔为轨顶至岔枕钢筋底部的高度。

CN 系列高速道岔在尖轨尖端附近采用了轨距优化(FAKOP)技术,将尖轨前部轨距加宽15 mm(将两基本轨分别外弯)以加大尖轨薄弱断面轨头宽度,目的是改善尖轨范围内的动态不平顺,减轻蛇行摆动,加厚尖轨从而延长使用寿命,但制造、铺设较为复杂,如图 3—4—4 所示。

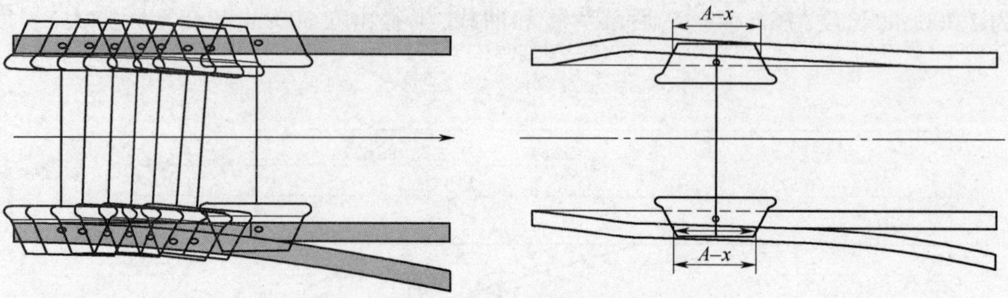

图 3—4—4　基本轨外侧加宽示意

二、道岔结构

(一)道岔主要零部件

1. 钢轨件

(1)基本轨、翼轨采用 60 kg/m 钢轨,材质为 R350HT,叉跟轨前段用 60E1F1 钢轨制造。

(2)尖轨采用 60AT3 钢轨(图 3—4—5)制造,跟端锻压成 60 kg/m 钢轨断面,成型段长度为 450~600 mm,过渡段长度为 150 mm。锻压段不设轨底坡,与导曲线钢轨直接焊接。

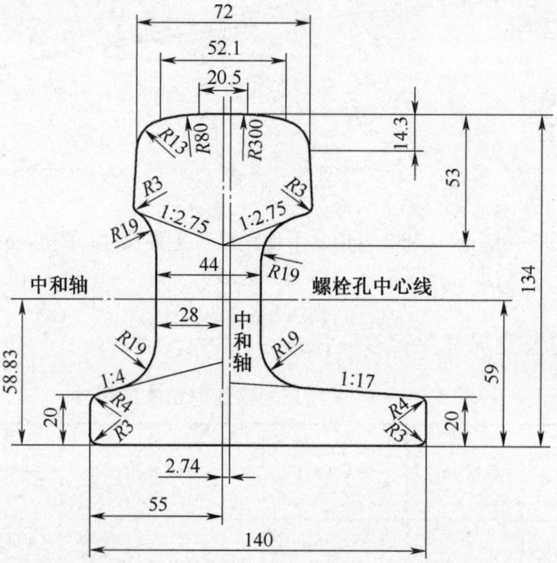

图 3—4—5　60AT3 钢轨断面尺寸(单位:mm)

(3)道岔直、侧线均不设置护轨。

(4)心轨为组合式,前部为与钢轨同材质的锻造三角块,后端焊接 60 kg/m 钢轨的长短心轨。

(5)道岔尖轨降低值、心轨降低值及翼轨抬高值见表 3—4—2~表 3—4—9。

表 3—4—2　CN18 号道岔尖轨降低值(mm)

尖轨类型	距尖轨尖端距离	轨头宽度	尖轨降低值
直、曲线尖轨	0	0	25
	905	5	13.9
	3 022	20	5.8
	8 300	54	0

表 3—4—3　CN18 号道岔心轨降低值及翼轨抬高值(mm)

心轨类型	距心轨实际尖端距离	轨头宽度	心轨降低值	翼轨抬高值
锻造组合式	0	0	17.5	0
	397	20	7.0	0.7
	1 348	55	2.7	2.3
	2 496	96.3	0	0

表 3—4—4　CN39.173 号道岔尖轨降低值(mm)

尖轨类型	距尖轨尖端距离	轨头宽度	尖轨降低值
直、曲线尖轨	0	0	23.8
	2 390	5	14.0
	8 804	20	5.7
	22 535	54	0

表 3—4—5　CN39.173 号道岔心轨降低值及翼轨抬高值(mm)

心轨类型	距心轨实际尖端距离	轨头宽度	心轨降低值	翼轨抬高值
锻造组合式	0	0	17.5	0
	621	20	7.0	0.7
	2 486	55	2.9	2.2
	5 163	96.3	0	0

表 3—4—6　CN42 号道岔尖轨降低值(mm)

尖轨类型	距尖轨尖端距离	轨头宽度	尖轨降低值
直、曲线尖轨	0	0	25.0
	2 073	5	14.2
	7 693	20	5.6
	21 522	54	0

表 3—4—7　CN42 号道岔心轨降低值及翼轨抬高值(mm)

心轨类型	距心轨实际尖端距离	轨头宽度	心轨降低值	翼轨抬高值
锻造组合式	0	0	17.5	0
	688	20	7.1	0.6
	2 720	55	2.7	2.3
	5 191	91.8	0	0

表 3—4—8　CN50 号道岔尖轨降低值(mm)

尖轨类型	距尖轨尖端距离	轨头宽度	尖轨降低值
直、曲线尖轨	0	0	25.0
	2 429	5	13.9
	9 118	20	5.5
	28 352	54	0

表 3—4—9　CN50 号道岔心轨降低及翼轨抬高值(mm)

心轨类型	距心轨实际尖端距离	轨头宽度	心轨降低值	翼轨抬高值
锻造组合式	0	0	17.5	0
	584	20	7.2	0.6
	2 703	55	2.9	2.2
	5 629	90.2	0	0

2. 尖轨跟端传力结构

尖轨跟端设置限位器结构,18 号道岔设 1 个限位器,42 号道岔设 4 个限位器,如图 3—4—6 所示。限位器子母块间的间隙为 7 mm。

图 3—4—6　道岔尖轨跟端限位器结构

3. 滑床板范围基本轨内侧弹性扣压

滑床台与滑床板分离,在滑床台两侧采用两个拉簧扣压滑床台,再通过滑床台扣压基本轨,如图 3—4—7 所示。

图 3—4—7　滑床台扣压示意

4. 滑床台板减摩方案

采用减摩滑床板,分为带辊轮与不带辊轮两种。辊轮组件下部粘有一层厚 25～30 mm 的弹性物质,且长度方向弹性呈梯度变化,最外侧辊轮高出台板 3 mm,可降低斥离尖轨在滑床板上的振动,如图 3—4—8 所示。

5. 可动心轨辙叉翼轨

翼轨采用普通钢轨制造,在心轨一动附近需要抬高,具体见翼轨抬高值部分。18 号、42

号道岔转换杆件从翼轨轨底通过，翼轨轨底内侧需进行机加工，如图 3—4—9(a)所示。39.173 号道岔心轨的牵引杆件穿过翼轨轨腰的长圆孔，如图 3—4—9(b)所示。

图 3—4—8　滑床板及辊轮示意

（a）18号、42号道岔心轨牵引方式　　（b）39.173号道岔心轨牵引方式

图 3—4—9　道岔心轨牵引方式

6. 心轨结构

心轨前部为整体锻造式，采用与钢轨同材质的锻造三角块，后部焊接 60 kg/m 钢轨作为长短心轨，如图 3—4—10 所示。

图 3—4—10　心　　轨

除在心轨尖端和顶铁上采取措施以外，还采用了液压式防跳结构，即心轨转换到位后，通过穿过心轨的杆件压住心轨，如图 3—4—11 所示。

图 3—4—11　CN 系列道岔用防跳装置

7. 翼轨跟端结构

翼轨跟端均通过间隔铁与心轨或叉跟轨联结，大号码道岔心轨拼接分开点后为间隔铁式顶铁，再往后一直到固定点为内轨撑。辙叉跟端下部为很长的大垫板，心轨与心轨、翼轨与心轨间采用长大间隔铁通过螺栓和大垫板联结，同时还有横向螺栓联结，如图 3—4—12 所示。

图 3—4—12　CN 系列道岔翼轨跟端结构

8. 特殊扣件

(1)在支距较小的部位，采用刚性扣压，如图 3—4—13 所示。翼轨内侧不扣压，外侧设轨撑，如图 3—4—14 所示。

图 3—4—13　CN 系列道岔尖轨跟端扣件

图 3—4—14　CN 系列道岔翼轨外侧轨撑

(2)胶接绝缘接头位置采用 USK2 弹条扣压(紧固力扭矩规定为 120 N · m)，并设绝缘块防止弹条与胶接绝缘接头夹板接触,如图 3—4—15 所示。

图 3—4—15　胶接绝缘接头位置扣压

(二)相同速度同号码有砟道岔与无砟道岔的区别

1. 时速 250 km 有砟道岔和无砟道岔钢轨件相同,扣件系统结构和刚度不同,岔枕结构也不同。

2. 时速 350 km 有砟道岔和无砟道岔相同,仅岔枕不同。

三、扣件系统

(一)扣件系统结构组成及技术参数

1. 弹性扣压件

弹性扣压件主要采用 SKL 12 弹条,扣压力为 12 kN,扣件与钢轨间不调距,钢轨轨底倚靠铁垫板上外边的凸肋,如图 3—4—16 所示。安装时弹条中环部分与轨底表面的间隙为 0. 1~1. 0 mm,弹条紧固扭矩为 180~200 N · m。

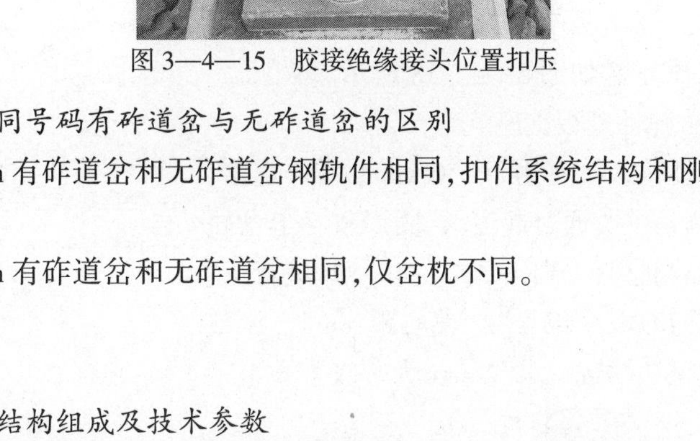

图 3—4—16　扣件系统组装

2. 弹性基板支座(ERL)

弹性基板支座通过硫化在肋形基板中的弹性橡胶提供弹性。规定尺寸的弹性元件,在每个支撑点上可以具有相同的弹簧刚度,而与基板的尺寸无关。在基板上的硫化橡胶垫可以实现动态荷载的减振。

无砟道岔扣件的标准刚度为 17. 5 kN /mm,厚度为50 mm,除转辙器区域内锻制基板尺寸不规则外,其他焊接基板宽度为 176 mm,长度范围为 610~1 330 mm,以 80 mm 进级。

250 km/h 有砟道岔扣件的标准刚度为 30 kN/mm，厚度分为 32 mm、37 mm 和 38 mm 三种规格，除转辙器区域内锻制基板尺寸不规则外，其他焊接基板宽度为 176 mm，长度范围为620~1 200 mm 不等。

350 km/h 有砟道岔与无砟道岔采用相同的弹性基板，扣件的标准刚度为 17.5 kN/mm，岔枕螺栓紧固扭矩为300 N · m，道岔前后设置过渡段。

(1)ERL17.5 道岔弹性基板支座

ERL17.5 道岔弹性基板支座如图 3—4—17 所示。

ERL17.5 道岔弹性基板支座支撑点的标准刚度为 17.5 kN /mm，其装配示意如图 3—4—18 所示。

(2)ERL30 道岔弹性基板支座

ERL30 道岔弹性基板支座用于 250 km/h 有砟道岔，道岔高低、水平的调整主要通过起道、捣固调整。道岔轨向的调整，通过偏心调整套 OVE (图 3—4—19)进行，调整锥套的型号表示为 OVE“编号”/“偏心距 mm”。调整锥套的规格为偏心距 0~8 mm，以 2 mm 为一级。

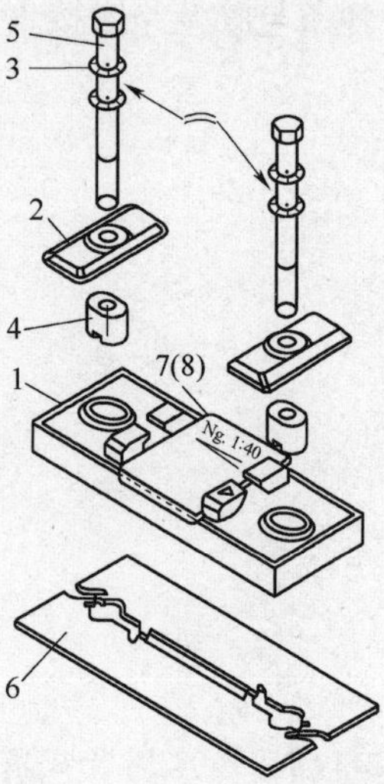

图 3—4—17　ERL17.5 弹性基板支座

1—肋形基板；2—盖板；3—碟形弹簧垫圈；4—调整锥套；5—岔枕螺栓；6—调高垫片；7(8)—轨下垫片

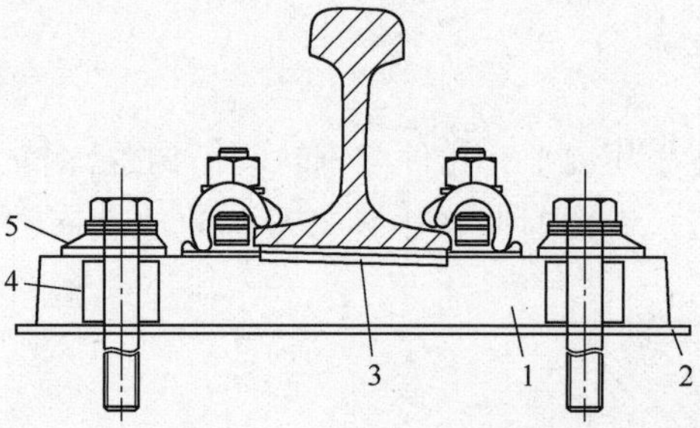

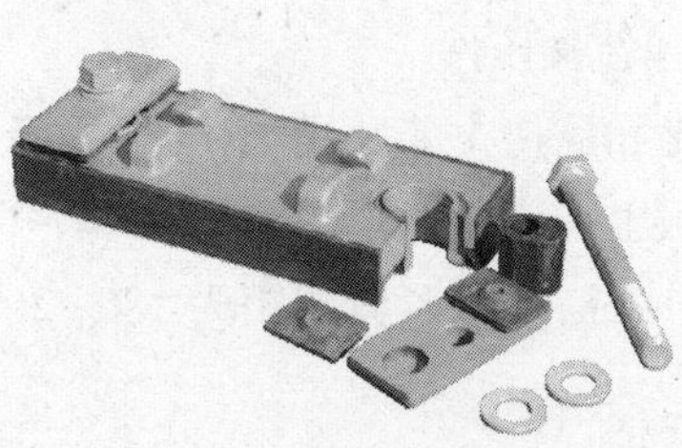

图 3—4—18　ERL17.5 弹性基板支座装配

1—肋形基板；2—调高垫片；3—轨下垫片；4—调整锥套；5—盖板

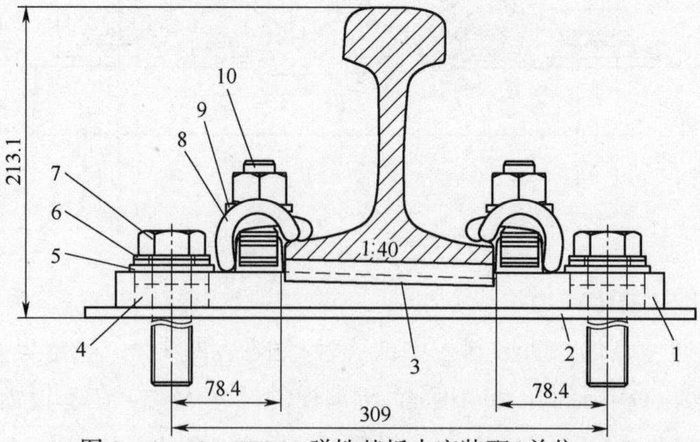

图 3—4—19　ERL30 弹性基板支座装配(单位：mm)

1—基板；2—板下垫片；3—轨下垫片；4—偏心调整套；5—垫圈；6—盘簧；7—六角螺栓；8—弹条；9—垫圈；10—T 形螺栓+螺母

3. 滑床垫板

滑床台板与弹性基板为分体式，如图 3—4—20 所示。

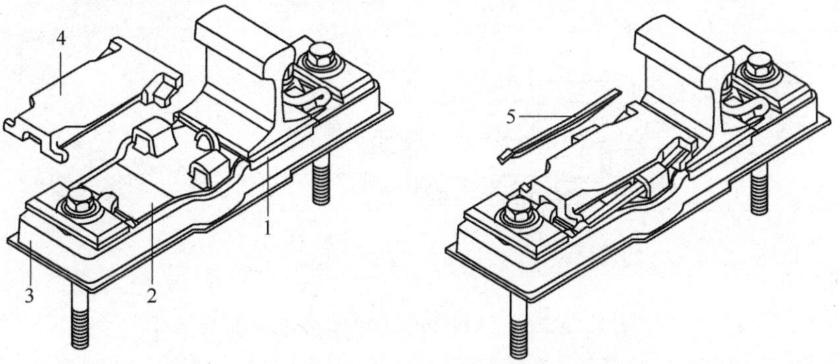

图 3—4—20　滑床垫板

1—轨下垫片；2—中间垫片；3—弹性基板；4—滑床台板；5—拉簧

基本轨外侧靠弹条的扣压来固定，基本轨内侧通过一个单独的滑床台板来固定。该滑床台板一侧位于基本轨的轨脚处，另一侧位于一个弹性中间垫片上，即位于基板上。滑床板通过基板固定，两根拉簧扣压。弹性压条的两端在滑床板上，中间在弹性基板上的孔内。基本轨与尖轨滑床台板各有垫片，经由垫片将载重传递至基板。

带辊轮的滑床板部件示意如图 3—4—21 所示。

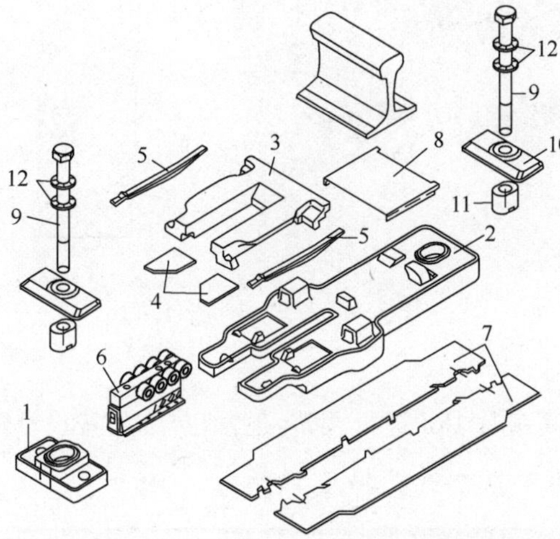

图 3—4—21　带辊轮的滑床台板部件示意

1—连接片；2—弹性基板；3—滑床台板；4—垫片；5—弹性压条；6—尖轨辊轮；

7—调高垫片；8—中间垫片；9—岔枕螺栓；10—盖板；11—调整锥套；12—碟形弹簧垫圈

尖轨辊轮 CZr1e（2 辊轮）用于尖轨跟端尖轨行程较小的区域。当尖轨转换时，在此区域尖轨不被抬起，用带铝硅层的滑床板来改进尖轨的活动性。

尖轨辊轮 CZr2e（3 辊轮）和 CZr3e（4 辊轮）用于尖轨行程较大的区域。尖轨在与基本轨贴合位置时，尖轨只在一个辊轮上，而且它的自重压缩了尖轨辊轮的弹性元件。在尖轨转换过程中，当第二个辊轮开始受力时，刚度开始增大，从而抬起尖轨，并且将其滑至张开位置，如图 3—4—22 所示。

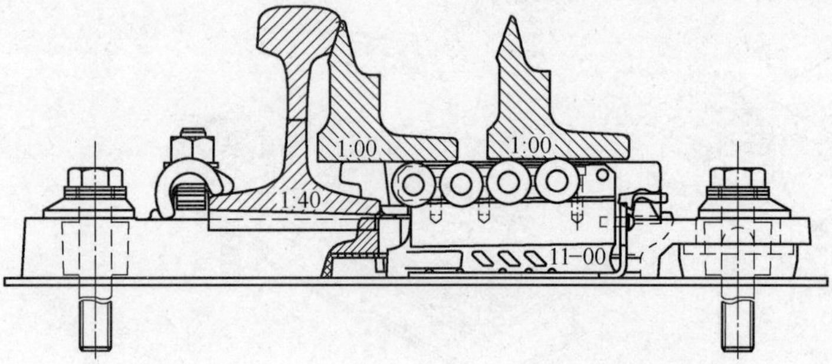

图 3—4—22　尖轨在辊轮滑床垫板的位置

(二)扣件系统主要零部件

1. 调整锥套 Ek

道岔轨向的调整,可以通过偏心调整锥套 Ek 来进行,如图 3—4—23 所示。调整锥套的型号表示为 Ek m/n,m 表示其类别编号,n 表示其偏心距大小(单位为 mm)。调整锥套的偏心距为 0~12 mm,以 1 mm 为一级。道岔出厂时一般使用 0 mm 偏心距调整锥套,工厂预组装时一般使用 2 mm 或4 mm偏心距调整锥套,特殊情况下才使用 6 mm 偏心距调整锥套。

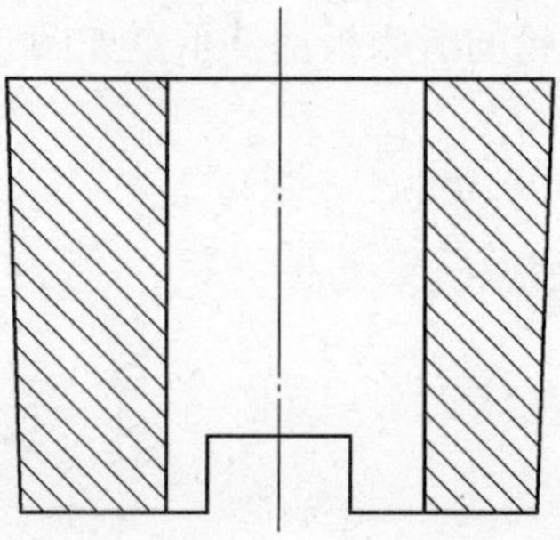

图 3—4—23　调整锥套 Ek

2. 调高垫片 Upf

道岔的高低通过调高垫片 Upf 进行调整,道岔出厂时,按设计配置(通常是厚度为 6 mm 的调高垫片 Upf 6),如图 3—4—24 所示。

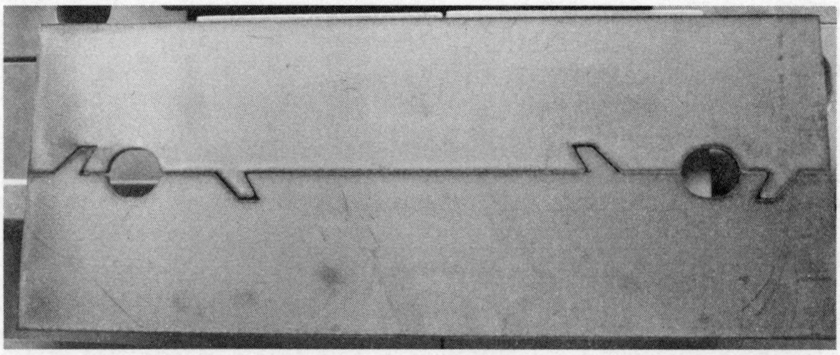

图 3—4—24　调高垫片 Upf

备件有 2 mm、3 mm、6 mm 和 10 mm 厚等 4 个规格，调高量为-4～26 mm。如需要更大的高度调整时，应更换更长的岔枕螺栓。

调高垫片的型号表示为 Upf m—n，m 表示其厚度，n 表示其类别编号。

3. 轨下垫片

图 3—4—17 中第 7 或 8 项为轨下垫片，需注意区分是否带有 1∶40 斜度。如果钢轨需要倾斜（设 1∶40 轨底坡），当肋形基板不带有 1∶40 斜度时，使用带有 1∶40 斜度的倾斜型轨下垫片 Zw60—40；当肋形基板带有 1∶40 斜度时，使用不带 1∶40 斜度的轨下垫片 Zw60；如果钢轨不需要倾斜（设 1∶40 轨顶坡）时则相反。

道岔中所用到的轨下垫片种类如下：

（1）轨下垫片 Zw692—0 为平垫片；

（2）轨下垫片 Zw60—40 为带有 1∶40 斜度；

（3）轨下垫片 Zw200/185×148×6 为辙跟基板用；

（4）轨下垫片 Zw661k 为辙跟基板用；

（5）轨下垫片 Zw 900R 为 250 km/h 有砟道岔（基板静刚度 30 kN/mm）非硫化基板用垫片。

第五节　CZ 系列高速道岔

一、平面线形和主要尺寸

1. 18 号道岔的平面线形

18 号道岔采用单圆曲线的平面线形，导曲线半径为 1 100 m，主要尺寸与客专线 18 号道岔基本相同，如图 3—5—1 所示。

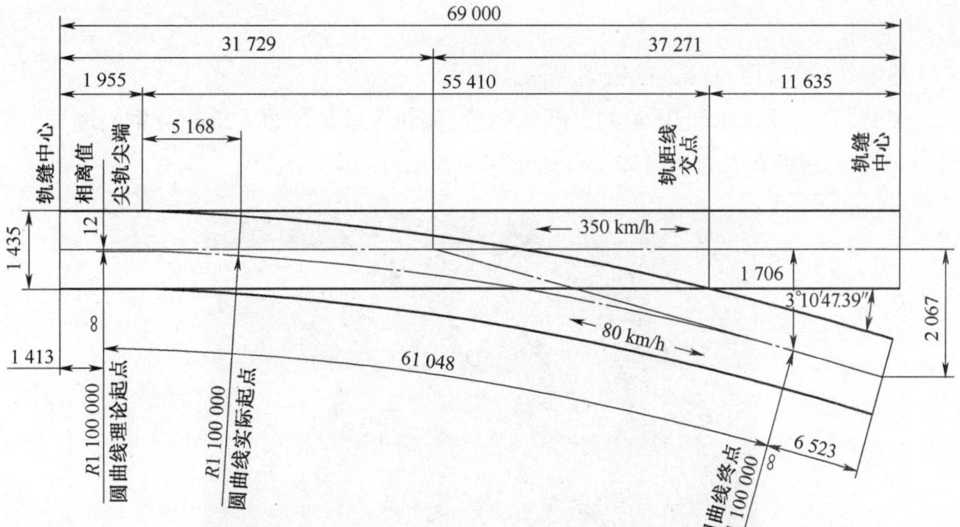

图 3—5—1　CZ 系列 18 号道岔平面线形及主要尺寸（单位：mm）

2. 41 号道岔的平面线形

41 号道岔采用"圆曲线+缓和曲线"的平面线形，前部为半径 4 500 m 的圆曲线，后部为缓和曲线,如图 3—5—2 所示。

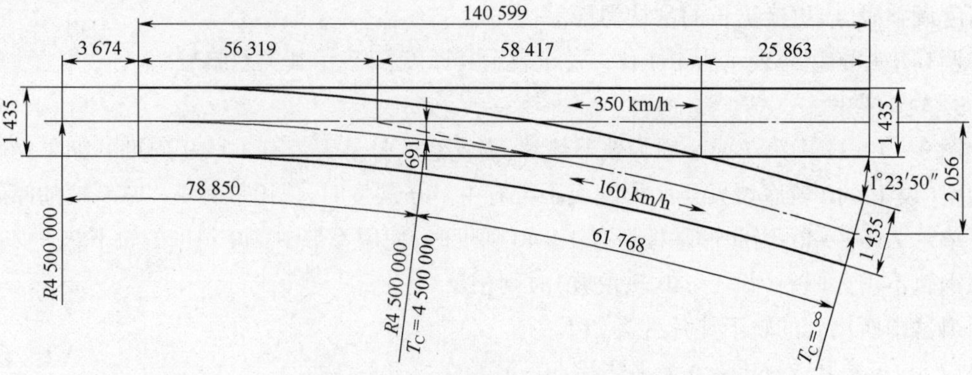

图 3—5—2　CZ 系列 41 号道岔平面线型及主要尺寸(单位:mm)

3. 主要尺寸

CZ 系列高速道岔主要尺寸见表 3—5—1。

表 3—5—1　CZ 系列高速道岔主要尺寸

道岔号数	道岔总长(m)	前长(m)	后长(m)	辙叉角度	道岔结构高度(mm)	
					有　砟	无　砟
18	69.0	31.729	37.271	3°10′47.39″	431	408
41	140.599	56.319	84.280	1°23′50″		

注:有砟道岔结构高度为轨顶至枕底的高度,无砟道岔为轨顶至岔枕钢筋底部的高度。

二、道岔结构

(一)道岔主要零部件

1. 钢轨件

(1)基本轨、导轨用 60 kg/m 钢轨制造。

(2)尖轨、心轨及叉跟轨用 60AT2 钢轨制造,尖轨跟端锻压成 60 kg/m 钢轨断面,成型段长度为 450 mm,过渡段长度为 150 mm,如图 3—5—3 所示。

图 3—5—3　尖轨跟端成型段

(3)18 号道岔侧线设置护轨,护轨采用 33 kg/m 护轨用槽型钢制造[《33 kg/m 护轨用槽型钢》(TB/T 3110—2005)],侧面工作边做淬火处理。41 号道岔直向、侧向均不设置护轨。

(4)钢轨件材质与线路钢轨相同,时速 250 km 高速道岔轨头顶面做淬火处理,时速 350 km高速道岔不淬火。

(5)心轨采用 60AT2 钢轨拼接。

(6)道岔尖轨、心轨的降低值分别见表 3—5—2～表 3—5—5。

表 3—5—2　CZ18 号道岔尖轨降低值(mm)

尖轨类型	距尖轨尖端距离	轨头宽度	降 低 值
直(曲)线尖轨	0	0	22.5
	2 314	12	9.3
	4 241	22	4.5
	9 187	55	0

表 3—5—3　CZ18 号道岔心轨降低值(mm)

心轨类型	距心轨尖端距离	轨头宽度	降 低 值
长 心 轨	0	9	7.5
	344.2	22	4.2
	1 394.3	50	0.9
	2 770	60.5	0
短 心 轨	0	4	13.9
	765.3	22	4.1
	1 739.1	55	0

表 3—5—4　CZ41 号道岔尖轨降低值(mm)

尖轨类型	距尖轨尖端距离	轨头宽度	降 低 值
直(曲)线尖轨	0	0	22.5
	3 034.5	5	13.4
	10 398	22	4.4
	18 576	55	0

表 3—5—5　CZ41 号道岔心轨降低值(mm)

心轨类型	距心轨尖端距离	轨头宽度	降 低 值
长 心 轨	0	10.3	7.4
	630.3	22	4.5
	3 460	50	0
短 心 轨	0	4	13.9
	2 000.2	22	4.1
	5 093.4	55	0

2. 尖轨跟端传力结构

CZ 系列的尖轨跟端不设任何传力结构,只用扣件固定。

3. 滑床板范围基本轨内侧弹性扣压

CZ 系列高速道岔采用整体铸造滑床板结构,在滑床台内采用弹性夹扣压基本轨,如图3—5—4 所示。

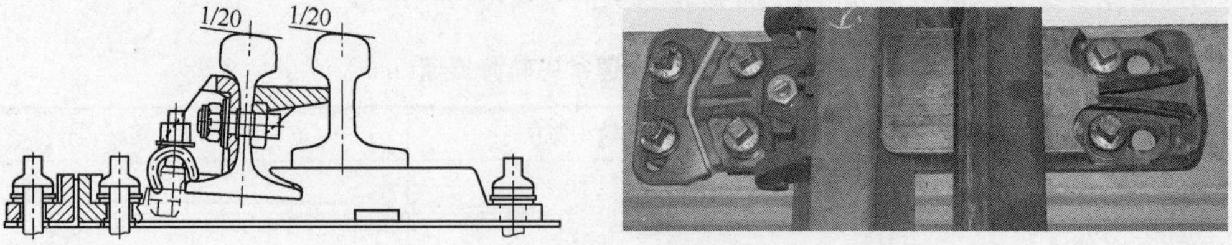

图 3—5—4　CZ 系列高速道岔的滑床板扣压系统

4. 滑床台板减摩方案

图 3—5—5(a)为普通减摩滑床板,滑床台面有一层 0.3 mm 厚的镀层,摩擦系数为 0.25;图 3—5—5(b)为带辊轮的滑床板,两种配合使用。

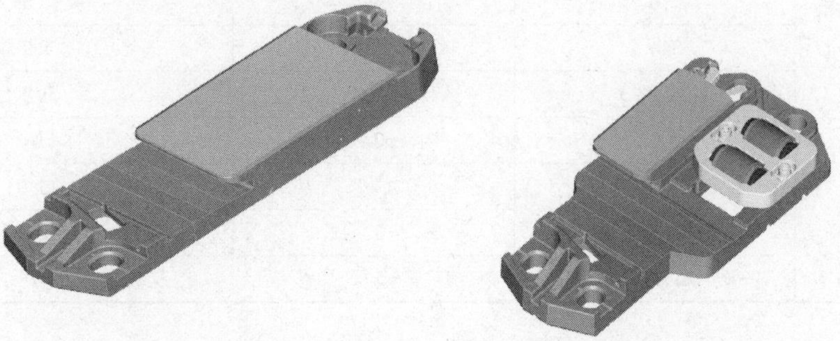

(a) 普通减摩滑床板　　(b) 带辊轮的滑床板

图 3—5—5　滑 床 板

5. 可动心轨辙叉翼轨

翼轨由前端的 60 kg/m 钢轨、中间部位的高锰钢铸造翼轨(摇篮)和后端的 A74 或 60TY1 钢轨焊接而成,稳定性好,方便转换锁闭装置的安装,如图 3—5—6 所示。心轨第一牵引点转换杆件从底部伸出,牵引心轨。另有两个 U 形托,托住心轨并在滑床台上滑动,如图 3—5—7 所示。

图　3—5—6

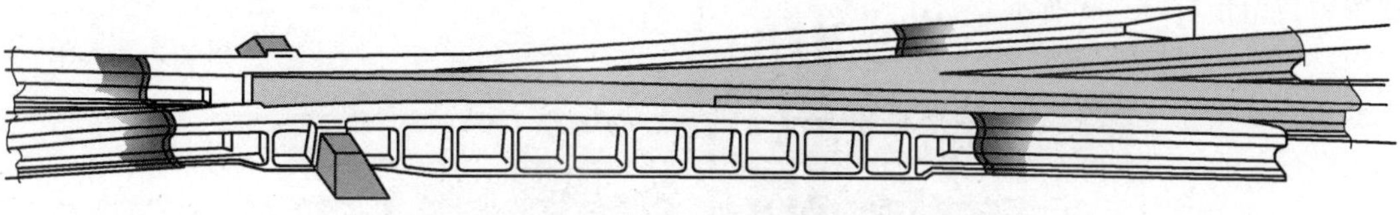

图 3—5—6　CZ 系列高锰钢整铸摇篮式翼轨

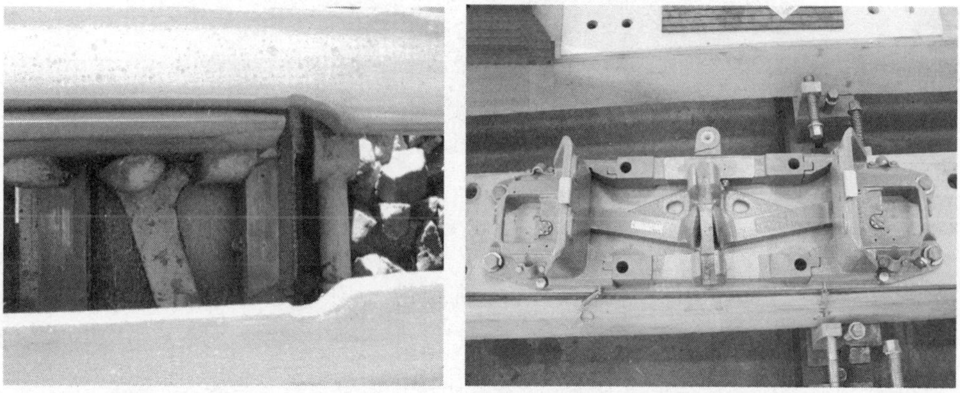

图 3—5—7　CZ 系列道岔心轨尖端锁闭装置及连杆

6. 心轨结构

CZ 系列的心轨均采用 60AT2 钢轨组合结构，心轨前端采用水平藏尖结构。

7. 翼轨跟端结构

长、短心轨及叉跟尖轨采用 60AT2 钢轨制造，18 号道岔短心轨后端为滑动端，短心轨尖端嵌入长心轨，心轨跟端锻压加工为 60 kg/m 钢轨标准断面。长、短心轨采用哈克螺栓联结，保证其整体稳定性。心轨跟端采用长间隔铁和高强度螺栓与长翼轨后端联结，并通过在螺栓孔内安装弹性销使各螺栓受力均匀，如图 3—5—8 所示。

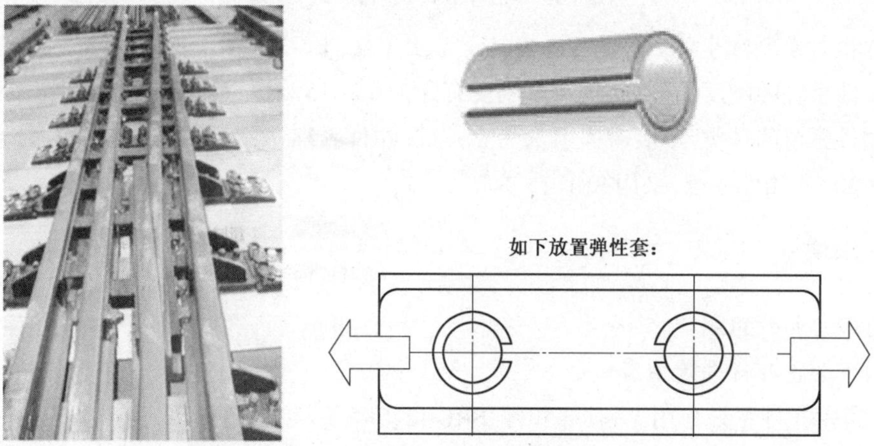

图 3—5—8　CZ 系列翼轨跟端结构

8. 护轨

18 号道岔侧线设置护轨，护轨采用 33 kg/m 槽型钢制造，护轨垫板内侧采用弹性夹扣压基本轨,如图 3—5—9 所示。

图 3—5—9　护轨及护轨垫板

9. 特殊扣件

为了适应跟端结构狭小位置处扣压,尖轨跟端采用 SKL 24 扣件和 USK2 弹条,如图 3—5—10 所示。

图 3—5—10　CZ 系列的尖轨跟端扣件类型

(二)相同速度同号码无砟道岔与有砟道岔主要区别

1. 扣件系统的刚度不同,扣件节点刚度有砟为 55~75 kN/mm,无砟为 24~28 kN/mm。

2. 扣件系统的种类不同,有砟道岔为 Vossloh 扣件系统,采用 SKL 24 和 SKL 12 弹条,无砟道岔为 300W 扣件系统,采用 SKL 15 弹条。

三、扣件系统

(一)道岔扣件组成

1. 有砟道岔扣件系统组成

有砟道岔扣件系统采用 Vossloh 扣件,SKL 12、SKL 24 型弹条扣压,为分开式扣件系统。

整个有砟道岔扣件系统置于铸造垫板上,由岔枕上的四个螺纹道钉固定,所有的铁垫板都具有横向和竖向的调节功能。

各种类型的滑床板、平垫板和护轨垫板采用高强度耐低温球墨铸铁制造;挡肩与轨底间不设置轨距块,采用偏心绝缘套来实现±4 mm 的调整。

(1)平垫板扣件系统组成

平垫板扣件系统的组成及零部件数量分别见图 3—5—11 和表 3—5—6。平垫板长 400 mm、宽 170 mm、厚 22 mm。

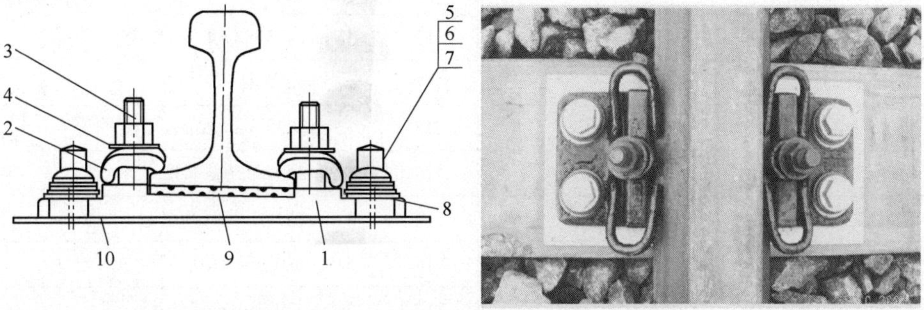

图 3—5—11　扣件组成

1—平垫板;2—SKL 24 弹条;3—T 形螺栓;4—垫圈;5—岔枕螺栓;
6—蝶簧;7—垫圈;8—绝缘偏心套;9—轨下弹性垫层;10—绝缘垫片

表 3—5—6　零部件明细

序　号	名　　称	序　号	名　　称
1	平垫板Ⅰ	6	AⅠ50 mm×25. 4 mm×4. 1 mm 碟簧
2	SKL 24 弹条	7	55 mm×25 mm×4 mm 垫圈
3	M22×55 mm T 形螺栓	8	绝缘偏心套
4	ϕ22 mm 垫圈	9	190 mm×148 mm×9 mm 轨下弹性垫层
5	L=155 mm 岔枕螺栓	10	绝缘垫片 442—220—90—56—330

(2)普通滑床板扣件系统组成

滑床板扣件系统组装如图 3—5—12 所示,零部件组成见表 3—5—7。

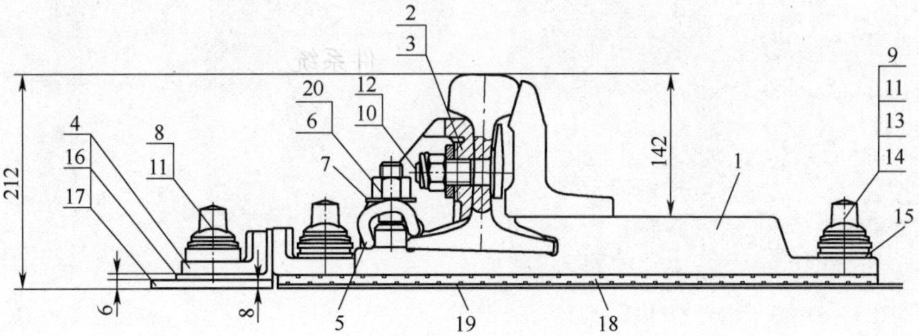

图 3—5—12　普通滑床板系统结构组装(单位:mm)

1—滑床板;2—岔枕防爬装置;3—挡板;4—滑床板挡肩;5—SKL 12 弹条;6—T 形螺栓;
7—垫圈;8,9—岔枕螺栓;10—螺栓;11—碟簧;12,20—螺母;13,14—垫圈;15—绝缘套管;
16—挡肩处绝缘垫层;17—挡肩下绝缘垫层;18—板下弹性垫层;19—板下绝缘垫片

表 3—5—7　普通滑床板零部件明细

序号	名　　称	序号	名　　称
1	AT200 滑床板	11	A Ⅰ 50 mm×25.4 mm×4.1 mm 碟簧
2	岔枕防爬装置	12	M24—8 螺母
3	挡　板	13	55 mm×25 mm×4 mm 垫圈
4	滑床板挡肩	14	ϕ30 mm 垫圈
5	SKL 12 弹条	15	52 mm×25 mm×20 mm 绝缘套管
6	M22×55 mm T 形螺栓	16	6 mm 挡肩处绝缘垫层
7	垫圈 22	17	8 mm 挡肩下绝缘垫层
8	L=161 mm 岔枕螺栓	18	628—530 板下弹性垫层
9	L=170 mm 岔枕螺栓	19	660—220 板下绝缘垫片
10	M24×75—8.8 螺栓	20	M22—8 螺母

滑床板共有三种长度(630 mm、730 mm、770 mm),宽 170 mm,厚 57 mm(包括滑床台),采用其上的长圆孔和端头挡肩组合进行调距。

为减小扳动力和不足位移,滑床板和辙叉部位滑动垫板及高锰钢整铸翼轨滑动基板进行了减摩涂层或电刷镀处理。

(3)辊轮滑床板扣件组成

辊轮滑床板长 630 mm,宽 230 mm,厚 57 mm,其上安装辊轮,如图 3—5—13 所示。

在尖轨、基本轨开口值较大部位采用双辊轮,开口值较小部位采用单辊轮。辊轮通过调整片调高。

(4)护轨垫板扣件组成

可动心轨辙叉侧股设置整铸护轨垫板,长 600 mm,宽 190 mm,厚 57 mm。护轨为分开式,采用 33 kg/m 槽型钢制造,护轨顶面高出基本轨顶面 12 mm,基本轨内侧采用弹性夹扣压,轮缘槽宽 44 mm,如图 3—5—14 所示。

图 3—5—13　辊轮滑床板

图 3—5—14　整铸护轨垫板

2. 无砟道岔扣件系统结构组成

无砟道岔采用 Vossloh 300W 扣件,如图 3—5—15 所示。扣件系统主要由弹条、轨距块、轨下垫层、铁垫板、弹性垫层、调高垫板、支撑板和轨距调整片组成。

扣件系统的刚度通过弹性垫层实现,调高通过板下调高垫板来调整,轨距的调整通过不同厚度轨距调整片实现。

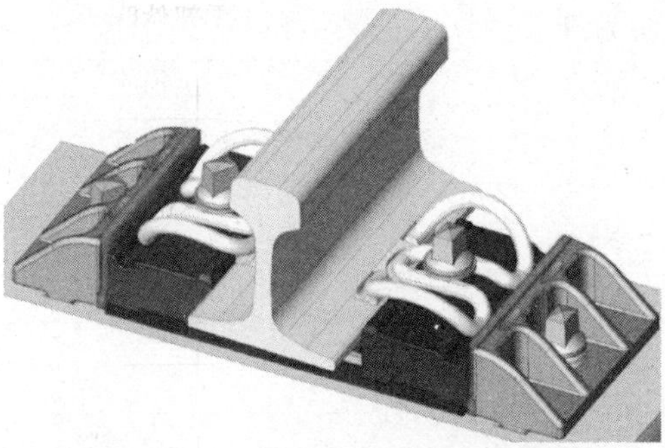

图 3—5—15　300W 扣件系统组装示意

标准扣件结构如图 3—5—16 所示，零部件明细见表 3—5—8。

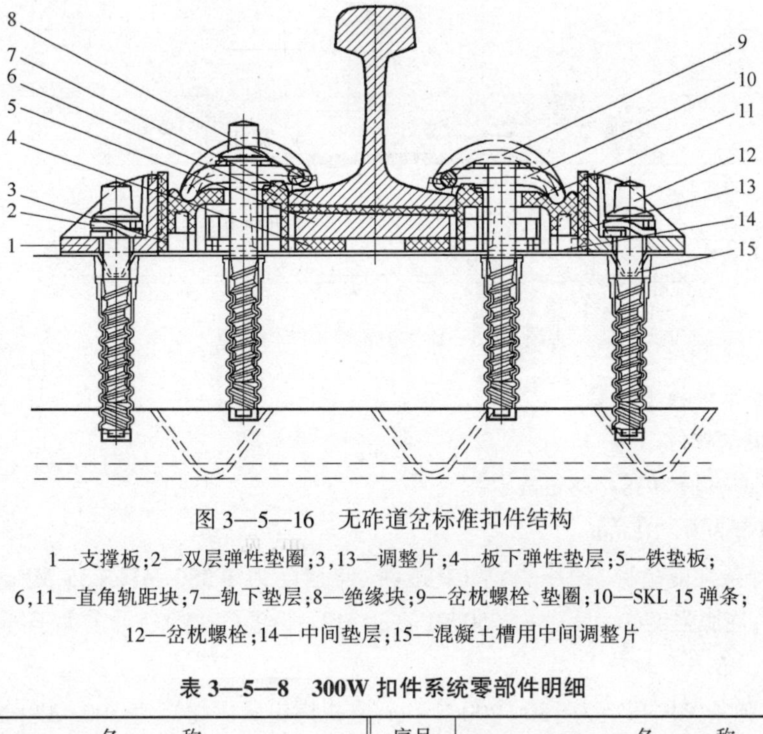

图 3—5—16　无砟道岔标准扣件结构

1—支撑板；2—双层弹性垫圈；3，13—调整片；4—板下弹性垫层；5—铁垫板；
6，11—直角轨距块；7—轨下垫层；8—绝缘块；9—岔枕螺栓、垫圈；10—SKL 15 弹条；
12—岔枕螺栓；14—中间垫层；15—混凝土槽用中间调整片

表 3—5—8　300W 扣件系统零部件明细

序号	名　　称	序号	名　　称
1	Stw15ws 支撑板	9	Ss36—230 岔枕螺栓+Uls7 垫圈
2	Fe6 双层弹性垫圈	10	SKL 15 弹条
3	GS 0 调整片	11	Wfp 15w—G 直角轨距块
4	Zwp 300 w/150—22.5 板下弹性垫层	12	Ss35—161 岔枕螺栓
5	Grp 21W/40 铁垫板	13	GS +1 调整片
6	Wfp 15w—F 直角轨距块	14	Zwp 386/210/4 中间垫层
7	Zw 692—6PA 轨下垫层	15	混凝土槽用中间调整片
8	绝 缘 块		

滑床板、护轨垫板材料为球墨铸铁 QT400—18—LT,滑床板结构如图 3—5—17 所示,护轨垫板结构如图 3—5—18 所示。

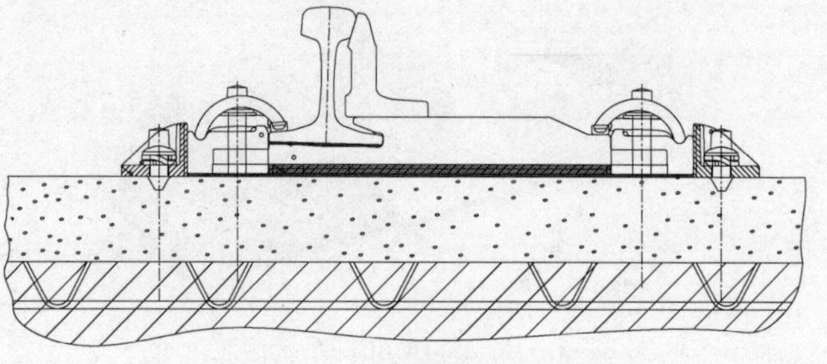

图 3—5—17　滑床板结构示意

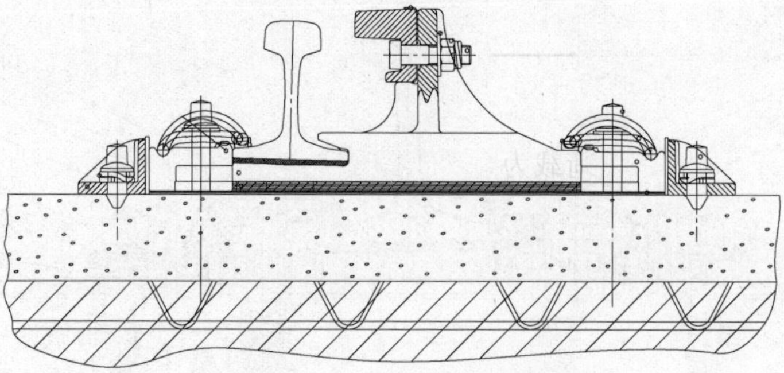

图 3—5—18　护轨垫板结构示意

(二)扣件系统技术参数

1. 有砟道岔扣件

(1)轨距调整量为-8~+8 mm。

(2)调高量为 0~10 mm 。

(3)AT 弹条性能指标:扣压力约 12 kN;拉伸强度为 1 380 MPa±35 MPa;断面收缩率大于等于 6%;屈服强度(0.2%)为 1 250 MPa±30 MPa;低温(-20 ℃)冲击大于等于 9 J;硬度为 HRC 42~HRC 45。

(4)SKL 弹条紧固扭矩为 180~200 N·m;方头螺钉紧固扭矩为 300~320 N·m。

(5)扣件系统动态刚度为 150 kN/mm±30 kN/mm (载荷 20~95 kN),通过不同部位轨下或板下橡胶垫板刚度的变化保证岔区刚度均匀一致。

2. 无砟道岔扣件

(1)轨距调整量。通过更换不同规格的调整片实现-8~+4 mm 的轨距调整。设计调整片厚度:钢轨工作边一侧为 10 mm,非工作边一侧为 9 mm。不同钢轨调整量时的调整片配置见表 3—5—9。

(2)调高量为-4~+22 mm,通过不同规格(厚度为 6 mm、5 mm、3 mm、2 mm)的调高垫板或组合调高。

(3)SKL 15 弹条扣压力为 18 kN。

(4)纵向钢轨阻力:SKL 弹条在轨底的纵向阻力大于 9 kN。对于标准扣件,2 个 SKL 15 弹条,纵向阻力为12~14 kN。对于 1 个 SKL 15 弹条和 1 个 AT 弹性夹的组合扣件,纵向阻力为 10~14 kN。

表 3—5—9 单股钢轨位置调整时调整片配置(mm)

单股钢轨调整量	工作边一侧调整片厚度	非工作边一侧调整片厚度
−4	6	13
−3	7	12
−2	8	11
−1	9	10
0	10	9
1	11	8
2	12	7

(5)疲劳性能:按照 EN13146—4 进行重复荷载试验,采用 ZW104 标准轨垫(静刚度为 22.5 kN/mm),疲劳试验采用的荷载为 88 kN,角度为 31°,500 万次。

(6)扣件刚度:静态(垫层)为 20~25 kN/mm;动态(组装)为 35~45 kN/mm。

(7)绝缘性能。根据 EN 13146—5"轨道应用—混凝土岔枕—钢轨扣件系统试验方法—第 5 部分:电阻的确定"进行扣件系统绝缘性能测定,喷雾状态下扣件系统的绝缘电阻为 20.47 kΩ。

(三)扣件系统主要零部件

1. 有砟道岔

(1)T 形螺栓

T 形螺栓主要用于联结弹条和铁座,规格 d=M22,公称长度 L=55mm,性能等级为 8.8 级。外形轮廓如图 3—5—19 所示。

(2)SKL 弹条

采用 SKL 12、SKL 24 弹条,外形轮廓如图 3—5—20 所示。

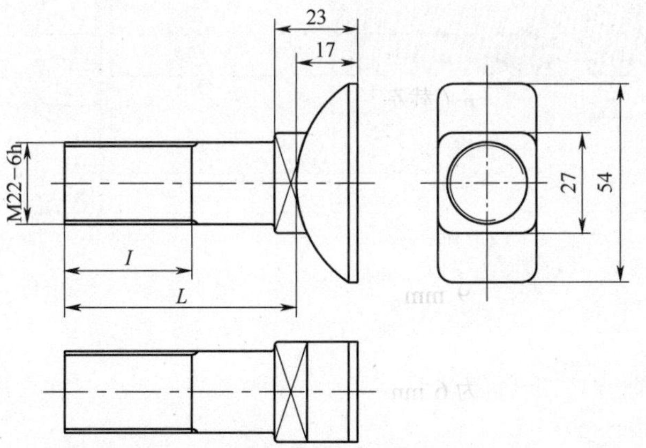

图 3—5—19 T 形螺栓(单位:mm)

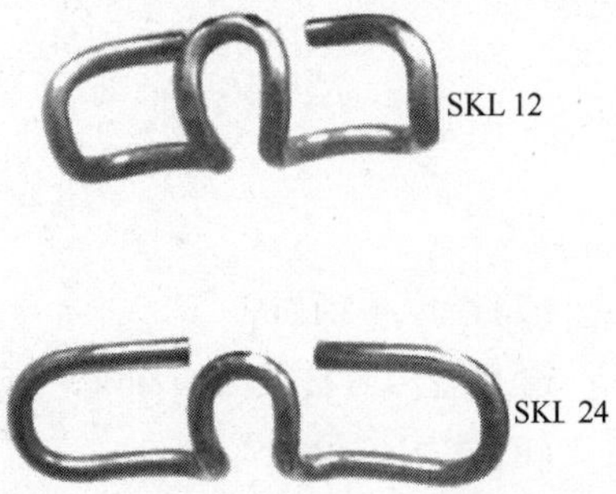

图 3—5—20 SKL 12、SKL 24 弹条

(3)弹性夹

滑床板、尖轨跟端垫板、护轨垫板采用弹性夹扣压,外形轮廓如图 3—3—37 所示。

(4)绝缘偏心套

绝缘偏心套材料为聚酰胺 66,用于垫板整体移动而实现道岔轨距的调整,外形轮廓如图 3—5—21 所示。

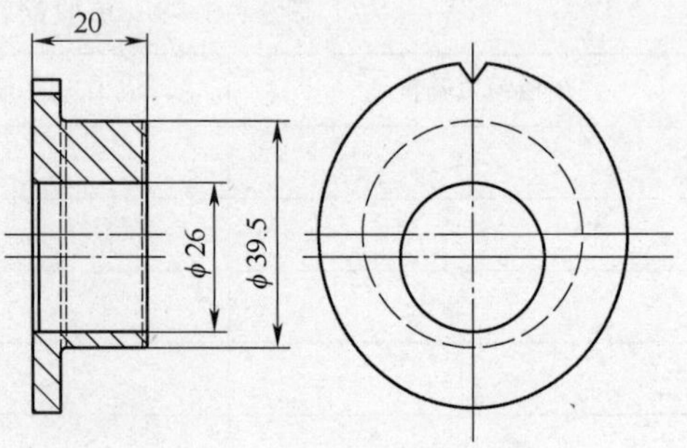

图 3—5—21　绝缘偏心套(单位:mm)

(5)弹性垫层

轨下弹性垫层尺寸为 180 mm×148 mm×h。材料为天然橡胶或合成橡胶,密度大于等于 1.2 g/cm^3;硬度大于等于 70 Shore A;极限强度大于等于 8 MPa;电阻大于等于 100 MΩ。刚度值见表 3—5—10(加载为 20~95 kN)。

表 3—5—10　弹性垫层刚度

垫层厚度 h(mm)	4.5	9
静态刚度(kN/mm)	190~230	90~130
动态刚度(kN/mm)	340~400	135~180

(6)岔枕螺栓

岔枕螺栓直径为 ϕ24 mm,螺距为 12.5 mm,材质 45 号钢。平垫板用螺栓长度为 155 mm,滑床板用螺栓长度为 170 mm,其余垫板用螺栓长度为 161 mm。岔枕螺栓外形轮廓如图3—5—22 所示。

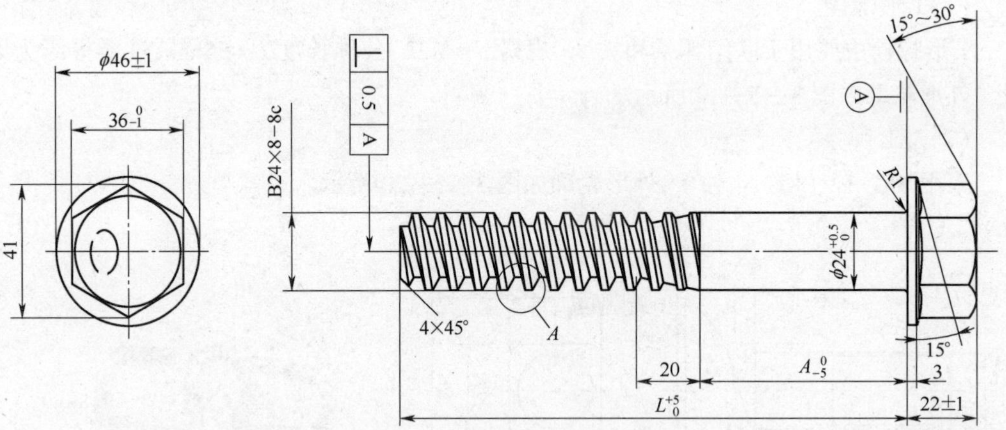

图 3—5—22　岔枕螺栓(单位:mm)

(7)滑床板挡肩

滑床板挡肩材质为 QT400—18—LT,外形轮廓如图 3—5—23 所示。

(8)岔枕防爬装置

岔枕防爬装置材质为 QT400—18—LT,外形轮廓如图 3—5—24 所示。

(9)绝缘套管

滑床板用 CT60—39 绝缘套管材质为聚酰胺 66,外形轮廓如图 3—5—25 所示。

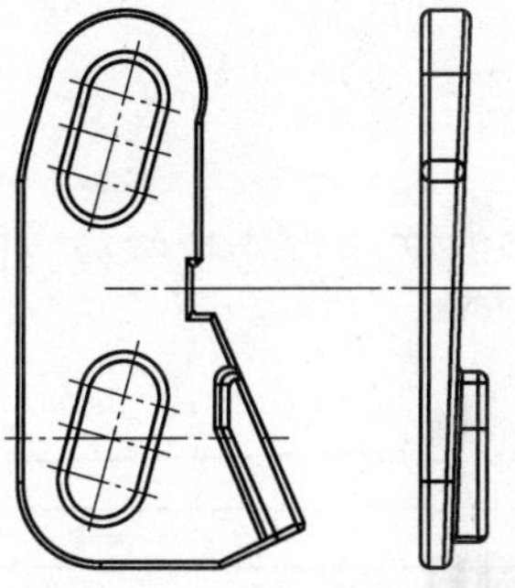

图 3—5—23　滑床板挡肩

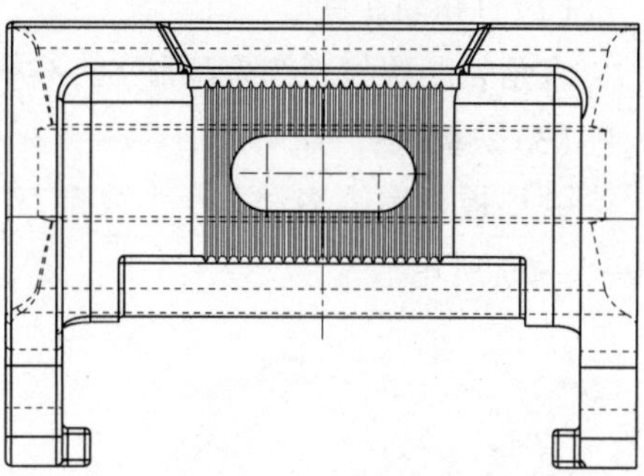

图 3—5—24　岔枕防爬装置

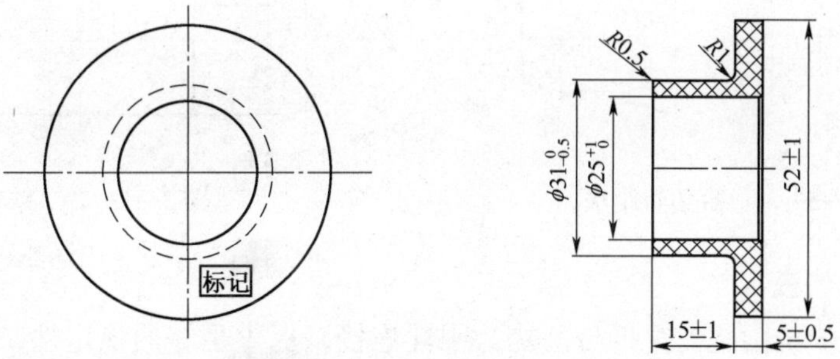

图 3—5—25　绝缘套管(单位:mm)

(10)挡肩处绝缘垫层

滑床板用 CT60—18 挡肩处绝缘垫层材质为聚酰胺 66,外形轮廓如图 3—5—26 所示。

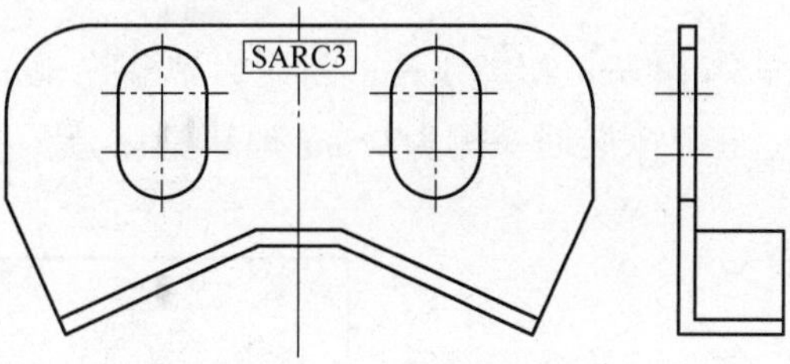

图 3—5—26　挡肩处绝缘垫层

2. 无砟道岔

(1)支撑板

为了使轨道达到足够的横向刚度,在可调铁座后部设置了限位支撑板,以起到岔枕上混凝土挡肩的作用,除连接螺栓外限位支撑板的下部设置凸台与岔枕上的凹槽相配合,提高了系统抵抗横向力的能力。支撑板材料为球墨铸铁 QT400—18—LT,结构如图 3—5—27 所示。

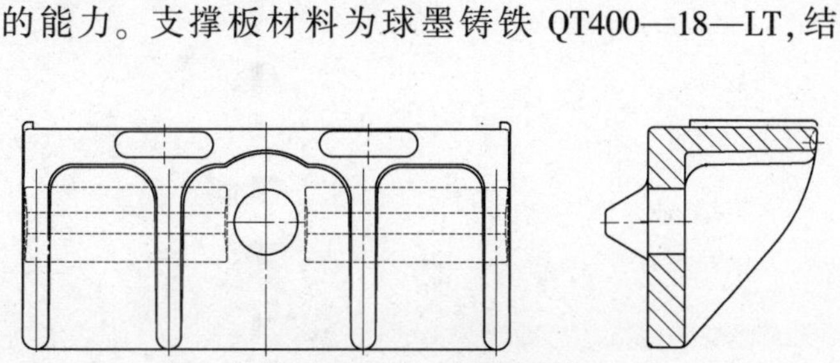

图 3—5—27　支撑板结构

(2)直角轨距块

直角轨距块材料为聚酰胺 66,结构如图 3—5—28 所示。

(3)铁垫板

铁垫板采用铸造结构,材质为 QT400—18—LT,中间两孔穿岔枕螺栓,外形轮廓如图 3—5—29 所示。

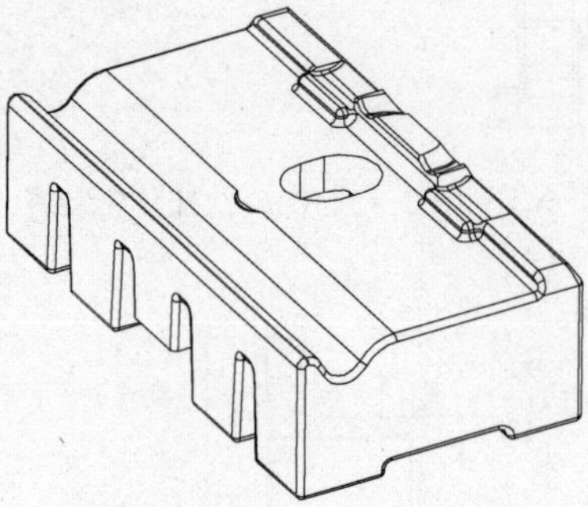

图 3—5—28　直角轨距块

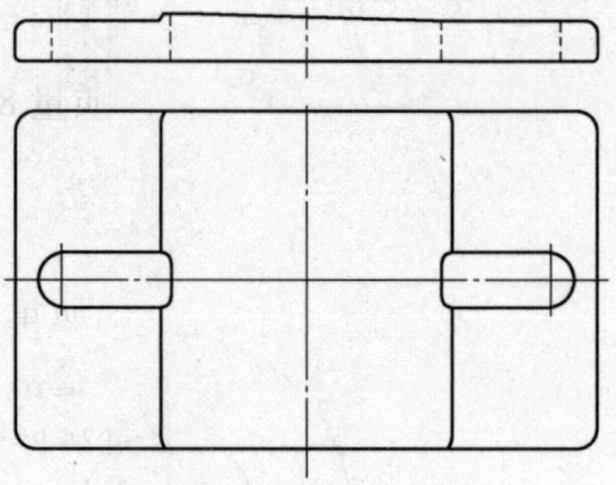

图 3—5—29　铁垫板

(4)V 形槽垫板

W300 系统中的限位支撑板与岔枕为刚性连接以提供足够的稳定性,SKL 15 弹条一边扣压直角轨距块,一边扣压钢轨(或垫板),使其有足够的弹性与岔枕连接。为改善限位挡板与岔枕之间的受力状况,在其之间设置了 V 形槽垫板(尼龙)。V 形槽垫板外形轮廓如图 3—5—30 所示。

(5)调整片

轨距调整采用厚度 $t=5\sim14$ mm、级差 1 mm、材质为聚酰胺 66 的不同厚度调整片,外形轮廓如图 3—5—31 所示。正常安装时一侧为 9 mm 厚调整片,另一侧为 10 mm 厚调整片。

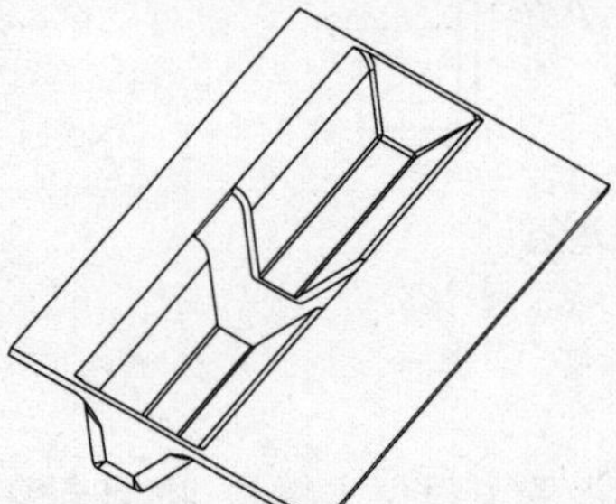

图 3—5—30　V 形槽垫板示意

图 3—5—31　轨距调整片

第四章　重 载 道 岔

重载铁路是指满足列车牵引质量 8 000 t 及以上、轴重 27 t 及以上、在至少 150 km 线路区段上年运量大于 4 000 万 t 三项条件中两项的铁路。重载道岔是指重载铁路正线使用的道岔。

重载铁路由于列车轴重、牵引质量和运量较大，对道岔的要求也较高，因此有必要针对重载铁路的特点，研制专门的重载道岔。

我国从 2011 年开始进行重载铁路道岔的研究，分为 30 t 轴重重载道岔和 27 t 轴重重载道岔两种类型。目前 30 t 轴重的 60 kg/m、75 kg/m 钢轨 12 号和 18 号道岔已在山西中南部铁路、张唐铁路等重载线路推广应用，但仍处于优化改进阶段，尚未定型，因此本手册只对重载道岔进行简要的介绍。

重载道岔的研究和应用目前还处于初级阶段，今后应进一步完善道岔系列产品，根据现场使用情况，优化道岔结构，推广新技术、新材料的应用，提高道岔使用寿命，减少现场的养护维修工作量。

第一节　使用条件与特点

重载道岔主要用于重载铁路的正线，其使用条件和特点如下所述。

一、使用条件

1. 重载铁路一般为货运专线或以货运为主、运行少量旅客列车的铁路。
2. 轴重为 27 t 和 30 t。
3. 运输繁忙，维修时间短。
4. 牵引质量较大，如大秦线牵引质量达 2 万 t。
5. 以有砟轨道为主。

二、特　　点

由于使用条件的特殊性，使得重载道岔的研究与普速道岔、高速道岔有较大的不同，其主要特点如下：

1. 适用于跨区间无缝线路。
2. 道岔号码主要为 12 号、18 号。
3. 采用 60 kg/m 及以上重型钢轨。
4. 采用固定型辙叉。

5. 道岔零部件伤损严重,需经常维护或更换。

6. 以单开道岔为主,配套设计交叉渡线。

7. 轨下基础均为混凝土岔枕。

根据以上特点,重载道岔应着重提高道岔的强度、稳定性和零部件的使用寿命等方面的研究。

第二节 30 t 轴重重载道岔

30 t 轴重重载道岔是为满足国内 30 t 轴重重载铁路建设而专门设计的,是国铁适用轴重最大的道岔,包括单开道岔和交叉渡线两种类型。其中单开道岔包括 60 kg/m 钢轨 12 号、18 号和75 kg/m 钢轨 12 号、18 号共四个型号。

一、平面线形和主要尺寸

重载道岔的容许通过速度不高,号码不大于 18 号,因此均采用单圆曲线的平面线形,道岔主要尺寸与既有道岔相同。同号码、不同轨型的道岔平面布置和主要尺寸相同。

尖轨尖端处轨距加宽 5 mm,岔枕均垂直于道岔直股布置。

1. 12 号道岔的平面线形

12 号道岔采用半切线形曲线尖轨,为改善列车侧向过岔时的运行条件,将导曲线半径加大到 400 m,导曲线终点位于辙叉咽喉前,道岔平面布置如图 4—2—1 所示。道岔主要尺寸与固定型提速道岔相同。

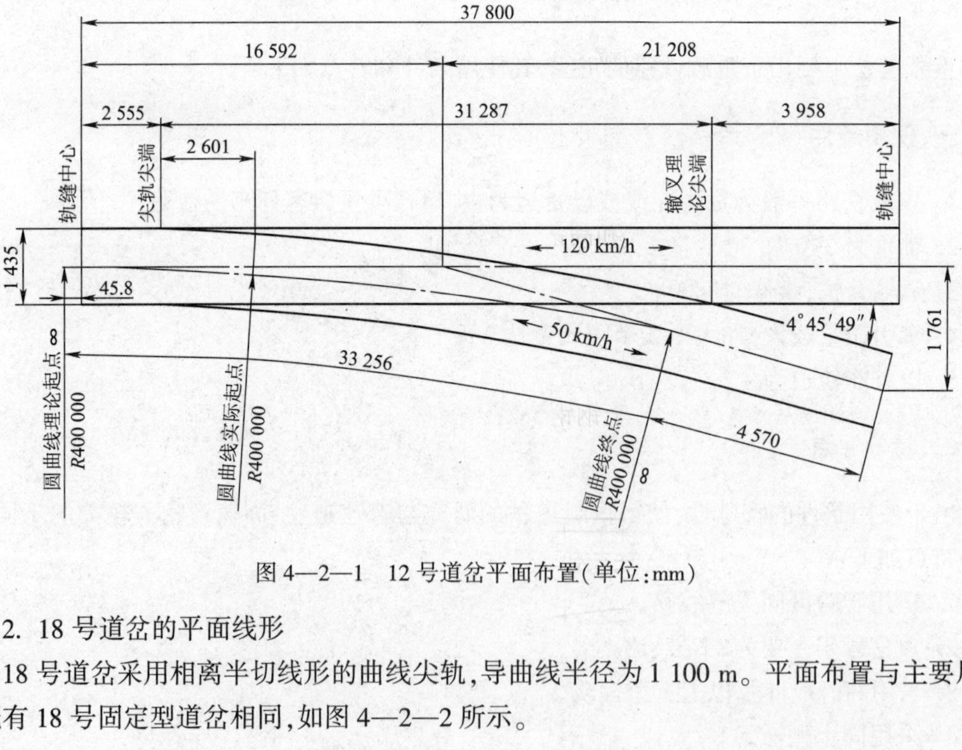

图 4—2—1 12 号道岔平面布置(单位:mm)

2. 18 号道岔的平面线形

18 号道岔采用相离半切线形的曲线尖轨,导曲线半径为 1 100 m。平面布置与主要尺寸与既有 18 号固定型道岔相同,如图 4—2—2 所示。

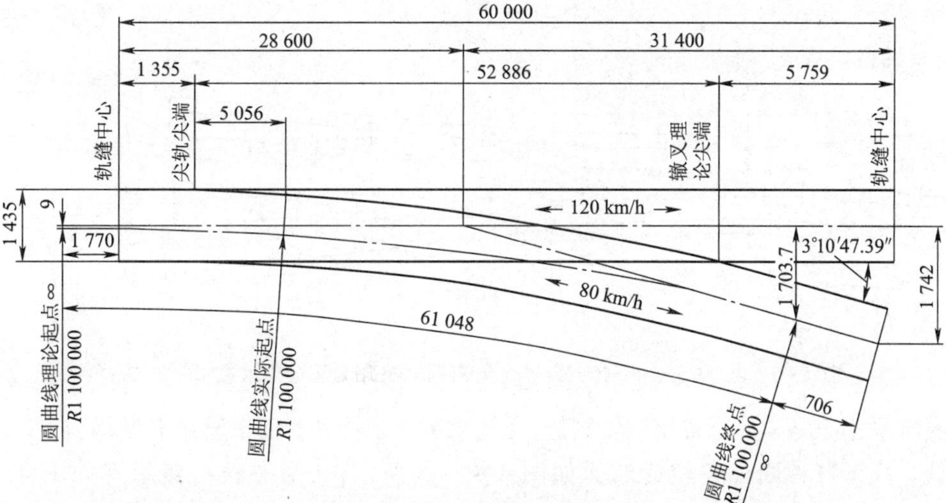

图 4—2—2　18 号道岔平面布置(单位:mm)

3. 主要尺寸

道岔主要尺寸见表 4—2—1。

表 4—2—1　30 t 轴重重载道岔主要尺寸

道岔号数	道岔总长(m)	前长(m)	后长(m)	辙叉角度	道岔轨顶至岔枕底面的高度
12	37.800	16.592	21.208	4°45′49″	60 kg/m 钢轨为 448 mm 75 kg/m 钢轨为 464 mm
18	60.000	28.600	31.400	3°10′47.39″	

二、道岔结构

1. 道岔设 1∶20 的轨底坡或轨顶坡,轨底坡在铁垫板上形成。

2. 道岔基本轨、尖轨、合金钢辙叉等采用合金钢钢轨制造,以延长使用寿命。

3. 尖轨采用 60AT1 钢轨制造,跟端锻压成 60 kg/m 或 75 kg/m 钢轨断面,并扭转1∶20 轨底坡。

4. 护轨用 33 kg/m 槽型钢制造,材质为合金钢。

5. 辙叉分为合金钢组合辙叉和高锰钢组合辙叉两种类型,其中合金钢组合辙叉又分为镶嵌翼轨式和钢轨组合式两种。辙叉均为曲线辙叉,需区分左右开。辙叉两端钢轨扭转1∶20 轨底坡,其他位置不设轨底坡。

(1) 钢轨组合式合金钢辙叉

60 kg/m 钢轨 12 号、18 号合金钢钢轨组合辙叉如图 4—2—3、图 4—2—4 所示。

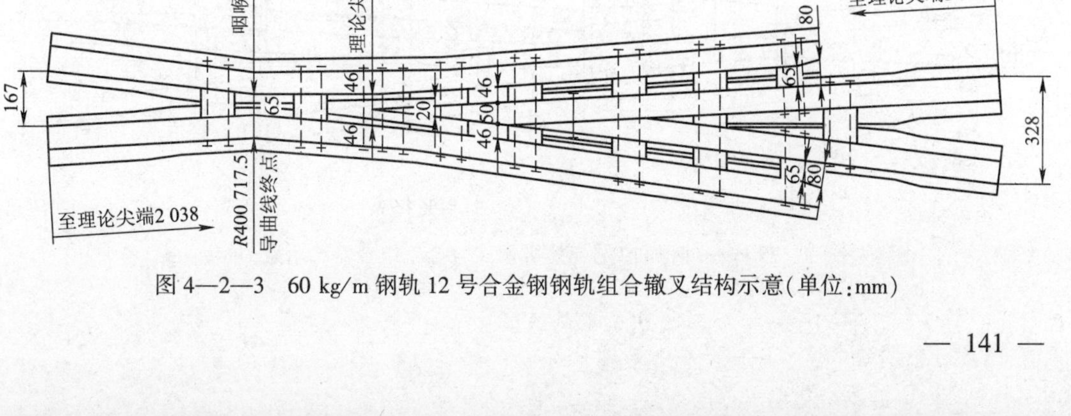

图 4—2—3　60 kg/m 钢轨 12 号合金钢钢轨组合辙叉结构示意(单位:mm)

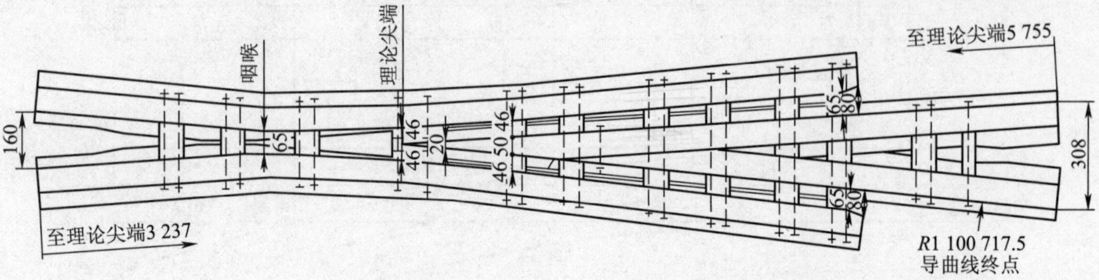

图 4—2—4　60 kg/m 钢轨 18 号合金钢钢轨组合辙叉结构示意(单位:mm)

翼轨采用 60 kg/m 合金钢钢轨制造,心轨采用高型特种断面钢轨组合结构,材质为合金钢钢轨。高型特种断面钢轨的断面如图 4—2—5 所示,长短心轨拼接示意如图 4—2—6 所示。

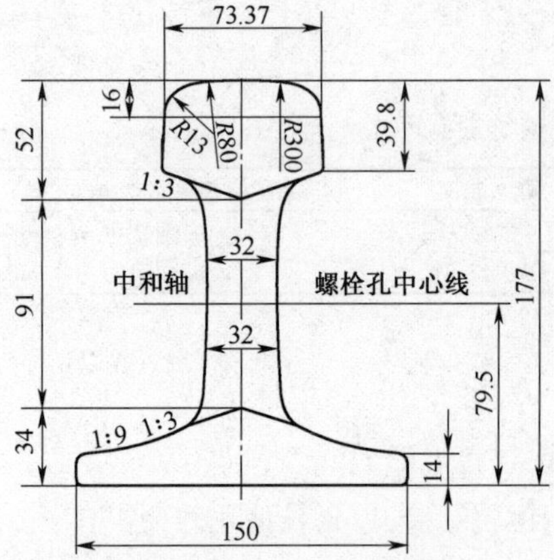

图 4—2—5　高型特种断面钢轨(单位:mm)

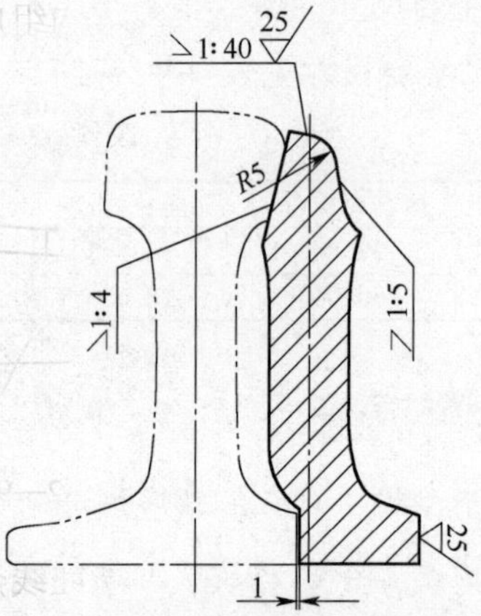

图 4—2—6　长短心轨拼接示意(单位:mm)

(2)镶嵌翼轨式合金钢组合辙叉

75 kg/m 钢轨 12 号、18 号镶嵌翼轨式合金钢组合辙叉结构,如图 4—2—7、图 4—2—8 所示。

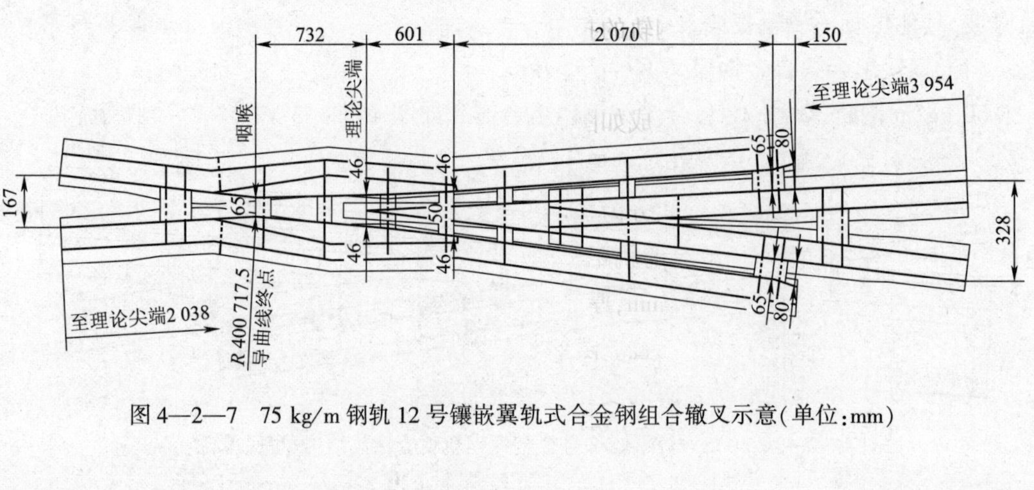

图 4—2—7　75 kg/m 钢轨 12 号镶嵌翼轨式合金钢组合辙叉示意(单位:mm)

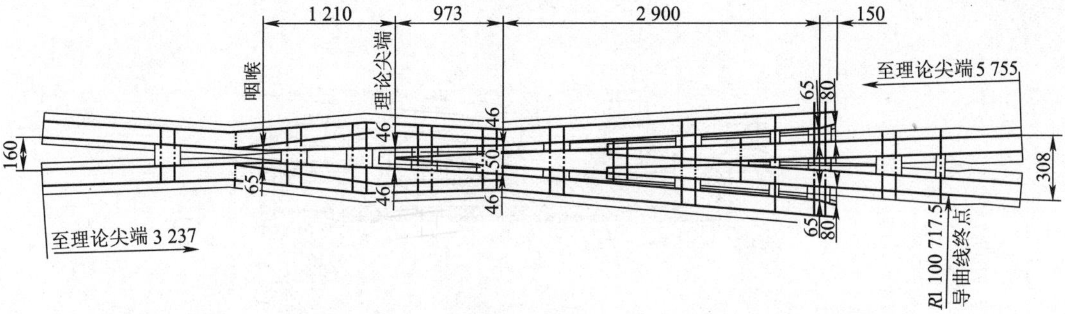

图 4—2—8　75 kg/m 钢轨 18 号镶嵌翼轨式合金钢组合辙叉示意(单位:mm)

翼轨采用 75 g/m 合金钢钢轨或 U75V 在线热处理钢轨制造,并镶嵌合金钢,心轨与锻制合金钢辙叉的心轨结构相同。

(3)高锰钢组合辙叉

高锰钢组合辙叉是由翼轨、锰钢叉心、叉跟轨通过高强度螺栓联结的组合结构,其中锰钢叉心两侧带有部分翼轨,其结构组成如图 4—2—9 所示。

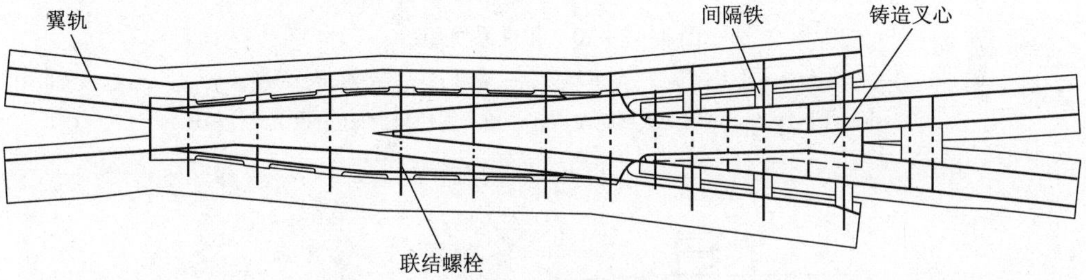

图 4—2—9　高锰钢组合辙叉

翼轨、叉跟轨采用 75 kg/m 在线热处理钢轨制造,锰钢叉心顶面进行爆炸硬化处理,以提高其硬度和使用寿命。

6. 尖轨跟端采用限位器结构,限位器结构与提速道岔基本相同,子母块间隙为 10 mm。

7. 绝缘接头采用胶接绝缘。

三、扣件系统

道岔采用分开式弹性扣件,钢轨的扣压方式与提速道岔相同,铁垫板设铁座通过 T 形螺栓将Ⅱ型弹条扣压在轨底侧面的轨距块上,铁垫板与岔枕的联结通过岔枕内的预埋件用弹条扣压,提高了联结强度。系统组成如图 4—2—10 所示。

1. 平垫板长 422 mm,宽 180 mm,厚 25 mm(最薄处),如图 4—2—11 所示。平垫板平行于岔枕布置,随铁座偏斜量的不同分为 7 个型号,以适应钢轨方向的变化。轨距的调整可以通过更换钢轨和垫板上不同号码的轨距块进行,调整量为-24~+16 mm。

2. 滑床板长 670 mm,宽 180 mm,厚(最薄处)25 mm;护轨垫板长 730 mm,宽 220 mm,厚(最薄处)25 mm,均平行于岔枕布置。随铁座偏斜量的不同,滑床板分为 5 个型号,护轨垫板分为 2 个型号,以适应钢轨方向的变化。轨距的调整只能通过更换铁垫板上的轨距块进行,调整量为-12~+8 mm,结构示意如图 4—2—12、图 4—2—13 所示。

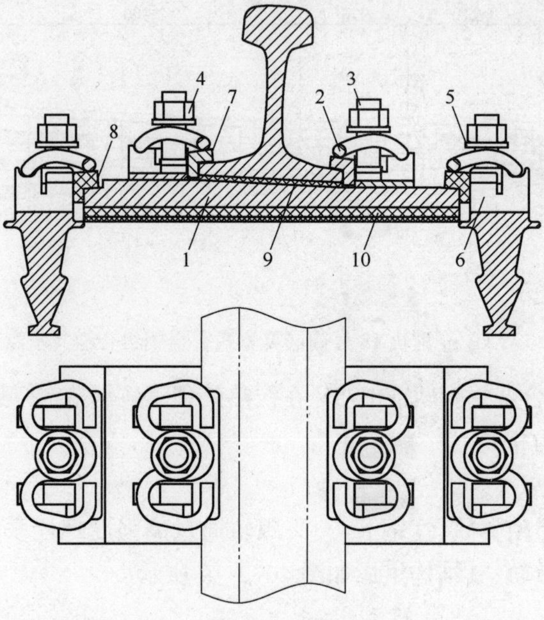

图 4—2—10　扣件系统组装

1—铁垫板；2—Ⅱ型弹条；3—T 形螺栓；4—螺母；5—平垫圈；6—预埋铁座；
7—钢轨用轨距块；8—铁垫板用轨距块；9—轨下弹性垫板；10—板下弹性垫板

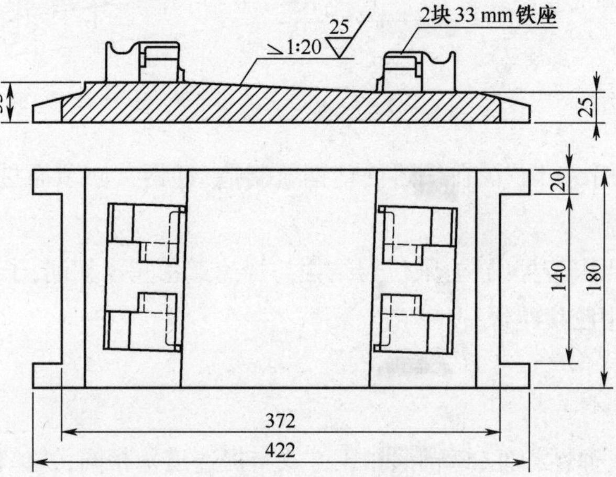

图 4—2—11　平 垫 板（单位：mm）

基本轨内侧采用弹性夹扣压，弹性夹为 SSB3 型，分别用于转辙器基本轨和护轨基本轨处。

3. 转辙器和护轨部分基本轨外侧设置轨撑，如图 4—2—14 所示。

4. 轨下设 5 mm 厚弹性垫板，铁垫板下设 10 mm 厚弹性垫板。弹性垫板材质均采用热塑性聚酯弹性体，刚度分别为 350 kN/mm±35 kN/mm、140 kN/mm±15 kN/mm。

5. 高低的调整通过板下调高垫片进行，分为 1 mm、2 mm 和 4 mm 共三种规格，如图 4 —2—15 所示。

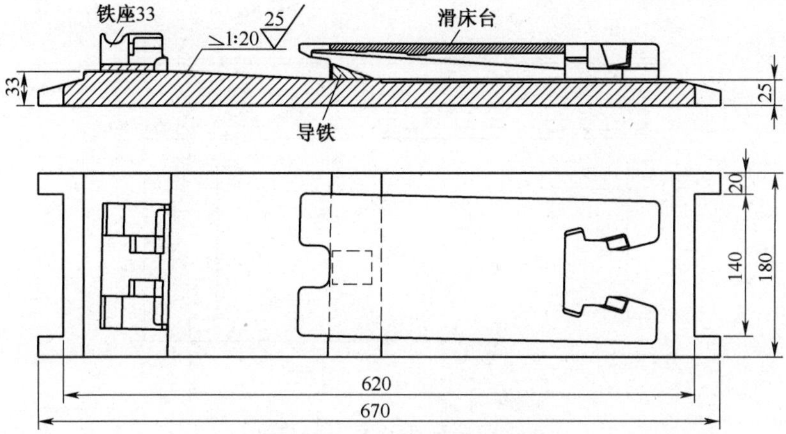

图 4—2—12　滑床板(单位:mm)

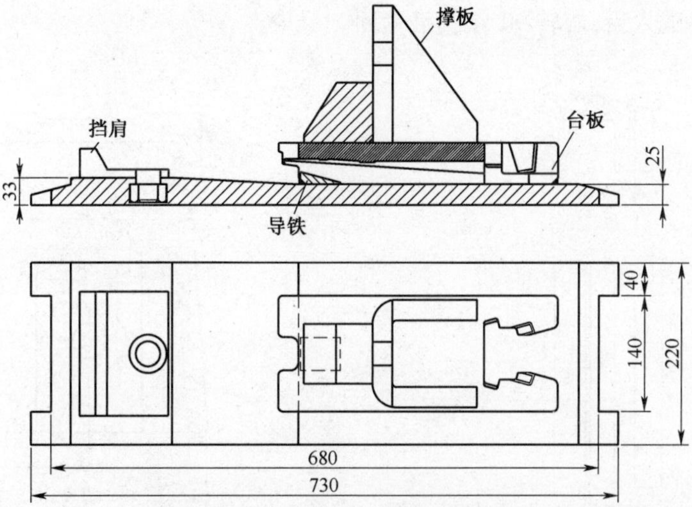

图 4—2—13　护轨垫板(单位:mm)

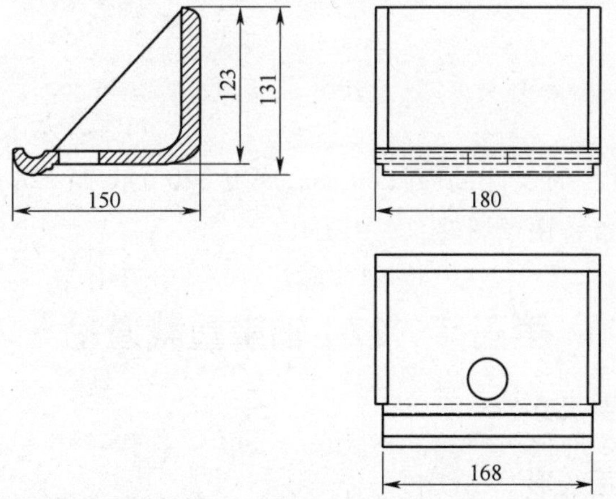

图 4—2—14　轨撑(单位:mm)

6. 钢轨使用的轨距块与提速道岔相同,垫板上安装的轨距块采用尼龙制造,如图 4 —2—16 所示。

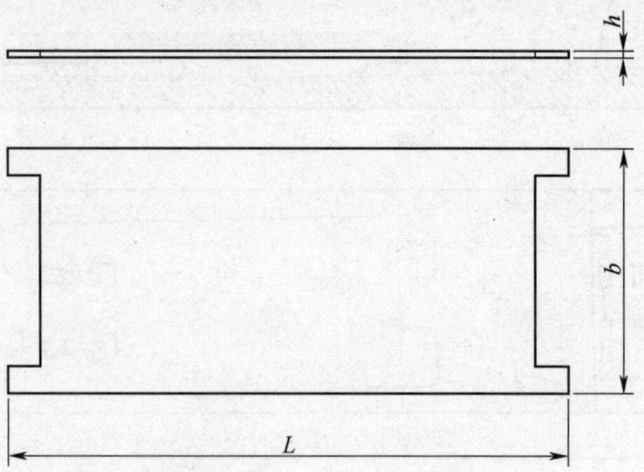

图 4—2—15　调高垫片

7. 辙叉前、后垫板上设置支距扣板，支距扣板的结构如图 4—2—17 所示。现场安装时将螺栓从上向下放入后，旋转 90°上提后紧固。

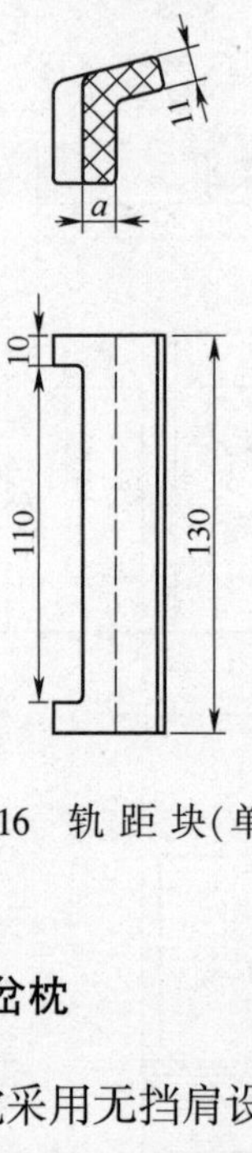

图 4—2—16　轨 距 块(单位:mm)

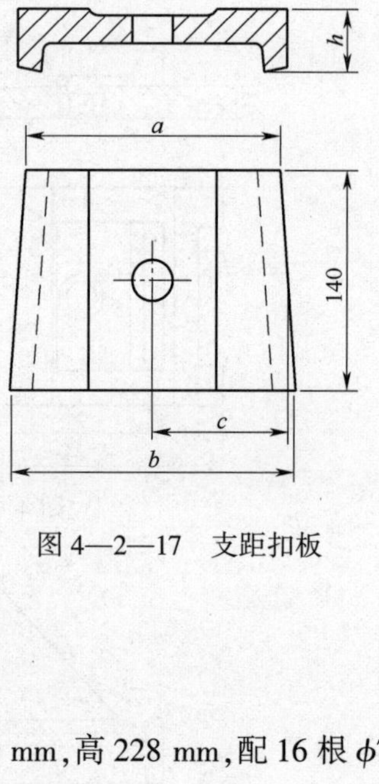

图 4—2—17　支距扣板

四、混凝土岔枕

混凝土岔枕采用无挡肩设计，顶宽 280 mm，底宽 320 mm，高 228 mm，配 16 根 ϕ7 mm 的预应力钢筋，岔枕内设置铸铁预埋件。

第三节　27 t 轴重重载道岔

一、平面线形和主要尺寸

1. 12 号道岔的平面线形

12 号道岔平面线形和主要尺寸与既有 12 号道岔相同，如图 4—3—1 所示，前长、后长、总长分别为 16 592 mm、21 208 mm 和 37 800 mm。导曲线半径为 350 m，未平衡离心加速度为 0. 45 m/s^2，欠超高为 68 mm。辙叉为直线辙叉，左右开通用，方便制造、使用、维修和备料。如图 4—3—2 所示,12 号道岔采用相离式半切线形尖轨,相离值为 40.8 mm,在尖轨轨头宽度 66.8 mm 处做斜切线,尖轨密贴段全部为直线,长度为 5 439 mm,该设计可显著减小列车侧向出岔时对曲线尖轨的磨耗,该技术称为“半直半曲形”曲线尖轨技术。

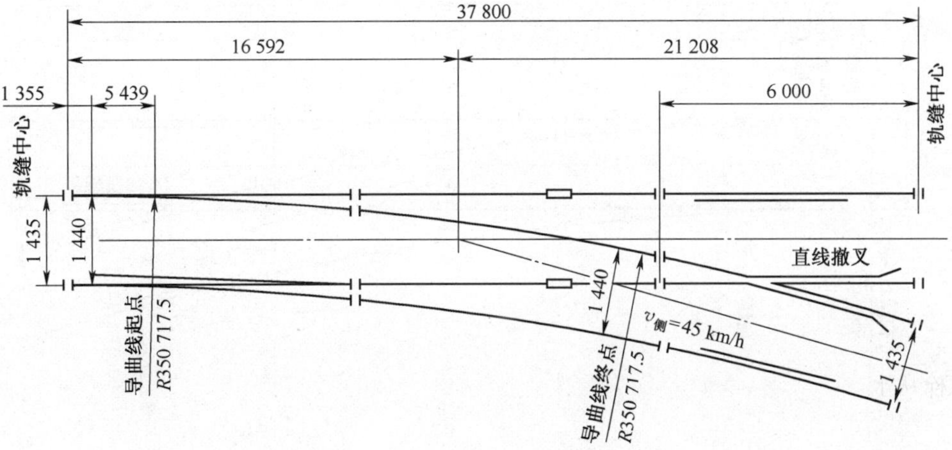

图 4—3—1　12 号道岔平面布置(单位:mm)

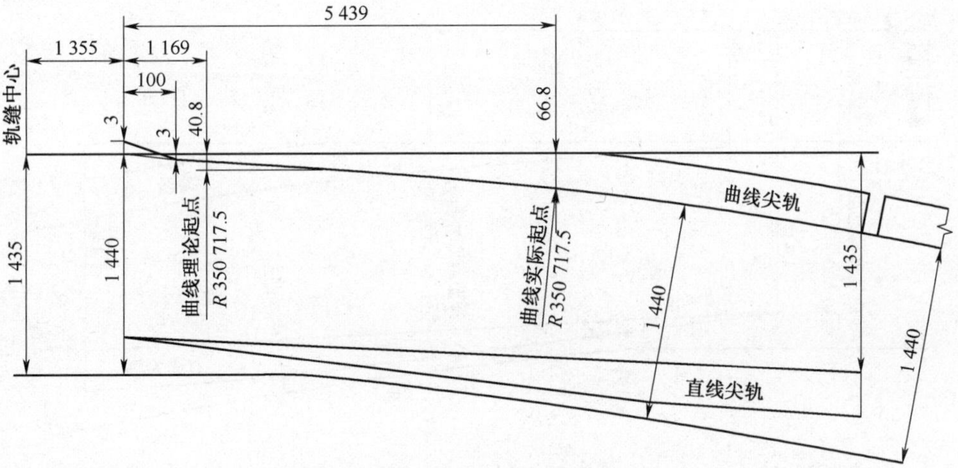

图 4—3—2　12 号重载道岔转辙器主要几何尺寸(单位:mm)

2. 18 号道岔的平面线形

18 号道岔平面主要尺寸如图 4—3—3 所示,圆曲线半径为 1 000 m,采用相离半切线形曲线尖轨,导曲线相离 26 mm,在尖轨轨头宽 51.5 mm 处做半切,尖轨前部直线段长度为 7 104 mm,尖轨冲击角为 0°24′33″,如图 4—3—4 所示。辙叉为曲线辙叉,辙叉长度为 9 000 mm,趾距为 3 397 mm,跟距为 5 603 mm。

二、道岔结构

(一)转辙器

1. 尖轨加宽结构

为延长尖轨使用寿命,采用加宽结构,刨切基本轨,增加轨距线外侧 θ 角,尖轨前端角度变为$\beta+\theta$,如图 4—3—5 所示。尖轨厚度迅速增加,可根据直向通过速度的不同,选择不同的基本轨刨切角度 θ。基本轨最大刨切 5 mm,尖轨加厚 5 mm,如图 4—3—6 所示。

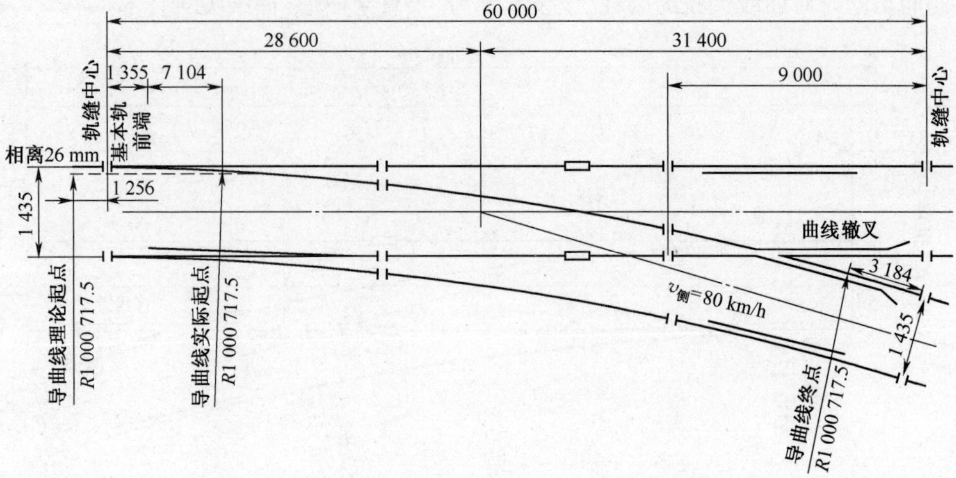

图 4—3—3　18 号道岔平面布置(单位:mm)

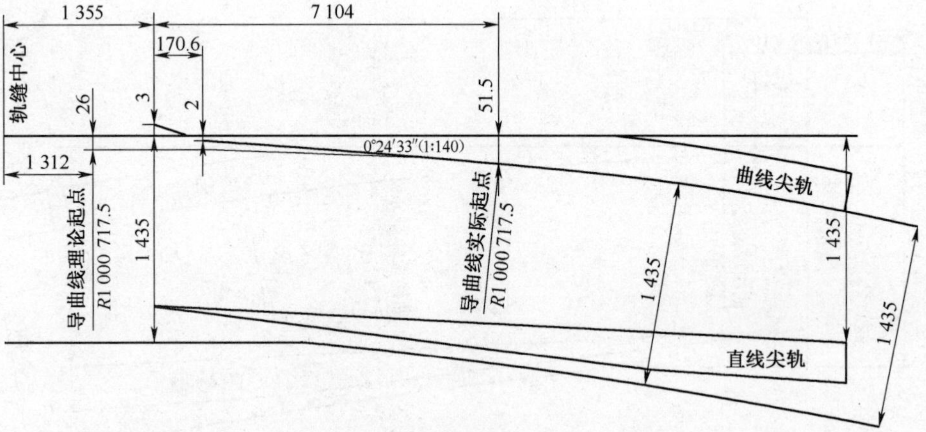

图 4—3—4　18 号重载道岔转辙器主要几何尺寸(单位:mm)

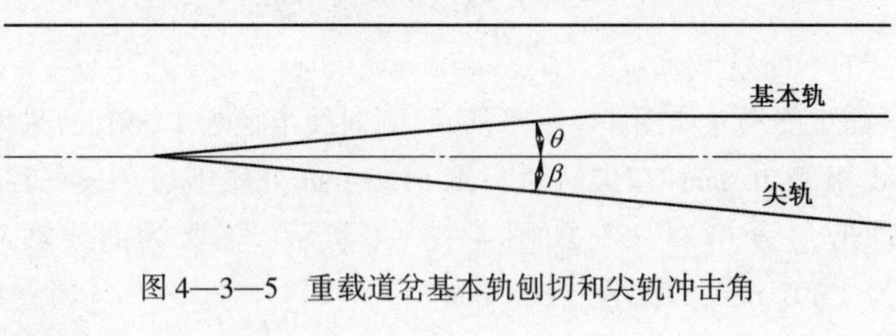

图 4—3—5　重载道岔基本轨刨切和尖轨冲击角

2. 尖轨跟端结构

尖轨跟端设置 1 个大位移量限位器,限位器子母块间隙 15 mm,如图 4—3—7 所示。

3. 转辙器基本轨内侧扣压方案

采用新型弹性夹扣压基本轨内侧,弹性夹扣压力为 11 kN,如图 4—3—8 所示。拆装弹性夹时,需使用专用安装工具。

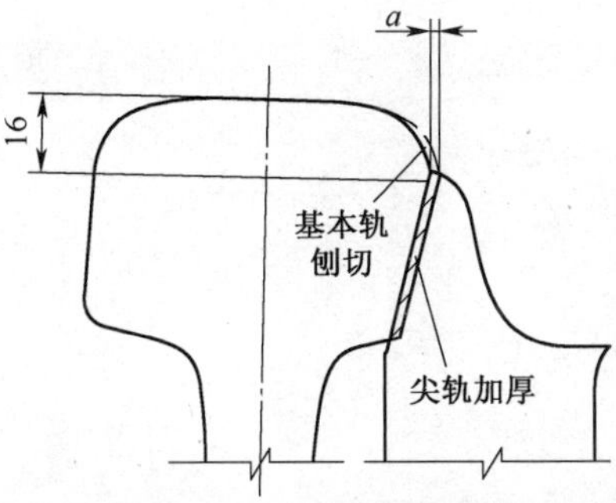

图 4—3—6　刨切基本轨、加厚尖轨截面(单位:mm)

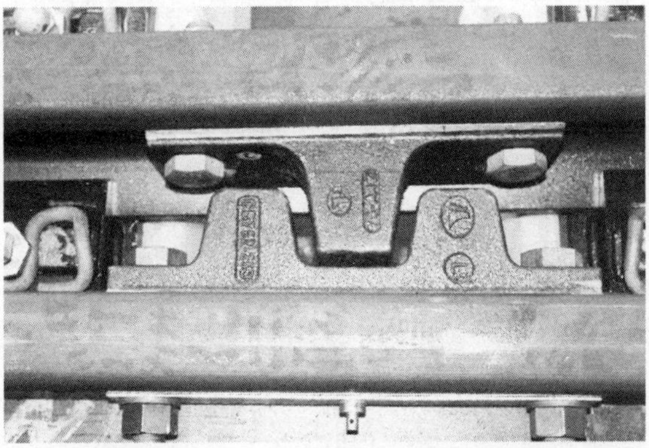

图 4—3—7　限位器结构

图 4—3—8　采用弹性夹扣压基本轨

4. 导曲线外侧钢轨防倾覆结构设计

在转辙器跟端、导曲线部分间隔 1 200 mm 设置轨撑,如图 4—3—9 所示,含轨撑的铁垫板能有效抵抗轮轨横向水平力,防止钢轨倾覆,减少扣件系统的损伤。

(二)辙叉

1. 查照间隔的修订和心轨加宽设计

心轨尖端至 50 mm 断面每侧加厚 4 mm,心轨工作边斜度由 1∶5 改为 1∶3,以提高心轨前端粗壮度,减轻心轨轨头宽 20~40 mm 区段压溃现象,同时减小轮轨接触应力。心轨加宽后,辙叉轮缘槽宽为 42 mm,轨距和查照间隔分别为 1 431 mm 和 1 348 mm。图 4—3—10为心轨 30 mm 断面加宽 8 mm 后辙叉各部几何尺寸。

图 4—3—9　转辙器跟端和导曲线部分设置的轨撑垫板结构

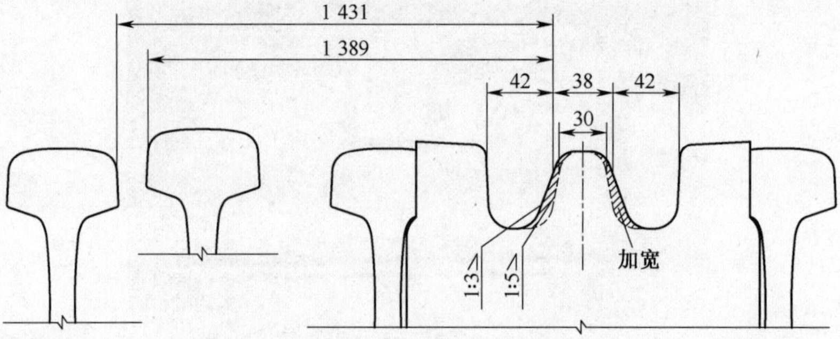

图 4—3—10　心轨加宽设计(单位:mm)

2. 心轨降低值和翼轨抬高值优化设计技术

使用轮廓测试仪对朔黄铁路和大包铁路车辆车轮踏面进行测试,拟合了图 4—3—11 所列的车轮轮缘踏面,替代新车轮指导辙叉设计,使辙叉轨顶型面和车轮轮缘更加匹配,减小轮轨动力作用。

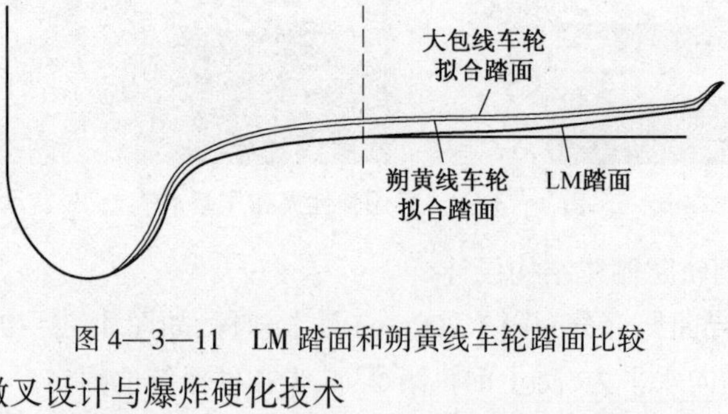

图 4—3—11　LM 踏面和朔黄线车轮踏面比较

3. 高锰钢组合辙叉设计与爆炸硬化技术

道岔采用高锰钢组合辙叉如图 4—3—12 所示,具有以下结构特点。

(1)组合辙叉采用高锰钢叉心和钢轨栓接主体结构。

(2)高锰钢叉心轨顶行车表面全长进行三次爆炸硬化工艺处理,表面硬度不小于 352 HB,最高可达 390 HB。

(3)车轮过渡区车轮踏面采用等宽设计。

图 4—3—12　高锰钢组合辙叉

(4)翼轨采用标准断面钢轨制造,材质与区间线路钢轨相同,可实现岔内、岔外任何形式的连接。

4. 第二代翼轨加强型合金钢组合辙叉设计

设计了三种加强型翼轨的合金钢组合辙叉,表 4—3—1 所列的各种型号辙叉可互换使用。

表 4—3—1　翼轨加强型合金钢组合辙叉

合金钢辙叉结构简图	合金钢辙叉名称
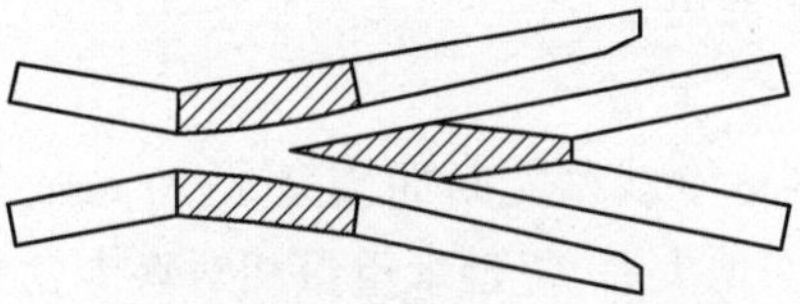	焊接式翼轨 加强型合金钢辙叉
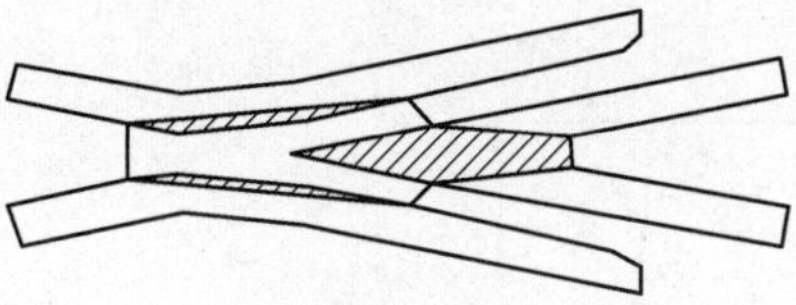	心轨、翼轨一体式 加强型合金钢辙叉
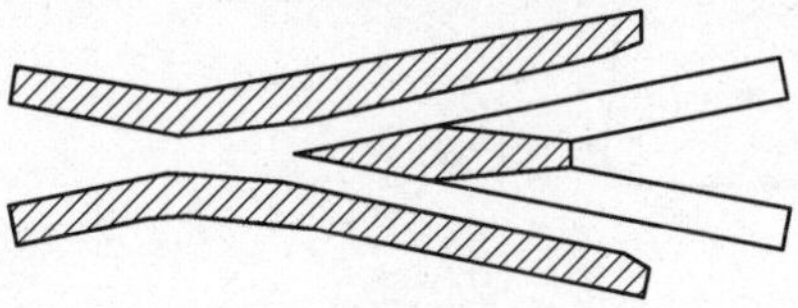	贝氏体翼轨 加强型合金钢辙叉

三、扣件系统与混凝土岔枕

(一)扣件系统

采用在岔枕中预埋铁座,使用Ⅱ型弹条和 T 形螺栓紧固铁垫板及岔枕的结构形式,扣件系统如图 4—3—13 所示。

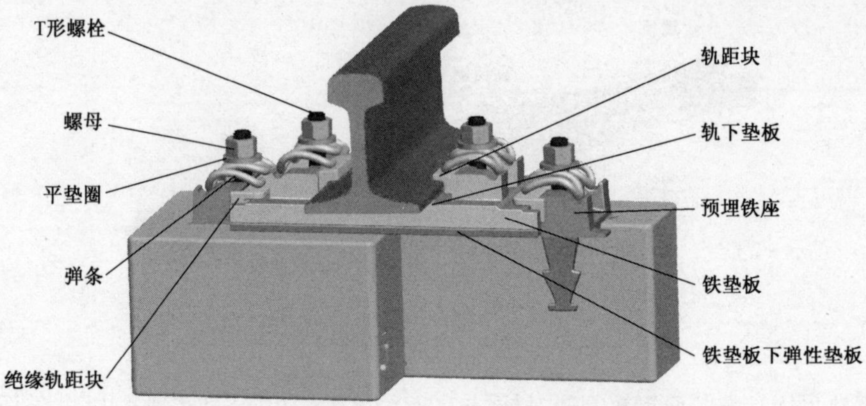

图 4—3—13　岔区扣件系统

主要结构特征如下：

1. 扣件结构为带铁垫板的弹性分开式结构。

2. 混凝土岔枕内预埋铁座安装Ⅱ型弹条扣压铁垫板。

3. 铁垫板上设有铁座，用Ⅱ型弹条扣压钢轨。

4. 钢轨轨下弹性垫层起缓冲作用；铁垫板下弹性垫层起弹性作用。

5. 铁垫板与预埋铁座间设置绝缘轨距块，起绝缘作用，同时可调整钢轨左右位置。

6. 采用铁垫板下设置调高垫板来调整钢轨高低位置。

（二）重载岔枕

重载岔枕断面如图 4—3—14 所示，相对于客运专线岔枕断面增高了 10 mm，岔枕底面加宽 10 mm，可进一步减小道床压应力。岔枕断面增大后，每延米重量相对客专岔枕线增大了 6.4%。

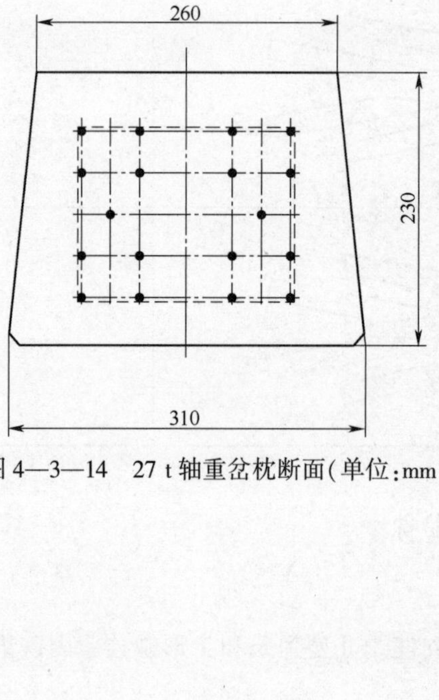

图 4—3—14　27 t 轴重岔枕断面（单位：mm）

第五章　复式交分道岔

交分道岔是指在同一平面的两条铁路交叉处，使列车既能相互跨越，又能转入另一条轨道上的道岔。交分道岔分为单式交分和复式交分，国内一般采用复式交分。复式交分道岔具有长度短、结构紧凑、开通方向多的特点。与使用单开道岔相比，可显著缩短站场长度，节省站场建设投资。

复式交分道岔一般与交叉渡线结合成为道岔组合，可更快开通多条进路，有效缩短站场咽喉区的长度，因此在站线尤其是较大的站场中有广泛的应用。

复式交分道岔的结构和工电接口较为复杂，现场的养护维修工作量较大，今后应进一步提高道岔的稳定性和可靠性，推广采用弹性扣件和混凝土岔枕，使工电接口更加协调，减少现场的养护维修工作量。

第一节　概　　述

复式交分道岔的开向与两组对向铺设的单开道岔相同(图 5—1—1)，但却具有道岔长度短、开通进路多及两个主要行车方向为直线等优点，因此能节省占地面积，提高车站调车能力及改善列车运行条件。位于到发线的一组 12 号复式交分道岔与两组对向的单开道岔相比可以缩短咽喉区长度 39.964 m(9 号复式交分道岔缩短 33.936 m)，因此采用复式交分道岔可以显著节省工程量，降低站场造价，改善咽喉区的结构与车站布置的图形，还可以减少扩建、改建工程对运营的影响。复式交分道岔的另一个特点是直向跨越线群时进路顺畅，走行比较平稳。

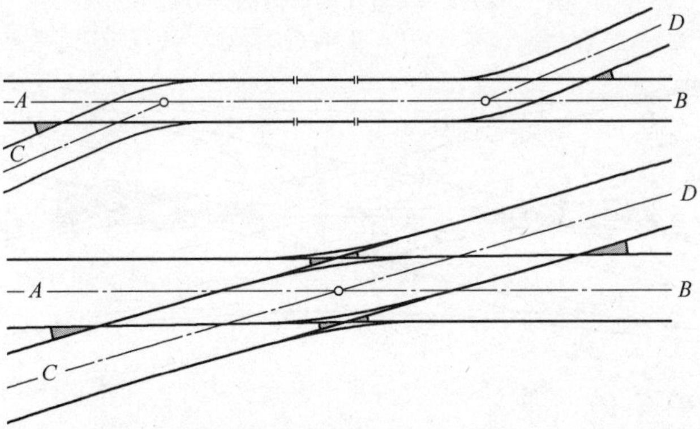

图 5—1—1　两组单开道岔与复式交分道岔开向示意

但复式交分道岔结构复杂，工电设备互相牵制，现场维修工作量较大，因此站场设计时，有条件的情况下，应采用单开道岔，而避免使用复式交分道岔。目前的《铁路轨道设计规范》

规定“新建铁路正线不应采用复式交分道岔，改建铁路正线困难情况下需要采用时，不得小于 12 号”。

复式交分道岔的号码在国铁一般为 9 号、12 号，工矿企业和城市轨道交通有时采用 7 号。受结构限制，复式交分道岔容许通过速度较低，直向一般不超过 90 km/h，最高不超过 120 km/h；侧向一般与同号数的单开道岔相同或略小。因此其结构标准一般与时速 120 km 及以下的单开道岔相同。

目前我国铁路站场中铺设的 60 kg/m、50 kg/m、43 kg/m 钢轨 9 号和 12 号复式交分道岔，其钝角辙叉采用活动心轨型，从根本上消除了脱轨的隐患。1975 年在结构上及四根尖轨的联结方式上做了改进，1984 年以后设计的复式交分道岔双转辙器尖轨及活动心轨采用 AT 轨制造，扣件改为刚性分开式扣件，缩短了钝角辙叉中部轨距线中断距离，提高了道岔的稳定性。既有线提速以后，也设计了部分提速道岔标准的复式交分道岔，其主要特征是采用分开式弹性扣件和混凝土岔枕。

第二节　复式交分道岔结构

一、道岔组成

复式交分道岔按平面形式分为两种，即尖轨在菱形内的复式交分道岔(图 5—2—1)及尖轨在菱形外的复式交分道岔(图 5—2—2)。我国采用尖轨在菱形内的复式交分道岔。

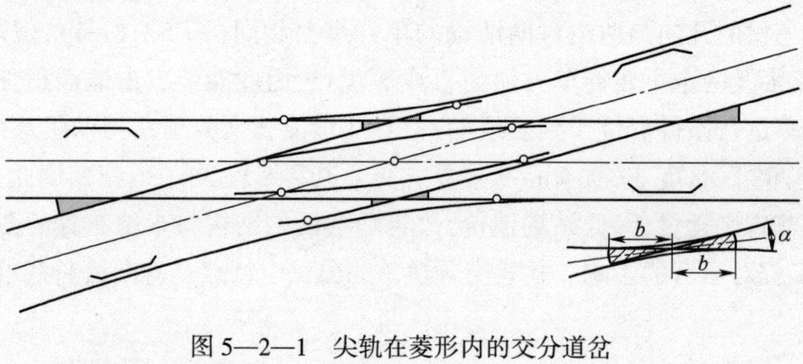

图 5—2—1　尖轨在菱形内的交分道岔

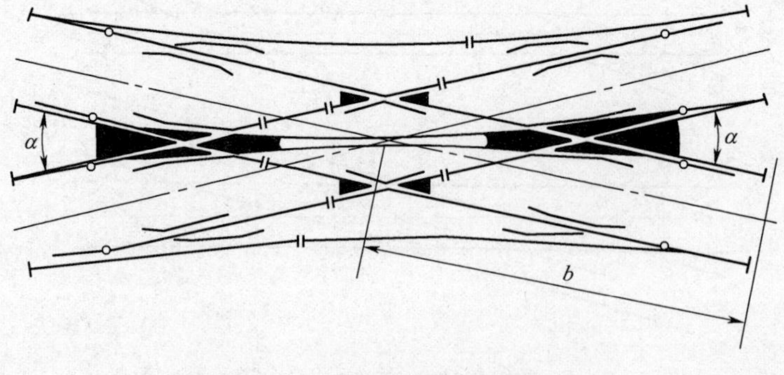

图 5—2—2　尖轨在菱形外的交分道岔

尖轨在菱形内的复式交分道岔由菱形交叉的两组锐角辙叉、两组钝角辙叉和两组有四根尖轨的双转辙器组成，其尖轨长度、导曲线半径、道岔全长随辙叉号数而变化。辙叉号数愈大,尖轨愈长;导曲线半径愈大,道岔愈长。

尖轨形式有直线形和曲线形两种。曲线形尖轨可以增大导曲线半径,缓和机车车辆对尖轨的冲击,改善行车条件。我国复式交分道岔采用曲线形尖轨。

锐角辙叉采用同号数的单开道岔锐角辙叉。

钝角辙叉可采用固定型和活动心轨型两种。固定型钝角辙叉构造上存在较长的"有害空间"。号数越大,未被防护的"有害空间"越长,行车越不安全,因此固定型钝角辙叉以用在8号及以下道岔上为宜。活动型钝角辙叉由于心轨可以转换并贴靠基本轨,"有害空间"较短,有助于保证行车安全,目前9号及以上的交分道岔均采用活动心轨型钝角辙叉。

二、双转辙器尖轨转辙形式

复式交分道岔双转辙器4根尖轨可以有两种转辙方式,即对称式转辙(图5—2—3)和不对称式转辙(图5—2—4)。

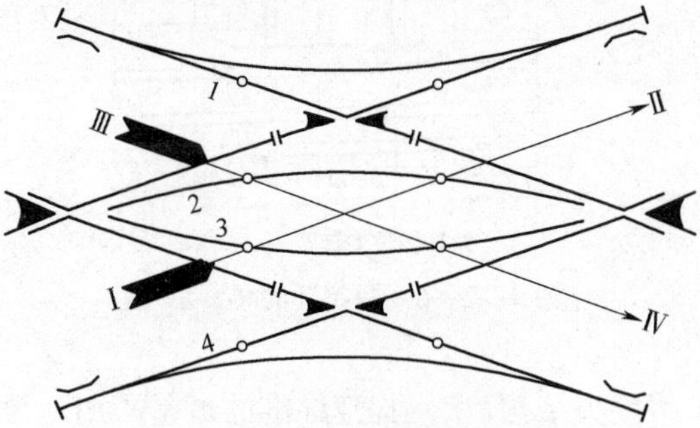

图5—2—3　对称式转辙示意

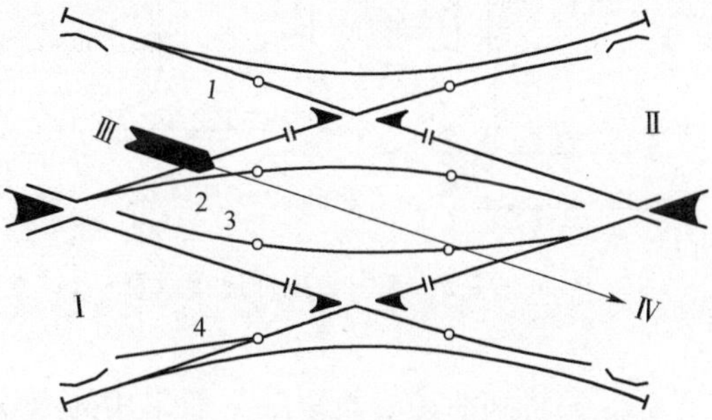

图5—2—4　不对称式转辙示意

对称式转辙方式4根尖轨位置对称于菱形长轴,此时Ⅰ—Ⅱ、Ⅲ—Ⅳ两个方向都可以行车。当菱形外尖轨紧贴基本轨,菱形内尖轨离开基本轨时,则Ⅰ—Ⅳ、Ⅱ—Ⅲ两个方向线路都开通,因此采用对称式转辙的复式交分道岔不能保证行车安全。

不对称式转辙方式只有Ⅲ—Ⅳ方向线路开通。尖轨每扳动一次只有一个方向开通,4个方向有4种尖轨位置,有利于保证行车安全。我国复式交分道岔均采用不对称式转辙形式。

三、双转辙器尖轨连接方式

我国"57"型及"62"型复式交分道岔4根尖轨是按1与2、3与4连接的(1、2、3、4为尖轨编号,参见图5—2—4)。道岔设轨道电路时,由于1与2、3与4都各为同一电流极别(图5—2—8),因此连接杆可不设绝缘装置。但经过运营实践,电务部门普遍反映这种连接方式调整不便,因为它连接的两根尖轨不是同一股道用的,需要同时密贴基本轨时,要靠调整片调整密贴,而调整片又属于工务部门管理,调整时又按电务部门的要求,极为不便。电务部门的密贴调整杆只能起调整尖轨动程的作用,起不到调整密贴的作用。如果连接两拉杆的密贴调整杆的销子脱落,两股道都不能开通。

"75"型复式交分道岔4根尖轨的连接方式改为1与3、2与4连接。这种连接方式的优点是工务部门只要用调整片把尖轨动程调整好,尖轨的密贴完全由电务部门的密贴调整杆来完成,电务维修时,可以不用工务部门的接头铁调整片,工电施工养护互不影响。

四、特殊结构

复式交分道岔的基本轨、尖轨、活动心轨、固定辙叉等结构与单开道岔基本相同,扣件系统也与同类型的单开道岔相同,本手册不再另行介绍。但由于复式交分道岔开通进路多,双转辙器空间狭小,结构也较为复杂,存在一些特殊结构。

1. “75”型之后的双转辙器尖轨采用 1 与 3、2 与 4 连接方式,拉杆穿过基本轨下方连接两根尖轨(图 5—2—5)。由于中间两根尖轨拉杆发生交叉(图 5—2—6),若拉杆布置在钢轨相同断面处,存在干涉情况,因此拉杆错开 120 mm 布置。

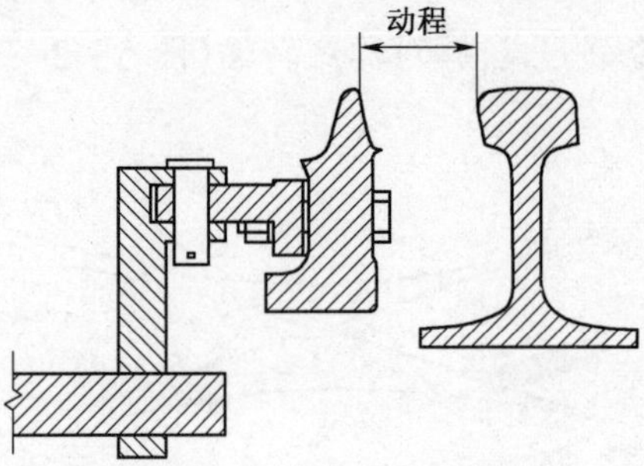

图 5—2—5　牵引与拉杆连接示意

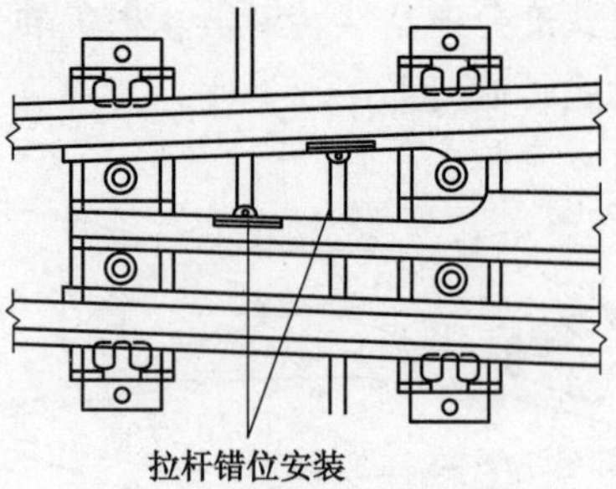

图 5—2—6　两拉杆的布置示意

2. 尖轨和活动心轨跟端一般采用间隔铁式活接头结构(个别提速标准的道岔采用弹性可弯式)。为避免尖轨跟端与活动心轨设计在一个断面上,一般将两跟端错开(图 5—2—7)。受跟端结构限制,两跟端一般错开 1~2 个岔枕间距,目前 9 号道岔错开 1 个岔枕间距,12 号道岔错开 2 个岔枕间距。

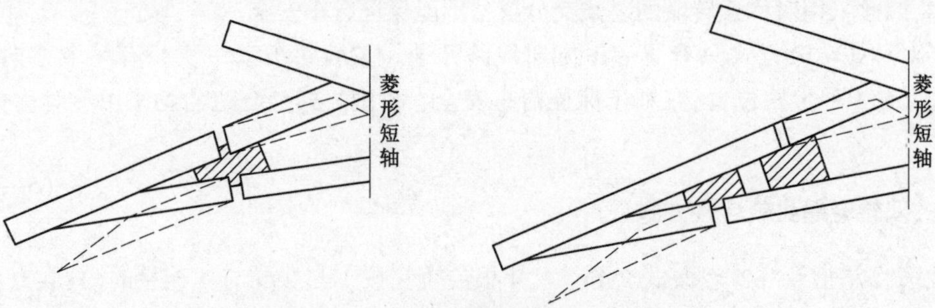

图 5—2—7　尖轨和活动心轨跟端的布置示意

3. 钝角辙叉活动心轨采用与双转辙器尖轨相同的连接方式(图 5—2—5),菱形中轴到心轨尖端距离 60 mm,菱形中轴两侧的基本轨外侧设置轨撑结构,限制基本轨外倾,提高钝角辙叉的稳定性和轨距保持能力。

4. 双转辙器的两根内尖轨,由于基本轨距离较近,为安装接头铁,需对尖轨前端处的轨底进行刨切。同时该处两滑床板的距离较小,同时还要保证绝缘,因此该处垫板的结构需单独处理。

五、轨道电路要求

复式交分道岔是以菱形长轴划分绝缘区段,绝缘接头布置示意如图 5—2—8 所示。

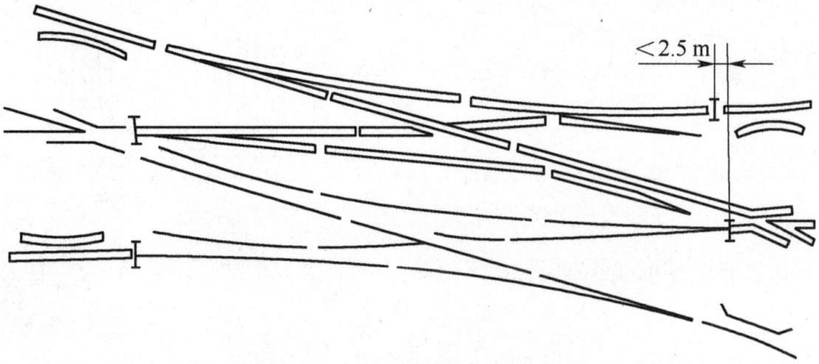

图 5—2—8　绝缘接头布置示意

第三节　复式交分道岔各部尺寸及其计算

一、菱形交叉主要尺寸计算

我国常用交分道岔的基本形式为内分式的直线菱形交叉。菱形长轴、短轴及斜边计算公式见下列各式和图 5—3—1。

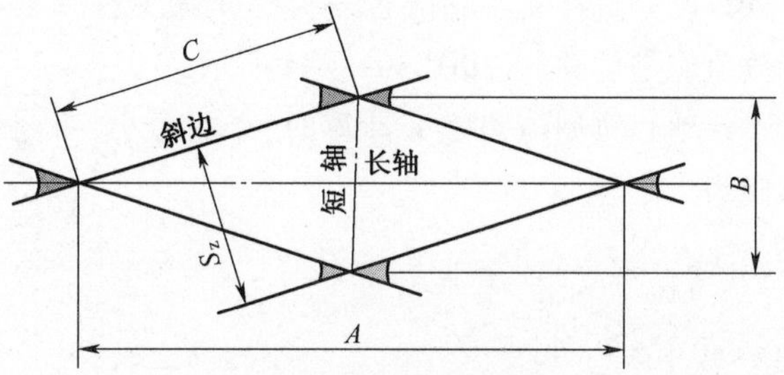

图 5—3—1　菱形计算图式

菱形长轴:

$$A=\frac{S_z}{\sin(\alpha/2)} \qquad (5—3—1)$$

菱形短轴:

$$B=\frac{S_z}{\cos(\alpha/2)} \qquad (5—3—2)$$

菱形斜边:

$$C=\frac{S_z}{\sin\alpha} \qquad (5—3—3)$$

式中　S_z——菱形部分轨距。

采用固定型钝角辙叉时,$S_z=1\ 440$ mm;采用可动心轨型钝角辙叉时,$S_z=1\ 435$ mm。

二、尖轨各项尺寸计算

9 号、12 号交分道岔采用半切线形曲线尖轨,双转辙器尖轨跟端采用可动型间隔铁夹板式结构,尖轨采用不对称转动方式。

(一)尖轨尖端至锐角辙叉理论中心的最小水平距离

由于交分道岔为内分式,即转辙器尖轨设于菱形之内,尖轨尖端至锐角辙叉理论中心交点之间,必须有一个最小距离 a_{min}。这个尺寸将控制双转辙器的尖轨尖端位置,其数值根据尖轨尖端处两基本轨工作边的最小距离 y_{min} 决定,如图 5—3—2 所示。

按尖轨不对称转动方式，y_{min}值可由式(5—3—4)求得，如图 5—3—3 所示。

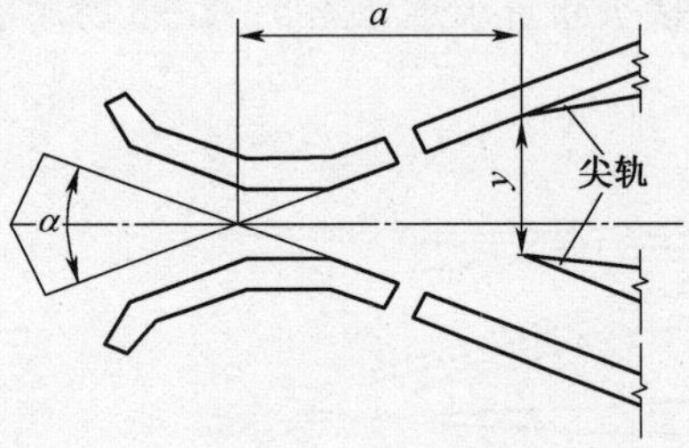

图 5—3—2　锐叉尖端至尖轨尖端示意

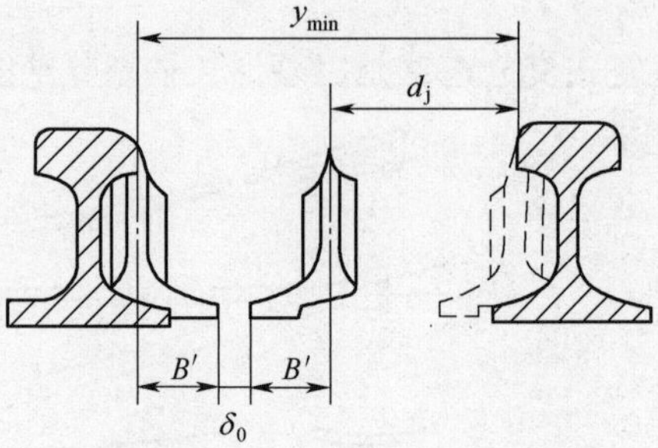

图 5—3—3　y_{min} 计算图式

$$y_{min} = d_j + 2B' + \delta_0 \tag{5—3—4}$$

式中　d_j——尖轨尖端动程；

B'——尖轨尖端至轨底外侧边缘的宽度；

δ_0——两尖轨轨底间缝隙，在设有轨道电路时，此缝隙不应小于 20 mm，以防止尖轨尖端处轨道电路短路，同时也应保证在拉杆处能安装接头铁。

（二）钝角辙叉理论中心至导曲线中点的最小距离

该尺寸直接关系到能否安设钝角辙叉，其数值应是足够的，如图 5—3—4 所示。

活动心轨型钝角辙叉计算时，K 的最小值应为

$$K_{min} = d_H + B' + \delta_0 + \frac{B}{2} + \frac{b}{2} \tag{5—3—5}$$

式中　d_H——可动心轨实际尖端动程。

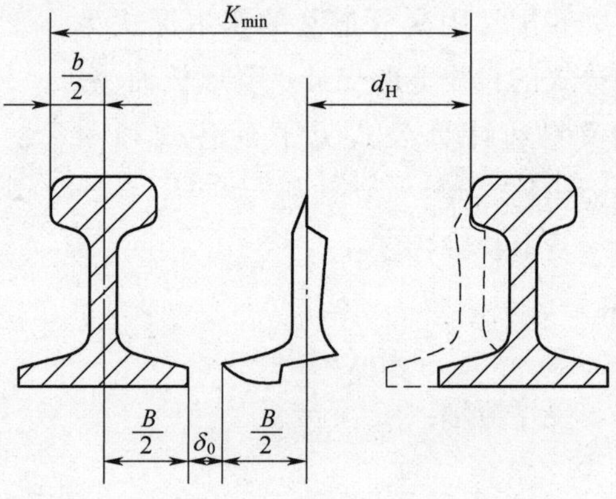

图 5—3—4　K_{min} 计算图式

（三）交分道岔双转辙器的尖轨长度计算

1. 根据给定的道岔侧向容许通过速度，确定尖轨及导曲线半径 R_W 和尖轨尖端角 β_0（包括 b_q）。由图 5—3—5 可得

$$A_0 = R_W \cdot \tan\beta_0/2 \tag{5—3—6}$$

2. 计算 a 值，即

$$a = [C - R_W \cdot \tan(\alpha/2) + A_0] \cdot \cos(\alpha/2) \tag{5—3—7}$$

式中　C——菱形斜边长。

应使 $a \geqslant a_{min}$，如不满足时，可适当减小半径或加大尖轨尖端角 β_0。

3. 计算 K 值，即

$$K = \frac{R_W}{\cos(\alpha/2)} - R_W \tag{5—3—8}$$

应使 $K \geqslant K_{min}$，如不满足时，可适当加大导曲线半径。

4. 在 a 满足 a_{min} 和 K 满足 K_{min} 的前提下，按单开道岔半切线形曲线尖轨的计算办法确定侧向尖轨和直线尖轨的长度。

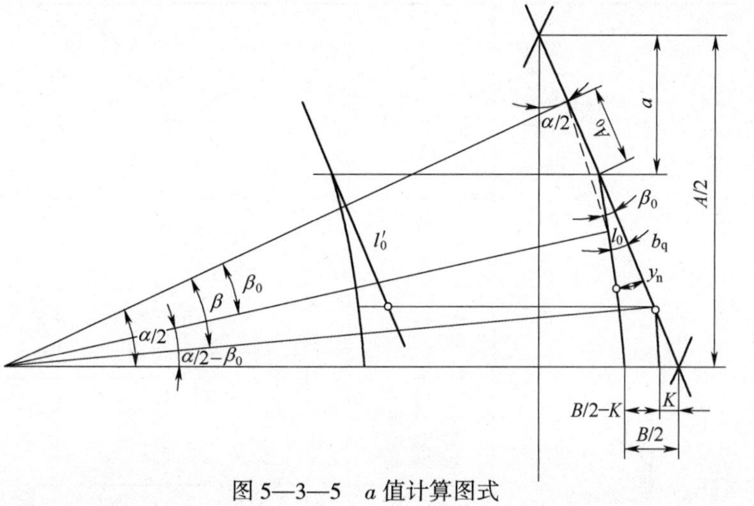

图 5—3—5　a 值计算图式

5. 直向尖轨长度 l_0' 为

$$l_0' = R_W \cdot \sin\beta - A_0 + y_u \cdot \tan(\alpha/2) \tag{5—3—9}$$

根据上述各项计算，“75”型 50 kg/m、43 kg/m 钢轨 9 号、12 号复式交分道岔的主要尺寸、轨距及各部间隔见表 5—3—1。

表 5—3—1　复式交分道岔的主要尺寸、轨距及各部间隔

辙叉号数			9	12
钢轨类型(kg/m)			50、43	50、43
道岔全长 L_Q(mm)			30 050	39 950
导曲线半径 R(mm)			220 717.5	380 717.5
道岔半长(沿直线量)b(mm)			15 009	19 962
菱　形(mm)	长轴 A		25 948	34 530
	短　轴	理论 B	1 437	1 436
		实际 B'	1 445	1 442
	斜边 C		12 994	17 280
尖轨长度(mm)	直向尖轨长		5 256	7 405
	侧向尖轨长		5 256	7 405
尖轨动程(mm)			152	152
尖轨跟距	侧外股跟距		139	144
	侧内股跟距		152	153
尖轨尖端轨距(mm)			1 449	1 445
直　向	尖 端 前	距　离(mm)	2 273	2 170
		轨　距(mm)	1 435	1 435
	尖 端 后	距　离(mm)	2 417	3 721
		轨　距(mm)	1 435	1 435
侧向尖轨跟端轨距(mm)			1 450	1 445
转辙始角			1°20′10″	0°55′43″
钝角辙叉	心轨动程(mm)		90	90
	前长(心轨长)(mm)		3 700	4 200
	后　　长(mm)		4 387	5 338
侧内股至钝角理论尖的距离(mm)			351	338
侧外股至钝角理论尖的距离(mm)			338	329

三、我国历年使用的复式交分道岔主要尺寸

我国历年使用的复式交分道岔主要尺寸见表 5—3—2。

表 5—3—2　我国历年使用的复式交分道岔主要尺寸

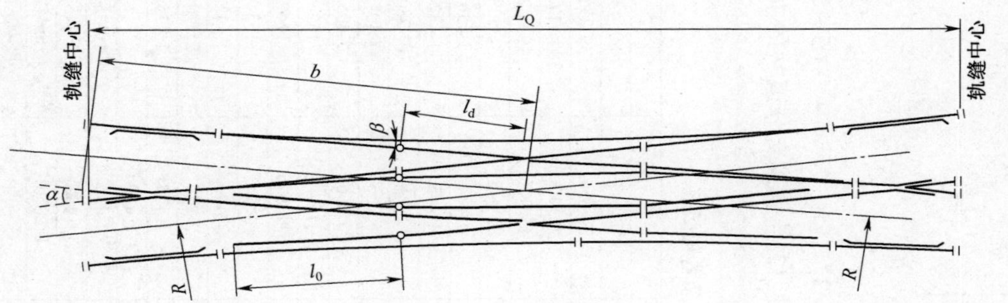

单位：mm

道岔号数	钢轨类型（kg/m）	图号：总布置图	图号：双转辙器	图号：钝角辙叉	图号：锐角辙叉及护轨	图号：铺设图	辙叉角度 α	导曲线半径 R	道岔全长 L_Q	道岔中心至辙叉跟端距离 b	尖轨长度 l_0	可动心轨长度 l_d	附注
标准设计													
12	75	专线 6051	专线 6052	专线 6053	专线 4134	—	4°45′49″	380 000	42 132	21 054	7 450	4 200	“92”型
	60	专线 6047	专线 6048	专线 6049	专线 4130	专线 6066							
		SC350	SC350—100	SC350—100	SC350—200	—							
	50	专线 6058	专线 6059	专线 6060	专线 4149	专线 6065							
		CZ2220	CB2268	CB2269	CB2270	—					7 630		
		叁标线 6019	叁标线 6020	叁标线 6021	TB 1165—77 TB 411—75	叁标线6037			39 950	19 962	7 405	3 700	“75”型
	43	叁标线 6025	叁标线 6026	叁标线 6027	TB 1163—77 TB 409—75	叁标线 6036							

续上表

道岔号数	钢轨类型（kg/m）	图号：总布置图	图号：双转辙器	图号：钝角辙叉	图号：锐角辙叉及护轨	图号：铺设图	辙叉角度 α	导曲线半径 R	道岔全长 L_Q	道岔中心至辙叉跟端距离 b	尖轨长度 l_0	可动心轨长度 l_d	附注
标准设计													
9	60	专线 6043	专线 6044	专线 6045	专线 6046	专线 6064	6°20′25″	220 000	31 490	15 730	5 310	3 700	“92”型
		CZ2504	CB2507	CB2508	CB2509	—					5 280	3 593	
	50	专线 6054	专线 6055	专线 6056	专线 6057	专线 6063			30 050	15 009	5 310	3 700	
		叁标线 6016	叁标线 6017	叁标线 6018	TB 1164—77 TB 410—75	叁标线 6035					5 256		
		CZ2214	CB2261	CB2262	CB2263	—			31 490	15 730	5 280	3 593	
	43	叁标线 6022	叁标线 6023	叁标线 6024	TB 1162—7 TB 408—75	叁标线 6034			30 050	15 009	5 256	3 700	“75”型
7	50	叁标线 6028	叁标线 6029	叁标线 6030	叁标线 4093 叁标线 4084		8°07′48″	135 000	24 252	12 105	4 308		固定型钝角辙叉，工矿企业标准轨距铁路用
	43	叁标线 6031	叁标线 6032	叁标线 6033	叁标线 4091 叁标线 4078								
旧型道岔													
12	50	专线（66）6009	专线（66）6010	专线（66）6011	专线 4022 TB 411—64		4°45′49″	380 000	39 950	19 962	7 405	4 200	“62”型
	43	专线（67）6003	专线（67）6004	专线（67）6005	专线 4020 TB 409—64								“62”型
	44.6	线 4207—59	线 4207—591	线 4207—592	线 4414			350 000			7 600	4 212	“57”型

续上表

道岔号数	钢轨类型（kg/m）	图号：总布置图	图号：双转辙器	图号：钝角辙叉	图号：锐角辙叉及护轨	图号：铺设图	辙叉角度 α	导曲线半径 R	道岔全长 L_Q	道岔中心至辙叉跟端距离 b	尖轨长度 l_0	可动心轨长度 l_d	附　注
旧　型　道　岔													
11	50	专线 8658	专线 8659	专线 8660	专线 8656 专线 8657		5°11′40″	320 000	38 560	19 268	7 100	4 200	“75”型
		线 4211—58	线 4326	线 4524	线 4422			310 000	36 548	18 261	7 600	4 200	“57”型
	44. 6	线 4206—58	线 4318	线 4515	线 4413								“57”型
		岔 1305	岔 1305	岔 1305	岔 1019 岔 1304			234 282. 5	37 547	18 753	6 250	4 500	“55”型
	43	线 418	线 418	线 418	线 418			279 282. 5	38 010	18 985	6 144	3 421	“54”型
9	50	专线(66)6006	专线(66)6007	专线(66)6008	专线 4021 TB 410—64		6°20′25″	220 000	30 050	15 009	5 256	3 700	“62”型
		线 4210—58	线 4323	线 4522	线 4420					15 008	5 700	4 200	“57”型
	43	专线(67)6000	专线(67)6001	专线(67)6002	专线 4019 TB 408—64					15 009	5 256	3 700	“62”型
		线 417	线 417	线 417	线 417			184 642. 5	30 970	15 461	4 994	2 947	“54”型
		岔 1307	岔 1307	岔 1307	岔 1307								“54”型
	44. 6	线 4205—58	线 4313	线 4512	线 4411			220 000	30 050	15 008	5 700	4 200	

续上表

道岔号数	钢轨类型（kg/m）	图号					辙叉角度 α	导曲线半径 R	道岔全长 L_Q	道岔中心至辙叉跟端距离 b	尖轨长度 l_0	可动心轨长度 l_d	附注
		总布置图	双转辙器	钝角辙叉	锐角辙叉及护轨	铺设图							
旧型道岔													
8	50	专线(70)6014	专线(70) 6014—100	专线(70) 6014—200	专线(69) 4048—200		7°07′30″	180 000	26 996	13 480	4 857	固定辙叉	
	43	专线(69)6012	专线(69) 6012—100	专线(69) 6012—200	专线(69) 4044—200								
	44.6	线 4836—58	线 4319	线 4517	线 4410								“57”型
7	50	专线(70)6015	专线(70) 6015—100	专线(70) 6015—200	专线(69) 4043—200		8°07′48″	135 000	24 252	12 105	4 308		
	43	专线(69)6013	专线(69) 6013—100	专线(69) 6013—200	专线(69) 4042—200								
	44.6	线 4835—58	线 4319	线 4517	线 4418			74 283	22 926	11 440	4 500	固定性	“57”型

第六章　交叉渡线及菱形交叉

交叉渡线是指相邻两线路间由两条相互交叉的渡线和一组菱形交叉组成的设备，可代替两组八字渡线使用，与采用两组渡线相比，可显著缩短站场长度。

交叉渡线由四组单开道岔(或对称道岔)和一组菱形交叉组合而成。其单开道岔一般与同类型的单开道岔相同，菱形交叉部分随着线间距的不同，结构相应变化。

交叉渡线主要用于站场长度受限制的车站两端，也经常与交分道岔结合形成道岔组合，可快速开通多条进路，因此在普速铁路中广泛应用。

菱形交叉是指两条线路在平面上的交叉设备，可以单独使用，也可以与其他道岔组合使用。

交叉渡线的发展趋势是实现标准化、系列化，统一技术标准，精简道岔型号，与单开道岔和交分道岔协调、配套，推广弹性扣件和混凝土岔枕，逐步淘汰木枕道岔。

第一节　概　　述

交叉渡线的布置与线间距和线路开向密切相关，国铁交叉渡线的线间距一般分为5.0 m、5.3 m、5.5 m和6.5 m四种，城市轨道交通或工矿企业还采用4.6 m的线间距。交叉渡线应采用同一轨型。

由于交叉渡线的菱形交叉部分结构较为复杂，一般采用固定型辙叉，因此交叉渡线的直向容许通过速度一般不超过160 km/h，主要用于普速铁路。特殊情况下，单开道岔可采用可动心轨辙叉。

交叉渡线根据四组单开道岔的左右开向不同，共有10种组合形式，见表6—1—1。

表6—1—1　各类交叉渡线示意

序号	示意图	转辙器数量(组)		序号	示意图	转辙器数量(组)	
		左开	右开			左开	右开
1		2	2	6	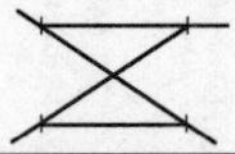	3	1
2	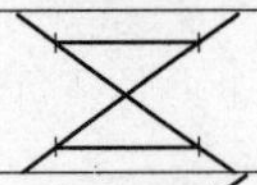	2	2	7	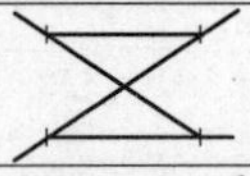	1	3
3	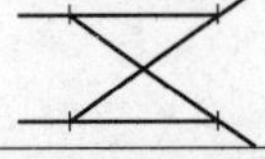	2	2	8	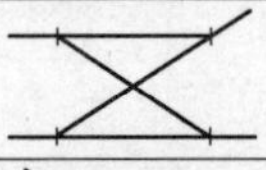	1	3
4	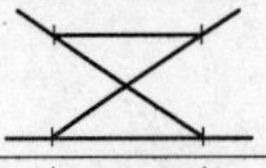	2	2	9		4	0
5	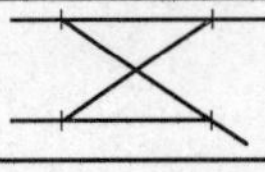	3	1	10	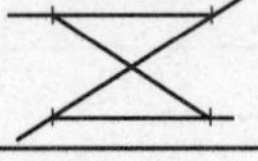	0	4

渡线的连接形式基本上可分为平行线间单渡线和缩短单渡线；平行线间交叉渡线和缩短交叉渡线；不平行线间单渡线以及曲线间单渡线等。

平行线间单渡线如图 6—1—1 所示，由两组相同号数的单开道岔和两道岔间的连接直线组成。为使平行线间能够铺设渡线，两道岔间的连接夹直线长度不得短于零。当夹直线长度大于等于 4. 5 m 时，可在两道岔尾端之间铺设短轨；当夹直线长度小于 4. 5 m 时，可将道岔侧线主轨加长，使两道岔跟端直接相连，中间无短轨。

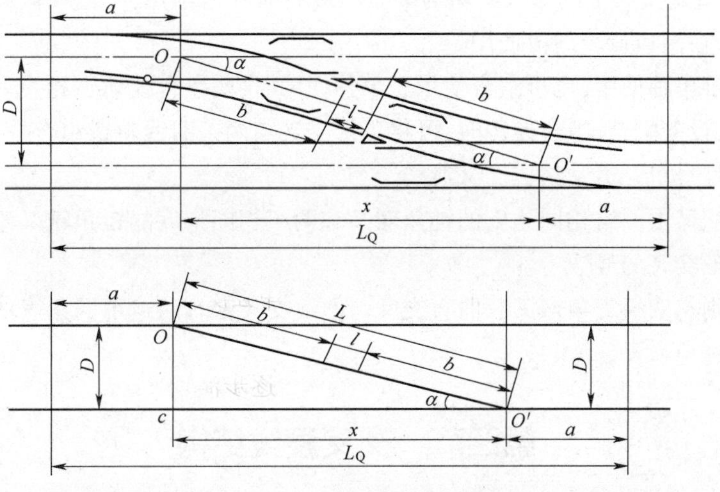

图 6—1—1　平行线间单渡线示意

当两平行轨道的线间距较大(一般大于 7 m)时，如仍采用普通单渡线，势必占地较多，很不经济。为了缩短其总长度，可缩短单渡线。缩短单渡线由半径相同的反向曲线连接，并在两曲线间以及曲线与岔尾间各设置连接直线段，如图 6—1—2 所示。

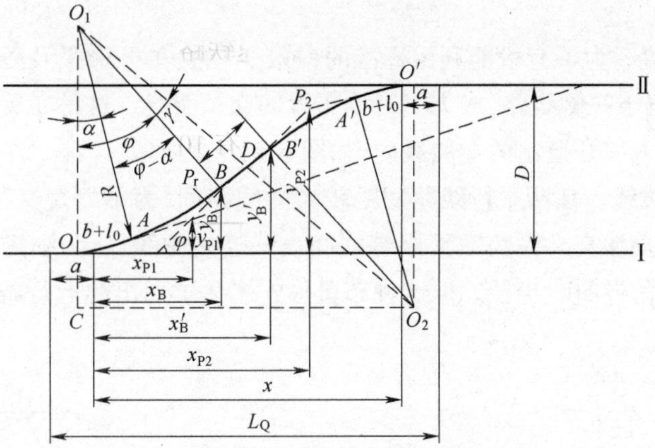

图 6—1—2　缩短单渡线布置

为使列车平顺地通过渡线，反向曲线间的夹直线长度 l 一般不应短于 10 m。岔尾与曲线间的夹直线长度 l_0，应能保证曲线轨距加宽按规定递减。曲线半径 R 不应小于道岔导曲线半径值。

平面交叉为两线路在同一平面上的交叉。相交叉的两线路可为直线，也可为曲线；两线的轨距可以相同,也可以不相同。根据交叉角度和平面形状,交叉分类见本书第一章第一节。无论交叉设备属于何种类型,均具有以下特征：

1. 交叉设备由四组辙叉构成。

2. 菱形交叉的固定型钝角辙叉不能设置护轨。对于号码大于 8 号的钝角辙叉,存在未被防护的有害空间,需采用可动心轨型辙叉以保证行车安全。

3. 菱形交叉的固定型钝角辙叉查照间隔较锐角辙叉复杂,养护较为困难。

4. 车轮在直角交叉上的辙叉心轨与翼轨间过渡时冲击剧烈,车辆和辙叉的配件损坏严重,因此不适于在高速行车地段使用。

菱形交叉可单独使用,也可组合使用。单独使用时,两条直线轨道相交而构成的菱形交叉,无其他道岔设备配合;组合使用时,可将菱形交叉与两条曲线轨道组合成复式交分道岔,也可与四组同型号单开道岔组成交叉渡线。

直线菱形交叉由两组相同角度的钝角辙叉和两组相同角度的锐角辙叉组成。锐角辙叉的号数即为菱形交叉的号数。

直角交叉则有四组直角辙叉。曲直交叉与曲线交叉都有两组不同角度的锐角辙叉和两组不同角度的钝角辙叉。

第二节　交叉渡线结构

一、平行线间交叉渡线特征

1. 交叉渡线一般由四组单开道岔(或对称道岔)和一组菱形交叉组合而成。两平行线路的交叉渡线一般有下列三种布置形式。

(1) 对称布置。菱形交叉对称布置于两平行线路之间,是交叉渡线最常用的基本形式,如图 6—2—1 所示。

(2)不对称布置。为了有可能利用标准的(或已有的)单开辙叉及菱形交叉或在有特殊需要时,可将菱形偏于一侧线路,成为不对称布置的交叉渡线。这种布置有时会使菱形锐角辙叉部分或全部进入单开道岔的导曲线内,如图 6—2—2 所示。

(3)缩短交叉渡线。在两平行线路间距较大的线路间,为了缩短交叉渡线的长度,在单开道岔辙叉跟端与菱形交叉锐角辙叉跟端之间设一连接曲线,成为缩短交叉渡线。连接曲线半径不应小于道岔导曲线半径。但这种布置形式恶化了列车的运行条件,养护也较困难,如图 6—2—3 所示。

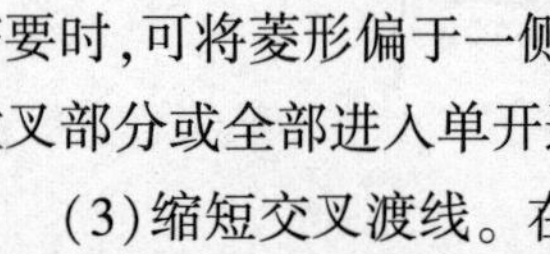

图 6—2—1　对称交渡示意

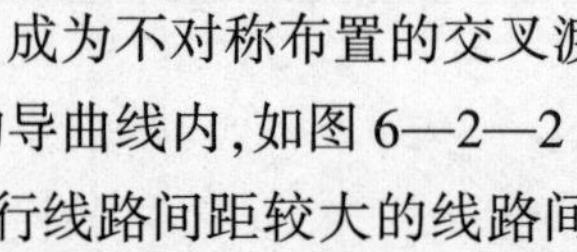

图 6—2—2　不对称交渡示意

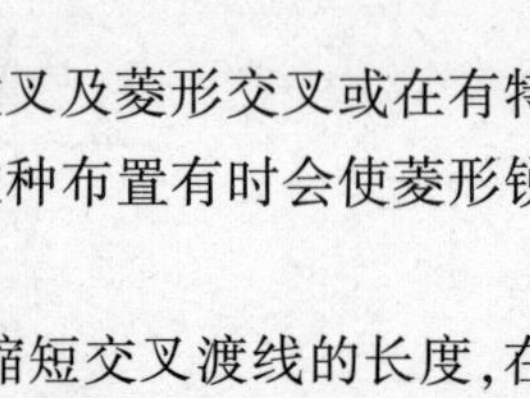

图 6—2—3　缩短交渡示意

2. 交叉渡线的四组单开道岔,也可按菱形中轴做不对称布置。在单开道岔(或对称道岔)的位置上也可换成同辙叉角的交分道岔。

3. 两平行线间的交叉渡线,随着间距的变化,菱形锐角辙叉和单开锐角辙叉在线路方向上的相互位置也随着变化,分为下列四种情况。

(1)线间距大于等于 5. 1 m 时,单开辙叉理论中心与锐角辙叉理论中心之间沿线路纵向方向的距离较大,两辙叉可分别设置各自的护轨时,应分别设置护轨,如图 6—2—4 所示。

(2)线间距在 4. 3~5. 1 m 范围内时,单开辙叉理论中心与锐角辙叉理论中心沿线路纵向方向上的距离较近,不能分别设置各自的护轨,但两辙叉的“有害空间”不相重叠。此时可将两辙叉的翼轨做相应的延长,以代替护轨,如图 6—2—5 所示。如果翼轨加长过多,制造有困难时,可在叉跟处断开,另行设计附加翼轨。

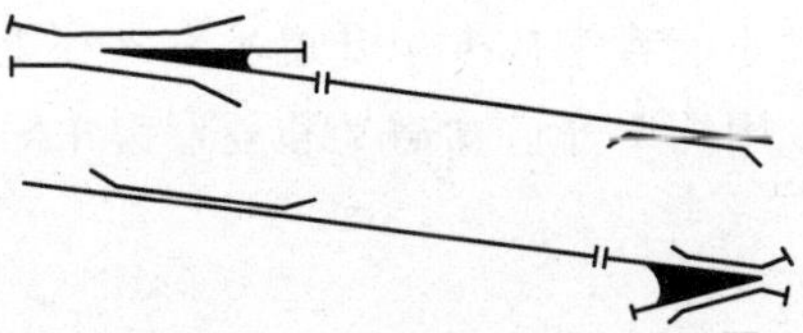

图 6—2—4　护轨分设示意

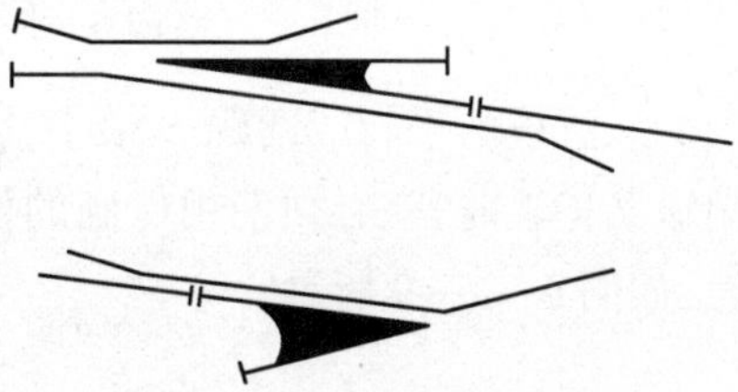

图 6—2—5　翼轨延长示意

(3)线间距在 4. 1~4. 3 m 时,单开辙叉及锐角辙叉的“有害空间”在线路方向上部分或全部重叠。为保证轮对能安全通过,应采用缩小菱形锐角辙叉和单开道岔辙叉咽喉的办法,以延长翼轨制约车轮走行的范围,缩短有害空间。但咽喉缩小后,车轮可能会冲击咽喉翼轨轨头,因此翼轨弯折点应设计成圆弧形的工作边,如图 6—2—6 所示。一般情况下,不宜铺设此类交叉渡线。

(4)线间距小于 4. 1 m 时,锐角辙叉已部分进入单开道岔的导曲线内,此时应把锐角辙叉设计成曲线形或缩小单开道岔的导曲线半径。但是这两种方法都不理想,前者使锐角辙叉结构复杂,后者又恶化了线路平面。因此当线间距过小时(除有特殊需要外),不应铺设交叉渡线,如图 6—2—7 所示。

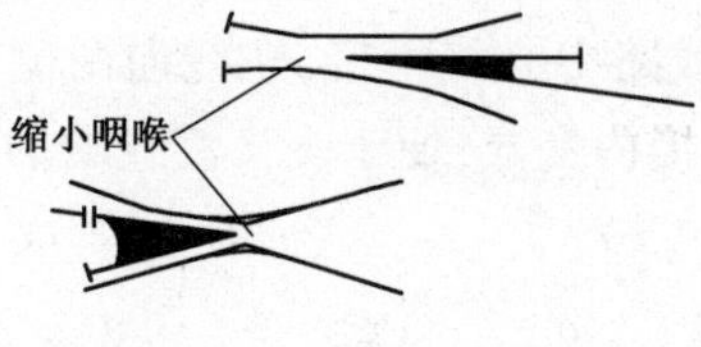

图 6—2—6　缩小咽喉示意

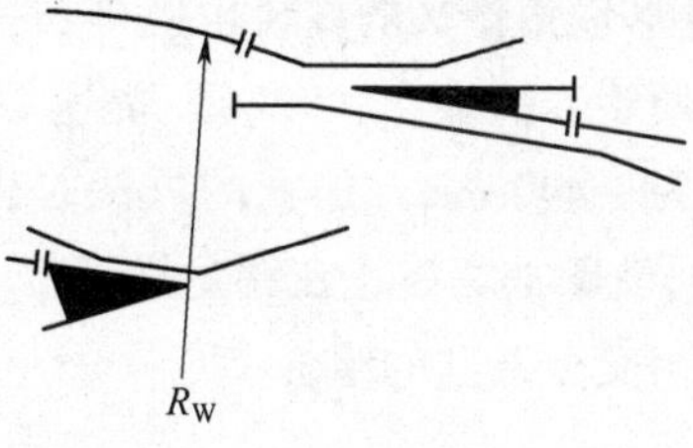

图 6—2—7　曲线形锐角辙叉示意

交叉渡线中四组转辙器和两组钝角辙叉可以利用标准的单开道岔转辙器和菱形交叉的钝角辙叉,但四组单开道岔的辙叉和两组菱形交叉的锐角辙叉能否利用既有的标准单开道岔的辙叉,要按照线间距的大小确定,如图 6—2—8 所示。

交叉渡线的平行线间距 E 愈大,其单开道岔辙叉理论尖端至菱形锐角辙叉理论尖端的距离 l_2 愈长。当 l_2 足以容纳标准单开道岔辙叉和菱形锐角辙叉及护轨时,交叉渡线就由四组单开道岔和一组菱形交叉组合而成。

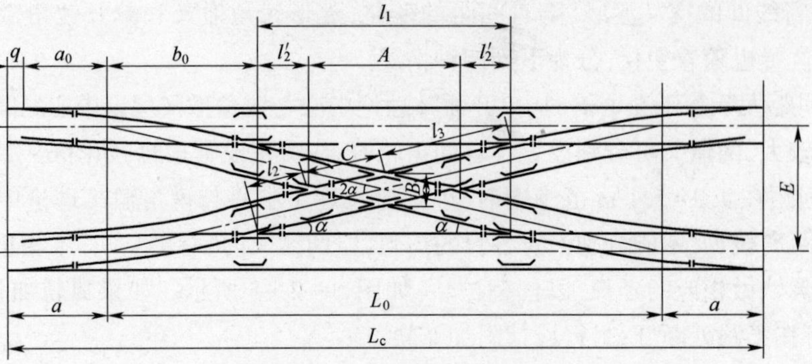

图 6—2—8　交叉渡线布置示意

当交叉渡线的平行线间距 E 很小,以致 l_2 缩短到不能容纳标准单开道岔辙叉和菱形交叉锐角辙叉护轨时,就必须使用特制的供交叉渡线专用的单开道岔辙叉和菱形锐角辙叉及其护轨,如图 6—2—9 所示。

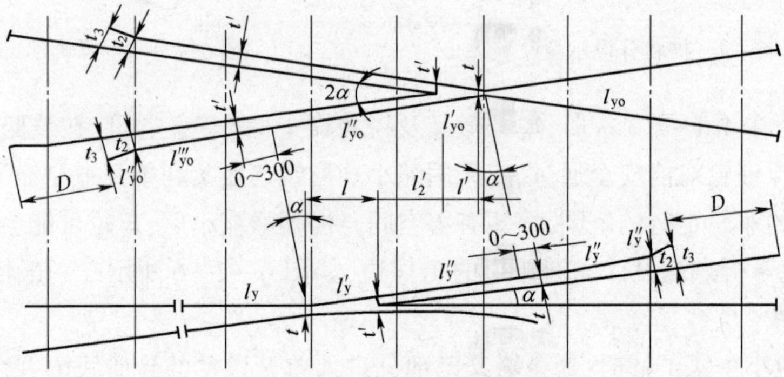

图 6—2—9　单开辙叉和锐角辙叉相对位置示意

当线间距缩小到无法设置单开道岔辙叉及菱形锐角辙叉,不能设置护轨时,为了保证辙叉的心轨尖端不被车轮冲击,应使单开道岔辙叉的翼轨延长,兼作菱形锐角辙叉护轨之用。同样,菱形锐角辙叉的翼轨也应延长,兼作单开道岔辙叉护轨之用。

为便于养护维修,"92"型、提速型交叉渡线菱形轨距在钝角辙叉范围内加宽 5 mm,加宽后轨距为 1 440 mm。加宽的方法是保持菱形部分的线路中心线不变,轨线向两侧各加宽 2.5 mm,轨距加宽终止在锐角辙叉趾端,轨距过渡在菱形内完成,便于交叉渡线的铺设及交叉渡线与交分道岔的组合。

二、提速型、"92"型及"75"型交叉渡线结构特点

(一)提速型交叉渡线

提速型交叉渡线是指既有线提速以后设计的、以采用弹性分开式扣件和混凝土岔枕为主要特征的 50 kg/m、60 kg/m 钢轨 9 号和 12 号道岔各间距交叉渡线。由于 60 kg/m 钢轨 12 号道岔按直向容许通过速度分为 120 km/h 和 160 km/h 两种,因此交叉渡线也按以上速度分为两种。提速型交叉渡线的主要特征如下:

1. 时速 160 km 的 60 kg/m 钢轨 12 号交叉渡线以提速 60—12 道岔(图号:专线 4249)为基础设计,因而其主要尺寸与"92"型交叉渡线主要尺寸不同。时速 120 km 的 60 kg/m 钢轨

12 号交叉渡线以时速 120 km 60—12 号道岔(图号:SC330)为基础设计,其主要尺寸与“92”型交叉渡线相同。此外,还有以铁联线 004 和专线 4228 为基础的 60—12 道岔交叉渡线,目前图纸已作废,本手册不作详细介绍。

2. 60 kg/m 钢轨 9 号道岔和 50 kg/m 钢轨 9 号、12 号道岔的交叉渡线主要尺寸与“92”型交叉渡线相同。

3. 锐角辙叉、钝角辙叉均采用高锰钢整铸式,可通用于各间距交叉渡线。后根据现场需要,配套设计了合金钢组合辙叉,可与高锰钢辙叉整体互换使用。

4. 护轨采用 H 形护轨。

5. 扣件采用弹条Ⅱ型弹性分开式扣件,轨下及铁垫板下均设有弹性垫层。

6. 轨下基础采用无挡肩混凝土岔枕,长岔枕采用铰接。

7. 绝缘接头设置与“92”型交叉渡线相同。

(二)“92”型交叉渡线

1. “92”型交叉渡线主要尺寸与“75”型交叉渡线主要尺寸相同。

2. 采用高锰钢整铸式钝角辙叉,可通用于线间距为 5. 0 m、5. 3 m、5. 5 m 和 6. 5 m 交叉渡线。

3. 锐角辙叉也采用高锰钢整铸式,可通用于线间距为 5. 0 m、5. 3 m、5. 5 m 和 6. 5 m 的交叉渡线。

4. 转辙器部分与“92”型同轨型同号码的单开道岔转辙器相同。

5. 单开道岔的辙叉用高锰钢整铸式,辙叉下设垫板,与同型号单开道岔相同。

6. 各垫板下均设塑料垫片。

7. 护轨为分开式,采用低一级钢轨制造。

8. 扣件采用与“92”型单开道岔相同的分开式刚性扣板式扣件。

9. “92”型交叉渡线若用于电气化铁路时,一侧单开辙叉与钝角辙叉连接短轨改为胶接绝缘短轨。

10. 轨下基础为木岔枕。

(三)“75”型交叉渡线

1. “75”型交叉渡线在减少类型、方便工厂制造和现场可以互换使用的原则下,将不同线间距、同轨型、同号码的钝角辙叉设计成一种。

2. 锐角辙叉设计成两种形式(线间距为 5. 0 m 的为一种,线间距 5. 3 m 及以上的为另一种)。

3. 转辙器与同轨型同号码的单开道岔转辙器相同。

4. 辙叉有钢轨组合及高锰钢铸造两种。

5. 护轨用同轨型钢轨制造,用间隔铁及螺栓将护轨及基本轨连接在一起。

6. 垫板与岔枕的联结以道钉为主。

7. “75”型交叉渡线菱形轨距加宽及过渡与“92”型交叉渡线相同,其结构示意如图 6—2—10 所示。

8. 轨下基础为木岔枕。

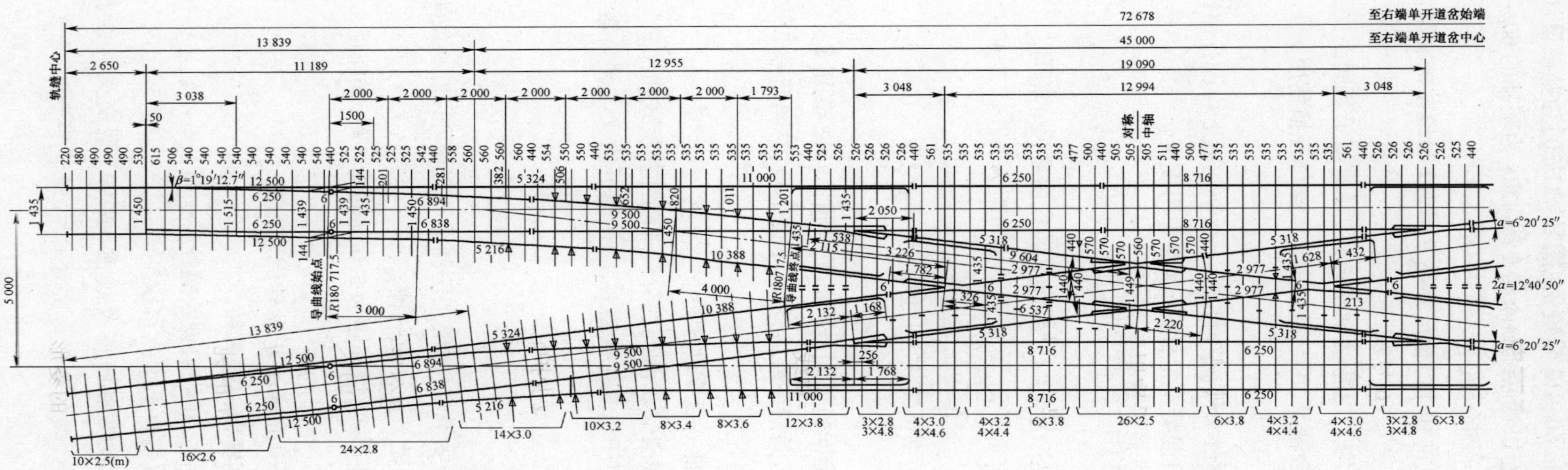

图6—2—10 "75"型交叉渡线的轨距加宽及过渡示意（单位：mm）

第三节　菱形交叉

菱形交叉由两组锐角辙叉及护轨和两组钝角辙叉组成，其锐角辙叉的号数即为菱形交叉的号数。国铁一般编制 4.5 号、6 号及 30°、45°、60°的菱形交叉通用图。

菱形交叉一般号数相对较小，受结构限制，容许通过速度较低，一般用于站线，且铺设数量较少。

菱形交叉的辙叉、护轨、扣件系统结构与同类型的单开道岔基本相同，不再详细介绍。但由于菱形交叉的两钝角辙叉相对，无法设置护轨。对于大号码的交叉，两辙叉沿线路纵向的距离较小，当采用固定型辙叉时，难以自护钝角辙叉的心轨尖端。为了防止车轮撞击钝角辙叉的心轨和发生脱轨事故，可采取以下措施。

1. 合理选择和保持菱形部分轨距及钝角辙叉轮缘槽宽度

为了满足查照间隔和护背距离的要求，并考虑±2 mm 的维修偏差，钝角辙叉轨距按 1 440 mm设置，辙叉轮缘槽宽度取 47 mm。

2. 减少心轨实际尖端的宽度和降低值

要尽可能地减少心轨实际尖端的降低值，以相对延长车轮自护长度；根据实践经验，一般以降低 6~10 mm 为宜。

3. 防止钝角辙叉错位

钝角辙叉爬行错位，等于延长轨线有害空间长度。在铺设或养护中，发现辙叉位置错移时，应及时方正。

4. 提高护轨顶面高度

提高护轨顶面高度，可以延长车轮自护长度。高锰钢钝角辙叉一般在护轨弯折点至正对心轨理论尖端范围内，将护轨顶面高度提高 22 mm，并向两端顺坡，顺坡长度为 100~300 mm。

5. 防止在护轨弯折处出现圆弧

在护轨弯折处出现圆弧，会减少护轨平直段对车轮的引导长度，相对地增加有害空间长度，容易撞尖或脱轨。设计时应避免在折角处出现圆弧。同时在使用中，对磨损的护轨折角应及时修补。

6. 控制辙叉使用号数

6 号以下的固定型钝角辙叉完全能自行防护，不会发生脱轨事故。8 号钝角辙叉在护轨顶面提高 22 mm 时，仍有不能自护的长度 111 mm，但实践证明，此时车轮可以借其运行的惯性闯过这一段空间。9 号及其以上的钝角辙叉，不能自护的长度超过 110 mm，存在着脱轨的可能性。因此规定 9 号及其以上的钝角辙叉不能采用固定型；6~8 号的钝角辙叉可采用固定型，但护轨顶面应提高；6 号以下的钝角辙叉，可采用护轨顶面不提高的固定型辙叉。

“92”型菱形交叉钝角辙叉及锐角辙叉构造与交叉渡线中菱形交叉相同，如图 6—3—1 所示。

“75”型菱形交叉按高锰钢辙叉设计，也适用于钢轨组合式辙叉的菱形交叉。其构造与线间距在 5.3 m 以上的交叉渡线的菱形交叉相同，如图 6—3—2 所示。

提速道岔没有编制专门的菱形交叉通用图。

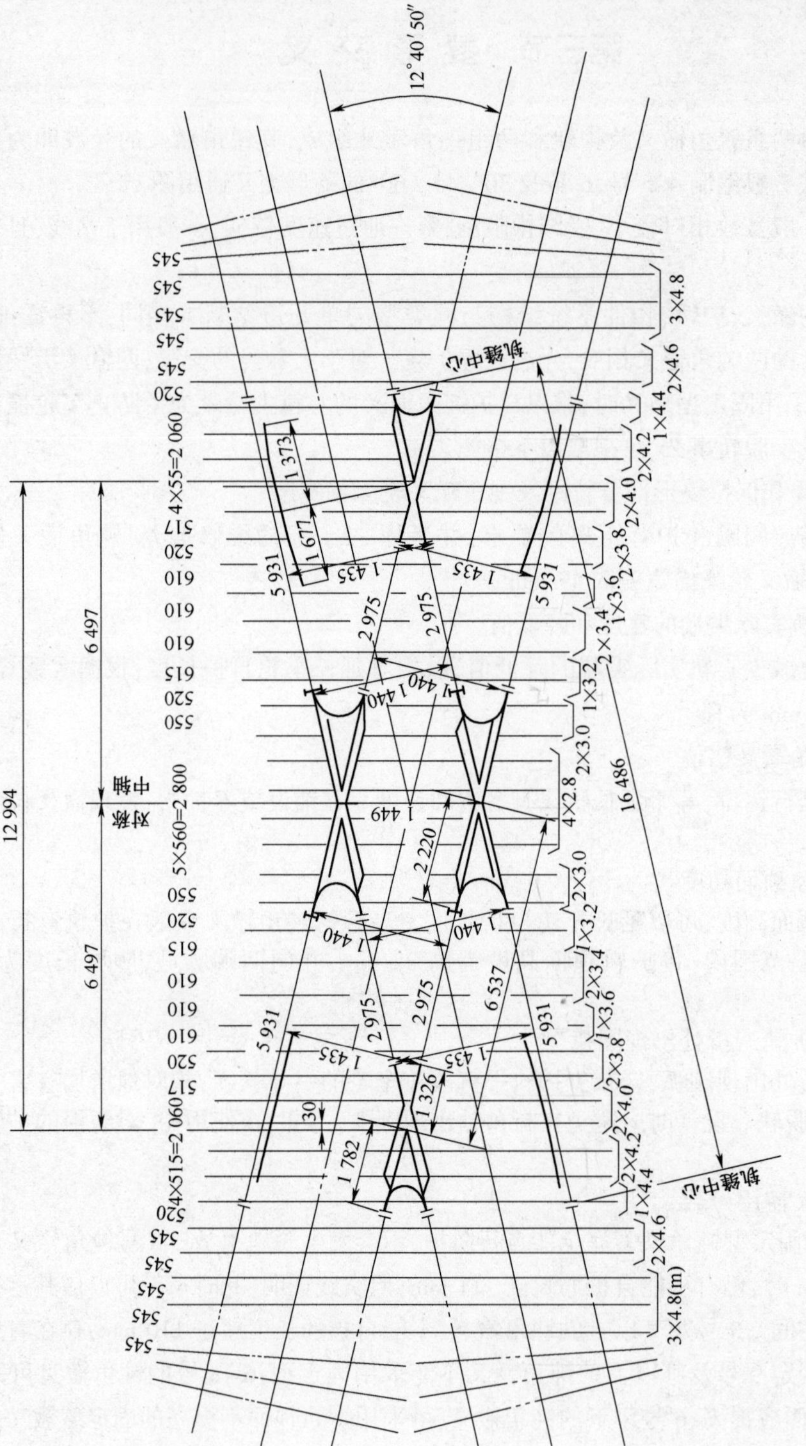

图6—3—1 “92”型菱形交叉(单位: mm)

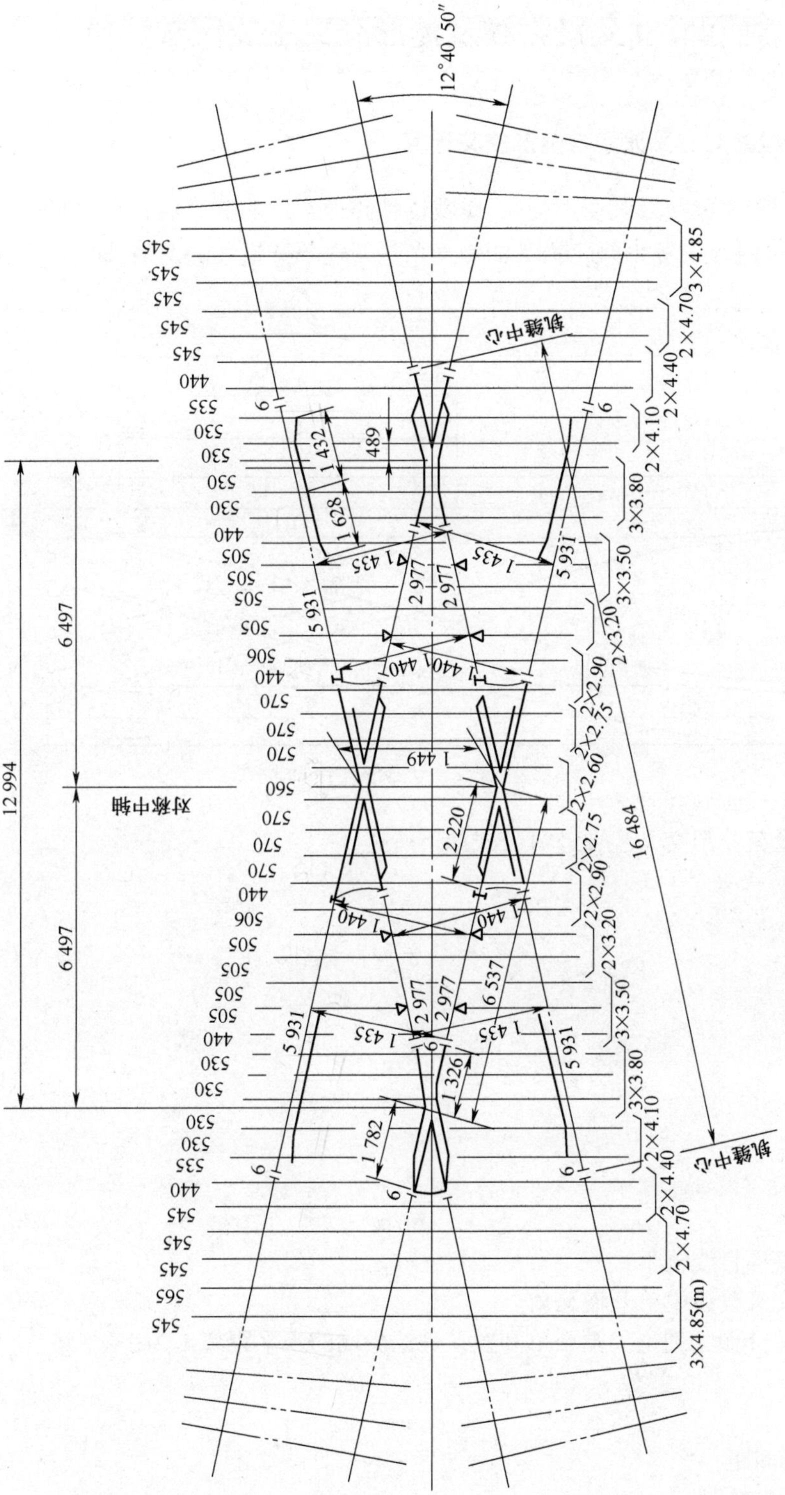

图 6—3—2 “75” 型菱形交叉(单位:mm)

第四节　交叉渡线及菱形交叉主要尺寸计算

一、两平行线路间交叉渡线与菱形交叉计算

两平行线间交叉渡线及其菱形交叉，是我国铁路最常用的交叉渡线和菱形交叉，其计算图式如图 6—4—1 所示，菱形锐角辙叉的辙叉角是两端单开道岔的两倍，即 2α。

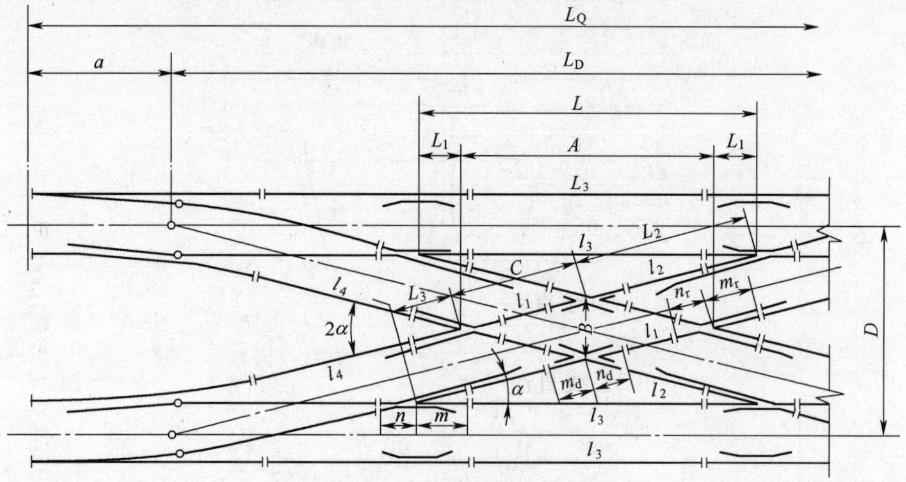

图 6—4—1　交叉渡线计算图式

交叉渡线及其菱形交叉主要计算公式如下所述。

菱形长轴：

$$A = \frac{S_2}{\sin\alpha} \tag{6—4—1}$$

菱形短轴：

$$B = \frac{S_2}{\cos\alpha} \tag{6—4—2}$$

菱形斜边：

$$C = \frac{S_2}{\sin 2\alpha} \tag{6—4—3}$$

式中　S_2——菱形直线轨距；

α——交叉渡线中单开辙叉角。

交叉渡线单开辙叉理论尖端至单开辙叉理论尖端的水平距离 L 为

$$L = \frac{D - S - B}{\tan\alpha} \tag{6—4—4}$$

式中　D——线间距；

S——标准轨距。

锐角辙叉理论尖端与单开辙叉理论尖端的水平投影 L_1 为

$$L_1 = \frac{1}{2}(L - A) \tag{6—4—5}$$

钝角辙叉理论尖端与单开辙叉理论尖端沿菱形交叉斜边的距离 L_2 为

$$L_2 = \frac{D - S - B}{2\sin\alpha} \tag{6—4—6}$$

单开辙叉理论尖端与锐角辙叉理论尖端沿菱形交叉斜边的距离 L_3 为

$$L_3 = \frac{L_1}{\cos\alpha} + S_2 \cdot \tan\alpha \tag{6—4—7}$$

交叉渡线线路中心交叉点之距 L_D 为

$$L_D = \frac{D}{\tan\alpha} \tag{6—4—8}$$

交叉渡线实际全长 L_Q 为

$$L_Q = L_D + 2a \tag{6—4—9}$$

二、平行线间单渡线计算

平行线间单渡线的主要尺寸可根据渡线所铺单开道岔主要尺寸,即道岔前部实际长度 a、后部实际长度 b、辙叉角 α 和线间距 D 以及道岔号数 N 等已知数值计算。

所求的主要尺寸为沿轨道中线直边长 x、斜边长 L、夹直线长 l 以及渡线沿直边的全长 l_Q。

从图 6—1—1 可见,沿轨道中线直边长 x 为

$$x = O'c = \frac{D}{\tan\alpha} \tag{6—4—10}$$

因

$$\frac{1}{\tan\alpha} = N(\text{道岔号数}) \tag{6—4—11}$$

故

$$x = D \cdot N \tag{6—4—12}$$

即

直边长=线间距×岔号

斜边长 L 为

$$L = OO' = \frac{D}{\sin\alpha} \tag{6—4—13}$$

因

$$\frac{1}{\sin\alpha} = N'(\text{道岔系数}) \tag{6—4—14}$$

故

$$L = D \cdot N' \tag{6—4—15}$$

即

斜边长=线间距×道岔系数

岔后夹直线长 l 为

$$l = L - 2b \tag{6—4—16}$$

即

夹直线=斜边长-2×道岔后长

渡线沿直边的全长 L_Q 为

$$L_Q = x + 2a \tag{6—4—17}$$

即

渡线全长=直边长+2×道岔前长

式中 x——两道岔中心距在直向线路中心线上的投影；

L——两道岔的中心距；

l——夹直线长度；

a——道岔前部长度；

b——道岔后部长度；

D——两平行线间距；

L_Q——渡线全长。

三、缩短单渡线

在线间距较大的地点，为缩短线路长度，可采用缩短渡线的办法，参见图6—1—2。缩短渡线计算方法与站场测量计算方法相同。

四、菱形交叉计算

本部分所指菱形交叉特指单独设置的菱形交叉或在交分道岔中的菱形交叉部分。它的结构及其计算与本节中交叉渡线的菱形交叉主要尺寸的计算相同，只是其锐角辙叉的辙叉角是 α，而不是后者的 2α，如图6—4—2所示。

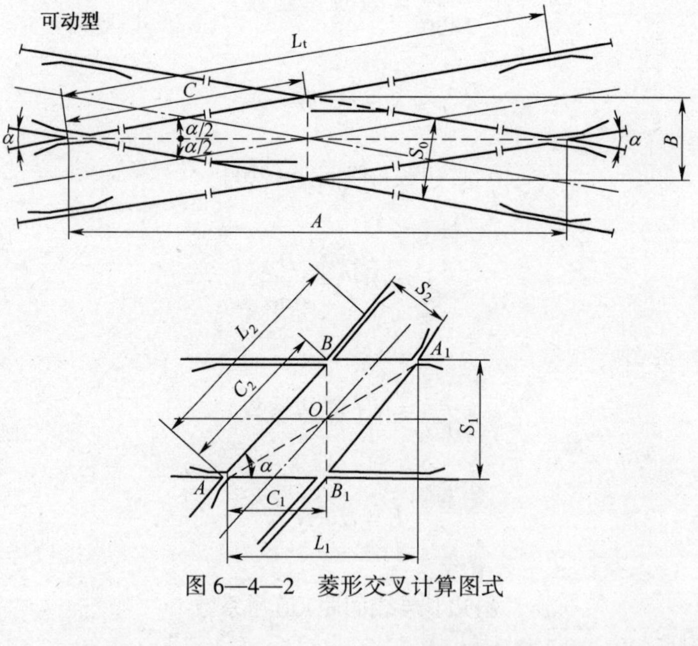

图6—4—2 菱形交叉计算图式

第五节 我国历年使用的交叉渡线及菱形交叉主要尺寸

我国历年使用的交叉渡线及菱形交叉主要尺寸见表6—5—1、表6—5—2。

表 6—5—1　交叉渡线主要尺寸

标准图号	道岔号数	钢轨类型（kg/m）	线间距（m）	设计年度	道岔全长（mm）	导曲线半径（mm）	两单开道岔辙叉中心距（mm）	菱形：菱形轨距（mm）	菱形：长轴（mm）	菱形：短轴（mm）	菱形：斜边（mm）	单开辙叉：辙叉角	单开辙叉：趾距（mm）	单开辙叉：跟距（mm）
叁标线 7065 叁标线 7091	9	43,50	5.0	1975	72 678	180 717.5	19 090	1 440	12 994	1 449	6 537	6°20′25″	1 538	2 050
专线 7512		50		1989										
CZ2210				2004									1 542	2 050
专线 7578		60		1994									1 538	2 771
CZ580				2002		190 717.5							1 540	2 771
叁标线 7072 叁标线 7098		43,50	5.3	1975	75 378	180 717.5	21 790	1 440	12 994	1 449	6 537	6°20′25″	1 538	2 050
专线 7520		50		1989										
CZ2211				2004									1 542	2 050
专线 7583		60		1994									1 538	2 771
CZ581				2002		190 717.5							1 540	2 771
叁标线 7458 叁标线 7459		43,50	5.5	1977	77 178	180 717.5	23 590	1 440	12 994	1 449	6 537	6°20′25″	1 538	2 050
专线 7535		50		1989										
CZ2212				2004									1 542	2 050
专线 7587		60		1994									1 538	2 771
CZ582				2002		190 717.5							1 540	2 771
叁标线 7077 叁标线 7403		43,50	6.5	1975	86 178	180 717.5	32 590	1 440	12 994	1 449	6 537	6°20′25″	1 538	2 050
专线 7526		50		1989										
CZ2213				2004									1 542	2 050
专线 7591		60		1994									1 538	2 771
CZ583				2002		190 717.5							1 540	2 771

续上表

标准图号	道岔号数	钢轨类型(kg/m)	线间距(m)	设计年度	道岔全长(mm)	导曲线半径(mm)	两单开道岔辙叉中心距(mm)	菱形				单开辙叉		
								菱形轨距(mm)	长轴(mm)	短轴(mm)	斜边(mm)	辙叉角	趾距(mm)	跟距(mm)
叁标线 7078 叁标线 7404	12	43,50	5.0	1975	93 706	330 717.5	25 500	1 440	17 280	1 445	8 670	4°45′49″	1 849	2 708
专线 7516		50		1989		350 717.5							2 127	3 800
专线(01)7659				2000									2 192	3 800
专线 7562		60		1994									2 127	3 800
SC340													2 192	3 800
专线 7623				1999	93 184								2 038	3 954
叁标线 7085 叁标线 7411		43,50	5.3	1975	97 306	330 717.5	29 100	1 440	17 280	1 445	8 670	4°45′49″	1 849	2 708
专线 7523		50		1989		350 717.5							2 127	3 800
专线(02)7660				2001									2 192	3 800
专线 7567		60		1994									2 127	3 800
SC341													2 192	3 800
专线 7628				1999	96 784								2 038	3 954
叁标线 7460 叁标线 7461		43,50	5.5	1977	99 706	330 717.5	31 500	1 440	17 280	1 445	8 670	4°45′49″	1 849	2 708
专线 7532		50		1989		350 717.5							2 127	3 800
专线(02)7661				2001									2 192	3 800
专线 7571		60		1994									2 127	3 800
SC342													2 192	3 800
专线 7632				1999	99 184								2 038	3 954
叁标线 7090 叁标线 7416		43,50	6.5	1975	111 706	330 717.5	43 500	1 440	17 280	1 445	8 670	4°45′49″	1 849	2 708
专线 7528		50		1989		350 717.5							2 127	3 800
专线(02)7662				2001									2 192	3 800
专线 7575		60		1994									2 127	3 800
SC343													2 192	3 800
专线 7636				1999	111 184								2 038	3 954

表 6—5—2　菱形交叉主要尺寸

钢轨类型（kg/m）	道岔号	图　号	设计年度	辙叉角	菱形长轴 A（mm）	备　注
43	4.5	叁标线 7417	1975	12°40′50″	12 994	
50		专线 7530	1990			
60		专线 7506	1988			
43	6	叁标线 7418	1975	9°31′38″	17 280	
50		专线 7531	1990			
60		专线 7507	1988			

注：4.5 号、6 号菱形交叉附有总图。

第七章　其他道岔及铁鞋脱落器

其他道岔主要包括对称道岔、三开道岔及道岔组合等。对称道岔也称双开道岔，可把一条直线轨道分成左右对称的两条轨道。三开道岔是指主线为直线，并在直线轨道上向左右岔出两条轨道的道岔，可分为对称三开道岔和不对称三开道岔，国内采用对称三开道岔。道岔组合是指交分道岔和交叉渡线相结合的布置。铁鞋脱落器是驼峰编组场制动铁鞋的脱落设备。

对称道岔、三开道岔主要用于编组场驼峰线路和城市轨道交通的存车线。道岔组合在国铁正线和站线均有广泛应用。

对称道岔的发展趋势是采用弹性扣件和混凝土岔枕，优化道岔平面布置和结构，提高列车过岔时的安全性；新建驼峰线路应统一采用6号道岔。三开道岔由于结构复杂，目前除轮渡外国铁已很少采用。铁鞋制动目前只为辅助制动，铁鞋脱落器结构已多年保持不变。

第一节　对 称 道 岔

对称道岔常用号码为43 kg/m、50 kg/m钢轨6号、6.5号和9号，其中以6号应用较为普遍。由于对称道岔两个方向均为曲线，且号码较小，列车通过速度较低。

一、道岔特点

对称道岔主要部件基本与单开道岔相同，包括转辙器、辙叉及护轨、转辙器与辙叉的连接线及岔枕等，如图7—1—1所示。

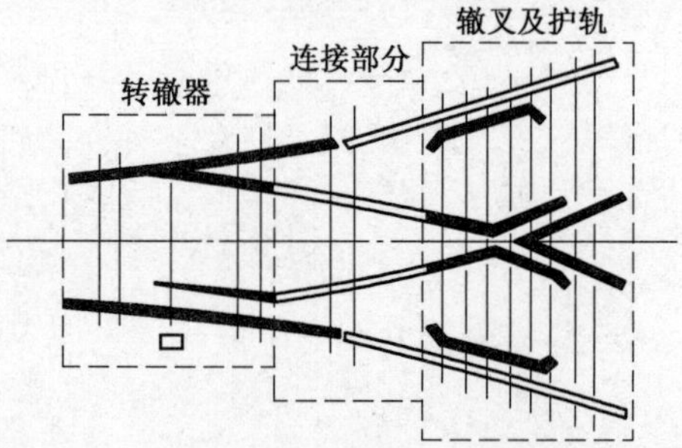

图7—1—1　对称道岔组成

与单开道岔相比，对称道岔具有以下特点：

1. 对称道岔各部件均按辙叉角平分线对称排列，两条连接线路为同半径曲线，因此两侧线运行条件相同。

2. 在辙叉号数相同时，对称道岔导曲线半径约为单开道岔的一倍左右（尖轨与辙叉平面形式相同的条件下）。在导曲线半径相同的条件下，对称道岔可较单开道岔长度缩短或采用更大的辙叉角。

3. 对称道岔导曲线外轨具有设置较大超高的可行性。

对称道岔主要用于速度不高的驼峰编组场、三角线、旅客列车转头线、轮渡引线等处所，厂矿企业的厂内线路也使用对称道岔。另外，近年来国内城市轨道交通为了缩短道岔咽喉区或存车线长度，减少列车转线时间，也开始应用对称道岔。

二、平面形式

根据转辙器、辙叉及连接部分的平面形式，有多种组合形式的对称道岔，常见形式如下：

1. 直线尖轨、直线辙叉对称道岔。

2. 曲线尖轨、直线辙叉对称道岔。

3. 曲线尖轨、曲线辙叉对称道岔。

其中曲线尖轨以半切线形、割线形和半割线形为主要形式。

三、6 号和 6.5 号对称道岔

1. 用于驼峰编组场的对称道岔，平面设计应满足以下要求：

(1)道岔全长尽可能缩短，最好在 20 m 以内(如 6 号和 6.5 号对称道岔)。

(2)连接部分在有条件情况下应尽可能加长(一般应大于 8 m)，以便能设置竖曲线，避免竖曲线设在转辙器或辙叉范围内。

(3)轨道电路绝缘接头的安设位置，应距尖轨尖端越近越好。

国有铁路在驼峰编组场内主要使用 6 号(混凝土枕道岔、“92”型或“75”型)对称道岔，少量使用 6.5 号对称道岔。

2. “75”型对称道岔结构特点如下：

(1)转辙器采用普通钢轨爬坡式。

(2)辙叉采用普通钢轨组合式或高锰钢整铸式。

(3)导曲线设轨撑。

(4)扣件为普通道钉。

3. “92”型对称道岔(以 50 kg/m 钢轨 6 号对称道岔为例)结构特点如下：

(1)尖轨采用 50AT1 轨制造，跟端为间隔铁式。

(2)导曲线钢轨外侧设轨撑，并用螺栓与导轨联结。

(3)辙叉采用高锰钢整铸式，下设铁垫板。

(4)导曲线部分平垫板平行于轨枕方向铺设，轨撑垫板垂直于钢轨铺设。

(5)扣件采用分开式刚性可调扣件。

(6)导曲线外股设 6 mm 超高，设置方式如下：

① 转辙器部分的滑床台厚度采用 30 mm。

② 导曲线部分在轨下加 6 mm 厚的胶合竹片。

③ 高锰钢辙叉比 50 kg/m 钢轨高 6 mm。

④ 道岔前端在尖轨上顺坡；辙叉跟端用胶合竹片顺坡。

4. 混凝土枕的对称道岔结构特点如下：

(1)尖轨采用 50AT1 钢轨制造，跟端为活接头间隔铁式。

(2)基本轨外侧设部分轨撑。

(3)辙叉采用高锰钢整铸式，下设有垫板。

(4)扣件采用Ⅰ型弹条，转辙器滑床板采用弹片扣压基本轨。

(5)钢轨及辙叉下设 5 mm 厚橡胶垫板，铁垫板下设 10 mm 厚橡胶垫板。

(6)铁垫板与岔枕间用 M30 螺钉联结。

(7)轨下基础为混凝土岔枕。

四、对称道岔主要尺寸计算

对称道岔的主要尺寸,在转辙器和辙叉部分的平面形式及其尺寸确定后,并已知轨距、辙叉角、尖轨长度、导曲线半径、基本轨前端长、辙叉趾距、跟距等数据,需要计算求取的数值为道岔理论导程、道岔全长、道岔前长和后长等,如图 7—1—2 所示。

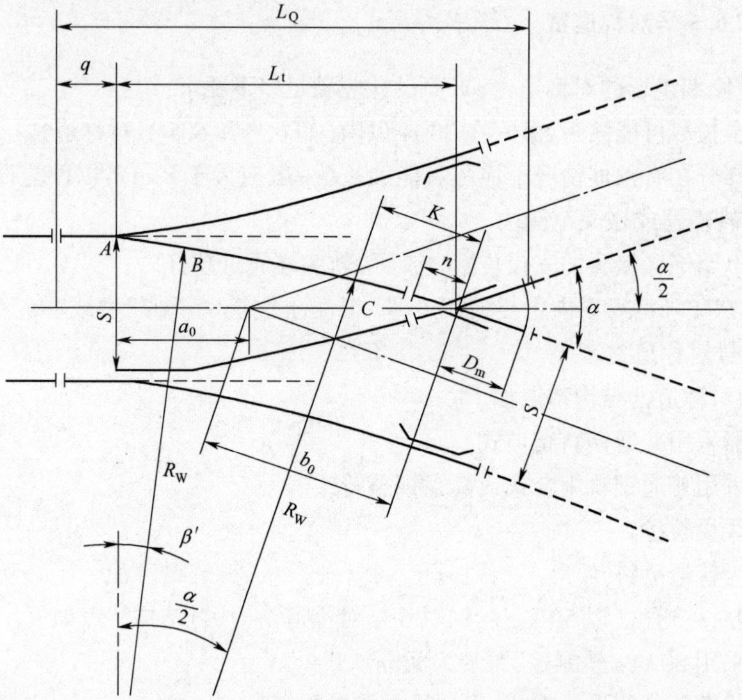

图 7—1—2　对称道岔主要尺寸计算图式

(一)主要尺寸计算

1. 理论导程 L_t

$$L_t = l_0 \times \cos\beta' + R_W[\sin(\alpha/2) - \sin\beta'] + K\cos(\alpha/2) \qquad (7—1—1)$$

式中　l_0——尖轨长度;

β'——对称道岔的转辙角;

R_W——导曲线外轨工作边半径;

α——对称道岔辙叉角;

K——辙叉前直线插入段。

2. 道岔实际全长 L_Q

$$L_Q = q + L_t + m \cdot \cos(\alpha/2) + \delta \qquad (7—1—2)$$

式中　q——尖轨尖端前基本轨长度;

m——辙叉跟距;

δ——标准轨缝,取 8 mm。

3. 道岔后端长 b

$$b = b_0 + m + \delta/2 = \frac{S}{2\sin(\alpha/2)} + m + \frac{\delta}{2} \tag{7—1—3}$$

式中 S——标准轨距；

b_0——道岔中心至辙叉理论中心距。

4. 道岔前端长 a

$$a = a_0 + q = L_t - \frac{S}{2\sin(\alpha/2)} + q \tag{7—1—4}$$

式中 a_0——尖轨实际尖端至道岔中心距。

(二)钢轨长度计算

钢轨长度计算图式如图 7—1—3 所示。

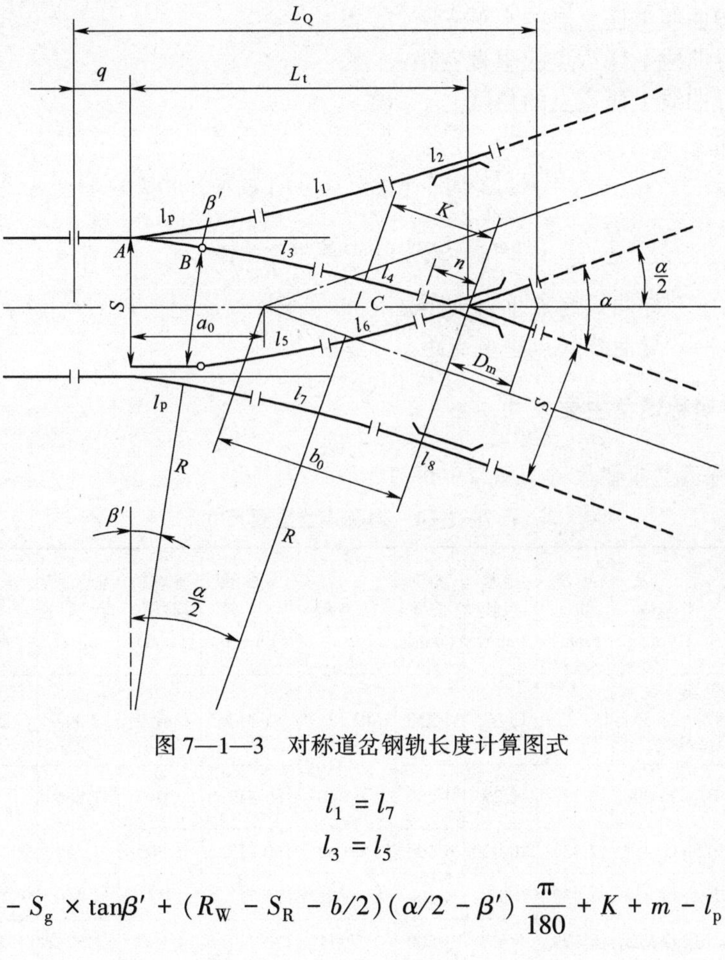

图 7—1—3 对称道岔钢轨长度计算图式

$$l_1 = l_7$$

$$l_3 = l_5$$

$$l_2 = l_8 = q + l_0 - S_g \times \tan\beta' + (R_W - S_R - b/2)(\alpha/2 - \beta')\frac{\pi}{180} + K + m - l_p - 2\delta - l_1(l_7) \tag{7—1—5}$$

式中 S_g——尖轨跟端轨距；

S_R——导曲线中部轨距；

l_p——转辙器基本轨长度。

$$l_4 = l_6 = \left(R_W + \frac{b}{2}\right)\left(\frac{\alpha}{2} - \beta'\right)\frac{\pi}{180} + K - n - 2\delta - \delta' \tag{7—1—6}$$

式中　n——辙叉趾距；

δ'——辙跟轨缝，6 mm。

$l_1 = l_7$和$l_3 = l_5$的长度仍可用上列公式求得。

（三）导曲线支距计算

导曲线支距计算以辙叉角平分线为基线。

$$x_K = R_W[\sin(\alpha/2) - \sin\beta'] \tag{7—1—7}$$

式中　x_K——导曲线在基线上的水平投影长。

当$x=0$时，

$$y_0 = S_0/2 - l_0 \times \sin\beta' \tag{7—1—8}$$

式中　S_0——尖轨尖端轨距。

当$x=x_i$时，

$$y_i = y_0 - R_W(\cos\beta' - \cos\alpha_i) \tag{7—1—9}$$

式中　x_i——导曲线上任意点的水平支距；

y_i——导曲线上任意点的垂直支距；

α_i——导曲线上任意点的角度。

当$x=x_K$时，

$$y_K = y_0 - R_W[\cos\beta' - \cos(\alpha/2)] = K \times \sin(\alpha/2) \tag{7—1—10}$$

$$\alpha_i = \arcsin\left(\sin\beta' + \frac{x_i}{R_W}\right) \tag{7—1—11}$$

式中　y_K——导曲线终点垂直支距；

y_0——导曲线起点垂直支距。

五、历年来对称道岔主要尺寸

历年来对称道岔主要尺寸见表7—1—1。

表7—1—1　对称道岔主要尺寸

轨型（kg/m）	道岔号	图号	设计年度	道岔全长（mm）	道岔前长（mm）	道岔后长（mm）	尖轨长度（mm）	转辙角	导曲线半径（mm）	基本轨前端长（mm）	辙叉前直线段长（mm）	辙叉 角度	辙叉 趾距（mm）	辙叉 跟距（mm）
43	9	5810	1977	28 864	13 839	15 025	6 250	1°19′12.7″	355 717.5	2 650	2 347	6°20′25″	1 538	2 054
50		5812												
43	6.5	岔1102	1956	20 008	8 717	11 291	4 207	2°06′40″	180 717.5	1 010	1 866	8°44′46.18″	1 116	1 812
43	6	5806	1975	17 457	7 437	10 020	4 500	1°00′42″	180 717.5	1 300	1 259	9°27′44″	1 220	1 325
50	6	5803	1969	17 457	7 437	9 994	4 100	1°00′42″	175 717.5	1 331	1 440	9°27′44″	1 220	1 321
50	5	5805	1970	14 761	6 179	8 553	3 500	0°54′11″	120 717.5	1 899	1 573	11°18′33″	1 152	1 303
43	9	4082	1957	25 358	10 329	15 009	5 500	1°30′38″	300 717.5	1 280	3 863	6°20′25″	1 538	2 050
38		4072												
43	5	5804	1970	14 761	6 179	8 553	3 500	0°54′11″	120 717.5	1 899	1 573	11°18′35″	1 152	1 303
60	4.5	9731	2008	23 805	12 626.5	11 178.5	8 700	1°24′11.9″	200717.5	2 020	0	12°40′49″	1 267	2 333

第二节　对称三开道岔

对称三开道岔由一组三开转辙器、一组中间辙叉、两组后端辙叉及其连接钢轨组成，其平面布置形式如图 7—2—1 所示。对称三开道岔主要用于编组场的驼峰头部或箭翎线、铁路轮渡的栈桥线路等处。使用三开道岔可以缩短驼峰头部长度，增大边远股道有效长，节约站场用地，提高编解效率。

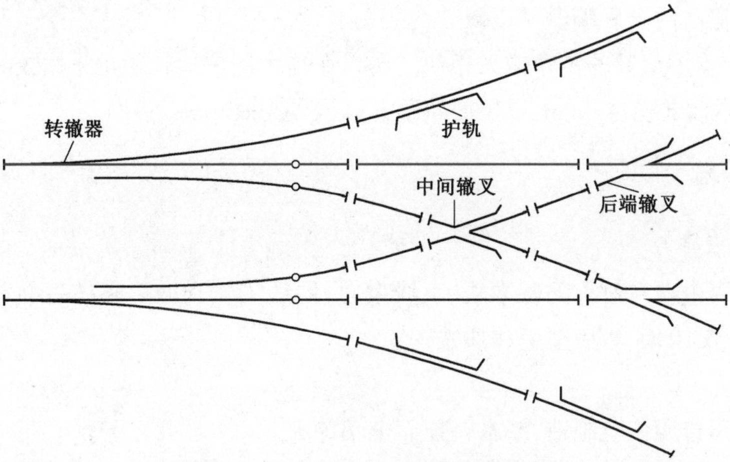

图 7—2—1　对称三开道岔平面示意

我国驼峰编组场使用 50 kg/m 钢轨 7 号对称三开道岔，轮渡线路使用 50 kg/m 钢轨 9 号对称三开道岔，城市轨道交通主要使用 60 kg/m 钢轨 4.5 号对称三开道岔。

一、平面形式

1. 道岔平面线形

道岔平面线形可采用半切线形或半割线形曲线尖轨，直线或曲线形后端辙叉。

2. 直线尖轨和曲线尖轨结合形式

直线尖轨和曲线尖轨前后结合的形式有三种，如图 7—2—2 所示。一般采用曲、直尖轨尖端对齐的形式。

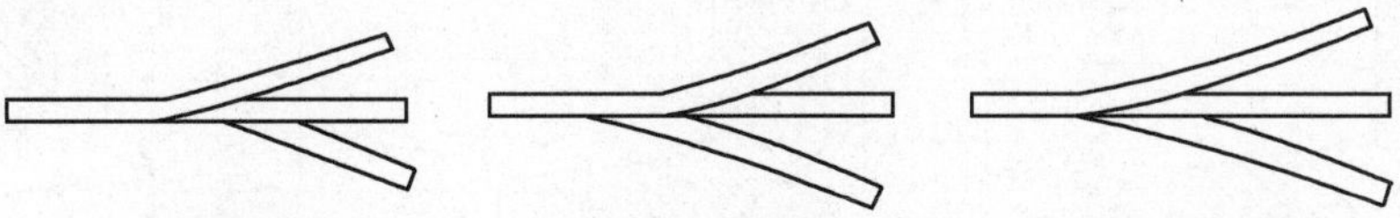

(a)直线尖轨在前　　(b)曲线尖轨在前　　(c)曲、直尖轨对齐

图 7—2—2　直线尖轨与曲线尖轨结合形式示意

3. 尖轨跟部结构形式

为了尽可能缩短绝缘区段长度，在尖轨跟部采用设短轨的形式。为保持短轨的稳定，将其与底板整铸在一起，与尖轨相连可采用活接头，短轨后可设绝缘接头。

4. 辙叉长度

中间辙叉为双边曲线辙叉，后端辙叉为单边曲线辙叉，趾端、跟端长度均按能采用普通夹板接头考虑。

5. 后端辙叉的安全措施

由于两后端辙叉之间不能设置护轨，为确保车轮轮缘不冲击心轨尖端，将侧股翼轨轮缘槽平直段部分向咽喉方向延长一段距离。为防止延长长度过多引起有害空间段冲击角过大，确定延长值为100 mm，如图 7—2—3 所示。

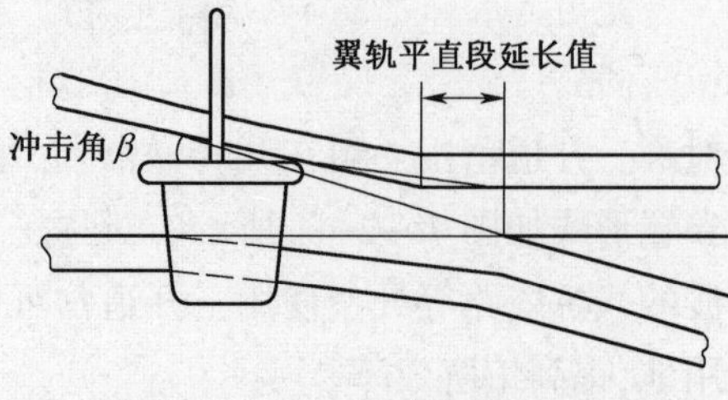

图 7—2—3　后端辙叉结构示意

对称三开道岔两个后端辙叉以翼轨为另一辙叉作护轨，与菱形交叉的钝角辙叉相似。所以在这个部位的轨距也采用 1 440 mm，两个后端辙叉的翼轨轮缘槽为 47 mm，以便使轨距允许误差为±2 mm。

二、道岔结构

(一)转辙器部分

转辙器主要由左右对称的基本轨、直线尖轨、曲线尖轨和辙后整铸短轨等部件组成，主要零件有拉杆、滑床板、辙后垫板和顶铁等。

1. 基本轨

基本轨采用普通钢轨制造，基本轨顶面全长淬火。

2. 尖轨

尖轨采用 AT 钢轨制造，直线尖轨尖端采用藏尖结构。尖轨跟端采用活接头，用平夹板与固定的短轨连接。为扳动灵活，前边第一根辙跟螺栓采用双头螺柱连接；跟端垂直面设计为圆弧形，以使瞎缝时两侧仍有回转空间。

直、曲尖轨的断面结合尺寸选择，应综合考虑两尖轨的强度和稳定性。曲线尖轨尖端、轨头宽 20 mm 和 50 mm 处与直尖轨结合情况如图 7—2—4 所示。

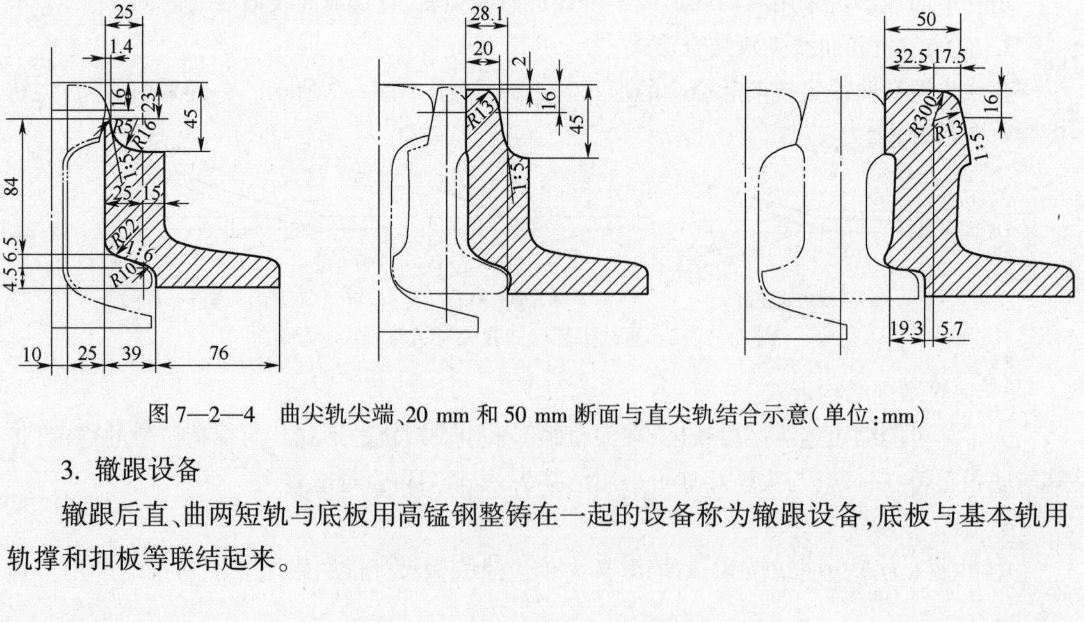

图 7—2—4　曲尖轨尖端、20 mm 和 50 mm 断面与直尖轨结合示意(单位：mm)

3. 辙跟设备

辙跟后直、曲两短轨与底板用高锰钢整铸在一起的设备称为辙跟设备，底板与基本轨用轨撑和扣板等联结起来。

4. 拉杆

为方便更换尖轨,将拉杆设置在尖轨尖端前方。方法是将直线尖轨的轨腰从尖端向前伸长 300 mm,以安装接头铁,在曲线尖轨上安装伸长的连接铁,用方钢、扁钢两种拉杆分别连接起来。方钢拉杆安装在轨腰中部位置上;扁钢拉杆安装在钢轨底部,并通过基本轨轨底。尖轨动程采用 180 mm,均在尖轨尖端处量计。

(二)辙叉及护轨部分

辙叉及护轨部分包括中间辙叉及护轨、左侧后端辙叉及护轨和右侧后端辙叉及护轨三部分,左、右侧后端辙叉及护轨为对称制造和铺设。

1. 辙叉

中间辙叉及后端辙叉均采用高锰钢整铸,辙叉结构形式与标准“75”型锰钢辙叉相同。两种辙叉的趾、跟端均采用普通夹板联结。

两后端辙叉如前所述,采取安全措施,将侧股翼轨轮缘槽平直段部分向咽喉方向延长 100 mm。直股平直段轮缘槽宽度采用 47 mm。

2. 护轨

为了减少护轨类型,中间辙叉和后端辙叉采用相同形式尺寸的护轨,全长为 3 000 mm,缓冲段冲击角采用 1°50′,在总图中的 4 根护轨可互换使用。

为延长护轨使用寿命,将护轨工作边轨头刨掉 8 mm,以增大轮轨接触面积,减少护轨磨耗。同时将车轮的接触点提高 12 mm,提高车轮在曲线上行车的安全性。此外,为延缓护轨磨耗,将护轨工作边进行全长淬火。

为减少护轨垫板类型,将护轨非工作边一侧的轨底刨切成一直线,并把垫板的扭斜角度取平均值,使 16 种垫板减成两种,以简化制造,方便铺设与养护。

第三节　道岔组合

在站场设计中,必要时将交叉渡线与复式交分道岔组合使用,以缩短站场咽喉区长度。道岔组合一般为 9 号、12 号道岔。

一、组合类型

根据组合中交分道岔数量多少,可以组合成多种道岔图形,如图 7—3—1 所示。此外,随着交叉渡线数量的增多,也可以组合成更为复杂的形式。

二、工程数量计算

交叉渡线与复式交分道岔组合形式尽管多种多样,但均可以交叉渡线及复式交分道岔对称中轴为分界划分为若干组合单元,如图 7—3—2 所示。

划分单元的目的是便于计算组合后的工程数量。因为任何一种轨型、道岔号数和线间距的交叉渡线及复式交分道岔,均可各自单独计算如图 7—3—2 所示的十种单元的工程数量,所以只需将道岔组合总布置图的所有组合单元的工程数量汇总,就可以求得一定图形的道岔组合的工程数量。

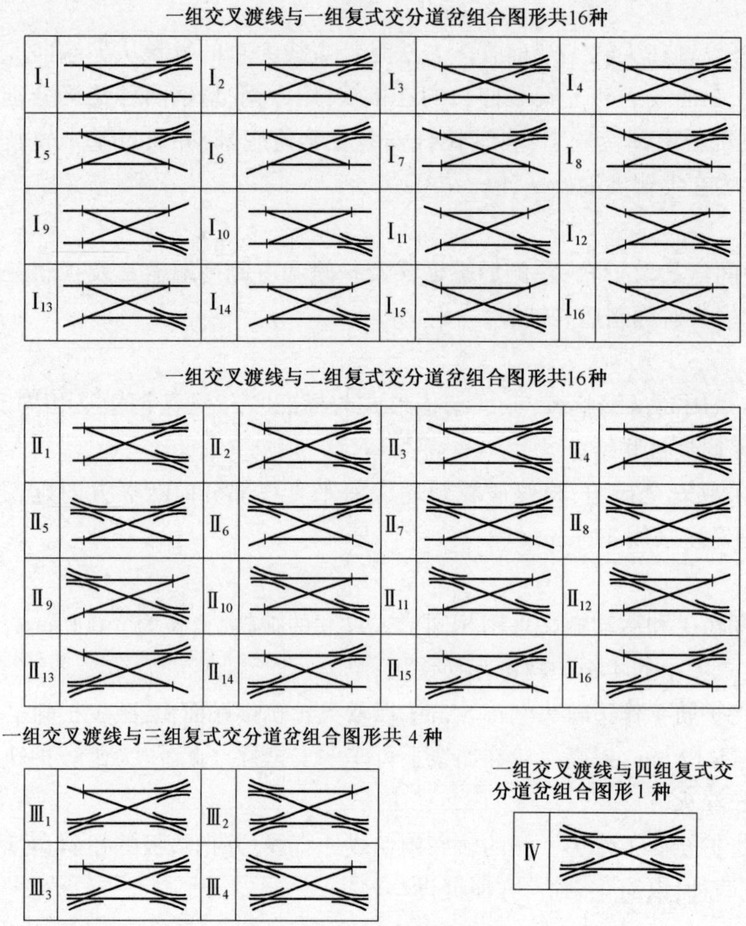

图 7—3—1　道岔组合形式

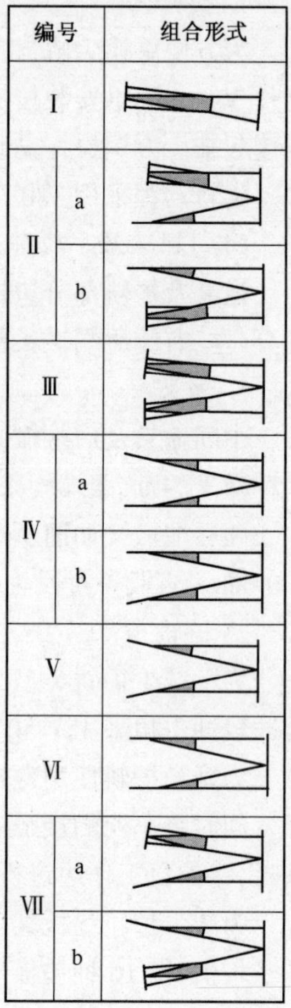

图 7—3—2　道岔组合单元

例如图 7—3—3 中交叉渡线与复式交分道岔组合总布置图可划分为编号 Ⅰ、$Ⅱ_b$、Ⅲ、$Ⅳ_b$、Ⅵ和 $Ⅶ_b$ 共六种组合单元(其中编号 $Ⅶ_b$ 的组合单元数量为 2 个)。

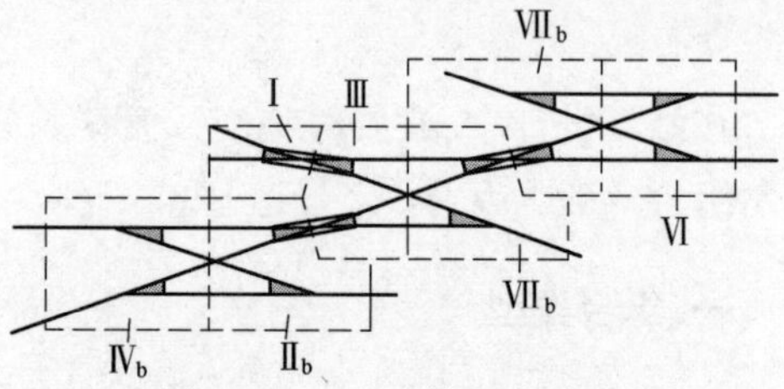

图 7—3—3　计算组合单元

三、道岔组合总布置图及明细表

木枕道岔组合时,一般不必设计新的零部件,只需设计总布置图,并统计工程数量即可,为此可以编制通用图。对于混凝土枕道岔,不同形式的组合,有可能引起岔枕的扭转,此时要更换不同型号的铁垫板,需要特殊设计。鉴于混凝土枕道岔组合的复杂性,且型号较多,一般不编制通用图,需要时根据具体情况单独设计。

“92”型 60 kg/m 钢轨 12 号道岔一渡一交组合 5.0 m 间距的布置图明细表见表 7—3—1~表 7—3—3,其他道岔组合见相关图纸。

60 kg/m 钢轨 12 号 5.0 m 间距一渡一交组合道岔的总布置图及明细表如下:

1. 总布置图(叁站 8080—23),见附图 5—7—9。

2. 总布置图明细见表 7—3—1。

表 7—3—1 "92"型 60 kg/m 钢轨 12 号道岔 5.0 m 间距一渡一交组合明细

序号	图　　号	名 称 及 规 格	单位	数量	质　量（kg≈）	备　　注
1	专线 4129	11.3 m 尖轨转辙器(右开)	组		18 180	
2	专线 4129	11.3 m 尖轨转辙器(左开)	组			
3	专线 7492	60 kg/m 钢轨 5 m 间距交叉渡线 12 号辙叉及护轨(A 型)	组	2		
4	专线 7492	60 kg/m 钢轨 5 m 间距交叉渡线 12 号辙叉及护轨(B 型)	组	2		与 A 型对称
5	专线 7493	60 kg/m 钢轨 5 m 间距交叉渡线 6 号锐角辙叉及护轨	组	2		
6	专线 7494	60 kg/m 钢轨 6 号钝角辙叉	组	2		
7	专线 6048	60 kg/m 钢轨 12 号复式交分道岔双转辙器	组	2	15 700	
8	专线 4130	60 kg/m 钢轨 12 号辙叉及护轨	组	1		
9	专线 6049	60 kg/m 钢轨 12 号复式交分道岔钝角辙叉	组	1	6 220	
10	专线 3161	接头夹板	块	46	1 071.8	
11	GB 5098—85	接头螺栓及螺母　M24	副	138	95.4	
12	TB 418—75	垫圈　ϕ24 mm	个	138	7.6	
13	专线 4114—8	垫板　384 mm×180 mm×20 mm	块	454	5 084.8	
14	专线 4114—45	塑料垫片　394 mm×190 mm×5 mm	块	454		单:374 cm^3 总:169 796 cm^3
15	专线 4114—14	中间扣板　60 kg/m	个	812	622.8	
16	专线 4114—15	接头扣板　60 kg/m　0—2 型	个	48	34.7	
17	专线 4114—15	接头扣板　60 kg/m　4—6 型	个	48	34.7	
18	专线 4114—4	螺栓　M22×85 mm	根	908	262.4	
19	TB 417—75	螺母　M22	个	908	91.7	
20	TB 418—75	垫圈　ϕ22 mm	个	908	36.3	
21	TB 436—77	螺纹道钉	个	1 816	740.9	
22	专线 4140—58	岔枕连接设备	组	38	1 064.0	
23	电号 9045	钢轨绝缘	组			由通号公司供图

注:每组道岔塑料垫片累计体积:546 134 cm^3。

3. 钢轨明细见表 7—3—2。
4. 枕木明细见表 7—3—3。

表 7—3—2　钢轨明细

序　号	钢轨长度(m)		钢轨根数
1	导　轨	17.884	4
2	导　轨	9.683	3
3	导　轨	9.604	3
4	导　轨	9.090	6
5	导　轨	8.756	3
6	导　轨	8.714	3
7	导　轨	4.689	4
8	护导轨	12.500	3
9	护导轨	10.952	3
10	护导轨	6.958	3
11	护导轨	6.328	4
12	护导轨	5.410	1
钢轨总长度　377.055 m			
钢轨总质量　22 864.6 kg			
钢轨的形式尺寸应符合专线 3250			

表 7—3—3　枕木明细

序　号	枕　木　规　格		枕木根数
1	普通枕木	I	45
2	道岔枕木	2.6 m	42
3	道岔枕木	2.8 m	44
4	道岔枕木	3.0 m	32
5	道岔枕木	3.2 m	46
6	道岔枕木	3.4 m	40
7	道岔枕木	3.6 m	25
8	道岔枕木	3.8 m	50
9	道岔枕木	4.0 m	4
10	道岔枕木	4.2 m	5
11	道岔枕木	4.4 m	20
12	道岔枕木	4.6 m	13
13	道岔枕木	4.8 m	13
道岔枕木体积(不含普枕)　43.730 m^3			
枕木材料和规格按 GB 154—84 的规定			
枕木总材积:47.690 m^3			

第四节　铁鞋脱落器

铁鞋脱落器是制动铁鞋的脱落设备，主要用于驼峰编组场。将铁鞋放在铁鞋脱落器之前适当距离的轨顶上，车轮辗压铁鞋时，通过铁鞋与轨顶的摩擦阻力，使车辆减速；当铁鞋通过铁鞋脱落器时，使铁鞋沿翼轨脱落，而减速后的车体继续沿线路方向前进。我国首先研制了 43 kg/m 钢轨用铁鞋脱落器，20 世纪 80 年代初期又设计了 50 kg/m 钢轨用铁鞋脱落器。

一、铁鞋脱落器组成

铁鞋脱落器在构造上类似半组锐角辙叉。我国现在使用的钢轨组合式铁鞋脱落器，一般由翼轨、脱鞋翼轨、心轨、护轨、滑板和其他联结零件组成，如图 7—4—1 所示。

脱鞋翼轨及其轮缘槽的有关尺寸是考虑与铁鞋形式尺寸(7—4—2)相配合来确定的。如翼轨的弯折角 α 不能过大，以免卡住铁鞋；翼轨尾端长度和轨顶纵横坡要适当，能使铁鞋顺利滑出翼轨；轮缘槽宽度应考虑铁鞋自由通过，但又不能过宽，以免铁鞋走行不稳。

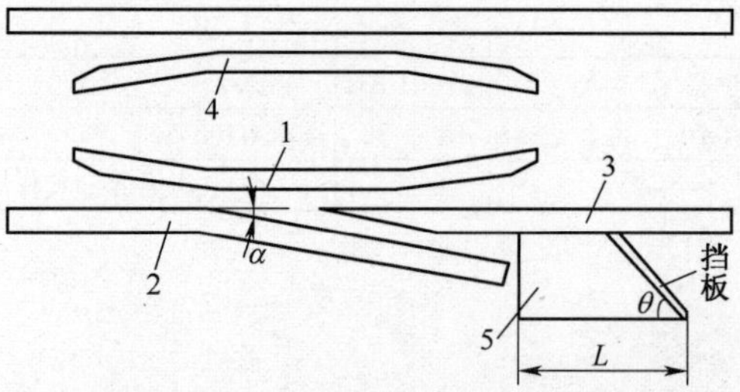

图 7—4—1　铁鞋脱落器的组成示意

1—一般翼轨；2—脱鞋翼轨；3—心轨；4—护轨；5—滑板

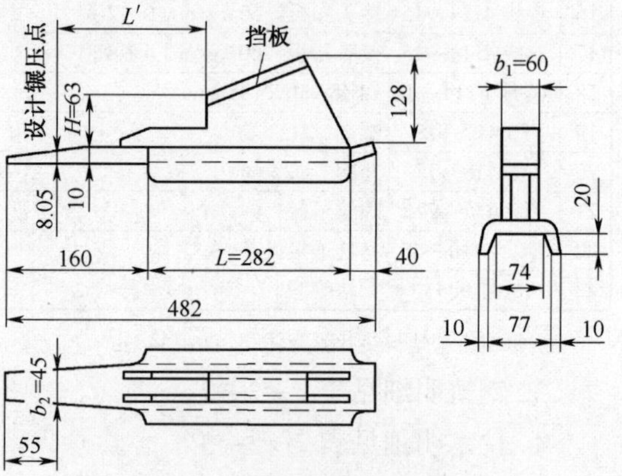

图 7—4—2　铁鞋形式尺寸(单位：mm)

滑板是为了保护钢轨接头零件、枕木等设备和人身安全而设置的。滑板长度 L 和其挡板角度 θ 参见图 7—4—1，应考虑消除或减小铁鞋剩余动能，不使铁鞋冲过挡板。

护轨平直段长度应自正对脱鞋翼轨弯折点至正对该翼轨末端附近处，两侧缓冲段和开口段同一般道岔的护轨设计规定。

二、铁鞋脱落器铺设

采用铁鞋制动，一般只在线路的一股钢轨上放置铁鞋，因此铁鞋脱落器也只是单边铺设，如作业需要在线路两股钢轨都设铁鞋脱落器，则两组铁鞋脱落器应错开铺设。

采用铁鞋制动对线路和车辆的危害较大，如钢轨剧烈磨耗、枕木损伤、车轮踏面擦伤、转向架损坏等。因此，铁鞋制动不宜作为溜放车体减速制动的主要途径。

三、50 kg/m 钢轨铁鞋脱落器布置图及明细表

1. 铁鞋脱落器布置(专线 8665)如图 7—4—3 所示。

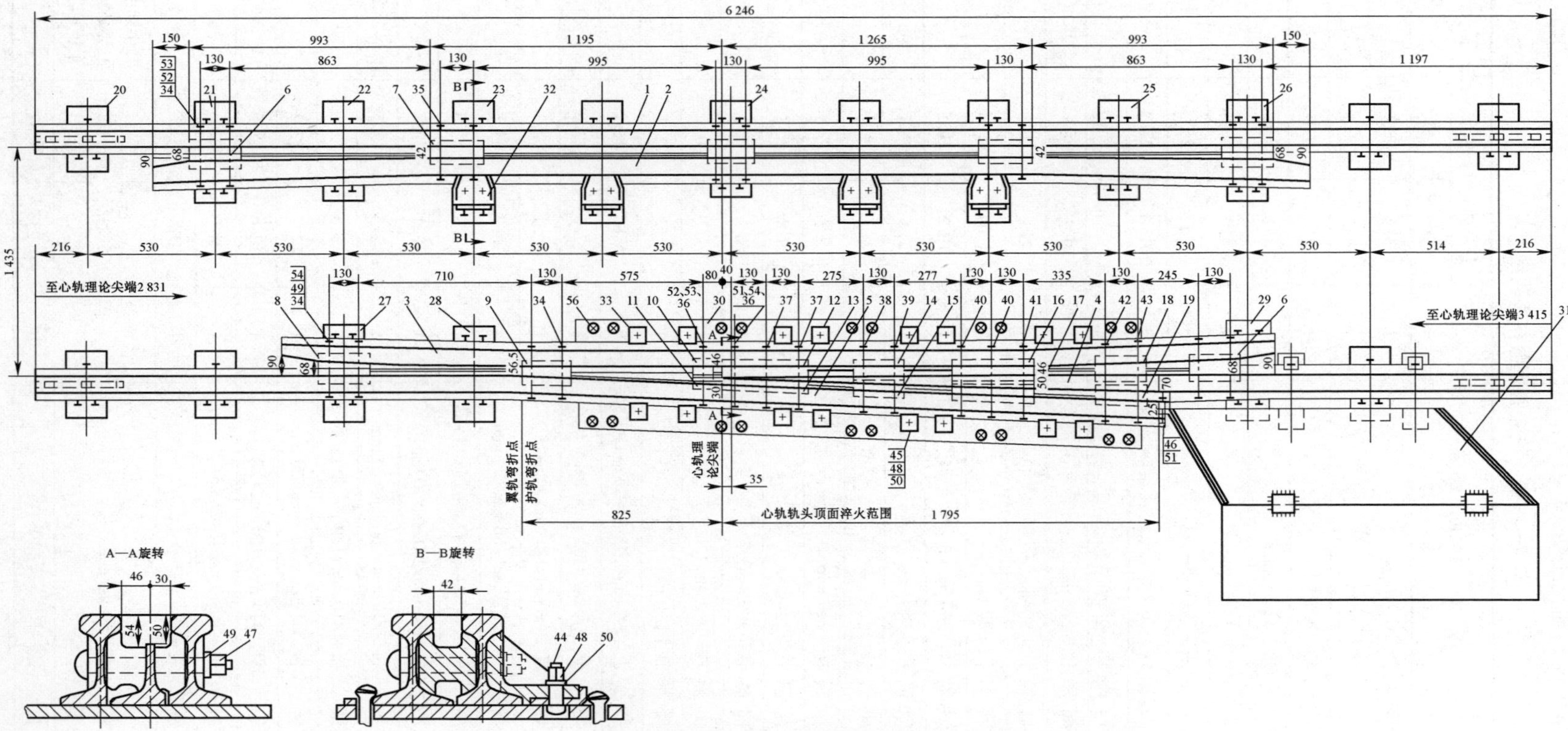

图7—4—3　铁鞋脱落器布置 (单位:mm)

1—基本轨；2，3—护轨；4—心轨；5—翼轨；6～19—间隔铁；20～29—垫板；30—大垫板；31—滑板组装；32—轨撑；33—扣铁；34～46—螺栓；47，48—螺母；49，50—垫圈；51，53—方孔垫圈；52，54—圆孔垫圈；55—道钉；56—螺纹道钉

2. 铁鞋脱落器布置明细见表7—4—1。

表7—4—1　铁鞋脱落器布置明细

序号	图　　号	名称及规格	数量	质量(kg≈)		备　　注
				单	总	
1	专线8665—4	基本轨　6 246 mm	1	322	322	
2	专线8665—5	护　　轨　4 746 mm	1	244	244	
3	专线8665—6	护　　轨　4 087 mm	1	210	210	
4	专线8665—7	心　　轨　3 535 mm	1	182	182	
5	专线8665—8	翼　　轨　4 655 mm	1	240	240	
6	TB 1138—75	间隔铁　50—120—115	3	8.77	26.3	
7	TB 439—75	间隔铁　50—42	3	7.74	23.2	
8	专线8665—9	间隔铁　210 mm	1	8.90	8.90	
9	专线8665—12	间隔铁　210 mm	1	9.5	9.5	
10	专线8665—10	间隔铁　80 mm	1	2.1	2.1	
11	专线8665—11	间隔铁　80 mm	1	1.04	1.04	
12	专线8665—13	间隔铁　340 mm	1	10.5	10.5	
13	专线8665—14	间隔铁　340 mm	1	7.6	7.6	
14	专线8665—16	间隔铁　210 mm	1	5.2	5.2	
15	专线8665—15	间隔铁　210 mm	1	5.8	5.8	
16	专线8665—17	间隔铁　340 mm	1	9.8	9.8	
17	专线8665—18	间隔铁　340 mm	1	8.2	8.2	
18	专线8665—19	间隔铁　210 mm	1	9.7	9.7	
19	专线8665—20	间隔铁　210 mm	1	7.7	7.7	
20	TB 419—75	垫　　板　290 mm×180 mm×20 mm	6	6.86	41.2	
21	专线8665—22	垫　　板　410 mm×180 mm×20 mm	1	12.5	12.5	
22	专线8665—22	垫　　板　396 mm×180 mm×20 mm	1	12.1	12.1	
23	TB 420—75	垫　　板　501 mm×180 mm×20 mm	4	16.2	64.8	
24	TB 422—75	垫　　板　50/384 mm×180 mm×20 mm	1	11.8	11.8	
25	专线8665—22	垫　　板　396 mm×180 mm×20 mm	1	12.1	12.1	
26	专线8665—22	垫　　板　410 mm×180 mm×20 mm	1	12.5	12.5	
27	专线8665—23	垫　　板　410 mm×180 mm×20 mm	1	12.5	12.5	
28	专线8665—23	垫　　板　410 mm×180 mm×20 mm	1	12.2	12.2	
29	专线8665—22	垫　　板　414 mm×180 mm×20 mm	1	12.6	12.6	
30	专线8665—21	大垫板　2 340 mm×543 mm×20 mm	1	183	183	
31	专线8665—24	滑板组装	1	105	105	
32	TB 437—75	轨　　撑　50 kg/m	4	5.21	20.8	其中两个立墙孔改为ϕ29 mm装于护轨上
33	TB 443—75	扣　　铁	18	0.733	13.2	

续上表

序号	图　　号	名 称 及 规 格	数量	质量(kg≈)		备　　注
				单	总	
34	TB 413—75	螺　　栓　M27×230 mm	10	1.22	12.2	
35	TB 413—75	螺　　栓　M27×210 mm	6	1.13	6.78	
36	TB 413—75	螺　　栓　M27×240 mm	2	1.27	2.54	
37	TB 413—75	螺　　栓　M27×250 mm	2	1.31	2.62	
38	TB 413—75	螺　　栓　M27×260 mm	1	1.36	1.36	
39	TB 413—75	螺　　栓　M27×270 mm	1	1.40	1.40	
40	TB 413—75	螺　　栓　M27×280 mm	2	1.45	2.90	
41	TB 413—75	螺　　栓　M27×290 mm	1	1.49	1.49	
42	TB 413—75	螺　　栓　M27×310 mm	1	1.58	1.58	
43	TB 413—75	螺　　栓　M27×320 mm	1	1.63	1.63	
44	TB 416—75	螺　　栓　M22×65 mm	8	0.299	2.39	
45	TB 416—75	螺　　栓　M22×80 mm	18	0.344	6.19	
46	TB 413—75	螺　　栓　M22×90 mm	1	0.389	0.389	
47	TB 417—75	螺母　M27	27	0.206	5.56	
48	TB 417—75	螺　　母　M22	27	0.101	2.73	
49	TB 418—75	垫　　圈　ϕ27 mm	27	0.060	1.62	
50	TB 418—75	垫　　圈　ϕ22 mm	27	0.040	1.08	
51	TB 440—75	方孔垫圈　50—0	17	0.471	8.01	
52	TB 440—75	圆孔垫圈　50—0	13	0.487	6.33	
53	TB 440—75	方孔垫圈　50—3	11	0.536	5.90	
54	TB 440—75	圆孔垫圈　50—3	12	0.554	6.65	
55	TB 1346—79	道　　钉	66	0.379	25.0	
56	TB 436—77	螺纹道钉	20	0.408	8.16	

注:总质量:1 970 kg。

第八章 钢轨伸缩调节器

钢轨伸缩调节器(简称调节器,Expansion Joints,缩写为 EJ)是由基本轨、尖轨、扣件系统和轨枕等部件组成,通过基本轨与尖轨之间的纵向相对位移,大幅减少桥梁与无缝线路纵向相互作用力的轨道设备。铁路长大连续梁上铺设无缝线路,通常需设置钢轨伸缩调节器。

钢轨伸缩调节器不仅辅助列车安全、平顺地通过,而且可以协调长大桥梁因梁体温差引起的梁端伸缩位移和长钢轨的伸缩位移,并释放钢轨承受的温度力,从而减小轨道及墩身所承受的无缝线路纵向力。

钢轨伸缩调节器在普速铁路和高速铁路均有广泛的应用。

钢轨伸缩调节器是轨道的薄弱环节,直接影响列车运行安全和行车平稳性,是轨道养护维修的重点工作之一,因此在有条件的情况下,应尽量减少其使用。今后应进一步优化钢轨伸缩调节器结构,提高平顺性和稳定性,延长使用寿命,减小现场的养护维修工作量。

第一节 钢轨伸缩调节器类型

钢轨伸缩调节器可以按技术系列、容许通过速度、平面形式和轨下基础类型等分类,此外每种钢轨伸缩调节器也可以有不同的设计伸缩量。

1. 按技术系列可分为自主研发钢轨伸缩调节器和 CN 钢轨伸缩调节器两类。
2. 按容许通过速度可分为时速 200 km 以下、200~250 km 及 350 km 钢轨伸缩调节器。
3. 按伸缩方向分成单向钢轨伸缩调节器和双向钢轨伸缩调节器两种类型。
4. 按轨下基础类型可以分为有砟轨道钢轨伸缩调节器、无砟轨道钢轨伸缩调节器和钢桥木枕明桥面用钢轨伸缩调节器。
5. 按钢轨类型分成 60 kg/m 钢轨、75 kg/m 钢轨等钢轨伸缩调节器。
6. 按使用条件可以分为直线用钢轨伸缩调节器和曲线用钢轨伸缩调节器。

第二节 自主研发钢轨伸缩调节器

自主研发钢轨伸缩调节器包含了各种速度等级、轨型和轨下基础的钢轨伸缩调节器,型号较多,满足了不同使用条件的需要。有砟轨道钢轨伸缩调节器如图 8—2—1 所示,无砟轨道钢轨伸缩调节器如图 8—2—2 所示。

时速 200 km 以下普速钢轨伸缩调节器主要型号见表 8—2—1。

高速铁路采用的钢轨伸缩调节器分为时速 250 km(兼顾货运)有砟轨道钢轨伸缩调节器(图号:研线 0726 和研线 0727)、时速 350 km 无砟轨道钢轨伸缩调节器(图号:研线 0706)。

图 8—2—1　有砟轨道钢轨伸缩调节器

图 8—2—2　无砟轨道钢轨伸缩调节器

表 8—2—1　普速钢轨伸缩调节器主要型号

型　号	组装长度(mm)	设计伸缩量(mm)	单/双向	适　用　轨　道
DWH60	12 500	±500	单向	60 kg/m 钢轨无砟轨道
SWH60	22 000	两侧各±500	双向	
DYH60	12 500	±500	单向	60 kg/m 钢轨有砟混凝土枕轨道
SYH60	22 000	两侧各±500	双向	
DWM60	12 500	±500	单向	60 kg/m 钢轨木枕轨道
DYM60	22 000	两侧各±500	双向	
DYH75	12 500	±500	单向	75 kg/m 钢轨有砟混凝土枕轨道
SYH75	22 000	两侧各±500	双向	

钢轨伸缩调节器由尖轨、基本轨、扣件系统和轨枕或轨道板组成，均为尖轨锁定、基本轨伸缩的结构形式。

一、普速钢轨伸缩调节器

(一)平面布置

普速单向钢轨伸缩调节器标准全长 12 500 mm，设计伸缩量一般为±500 mm，部分采用±600 mm，如图 8—2—3 所示；双向钢轨伸缩调节器标准全长 22 000 mm，每侧基本轨的设计伸缩量为±500 mm，如图 8—2—4 所示。

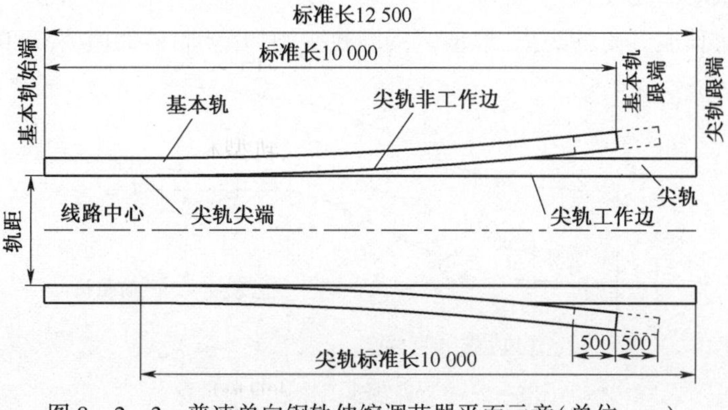

图 8—2—3　普速单向钢轨伸缩调节器平面示意(单位:mm)

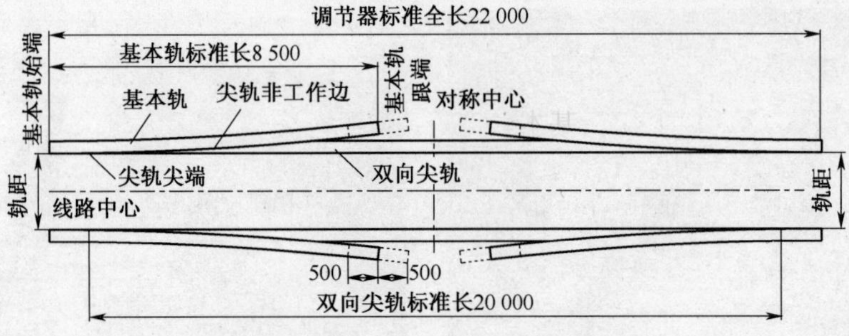

图 8—2—4　普速双向钢轨伸缩调节器平面示意(单位:mm)

(二)钢轨伸缩调节器结构

1. 基本轨

基本轨采用与区间钢轨同轨型(60 kg/m 钢轨或 75 kg/m 钢轨)、同材质的钢轨,宜采用在线淬火轨制造。

单向钢轨伸缩调节器基本轨全长 10 000 mm,双向钢轨伸缩调节器基本轨全长 8 500 mm。基本轨轨头与尖轨轨头密贴范围内,贴合面需按 1∶4 进行机加工,尖轨轨头工作边刨切范围也按1∶4进行机加工,如图 8—2—5 所示;基本轨外侧设轨撑与铁垫板联结。

2. 尖轨

尖轨采用 60AT1(原 60AT)在线淬火轨制造,材质应与区间钢轨相同。单向钢轨伸缩调节器尖轨跟端应锻压成 60 kg/m或75 kg/m钢轨断面。

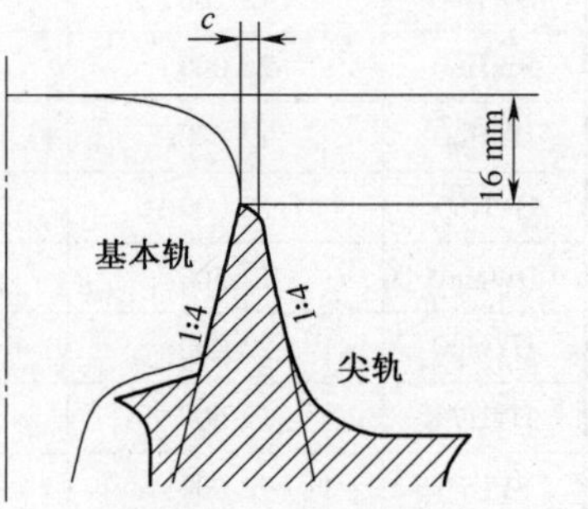

图 8—2—5　基本轨与尖轨轨头刨切示意

单向、双向钢轨伸缩调节器尖轨全长分别为 10 000 mm、20 000 mm。尖轨采用轨撑固定在铁垫板上。尖轨尖端与基本轨组装配合时,藏尖3 mm,同时降低 23 mm。构造轨距加宽在尖轨降低 16 mm 处,其设计值为 c,如图 8—2—5 所示,c 值范围在 0~4 mm 之间,普速钢轨伸缩调节器 c 值为 2. 8 mm。

尖轨非工作边采用曲线刨切,以保证基本轨伸缩过程中,轨距基本保持不变,如图 8—2—6所示。尖轨非工作边线形采用三次抛物线,曲线方程为

$$y = a_0 + a_1x + a_2x^2 + a_3x^3 \tag{8—2—1}$$

式中　y——尖轨断面宽度,取值范围为 1~71 mm;

x——尖轨长度方向的距离,取值范围即轨头刨切范围,最大值为 6 800 mm。

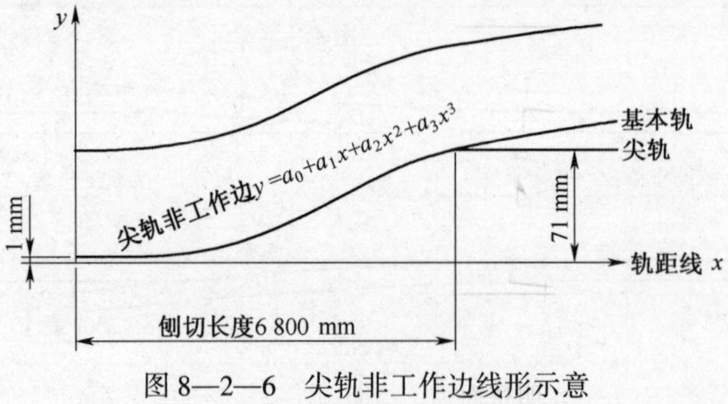

图 8—2—6　尖轨非工作边线形示意

尖轨降低值见表 8—2—2。

表 8—2—2　尖轨降低值(mm)

距尖轨尖端距离	轨头顶面宽度	尖轨降低值
0	0	23
3 003	20	3
5 481	50	0

3. 铁垫板

铁垫板上设置 1∶40 轨底坡,基本轨轨底与铁垫板 1∶40 斜面接触,尖轨轨底与铁垫板上的台板接触。铁垫板两侧设置锚固螺栓孔。根据轨下基础不同,铁垫板尺寸、锚固螺栓孔数量和尺寸也不同。

有砟轨道钢轨伸缩调节器铁垫板如图 8—2—7 所示,长 600 mm、宽 180 mm、最小厚度 14.6 mm,左右侧各采用 1 个锚固螺栓孔。明桥面钢轨伸缩调节器铁垫板如图 8—2—8 所示,长 580 mm、宽180 mm、最小厚度 14.6 mm,左右侧各采用 2 个螺旋道钉用螺栓孔。

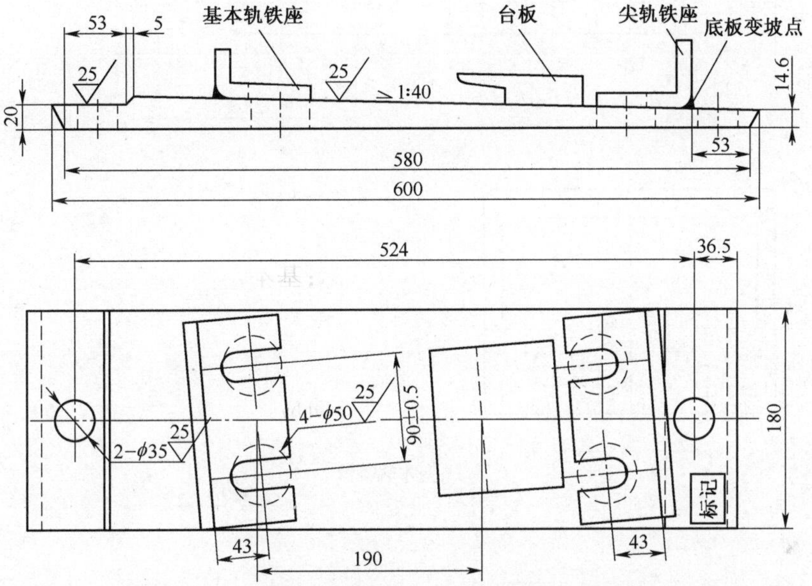

图 8—2—7　有砟轨道钢轨伸缩调节器铁垫板(单位:mm)

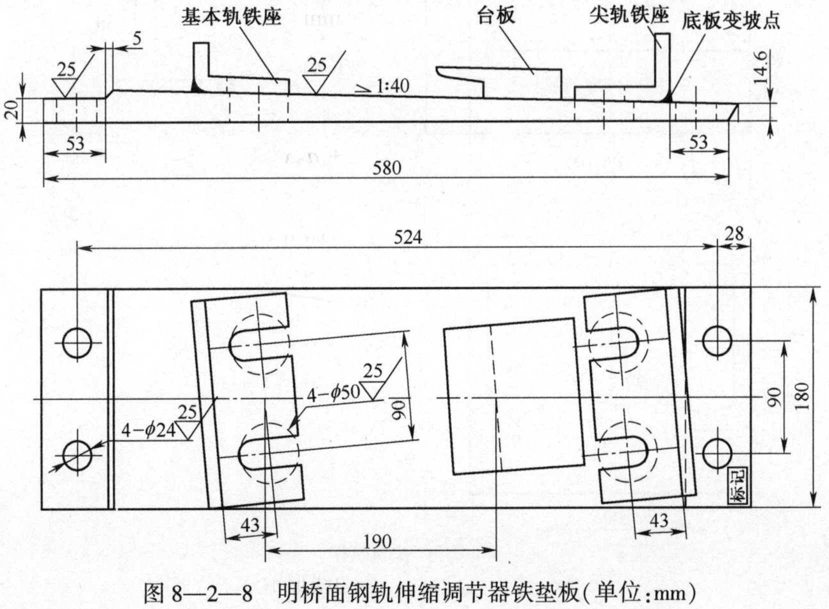

图 8—2—8　明桥面钢轨伸缩调节器铁垫板(单位:mm)

4. 轨撑

轨撑包括基本轨轨撑和尖轨轨撑，采用铸造工艺制造。基本轨轨撑如图 8—2—9(a)所示，尖轨轨撑如图 8—2—9(b)所示。

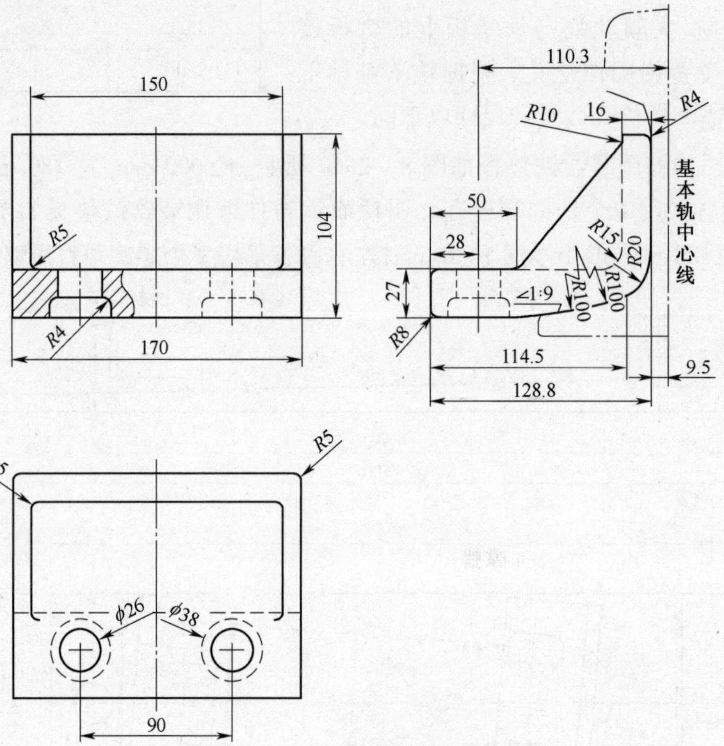

(a) 基本轨轨撑

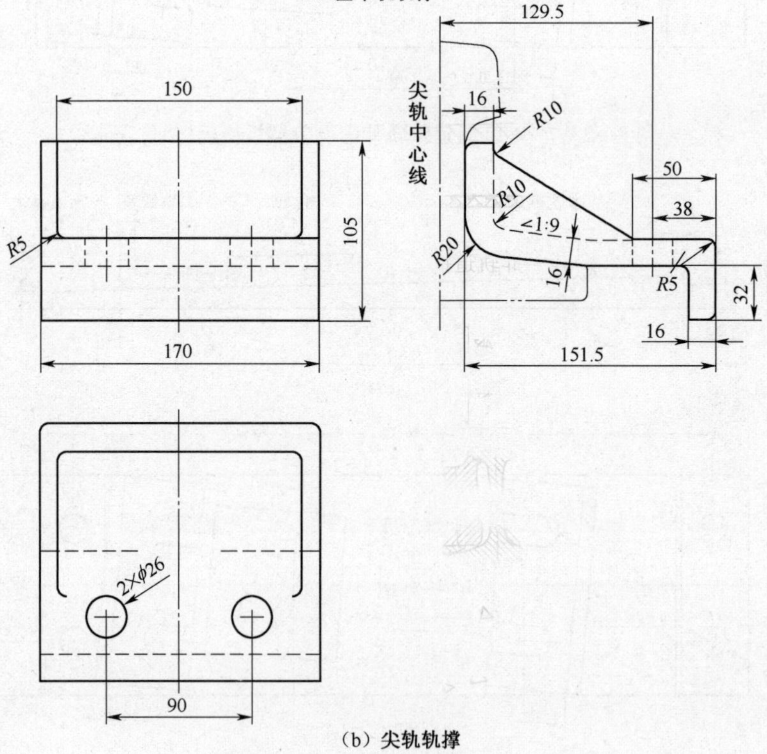

(b) 尖轨轨撑

图 8—2—9　轨撑(单位:mm)

5. 双联轨撑

双联轨撑不仅为基本轨跟端提供了伸缩导槽，也使基本轨跟端铁垫板形成整体，木枕明桥面钢轨伸缩调节器双联轨撑如图 8—2—10 所示。

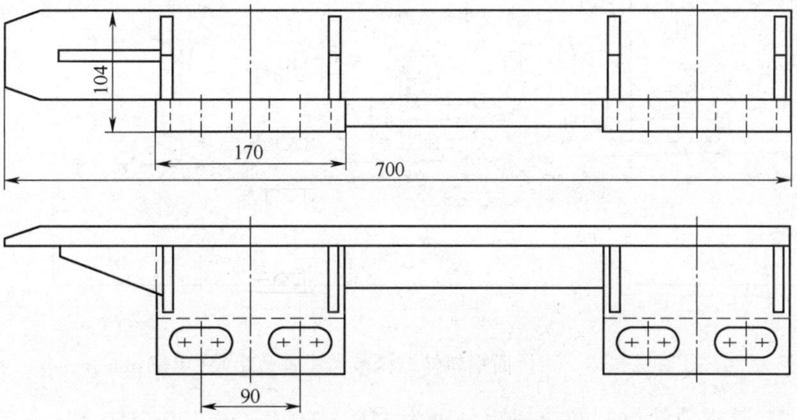

图 8—2—10　双联轨撑（单位：mm）

6. 基本轨与尖轨组装

钢轨伸缩调节器通过轨撑和轨撑螺栓使基本轨与尖轨轨头贴合，并整体固定在铁垫板上，如图 8—2—11～图 8—2—13 所示。

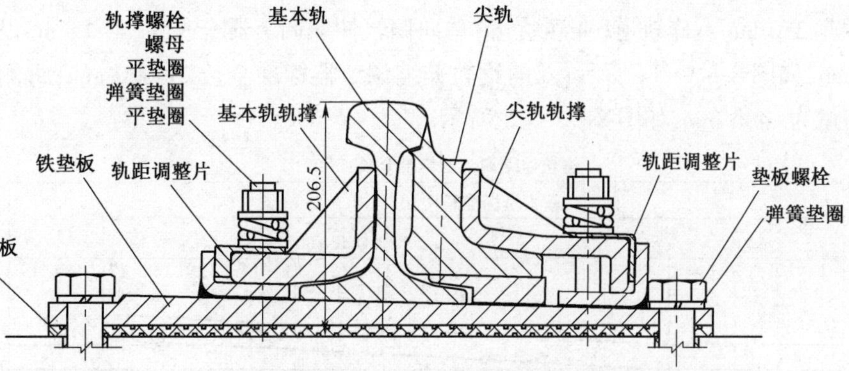

图 8—2—11　无砟轨道钢轨伸缩调节器尖基轨组装（单位：mm）

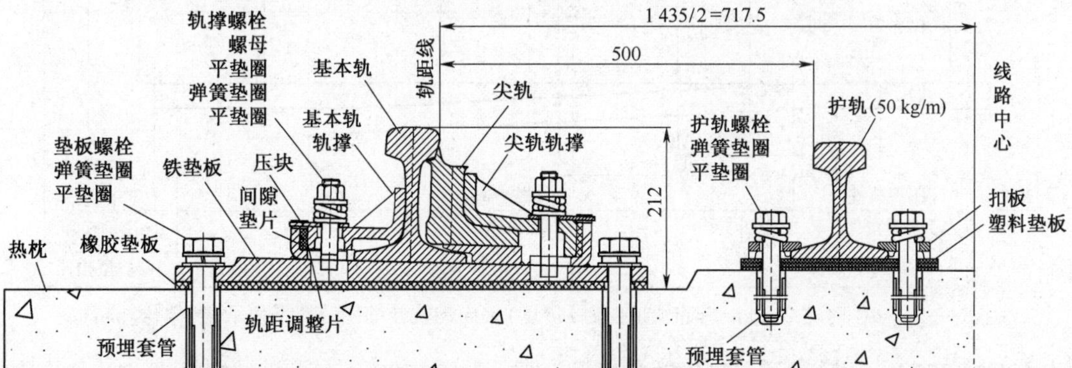

图 8—2—12　有砟轨道钢轨伸缩调节器尖基轨组装（单位：mm）

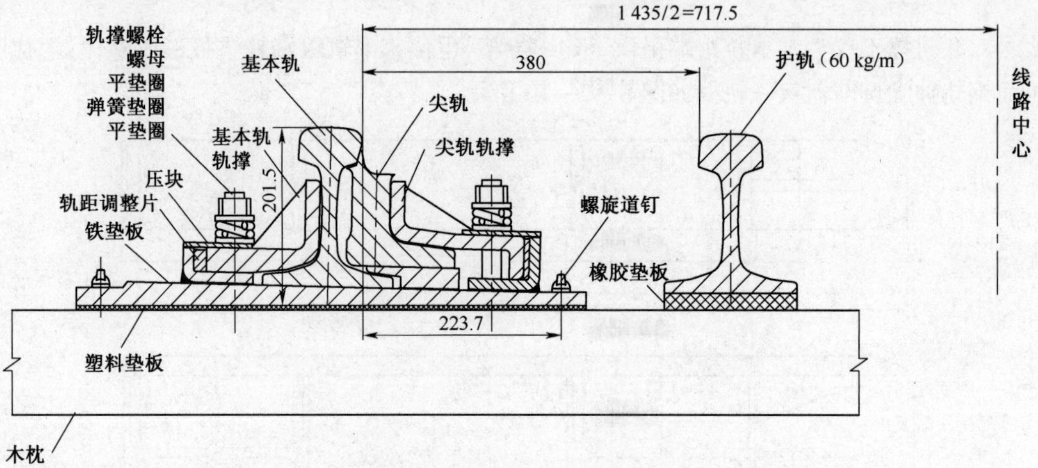

图 8—2—13　明桥面钢轨伸缩调节器尖基轨组装(单位:mm)

尖轨轨撑、基本轨轨撑的螺栓扭矩分别为 150~180 N · m、120~150 N · m,有砟、无砟钢轨伸缩调节器锚固螺栓扭矩分别为 120~150 N · m、200~250 N · m。

二、高速钢轨伸缩调节器

(一)平面布置

时速 250 km 有砟轨道(兼顾货运)单向钢轨伸缩调节器全长 11 400 mm,设计伸缩量为 ±400 mm,如图 8—2—14 所示;双向钢轨伸缩调节器标准全长 21 000 mm,每侧基本轨的设计伸缩量为±400 mm,如图 8—2—15 所示。

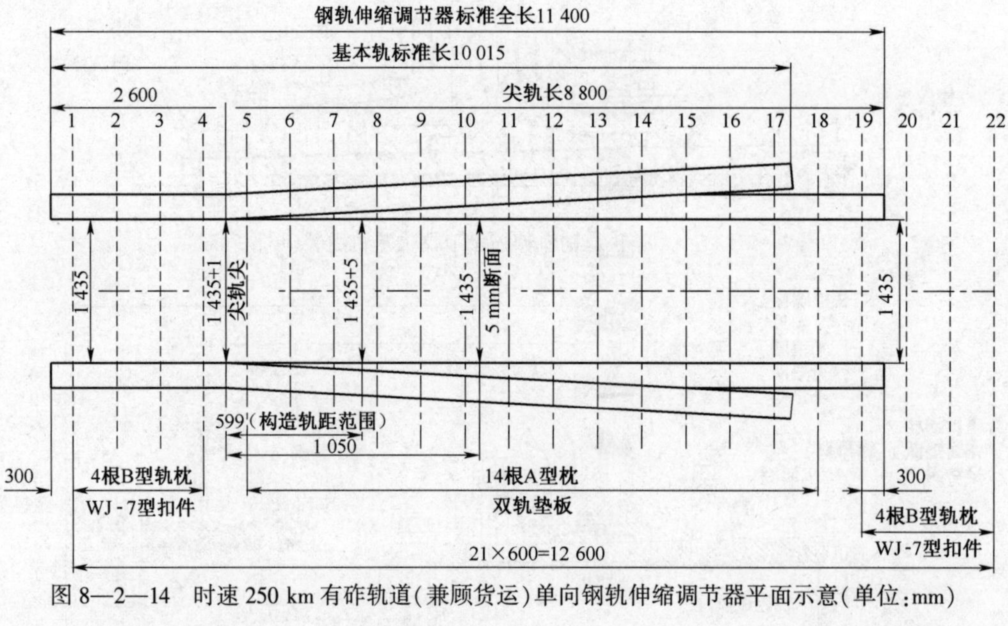

图 8—2—14　时速 250 km 有砟轨道(兼顾货运)单向钢轨伸缩调节器平面示意(单位:mm)

时速 350 km 无砟轨道单向钢轨伸缩调节器全长 15 000 mm,设计伸缩量为±400 mm,如图 8—2—16 所示;双向钢轨伸缩调节器全长 30 000 mm,每侧基本轨的设计伸缩量为±400 mm,如图 8—2—17 所示。

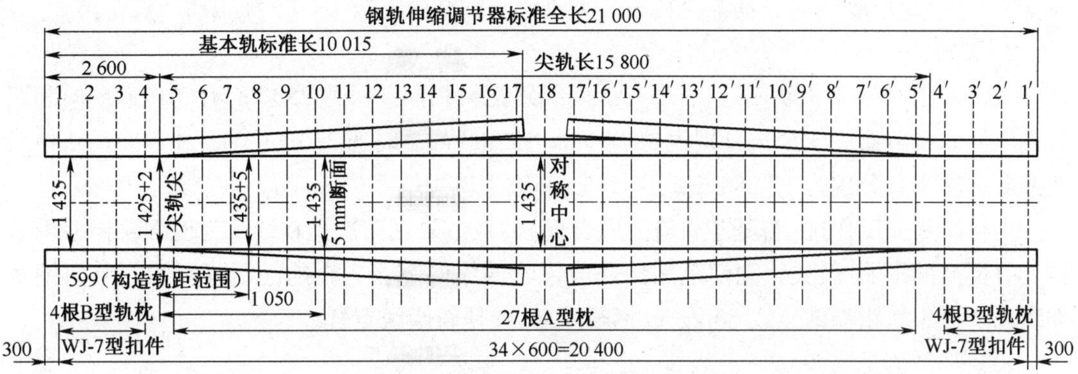

图 8—2—15　时速 250 km 有砟轨道（兼顾货运）双向钢轨伸缩调节器平面示意（单位：mm）

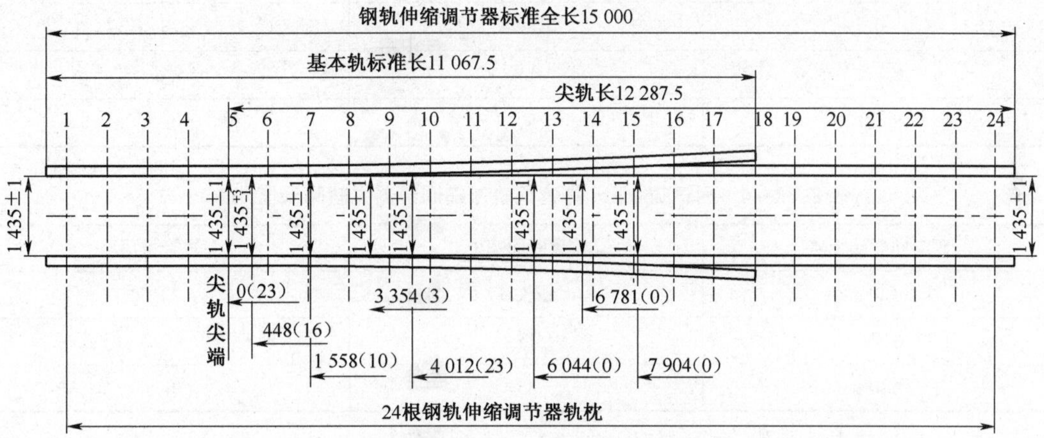

图 8—2—16　时速 350 km 无砟轨道单向钢轨伸缩调节器平面示意（单位：mm）

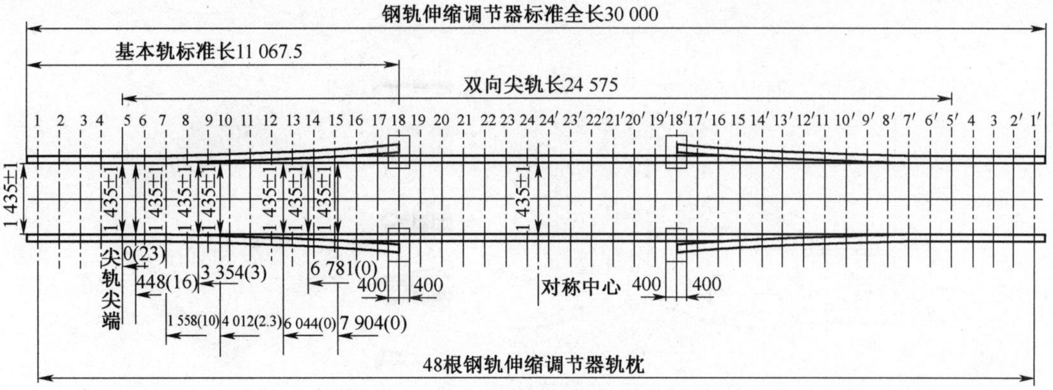

图 8—2—17　时速 350 km 无砟轨道双向钢轨伸缩调节器平面示意（单位：mm）

（二）钢轨伸缩调节器结构

1. 基本轨

基本轨采用 60 kg/m、U75VG 或 U71MnG 钢轨制造。时速 250 km 有砟轨道（兼顾货运）单向和双向钢轨伸缩调节器基本轨全长 10 015 mm，时速 350 km 单向和双向钢轨伸缩调节器基本轨全长11 068 mm。基本轨轨头与尖轨轨头密贴面需按 1∶4 进行刨切加工。

2. 尖轨

尖轨采用60AT1 钢轨制造,材质与区间线路钢轨相同。时速 250 km 有砟轨道单向和双向钢轨伸缩调节器尖轨全长分别为 8 800 mm、15 800 mm;时速 350 km 单向和双向钢轨伸缩调节器尖轨全长分别为 12 288 mm、24 575 mm。尖轨尖端藏尖 3 mm。

尖轨轨头非工作边(与基本轨轨头贴合面)的线形采用三次抛物线。为使钢轨伸缩调节器具有更高的平顺度,尖轨刨切范围比普速钢轨伸缩调节器尖轨的刨切范围长。单向钢轨伸缩调节器尖轨跟端锻压成 60 kg/m 钢轨断面,并使轨距线重合。

尖轨降低值见表 8—2—3、表 8—2—4。

表 8—2—3　时速 250 km 高速钢轨伸缩调节器尖轨降低值(mm)

距尖轨尖端距离	轨顶断面宽度	尖轨降低值
0	藏尖 3	23
2 452	15	5. 6
5 481	50	0

表 8—2—4　时速 350 km 高速钢轨伸缩调节器尖轨降低值(mm)

距尖轨尖端距离	轨顶断面宽度	尖轨降低值
0	藏尖 3	23
3 354	15	3
6 044	45	0

3. 轨撑

基本轨轨撑的作用是防止基本轨向外倾翻,并且提供较小的基本轨纵向摩擦阻力,如图 8—2—18 所示。

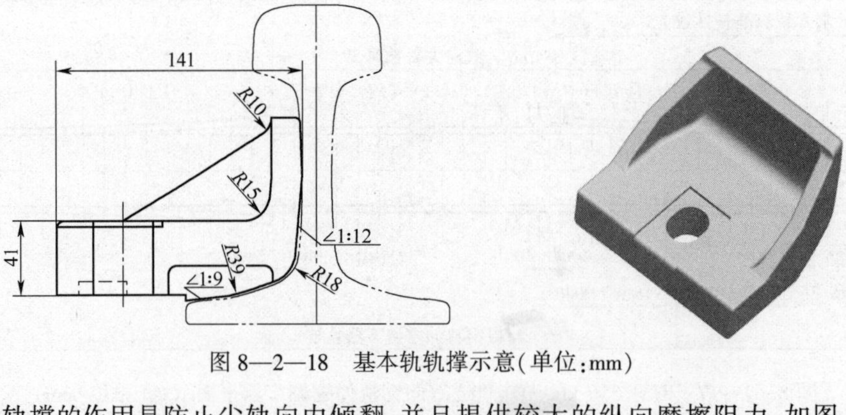

图 8—2—18　基本轨轨撑示意(单位:mm)

尖轨轨撑的作用是防止尖轨向内倾翻,并且提供较大的纵向摩擦阻力,如图 8—2—19 所示。

4. 基本轨双联轨撑

基本轨双联轨撑不仅为基本轨跟端的伸缩自动提供了导向,而且牢靠锁定,减小了养护工作量,如图 8—2—20 所示。

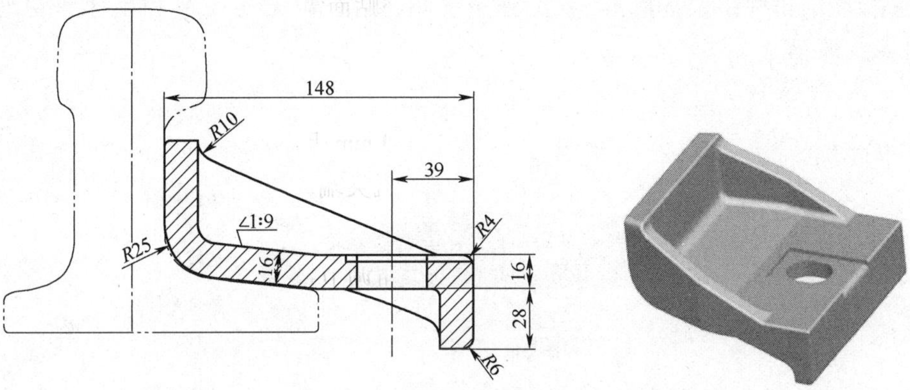

图 8—2—19　尖轨轨撑示意(单位:mm)

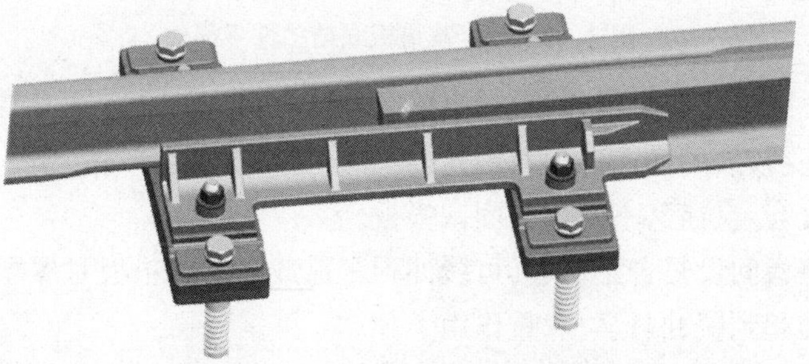

图 8—2—20　基本轨双联轨撑组装

5. 铁垫板

铁垫板上设置 1∶40 轨底坡,基本轨轨底与铁垫板 1∶40 面接触,尖轨轨底与铁垫板上的台板接触,铁垫板两侧设置锚固螺栓孔,整体结构如图 8—2—21 所示,主要结构特征如下:

(1)铁垫板与轨枕或轨道板间设弹性垫层。

(2)铁垫板与轨枕之间采用螺栓与预埋套管配合紧固方式联结。

(3)铁垫板与螺栓间设置复合定位套,用以缓冲铁垫板对螺栓的横向冲击,同时使得螺栓紧固时对铁垫板不产生较大的压力,有利于充分发挥铁垫板下弹性垫层的弹性。

(4)垫板螺栓通过盖板扣压铁垫板,盖板上附有弹性较好的橡胶垫圈,既不对铁垫板产生较大压力也可防止垫板倾翻。

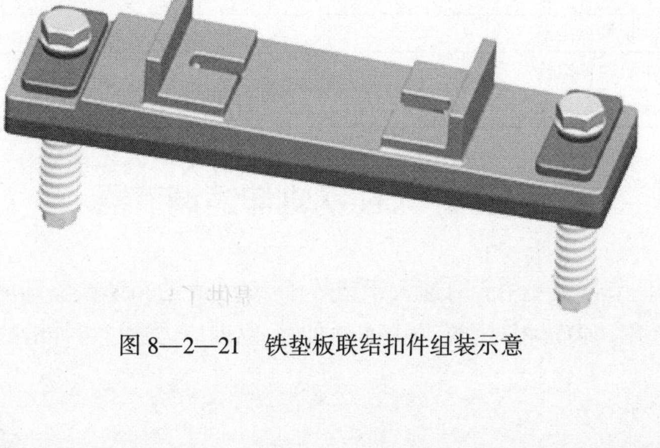

图 8—2—21　铁垫板联结扣件组装示意

铁垫板联结扣件由锚固螺栓、重型弹簧垫圈、盖板、复合定位套和预埋套管组成，如图 8—2—22 所示。

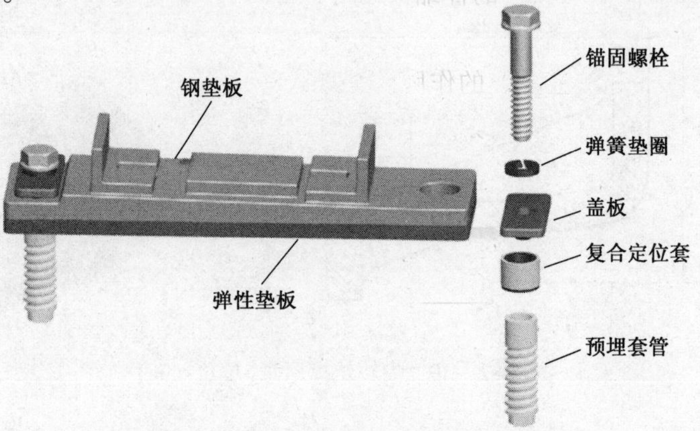

图 8—2—22　铁垫板联结扣件零部件

由于铁垫板下弹性垫层刚度较小，如直接紧固则将出现两个问题，即铁垫板下弹性垫层弹性损失；螺栓承受较大的横向冲击。因此，做如下特殊处理：

①螺栓紧固复合定位套，不直接紧固铁垫板。

②螺栓与铁垫板间设复合定位套，可缓冲列车荷载通过铁垫板对螺栓的横向冲击。

③复合定位套起到缓冲、定位双重作用。

6. 铁垫板下弹性垫板

列车高速通过钢轨伸缩调节器时，车轮将从一股钢轨过渡到两股密贴的钢轨，再过渡到一股钢轨。为使钢轨伸缩调节器范围内整体竖向刚度均匀，并保持与区间扣件的竖向刚度一致，时速250 km钢轨伸缩调节器弹性垫板设计静刚度为 50 kN/mm，时速 350 km 无砟钢轨伸缩调节器弹性垫板设计静刚度为 25 kN/mm。也可采用整体硫化技术，将弹性垫层与铁垫板结合在一起形成弹性铁垫板。

（三）轨下基础

轨下基础均采用混凝土轨枕，其有砟轨枕和无砟轨枕的断面及配筋分别与客专线高速道岔的有砟岔枕和无砟岔枕相同，只是钉孔距不同，参见本手册“第十章　轨下基础”。

（四）螺栓扭矩

高速铁路钢轨伸缩调节器各部位螺栓扭矩应满足表 8—2—5 的要求。

表 8—2—5　高速铁路钢轨伸缩调节器螺栓扭矩

螺栓位置	扭　矩(N·m)
尖轨轨撑螺栓	400~500
基本轨轨撑螺栓	300~350
垫板螺栓	300~350

第三节　CN 钢轨伸缩调节器

CN 钢轨伸缩调节器主要用于时速大于或等于 200 km 的高速铁路和城际铁路，一般与梁端伸缩装置一同使用。尖轨相对固定而基本轨伸缩，纵向应力通过可伸缩的基本轨得到释放。

CN 钢轨伸缩调节器可提供±150～±600 mm 的伸缩范围。根据伸缩量的不同，钢轨伸缩调节器在桥缝处采用了不同结构的伸缩装置，使节点间距在伸缩过程中保持均匀且不超出允许的最大值。

CN 钢轨伸缩调节器在桥梁上的作用原理如图 8—3—1 所示。

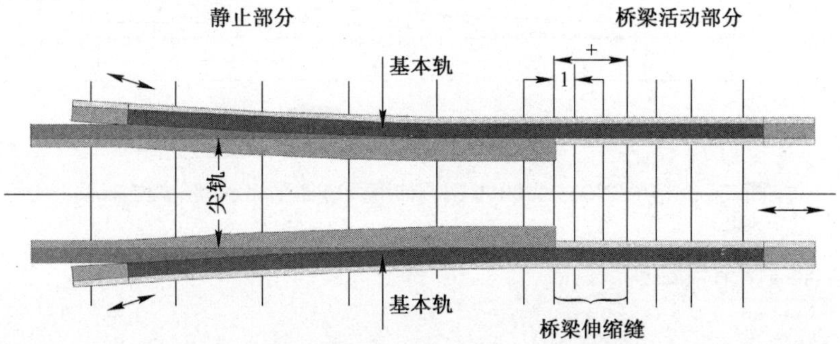

图 8—3—1　钢轨伸缩调节器作用原理图解

根据设计伸缩量的不同，CN 钢轨伸缩调节器标准型号见表 8—3—1。

表 8—3—1　CN 钢轨伸缩调节器型号

型　号	伸缩量(mm)	桥 缝 结 构
CN60—300	±150	不设悬挂钢枕和伸缩装置，接头夹板加固桥缝处钢轨
CN60—600	±300	设一根悬挂钢枕和单连杆伸缩装置
CN60—1200	±600	设两根悬挂钢枕和双连杆伸缩装置

根据轨道类型的不同，每种型号又分为有砟和无砟两种。

一、钢轨伸缩调节器平面布置

CN60—300 型钢轨伸缩调节器标准全长 16 880 mm，设计伸缩量为±150 mm，其平面如图8—3—2 所示。

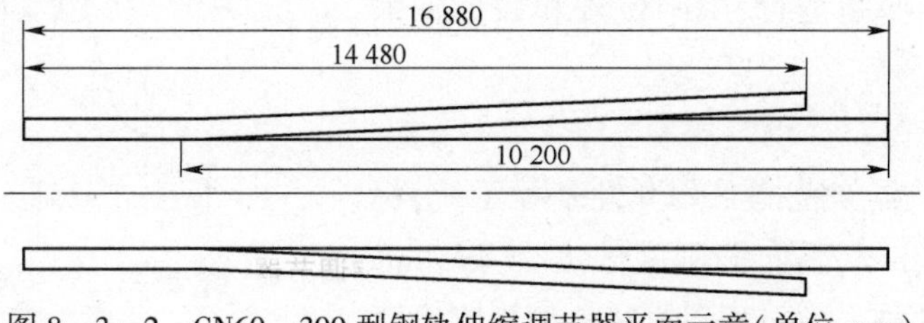

图 8—3—2　CN60—300 型钢轨伸缩调节器平面示意(单位：mm)

CN60—600 型钢轨伸缩调节器标准全长 17 200 mm，设计伸缩量为±300 mm，其平面如图8—3—3 所示。

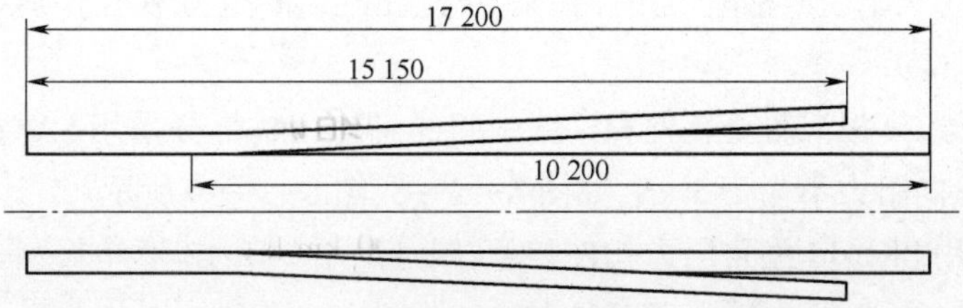

图 8—3—3　CN60—600 型钢轨伸缩调节器平面示意(单位：mm)

CN60—1200 型钢轨伸缩调节器标准全长 17 550 mm，设计伸缩量为±600 mm，其平面如图8—3—4 所示。

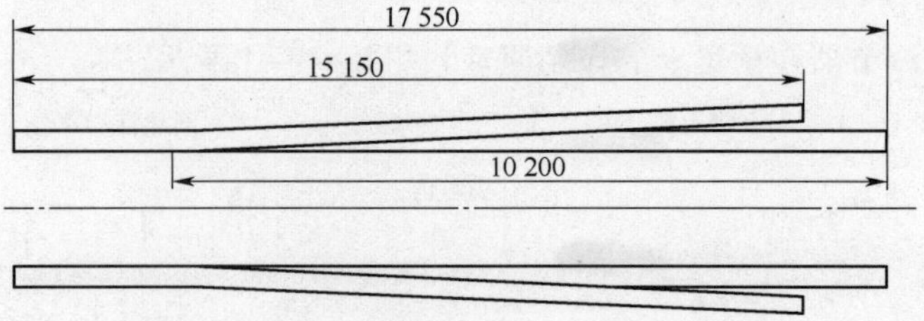

图 8—3—4　CN60—1200 型钢轨伸缩调节器平面示意（单位：mm）

二、钢轨伸缩调节器结构

1. 基本轨

CN 钢轨伸缩调节器基本轨采用 60E1（即 UIC60）钢轨制造，钢轨高度 172 mm，前端锻压成 60 kg/m 钢轨断面，钢轨材质采用 EN 13674 标准的轨头硬化钢轨 R350HT。

CN60—300 型钢轨伸缩调节器基本轨长度为 14 480 mm，CN60—600 型和 CN60—1200 型钢轨伸缩调节器基本轨长度为 15 150 mm。

2. 尖轨

尖轨采用特种断面 60AT3 钢轨制造，跟端锻压成 60 kg/m 钢轨断面，与道岔尖轨相类似。钢轨材质为符合 EN 13674 标准的轨头硬化钢轨 R350HT。

CN60—300 型、CN60—600 型和 CN60—1200 型钢轨伸缩调节器尖轨长度均为 10 200 mm。

为减小尖轨磨损延长尖轨寿命，尖轨尖端采用了藏尖结构（图 8—3—5），尖轨尖端前一根到后三根轨枕设置构造轨距加宽。

在尖轨尖端附近的基本轨外侧设置有三个样冲点，分别对应最小伸缩位置、中间位置和最大伸缩位置。

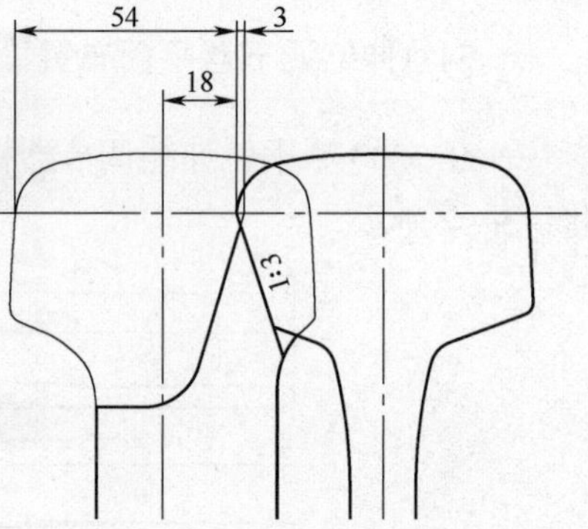

图 8—3—5　CN 钢轨伸缩调节器尖轨藏尖示意（单位：mm）

3. 扣件

钢轨伸缩调节器全范围采用弹性基板系统，标准扣件高度为 61 mm，垂向静刚度分 17.5 kN/mm 和 22.5 kN/mm 两种。为与相邻线路垫板静刚度匹配，可在钢轨伸缩调节器两端设置过渡段。

基本轨固定端 8 根（CN60—300 型为 7 根，靠梁缝处的 1 根枕采用 SAKp—2 扣压板）混凝土轨枕部分采用 SKL 3 型常阻力扣件弹条，单组扣件纵向阻力不小于 9 kN，如图 8—3—6、图 8—3—7 所示。

基本轨伸缩端 20 根混凝土轨枕和梁缝中间的悬挂钢枕部分采用 SAKp—2 型小阻力扣压板，单组扣件纵向阻力不大于 5 kN，如图 8—3—8、图 8—3—9 所示。

尖轨部分采用 SKL 15 型常阻力扣件弹条，跟端采用 SKL 12 型弹条，单组扣件纵向阻力不小于 9 kN，如图 8—3—9~图 8—3—11 所示。

图 8—3—6　SKL 3 型弹条扣压示意

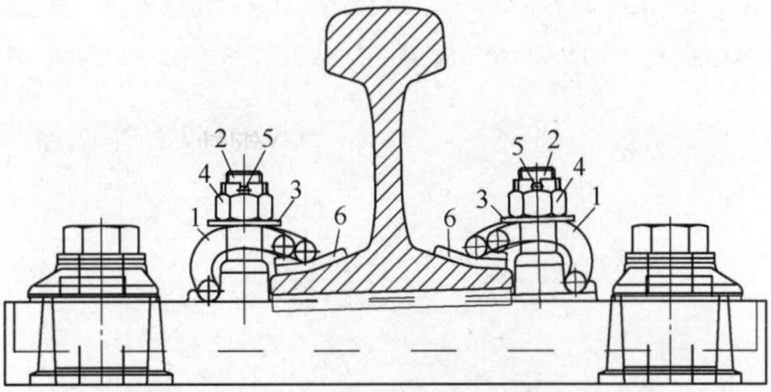

图 8—3—7　基本轨固定端扣压示意

1—SKL 3 型弹条；2—Hs32-65 型 T 形螺栓；3—Uls 6 型垫圈；4—M22-SW34 型六角开槽螺母；

5—ϕ5 mm×40 mm 开口销；6—SAZw 5 型隔垫

图 8—3—8　SAKp—2 小阻力扣压板示意

在基本轨和尖轨共用弹性基板区域内，基本轨和尖轨采用了不同性能的弹性衬垫以保证不同的扣件阻力要求。

4. 梁端结构

CN60—300 型钢轨伸缩调节器不设悬挂钢枕和伸缩装置，但用鱼尾板加固桥缝处钢轨，如图 8—3—12 所示。

CN60—600 型钢轨伸缩调节器在桥缝中间设置一根悬挂钢枕，通过单连杆伸缩装置（剪刀装置）与两侧轨枕相连，保证伸缩过程中节点间距均匀且不超出允许最大值。早期钢轨伸缩调节器的伸缩装置（剪刀装置）为竖向安装，如图 8—3—13 所示，后来修改为横向水平安装，如图 8—3—14 所示。

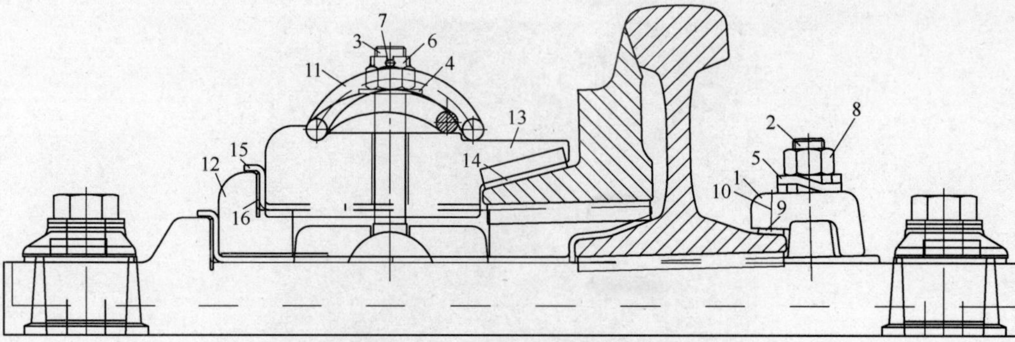

图 8—3—9　基本轨、尖轨扣压示意

1—SAKp-2 型扣板；2—Hs26-65 型 T 形螺栓；3—Hs32-130 型 T 形螺栓；4—U1s 6 型垫圈；5—Fe 6 型弹簧垫圈；6—M22-SW34 型六角开槽螺母；7—ϕ5 mm×40 mm 开口销；8—M22-SW39 六角螺母；9—弹性元件；10—ϕ5 mm×25 mm 螺钉；11—SKL 15 型弹条；12—M 1203 型台板；13—D 1204 型扣压板；14—SAZw 13 型垫片；15—SAZw 6 型垫片；16—Agb 34—2/3 型调整片

图 8—3—10　SKL 12 弹条扣压示意

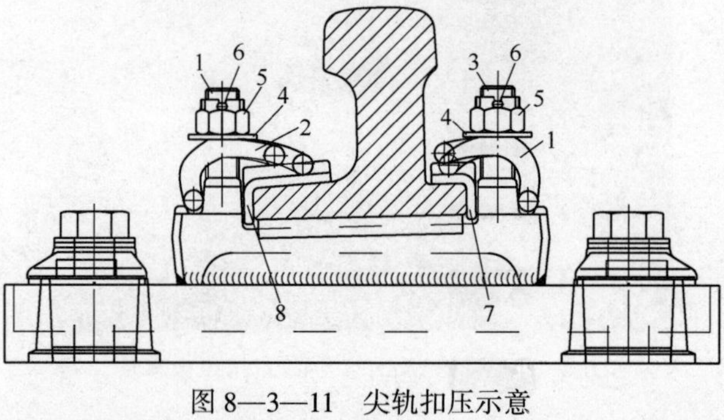

图 8—3—11　尖轨扣压示意

1—SKL 12 型弹条；2—SKL 3 型弹条；3—Hs32-65 型 T 形螺栓；4—Uls 6 型垫圈；5—M22-SW34 型六角开槽螺母；6—ϕ5 mm×40 mm 开口销；7—SAZw 11 型垫片；8—SAZw 12 型垫片

CN60—1200 型钢轨伸缩调节器在梁缝中间设置两根悬挂钢枕，通过双连杆伸缩装置（剪刀装置）与两侧轨枕相连，保证伸缩过程中节点间距均匀且不超出允许最大值。早期的钢轨伸缩调节器的伸缩装置（剪刀装置）为竖向安装，如图 8—3—15 所示。后来修改为横向水平安装，如图 8—3—16 所示。

CN60—600 型和 CN60—1200 型钢轨伸缩调节器均在轨道两侧跨梁缝设置两根纵向钢梁，一端固定，一端可纵向伸缩，通过扣件与悬挂钢枕相连。列车作用在梁缝中悬挂钢枕上的荷载通过纵向钢梁传递到梁缝两侧的桥梁结构上。

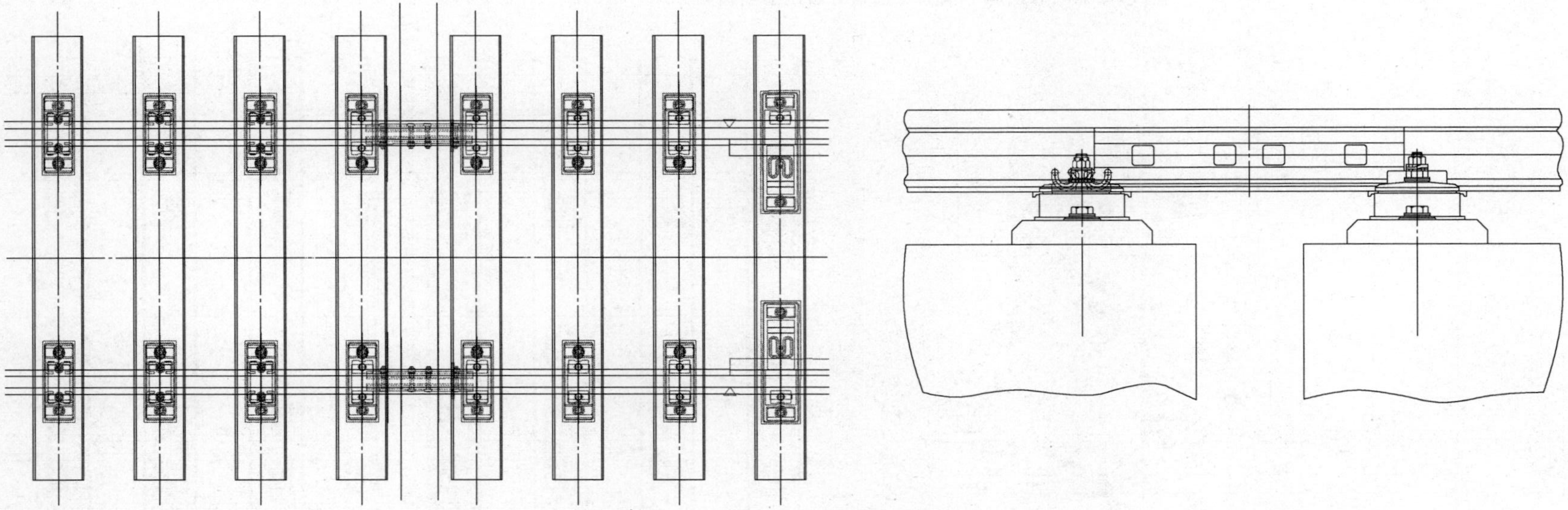

图8—3—12　CN60—300型钢轨伸缩调节器桥缝结构

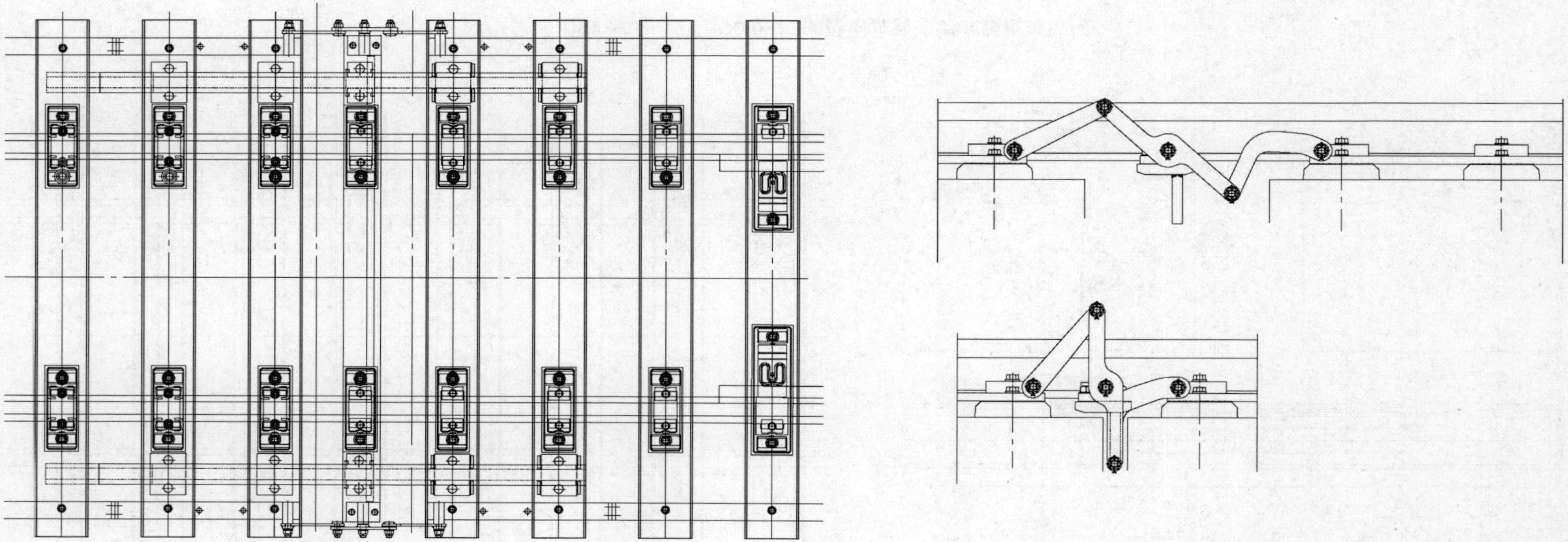

图8—3—13　CN60—600型钢轨伸缩调节器梁端结构—剪刀装置竖向安装

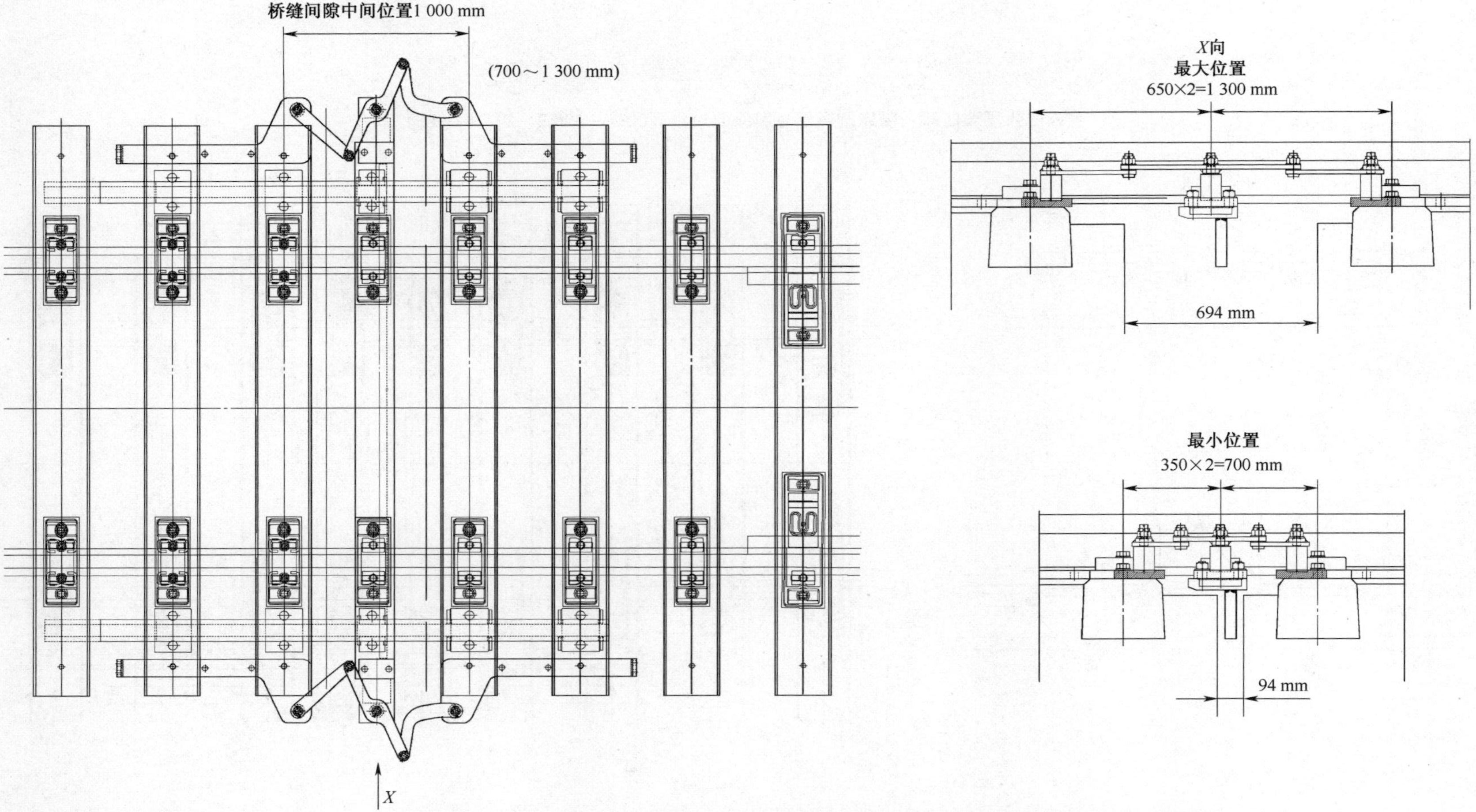

图8—3—14　CN60—600型钢轨伸缩调节器梁端结构—剪刀装置横向水平安装

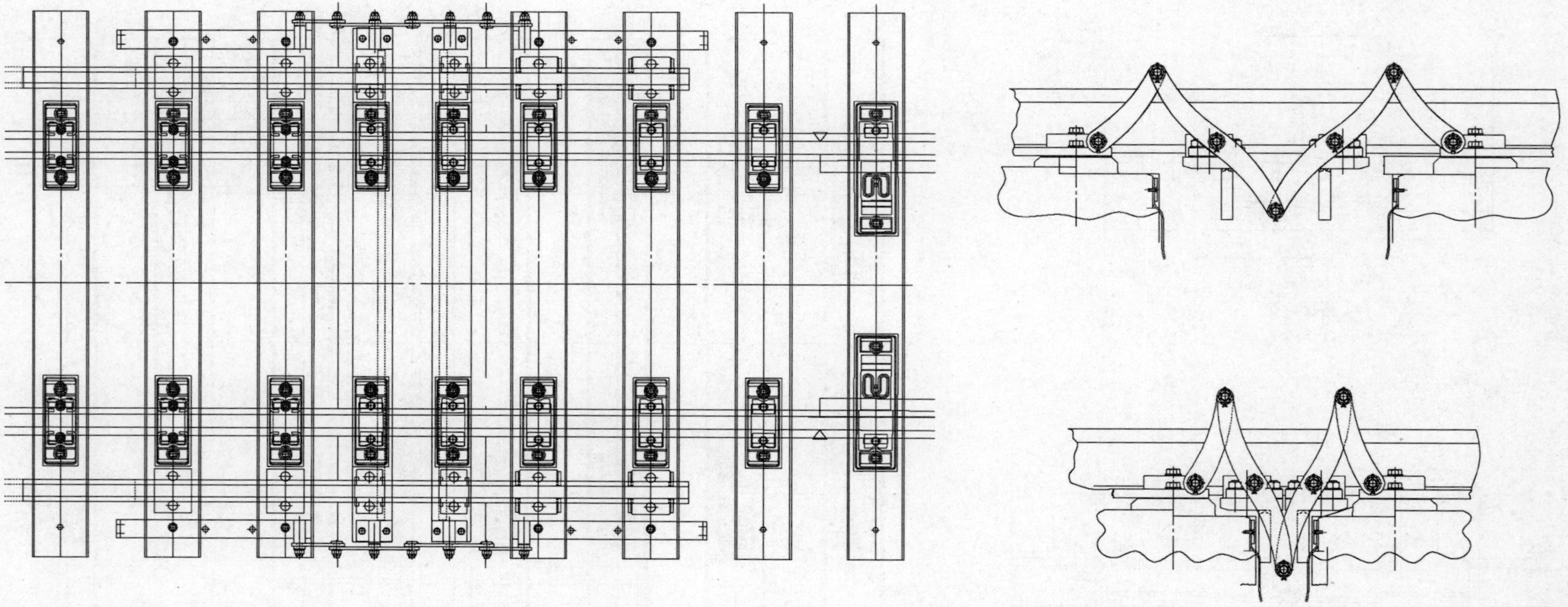

图8—3—15　CN60—1200型钢轨伸缩调节器梁端结构—剪刀装置竖向安装

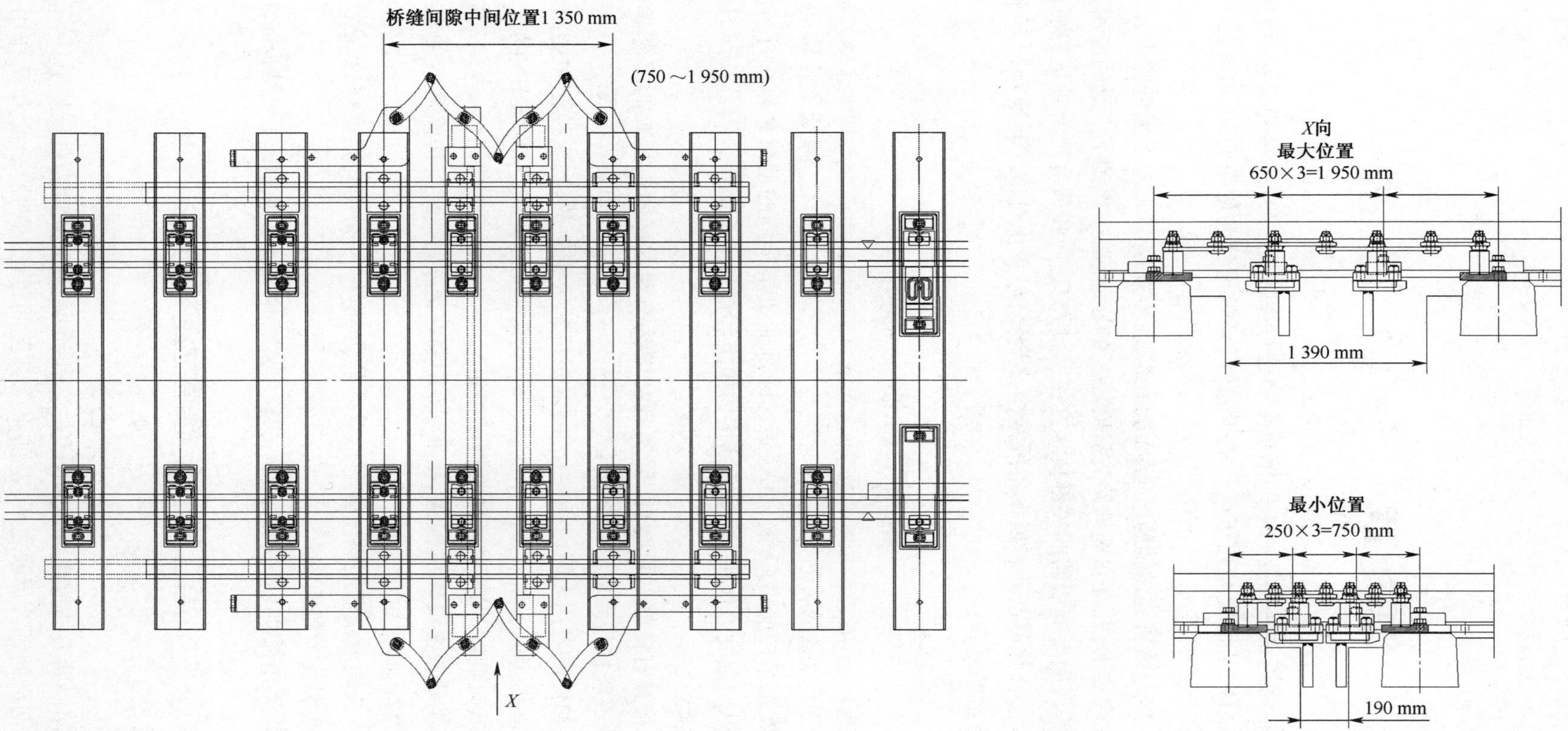

图8—3—16　CN60—1200型钢轨伸缩调节器梁端结构—剪刀装置横向水平安装

第九章　无 缝 道 岔

无缝道岔是指将道岔内部及两端的钢轨全部进行焊接、胶接或冻结的道岔，使道岔可以用于跨区间无缝线路，从而提高列车运行的平稳性，延长道岔的使用寿命，减少现场的养护维修工作量。

我国自 1993 年开始研究试铺跨区间无缝线路，逐步发展和完善了无缝道岔的设计、制造、铺设和运营成套技术，并在普速铁路、高速铁路和城际铁路中得到了广泛的应用。

无缝道岔是跨区间无缝线路的关键技术之一，今后应进一步研究严寒地区、高海拔地区无缝道岔的适应性，优化道岔和转换设备的结构，减轻轨温变化对道岔转换和行车平稳性的影响，提高无缝道岔的可靠性。

第一节　概　　述

无缝道岔取消了岔区的普通钢轨接头，提高了岔区轨道平顺性，降低了轮轨动力冲击，延长了钢轨件及轨道结构使用寿命。无缝道岔除承受机车车辆的动荷载作用外，还承受轨条无缝化产生的纵向温度力作用，并保持结构的稳定和部件的可靠性。因此，无缝道岔须满足基本的结构要求。

1. 道岔钢轨应具有良好的可焊性，以实现岔内接头及岔区两端接头的可靠焊接；困难条件下，可用冻结或胶接技术联结钢轨接头。

2. 岔区钢轨扣件应采用大阻力弹性扣件，以保持岔区钢轨的稳定，控制轨条纵向爬行，防止影响岔区轨道几何状态和部件工作性能。有砟道岔无缝化时，应保证扣件的纵向阻力大于岔区的道床纵向阻力，保持岔区轨道框架稳定。

3. 有砟轨道无缝道岔道床应饱满、密实，特别要注意填平、夯实岔枕盒内的道砟，并按无缝线路要求加宽砟肩。

4. 尖轨、心轨跟端可设置间隔铁或限位器等传力部件，并采用高强度螺栓联结，以满足无缝道岔传递纵向温度力的要求。

5. 无缝道岔应采用弹性可弯式 AT 尖轨；尖轨、心轨的伸缩应避免引起工电结合部性能不良。

第二节　无缝道岔结构特点

一、无缝道岔温度力传递路径

无缝道岔纵向温度力的传递路径如图 9—2—1 所示，其主要传力过程如下：

1. 无缝道岔与区间钢轨焊联之后，岔前将受到区间传来的两股温度力 P_t 作用，岔后将

受到四股温度力 P_t 作用，岔区前后的纵向温度力不平衡。

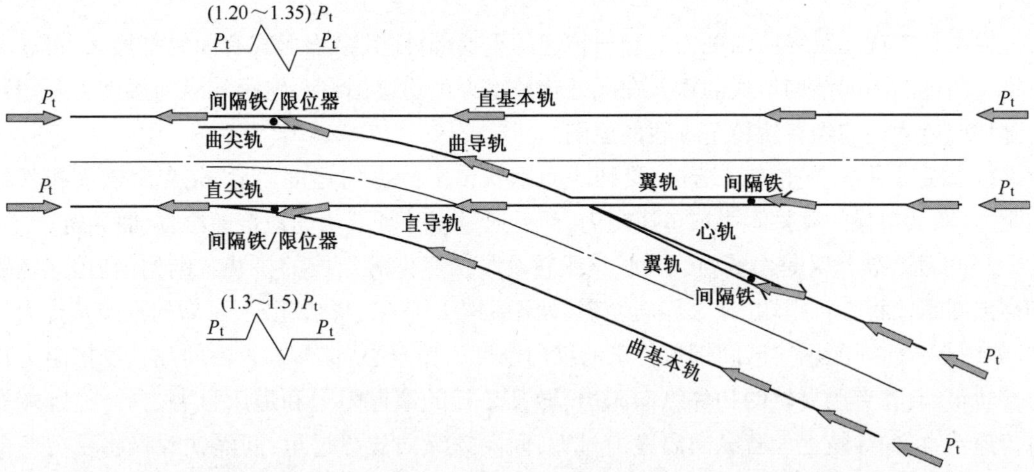

图 9—2—1　无缝道岔纵向温度力的传递(箭头表示升温时温度力传递方向)

2. 道岔外侧的直、曲基本轨轨条连续，且位于跨区间无缝线路中，轨条主要承受基本温度力 P_t，并受辙叉和直、曲导轨传递温度力的影响，产生纵向位移和附加温度力，出现纵向温度力重分布，在转辙器跟端传力部件附近形成温度力峰。

3. 辙叉长、短心轨受到区间传来的纵向温度力，通过辙叉跟端传力结构传递至翼轨，并经直、曲导轨，通过尖轨跟端传力部件分别传至直、曲基本轨，使之承受附加温度力。

4. 在辙叉和导轨传递纵向温度力的过程中，钢轨件将产生伸缩，并受到扣件系统的约束，部分温度力通过岔枕传向基本轨和道床；余下的温度力受尖轨跟端传力部件约束时，通过传力部件传至基本轨，若不受约束时，将以尖轨跟端位移的方式得以释放。

5. 尖轨、心轨尖端的伸缩位移主要受自由段温度伸缩影响和跟端传来的伸缩位移影响，当尖端伸缩量过大时，可能引起工电接合部故障。

因此，无缝道岔传力途径的有效保证和传力结构的科学应用是确保无缝道岔受力及变形得到合理控制的关键。无缝道岔中的主要传力结构有辙叉跟端、转辙器跟端、扣件系统、岔枕和道床等。

无缝道岔钢轨纵向力和位移分布规律如图 9—2—2、图 9—2—3 所示。

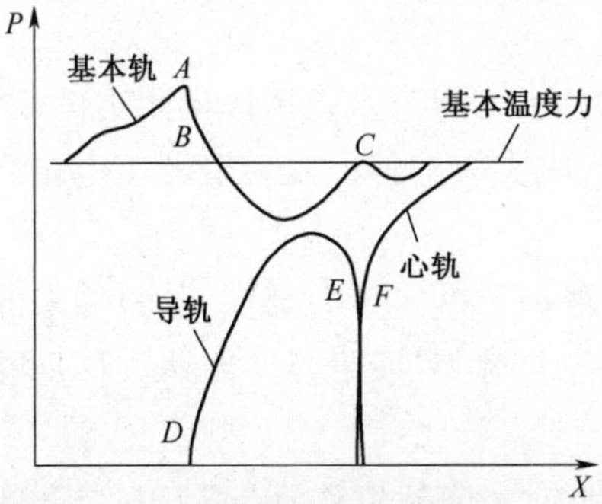

图 9—2—2　无缝道岔钢轨纵向温度力分布

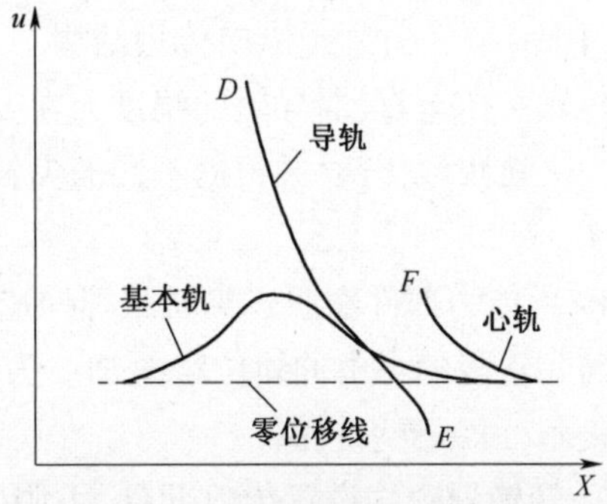

图 9—2—3　无缝道岔钢轨伸缩位移分布

二、辙叉结构传力机理

辙叉是实现叉跟纵向温度力向导轨传递的重要部件,其结构形式有固定型辙叉、可动心轨辙叉两类。不同结构形式的辙叉在无缝化技术方面均遵循将心轨跟端纵向温度力利用传力部件或传力结构经翼轨传至导轨的原则。

1. 固定型辙叉为整体式结构,受到区间钢轨传来的纵向温度力后,先克服辙叉扣件纵向阻力、辙叉垫板的摩擦阻力或道床阻力,而后通过辙叉趾端均匀地传递给直、曲导轨。

2. 可动心轨辙叉是由翼轨、心轨、叉跟轨及联结零件等组成的拼装式结构,利用间隔铁和高强度螺栓将心轨跟端(或叉跟轨)与翼轨跟端牢固联结,形成稳定、可靠的框架及传力结构,如图 9—2—4 所示。区间钢轨传来的纵向温度力传至心轨跟端,再由间隔铁摩擦阻力传至翼轨跟端,在克服翼轨的扣件纵向阻力、辙叉垫板的摩擦阻力和道床阻力之后,经趾端翼轨传递至直、曲导轨上。若纵向温度力过大,间隔铁纵向位移过量,间隔铁螺栓将受剪弯曲并传力,严重时会剪断螺栓,并使心轨尖端产生较大纵向位移,易发生转换卡阻、转换凸缘爬台等病害。采用胶接或冻结技术可以增强间隔铁传递纵向力的能力。

(a) 多间隔铁结构

(b) 长大间隔铁结构

图 9—2—4　翼轨跟端间隔铁结构

三、转辙器跟端结构传力机理

无缝道岔转辙器跟端主要有无传力部件辙跟式、限位器辙跟式(图 9—2—5)、间隔铁辙跟式(图 9—2—6)三类纵向传力结构。

经辙叉传至直、曲导轨的温度力在克服导轨段扣件纵向阻力及道床纵向阻力的制约后,继续向尖轨跟端传递,并根据不同的尖轨跟端构造,影响尖轨的伸缩及转辙器工电结合部工作状态。

1. 无传力部件辙跟式尖轨跟端构造。由于尖轨跟端无纵向传力部件,导轨传来的伸缩位移与尖轨段的自由伸缩位移叠加。为防止转换设备卡阻,需采用容许伸缩位移足够大的转换设备,设备要求较高。

2. 转辙器跟端设置传力部件,可限制尖轨尖端的较大伸缩位移,保证工电结合部正常工作。常用的转辙器跟端传力部件可采用间隔铁或限位器。

图 9—2—5　限位器尖轨跟端

图 9—2—6　间隔铁尖轨跟端

(1) 间隔铁结构与辙叉跟端的传力原理相似。因空间所限,小号码道岔难以设置多组或长大间隔铁结构。因此单薄的间隔铁传递着较大的温度力,易发生微量纵向位移。楔形间隔铁的纵向移动易导致转辙器跟端局部碎弯,且基本轨承受的附加温度力较大。

(2) 限位器结构是一种能部分释放温度力的类间隔铁结构,由具有一定间隙的子母块组成,分别安装在尖轨及基本轨轨腰上,当尖轨与基本轨的纵向位移使子母块接触后,传力部件开始传递温度力。其传力主要通过子母块与轨腰的摩擦阻力及水平螺栓的抗剪抗弯能力实现。此时,钢轨已发生了部分伸缩位移,向基本轨传递的纵向力较同等条件下间隔铁结构小,但尖轨跟端的位移较大。

由于限位器子母块及跟端两股钢轨的传力不在一条直线上,在传递纵向力的过程中将产生附加弯矩,使尖轨产生局部碎弯,影响行车的平稳性。

四、扣件纵向约束与传力

扣件阻力是无缝线路纵向阻力极其重要的组成部分,无缝道岔中亦如此。要求扣件纵向阻力尽可能大,确保辙叉及导轨的部分温度力能通过岔枕传至道床和基本轨,并防止岔区钢轨过量爬行,保持岔区线形和几何状态。因此,当岔区存在升、降温时,岔区里轨扣件阻力方向与基本轨的方向相反,相应的温度力梯度也相反。

五、岔枕纵向传力作用

岔枕承受里轨扣件系统传递来的纵向力,并向道床和与之相联的基本轨扣件传递,通过基本轨扣件把里轨温度力部分传至基本轨,同时使轨枕产生纵向位移、水平偏转和弯曲。

六、道床状态和纵向传力

道床是无缝道岔保持稳定的基础,实现岔区纵向温度力的调整与重分布。无砟道床具有足够的纵、横向阻力,有利于保持无缝道岔稳定。有砟道床通过严格控制道床断面尺寸,保持岔区的“大平大向”,实现无缝道岔的内部传力与状态稳定;有砟道床的断面应符合相关规范的规定。

七、螺栓传力作用

道岔内的螺栓是保证无缝道岔内温度力有效传递与分布的基础。为此需保证道岔内的螺栓扭矩符合设计规定,部分螺栓的扭矩参考值见表 9—2—1。

表 9—2—1　道岔各部位紧固螺栓扭矩

<table>
<tr><th rowspan="2">序号</th><th rowspan="2">紧　固　部　位</th><th rowspan="2">螺栓规格</th><th colspan="2">强度等级</th><th rowspan="2">紧固扭矩
(N·m)</th><th rowspan="2">备　　注</th></tr>
<tr><th>螺栓</th><th>螺母</th></tr>
<tr><td rowspan="2">1</td><td rowspan="2">Ⅱ型弹条 T 形螺栓</td><td rowspan="2">M24</td><td rowspan="2">5. 8S</td><td rowspan="2">5H</td><td>120~150</td><td>普通螺母</td></tr>
<tr><td>300~380</td><td>防松螺母</td></tr>
<tr><td>2</td><td>岔枕螺栓</td><td>M30</td><td>—</td><td>—</td><td>200~250</td><td></td></tr>
<tr><td rowspan="3">3</td><td>长翼轨末端间隔铁</td><td rowspan="3">M27</td><td rowspan="3">10. 9S</td><td rowspan="3">10H</td><td rowspan="3">900~1 100</td><td rowspan="3">防松螺母</td></tr>
<tr><td>尖轨跟端间隔铁或限位器</td></tr>
<tr><td>可动心轨</td></tr>
<tr><td rowspan="2">4</td><td rowspan="2">合金钢组合辙叉</td><td rowspan="2">M27</td><td>10. 9S</td><td>10H</td><td>1 000~1 100</td><td rowspan="2">防松螺母</td></tr>
<tr><td>12. 9S</td><td>12H</td><td>1 100~1 200</td></tr>
<tr><td rowspan="2">5</td><td rowspan="2">钢轨接头夹板</td><td>M27</td><td>10. 9S</td><td>10H</td><td rowspan="2">1 100~1 300</td><td rowspan="2"></td></tr>
<tr><td>M24</td><td>12. 9S</td><td>12H</td></tr>
</table>

第三节　无缝道岔设计与检算

无缝道岔在定型生产之前,需要进行系统设计与检算,以满足正常情况下的使用要求。当应用环境比较特殊时,如铺设于严寒地区或长大桥梁地段,需进行专门的检算,必要时对道岔结构进行加强。

无缝道岔的设计与检算应确保其满足跨区间无缝线路的允许温升和允许温降要求;各连接部件牢固、耐久和可靠;道岔尖轨、心轨位移满足道岔结构及转换设备正常使用的要求;桥上无缝道岔设计还应满足道岔转辙器、辙叉与桥梁相对位移的限值要求。

一、计算方法

我国发展了多种无缝道岔计算理论,代表性的有“当量阻力系数法”“有限单元法”,此外还有“两轨相互作用法”“广义变分法”等。

当量阻力系数法通过叠加原理求解基本轨的附加温度力。由于无缝道岔基本轨处于无缝线路的固定区,基本轨附加温度力图上拉力区面积与压力区面积相等,可采用与桥上无缝线路伸缩附加力试算法类似的方法计算,按附加温度力的方向逐点叠加求解无缝道岔基本轨附加温度力。

有限单元法通过合理划分钢轨及岔枕单元,并将线路阻力和间隔铁、限位器等传力部件模拟为弹簧单元,将节点位移及钢轨温度力视为变量进行求解,通用性较强,可分析多种因素下无缝道岔受力与变形的影响。

二、无缝道岔计算影响因素与参数

(一)计算影响因素

无缝道岔计算模型与轨温变化幅度、传力部件和线路阻力的特性、道岔号码、辙叉类型、焊接类型、道岔群联结形式、相邻单元轨节铺设轨温差等多种因素相关,影响着无缝道岔的受力和变形。

1. 焊接类型的影响。

无缝道岔中钢轨的焊接形式主要有三种,一种是道岔区内钢轨全部焊接,且道岔前后钢轨与区间线路钢轨也焊接,称为全焊;另一种是仅道岔区内直股钢轨焊接,道岔前后也仅是直股钢轨与区间线路焊接,侧股仍为普通接头联结,称为半焊;第三种是介于前两种之间的焊接形式,道岔内直、侧股钢轨均焊接,而道岔前后仅直股钢轨与区间线路焊接,侧股钢轨与区间线路为普通接头联结,称为道岔区全焊。

全焊形式道岔直侧股受力及伸缩位移呈对称分布,但因岔后侧股曲线将较大的温度力传递给无缝道岔,各部件受力及变形较大;半焊形式的道岔在轨温变化幅度不大、道床及扣件阻力较大、限位器强度足够的情况下,对减缓无缝道岔中各钢轨纵向力与变形比较有利,但在无法满足上述条件的情况下不宜采用;道岔区全焊可以降低无缝道岔中各部件的受力与变形,直侧股受力与位移近似为对称分布,在不宜采用半焊形式的条件下,采用道岔区全焊形式比较有利。

2. 限位器子母块间隙的影响。

限位器子母块间隙较小时,对限位器本身的受力及基本轨受力不利,但对限制尖轨位移比较有利;而限位器子母块间隙较大时,对限位器及基本轨受力比较有利,但对限制尖轨位移不利。因而在道岔组装时应严格控制子母块间隙。

3. 相邻单元轨节铺设轨温差的影响。

无缝道岔与相邻线路轨温差越大,传递至无缝道岔中的温度力也越大,因此基本轨附加温度力、心轨跟端位移、限位器与间隔铁作用力均随着轨温差的增大而增大。可见,控制无缝道岔与相邻线路的铺设轨温差,对降低无缝道岔的受力与变形是十分必要的。

4. 两道岔间夹直线长度影响。

两道岔对接时,将形成叠加,增加基本轨所承受的纵向力;两道岔顺接时,后一组道岔将附加温度力传递至前一组道岔,导致前一组道岔的基本轨附加温度力、尖轨及心轨的伸缩位移、传力部件所受作用力均明显增加。两道岔间插入直线段后,可减缓两道岔间相互影响,插入直线段越长,影响越小;对 12 号可动心轨提速道岔,通常需要插入 25 m 以上的直线段才能消除道岔间的相互影响。

5. 相邻两组及以上无缝道岔组成的无缝道岔群,应考虑钢轨纵向力的叠加,进行道岔群组合作用分析。

(二)主要计算参数

道床纵向阻力可采用岔区沿岔枕长度方向的道床纵向阻力分布,取 46 N/cm;Ⅲ型扣件阻力取 16 kN,Ⅱ型扣件阻力取 12.5 kN;限位器纵向刚度可取 60 MN/m;间隔铁纵向刚度可取 50 MN/m。

当采用特殊设计时,如增设防爬器等,宜采用相应的测量值作为计算参数。

三、检算项目与指标

1. 钢轨伸缩位移检算

无缝道岔尖轨尖端的伸缩位移 δ_1 为其跟端位移与尖轨自由伸缩位移之和,可按式(9—3—1)简化计算。

$$\delta_1 = \delta_{尖} + L_1 \alpha \Delta t \quad (9—3—1)$$

式中 $\delta_{尖}$——尖轨跟端位移;

L_1——尖轨长度;

α——钢轨线膨胀系数;

Δt——轨温变化幅度。

无缝道岔可动心轨尖端的伸缩位移 δ_2 为其跟端位移与可动心轨自由伸缩位移之和,可按式(9—3—2)简化计算。

$$\delta_2 = \delta_{跟} + L_2 \alpha \Delta t \quad (9—3—2)$$

式中 $\delta_{跟}$——可动心轨跟端位移;

L_2——可动心轨长度。

为保证无缝道岔尖轨和可动心轨的正常转换,无缝道岔尖轨尖端与基本轨、左右两股尖轨的相对位移以及可动心轨尖端与翼轨的相对位移应分别满足道岔结构及转换设备性能的要求。

$$\delta_k - \delta_g \leqslant [\delta] \quad (9—3—3)$$

式中 δ_k——尖轨或可动心轨尖端位移;

δ_g——尖轨或可动心轨尖端对应处的基本轨或翼轨位移;

$[\delta]$——钩形外锁的容许位移。

2. 传力部件强度检算

无缝道岔中的传力部件包括尖轨跟端的限位器或间隔铁、长翼轨末端的间隔铁。传力部件联结螺栓所承受的剪应力 τ 应满足式(9—3—4)的要求。

$$\tau = \frac{4Q}{n_1 \pi D_1^2} \leqslant [\tau] \quad (9—3—4)$$

式中 Q——传力部件所承受的纵向力;

n_1——传力部件的联结螺栓数;

D_1——联结螺栓直径;

$[\tau]$——容许剪应力。

3. 钢轨强度检算

钢轨强度检算与普通无缝线路相同,检算用荷载组合为动弯应力、温度应力、基本轨附加应力,在基本轨附加温度力峰处应进行钢轨强度检算。若钢轨不能满足强度条件,则应提高钢轨强度,特别是基本轨焊接接头质量,也可适当调整无缝道岔的锁定轨温。

4. 稳定性检算

岔前线路稳定性检算可采用普通无缝线路稳定性计算公式进行计算。因岔前线路温度力分布的非均匀性,需确定一个恰当的检算位置,一般取尖轨尖端前 4 m 处作为检算断面。为确保无缝道岔稳定,应保持道床饱满、密实,并加宽和堆高砟肩;按规定拧紧钢轨扣件等。在仍不能满足稳定性要求的条件下,可适当提高无缝道岔及区间线路的锁定轨温。

岔区无缝线路稳定性只对转辙器部分做检算,因导曲线四根轨线部分横向抗弯刚度较大,一般不会发生胀轨跑道,岔后部分稳定性检算与普通线路相同。因道岔转辙器部分只有一根曲钢轨,不能采用普通无缝线路的检算公式,根据统一公式的基本理论,可导出无缝道岔温度压力计算公式,所采用的荷载组合为温度力与基本轨附加压力。

第四节　无缝道岔布置

一、道岔群布置原则

无缝道岔群内各道岔会受到岔群布置形式影响。

1. 对接道岔。道岔对接将增加基本轨附加温度力,但对钢轨伸缩位移及限位器、间隔铁受力影响较小。

2. 顺接道岔。道岔顺接对左侧道岔基本轨受力、心轨跟端伸缩位移及限位器、间隔铁受力不利,对右侧道岔反而比较有利。

3. 渡线道岔。渡线道岔对钢轨及传力部件受力、钢轨伸缩位移影响较小。同向对接与异向对接、同向顺接与异向顺接在全焊情况下影响规律相同,只是受影响的基本轨不同而已。

4. 夹直线长度。两道岔间夹直线长度越大,相互间的影响越小。因此应保证两道岔间的夹直线长度满足相关规范的要求。在有条件的情况下,应尽量加大两道岔间的距离。

总之,顺接道岔相互影响较大,对接道岔次之,渡线道岔最小。道岔号码越小,两道岔间距离越小,对接、顺接联结形式对无缝道岔的受力及变形影响越大。当道床纵向阻力较小时,不同的联结形式对无缝道岔的受力及变形影响很大。因此当两道岔间距离小于25 mm时,应按道岔群进行计算。

二、隧道区段无缝道岔布置

隧道内温度常年基本恒定,铺设无缝道岔条件较好。

隧道洞口附近存在非均匀分布的温度过渡段,夏季隧道外气温、轨温较隧道内高20 ℃~30 ℃,冬季低3 ℃~8 ℃。受隧道长度、方向和通风条件等影响,温度过渡段的长度一般为10~50 m。受隧道口变化的轨温温度场作用,无缝道岔布置于隧道洞口时其承力、传力和变形等将更为复杂。

1. 当道岔尖轨位于隧道内、心轨位于隧道外时,夏季洞外轨温高,由心轨跟端传来更大的温度力,基本轨和心轨伸缩位移较普通路基地段大,易发生心轨卡阻及转辙器出现方向不平顺,应加强洞外岔后线路的防爬锁定及道床维护,确保足够的线路阻力。

2. 当道岔尖轨位于隧道外、心轨位于隧道内时,夏季洞外轨温高,岔区钢轨温度力和位移均小于普通路基地段,但基本轨会发生拉压伸缩变化。因此,曲基本轨应保持足够的扣件锁定能力,确保不产生较大的方向不平顺。

总之，无缝道岔布置于隧道洞口附近，因洞内外钢轨温度差别较大，整组道岔易发生爬行，需加强道床状态管理和扣件锁定。为防止无缝道岔运营状态不良，宜尽量避免将其布置于洞口附近。

三、无缝道岔在无砟轨道区段布置

无缝道岔铺设于无砟轨道上，通常称之为“无砟道岔”，由于刚性的无砟道床提供了更为稳定、可靠的轨下基础，有利于无缝道岔温度力的传递和伸缩位移控制，具体情况如下所述。

1. 无砟道岔转辙器跟端仅限位器起传力作用，岔枕不再起传递纵向力的作用。

2. 无砟道岔中宜采用大阻力的扣件系统，增大扣件纵向阻力可显著降低无砟道岔尖轨伸缩位移、限位器所受纵向力及基本轨附加温度力。

3. 无砟道岔具有良好的稳定性，可采用间隔铁结构减缓尖轨的伸缩位移及卡阻现象的发生。

4. 无砟道岔稳定性较好，更有利于与区间形成跨区间无缝线路。

第五节　桥上无缝道岔

受环境保护、节约用地资源和高稳定性基础结构等要求限制，我国高速铁路在桥上铺设了无缝道岔。桥上无缝道岔集成了无缝道岔、桥上无缝线路、桥梁及轨下基础等对道岔的适应性要求，既要考虑无缝道岔中钢轨受力和变形的复杂关系，又要考虑桥上无缝道岔的梁轨相互作用，不能单独用桥上无缝线路或无缝道岔的理论来分析桥上无缝道岔。

一、应用要求

桥上无缝道岔包括无缝道岔、桥梁结构、轨下基础等若干子系统，承受列车荷载、起(制)动荷载、温度荷载、断轨等多种荷载作用。桥上无缝道岔的应用与结构强度、稳定性、结构耐久性、转换设备应用、行车平稳性和旅客舒适性等密切相关，其基本应用要求如下。

1. 桥上无缝道岔的结构要求：

(1)应基于梁轨相互作用原理进行桥上无缝线路检算，主要包括伸缩力、挠曲力、牵引(制动)力和断轨力，计算时应考虑道岔导轨与基本轨、道岔与桥梁之间的相互关系。

(2)桥上无缝道岔钢轨强度、稳定性、道岔部件强度、道岔钢轨断缝、尖轨位移、心轨位移以及转辙器、辙叉与桥梁的相对位移检算应符合相关规定。

2. 铺设无缝道岔的桥梁结构应符合下列规定：

(1)桥梁宜采用刚度大、整体性和稳定性好的上部结构形式，并满足道岔稳定性、平顺性、列车运行安全性和旅客乘坐舒适性的要求。

(2)桥梁与轨道结构应系统设计，根据不同的轨道结构形式，桥面应预留连接装置和设备安装位置，并设置性能良好的防、排水设施。

(3)正线道岔区桥梁梁部应采用连续结构，孔跨宜采用等跨布置，最大跨度不宜大于48 m；大于48 m时应进行单独设计。两相联连续梁桥之间宜设置一孔及以上简支梁桥。

(4)站线道岔区桥梁梁部宜采用连续结构。

(5)桥梁墩台检算应符合相关规定。

二、计算理论

桥上无缝道岔计算需要考虑桥梁子系统与无缝道岔、无缝线路子系统之间的纵向相互作用，还需考虑车—岔—桥的动力相互作用，重点检算结构强度、稳定性和工电结合部状态、系统动力响应、行车安全性与平稳性等是否满足相关规范要求。

（一）桥上无缝道岔纵向相互作用模型

无缝道岔与桥梁的纵向相互作用原理与桥上无缝线路纵向相互作用行为基本相似，可建立“道岔—桥梁—墩台”一体化模型进行分析计算，桥上有砟无缝道岔计算模型如图9—5—1所示。

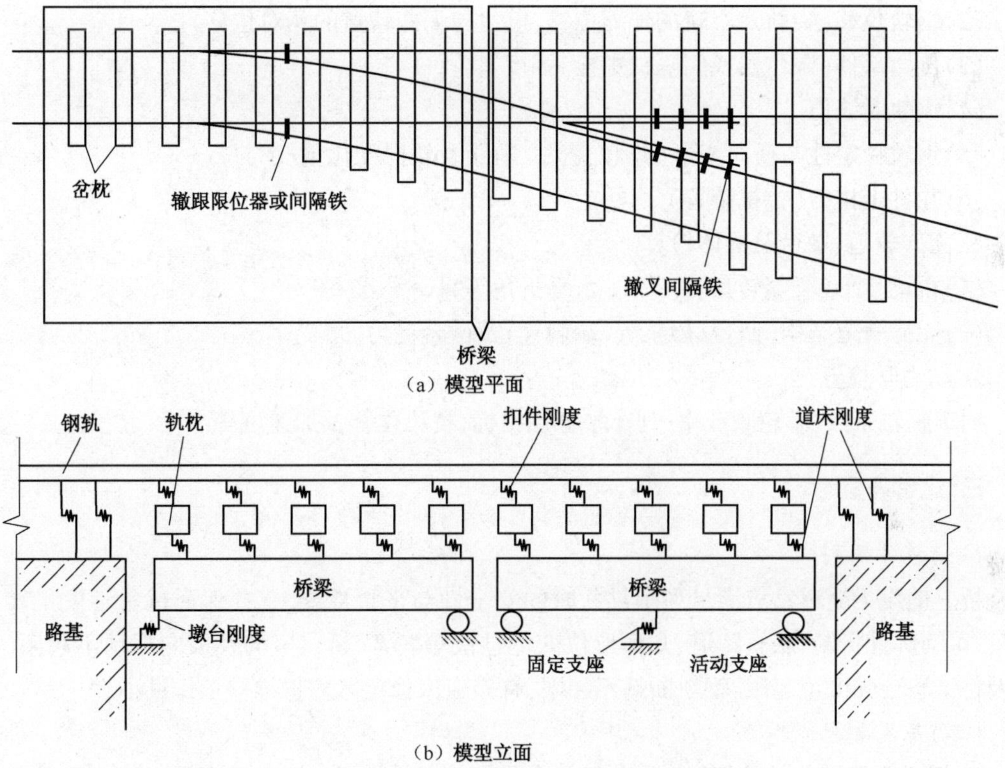

图9—5—1　桥上有砟无缝道岔计算模型

桥上无缝道岔计算内容与桥上无缝线路相似，主要考虑伸缩力、挠曲力、制动力和断轨力。

（二）车—岔—桥动力学仿真模型

车—岔—桥动力学仿真是评估桥上无缝道岔性能和行车品质的重要途径。车—岔—桥动力学仿真将列车、道岔、桥梁作为一个统一的系统，基于车辆动力学、道岔动力学、桥梁动力学基本理论，以岔区轮轨关系、岔桥关系为纽带，研究车岔桥的动力特性、结构设计方案评估、系统参数优化和养护维修策略分析。仿真模型基本架构如图9—5—2所示。

（三）桥上无缝道岔检算的主要项目

1. 钢轨件检算

（1）钢轨强度（梁缝处、梁端处、尖轨跟端处、道岔群夹直线处）。

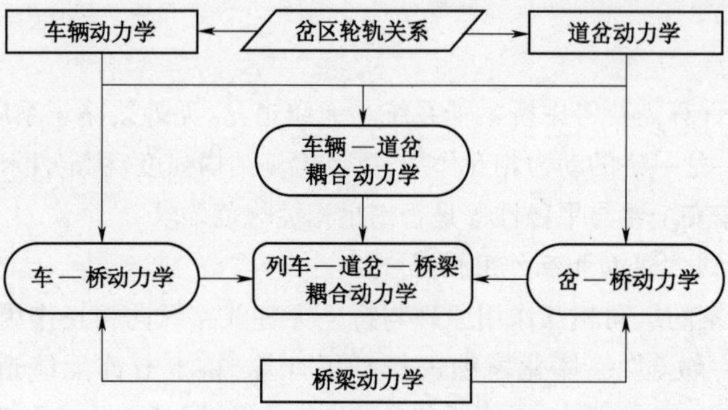

图 9—5—2 桥上无缝道岔动力学耦合系统理论架构

(2)钢轨位移(尖轨及心轨的伸缩位移、道岔与无砟轨道的相对位移)。

(3)传力部件(限位器或间隔铁螺栓)强度。

(4)钢轨断缝值。

(5)钢轨稳定性与横向变形(碎弯、密贴、轨距及轨向变化量/率)。

(6)扣件上拔力(抬枕装置)。

2. 无砟轨道、墩台及梁体检算

(1)桥梁变形(梁端转角、挠跨比、水平折角等)。

(2)无砟轨道结构(凸台、砂浆层、端刺等)及墩台受力。

3. 动力学检算

列车脱轨系数、车轮减载率、列车平稳性指标、桥梁位移及加速度等。

三、道岔布置

(一)总体原则

桥上铺设无缝道岔应满足列车过岔时的安全性与平稳性要求,并保证道岔不发生转换卡阻、可动部件折断、胀轨跑道、几何形位变化过快等病害,桥梁竖向及横向振动不超限,钢轨及桥梁墩台强度不超限,钢轨断缝不超限,有砟道床稳定且养护维修工作量小。

(二)基本要求

1. 桥上无缝道岔的几何尺寸和结构应与路基上道岔一致,技术标准不应低于路基上相应道岔,必要时可强化桥上无缝道岔结构,优化其轮轨关系与轨道刚度设计,或采用更大号码的道岔。

2. 桥上无缝道岔直、侧股钢轨接头,包括道岔前后的区间线路钢轨接头,均应采用焊接或胶接绝缘接头。

3. 同一联桥上的站线道岔也应无缝化,确保岔区处于相对稳定的无缝线路固定区。

4. 有砟轨道桥上无缝道岔道床厚度不应小于 350 mm,站线道岔的道床厚度不应小于 300 mm,困难条件下道砟下可铺设弹性垫层或采用弹性岔枕。

5. 无缝道岔不应设在路桥过渡段及竖曲线上,不宜设在路隧、路涵过渡段上。一般条件下不宜布置在 6‰以上的坡道上,困难条件下不应布置在大于 12‰的坡道上,且应增设防爬加强措施或其他的加强措施。

6. 列车直向过岔速度低于200 km/h时,按过岔速度为200 km/h的规定办理。

7. 布置无缝道岔的桥梁上不宜布置钢轨伸缩调节器;困难条件下,钢轨伸缩调节器距离无缝道岔头、尾距离应满足相关技术要求。

8. 正线无缝道岔不应跨越梁缝,道岔始端、终端至梁缝距离不应小于18 m。

9. 站线道岔不宜跨越梁缝;困难条件下跨越梁缝时,道岔尖轨尖端、尖轨跟端、心轨尖端、心轨跟端至梁缝的最小距离应满足道岔和桥梁结构安全以及道岔转换设备正常使用等要求。

10. 为便于运营维修管理,在同一跨梁上,应尽量采用相同的扣件类型,当桥上设有小阻力扣件时,小阻力扣件距离道岔头、尾不宜小于25 m。

(三)桥梁结构要求

1. 正线及联络线道岔全长范围内的桥梁应采用连续结构;困难条件下,160 km/h及以下的有砟道岔可铺设在混凝土简支梁上。

2. 咽喉区道岔群、单渡线道岔宜布置在一联梁上。夹直线长度大于60 m的两组道岔宜分别布置在两联连续梁上,两联连续梁间宜设置一跨或多跨简支梁。

3. 无缝道岔范围内的桥面应为整体结构。困难条件下,四线以上的复杂咽喉区可将正线道岔与站线道岔布置在不同的整体桥面上,但两片梁间的相对位移应满足相关技术要求。

4. 单渡线道岔下桥梁应为桥面等宽结构,咽喉区及联结线道岔下桥梁可为变宽梁结构。

5. 250 km/h及以上客专线无缝道岔下的桥梁应为单室或多室整体箱梁结构。困难条件下,200 km/h及以下提速、普速道岔下的桥梁采用多片道岔梁时,应将桥面联结成整体结构,两片道岔梁间的竖向、纵向及横向相对位移应满足相关技术要求。

6. 道岔梁竖向挠度限值应符合下列规定:ZK活载布置在道岔辙叉部分所在梁跨,考虑多线同时行车的静力作用,辙叉部分所在梁跨的竖向挠度不应大于规范的规定,其他梁跨应满足桥梁结构有关规定的要求。

(四)道岔与桥梁相对位置

1. 无缝道岔宜布置在一联连续梁的中部;道岔头部距离梁端宜在18 m以上,有砟道岔后端(不含长枕)距离梁端宜在10 m以上,无砟道岔后端(不含长枕)距离梁端宜在18 m以上。

2. 困难条件下,无缝道岔(多为站线道岔)布置于简支梁上时,转辙器与辙叉部分可动轨件不应跨越梁缝,转辙器部分、辙叉部分、钢轨焊接接头、护轨开口端距梁缝不应小于2.0 m。

3. 当布设有钢轨伸缩调节器时,宜设置在无缝道岔后端,且岔后距离钢轨伸缩调节器不应小于45 m;困难条件下布置于岔前时,岔前距离钢轨伸缩调节器不应小于60 m。前后均布置钢轨伸缩调节器时,分别距离道岔头、尾不宜短于10 m。

4. 两组单渡线道岔对称布置于连续梁上时,固定支座宜布置在连续梁中部;两组单渡线道岔非对称布置于连续梁上或单组道岔布置在变宽连续梁上时,桥梁固定支座宜布置在距离梁端较近的道岔辙叉部分一侧。

第十章　轨下基础

道岔轨下基础的作用是承受道岔传递下来的列车荷载，并将其传递给道床；固定道岔扣件的位置，保持道岔的几何形位。道岔的轨下基础与道床类型密切相关并配套使用。

我国铁路道岔曾长期大量采用木岔枕，具有弹性好、制造简单、布置灵活等特点，但由于强度低、易变形、使用寿命短、耗费木材等问题，已逐步被混凝土岔枕代替。目前除43 kg/m钢轨道岔仍采用木岔枕外，其他木枕道岔图纸均已作废。

今后，仍应大力推广混凝土岔枕，逐步更换既有木枕道岔，同时进一步优化混凝土岔枕的结构，开发新型轨下基础。

第一节　概　　述

道岔的轨下基础可分为木岔枕、复合岔枕、混凝土岔枕、混凝土短枕、道岔板以及用于牵引点处的钢岔枕等，其中复合岔枕和混凝土短枕主要用于城市轨道交通，国铁较少采用，本手册不做介绍。木岔枕、混凝土岔枕、钢岔枕主要用于有砟轨道，无砟岔枕和道岔板用于无砟轨道。

我国铁路“75”型、“92”型道岔主要采用木岔枕。当与混凝土枕线路连接时，两端用木岔枕过渡。木岔枕弹性好，可以钻孔，锯切方便，现场可根据需要组装道岔。当道岔顺接时，道岔间要求的插入轨长度较短，有利于缩短站场长度。但木岔枕会消耗大量的木材资源，本身容易变形，道床阻力较小，需安装防爬设备，使用寿命短，道岔稳定性较差，很难长期保证道岔的铺设精度，不适用于列车的高速运行。因此从提速道岔开始，在铁路干线的正线上，我国铁路逐步淘汰了木岔枕，目前既有站线道岔还有一定数量的应用。

为节约木材，提高道岔的稳定性，我国从20世纪70年代开始研究预应力混凝土岔枕。最早采用有挡肩岔枕，岔枕内锚固螺旋道钉与道岔连接。有挡肩岔枕的优点是抵抗横向力的能力较强，导曲线部分可以采用不分开式扣件，有利于节约道岔扣件成本；缺点是岔枕的制造较为复杂，不同轨型、不同号数的岔枕均需专用模型，通用性较差，尤其对于使用数量较少的道岔，模具费用较高。因此早期的混凝土岔枕道岔型号较少，且主要为单开道岔。有挡肩混凝土岔枕道岔在大秦线等有一定数量的应用，也取得了较好的使用效果，显著增加了道岔的稳定性，减少了现场的养护维修工作量。但由于配件供应困难和提速道岔的全面推广使用，目前已基本淘汰。

20世纪90年代初，为配合广深线准高速铁路用道岔的研究，解决转换设备影响道岔捣固的问题，首次设计了钢岔枕，将转换杆件安装在钢岔枕内，并上道两组进行试验，后由于多方面的原因，没有在广深线全面推广使用。

为配合提速道岔的研究，专门研究设计了提速混凝土岔枕和钢岔枕。提速混凝土岔枕采用等截面无挡肩设计，岔枕内预埋塑料套管，通过 M30 螺钉与道岔铁垫板连接。该岔枕的优点是制造较为简单，不同型号的道岔，岔枕外形尺寸相同，只是套管钉孔位置不同，可以在通用模型上采用改孔或抽换底板的方式进行制造，为混凝土岔枕的全面推广创造了条件。

采用混凝土岔枕时，由于岔枕长度和钉孔位置均在工厂预制时确定，虽然减少了道岔现场组装的工作量，但对于小间距渡线道岔用岔枕、交叉渡线岔枕等，现场难以处理，需专门设计。同时采用混凝土岔枕的道岔顺接时，要求的道岔间插入轨长度也比木枕道岔长一些，需增加站场长度。

提速道岔的钢岔枕采用焊接方式，侧板上焊接耳板用于与道岔铁垫板连接，转辙机安装在钢岔枕上。提速钢岔枕推广应用较快，使用中也发现了部分问题，一是最初的提速钢岔枕宽度偏小，钢轨伸缩时容易引起卡阻，后来增加了岔枕宽度；二是钢岔枕底部较为光滑，阻力较小，容易窜动；三是钢岔枕上安装的轨撑较小，易伤损；四是钢岔枕宽度较大，造成大型养路机械作业时直接跳过不进行捣固。因此后期的提速道岔取消了钢岔枕。

随着高速铁路的建设，国内进行了高速道岔及配套轨下基础的研究，主要研究设计了有砟道岔用混凝土岔枕、无砟道岔用混凝土岔枕和道岔板。其中有砟岔枕断面尺寸与提速道岔相同。无砟岔枕的顶宽、侧面坡度与提速岔枕相同，只是高度为 130 mm，可以利用提速岔枕的模具进行生产。岔枕底部设有钢筋桁架，以加强与无砟道床的联结。道岔板采用钢筋混凝土结构，按道岔布置分块，板下填充沥青砂浆或自密实混凝土。

CN、CZ 系列高速道岔的轨下基础也分为有砟岔枕和无砟岔枕，CN 系列道岔也开发了无砟道岔板。CN 系列道岔用岔枕内预埋塑料套管和螺母，CZ 系列道岔用岔枕内预埋塑料套管。

第二节　木岔枕及钢岔枕

一、木岔枕材料、断面及长度

木岔枕以松木、榉木等硬质木材为主，并进行防腐处理。木枕的材料、规格和断面尺寸等执行《木枕》(GB 154—2013)标准，防腐执行《防腐木枕》(TB/T 3172)的规定。

木岔枕的断面尺寸为 240 mm×160 mm，长度分 2 500 mm、2 600 mm，此后按 200 mm 进级，最长 4 800 mm。

《木枕》(GB 154—84)标准以前的木岔枕，断面尺寸为 220 mm×160 mm，长度按 150 mm 进级，最大长度 4 850 mm。

提速道岔用木岔枕，断面尺寸为 260 mm×160 mm，长度与国标相同。提速木岔枕加大了岔枕断面，但也将岔枕间距加大到了 600 mm。后由于主要推广混凝土岔枕，该木岔枕使用数量较少。

木岔枕用于交叉渡线时，需用岔枕连接装置将两根短岔枕连接。

岔枕长度设计应符合下列规定：

1. 单开道岔在直股一侧的伸出钢轨工作边长度均为 532.5 mm。

2. 岔枕伸出侧线内股钢轨工作边长度为 532.5~732.5 mm。当伸出长度短于 532.5 mm

时,使用更长一级的岔枕。

3. 计算辙叉后 4 800 mm 岔枕长度时,按 2 500 mm+支距-100 mm 计算,则最后一根岔枕伸出侧线内股钢轨工作边长度为 432. 5 mm。这是为了其后使用普通枕木时,不使辙叉后两钢轨间普通枕木伸出太短。

4. 岔后短岔枕的长度一般不小于 2 300 mm。

5. 当转辙机安装在岔枕上时,岔枕长度按转辙机安装要求尺寸确定。

二、木岔枕布置

(一)岔枕间距

1. 岔枕间距应尽量保持一致。转辙器及辙叉范围内的岔枕间距,可较区间线路平均间距减少 10%,其他部位最大可减少 5%。

2. 岔枕间距不宜过大,最大不宜超过 650 mm;也不宜过小,过小则影响捣固作业。当采用机械捣固时,两岔枕间最小净距不得小于 120 mm,人工捣固时不得小于 220 mm。

3. 道岔钢轨接头处的岔枕间距,一般应与区间线路同类型钢轨接头相同,并使钢轨工作边的轨缝位于间距的中心。如使用扣件时,间距大小还应考虑扣件螺栓与接头夹板螺栓互不相碰。

4. 牵引点处的岔枕间距,应满足转换设备安装的要求,“75”型及“92”型道岔一般为 615 mm,提速道岔为 650 mm。

(二)岔枕布置的方向

1. 转辙器及连接部分的岔枕均垂直于直股方向。

2. 辙叉及叉后部分岔枕均垂直于辙叉角平分线。

3. 当辙叉部分的岔枕垂直于角分线布置时,叉趾前第二根至第五根岔枕由垂直于直股逐渐扭转至垂直于辙叉角平分线。

4. 道岔长岔枕后一般采用三根普通枕木扭转至垂直于线路钢轨方向。

5. 可动心轨辙叉道岔的岔枕,均垂直于直股方向布置。

(三)岔枕间距的丈量点

岔枕间距一般为相邻岔枕中心线的距离。为方便铺设和养护,丈量点一般标注在钢轨上,如图 10—2—1 所示。

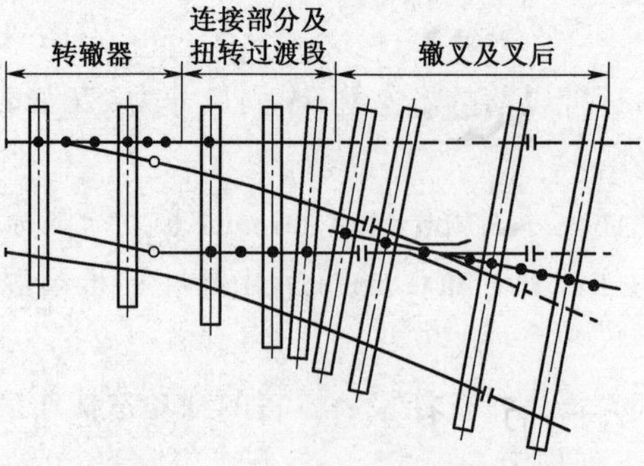

图 10—2—1　岔枕间距的丈量点

具体规定如下:

1. 转辙器部分在直线上股钢轨丈量。

2. 连接部分及扭转过渡段在直线下股钢轨丈量。

3. 辙叉及叉后部分,在角平分线方向丈量。

三、钢岔枕组成

钢岔枕一般采用钢板焊接或整体铸造,在侧板上要设置耳板,用于连接道岔的铁垫板。钢岔枕一般由钢枕、绝缘件和端板等组成,有些钢岔枕底部还粘贴了一层橡胶垫板,用以增加钢枕的阻力。钢岔枕组成如图10—2—2所示。

国内目前只在提速道岔上采用了钢岔枕,由于转换设备采用外锁闭装置,造成钢岔枕的宽度较大,大型养路机械作业时,操作人员担心会捣到钢枕上,一般跳过不对钢岔枕进行捣固,容易造成钢岔枕的不稳定,因此后期的提速道岔不再采用钢岔枕。

四、钢岔枕结构

钢岔枕由钢板焊接组成,底板厚度不小于16 mm,立板厚度不小于20 mm。在钢轨轨下的位置设置耳板,厚度不小于16 mm,耳板焊接在立板上,外面增加撑板。耳板上设置与道岔铁垫板联结的螺栓孔。耳板与道岔铁垫板之间用M30螺栓联结,耳板上设置橡胶垫板,铁垫板与耳板之间用绝缘套进行绝缘。

由于转换设备只安装在钢枕的一侧,因此另一侧应安装端板用于挡砟。

转换设备也安装在钢岔枕上,为此需要设置耳板用于转换设备的安装,该耳板与其他耳板的设置类似。早期钢岔枕耳板为分段设置,广深线的钢岔枕耳板改为通长设置。

钢枕的底板上要设置排水孔。

钢岔枕断面如图10—2—3所示。

图10—2—2　钢岔枕组成

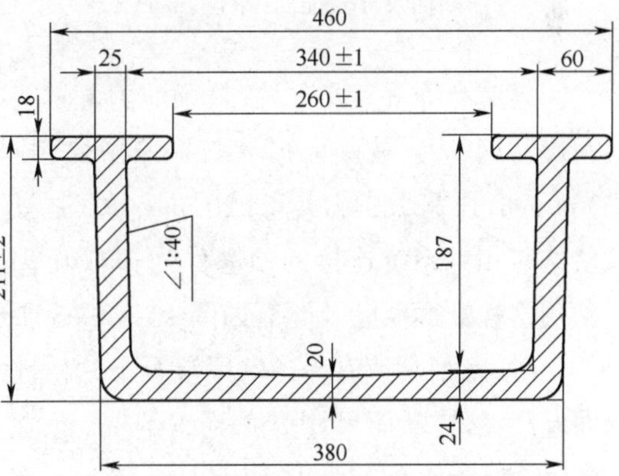

图10—2—3　钢岔枕断面(单位:mm)

第三节　有砟轨道混凝土岔枕

混凝土岔枕具有强度高、稳定性好和使用寿命长的特点,目前新建铁路均采用混凝土岔枕,既有站场改造在条件许可时也应采用混凝土岔枕。

一、混凝土岔枕材料、断面及配筋

混凝土岔枕采用预应力混凝土结构，由工厂制造，采用 C60 混凝土，预应力钢筋采用 ϕ7 mm 或 ϕ7.5 mm 预应力钢丝。

50 kg/m 钢轨道岔用混凝土岔枕断面较小，预应力配筋量也小，主要适应普速铁路有砟轨道 50 kg/m 钢轨道岔，岔枕断面尺寸为底宽 290 mm、顶宽 240 mm、高 220 mm，配筋为 12ϕ7.5 mm（辙叉部分）或 12ϕ7 mm（其余部分）钢丝，岔枕与扣件系统连接的预埋件为塑料套管。50 kg/m 钢轨道岔用岔枕断面尺寸及配筋如图 10—3—1 所示。

1995 年研制了适应于 60 kg/m 钢轨道岔用的混凝土岔枕，即提速岔枕。预应力配筋为 14ϕ7 mm 螺旋肋钢丝，岔枕断面尺寸为底宽 300 mm、顶宽 260 mm、高 220 mm，总张拉力 592 kN；岔枕与扣件系统连接的预埋件为塑料套管。60 kg/m 钢轨道岔用岔枕断面尺寸及配筋如图 10—3—2 所示。

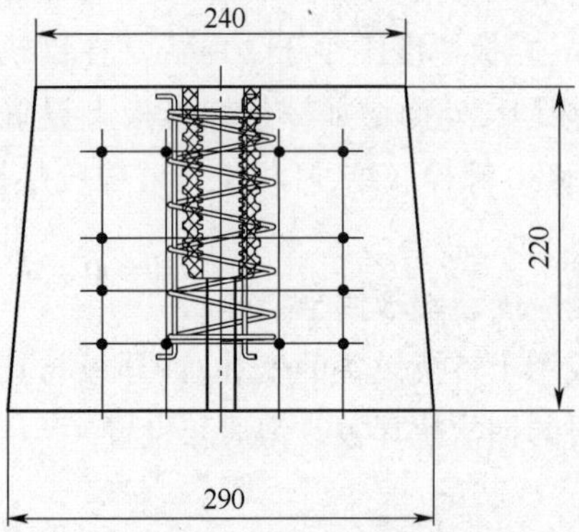

图 10—3—1　50 kg/m 钢轨道岔用岔枕断面尺寸及配筋（单位：mm）

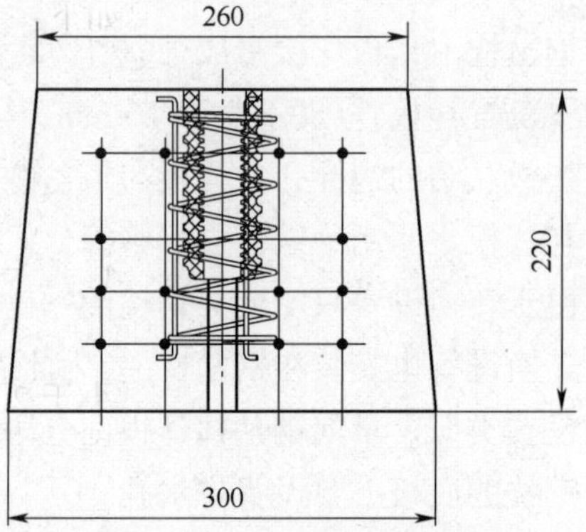

图 10—3—2　60 kg/m 钢轨道岔用岔枕断面尺寸及配筋（单位：mm）

高速有砟混凝土岔枕，其预应力配筋为16ϕ7 mm 螺旋肋钢丝，岔枕断面尺寸与提速岔枕相同，为底宽 300 mm、顶宽 260 mm、高 220 mm，总张拉力 640 kN；岔枕与扣件系统连接的预埋件为塑料套管。高速道岔用岔枕断面尺寸及配筋如图 10—3—3 所示。

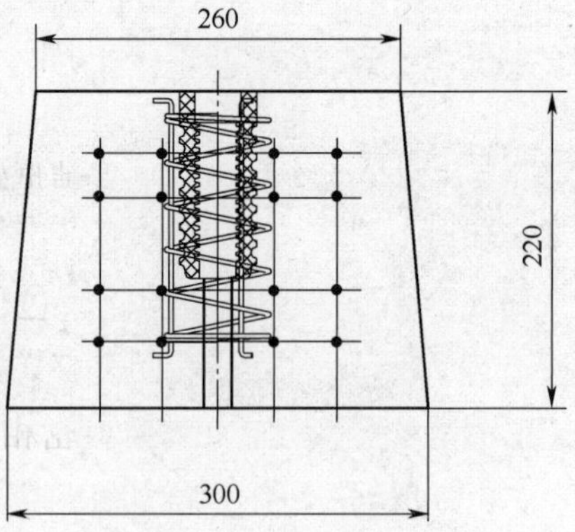

图 10—3—3　高速道岔用岔枕断面尺寸及配筋（单位：mm）

CN 系列高速有砟道岔用混凝土岔枕也采用等截面设计，岔枕断面尺寸为底宽 300 mm、顶宽 280 mm、高为 220 mm，配筋为 16ϕ7.5 mm。

CZ 系列高速有砟道岔用混凝土岔枕，一般部位的岔枕断面尺寸为底宽 300 mm、顶宽 260、高 220 mm，配筋为 15ϕ7mm。安装转换设备的混凝土岔枕断面按转换设备的安装要求特殊设计，截面分为三个类型，具体如图 10—3—4 所示。岔枕与扣件系统连接的预埋件为塑料套管。

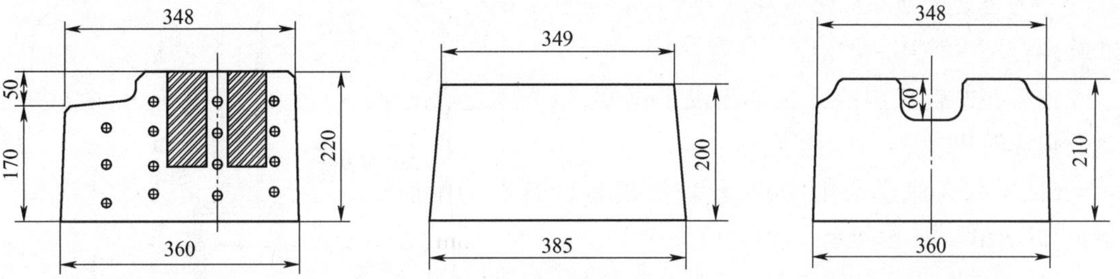

图 10—3—4　CZ 系列岔枕断面(单位:mm)

二、有砟混凝土岔枕长度和布置

(一)岔枕长度

混凝土岔枕的长度一般从 2 600 mm(或 2 500 mm)开始,按 100 mm 进级,最长 4 800 mm。岔枕长度的确定原则如下:

1. 道岔前端,60 kg/m 钢轨及以上的道岔采用长 2 600 mm 的岔枕,50 kg/m 钢轨及以下的道岔采用长 2 500 mm 的岔枕。

2. 单开道岔在直股一侧岔枕伸出钢轨工作边长度按道岔前端岔枕对齐为准。

3. 岔枕伸出侧线内股钢轨工作边长度,一般岔枕不小 532. 5 mm,辙叉后 4 800 mm 长的岔枕不小于 432. 5 mm。

4. 岔后短岔枕的长度一般不小于 2 300 mm。

5. 当转辙机安装在岔枕上时,岔枕长度按转辙机安装要求尺寸确定。

(二)岔枕间距

1. 岔枕间距应尽量保持一致,60 kg/m 钢轨及以上道岔,岔枕间距一般采用600 mm,其他道岔岔枕间距可适当减小。

2. 岔枕间距最大不宜超过 650 mm,最小不得小于 500 mm。

3. 道岔钢轨接头处的岔枕间距,一般应与其他位置岔枕间距相同,并使钢轨工作边的轨缝位于间距的中心。如使用扣件时,间距大小还应考虑扣件螺栓与夹板螺栓互不相碰。

4. 牵引点处的岔枕间距,应满足转换设备安装的要求,一般为 650 mm。

(三)岔枕布置的方向

国内研发的混凝土岔枕道岔,12 号及以上道岔岔枕均按垂直于道岔直股布置,以满足直股运行平稳性要求。9 号及以下道岔辙叉部位的岔枕均按垂直于辙叉角分线布置。岔枕间距的测量位置及扭转与木枕道岔相同。

CN 系列高速道岔,岔枕采用扇形布置。

CZ 系列高速道岔,岔枕按垂直于道岔直股布置。

三、混凝土岔枕内预埋件

国内早期的混凝土岔枕,预留有锚固孔,现场锚固螺旋道钉。提速以后,在岔枕内预埋塑料套管,套管均预埋在岔枕顶面中心线上,套管的数量和位置根据道岔设计确定。目前的套管分为Ⅱ型和Ⅲ型，两者螺纹不同，应与道岔的M30螺钉配套使用，现场应予注意。

也有些岔枕在塑料套管外增设了钢套，以方便套管损坏时更换。

CN系列高速道岔用岔枕，预埋的塑料套管和螺母如图10—3—5所示。

CZ系列高速道岔用岔枕，预埋塑料套管，但其套管预埋在岔枕中心线两侧，采用M24螺钉与道岔连接，如图10—3—6所示。

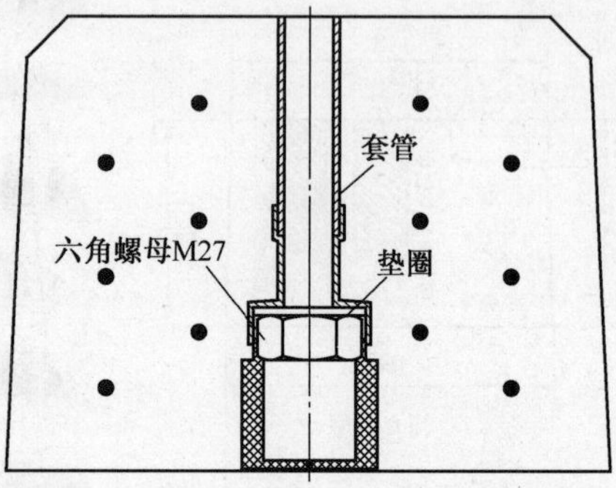

图10—3—5　CN系列高速道岔用岔枕内预埋套管和螺母

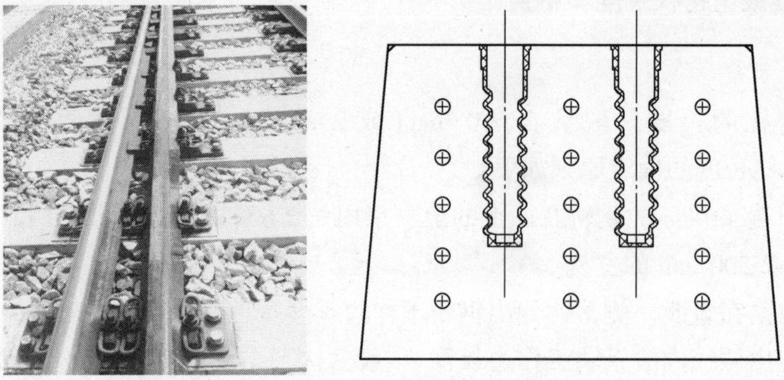
图10—3—6　CZ系列高速道岔用岔枕内预埋套管

四、安装转换设备的混凝土岔枕

国内从提速道岔开始，转辙机安装在岔枕上，为此岔枕应预留转换设备的安装条件。安装转换设备的岔枕断面与普通岔枕相同，长度按转换设备的安装要求确定，一般岔枕端头距钢轨工作边的距离为732.5 mm，且需保证转换设备可以两侧安装。

国内研究设计的混凝土岔枕两端预埋M24螺母，通过螺钉与转辙机的安装装置进行联结，每侧预埋三个螺母，如图10—3—7所示。

图10—3—7　安装转换设备的混凝土岔枕

CN系列高速有砟道岔的转辙机安装在混凝土岔枕上，岔枕顶面也与普通岔枕相同，在岔枕两端预埋两个螺母与转换设备联结。

CZ 系列高速道岔，转换设备也安装在混凝土岔枕上，但安装转换设备的混凝土岔枕断面与普通岔枕不同，按转换设备安装要求特殊设计，岔枕两端预埋四个塑料套管与转换设备联结，如图 10—3—8 所示。

图 10—3—8　CZ 转换设备与岔枕的联结

第四节　无砟轨道混凝土岔枕

无砟轨道混凝土岔枕是为适应高速铁路无砟轨道的铺设而研究开发的，与无砟道岔配套使用，无砟混凝土岔枕适用于长枕埋入式岔区无砟轨道。

一、长枕埋入式岔区无砟轨道结构形式

岔区长枕埋入式无砟轨道主要由道岔钢轨件、岔枕、道床板及底座等部分组成，道床板与底座间设置剪力筋，底座一侧设置安装转换设备的凸台，如图 10—4—1 所示。

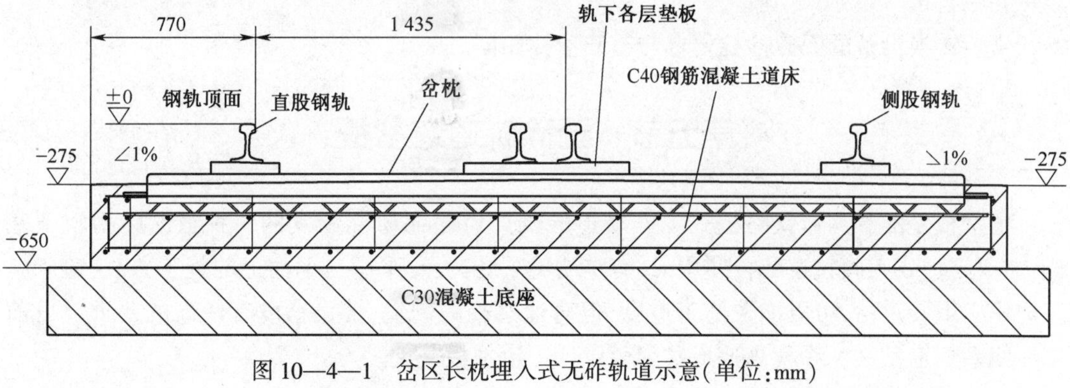

图 10—4—1　岔区长枕埋入式无砟轨道示意（单位：mm）

二、混凝土岔枕材料、断面及配筋

无砟轨道混凝土岔枕采用部分预应力混凝土结构，混凝土强度等级为 C50。

高速客专线系列道岔、CN 系列道岔和 CZ 系列道岔无砟混凝土岔枕都采用等截面设计，断面如图 10—4—2 所示。

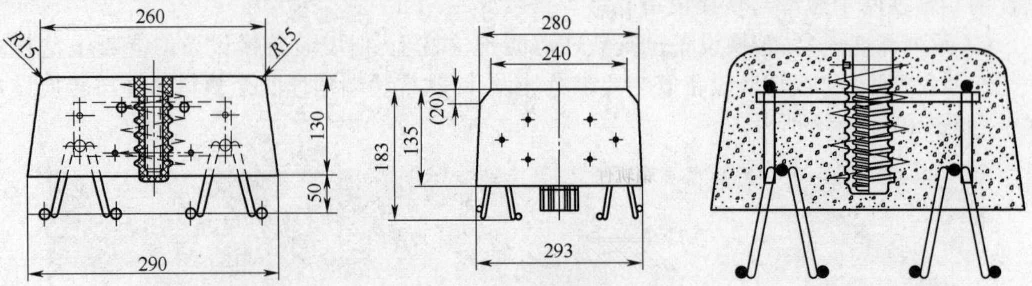

（a）客专线系列无砟岔枕　（b）CN 系列无砟岔枕　（c）CZ 系列无砟岔枕

图 10—4—2　高速无砟岔枕断面(单位:mm)

客专线系列的岔枕预应力钢筋采用 4ϕ7.0 mm 螺旋肋预应力钢丝,应符合《预应力混凝土用钢丝》(GB/T 5223)的规定。纵向普通钢筋采用 HRB400 级热轧带肋钢筋,应符合《钢筋混凝土用钢　第 2 部分:热轧带肋钢筋》(GB 1499.2)的规定。箍筋采用 ϕ6 mm 热轧光圆钢筋,应符合《钢筋混凝土用钢　第 1 部分:热轧光圆钢筋》(GB 1499.1)的规定。螺旋筋采用 ϕ5 mm 低碳冷拔钢丝,应符合《一般用途低碳钢丝》(YB/T 5294)的规定。

三、混凝土岔枕长度和布置

无砟岔枕的长度从 2 500 mm 开始,按 100 mm 进级,最长 4 800 mm。岔后短枕长度不小于 2 300 mm。

无砟岔枕的布置与有砟岔枕基本相同,具体见道岔布置图。

四、混凝土岔枕内预埋件

客专线系列和 CN 系列高速道岔岔枕内的预埋件与有砟道岔相同,CZ 系列的无砟岔枕内也预埋塑料套管,但按岔枕中心线埋设。

五、安装转换设备的混凝土岔枕

安装转换设备的无砟岔枕要求与有砟岔枕相同。

第五节　无砟轨道道岔板

道岔板是随着高速铁路板式无砟轨道的推广应用而研究开发的一种道岔新型轨下基础,主要与板式无砟轨道配合使用,具有整洁美观的特点,采用自下而上的施工方法,道床施工时不必组装道岔,可以加快施工进度,但对道岔板的制造、铺设精度有较高的要求。目前客专线系列道岔、CN 系列高速道岔配套设计了道岔板基础。

一、板式岔区无砟轨道结构形式

路基板式岔区结构组成自上而下依次为道岔钢轨件、扣件系统、预制混凝土道岔板、自密实混凝土调整层和底座板等。

桥上板式岔区结构组成自上而下依次为道岔钢轨件、扣件系统、预制混凝土道岔板、砂浆调整层和底座板等。

路基板式岔区无砟轨道结构和桥上板式岔区无砟轨道结构分别如图 10—5—1 和图 10—5—2 所示。现场铺设的板式道岔如图 10—5—3 所示。

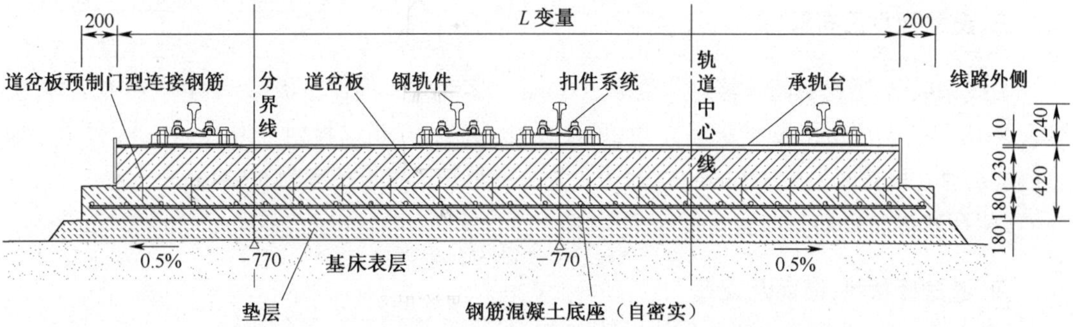

图 10—5—1　路基岔区板式无砟轨道结构示意(单位:mm)

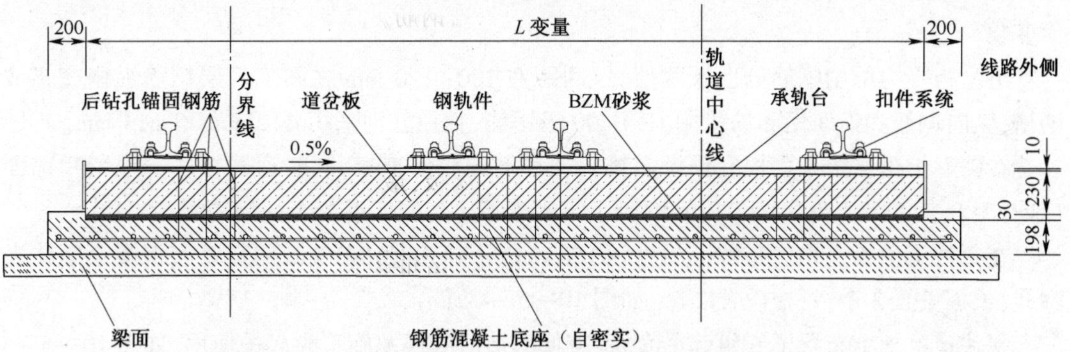

图 10—5—2　桥上岔区板式无砟轨道结构示意(单位:mm)

图 10—5—3　现场铺设的板式道岔

二、道岔板外形尺寸

道岔板在整个岔区按纵向分块布置,道床板的长度根据道岔布置计算确定,宽度随道岔宽度变化。为便于运输,每块道岔板的长度、宽度应至少有一个不大于 3 100 mm。道岔板的厚度为 240 mm。

道岔板在道岔扣件位置设有通长的承轨台,宽度为 260 mm,承轨台顶面平齐,并高出非承轨面至少 10 mm，两承轨台之间板面分为有排水坡和无排水坡两种。

道岔板上设置板下调整充填层的灌浆孔。

三、道岔板平面布置

沿线路纵向，道岔板间连接缝宽度取 100 mm。客专线系列道岔板，为了生产和施工方便，到发线 18 号道岔用道岔板划分为 27 块，单渡线 18 号道岔用道岔板划分为 23 块。18 号道岔划分的最长道岔板长度为 5 900 mm，42 号道岔划分的最长道岔板长度为 5 624 mm。

CN 系列道岔板划分与客专线系列类似。

四、道岔板材料、断面及配筋

道岔板采用普通钢筋混凝土结构，混凝土强度等级为 C55。

客专线系列道岔板的高度为 240 mm，长度、宽度根据道岔板在道岔中布置位置的不同而变化。

道岔板受力结构钢筋分上下两层，层间距在 100～120 mm 之间。每层钢筋纵横交错成网格，纵向钢筋和横向钢筋均采用 HRB400 级钢筋，直径分别采用 $\phi 12$ mm 和 $\phi 14$ mm。

在路基上道岔板采用板底预设多排桁架钢筋与底座连接，同时道岔板底部保留粗糙面（或拉毛），使其与下部底座自密实混凝土牢固连接。自密实混凝土强度等级为 C40。

在每块道岔板上均匀布置上口直径 160 mm、下口直径 140 mm 的自密实混凝土灌注观察孔，长板设置 3 个，短板设置 2 个，如图 10—5—4 所示。

每块道岔板上布置了 6 组起吊套管，方便制造时脱模及施工时起吊使用，如图 10—5—5 所示。

图 10—5—4　自密实混凝土灌注孔

图 10—5—5　道岔板起吊套管

为避免受到上部行走人员及各种过往器具的碰撞和损伤，保证电气接地端子的长久安全，采用如图 10—5—6 所示的侧面连接方式。

五、道岔板预埋件

客专线系列道岔板预埋塑料套管与道岔扣件系统连接，塑料套管的型号、位置等与混凝土岔枕相同。

CN 系列道岔板不设预埋件,采用在道岔板上钻孔、后安装锚固螺栓的方式。

图 10—5—6　道岔板侧面接地端子

六、安装转换设备的道岔板

客专线系列道岔板,遇有牵引点时,道岔板断开,转换杆件安装在两块道岔板之间。转辙机安装在道岔板上,道岔板内预埋转换设备连接的螺母,与混凝土岔枕的预埋件相同。安装转换设备的道岔板宽度要按转换设备的安装要求确定。

CN 系列道岔板,遇有牵引点时,在道岔板上开槽,用以安装转换杆件,转辙机也安装在道岔板上。

第十一章　转换设备及融雪装置

道岔转换设备是重要的行车设备之一，是保障行车安全、提高运输效率的关键设施和实现信号联锁关系的基础设备。道岔转换设备的作用是转换、锁闭道岔，以及对道岔所处位置及状态进行监督。概括地讲，道岔转换设备的三大基本功能就是转换、锁闭、监督。高安全、高可靠是对转换系统的基本要求。

道岔转换设备是转辙机（电动、电液、电空转辙机）及转换锁闭器、密贴检查器、外锁闭装置、安装装置的统称。转换设备应保证正常转换、可靠锁闭道岔尖轨（心轨）和正确表示尖轨（心轨）位置。道岔转换设备可以分为国产道岔转换设备、CN 系列道岔转换设备和 CZ 系列道岔转换设备。

电加热道岔融雪是采用电器加热的方法使道岔转换部位处积雪融化的技术，融雪装置由道岔融雪远程控制中心工作站、道岔融雪车站控制终端、道岔融雪控制柜、钢轨温度传感器、电加热元件和道岔融雪隔离变压器等组成。

转换设备与道岔密不可分，两者既相互影响，也相互制约。工务道岔养护维修经常需要电务部门的配合，因此本手册也对转换设备做简要的介绍。

第一节　国产转换设备组成和分类

转换设备一般由转辙机、外锁闭、安装装置和密贴检查器组成。根据道岔容许通过速度的不同，确定是否设外锁闭装置和密贴检查器。

一、转 辙 机

转辙机是转辙装置的核心和主体，与外锁闭装置（内锁闭方式没有）和各类杆件、安装装置一起共同完成道岔的转换、锁闭和表示。

转辙机的主要作用：

（1）转换道岔尖轨或心轨，改变道岔开通方向。

（2）道岔尖轨转换至所需位置且密贴后，实现锁闭，防止外力移动道岔尖轨（心轨）。

（3）正确反映尖轨的实际位置，道岔尖轨（心轨）密贴基本轨（翼轨）后，给出相应的表示。

（4）道岔被挤或因故处于“四开”位置时，及时给出报警及断开道岔表示。

（一）转辙机分类

1. 按动作时间分类

按动作时间分类见表 11—1—1。

表 11—1—1　按动作时间分类

种　　类	动作时间(s)
低速转辙机	>6
中速转辙机	3~6
快速转辙机	≤0.8

2. 按电源类型分类

按电源类型分类见表 11—1—2。

表 11—1—2　按电源类型分类

种　　类	额定电压(V)	电源电压(V)
直　　流	160	—
三相交流 50 Hz	—	380

3. 按动力源分类

按动力源分类见表 11—1—3。

表 11—1—3　按动力源分类

种　　类	特　　点
电动转辙机	以电动机为动力源,用机械传动、机械锁闭
电液转辙机	以电动机为动力源,用液压传动、机械锁闭
电空转辙机	以压缩空气为动力源,用电磁阀进行控制,压缩空气或机械锁闭

(二)转辙机主要类型

1. ZD6 系列电动转辙机

ZD6 系列电动转辙机为直流转辙机(图 11—1—1),采用内锁闭方式,适用于时速 120 km及以下的道岔,主要用于非提速区段以及提速区段的站线道岔。

图 11—1—1　ZD6 系列电动转辙机

ZD6 系列电动转辙机有可挤型、不可挤型,可适应单机牵引和多机牵引。

ZD6 系列电动转辙机主要特点为

(1)适应直流电源,额定电压 160 V。

(2)适应内锁闭道岔。

(3)锁闭(表示)杆结构适用于联动道岔。

(4)采用齿轮及齿条锁闭方式。

2. ZD(J)9 系列电动转辙机

ZD(J)9 系列电动转辙机是借鉴国内外成熟的先进技术,结合我国铁路道岔的实际情况,并根据不同开口值和转换阻力以及交流、直流不同供电方式而研制的(图 11—1—2),适用于内锁闭和外锁闭道岔,主要用于铁路电气集中站场及干线提速线路或客运专线、高速铁路道岔,目前已在铁路干线及高速铁路上广泛应用。

ZD(J)9 系列电动转辙机的产品特点为

(1)模块设计、结构简单,既有交流系列,又有直流系列。

(2)适用于分动外锁闭和联动内锁闭的各种类型道岔,左右侧均可安装。

(3)有可挤型和不可挤型,有双杆内锁和单杆内锁,能满足不同牵引点的需求。

(4)采用滚珠丝杠传动,效率高。

(5)两级减速传动,便于调整速比,可以满足多点牵引道岔同步转换要求。

(6)有速动机构检测转辙机动作杆的终端位置。

(7)外壳采用坚固耐用、抗腐蚀的铝合金材料,可减轻整体重量。

3. ZY(J)系列电动液压转辙机

ZY(J)系列电动液压转辙机采用电动机驱动、液压传动的方式转换道岔尖轨(心轨),包括ZY(J)4、ZY(J)6和ZY(J)7等型号,也是我国铁路广泛采用的交、直流系列新型铁路道岔转辙机(图11—1—3)。

图11—1—2 ZD(J)9系列电动转辙机

图11—1—3 ZY(J)7系列电动液压转辙机

ZY(J)系列电动液压转辙机主要特点为

(1)整机采用液压传动、机械锁闭,锁闭可靠。

(2)两牵引点之间采用油管传输,可避免机械磨损和旷动,安装简便。

(3)ZY(J)4、ZY(J)7系列电动液压转辙机主机具有动作杆和锁闭杆双杆锁闭尖轨(心轨)在密贴位置的功能,副机(SH系列转换锁闭器)具有挤岔保护和挤岔断表示功能。ZY(J)6系列电动液压转辙机具有动作杆和锁闭杆双杆锁闭尖轨在密贴位置的功能和挤岔断表示功能。

(4)ZY(J)7系列电液转辙机,采用铝合金壳体,整机重量轻,机械强度高,方便现场施工安装。

4. S700K—C系列电动转辙机

S700K—C系列电动转辙机是为满足既有线提速需要,从国外引进设备和技术,经消化吸收和改进后,在全路主要干线推广应用的转辙机(图11—1—4)。S700K—C系列电动转辙机适用于外锁闭道岔。

S700K—C系列电动转辙机主要特点为

(1)采用三相交流电动机。

(2)有可挤型和不可挤型。

(3)采用精密滚珠丝杠传动,提高了转辙机动作的可靠性。

(4)外部电缆线引入到机内的电缆插头上,插头具有优良的抗振性。

图 11—1—4　S700K—C 系列电动转辙机

二、锁闭装置

(一)道岔锁闭方式

道岔的锁闭是把尖轨或可动心轨固定在某个开通位置,使其在列车通过时不因外力作用而改变位置。按锁闭方式可分为内锁闭和外锁闭两种。

内锁闭是通过转辙机杆件实施对道岔尖轨、心轨锁闭的方式;外锁闭是通过外锁闭装置实施对道岔尖轨、心轨锁闭的方式。

外锁闭装置是指在转辙机外将尖轨、可动心轨锁闭在规定位置的设备,能够保证列车通过道岔时尖轨、可动心轨不因轮对产生的冲击、振动等改变位置。国产道岔采用钩型外锁闭装置,按使用部位可分为尖轨钩型外锁闭装置和心轨钩型外锁闭装置。

(二)尖轨钩型外锁闭装置

1. 尖轨钩型外锁闭装置组成

尖轨钩型外锁闭主要由锁钩组件、锁闭杆组件、尖轨连接铁组件和锁闭框组件等部分组成,如图 11—1—5 所示。

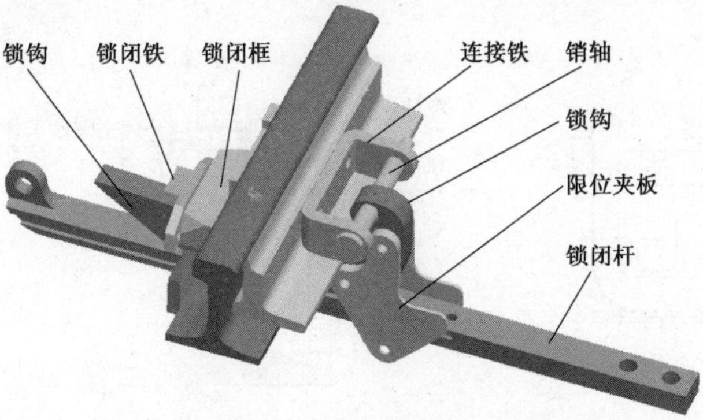

图 11—1—5　尖轨钩型外锁闭结构示意

尖轨各牵引点均采用钩型外锁闭,主要由连接铁、销轴、锁钩、限位夹板、锁闭框、锁闭铁、锁闭杆及连接紧固件等组成。

(1)锁钩组件

锁钩是直接将密贴尖轨与基本轨锁闭连接的部件。锁钩组件主要由锁钩、限位夹板等组成,如图 11—1—6 所示。

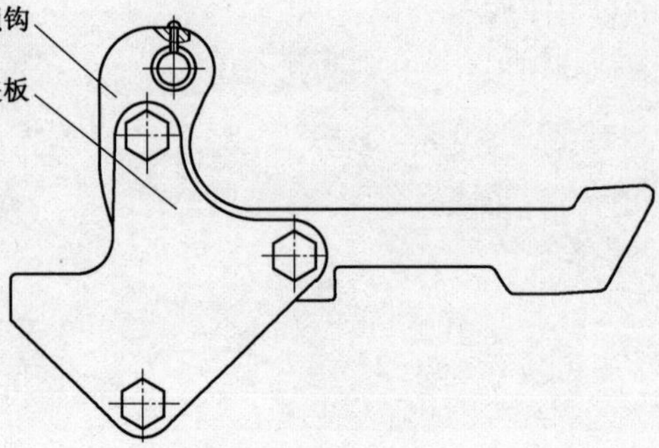

图 11—1—6　锁钩组件

(2) 锁闭杆组件

锁闭杆是将转辙机动力和动作传递给锁钩,同时保证锁钩实现锁闭、运动的部件。锁闭杆组件主要由锁闭杆、导轮、绝缘件等组成,如图 11—1—7 所示。

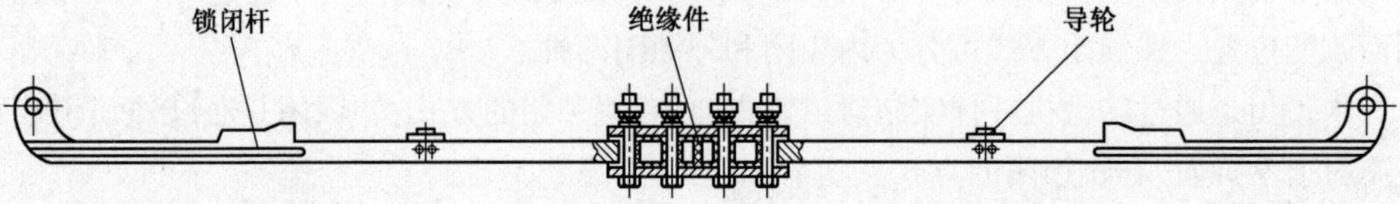

图 11—1—7　锁闭杆组件

(3)尖轨连接铁组件

尖轨连接铁是尖轨与锁钩之间的连接组件,应具备适应尖轨爬行的功能。尖轨连接铁组件主要由销轴、尖轨连接铁等组成,如图 11—1—8 所示。

(4)锁闭框组件

锁闭框固定在基本轨上,承受整套外锁闭机构的自身重力及外荷载的冲击。锁闭框组件主要由锁闭框、锁闭铁、调整片和挡板等组成,如图 11—1—9 所示。

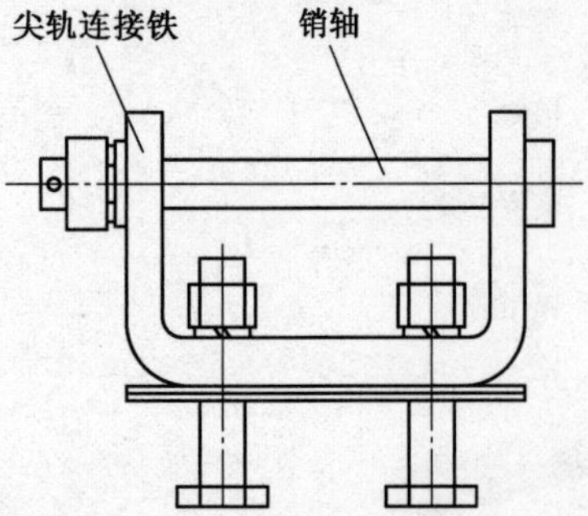

图 11—1—8　尖轨连接铁组件

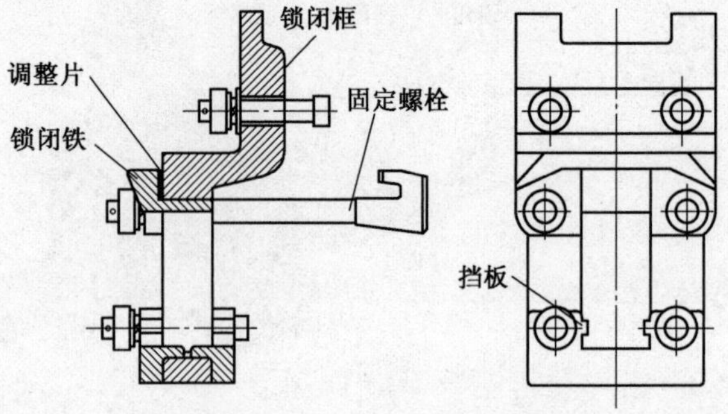

图 11—1—9　锁闭框组件

2. 尖轨钩型外锁闭装置的特点

(1)安全性、可靠性高。

(2)结构简单,外锁闭零部件少。

(3)安装、调整方便,便于现场养护。

(4)适应能力强,特别是对于道岔工电配合尺寸适应性能高。

(5)使用数量多,地域广,使用时间长,积累的经验丰富。

3. 尖轨钩型外锁闭动作原理

尖轨钩型外锁闭装置解锁、转换、锁闭过程如下:

初始状态如图 11—1—10 所示,右侧锁钩抬起,右侧密贴尖轨处于锁闭状态;左侧锁钩落下,左侧斥离尖轨与基本轨保持要求的开口。

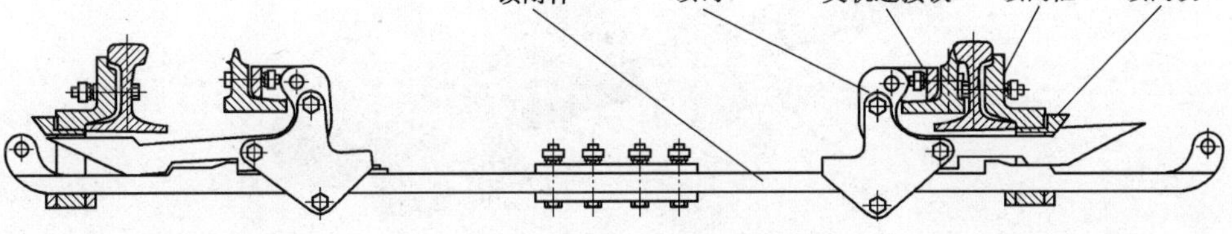

图 11—1—10　初始状态

解锁状态如图 11—1—11 所示,锁闭杆向左移动,左侧斥离尖轨向密贴位移动,同时右侧密贴尖轨处锁闭杆相对锁钩移动,右侧锁钩落下,右侧尖轨与基本轨解锁。

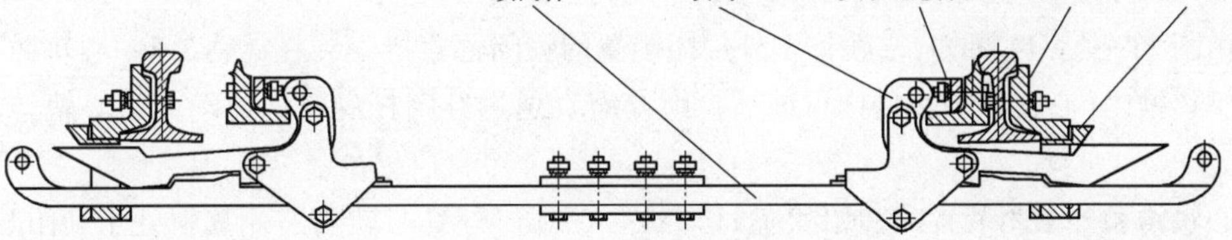

图 11—1—11　解锁状态

锁闭杆继续向左移动,当转换至左侧尖轨与基本轨密贴时,左侧锁钩抬起,开始进入锁闭过程,如图 11—1—12 所示。

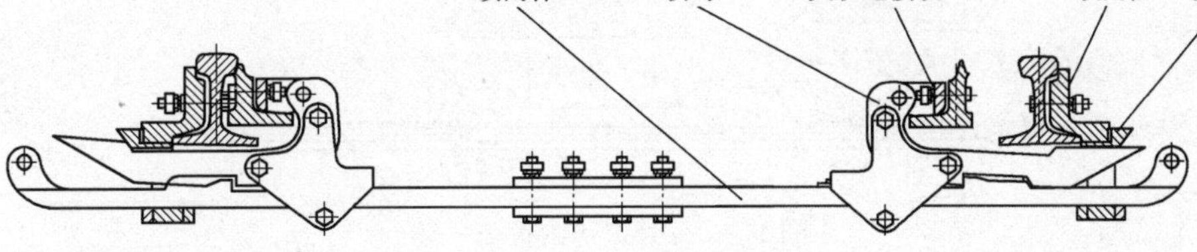

图 11—1—12　转换到位状态

锁闭杆继续向左移动,左侧尖轨进入锁闭状态,同时右侧尖轨继续向左移动至规定开口,完成转换过程,如图 11—1—13 所示。

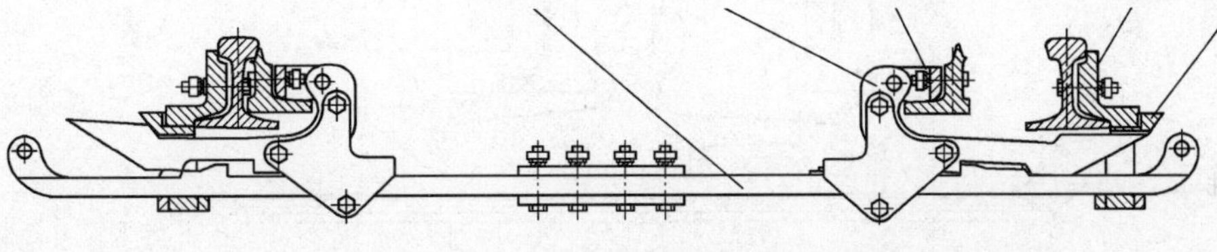

图 11—1—13　左侧尖轨锁闭完成,右侧尖轨转换到位状态

(三)心轨钩型外锁闭装置

1. 心轨钩型外锁闭装置组成

心轨钩型外锁闭装置主要由锁钩、锁闭杆、锁闭框、锁闭铁及连接紧固件等组成,如图11—1—14所示。

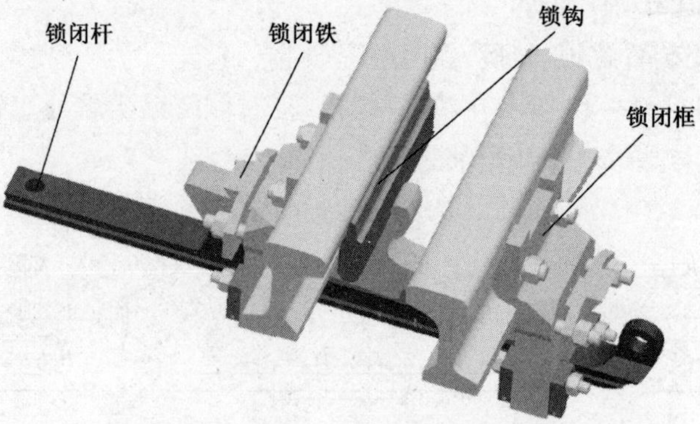

图11—1—14　心轨钩型外锁闭装置

心轨钩型锁钩、锁闭杆、锁闭铁的功能与尖轨一致。在结构方面,锁闭铁与尖轨锁闭铁结构相同,心轨锁钩和锁闭杆为整体件。

2. 心轨钩型外锁闭装置解锁、转换、锁闭过程

由图11—1—14可知,心轨钩型外锁闭装置的锁闭框直接安装在翼轨外侧,心轨插在锁钩的楔形槽内(心轨在锁钩槽内可前后自由伸缩),通过锁闭杆的横向运动牵引心轨转换并锁闭。

心轨钩型外锁闭装置的初始状态如图11—1—15所示,心轨与右侧翼轨处于锁闭状态,锁钩右侧抬起。

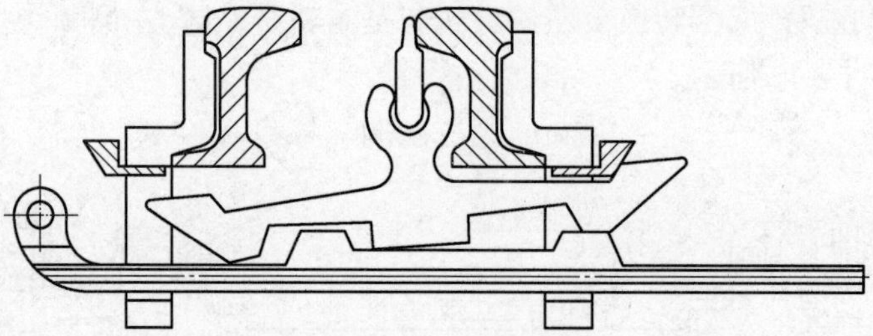

图11—1—15　初始状态

心轨钩型外锁闭装置的解锁状态如图11—1—16所示,锁闭杆向左运动,锁钩右侧下落,锁钩转动解锁。

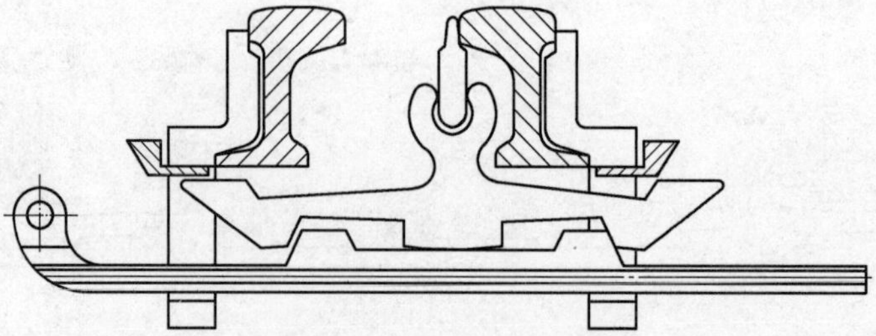

图11—1—16　解锁状态

转换心轨状态如图 11—1—17 所示，锁闭杆继续向左移动并通过锁钩带动心轨转换到另一侧。

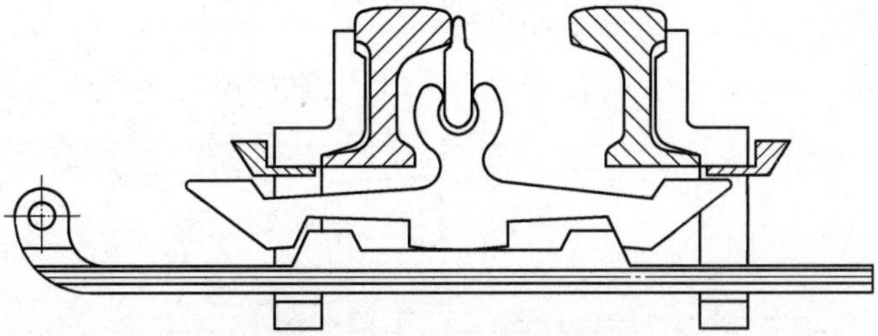

图 11—1—17　转换心轨状态

心轨与左侧翼轨锁闭状态如图 11—1—18 所示，锁闭杆继续向左移动，锁钩左侧抬起，锁钩转动进入锁闭状态，完成一个动作过程；反之，锁闭杆向右移动，动作过程与前述过程一致，完成另一个解锁—转换—锁闭动作。

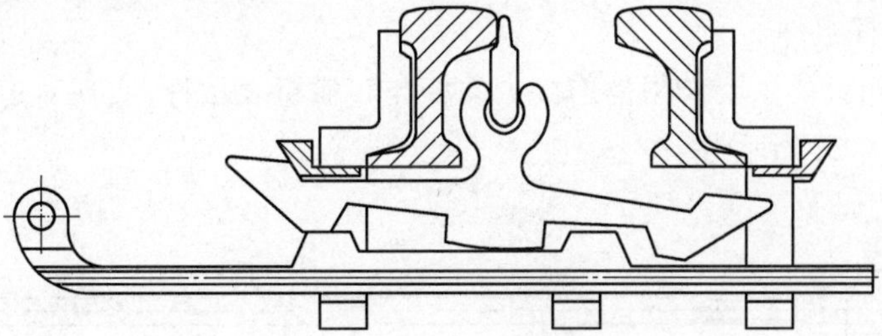

图 11—1—18　心轨与左侧翼轨锁闭状态

三、安装装置

安装装置是支撑和固定转辙机、密贴检查器、转换锁闭器的托板或角钢基础和连接杆件的统称，主要分为内锁闭道岔安装装置和外锁闭道岔安装装置两类。

（一）内锁闭道岔安装装置

内锁闭道岔安装装置由基础角钢组件或托板组件、尖端杆组件、表示连接杆组件、密贴调整杆组件等组成。

1. 基础角钢组件

基础角钢组件用来固定安装转辙机，主要由长角钢、短角钢和角形铁等零件组成，其结构如图 11—1—19 所示。

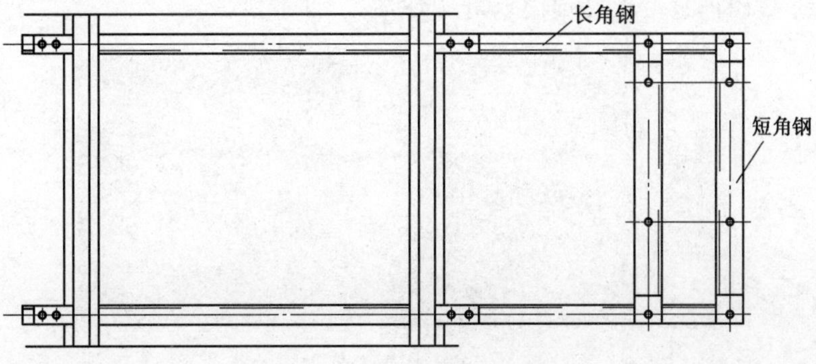

图 11—1—19　基础角钢组件

2. 尖端杆组件

尖端杆组件的主要作用是连接两根尖轨,与表示连接杆组件共同作用监督尖轨位置,如图 11—1—20所示。

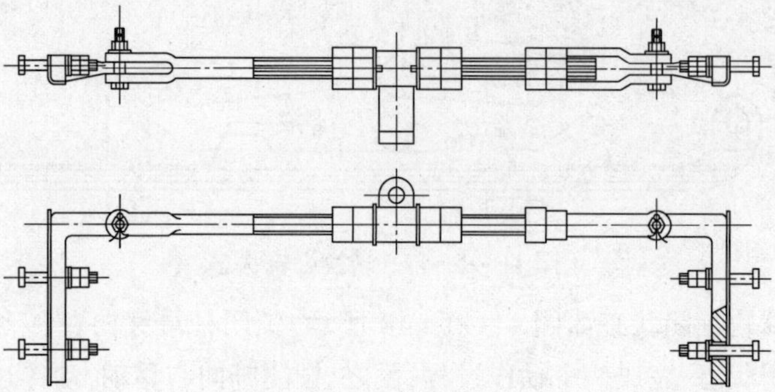

图 11—1—20　尖端杆组件

3. 表示连接杆组件

表示连接杆组件的主要作用是连接尖端杆与转辙机表示杆,实现对道岔位置的检查和监督,如图 11—1—21 所示。

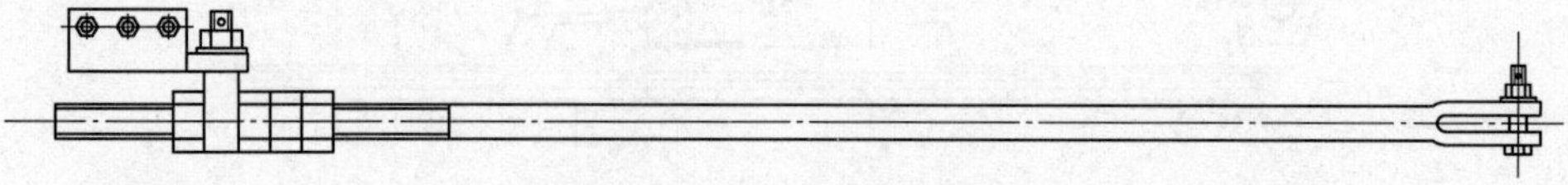

图 11—1—21　表示连接杆组件

4. 密贴调整杆组件

密贴调整杆组件的主要作用是连接道岔与转辙机动作杆,并调整道岔密贴状态,如图 11—1—22 所示。

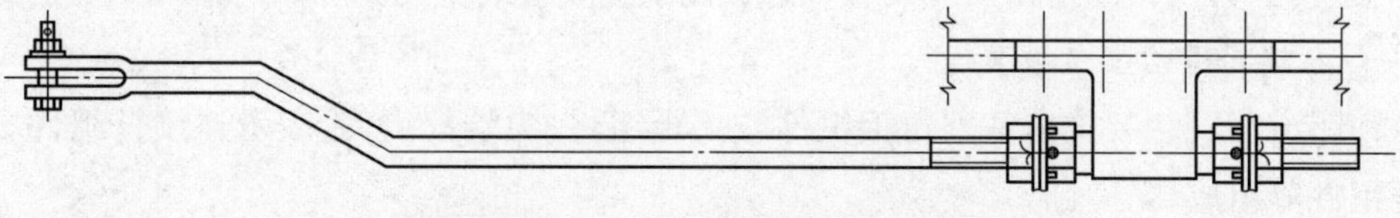

图 11—1—22　密贴调整杆组件

(二)外锁闭道岔安装装置

外锁闭道岔转辙机一般采用托板安装方式,主要由托板组件、动作连接杆组件、表示连接杆组件、防水罩组件等组成,如图 11—1—23 所示。

图 11—1—23　托板安装方式示意

托板安装方式是将托板安装在岔枕端部的一种安装方式，其优点在于转换设备承受的列车冲击、振动比角钢方案显著减小，转辙机安装位置较低，可减少转辙机受列车下垂物碰坏的几率。转辙机动作杆、表示杆可用直杆，提高了强度。

对于无砟道岔，当调高时，托板也可通过增加调整板做相应调整，以满足转辙机、杆件、外锁闭与基本轨和尖轨的相对位置要求。

1. 托板组件

托板组件用于固定安装转辙机，主要由托板、垫板和调整板等组成，如图 11—1—24 所示。

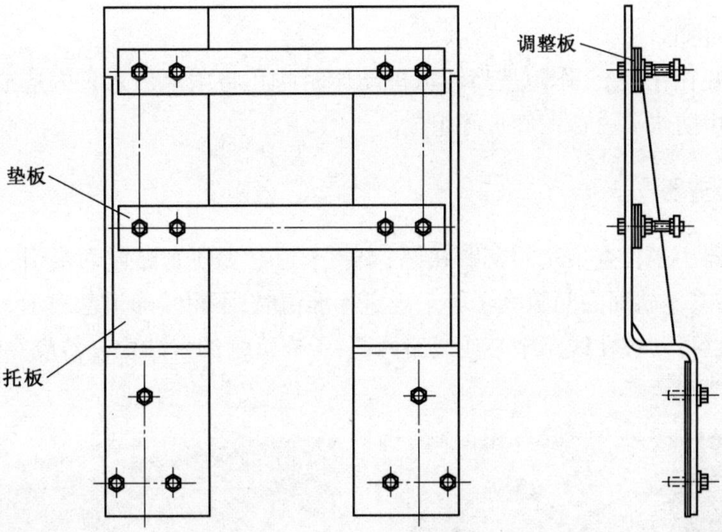

图 11—1—24　托板组件

2. 动作连接杆组件

动作连接杆组件用于连接转辙机动作杆和锁闭杆，传递转辙机动力，实现道岔转换。动作连接杆组件由动作连接杆、接头及螺栓销等组成，如图 11—1—25 所示。

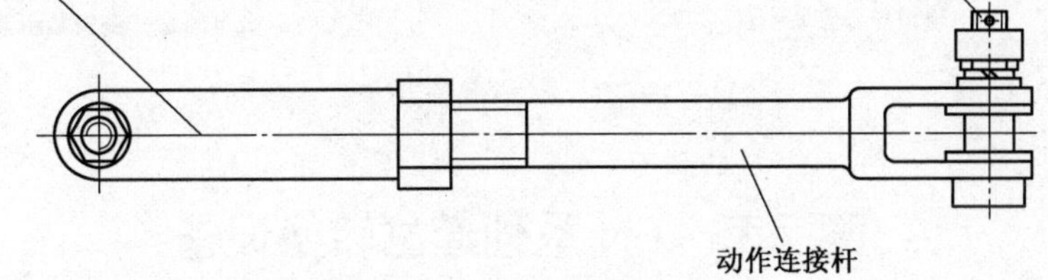

图 11—1—25　动作连接杆组件

3. 表示连接杆组件

表示连接杆组件用于连接转辙机表示杆和道岔尖轨，实现尖轨位置的表示。表示连接杆组件由表示连接杆、活络接头组件、无扣轴套、有扣轴套及尖端铁等组成。

表示连接杆有长表示连接杆和短表示连接杆之分，长表示连接杆用于连接远端尖轨，短表示连接杆用于连接近端尖轨。长表示连接杆组件结构如图 11—1—26 所示，短表示连接杆组件结构与之类似。

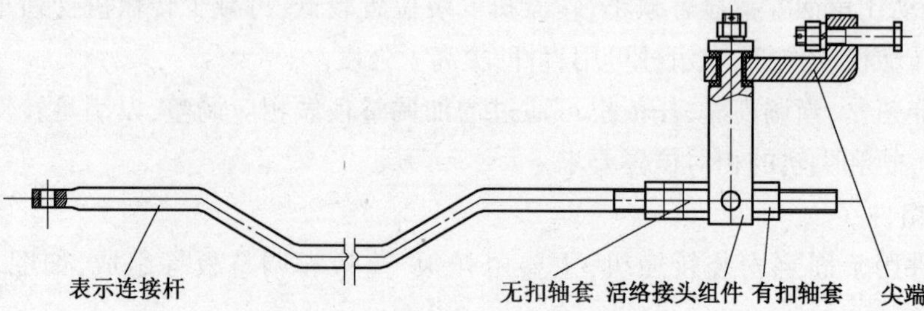

图 11—1—26 长表示连接杆组件

4. 防水罩组件

防水罩安装在托板上，作用是当转辙机动作时防止将雨水带入机内造成潮湿故障。防水罩组件主要由防水罩、拉带、底板等组成。

四、密贴检查器

密贴检查器用于检查尖轨的密贴状态，安装于道岔尖轨密贴段两牵引点间。在密贴检查处，当尖轨与基本轨间的间隙大于等于规定标准值时，不得接通道岔表示。

密贴检查器可安装在线路中心或线路两侧，无砟道岔的密贴检查器应在线路两侧安装，如图 11—1—27 所示。

(a) 轨道中心安装示意

(b) 轨道一侧安装示意

图 11—1—27 密贴检查器安装示意

第二节 CN 系列道岔转换设备

CN 系列道岔转换设备与 CN 系列高速道岔配套使用，也由转辙机、外锁闭、安装装置及密贴检查器组成。转辙机均采用合资国产的 S700K 转辙机，与国内其他道岔采用的同型号转辙机相同。

一、牵引方式

CN 系列道岔采用多机多点牵引方案，即每个牵引点设置一台转辙机，尖轨设分动外锁闭装置,由道岔控制电路实现多机多点的同步转换,如图 11—2—1 所示。

图 11—2—1　多机多点分动牵引方式

二、尖轨外锁闭装置

尖轨采用滚轮式外锁闭装置,即 HRS 外锁闭,如图 11—2—2、图 11—2—3 所示。锁闭时锁钩的合力通过尖轨断面中心,尖轨及外锁闭锁钩的受力状态较好。HRS 外锁闭机构采用滚动摩擦,可减小转换阻力,但零部件种类多、制造工艺复杂、要求的加工精度高。外锁闭通过尖轨轨底打孔的方式与尖轨进行连接。

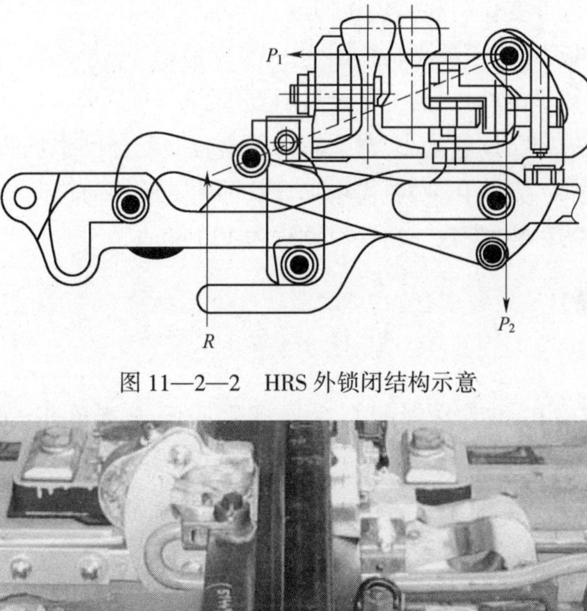

图 11—2—2　HRS 外锁闭结构示意

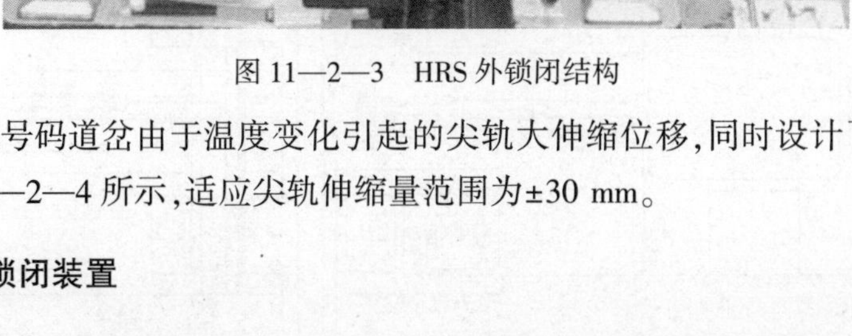

图 11—2—3　HRS 外锁闭结构

为了适应大号码道岔由于温度变化引起的尖轨大伸缩位移,同时设计了适应尖轨伸缩的机构,如图 11—2—4 所示,适应尖轨伸缩量范围为±30 mm。

三、心轨外锁闭装置

CN 系列道岔心轨外锁闭的锁闭结构原理与尖轨锁闭结构相同,如图 11—2—5 所示。

图 11—2—4　适应尖轨伸缩机构

图 11—2—5　18 号道岔心轨外锁闭

心轨外锁闭自身的摩擦阻力小，要求制造精度高；需设置辅助轨，锁闭框安装在辅助轨上；无砟道岔心轨还采用了液压驱动的下拉装置，防止心轨跳动造成部件损伤。

四、外锁闭装置主要特点

CN 系列道岔外锁闭装置主要特点如下所述。

1. 适应道岔由于温度变化引起的尖轨伸缩。
2. 采用辊轮滑床板方式，可减小转换阻力。
3. 外锁闭零部件数量多，对产品工艺及材料要求高。
4. 尖轨与基本轨的密贴调整量小，对尖轨与基本轨的配合尺寸要求高。
5. 需在尖轨轨底加工安装孔，心轨需增加安装锁闭框的辅助轨。
6. 因受外锁闭结构影响，尖轨一动开口动程为 120 mm。

五、道岔安装装置

1. 动作连接杆

动作连接杆是转辙机和道岔锁闭装置连杆之间的连接单元，如图 11—2—6 和图 11—2—7 所示，通过一个叉形元件和一个 25 mm 鼓形销在一侧与转辙机相连，如图 11—2—8 所示，而另一侧设有绝缘部件并通过一个 ϕ24 mm 的螺栓与连杆相连，如图 11—2—9所示。

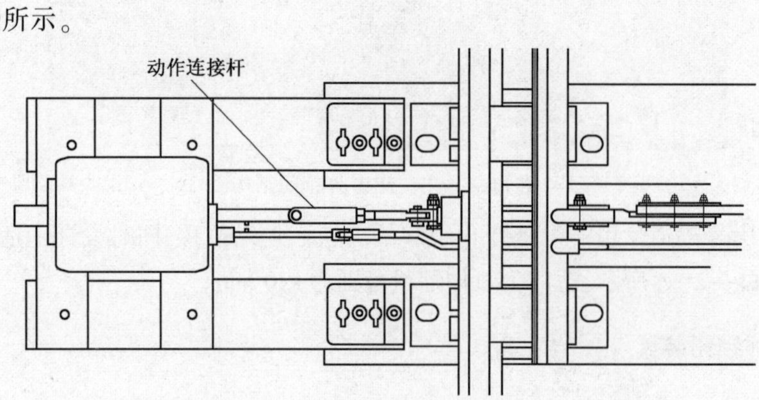

图 11—2—6　转辙机区域动作连接杆

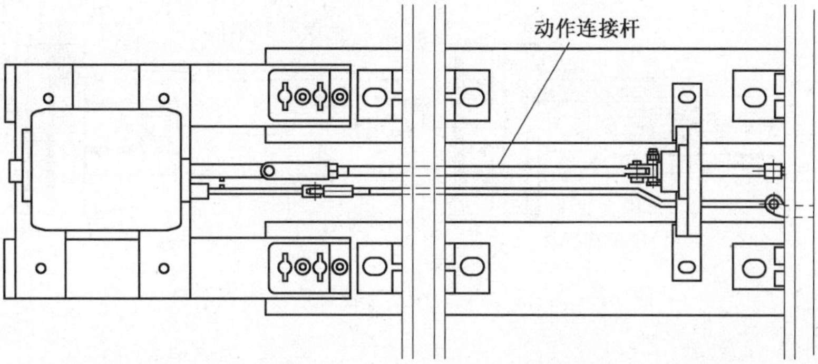

图 11—2—7　可动心轨区域动作连接杆

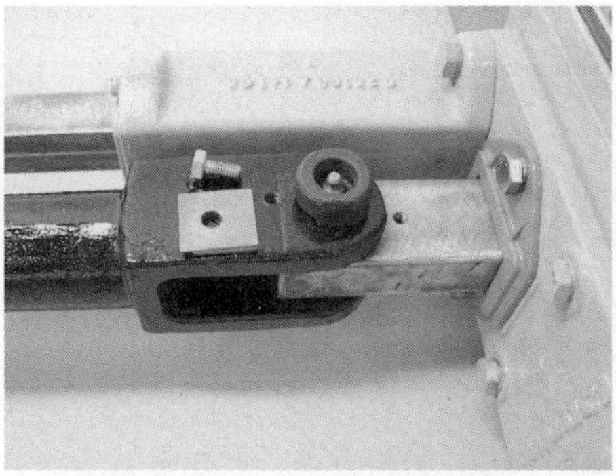

图 11—2—8　固定和润滑鼓形销

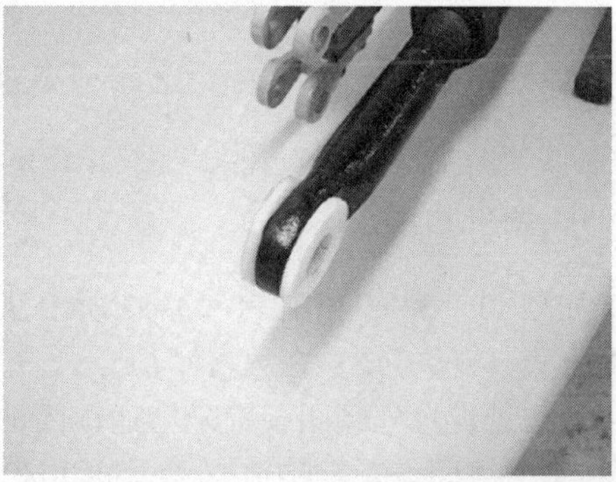

图 11—2—9　绝缘部件

2. 表示连接杆

长短表示连接杆用于连接转辙机和尖轨(图 11—2—10)、心轨(图 11—2—11)或密贴检查器(图 11—2—12),功能是对尖轨和可动心轨的位置进行表示。

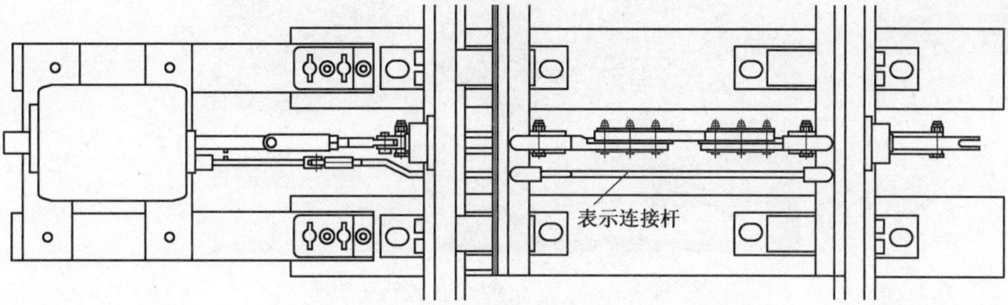

图 11—2—10　转辙机与尖轨连接的表示杆

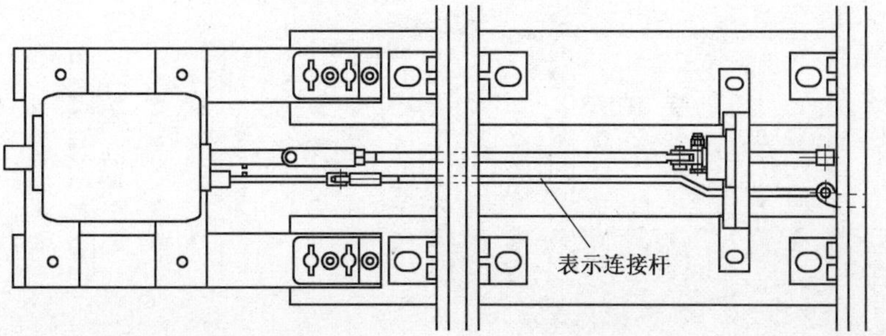

图 11—2—11　转辙机与心轨连接的表示杆

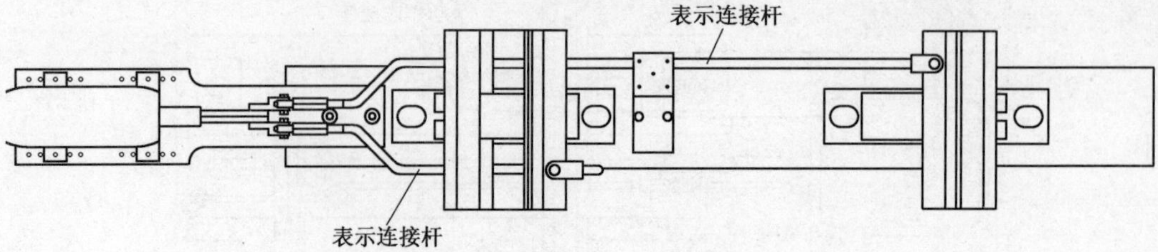

图 11—2—12　与密贴检查装置连接的表示杆

第三节　CZ 系列道岔转换设备

CZ 系列道岔转换设备与 CZ 系列高速道岔配套使用,其转换设备与国产转换设备相比,有较大的不同。

一、牵引方式

如图 11—3—1 和图 11—3—2 所示,CZ 系列高速道岔采用一机多点牵引、尖轨联动外锁闭方式,转辙机设置在第一牵引点,通过单导管方式将动力传递给其他牵引点,并在第一牵引点位置设置外锁闭装置来增加锁闭的可靠性。CZ 系列高速道岔采用 MCEM91 型转辙机,在牵引点间设置密贴检查器。MCEM91 型转辙机分为 A 型和 B 型,动程均为 260 mm,A 型输出力为 4 kN,B 型输出力为 6 kN(主要用于大号码道岔)。采用三相交流 380 V 电源,动作时间小于或等于 8 s。

图 11—3—1　一机多点道岔牵引方式

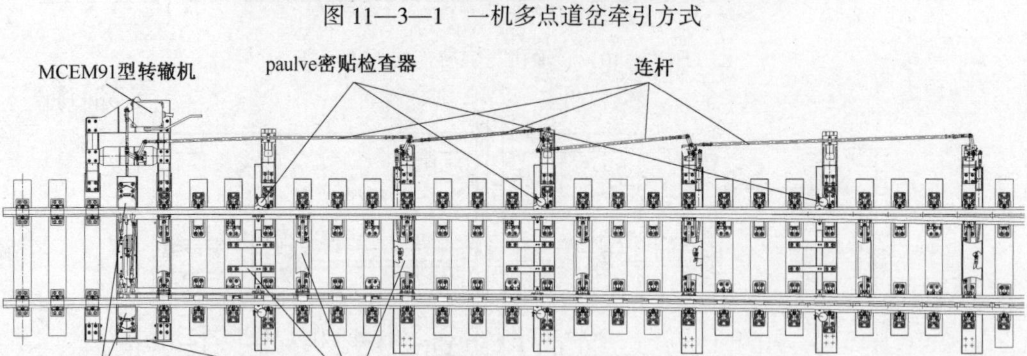

图 11—3—2　一机多点道岔牵引方式

二、尖轨外锁闭装置

尖轨采用 VCC 拐肘型外锁闭形式，两尖轨联动转换，对斥离尖轨状态保持较好，如图 11—3—3所示，适应的尖轨伸缩量为±45 mm。

外锁闭设置在特殊的混凝土岔枕上，对工务的养护作业影响较小，但是对道岔的加工和铺设精度要求较高。

三、心轨外锁闭装置

CZ 系列高速道岔可动心轨采用锰钢整铸翼轨，为可动心轨的锁闭机构留出了空间，可动心轨采用 VPM 拐肘型外锁闭装置，设置在轨枕上，如图 11—3—4 所示。外锁闭不与心轨固定连接，心轨可在外锁闭装置内自由伸缩，心轨的伸缩允许值为±10 mm。

图 11—3—3　VCC 拐肘型外锁闭

图 11—3—4　VPM 拐肘型外锁闭

四、外锁闭结构主要特点

CZ 系列道岔外锁闭结构主要特点如下所述。

1. 道岔尖轨联动。
2. 外锁闭设置在混凝土岔枕上。
3. 有较好的适应道岔尖轨伸缩性能。

第四节　道岔与转换设备接口

道岔与转换设备既密切相关，又相互影响，道岔的故障很多表现为转换设备的故障，道岔与转换设备的接口维护也占道岔养护维修很大的工作量，因此道岔工电接口的协调是提高道岔可靠性、减少道岔养护维修工作量的关键因素之一。

一、转换设备对道岔的要求

1. 尖轨与基本轨、心轨与翼轨密贴段应达到静态密贴，尖轨与基本轨、心轨与翼轨间在牵引点中心线处施加外力时不应有大于 0.5 mm 的间隙。

2. 外锁闭道岔尖轨开口(动程)误差为+5 mm，−3 mm。

3. 牵引点前后滑床台应与尖轨、心轨接触,困难条件下可有一块不接触,最大间隙应不大于 0.5 mm。

4. 牵引点位置岔枕应方正,偏差不超过 3 mm。

5. 顶铁与尖轨或可动心轨轨腰的间隙不应大于 1.0 mm。

6. 两侧基本轨、尖轨、翼轨沿线路方向的相错位置偏差不超过 2 mm。

7. 安装转辙机和密贴检查器的岔枕及无砟道岔板应预留安装托板连接孔,无砟道床应预留杆件安装空间。

8. 混凝土构件中的钢筋应与安装件绝缘。

9. 转辙机、密贴检查器安装位置应排水良好。

10. 外锁闭装置和安装装置的安装应在轨距、岔枕位置及钢轨件密贴等符合相关规定后方可进行。

11. 应严格控制辊轮高出滑床台的高度,不得超出相关标准要求。

二、安装装置与道岔接口

1. 道岔设计应提出牵引点的数量、位置、动程、理论转换力等参数。

2. 转换设备设计应提出道岔钢轨打孔位置、数量、孔径等要求。

3. 转辙机安装在岔枕上时,岔枕应预留转换设备安装螺母并采取保护措施。

4. 道岔应适应转换设备左右侧安装。

三、外锁闭装置与道岔接口

1. 转换设备设计应提出外锁闭安装的空间尺寸要求。

2. 外锁闭装置应具备适应尖轨、心轨一定伸缩位移的能力。

第五节　道岔融雪装置

道岔融雪装置是保证冬季雨雪恶劣天气环境下道岔正常使用的重要设备,尤其是对于高速道岔更是必不可少的设备。目前的融雪装置普遍采用电加热方式,利用安装在道岔基本轨或翼轨上的电加热元件,通电加热使道岔积雪融化,并可实现全自动遥控。

一、融雪装置组成

道岔融雪装置主要由道岔融雪远程控制中心工作站、道岔融雪车站控制终端、道岔融雪控制柜、钢轨温度传感器、电加热元件和道岔融雪隔离变压器等组成,如图 11—5—1 所示。

二、融雪装置安装

1. 电气控制柜及基础安装

电气控制柜及基础安装如图 11—5—2 所示。安装时电气控制柜正面(柜门)应背对线路,基础深埋,在围台混凝土内的电缆应采用橡胶管防护,柜内穿线孔应密封,电气控制柜与基础连接牢固,箱体平整。

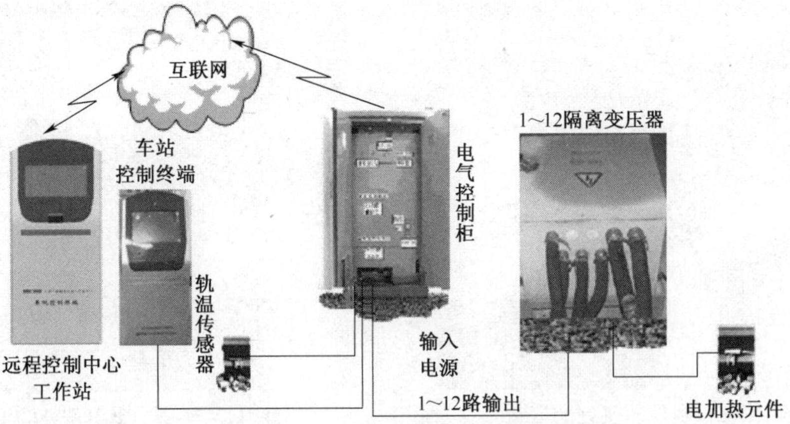

图 11—5—1 道岔融雪装置组成

2. 隔离变压器箱及基础安装

隔离变压器箱及基础安装如图 11—5—3 所示。安装时隔离变压器箱引入端子面向线路，位置应靠近电加热元件把手端，基础埋设及防护围台应符合相关规定。隔离变压器引出线应采用胶管防护，并用 Ω 型卡具固定在轨道板或道床板上。

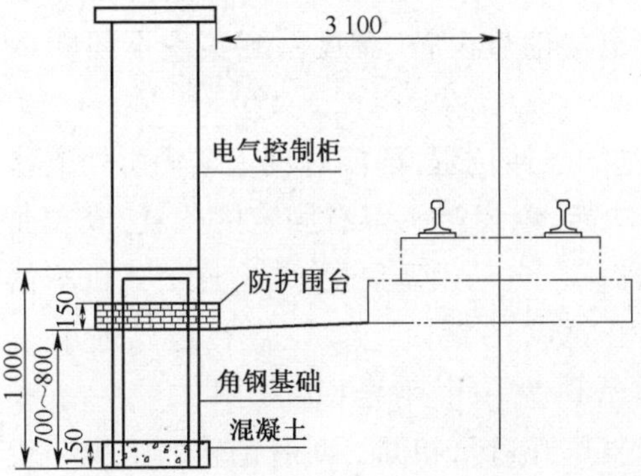

图 11—5—2 电气控制柜安装示意(单位:mm)

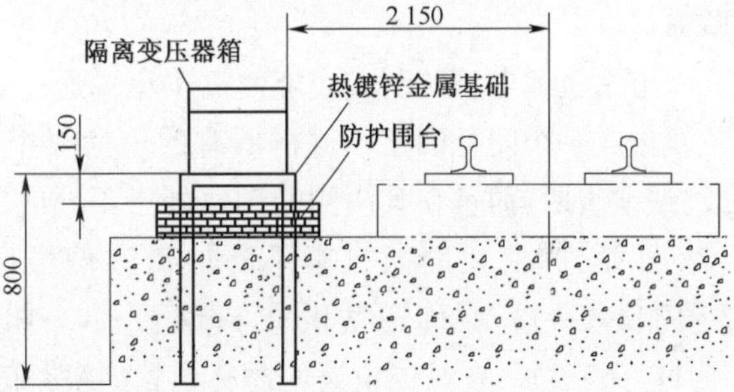

图 11—5—3 隔离变压器安装示意(单位:mm)

3. 电加热元件安装

电加热元件采用专用卡具固定在基本轨的轨腰、轨底斜面、翼轨轨腰或牵引点等位置，如图 11—5—4~图 11—5—7 所示。

图 11—5—4 轨腰处的安装

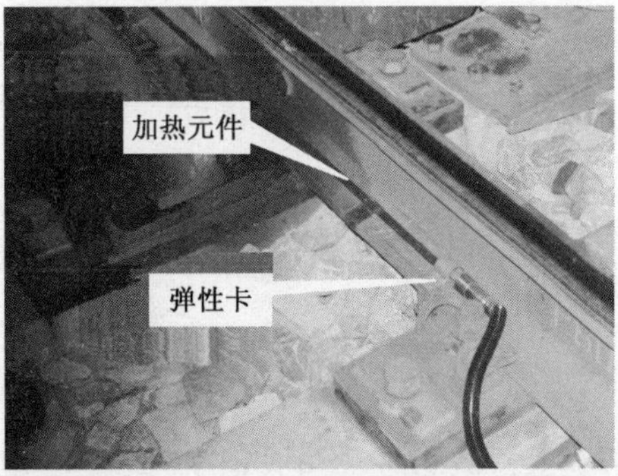

图 11—5—5 轨底斜面处的安装

图 11—5—6　翼轨轨腰处的安装

图 11—5—7　牵引点处的安装

第六节　道岔轨道电路和转换设备安装

一、道岔轨道电路

道岔轨道电路是用绝缘材料将道岔分成若干不同极性的电路区段，当机车车辆通过这些区段时，显示不同信号，并将信号传到调度指挥台，或将调度人员发出的指令通过轨道电路使信号显示不同的进路，以使列车与道岔信号设备、调度系统实现不间断地联系。

道岔轨道电路的制式应能使机车车辆通过道岔的任何位置，都能对机车车辆所处道岔位置形成一个闭合回路。这样所有的道岔根据其功能，绝缘接头都有固定的位置，或在曲股，或在直股，而且在其两侧的钢轨处于不同的极性。在自动闭塞区段，装有连续式机车信号的车站，为使地面向机车不断地传递信号，单开道岔的钢轨绝缘设置在道岔曲股上（图 11—6—1）；对称道岔设在驼峰下，以一组道岔作为一个闭合回路（图 11—6—2 和图 11—6—3）。在其他位置的对称道岔，绝缘布置与单开道岔相同。两股钢轨的绝缘一般相对设置。相错开时，两个绝缘相错不得大于 2. 5 m。因为相错的绝缘会形成一个极性相同的死区，这个死区大于 2. 5 m 时，固定轴距较小的车辆停在这个位置不能形成回路，也就不能显示正确的信号。

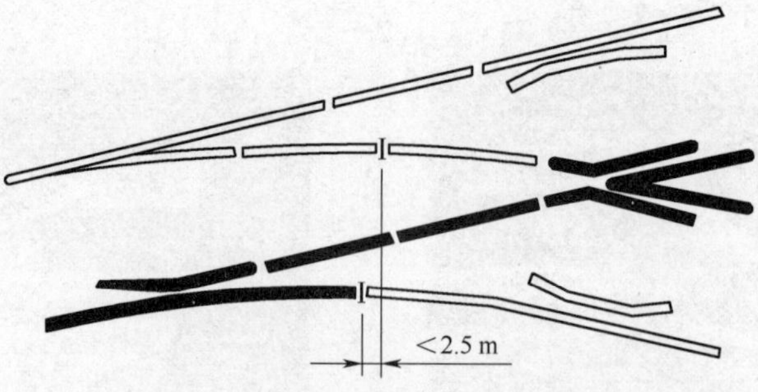

图 11—6—1　钢轨绝缘设在曲股示意

连接不同极性的两股钢轨，或连接绝缘接头两侧钢轨的联结零件、加强设备都是绝缘的。道岔中各钢轨接头都留有足够的位置，以便安装钢轨连接线、道岔跳线。锰钢辙叉的趾端、跟端轨腰上，设有安装跳线的孔。

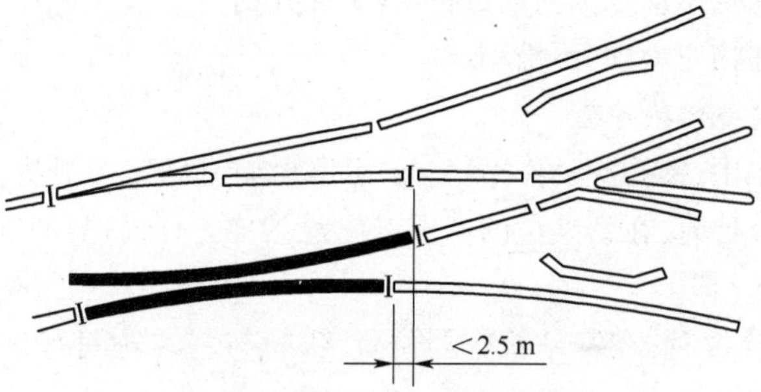

图 11—6—2　对称道岔钢轨绝缘示意

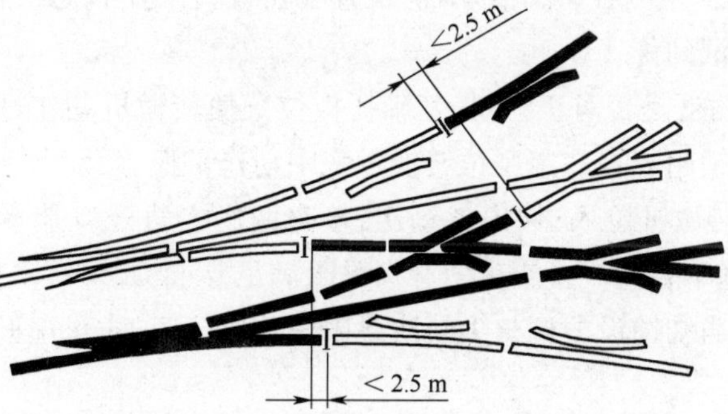

图 11—6—3　对称三开道岔绝缘示意

二、道岔转换设备安装

道岔转换设备安装前，道岔应铺设完毕，检验合格。外锁闭装置和安装装置应在轨距、岔枕位置及钢轨件密贴等符合《高速铁路无砟轨道道岔铺设技术条件》(TB/T 3302—2013)、《高速铁路有砟轨道道岔铺设技术条件》(TB/T 3306—2013)等技术条件或规范的规定条件下安装。道岔转换设备安装工艺流程如图 11—6—4 所示。

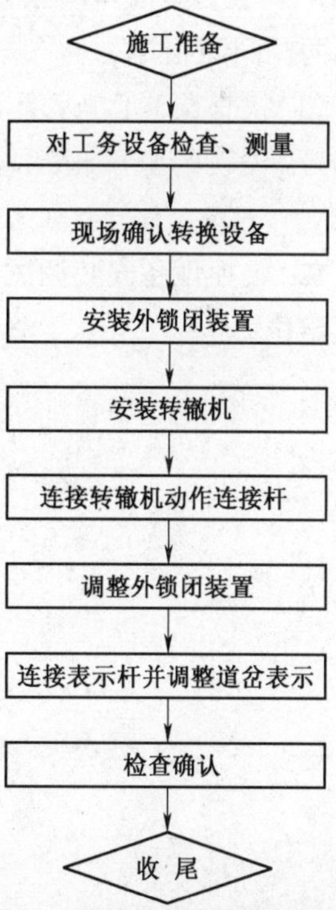

图 11—6—4　道岔转换设备安装工艺流程

三、道岔转换设备调试与检查

(一)道岔转换设备静态检查

1. 检查各紧固件齐全，各部螺栓紧固并达到规定的拧紧力矩，丝扣露出螺帽外的余量应为 5~10 mm，并采取防松措施，开口销张开至规定角度。

2. 各部绝缘安装正确，不遗漏，不破损，用 500 V 的兆欧表测量电阻不小于 25 MΩ。

3. 零件无异常现象(意外损坏、异常磨损)。

4. 托板应与岔枕联结牢固，并与道岔直股基本轨垂直。

5. 接触的摩擦面及运动范围内应保持清洁，无异物。

6. 表示拉杆的连接应牢固、不松动。

（二）道岔转换设备转换检查

1. 道岔转换过程中，锁钩应动作平稳，与锁闭铁结合良好，无别劲、卡阻现象。

2. 道岔定位和反位时，在密贴段的牵引点位置，尖轨（心轨）与基本轨（翼轨）间有 4 mm 及以上间隙时不锁闭。

3. 道岔定位和反位时，在密贴检查器位置，尖轨与基本轨间有 5 mm 及以上间隙时无表示。

4. 测试转换阻力是否满足转辙机输出力要求。

5. 转辙机通电后，检测各牵引点动程，检查转换设备工作状态，检查锁闭装置锁闭到位和表示状态，分别调试到位。

6. 检查两侧锁闭框是否对正，检查基础托板位置使转辙机动作杆、连接杆、锁闭杆在同一直线位置，保证外锁闭装置在定反位转换过程中动作平稳，无别卡现象。

7. 手动或电操转辙机拉入、伸出各一次，检查两侧尖轨开口基本相同，如果偏差较大，应调整使两侧开口基本相同。检查尖轨开口是否满足要求，如果有尖轨虚开现象，则不计虚开口量进行调整，并通知铺设方调整尖轨防跳限位装置位置，防止虚开口过大损伤到转辙机表示缺口。

8. 检查调整道岔密贴，使两尖轨（可动心轨）与基本轨（翼轨）密贴满足要求。

9. 检查调整缺口间隙，使转辙机检测柱在定位、反位时落入表示（锁闭）杆缺口，并使缺口内两侧间隙相等。

10. 检查调整心轨锁闭量，使两侧锁闭量偏差小于 2 mm。

11. 尖轨的密贴、表示调整完成后，调整密贴检查器，使其在定位、反位的表示均符合要求。

12. 转换设备安装调试完成后，由工务和电务部门技术人员相互配合进行道岔工电联调及定位。

第十二章　道岔铺设和更换

新线建设需新铺道岔，既有线也经常由于站场改造、使用条件变化、道岔大修和更新改造等原因需整组更换。道岔一般采用散件运输，现场进行组装与铺设。

道岔的组装与铺设是影响道岔使用性能的重要环节，其铺设质量直接影响列车过岔时的平稳性、安全性和养护维修工作量，因此应对道岔铺设给予充分的重视。

道岔铺设可采用原位法或移位法。新建线路铺设道岔时，作业时间和作业场地有保证，大多采用原位法铺设。当在道岔板上铺设道岔时，采用原位铺设法；当道岔处于隧道、桥梁及路基挖方地段等运输吊装到位困难时，宜采用移位法铺设。既有线更换道岔时，有砟道岔一般采用移位法铺设，无砟道岔只能采用原位法铺设。

本章主要以单开道岔为例介绍整组道岔铺设和更换的方法，其他道岔的铺设和更换可参照单开道岔的铺设方法进行。

道岔铺设和更换手段应逐步实现机械化，铺设队伍应专业化，配备相应的专业人员和装备，根据不同的道岔型号、轨下基础类型等选用合理的铺设方法，保证道岔铺设质量。

第一节　道岔运输与吊装

一、运输方式

道岔可根据需要采取汽车运输或火车运输，运输方式有散件运输和带枕分段运输方式两种。

散件运输指将道岔主要部件分开进行运输，一般按照尖轨与基本轨组件、辙叉组件、其他轨件、垫板、零部件和岔枕分开运输至铺设现场，如图 12—1—1 所示。

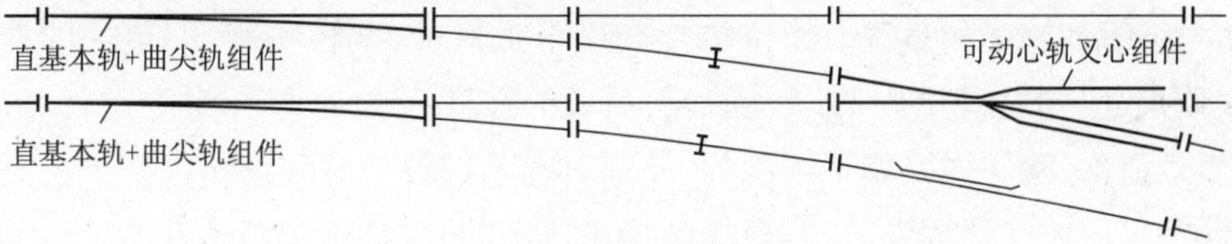

图 12—1—1　道岔散件运输组件示意

带枕分段运输指将道岔轨件与岔枕组装后分段运输，道岔钢轨件、扣件和岔枕在工厂内组装成轨排，一组道岔分成几段整体运输，如图 12—1—2 所示。目前 CN 系列部分道岔采用带枕分段运输方式。

二、吊装、运输与存放

道岔轨件为细长结构，在吊装、运输和存放过程中容易产生塑性变形，影响道岔铺设的精度和质量，为此要编制专门的道岔装载运输方案，铁路运输还要经过相关部门的审批。道岔装载完毕后，经工厂质检部门检查，符合装载加固方案的规定后方可发运出厂。

图 12—1—2　道岔带枕分段运输

道岔吊装、运输和存放应符合以下规定：

1. 道岔吊装、运输与存放过程中不得损伤、污染道岔组件和零部件；应使用满足要求的起重机械及吊具，按标记位置起吊道岔组件。

2. 尖轨与基本轨组件、辙叉组件、配轨、轨排等在运输过程中应采取措施防止产生塑性变形。岔枕采用平板车或专用车辆运输，多层码垛时，每层应用木质垫块垫实垫平，组装有铁垫板的岔枕，层间垫块的高度应高于铁垫板。转换设备应采用专用包装箱包装运输。道岔所有零部件（钢轨件除外）应采取防雨措施。

3. 码放尖轨与基本轨组件、辙叉组件、配轨、轨排的场地应坚实平整，道岔钢轨件分类存放，并保留临时固定装置。道岔尖轨与基本轨组件、辙叉组件、配轨、轨排码垛层数不得多于 4 层，每层用木质垫块垫实垫平，垫块应按高度方向垂直设置。岔枕按长短顺序码垛，每层岔枕间应有竖向对齐的两块垫木，码垛不应超过 5 层。

第二节　道岔测设与预铺

一、现场测设

铺设道岔之前，应做好相应的准备工作，包括资料收集、编制施工方案、材料清点、机具配备、劳动力组织和施工测量等。原位更换同型号道岔前，要核实新、旧道岔的接口（电务、供电）和主要尺寸（道岔理论中心以及前长、后长）是否一致，有差异时应进行相应的处理。更换不同型号道岔，除应做好施工组织外，还应对道岔铺设位置和影响范围进行测量。

普速铁路采用经纬仪测设方法：根据站场布置图的要求，确定新道岔中心位置。一般以道岔前端的基本轨轨缝中心为道岔的起点（图 12—2—1），从基本轨轨缝中心沿直股线路中心线量出道岔前长 a，定出道岔中心点 O 以及道岔后长 b，再用支距法或角度法定出侧股线路的中心线，分别钉好岔首、岔心、直股岔尾、侧股岔尾等桩。如系更换多组道岔的测设，则依次类推，定出其他道岔的位置，按照预先定好的施工方案进行施工。

道岔位于梯形线群的中间时，应使直股中线与前后道岔直股中线吻合，同时使道岔岔心桩与侧股中心线吻合。以较大号码道岔替换较小号码道岔时，应考虑更换道岔后线路有效长度不能缩短，警冲标位置不能向后移动等问题。

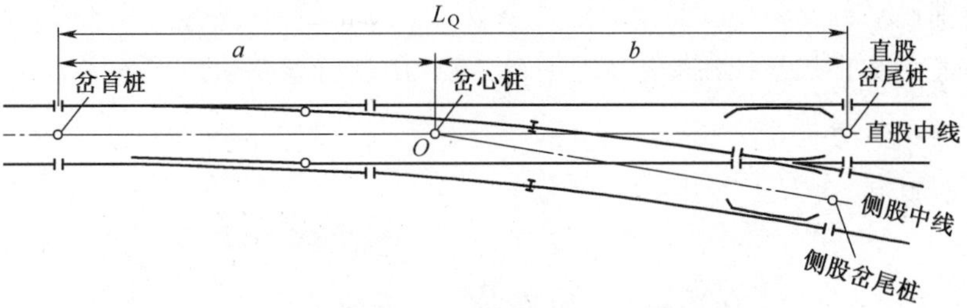

图 12—2—1　道岔测设桩位示意

高速道岔测量应采用控制基桩或加密基桩为基准点，使用全站仪、水准仪和轨道几何状态测量仪进行测量，如图 12—2—2、图 12—2—3 所示。

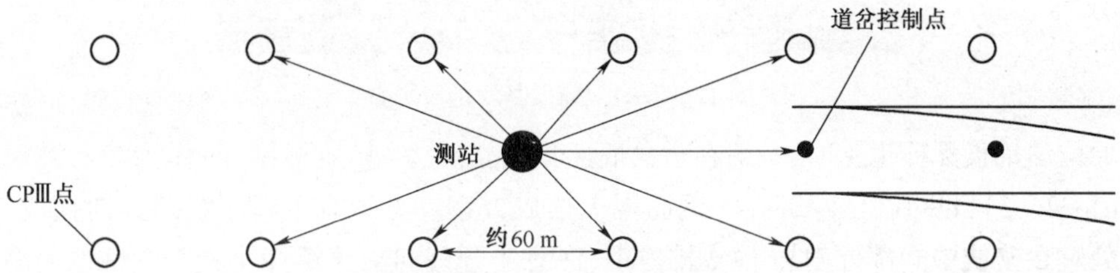

图 12—2—2　道岔控制基桩测设

（a）测量仪测量　　（b）软件界面

图 12—2—3　轨道测量仪测量与调整

二、道岔预铺

道岔预铺分厂内组装和现场预铺。高速道岔必须在厂内进行逐组组装，按照设计图和制造技术条件要求将岔枕、扣件及联结零件、钢轨件、转换设备组装成整组道岔，组装后由质检部门按技术条件进行检验，合格后方可出厂。

道岔采用散件运输和移位法铺设时，应在铺设岔位附近或铺设基地进行预铺。道岔预铺指在组装平台上将岔枕、扣配件、钢轨件组装成整组道岔，并调整至符合标准要求。道岔预铺后，应进行检查和验收，主要检查配件是否齐全，几何尺寸是否符合标准要求。预铺后的道岔在就位过程中，可能改变道岔各部件的相对位置，因此就位后要进行复检、调整，然后按要求拧紧全部扣件。

1. 道岔铺设平台

道岔预铺一般在线路一侧搭建临时平台，或利用既有线路轨道作为平台。铺设基地组装平台如图 12—2—4 所示。

图 12—2—4　铺设基地组装平台

原位法铺设无砟道岔时，一般在道岔底座顶面摆放方钢（矩形钢管）作为简易铺设平台（图 12—2—5），也可在已经绑扎的钢筋网上摆放方钢。方钢宜平行于线路方向摆放，岔后长枕处宜在岔枕中间部位增加 1～2 排方钢，注意避开竖向支撑螺杆位置。方钢顶面高程应低于岔枕桁架钢筋底面设计高程 30～40 mm。

图 12—2—5　无砟轨道原位铺设组装平台

原位铺设有砟道岔时一般设置图 12—2—6 所示的简易平台。

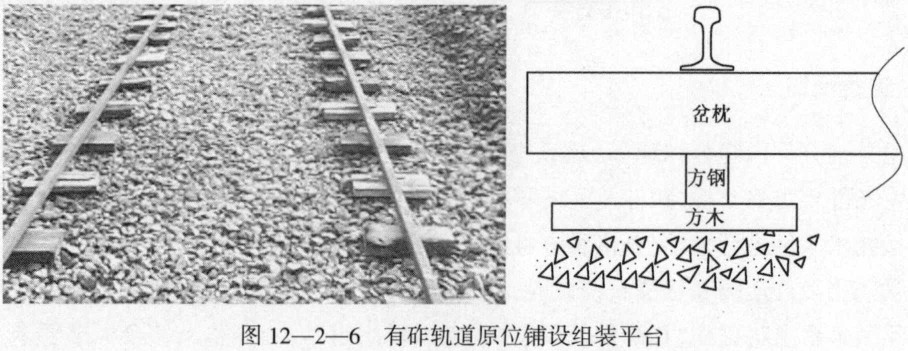

图 12—2—6　有砟轨道原位铺设组装平台

2. 道岔组装

首先在组装平台上摆放岔枕，摆放时要控制岔枕的高程、间距和平面位置，然后在岔枕上依次安装扣件系统，摆放尖轨与基本轨组件、辙叉、导轨等钢轨或钢轨组件，安装转换设备,最终组装成整组道岔。

第三节 道 岔 更 换

道岔更换常用的方法有原位更换法和移位更换法,移位更换法又可分为现场预铺移位更换法和道岔基地组装移位更换法。当旧道岔拆除对运输影响较小时可采用原位更换法。一般情况下,由于道岔更换对运输影响较大,常使用移位更换法。

一、原位更换法

(一)适用条件及特点

原位更换法是在封锁点内拆除旧道岔并原位铺设新道岔,根据封锁时间的长短可一次完成或分几次进行。原位更换法比较灵活,一般不需要特殊的机具,但是需要的人员较多,封锁时间长,工作量大;有时因分股更换,直股和侧股线路不能同时开通,因此该方法适合在无场地进行新道岔预铺和不能使用吊车作业时采用。

(二)施工方法

1. 准备工作

(1)根据设计,备齐轨料,制定施工计划和安全技术措施。

(2)按照设计图,现场核对定位桩及连接线路的位置和尺寸。

(3)按照道岔铺设图,逐件核对各部件的规格、尺寸和数量。

(4)锁定道岔前后线路,防止爬行。

(5)挑选好岔枕,注明编号,按顺序排列。

(6)将道岔相关的轨件适当地联结成轨件组,然后放在既有道岔的附近位置,如图12—3—1所示。

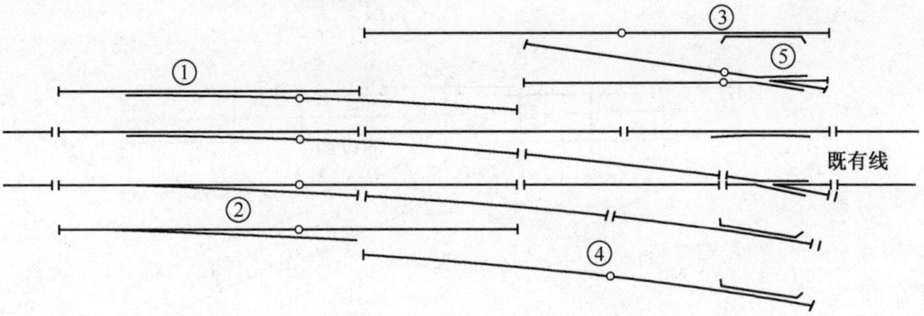

图12—3—1 轨 件 组

(7)检查材料、工具、人员和防护设备是否齐全,准备封锁施工。

2. 基本作业

(1)按规定设置防护。

(2)拆除既有道岔;有砟道岔需清筛、整平道床。

(3)有砟道岔,根据测桩位置和岔枕的间距铺好岔枕。

(4)铺设辙叉,拨入轨件组,连接钢轨,安装各部零件,一般先安装直股。

(5)调整岔枕位置,上紧扣件。

(6)铺设曲股,调整导曲线支距,上紧扣件。

(7)安装连接杆和拉杆,进行转辙试验,进行尖轨密贴调整。

(8)全面检查、整修,经验收合格后,开通全组道岔。

3. 施工安全和要求

(1)道岔施工时必须按规定登记、销记,设置防护,注意邻线行车。

(2)在施工前,检查工具、材料是否齐全,尺寸是否准确,必要时先进行转辙器的组装试验。

(3)施工时,防止工具、材料侵入邻线限界,防止损坏其他行车设备。

二、现场预铺移位更换法

(一)适用条件及特点

移位更换法适用于被更换的道岔附近有比较平坦且空间足够的场地。预先将新道岔进行组装,在封锁时间内,使用移位台车或其他滚动、滑动装置,将预先组装好的道岔横移、纵移就位。

由于现场预铺移位更换法在线路封锁之前已完成大部分的组装工作,可减少在线路上的作业时间,需要的封锁时间短,对运输影响较小。目前既有线道岔更换主要采用移位法。

(二)施工方法

1. 准备工作

排列岔枕、连接钢轨、散布零件等工作与原位更换法基本相同。根据移位更换法的特点,还应做好以下准备工作。

(1)在被更换道岔附近的空地上,选好预铺的位置,用测设道岔的方法定出道岔首、尾和中心桩,具备条件时可按一次横移到位控制。

(2)平整场地,用旧钢轨、旧轨枕架设预铺平台,如图 12—3—2 所示。平台高度根据现场地势确定,一般预铺的道岔略高于被更换道岔。平台的面积以满足铺设整组道岔为准。

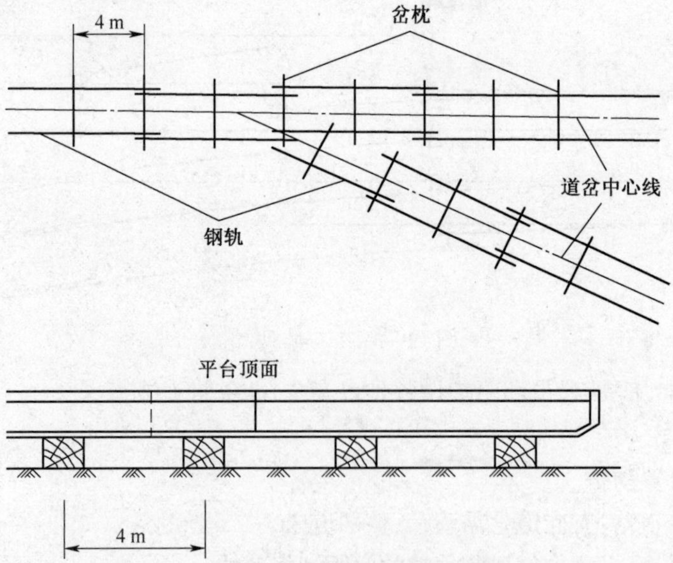

图 12—3—2　预铺平台

(3)在平台上设置滑道,一般采用钢轨作滑道,其数量根据预铺道岔的长度确定。一组木枕 9 号单开道岔设 3 根、12 号道岔设 4 根,混凝土岔枕道岔的滑道数量应适当增加。滑道一端架在平台上，另一端伸入既有道岔的轨枕空内。当预铺场地较大时，可将滑道延伸，以备更换时将旧道岔整组架起移出线路，如图 12—3—3 所示。

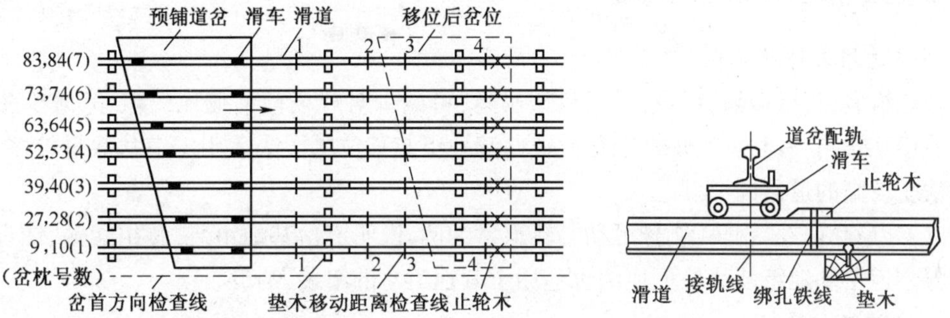

图 12—3—3　设置滑道

(4)在最外侧的两条滑道上分别划出数条平行于直股的检查标记。在两岔首桩之间设一条方向检查线，以便检查横移时的平动情况，避免就位后搭头错口。在滑道终点设止挡，保证就位准确。

(5)按原位更换铺设道岔的方法，在预铺平台上预铺成组道岔，为使长岔枕上钢轨位置准确，先定好两线里股钢轨，再定外股钢轨。

(6)准备移动道岔用小车，小车按滑道数量配置，每根滑道放置 2 台。

(7)在预铺道岔上，配合电务部门安装转换设备，接通电源进行试验，使尖轨初步密贴。

2. 基本作业

(1)办理封锁施工手续，确认作业时间，按规定设置防护。

(2)拆除旧道岔。如采用小车整组移出的方法，则抬起旧道岔，将旧道岔放置在小车上，移出线路，抬起道岔，撤去小车。

(3)清筛、整平原道床，铺设滑道、引轨及道岔前后轨枕。

(4)将预铺道岔放在滑轨小车上，道岔首尾及中部拴好牵引绳。

(5)由施工负责人指挥，缓慢而均匀地拉动牵引绳，使新道岔平稳就位。

(6)检查道岔首尾钢轨接轨情况，确认准确无误时，撤出小车，落道就位，与线路连接。

(7)撤出滑道、引轨，上砟捣固，整修线路和调整道岔。

(8)配合电务部门调整尖轨和锁闭装置。

(9)全面检查线路和道岔，经验收合格后，通知车站，撤除防护，开通线路，放行列车。

3. 施工安全和要求

(1)道岔施工时必须按规定登记、销记，设置防护，注意邻线行车。

(2)在施工前，检查工具、材料是否齐全，尺寸是否准确，必要时先进行转辙器的组装试验。

(3)施工时，防止工具、材料侵入邻线限界，防止损坏其他行车设备。

(4)现场预铺移位更换法，预铺位置与移动过程中的位置控制十分重要，应有专人指挥，随时检查各控制点和方向，发现偏移应及时调整。

(5)道岔移动过程中，在移动范围内，禁止任何人员进入。

(6)移动道岔时应缓慢平稳。为了控制移动速度，在道岔移动的反方向适当位置拴上制动绳,以防止移动过快,便于调整位置。

三、道岔基地组装移位更换法

(一)适用条件及特点

基地组装,整组运输、铺设,采用机械吊运,可减少对现场预铺场地的依赖,减少施工与运输的相互影响,有利于实现标准化。道岔基地组装移位更换法适用于道岔数量较多、要求道岔精度较高的道岔铺设。

以下以60 kg/m钢轨12号可动心轨道岔为例,说明道岔基地组装,整组运输、铺设的基本步骤。道岔基地组装移位更换法也适用于其他道岔的组装、铺设。

(二)施工方法

1. 准备工作

(1)道岔组装基地必须有足够的场地,并处于施工区域的适当位置。

(2)基地应配置轨道车、轨道车存车线及组装台、尖轨和基本轨校正台、电务转换设备试验台、24 t平板车、24 kW发电机组、道岔提升设备、动力电源等。运输道岔的车组由一台重型轨道车及若干辆平板车组成,一般用5辆平板车。轨道车后第1辆装运发电机组、工具、材料,第2~5辆装运道岔。在第2辆和第4辆车上安装货物转向架,第3辆和第5辆车的转向架上方安装4根滑动垫梁,每根长3.4 m,顶面涂上润滑油脂,通过货物转向架将道岔固定。

(3)道岔在组装台上按铺设图组装。组装前应对特殊形状的钢轨及基本轨弯折点、尖轨矢度、尖轨跟端平顺性进行检查。

2. 基本作业

(1)办理封锁施工手续,确认作业时间,按规定设置防护。

(2)拆除旧道岔,清筛、整平原道床,铺设引轨及道岔前后轨枕。

(3)采用液压装置,将道岔提升,当机组自带动力时,可直接将道岔运输至铺设现场。也可将道岔放在平板车上运到现场。

(4)道岔运抵现场后,用组装式立柱支架或其他吊装工具将道岔卸在铺设位置的前端或后端,铺好便线,将道岔移动就位。

(5)道岔就位后,用起道机抬起道岔,拆除便线,落下道岔。

(6)上砟捣固,整修线路和调整道岔。

(7)进行找细、整理,再次调整、试验,合格后开通线路。

3. 施工安全和要求

(1)道岔施工时必须按规定登记、销记,设置防护,注意邻线行车。

(2)在施工前,检查工具、材料是否齐全,尺寸是否准确。

(3)施工时,防止工具、材料侵入邻线限界,防止损坏其他行车设备。

(4)整组道岔装运时,防止道岔纵向与横向窜动,不应侵入限界。

(5)运输道岔的车辆通过曲线及道岔时应限速,保证运输安全。

四、渡线道岔更换

渡线道岔由于道岔较长,结构复杂,有时难以整体组装,其铺设具有一定的特殊性,需引起注意。

(一)渡线的类型与铺设要求

渡线从形式上可分为平行线间的单渡线、缩短渡线,平行线间的交叉渡线、缩短交叉渡线,不平行线间的单渡线,曲线间的单渡线等。常见的单渡线为平行线间的单渡线,交叉渡线有时两线不平行。

单渡线的线间距变化较大,且一般不单独出图,采用两组单开道岔在现场铺设时进行调整。交叉渡线的线间距为标准线间距,分为5.0 m、5.3 m、5.5 m和6.5 m四种,均编制专门的通用图,可以按图铺设。但当两线不平行且采用混凝土岔枕时,需特别注意核实道岔部件与岔枕是否配套,否则现场难以调整。

渡线的铺设要求如下:

1. 准确测量两线线间距,线间距偏差较大且铺设交叉渡线时,先调整线间距至设计值。

2. 铺设混凝土岔枕的单渡线道岔且线间距小于5 m时,需对岔后长岔枕进行单独设计,否则难以铺设。

3. 现场应准确测设道岔中心坐标,保证道岔铺设位置的正确。

4. 现场应仔细清点道岔部件的规格、型号、数量、开向等,确保道岔部件和岔枕能够正确安装。

5. 铺设小间距单渡线时,需核实渡线间设置绝缘接头的条件。

6. 道岔分块组装、移位铺设时,应保证道岔组装精度。

(二)渡线的铺设方法

渡线道岔的铺设方法与单开道岔基本相同,也分为原位铺设法和移位铺设法。

1. 新线采用原位法铺设时,可以现场整体铺设,铺设方法与单开道岔相同。

2. 新线采用移位法铺设时,可以分块组装,就位后再组装成整体。

3. 既有线改造,可采用分块组装的移位法铺设。

4. 既有线更换交叉渡线时,由于工程量较大,可以采用分块组装,分块铺设,最后再组装成整体的方法。一般先更换四个单开部分,可以分一次或多次更换,再更换菱形部分,最后将菱形部分与四个单开部分组装在一起。

(三)渡线铺设的注意事项

1. 小间距单渡线道岔按两组单开道岔供货时,岔后有些岔枕和道岔零部件可能用不上,需妥善保存。

2. 交叉渡线分块铺设时,需严格控制线间距和道岔中心位置,保证各岔枕的正确位置,否则最后安装岔枕连接装置时会发生困难。

3. 交叉渡线内钢轨的焊接,应符合相关规定。不焊接时,接头螺栓扭矩应符合规定。

4. 两线不平行的交叉渡线铺设时,应注意绝缘接头的安装位置。

第四节　新线道岔铺设

新线道岔铺设常用的方法有原位铺设法、移位铺设法。有砟道岔可采用原位铺设法和移位铺设法;无砟道岔铺设方法分为轨枕埋入式无砟道岔原位铺设法和移位铺设法、板式无砟道岔铺设法。轨枕埋入式无砟道岔原位铺设法和移位铺设法，二者区别在于道岔钢轨件、扣件和岔枕的组装在厂内完成还是在现场完成。

新线道岔铺设总体要求：

1. 道岔铺设应遵循“专业化、机械化、标准化”原则，采用专用机械设备按铺设技术条件及铺设图进行铺设和检验。

2. 应在道岔区线下工程施工、工程质量验收合格后进行道岔铺设，铺设前路基填料、外形尺寸、压实度、工后沉降等应符合相关标准规定。

3. 新建高速铁路、城际铁路有砟道岔应待道床密实后方可铺设道岔，道床平整度和道砟材质、粒径级配应符合相关标准规定。

4. 道岔施工不宜拆解道岔轨排或道岔组件。

5. 无缝道岔焊接前应按规定设置位移观测桩，锁定后应立即进行标记。

一、有砟道岔原位铺设法

(一)施工工序和工艺

有砟道岔的铺设工艺与道岔运输方式有关，当转辙器、辙叉和其他钢轨件采用组件或散件发运方式时，铺设流程如图 12—4—1 所示。

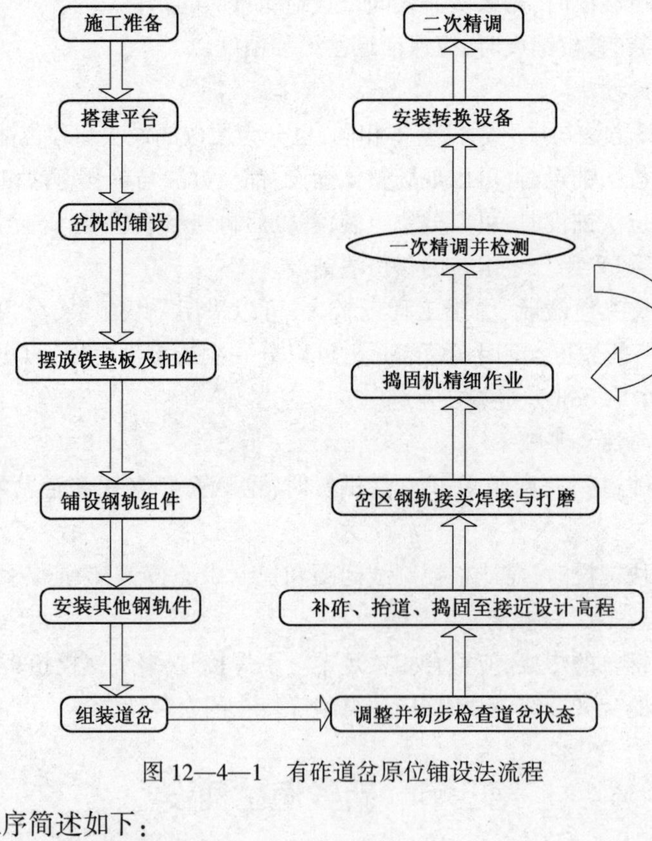

图 12—4—1　有砟道岔原位铺设法流程

具体铺设工序简述如下：

1. 底砟摊铺、平整、压实。

2. 搭建简易组装平台(参见图 12—2—6)。

3. 岔枕铺设。定出直股最后一根岔枕位置(里程与中线偏差不超过 2 mm);以第一根和最后一根岔枕为基线,摆放岔枕,调整岔枕间距符合要求,同时目视岔枕方正,调整岔枕水平,要求相邻岔枕顶面高差不超过 2 mm,所有岔枕顶面高差不超过 5 mm。

4. 安放扣件。依次安放调高垫板、铁垫板、轨下垫板及其他零部件。

5. 尖轨与基本轨组件、辙叉组件就位。用起重机械在标明的吊点处按照吊卸作业要求吊卸,采用辙叉趾端(直向)至基本轨前端距离定位;以辙叉垫板孔和护轨安装孔为准适当调整岔枕位置,当辙叉垫板孔位与轨枕钉孔位置相距较大时,应及时向厂家反映,不得擅自拆移辙叉垫板或强行拨枕。

6. 安装导轨、护轨及联结件。摆放钢轨件于铁垫板承轨面上的橡胶垫板上,按轨距调整要求放置适当型号轨距块于钢轨和铁座间;依次安装 T 形螺栓、Ⅱ型弹条、螺母和平垫圈,弹条的紧固以中肢距轨距块 0.1~0.5 mm 为准;临时连接钢轨并安装护轨。至此整组道岔组装完毕。

7. 调整并检查道岔状态。

8. 补砟、抬道并使用捣固机作业。首先补砟并抬道至低于设计高程 50 mm(注意给随后大型养路机械捣固作业留下合适的抬道量),随后使用大型捣固机捣固作业,使用稳定车稳定。在辙叉钢轨件密集部位使用小型捣固机配合作业。

9. 岔区钢轨接头焊接与打磨。

10. 进行第一次调试,道岔符合相关要求后安装转换设备。

11. 进行第二次调试,使道岔符合铺设技术条件的要求。

(二)道岔铺设注意事项

1. 准备与铺设道岔类型相匹配的施工机具,包括吊装设备和大型道岔捣固稳定设备。

2. 严格按技术条件的要求吊装、运输、存储道岔钢轨组件和零部件,防止其产生变形或损坏。

3. 准确测设道岔位置并布设控制桩,道岔严格按控制桩铺设就位。

4. 摆放岔枕时应用长尺,不得按岔枕间距累积测量。

5. 道岔位置和内部尺寸调整时,应以直股钢轨为基准,调整其他钢轨件的位置及相关尺寸。

6. 道岔钢轨接头焊接和打磨工作量较大,技术要求较高,应严格控制焊接顺序和作业轨温。

7. 应使用道岔捣固机精细作业,严格控制大型养路机械的走行步距,避免移动岔枕从而引起岔枕间距改变。辙叉由心轨尖端至跟端部位,钢轨件排列密集,当道岔捣固车不能作业时,可采用小型捣固机捣固。

8. 道岔铺设完成并符合铺设技术条件的规定后方可放行机车车辆,禁止边过车边整道作业。

二、有砟道岔移位铺设法

1. 有砟道岔移位铺设法的两种方式

一是道岔在工厂组装成轨排,使用汽车或火车运至现场,在现场使用吊车吊至铺设地点,将道岔轨排定位并连接后组成整组道岔。

二是道岔在铺设基地组装成轨排(图 12—4—2),采用专用移位台车提升道岔轨排并放置在平板车上(图 12—4—3),平板车将轨排连同移位台车一起运至道岔铺设现场,专用移位台车将轨排提起,平板车撤出铺设现场,专用移位台车将轨排放置于铺设岔位。然后将道岔轨排定位并连接后组成整组道岔。后续铺设流程同上。

图 12—4—2　道岔在铺设基地组装

图 12—4—3　轨排通过移位台车抬升并放置在平板车上

2. 采用以上两种移位铺设法的后续流程

(1)调整并检查道岔状态。

(2)补砟、抬道并使用捣固机作业。

(3)岔区钢轨接头焊接与打磨。

(4)进行第一次调试,道岔符合相关要求后安装转换设备。

(5)进行第二次调试,使道岔符合铺设技术条件的要求。

三、道岔区轨枕埋入式无砟道岔原位铺设法

(一)施工工序与工艺

1. 测量定位。无砟轨道道岔区测量以 CPⅢ控制点为基准,根据站场设计图进行道岔区控制基桩测量,确认无误后进行道岔桩位放样。为了保证道岔轨排分段纵移到位,需测设的主要岔位桩为岔前(直基本轨轨头外侧、曲基本轨轨头外侧、岔前中心桩),转辙器跟端(直基本轨跟端轨头外侧、直股中心点),岔心(直基本轨外侧、岔心桩),辙叉区(直股轨头外侧、直股中心点),岔尾(直股中心点、直股钢轨外侧、侧股中心点),具体位置参见图 12—4—4。通过吊垂球或工装辅助的方法定位。

2. 铺设组装平台。根据图 12—2—5 铺设临时组装平台。

3. 道岔组装。道岔的组装步骤为岔枕安放与初调(水平和位置调整)、道岔扣件垫板安装与定位、摆放基本轨和尖轨组件及辙叉组件、摆放连接轨和联结件。

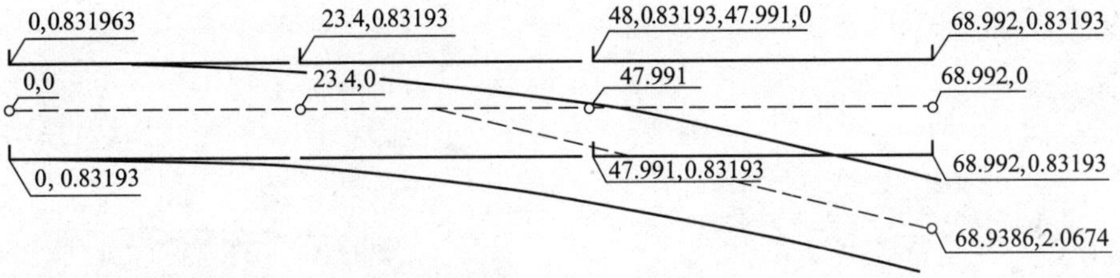

图 12—4—4　18 号道岔放样示意

4. 竖向支撑螺杆安装和高程调整。

5. 拆除组装平台。

6. 道岔粗调。

7. 地锚或侧向支撑安装、横向调整。

8. 道岔一次调试。

9. 绑扎钢筋、立模板。

10. 转换设备安装。

11. 工电联调。

12. 拆除转换设备。

13. 检查、二次调试和固定。

14. 混凝土浇筑、养生,拆除支撑系统,拆模。

15. 检查、调试。

16. 道岔焊联。

17. 道岔焊后线形调整、安装转换设备。

18. 检查、调整、维护和验收。

按照铺设技术条件的要求,进行检查、调整和复检。二次调试完毕应对各部螺栓进行再次复紧;制定道岔使用、巡检制度,做好日常维护工作。

(二)道岔铺设关键技术与注意事项

1. 道岔区轨枕埋入式无砟道岔道床板混凝土浇筑前的调试和固定采用道岔侧向/竖向支撑调整系统实现,该系统包括侧向支撑、调整装置和岔枕竖向支撑、调整装置,以上装置同道岔区测量系统配合使用,用于道床板混凝土浇筑前的调试和固定。支撑调整系统的精度、调整能力和稳固性直接影响道岔区轨枕埋入式无砟道岔的铺设精度。

2. 轨道系统精密测量和岔区轨道几何状态调试技术是无砟道岔铺设的关键技术之一。

四、道岔区轨枕埋入式无砟道岔移位铺设法

移位铺设法与原位铺设法的区别在于完成测量定位和铺设组装平台后,直接采用移位台车整体运输轨排至岔位并连接成整组道岔,省去了道岔现场组装环节。图 12—4—5 为轨排运往铺设现场,图 12—4—6 为轨排从运输车吊至铺设现场。当隧道内、高架桥上或路基挖方地段等轨排不能直接吊至铺设地点时,可首先将轨排吊至图 12—4—7 所示的移位台车上,由移位台车沿轨道将轨排运至铺设地点。

图 12—4—5　轨排运输

图 12—4—6　轨排吊卸

图 12—4—7　铺设现场的移位台车

后续工序和工艺与轨枕埋入式无砟道岔原位铺设法相同。

五、板式无砟道岔铺设

(一)轨下基础结构形式

预制道岔板上设横向水平承台,承台间的道岔板顶面设置横向排水坡。客专线系列无砟道岔板内预埋塑料套管。CN 系列无砟道岔板采用后钻孔并在底部安装螺母的结构。

混凝土底座采用自流平混凝土现场浇筑。底座板延展贯穿于整个道岔,突出的边缘向轨道外侧设置排水坡。

填充层厚度为 130~200 mm,横向宽度较底座宽,突出的边缘向轨道外侧设置排水坡。

(二)施工工序和工艺

1. 调高垫板及弹性铁垫板(基板)安装。

2. 基本轨和尖轨组件安装。吊装基尖轨组件,根据测量放样点调整并确认基尖轨位置,并与岔枕连接。

3. 辙叉安装。辙叉为整体结构,钢轨件已和扣件系统组装成整体。CN 系列道岔辙叉根据图纸在对应岔枕处安装不同厚度及型号调高垫片;客专线系列道岔全部安装 4 mm 厚调高垫片。

4. 导曲线安装。放置轨下胶垫,CN 系列道岔长基板上安装 1:40 坡度轨下胶垫,需注意型号和方向;客专线系列道岔注意轨下胶垫型号。CN 系列道岔标准轨缝为 4 mm,客专线系列道岔标准轨缝为 8 mm。

5. 道岔钢轨焊接。

6. 一次调整。

7. 安装转换设备。

8. 二次精调。

(三)道岔铺设关键技术与注意事项

精密测量是实现道岔板铺设高精度的技术关键,其主要工作分为以下几个步骤:

1. 数据准备。

2. 道岔板基准点、角点和精调爪垫块等特征点的放样。

3. 道岔板基准点测设和平差计算。

4. 道岔板的精调与复测。

5. 道岔板底座板灌注后的验收复测。

第五节　道岔精调整理

道岔精调整理是高速铁路道岔施工的关键环节,是保证道岔状态良好,满足高速动车组安全、平稳、舒适运行要求的重要手段,因此新线道岔铺设应高度重视道岔调试工作。

一、道岔精调整理含义

道岔精调整理分为静态调整和动态调整。

静态调整是根据道岔结构和轨道几何的测量、计算和分析,通过起道、拨道和调换扣件部件等方法,将道岔及其两端线路状态、几何尺寸等调整至标准规定的范围内,并满足设计要求。

动态调整是在联调联试阶段,通过综合检测车检测列车过岔时的安全性、平稳性、车体振动加速度及轨道动态不平顺,轨道检查车检测道岔区轨道动态不平顺,轨道添乘检测仪检测岔区的车体加速度,根据上述检测指标的结果,对道岔局部缺陷进行修复,对道岔及两端几何尺寸进行调整,对轨道线形进行优化,使轮轨关系良好匹配,进一步提高高速列车运行的安全性、平稳性和旅客乘坐舒适度,是对道岔状态和精度进一步完善、提高的过程,称之为动态调试。

二、道岔精调整理内容和目的

道岔精调整理的主要内容包括道岔构造尺寸、岔区轨道几何平顺性以及转换设备性能的调整。其中,道岔构造尺寸包括轨距、支距、各部间隔及间隙尺寸、部件匹配尺寸等,岔区轨道平顺性包括轨向、高低、水平、扭曲等,转换设备性能包括锁闭设备适应尖轨伸缩的能力、各牵引点转换同步性、转换锁闭设备的锁闭和检查能力等。

道岔精调整理的目的如下:

1. 消除或改善道岔制造、运输、铺设过程中产生的变形与缺陷。

2. 消除或改善由于测量造成的误差积累引起的道岔状态变化。

3. 弥补由于道岔施工工艺、方法不当，过程质量控制不严造成的道岔状态不良。

4. 及时调整道岔临时使用过程中出现的轨道状态变化。

5. 与区间轨道平顺连接，消除长波不平顺。

三、道岔静态调整

（一）施工准备

1. 人员和设备准备。应根据道岔的技术特点、工况条件和施工组织安排，合理配置调试施工所需的各类人员。

2. 岔区 CPⅢ点复测。

3. 轨道检查及处理。

（二）检测

采用全站仪、轨道几何状态测量仪等设备对道岔主要尺寸、岔区及前后过渡段范围的轨道几何平顺性进行系统测量并采集数据。使用弦线、板尺、塞尺、轨距尺、支距尺和游标卡尺等对道岔各部尺寸、间隙、方向等进行检测。

1. 设站。全站仪自由设站时，至少后视 8 个 CPⅢ控制点，如果现场条件不满足，至少后视 6 个 CPⅢ控制点。全站仪后视时与最近控制点之间的距离应大于 15 m。

2. 数据采集。数据采集前，复核输入的 CPⅢ数据库、线路设计数据、精测系统参数等；数据采集时，轨道几何状态测量仪由远及近向全站仪的方向进行测量，且与全站仪最小距离不宜小于 5 m，应保证工作的连续性；第一站采集完成后，下一测站与上一站最后一个测点距离约 50 m，且两站后视至少有 4 个 CPⅢ点相重叠，采集数据重叠至少 10 根岔枕，下站依此类推。

正线道岔单独测量时，与两端线路搭接长度不少于 35 m。

（三）调整量模拟分析及调整方案制定

轨道几何状态测量仪数据报表主要有 1~8 项，包括轨枕号、里程、竖曲线和平面曲线绝对精度、水平、轨距、竖曲线和平面曲线相对精度（高低和方向）。将采集的数据以 Excel 方式导入调试软件，即可得到道岔在水平、轨距、高低、方向等方面的缺陷，并自动给出每根岔枕位置钢轨的左右和高低位置调整量。根据分析数据并结合道岔结构特点制定调整方案。

（四）现场调整

道岔调整原则为先整体后局部，先直股后曲股，先轨向后轨距，先高低后水平；转辙器及辙叉区少动、两端线路顺接。

1. 方向和轨距调整。根据检测数据，通过更换调距备件进行轨距和方向调整。固定好弦线架，用板尺逐个测量岔枕与弦线的距离并记录，通过更换轨距调整备件调节轨距和钢轨的方向。

2. 高低和水平调整。根据检测数据，通过更换调高垫板进行水平和高低调整。

3. 尖轨与基本轨间密贴、心轨与翼轨间密贴、钢轨件与顶铁间密贴。用塞尺逐一检查，间隙超过标准应进行调整。

4. 尖轨和心轨轨底与滑床板密贴。用塞尺检查轨底与滑床板的密贴，当尖轨和心轨锁闭且轨底与滑床板的间隙超过标准时应予以调整。调整方法：将滑床板滑床台上表面调整到同一高程；调整辊轮使之符合技术条件要求；尖轨和心轨拱腰时及时维修或更换。

5. 降低值调整。尖轨相对于基本轨的降低值偏差超过 1 mm 且影响行车稳定性时,可通过更换不同厚度的基本轨轨下橡胶垫板,调整尖轨相对于基本轨的降低值。降低值调整量大于 1 mm 且小于 2 mm 时,应设置两级过渡。降低值调整量大于等于 2 mm 时,可更换尖轨与基本轨组件。

(五)工电联合调整

道岔的线形调整到位后,对密贴、间隙及转换设备状态和性能进行工电联合调整。工电联合调整内容包括转换杆件沿线路纵向偏移量,转辙机安装螺栓孔与基本轨直线距离偏差,各牵引点两侧锁闭框中心位置偏差,心轨各牵引点外锁闭两侧锁闭量偏差,尖轨、心轨转换阻力及辊轮调整,转换设备在牵引点和牵引点间的密贴检查。

四、道岔动态调整

1. 动态检测手段与数据分析

动态检测手段包括综合检测车、轨道检查车等,主要检测道岔安全性、平稳性、车体振动加速度及动态几何不平顺等指标。

轨道动态调整前,应全面细致的分析动态检测相关报表和波形图。轨道检测资料有轨道Ⅰ级~Ⅳ级超限报告表、公里小结报告表、TQI 指数、波形图以及动力学指标等报告,缺陷类型主要有高低、水平、三角坑、轨向、轨距、垂向加速度、水平加速度以及动力学指标超限。

导致轮重减载率超标的主要原因是轨面高低短波不平顺(波长 0.1~3.0 m,波幅 0.5~1.0 mm),主要表现为接头平直度超限、扣件缺陷或轨下支撑刚度突变等,现场应重点检查焊缝平直度、钢轨变形、空吊及扣件、垫板完好情况等。

导致轮轴横向力偏大的主要原因是轨向连续多波不平顺、轨向与水平的复合不平顺、接头工作边平直度超限等,现场应重点检查轨向、水平,可以结合波形图一并检查分析,同时检查扣件、垫板密贴状况。

导致脱轨系数超标的主要原因是轮轨水平力偏大或轮轨垂直力偏小,现场应重点检查焊缝、扣件状况,轨向、水平偏差及两者复合不平顺。

导致车体振动的主要原因是中长波的轨向和高低不平顺,应重点检查道岔尖轨顶面光带、降低值、道岔和区间轨道的顺接情况。

2. 现场复查与调整

综合汇总各种检测报表,对轨道检测报告中Ⅱ~Ⅳ级偏差、轨道检测波形图中突变点、动力学检测指标超限点、动车添乘明显晃车处所等进行静态检查,分析静态检测资料,确定缺陷类型。对报表缺陷里程前后各 50 m 范围采用轨道几何状态测量仪、轨距尺、弦线、1 m 平直尺、塞尺等进行检查,必要时可适当扩大检查范围。

首先对区段范围内的扣件、垫板及钢轨光带进行全面检查,确认无异常再进行轨道几何尺寸检查。轨向用 10 m、20 m 弦线和轨道几何状态测量仪检查,逐根轨枕连续测量。轨距用轨距尺检查,逐根轨枕连续测量。水平、高底用轨距尺、弦线和轨道几何测量仪检查,逐根轨枕连续测量。三角坑(基长 2.5 m)根据水平测量值,每隔三根轨枕计算水平变化率。

动态调整有时不能一次到位,需要结合动态检测数据进行反复调整才能消除各种动态缺陷。

第六节 钢轨伸缩调节器铺设

一、钢轨伸缩调节器装卸、运输与存放

(一)钢轨伸缩调节器装卸

1. 尖轨与基本轨组装件在装卸作业时应采用起重机械或专用吊具在标明的起吊点起吊,不得产生塑性变形。

2. 禁止任意或单点起吊及人工推撬装卸作业,严禁碰、摔、掷。

(二)钢轨伸缩调节器运输

尖轨和基本轨组装件一般采用单节车长超过组装件的平板车进行运输,避免产生塑性变形。

(三)钢轨伸缩调节器存放

1. 码放尖轨与基本轨组件的场地应平整。码垛层数不应多于 4 层,每层间用不小于 60 mm×60 mm 的木质垫块垫实垫平,垫块应按高度方向垂直设置,垫块间距不大于 4 m,均匀布置。

2. 钢轨伸缩调节器采用平板车或专用车辆运输。装车时,如多层码垛,每层应采用木质垫块垫实垫平;组装有钢垫板的轨枕,层间垫块的高度应高于钢垫板。

3. 所有的零部件在运输、存放时应采取防雨措施。

二、钢轨伸缩调节器铺设

(一)一般规定

1. 现场铺设时,单向钢轨伸缩调节器应按第一块双轨垫板的枕中心(尖轨尖端附近)确定钢轨伸缩调节器的铺设位置;双向钢轨伸缩调节器按其中一端的第一块双轨垫板的枕中心(尖轨尖端附近)确定钢轨伸缩调节器的铺设位置。铺设位置的控制里程与设计位置的允许偏差为±20 mm。

2. 钢轨伸缩调节器铺设时,如果轨温在设计锁定轨温范围内,则基本轨处于零伸缩量位置,否则应根据实测轨温预留伸缩量。

3. 钢轨伸缩调节器铺设时,应与两端线路钢轨焊联。当采用具有顶锻方式的焊接形式时,不得在基本轨、尖轨、轨撑及轨撑螺栓组装状态下进行焊接,且应在焊接完成后及时恢复基本轨预留伸缩量位置和尖轨尖位置。

4. 严禁将双向钢轨伸缩调节器的尖轨、单向钢轨伸缩调节器的尖轨及其后 100 m 范围的钢轨跨越梁缝布置。

(二)铺设位置

1. 钢轨伸缩调节器宜设置在直线地段,不得与竖曲线重叠。

2. 在桥梁中部设置双向钢轨伸缩调节器时,宜将双向尖轨的对称中心设置在固定支座的位置上。

3. 钢轨伸缩调节器基本轨始端和尖轨跟端焊接接头的位置应离开梁缝至少 2 m。

（三）铺设要求

1. 线下构筑物施工完成并验收合格后，方可进行钢轨伸缩调节器区段无砟轨道的施工。

2. 钢轨伸缩调节器区段无砟轨道道床、轨枕和轨道板的施工按相关标准进行。轨枕进场时，应进行以下检查：

（1）目测检查轨枕是否有运输造成的裂纹，如有裂纹应及时更换。

（2）目测检查轨枕是否有运输造成的钢筋之间焊点的脱开，如有开焊点应及时补焊。

（3）目测检查轨枕承轨面是否有扭曲变形。如有变形，应进一步使用量尺进行测量，超标者不得使用。

3. 钢轨焊接接头应打磨平整，基本轨始端焊接接头的轨颚、轨腰、轨底和轨底角凸出量应不大于 0.3 mm；尖轨跟端焊接接头的轨颚、轨腰、轨底和轨底角凸出量应不大于 0.5 mm。

三、钢轨伸缩调节器检查与验收

1. 逐组进行铺设位置和预留伸缩量的检查验收。

2. 按技术条件和图纸的规定进行检验，合格后方可开通。

第十三章　道岔养护维修

普速铁路要加快推进道岔简统化进程，规范道岔使用和管理，减少道岔图号及备品备件数量。道岔轨型应与线路钢轨轨型相同，轨型不同时应用异型轨过渡，43 kg/m、50 kg/m、60 kg/m、75 kg/m 钢轨道岔必须逐级过渡，且异型轨过渡段应设在道岔外。正线道岔的直向通过速度不应小于路段设计行车速度。用于侧向通过列车的单开道岔的辙叉号数应根据列车侧向通过的最高速度合理选用。线路允许速度 120 km/h（含）以下区段的正线道岔，采用固定型辙叉道岔；线路允许速度 120 km/h 以上至 160 km/h（含），或货车轴重 25 t（含）以上区段的正线道岔，采用可动心轨道岔或固定型辙叉道岔；线路允许速度 160 km/h 以上区段的正线道岔，须采用可动心轨道岔。加快更换木枕道岔、43 kg/m 钢轨道岔和已作废图号道岔。新铺、更换道岔应采用无缝道岔，最大限度地减少钢轨接头。积极发展可靠性和耐久性好、长寿命、少维修的道岔结构和部件，提高道岔可靠性、可用性和经济性。

高速铁路线路维修的目的是满足线路高可靠性、高稳定性和高平顺性的要求，因此高速铁路道岔养护要遵循"长波测量""单元管理""系统精调""光带控制"四大原则：充分利用精测网，确保岔位和线形正确；在同一行别同一车站咽喉区维修时应将其与前后 200 m 的线路作为一个单元进行管理，保持轨下刚度均匀一致；进行几何尺寸调整要充分考虑各部件之间的关联，注重对道岔状态的综合分析、工电联合调整；保证尖轨、心轨降低值正确，接头处光带均匀过渡，光带应居中、连续均匀。

第一节　普速铁路道岔养护维修

普速铁路道岔养护维修应贯彻"预防为主，防治结合，修养并重"的原则，按照线路等级管理和设备单元管理的要求，开展道岔设备的等级修、状态修，提高道岔维护的科学性。积极采用大型养路机械进行道岔养护维修作业，不断提高道岔养护维修质量，延长道岔养护维修周期和使用寿命。

一、主要内容

1. 道岔维修

根据道岔及其各部件的变化规律和特点，按周期对道岔进行全面检查，结合修理周期和状态评估，合理安排道岔各结构部件的单项修理，以恢复道岔完好技术状态。道岔维修以大型养路机械为主要手段，主要包括对道岔进行大型养路机械全面捣固，钢轨预打磨、预防性或修理性打磨，联结零件的整正和涂油等。

大型养路机械捣固作业应包括对道岔及其前后线路平、纵断面进行全面测设和优化，通过全面起道、拨道、捣固、稳定，调整几何形位，改善道床弹性，全面整正或更换胶垫等工作。

钢轨预防性打磨是指运用钢轨保护技术对钢轨进行廓形检测和设计，按照设计周期进行钢轨全面打磨，改善轮轨接触关系，消除表面裂纹源，恢复设计廓形。新道岔钢轨上道后累计通过总质量不超过 20 Mt 时进行预打磨，预防性打磨按照设计周期进行。

按周期对联结零件进行全面检查、整正、紧松补缺和除锈涂油等。

2. 道岔保养

根据道岔动静态检测、道岔状态变化情况及设备单元状态评价结果，对道岔进行有计划、有重点的养护，以保持道岔质量处于均衡状态。道岔保养作业以状态修为主，以养路机械为主要作业手段，主要包括以调整几何尺寸为主的局部起拨改道、扣件紧松补缺、钢轨焊缝和道岔轨件打磨修理等作业。

3. 道岔临时补修

对道岔几何尺寸超过临时补修允许偏差管理值处所或伤损失效的道岔部件进行临时性整修或更换，以保证行车安全和舒适。

二、主要标准（含 200 km/h）

（一）道岔轨道静态几何尺寸允许偏差管理标准

道岔静态几何状态应保持在保养管理值标准，道岔维修、保养和临时补修作业后的质量应达到作业验收管理值标准；超过临时补修管理值应及时进行整修。

（二）轨道动态不平顺管理标准

轨道动态检测是利用轨道检查车在运行情况下对轨道状态进行动态检测，目的是及时了解和掌握线路局部不平顺（峰值管理）和线路区段整体不平顺（均值管理）的动态质量，指导线路养护维修工作。轨道检查车对轨道动态局部不平顺（峰值管理）检查的项目为轨距、水平、高低、轨向、三角坑、车体垂向振动加速度和车体横向振动加速度七项。各项偏差等级划分为四级：Ⅰ级为保养标准，Ⅱ级为舒适度标准，Ⅲ级为临时补修标准，Ⅳ级为限速标准。线路区段整体不平顺（均值管理）的动态质量用轨道质量指数（TQI）评定。对轨道质量指数（TQI）超过管理值的线路，应有计划地安排维修或保养，对轨道检查车查出的Ⅲ级超限处所应及时处理，对查出的Ⅳ级超限处所立即限制行车速度并及时处理。

（三）道岔结构养护标准

1. 单开道岔轨距。

单开道岔轨距、尖轨与可动心轨动程应符合铺设图的规定。

2. 各部分轨距加宽递减。

（1）尖轨尖端轨距加宽，允许速度不大于 120 km/h 的道岔应按不大于 6‰的递减率递减至基本轨接头。

（2）尖轨尖端与尖轨跟端轨距的差数，直尖轨应在尖轨全长范围内均匀递减，曲尖轨按标准图或设计图办理。

（3）尖轨跟端直向轨距加宽向辙叉方向递减，距离为 1.5 m。

（4）导曲线中部轨距加宽，直尖轨时向两端递减至距尖轨跟端 3 m 处，距辙叉前端 4 m 处；曲尖轨时按标准图或设计图办理。

(5)对口道岔尖轨尖端轨距递减：两尖轨尖端距离小于6 m，两尖端处轨距相等时不作递减，不相等时应从较大轨距向较小轨距均匀递减；两尖轨尖端距离大于6 m，允许速度不大于120 km/h的道岔应按不大于6‰的递减率递减，但中间应有不短于6 m的相等轨距段。

(6)道岔前端与另一道岔后端相连时，允许速度不大于120 km/h的线路，尖轨尖端轨距递减率不应大于6‰。如不能按6‰递减时，可将前面道岔的辙叉轨距加大为1 441 mm；仍不能解决时，旧有道岔可保留大于6‰的递减率。

3. 导曲线支距与超高。

导曲线支距按道岔标准图或设计图设置，在导曲轨与基本轨工作边之间测量。允许速度不大于120 km/h的线路，导曲线可根据需要设置6 mm的超高，并在导曲线范围内按不大于2‰顺坡。

4. 轮缘槽宽度。

(1)护轨平直部分轮缘槽标准宽度为42 mm。侧向轨距为1 441 mm时，侧向轮缘槽标准宽度为48 mm，容许误差为-1～+3 mm。轮缘槽宽度的量取位置与轨距量取位置相同。

(2)辙叉心轮缘槽标准宽度(测量位置按标准图或设计图规定)为46 mm，容许误差为-1～+3 mm。

(3)尖轨非工作边与基本轨工作边的最小距离为65 mm，容许误差为-2 mm。

5. 查照间隔(辙叉心作用面至护轨头部外侧的距离)不得小于1 391 mm，护背距离(辙叉翼作用面至护轨头部外侧的距离)不得大于1 348 mm，测量位置按设计图纸规定。有特殊要求的道岔，执行铺设图的规定。

6. 正线道岔(直向)与曲线超高顺坡终点之间的直线段长度：线路允许速度大于160 km/h时不应小于70 m，困难条件下不应小于30 m；线路允许速度为120(不含)～160 km/h时不应小于40 m，困难条件下不应小于25 m；线路允许速度小于等于120 km/h时不应小于20 m。

站线道岔与曲线或道岔与其连接曲线之间的直线段长度不应小于7.5 m，困难条件下不应小于6 m。轨距加宽递减率不应大于2‰，困难条件下不应大于3‰。

连接曲线半径不应小于道岔导曲线半径。连接曲线超高不应大于15 mm，顺坡不应大于2‰。

7. 尖轨、可动心轨有下列伤损或病害时，应及时修理或更换：

(1)尖轨尖端与基本轨或可动心轨尖端与翼轨不靠贴大于1 mm。

(2)尖轨、可动心轨侧弯造成轨距不符合规定。

(3)尖轨、可动心轨顶面宽50 mm及以上断面处，尖轨顶面低于基本轨顶面、可动心轨顶面低于翼轨顶面2 mm及以上。

(4)尖轨、可动心轨顶面宽50 mm及以下断面处，尖轨顶面高于基本轨顶面、可动心轨顶面高于翼轨顶面2 mm及以上。

(5)尖轨、可动心轨工作面伤损，继续发展，轮缘有爬上尖轨、可动心轨的可能。

(6)内锁闭道岔两尖轨相互脱离时；分动外锁闭道岔两尖轨与连接装置相互分离或外锁闭装置失效。

(7)其他伤损达到钢轨轻伤标准时。

8. 基本轨有下列伤损或病害，应及时修理或更换：

(1)曲股基本轨的弯折点位置或弯折尺寸不符合要求，造成轨距不符合规定。

(2)基本轨垂直磨耗，50 kg/m 及以下钢轨，在正线上超过 6 mm，到发线上超过 8 mm，其他站线上超过 10 mm；60 kg/m 及以上钢轨，在允许速度大于 120 km/h 的正线上超过 6 mm，其他正线上超过 8 mm，到发线上超过 10 mm，其他站线上超过 11 mm；33 kg/m 及其以下钢轨由铁路局规定。

(3)其他伤损达到钢轨轻伤标准时。

9. 道岔护轨螺栓、可动心轨咽喉和叉后间隔铁螺栓、长心轨与短心轨联结螺栓、钢枕立柱螺栓、可动心轨凸缘与接头铁联结螺栓必须齐全，作用良好，折断时必须立即更换。同一部位同时有两条螺栓或可动心轨凸缘与接头铁螺栓有一条缺少或折损时，道岔应停止使用。

10. 道岔各种零件应齐全，作用良好，缺少时应及时补充。有下列伤损或病害，应有计划地进行修理或更换：

(1)各种螺栓、连杆、顶铁和间隔铁损坏、变形或作用不良。

(2)滑床板损坏、变形或滑床台磨耗大于 3 mm。

(3)轨撑损坏、松动，轨撑与轨头下颚或轨撑与垫板挡肩离缝大于 2 mm。

(4)护轨垫板折损。

(5)钢枕和钢枕垫板下胶垫及防切垫片损坏、失效。

(6)弹片、销钉、挡板损坏。弹片与滑床板挡肩离缝、挡板前后离缝大于 2 mm，销钉帽内侧距滑床板边缘大于 5 mm。

(7)其他各种零件损坏、变形或作用不良。

三、主要特点

1. 加强检查和巡检，防范道岔轨件折断风险。按周期对道岔进行动静态检查、结构检查，道岔钢轨探伤和巡检；重点检查尖轨、基本轨、辙叉等有无伤损，尖轨与基本轨、心轨与翼轨密贴，道岔几何状态，道岔结构完好性等，发现问题及时处理，确保道岔经常处在良好状态。

2. 按照线路等级管理和设备单元管理的要求，结合道岔动静态检查、钢轨探伤、道岔结构检查情况及设备单元状态评价结果，开展道岔设备的等级修、状态修，提高道岔维护的科学性、经济性以及道岔设备质量的均衡性。

3. 积极采用大型养路机械进行道岔养护维修作业，不断提高道岔养护维修质量，延长道岔养护维修周期。

4. 重视道岔钢轨打磨工作。按周期、钢轨设计廓形及时进行钢轨预打磨、预防性打磨和修理性打磨，改善轮轨接触关系，消除钢轨表面伤损，恢复钢轨设计廓形，延长道岔钢轨使用寿命。

四、主要作业

(一)道岔检查与分析

1. 道岔检查

(1)单开道岔的检查

首先记录检查道岔所在车站站名，道岔编号、型号，然后再按图 13—1—1 和表 13—1—1

所示部位检查道岔各部的轨距和水平。

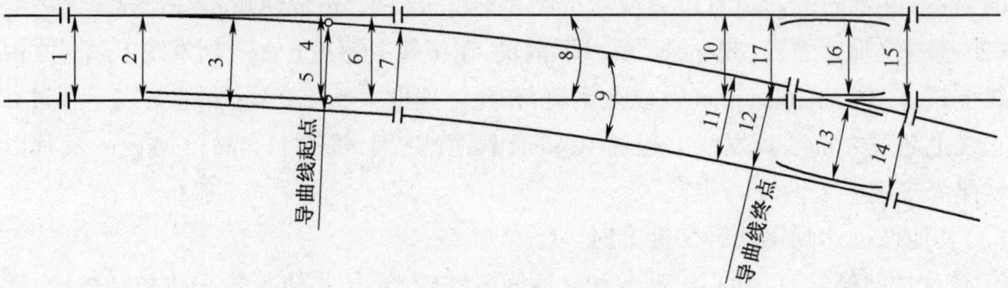

图 13—1—1　单开道岔各部分轨距水平检查地点

表 13—1—1　单开道岔各部分轨距水平检查地点

编号	检 查 地 点	说 明	编号	检 查 地 点	说 明
1	尖轨前顺坡终点		10	直股后部	
2	尖轨尖端		11	导曲线后部	
3	尖轨中部		12	辙叉曲股前	
4	尖轨跟端直股		13	辙叉曲股中	同时量查照间隔和护背距离
5	尖轨跟端曲股	导曲线起点处	14	辙叉曲股后	
6	尖轨跟端后直股		15	辙叉直股后	
7	导曲线前部		16	辙叉直股中	同时量查照间隔和护背距离
8	导曲线中部		17	辙叉直股前	
9	直股中部				

道岔的检查，除轨距、水平以外，还应包括以下内容：高低、轨向、尖轨和心轨动程、降低值；尖轨尖端与基本轨是否密靠，尖轨有否旁弯和拱腰；尖轨顶面宽 50 mm 及以上断面处尖轨顶面是否低于基本轨 2 mm 及以上；尖轨工作边是否有伤损，轮缘是否有爬上尖轨的可能；滑床板安设的位置是否正确，是否有磨耗偏差；基本轨与尖轨竖切部分是否全部密贴；顶铁和轨撑是否起作用；各部螺栓是否松动、缺损或代用；连接杆是否有挠曲、变形、作用不良。

检查辙叉部位时，要检查辙叉心宽 20 mm、30 mm 及 40 mm 断面处，辙叉心轨降低值（不含辙叉翼轨加高部分）是否超过规定；辙叉心、辙叉翼轨顶面是否有剥落掉块，其长度、深度是否超过规定；道岔护轨螺栓是否齐全、作用良好；查照间隔和护背距离尺寸是否符合标准。

在检查连接部分时，导曲线目视是否圆顺，支距、设置超高的导曲线是否有偏差；轨道加强设备，如防爬器、防爬支撑是否齐全、离缝或脱落；设置的绝缘接头轨缝及绝缘装置是否合乎标准。

以上这些检查结果，以及其他异常、不合标准的状况都应记录在道岔记录簿内，并根据检查情况，及时安排维护。

(2)特种道岔的检查

双开道岔的检查，除普通单开道岔要求检查的内容外，其导曲线支距的检查应按标准图的要求进行，如图 13—1—2 所示。

交分道岔的检查，除普通单开道岔要求检查的内容外，还须检查前后锐角辙叉的查照间隔、护背距离，叉后端的轨距、水平，叉心中的轨距；前后双转辙器的直、曲股尖轨跟轨距、水平，尖轨尖的轨距、水平，尖轨中的轨距，顺坡终点的轨距、水平；钝角辙叉的导曲线中的轨距、水平，短中轴的轨距、水平，可动心跟端轨距、水平，中间的轨距，以及曲中外矢、曲中内矢距离，见图 13—1—3 和表 13—1—2。

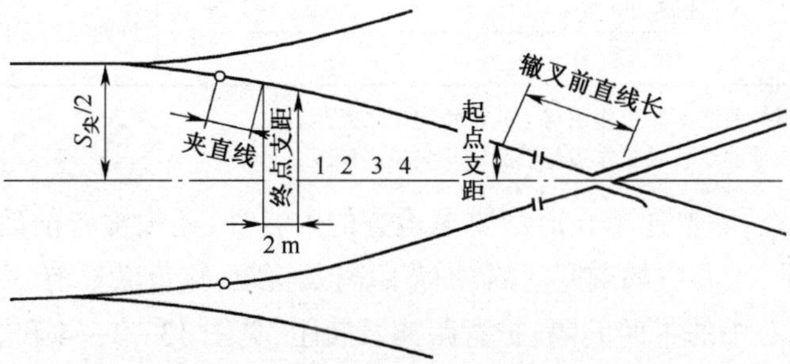

图 13—1—2　双开道岔支距检查位置

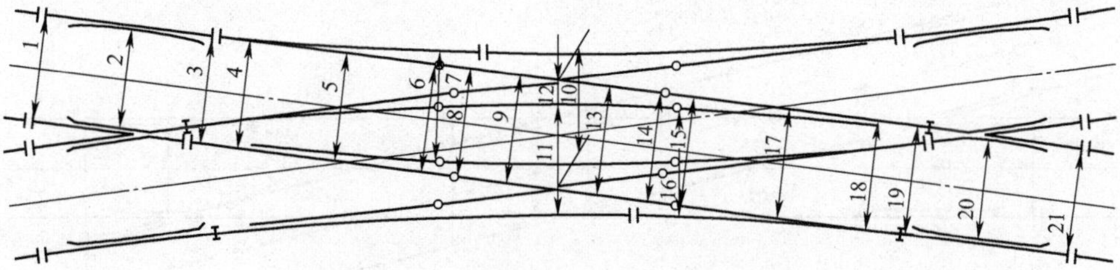

图 13—1—3　复式交分道岔轨距检查位置

表 13—1—2　复式交分道岔轨距检查地点

编　号	检　查　地　点		说　　明
1	前锐角辙叉	叉 后 端	同时量查照间隔和护背距离
2		叉 心 中	
3	前双转辙器	顺坡终点	
4		尖 轨 尖	
5		尖 轨 中	
6		尖轨跟直股	
7		尖轨跟曲股	
8	钝角辙叉	可动心跟端	曲中外矢处无轨距和水平，轨距栏记载曲中外矢，水平栏记载曲中内矢
9		可动心中间	
10		短 中 轴	
11		导曲线中	
12		曲中外矢	
13		可动心中间	
14		可动心跟端	
15	后双转辙器	尖轨跟直股	
16		尖轨跟曲股	
17		尖 轨 中	

续上表

编　号	检　查　地　点		说　　明
18	后双转辙器	尖 轨 尖	
19		顺坡终点	
20	后锐角辙叉	叉 心 中	同时量查照间隔和护背距离
21		叉 后 端	

注:(1)曲中外矢是指导曲线上股工作边与上股钝角尖端之矢距。

(2)曲中内矢是指导曲线下股工作边与下股钝角尖端之矢距。

菱形道岔的检查,除普通单开道岔要求检查的内容外,还须检查前后锐角辙叉的叉前、叉后端的轨距、水平,叉心中的查照间隔、护背距离及轨距;钝角辙叉前、后半部的叉前、叉后端的轨距、水平,叉心中的查照间隔、护背距离及轨距,见图 13—1—4 和表 13—1—3。乙股检查地点比照甲股进行。

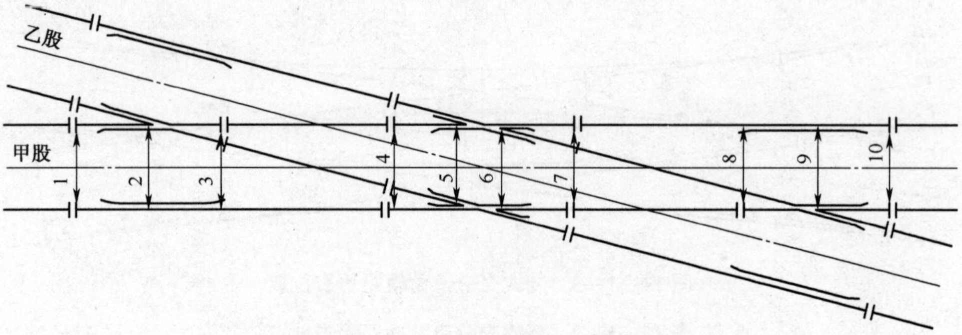

图 13—1—4　菱形道岔轨距检查位置

表 13—1—3　菱形交叉轨距检查地点

编　号	检　查　地　点		说　　明
1	前锐角辙叉	叉 后 端	同时量查照间隔和护背距离
2		叉 心 中	
3		叉 前 端	
4	钝角辙叉	前半部叉后端	同时量查照间隔和护背距离
5		前半部叉心中	
6		后半部叉心中	
7		后半部叉后端	
8	后锐角辙叉	叉 前 端	同时量查照间隔和护背距离
9		叉 心 中	
10		叉 后 端	

(3)道岔检查记录

道岔检查记录簿是对道岔设备进行周期性检查,反映道岔设备技术状态的重要记录,是安排道岔维护的重要依据。

道岔设备检查,务必全面细致,除按记录簿格式要求内容检查轨距、水平、轨向、高低外,还应检查尖轨、辙叉、护轨等的技术状态,尖轨开程,螺栓、防爬设备、轨撑等有否松动缺损,轨缝情况，特别是绝缘接头处的轨缝情况等，将异常情况记录在记事栏内。

(4)钢轨和道岔探伤检查

①中国铁路总公司和铁路局钢轨探伤车，对年通过总质量不小于 50 Mt 或允许速度大于 120 km/h 的线路每年应至少检查 2 遍，对年通过总质量不小于 25 Mt 的干线每年应至少检查 1 遍。特殊地段增加检查遍数由铁路局确定。钢轨探伤车检查的伤损应采用探伤仪进行复核。

②道岔钢轨探伤、焊缝探伤按规定周期执行。

③线路上的伤损钢轨应作标记，见表 13—1—4。

表 13—1—4　伤损钢轨标记

伤损种类	伤损范围及标记		说明
	连续伤损	一点伤损	
轻　伤	|←△→|	↑△	用白铅油作标记
轻伤有发展	|←△△|	↑△△	用白铅油作标记
重　伤	|←△△△→|	↑△△	用白铅油作标记

2. 道岔质量状态分析

道岔质量状态分析是将动静态检测数据和结构数据运用系统方法进行综合分析，准确评价设备质量，分析道岔变化规律，指导道岔维修计划的编制和评价道岔维修作业效果。

(1)检测数据类型

①动态检测数据：轨道检查车和车载式线路检查仪检查数据。

②静态检查数据：轨道检查仪、轨距尺、弦线等检测数据，以及在建有轨道精密控制网区段的轨道绝对坐标差数据等。

③结构状态数据：钢轨、光带、岔枕、道床、联结零件状态及道岔结构数据等。

(2)质量分析方法

①按用途分类

a. 峰值管理分析：按线路速度等级建立峰值管理基准，筛选大于基准值的幅值数据，为预防和整治超限处所提供依据。

b. 均值管理分析：按线路设备单元建立均值管理基准，利用动静态检测和轨道结构检测数据，按照不同的权重统计，评价单元设备质量，为大型养路机械作业和维修保养计划提供依据。

c. 趋势预测分析：利用预测模型辅助决策，分析各项检测指标的变化趋势，预测道岔设备质量变化。

d. 质量预警分析：分析道岔设备质量近段时间变化趋势，对劣化严重的道岔实施预警，防止道岔设备质量失控。

②按时间分类

a. 年度分析：根据年度动静态和轨道结构检查数据综合分析道岔设备单元质量，掌握道岔质量变化情况，为编制年度轮廓计划提供依据。

b. 月度分析：根据月度动静态检查和轨道结构检查数据综合分析道岔设备单元质量，掌握道岔质量变化情况，为编制月度计划提供依据。

c. 周分析:对轨检车、车载式检查仪检查资料进行对比分析,提出道岔质量变化情况,对质量不良单元和局部幅值超限处所进行现场检查,提出整治方案,为制定周计划提供依据。

(二)道岔大型养路机械维修作业

1. 使用大型养路机械进行道岔维修前,应对道岔及其前后 200 m 线路平面、纵断面进行全面测设校核,并向施工单位提供有关线路技术资料。大型养路机械在作业中应根据上述资料做好起道、拨道、捣固工作。大型养路机械作业前,应做好补充道砟,撤除调高垫板,更换伤损胶垫、配件等工作。

2. 可动心轨辙叉道岔起道作业时,直、曲股应同时起平,保证可动心轨辙叉在一个水平面上,并做好道岔前后及道岔曲股顺坡,同时加强接头、辙叉、尖轨弹性可弯段等部位的道床捣固。

3. 捣固车一次起道量不宜超过 50 mm,起道量超过 50 mm 时应分两次起道捣固;一次拨道量不宜超过 80 mm。

4. 大型养路机械无缝线路地段的作业轨温条件为

(1)一次起道量小于 30 mm,一次拨道量小于 10 mm 时,作业轨温不得超过实际锁定轨温±20 ℃。

(2)一次起道量在 31~50 mm,一次拨道量在 11~20 mm 时,作业轨温不得超过实际锁定轨温-20 ℃~+15 ℃。

在高温季节作业时,作业中机组人员应监视线路状况,发现胀轨迹象应立即停止作业。

(三)道岔钢轨打磨列车作业

道岔钢轨打磨是道岔维修工作的重要内容,是合理延长钢轨使用寿命的重要环节之一,可以有效改善轮轨接触关系,减少轮轨间的作用力,延缓钢轨伤损发展,降低钢轨折断的风险,延长设备使用寿命和维修周期。钢轨打磨遵循治早、治小和预防为主的原则,以预防性打磨为主、修理性打磨为辅,并以金属切削量最小为原则制定打磨工艺。采用钢轨打磨列车进行预防性打磨和修理性打磨时,应与大型养路机械维修捣固作业配套,安排在捣固作业后进行。

1. 技术要求

(1)钢轨预打磨是对铺设上道后新钢轨的打磨,目的是去除脱碳层、消除焊缝不平顺和运输、施工中产生的初始缺陷。新线和成段铺设的新钢轨应在轨道精调或精确捣固完成后按照设计廓形进行预打磨,钢轨顶面打磨量宜为 0.2~0.3 mm。钢轨预打磨应在新钢轨上道使用后尽快进行,一般通过总质量不宜超过 10 Mt。

(2)钢轨预防性打磨是对钢轨进行的周期性打磨,目的是预防钢轨表面病害的产生,消除已产生的表面裂纹,延长表面裂纹再次产生和发展的周期,预防波磨、剥离掉块、肥边等。钢轨打磨应以预防性打磨为主,避免发展到修理性打磨。预防性打磨钢轨顶面切削量一般不大于 0.3 mm。应根据钢轨廓形和表面状态的观测数据,结合钢轨滚动接触疲劳伤损(RCF)确定合适的打磨周期。

(3)钢轨修理性打磨(或铣磨)是对已产生病害的钢轨进行修理,目的是去除钢轨表面的波磨、擦伤、肥边和表面裂纹等病害。疲劳裂纹、剥离掉块、波磨深度或肥边宽度超过 0.3 mm 等伤损时应进行修理性打磨(或铣磨)。

(4)打磨方案应根据钢轨表面状态,疲劳裂纹、廓形、侧磨等情况,结合设计廓形分别制定。波磨地段在修理性打磨或更换新轨后,应按特殊设计的方案进行预防性打磨。

(5)道岔钢轨首次打磨时,应合理确定打磨遍数,一次打磨到位,达到设计廓形。

(6)钢轨表面疲劳裂纹深度、剥离掉块深度、肥边宽度、轨顶设计切削量等大于 0.5 mm 地段,优先采用铣磨车修理。

(7)工务段应加强钢轨表面状态的日常检查,发现顶面光带严重不良时,应适时安排打磨作业,消除病害。

2. 作业要求

(1)打磨作业前,工务段应提前处理焊接接头、钢轨接头错牙等超限处所,清除作业地段及两侧的可燃物,落实防火措施。相关单位应提前拆除影响钢轨打磨作业的设备(老式护轮轨、臌包夹板、5T 系统设备、电务设备等)。

(2)打磨车作业速度应根据打磨目的和打磨列车特性确定。多次打磨时应逐次降低打磨功率或提高打磨速度,确保钢轨打磨后表面粗糙度达标。钢轨打磨列车未打磨处所,工务段可利用小型仿形打磨机进行修整。

(3)钢轨打磨质量应满足"钢轨打磨作业验收标准"。钢轨打磨后应廓形正确,光带均匀且位置正确、宽度达标,无剥离掉块、肥边、严重疲劳裂纹和微小掉块等缺陷。

(4)打磨作业完毕后,工务段应进行钢轨打磨质量验收工作,并及时巡查作业区段,清理道床及钢轨表面的肥边碎块、打磨碎屑和积渣等。相关设备管理单位应及时恢复施工中拆除的设备,确认开通条件,按规定办理开通手续。

(5)工务段负责做好施工地段的消防工作。工务机械段负责钢轨打磨车自身的消防工作。

(四)无缝道岔维修作业

1. 无缝道岔的钢轨接头除绝缘接头采用胶接绝缘接头外,其余接头应全部焊接。导轨、辙叉、心轨、翼轨的扣件扭矩应保持在 120~150 N·m;尖轨及其前后各 25 m 范围内的基本轨扣件扭矩应保持在 60~80 N·m。

2. 道床保持饱满,扣件保持紧固状态,达到轨下基础稳定、纵向无爬行、横向无横移,要求岔首、岔尾最大爬行量不超过 10 mm、最大横移量不超过 4 mm。

3. 高温和低温季节,加强对从限位器至岔前 60 m 范围内,尤其是两组对接道岔的夹直线(长度小于 12.5 m)范围内线路状态检查,做好防止胀轨和断轨工作。

4. 加强联结件、钢轨接头螺栓的养护和紧固,防止尖轨爬行相错。

5. 根据线路实际状态及时安排维修,消除几何尺寸超限和方向不良,整治和处理钢轨病害。

6. 各项作业应遵守无缝线路养护维修作业轨温条件的规定,无缝道岔尖轨及其前方 25 m 范围内综合维修,作业轨温范围为实际锁定轨温±10 ℃。

7. 无缝线路作业必须掌握实际锁定轨温,根据作业轨温条件进行作业,应严格执行"作业前、作业中、作业后测量轨温"制度,并注意做好以下各项工作:

(1)在维修地段按需要备足道砟。

(2)起道前应先拨正线路方向。

(3)起、拨道器不得安放在铝热焊缝处。

(4)扒开的道床应及时回填、夯实。

8. 作业时要注意线路状态变化,发现起道省力、拨道不易、方向不良、硬弯增加、水平不好、连续空吊、枕端道砟离缝等胀轨预兆,应立即停止作业,及时恢复线路。

五、常见病害整治

道岔设备较一般线路构造复杂,容易产生病害。为了保持道岔的轨距、间隔、方向、水平、高低及各部尺寸等的良好状态,必须掌握规律,分析造成病害的原因,有针对性地采取有效预防和整治措施,提高养护维修质量。

(一)道岔方向不良

1. 产生原因

(1)忽视道岔的整体维修,忽略道岔前后线路,造成道岔与前后线路方向不顺,通过列车时发生剧烈冲撞,方向与轨距发生变化。

(2)道岔的铺设位置不正确,养护维修时又未考虑大方向,逐渐使道岔与前后线路方向不吻合,使列车发生折角运行,增大了车轮对轨道的冲击,造成道岔位置前后、左右错位,轨距和各部间隔尺寸不合适,加重了钢轨及其零件的磨损。

(3)作业方法不合理,在整正道岔各部分轨距及间隔时,错误地迁就导曲线或辙叉,使支距、轨距硬性凑合,造成各接续部不圆顺。

(4)曲基本轨未进行弯折或弯折点位置不对,使尖轨前端递减距离和方向难以保持,尖轨尖端和中部轨距变小,尖轨跟部与导曲线连接方向不顺,直股基本轨尖轨尖端处方向不良。

(5)捣固不实。由于道岔在构造上的特点,转辙器、导曲线与辙叉部分钢轨密集,岔枕间隔较小,岔枕间安装有转辙设备、尖轨连接杆、导曲线轨距杆,使扒砟与捣固作业不易进行,加上道岔直股与曲股的运量不均衡,捣固质量不实,使线路出现坑洼,加剧列车通过的摇摆和冲击,增加破坏方向的横向推力,方向容易变化。

(6)道砟不足,夯实不好。由于转辙器部分有转辙机基础角钢、转辙拉杆、尖轨连接杆,机械转辙地段还有导线或导管,这些都影响道砟的饱满,加上将枕木盒石砟掏空以防积雪影响转辙,以致道岔内往往道砟不足,加上夯实困难,降低了道床阻力,方向难以保持。

(7)钢轨及其零部件和岔枕联结不好,也可能引起一系列病害,如基本轨横移、轨距变化偏差、轨道爬行、零部件磨耗折损等,导致方向不正。

(8)其他诸如尖轨方向不正;护轨、翼轨喇叭口坡度过陡;辙叉咽喉过窄;轮缘槽宽度不合适;轨距、间隔不对,轨距递减不良等,都可能加剧车体的摇摆和车轮的冲击,破坏道岔方向。

2. 预防整治措施

(1)做好道岔前后 50 m 线路的整体维修,经常保持轨面平、方向顺。在整治道岔病害时,先做好线路前后方向,再进行道岔方向的整正。

(2)做好直股基本轨方向,拨好道岔位置。道岔上的轨距,单开道岔导曲线支距,均以直股基本轨为基准,因此维修道岔时应首先拨好道岔的直股基本轨方向。整治位于道岔群中间的道岔方向时,如果前后、左右窜动的涉及范围较大,应事先进行测量,全面布置好道岔群位置,再进行道岔的拨正。

(3)弯好曲基本轨曲折点,做好轨距加宽递减。转辙部分轨距变化多,递减距离短,要正确弯好曲基本轨曲折点,方能保证转辙部分的轨距和方向正确。

(4)检查确认基本轨既有弯折量,按标准做好弯折段长度和矢量。新出厂道岔的侧股基本轨,在工厂已经弯好;陈旧道岔一般很少弯折;既有道岔的弯折量是否达到要求,要认真检查确认。现场检查时,一般有正矢检查法和近似检查法两种。

①正矢检查法

正矢检查法如图13—1—5所示,从弯折点沿曲基本轨向后量一个等于尖轨尖至接头的长度,并在轨头外侧作记号,然后从这个记号到尖轨前接头拉弦线,用小尺在弯折点量取正矢,该正矢应为理论弯折量的1/2。

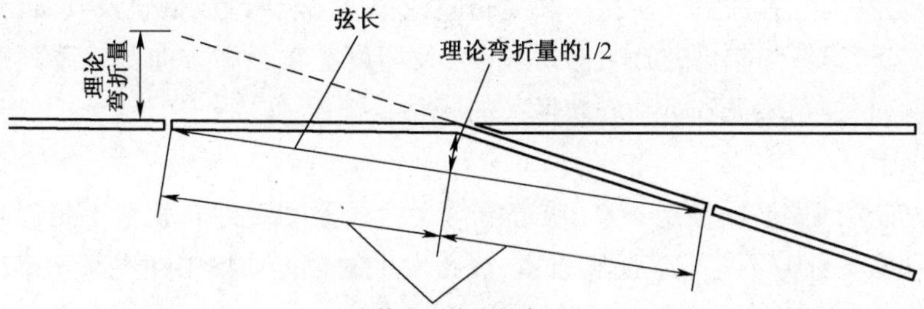

图13—1—5　正矢检查法

②近似检查法

从直股尖轨前基本轨接头处拉弦线至尖轨跟,用小尺量取尖轨尖处的矢距,该矢距约等于理论弯折量。

③弯折时增加回弹量

由于钢轨有弹性,因此用弯轨器弯折时,需要增加一个回弹量。根据实际经验,回弹量的大小和气温、钢轨类型有关,一般需要在理论弯折量之外再增加60%。

新钢轨实际弯折量(mm)=理论弯折量×1.6。

旧钢轨实际弯折量(mm)=(理论弯折量-已有弯折量)×1.6。

例:50 kg/m钢轨12号道岔,尖轨跟距为144 mm,尖轨长度为7 700 mm,尖轨尖到接头标准轨距处的长度为2 646 mm,尖轨跟轨距为1 439 mm,尖轨尖轨距为1 445 mm,求尖轨尖端处曲基本轨的理论弯折量和实际弯折量。

解:尖轨尖轨距加宽值的递减终点在接头处,根据理论弯折量计算公式:

$$\text{理论弯折量(mm)}=\frac{\text{尖轨尖至接头长度}}{\text{尖轨长}}(\text{尖轨跟轨距}+\text{尖轨跟距}-\text{尖轨尖轨距})-(\text{尖轨尖轨距}-1\ 435)$$

将数值代入后得:

$$\text{理论弯折量}=\frac{2\ 646}{7\ 700}(1\ 439+144-1\ 445)-(1\ 445-1\ 435)=0.344\times138-10=47.4-10=37.4\approx37\ (\text{mm})$$

$$\text{实际弯折量}=37\times1.6=59.2\approx59\ (\text{mm})$$

(5)加强捣固作业,除按照普通轨道对手工捣固的规定进行捣固外,还应根据道岔构造的特点进行适当加强。道床以优质较小规格道砟为宜,捣镐应采用较普通捣镐两侧各加长150 mm的捣镐。另外,应根据岔枕间隔宽窄及各部分受力情况,适当调整与增加镐数,力求质量均衡。

(6)补充夯实道床,道岔转辙部分设置转辙杆、连接杆,各枕木孔道床应比岔枕顶面低50~60 mm,并夯实道床。

(7)加强各部分零件的养护维修,充分发挥各种扣件固定钢轨位置的作用。及时补充、更换与整修零件,消灭"三道缝",防止基本轨横向移动。

(二)道岔爬行

线路爬行是线路上的严重病害,是线路上"百病之源"。由于道岔本身的构造特点和弱点,爬行对于道岔的危害性更大。接头轨缝挤瞎或拉大,就会造成钢轨及其零部件的严重磨损甚至折断,拉弯道钉与扣件,拉斜、拉坏岔枕,破坏道岔轨距和方向等一系列病害,并影响转辙器、活动心轨钝角辙叉和可动心轨辙叉的密贴及锁闭。

1. 产生原因

(1)道岔前后线路防爬锁定不良,或道岔与无缝线路间缓冲轨轨缝不足影响到道岔,而道岔的转辙和辙叉部分不能安装防爬设备,线路发生的爬行均集中到道岔,引起严重爬行。

(2)捣固不实,道床不足,夯实不好。

(3)尖轨跟端螺栓不紧或失效,造成尖轨爬行。尖轨跟端的双头螺栓和套管不紧、失效或缺落,使尖轨发生前后串动而爬行。

(4)联结零件失效与缺少,道钉、扣件等零部件失效与缺落后,减弱防爬阻力,助长轨道爬行。

(5)轨缝过大,不正确地使用短轨,造成接缝过大,经车辆冲击产生爬行。

(6)驼峰编组场的峰下岔群位于较大坡道上,易于爬行。

2. 预防整治措施

(1)按规定在道岔及其前后线路上安装足够地、有效地防爬设备。

(2)加强捣固,填满夯实道床。

(3)整修尖轨跟端双头螺栓,及时更换磨损失效螺栓或套管,同时堆焊、整平磨损的间隔铁、夹板和螺栓孔。

(4)加强联结零件的养护维修,发现松弛和失效零件,及时紧固或更换。

(5)消灭大轨缝,更换长度不足的短轨,消除因爬行而拉大的轨缝,补足并上紧防爬设备。

(三)零件松动、失效和缺落

1. 产生原因

(1)养护不良,如道床捣固不彻底,使道岔各部分出现暗坑、吊板,加大了过岔列车对线路的冲击,道岔振动加剧,零件松动、失效。

(2)忽视零件的及时整修,日常养护时检查漏项,制定作业计划时,未按项认真调查,应整修时长久放置不管,引起零件失效。

(3)作业不良,不明确零件作用和规格;不熟悉正确的零件安装作业方法,造成安装错误，违章作业而破坏其他零件，造成新病害。

2. 预防整治措施

(1)重视综合性整体维修，加强零件的养护维修。按标准图和有关规定，逐组按项对照调查，列入作业计划，逐项整修。加强空吊板的捣固，减少列车冲击造成的零配件松脱。

(2)健全检查整修制度，及时发现病害，及时进行整修，经常保持零件的完好状态。

(3)严格要求正确作业方法，熟悉道岔各部分零件的作用，认真执行作业标准，预防病害的发生。

(四)尖轨与基本轨不密贴或较长距离不密贴

1. 产生原因

(1)尖轨 50 mm 断面内刨切长度不够。

(2)尖轨顶铁过长，尖轨补强板螺栓凸出。

(3)扳道器或转辙机的位置与尖轨动作拉杆的位置不在同一水平直线上。

(4)基本轨弯折点位置不正确。

(5)钢轨内侧有肥边。

(6)基本轨横向移动。

(7)基本轨或尖轨有硬弯。

(8)第一、二位连接杆与尖轨耳铁连接的距离不合适。

(9)基本轨、轨撑、滑床板挡肩之间有离缝。

2. 预防整治措施

(1)对刨切长度不足的尖轨再作刨切。

(2)顶铁与补强板螺栓可作打磨、焊补或更换。

(3)调整扳道器或转辙机及尖轨拉杆位置，使其在同一水平线上。

(4)拨正基本轨方向，矫正弯折点的位置和矢度。

(5)打磨基本轨内侧肥边。

(6)打靠道钉，消除假轨距。

(7)调直尖轨或基本轨，拨正方向，改好轨距。

(8)调整连接杆的长度，改变尖轨耳铁的孔位或者加入绝缘垫片，误差较大时更换尖轨耳铁或方钢。

(五)尖轨跳动

当车辆通过转辙器时，尖轨跟部受外力作用而致尖轨跳动，但不同道岔跳动的程度各不相同，尤其是长度为 6.250 m 以下的尖轨，此种病害更为明显。

1. 产生原因

(1)尖轨跟部联结零件磨耗，特别是间隔铁、夹板、尖轨螺栓孔和双头螺栓磨耗。

(2)跟部桥型垫板和防跳卡铁等缺少、失效。

(3)捣固不均匀，岔枕弯曲，有吊板。

(4)跟部接头错牙。

(5)尖轨中部滑床板拱腰。

(6)尖轨拱腰。

2. 预防整治措施

(1)焊补或更换间隔铁、夹板,更换磨耗的双头螺栓。

(2)增补整修跟部桥型垫板和防跳卡铁。进一步采取尖轨防跳措施,如在基本轨轨底增设尖轨防跳器,如图13—1—6所示;或将尖轨连接杆两端安设防跳补强板,使其长出部分卡在基本轨轨底,以防尖轨跳动,如图13—1—7所示。

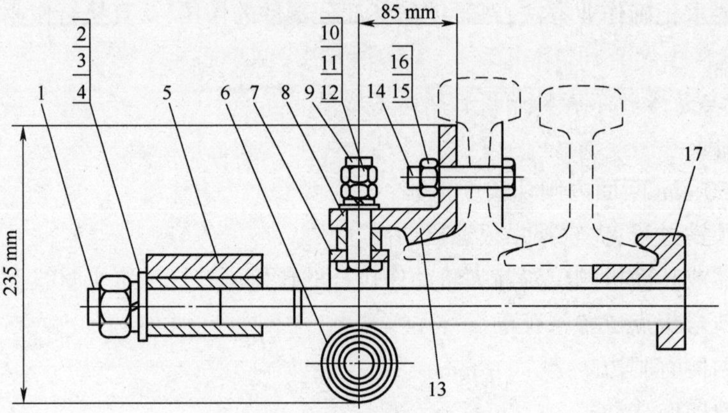

图13—1—6 尖轨防跳器

1—拉杆;2—拉杆螺母;3,11,16—弹簧垫圈;4,12—平垫圈;5—支撑板组合;6—滑轮组合;7—滑轮座;8—调整套;9—螺栓;10,15—螺母;13—L型铁;14—螺杆(放在尖轨拱腰最大附近处);17—铁卡

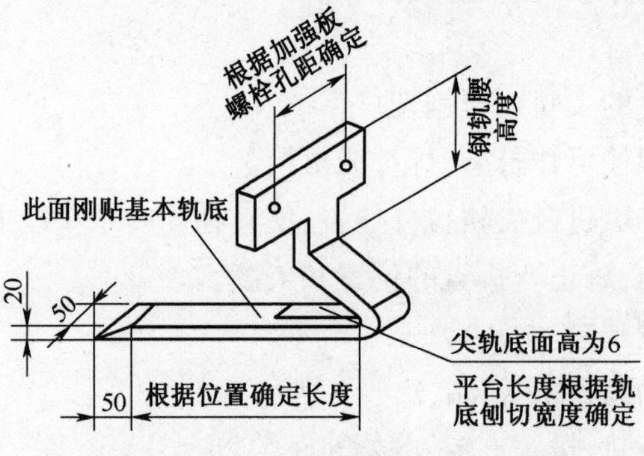

图13—1—7 防跳补强板(单位:mm)

尖轨防跳器以支撑板组合,由4个道钉钉固在相邻的两根岔枕上,加上尖轨防跳器的自重等外力作用,使拱腰消失,使之与滑床板密贴,也就是利用螺母的拧紧力,迫使尖轨拱腰处的滑轮组合,以滑道拉杆的接触点为支点下移,从而使尖轨底与滑床板密贴。

(3)加强尖轨跟部捣固,消除吊板处所,使轨底坚实,强度均衡。

(4)消灭接头高低、左右错牙。

(5)整治拱腰滑床板。

(6)整治拱腰尖轨。

(六)尖轨轧伤与侧面磨耗

尖轨轧伤多发生在尖轨尖端断面比较薄弱部分,当轧伤的长度和深度达到一定程度时,车轮就有爬上尖轨的危险。轧伤范围一般发生在距尖轨尖端1 000 mm长度以内,300 mm内较为明显,轧伤垂直深度很少超过20 mm,曲股尖轨多于直股尖轨。

1. 产生原因

(1)尖轨与基本轨不密贴或假密贴。

(2)尖轨与滑床板不密贴。

(3)尖轨跳动。

(4)尖轨顶铁过短。

(5)基本轨垂直磨耗偏差。

(6)尖轨前部顶面受车轮踏面和轮缘的轧、挤、辗作用。

2. 预防整治措施

(1)按照尖轨与基本轨不密贴、与滑床板不密贴和尖轨跳动等病害的整治办法,进行综合整治。

(2)尖轨顶面有肥边时,进行打磨。

(3)尖轨顶铁过短时,加长顶铁,使尖轨尖端不离缝。

(4)将垂直磨耗偏差的基本轨与轧伤的尖轨同时更换。

(5)导曲线可根据需要,设置 6 mm 的超高,在导曲线范围内按不大于 2‰顺坡。

(七)尖轨中部轨距小

尖轨中部轨距小至 1 430 mm 以下时,将危及行车安全。这种情况多发生在 7 700 mm 及以上长度的尖轨。

1. 产生原因

(1)尖轨刨切不合标准。

(2)尖轨密贴长度不足。

(3)尖轨中部反弹。

(4)尖轨动程小,非作用边被磨耗。

(5)中部连接杆尺寸过小。

2. 预防整治措施

(1)刨切尖轨,使其与基本轨密贴,矫直弯曲变形的尖轨。

(2)消除尖轨中部弹性矢度。

(3)调整连接杆、拉杆的长度。

(八)尖轨拱弯

尖轨拱弯是指尖轨拱腰和尖轨侧向弯曲。尖轨拱弯在号码较小、尖轨较短的道岔上较为普遍。

1. 产生原因

(1)尖轨刚度较小。

(2)尖轨尖端和跟端道床捣固不实。

(3)尖轨尖端和跟端所受冲击力大于中间部分。

(4)尖轨在制造和运输装卸过程中形成的拱弯。

2. 预防整治措施

(1)将拱腰尖轨拆下来运回段修配厂,采用气体火焰调直和烘炉加热调直两种方法,调直拱腰尖轨。

(2)为节省时间,现场通常采用在轨道上调直拱腰尖轨的方法,一般使用 30~50 t 液压尖轨调直器,如图 13—1—8 所示。

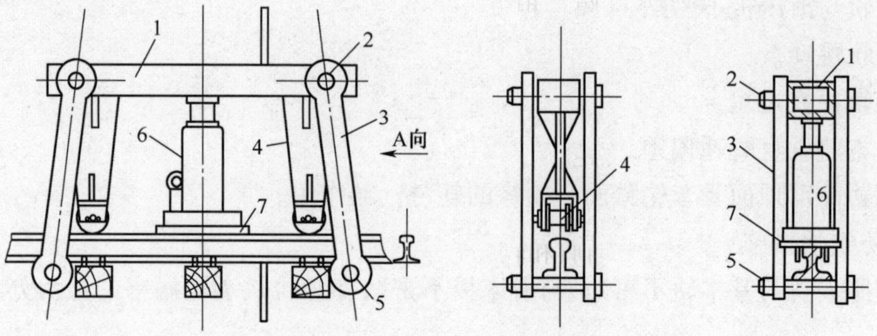

图 13—1—8　液压尖轨调直器

1—主架;2—轴销;3—臂板;4—支承轮;5—轴销;6—液压千斤顶;7—座垫

液压尖轨调直器构造简单,操作方便,除防护人员外,只需 4 人即可进行。利用列车间隔施工,设好防护后才能进行。调直时采用的调直量,一般为拱腰量的三倍左右。

(3)侧向弯曲尖轨的调直,一般可用调整连接长度的方法进行,如图 13—1—9 所示。弯曲长度不超过 1 000 mm 时,只在弯曲顶点直一次即可。弯曲长度为 1 000~2 000 mm 时,要根据弯曲形状按图示顺序进行调直。

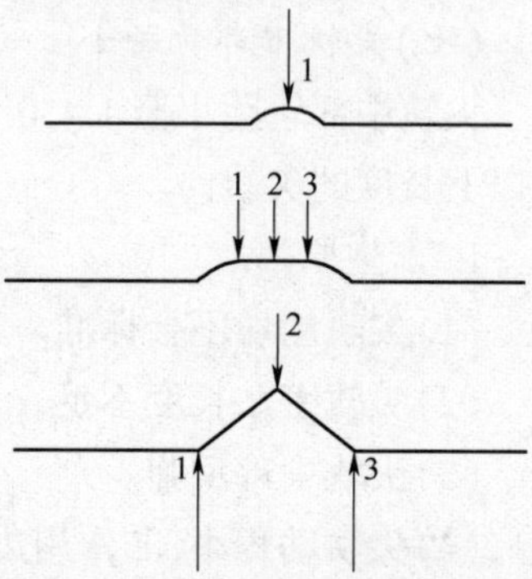

图 13—1—9　侧向弯曲尖轨的调直

(九)尖轨与滑床板不密贴

尖轨与滑床板不密贴病害会使列车通过时尖轨上下跳动,尖轨与基本轨离缝,容易轧伤尖轨,还会使滑床板和尖轨跟端螺栓受到损伤,道岔扳动也不灵活。

1. 产生原因

(1)尖轨拱腰。

(2)滑床板弯曲。

(3)岔枕变形和岔枕吊板。

(4)滑床台磨耗或塌陷。

(5)基本轨有小反。

(6)捣固不实。

2. 预防整治措施

(1)按整治尖轨拱腰和尖轨跳动的办法进行整治。

(2)更换标准型滑床板。

(3)抽换变形的岔枕或翻转使用。

(4)焊补滑床台。

(5)切实做好捣固。

(十)导曲线轨距扩大

1. 产生原因

列车通过导曲线时,产生离心力、横向推力以及车轮冲击钢轨,致使道钉浮离,配件松动，钢轨发生小反。

2. 预防整治措施

(1) 在导曲线外侧设轨撑，可隔一根轨枕或连续设置。

(2) 增设连二铁板或轨距杆。

(3) 在导曲线外股接头处安装桥型垫板，防止接头支嘴，减小轨距扩大。

(4) 整治轨撑离缝，消除假轨距。

(5) 岔枕钉孔填木楔后再钉道钉，严重腐朽的岔枕须更换。

(6) 混凝土岔枕要消除扣件挡肩和轨底边的离缝，使其达到足够的扭力矩。

(十一) 辙叉垂直磨耗和压溃

1. 产生原因

(1) 车轮从心轨上通过辙叉有害空间向翼轨过渡，或从翼轨向心轨过渡时，因心轨降低值不符合要求，造成在过渡过程中，车轮冲击力增大，翼轨和心轨便产生严重磨耗和伤损。

(2) 磨耗和伤损常发生在翼轨弯折处和心轨断面 30~40 mm 处，因为此处受到车轮冲撞振动的力量比较大。

(3) 辙叉心处的岔枕经常发生吊板，当列车高速通过时便会出现辙叉连同岔枕上下起伏颤动，因而在下部破坏了道床基础的坚实性，引起排水不良、翻浆冒泥，在上部加重了翼轨、心轨的严重磨耗和损伤。

2. 预防整治措施

(1) 针对辙叉底部存在的空洞和吊板，加强辙叉底部的捣固，特别是叉心和辙叉前后接头处的捣固。

(2) 在辙叉底岔枕顶面垫胶垫，以缓冲受力，延长辙叉和岔枕使用寿命。

(3) 为了保持辙叉的整体稳定性，锰钢整铸辙叉与岔枕间需用螺纹道钉固定。

(4) 钢轨组合辙叉底部和前后接头，应铺设大垫板和接头桥型垫板，用竖螺栓扣板把辙叉固定在垫板上，如 AT 型道岔那样，加强辙叉的整体稳定性，如图 13—1—10 所示。

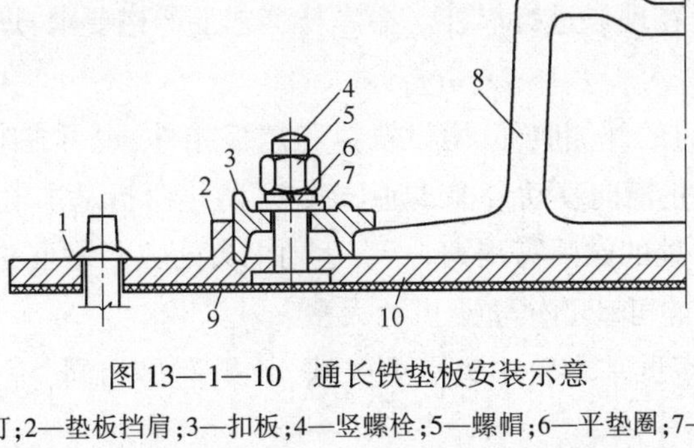

图 13—1—10　通长铁垫板安装示意

1—螺纹道钉；2—垫板挡肩；3—扣板；4—竖螺栓；5—螺帽；6—平垫圈；7—弹簧垫圈；8—整铸锰钢或钢轨组合辙叉；9—橡胶垫板；10—通长铁垫板

(5) 在辙叉部位的岔枕上，安设特制铁座，用弹条Ⅰ型扣件固定辙叉位置。弹性扣件扣压力大，既可防止辙叉横移，又可防止纵爬，对稳固辙叉可以取得较好的效果，如图 13—1—11 所示。

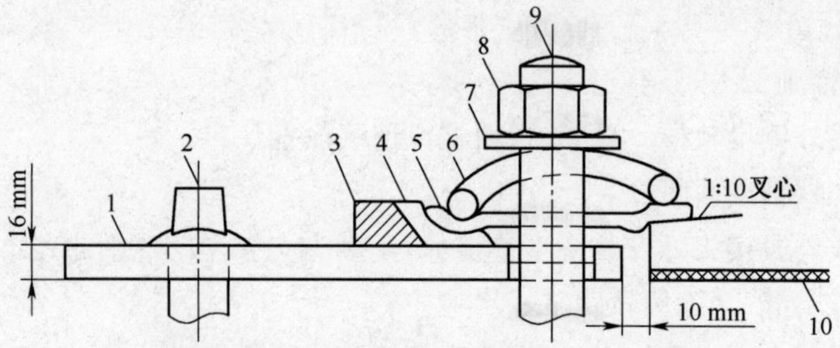

图 13—1—11 辙叉部位安设弹条Ⅰ型扣件

1—支承铁垫板;2—螺纹道钉;3—挡肩撑铁;4—挡板座;5—轨距挡板;6—Ⅰ型弹条;
7—平垫圈;8—螺母;9—轨枕道钉;10—弹性胶垫

(6)定期检测心轨降低值,对超限处所,及时安排打磨,确保过渡段平顺。

(十二)交分道岔菱形中央短轴轨距过大

因为菱形中央短轴是由两根相反方向弯折基本轨的最大弯折中心点构成中央轨距,并与可动心轨构成组合钝角辙叉,因此轨距扩大与弯折基本轨、可动心轨有关。菱形中央短轴设计理论轨距为 1 436 mm,但在生产实践中,弯折基本轨的中央矢度由于受制造工艺限制而出现圆弧,因此实际中央轨距应为 1 442 mm。

1. 产生原因

(1)中央短轴弯折基本轨弯折矢度不足。

(2)弯折基本轨中央处是车轮通过次数最多、受冲击磨损比较严重的位置。受弯折基本轨作用边偏面磨耗的影响,中央处轨距将扩大。

(3)由于可动心轨频繁地扳动,经常撞击弯折基本轨,使得中央处轨距产生不同程度的扩大。

(4)菱形中央短轴轨距扩大,而可动心轨的轨距略小。

(5)菱形中央短轴轨距单纯性扩大。

2. 预防整治措施

(1)在测量轨距数据的基础上,确认矢度不足原因,有针对性地按标准加大中央处弯折基本轨的矢度。

(2)采用焊补方法,在现场进行焊补。在焊补工艺上严格要求,焊成均匀圆顺的圆弧,打磨光滑。

(3)可在弯折基本轨的外侧腹部,增设轨撑和挡板扣件,也可在弯折基本轨与导曲线两股钢轨上安设拉杆或防止横向移动台梯式通长铁板,防止弯折基本轨横向移动。

(4)在弯折时,中央处的圆弧需稍大一点,达到中央处轨距缩小的需要值,不必使可动心轨与弯折基本轨贴靠后的可动心轨轨距扩大太多。

(5)采用线上焊补弯折基本轨中央点的方法,效果不尽相同,一般是耐久性差,但简便经济。

3. 注意事项

(1)轨距扩大的数值较大时,可用替换的办法,把线上的弯折基本轨卸下来进行调弯。

(2)使用弯轨器或单位自行制作的液压千斤顶弯折工具,在作业前必须先把需整治的道岔中央处轨距的各处递变数值记录准确,找出应调的各点矢度调弯量。

(3)注意尽量缩小圆弧长度,同时兼顾圆弧切线角度与可动心轨的轨距相应调变值。

(十三)交分道岔可动心轨轨距过小

可动心轨与弯折基本轨共同构成交分道岔的可动钝角辙叉。当弯折基本轨的中央处因矢度小而促使中央处轨距扩大时,可动心轨贴靠弯折基本轨后,受直尖轨的角度控制,可动心轨离开中央点的轨距逐点减小。

1. 产生原因

(1)可动心轨轨距过小,而菱形短轴中央处的轨距又不大。

(2)可动心轨处的轨距过小,弯折基本轨中央点轨距又不过大。

(3)可动心轨处轨距小,而小的数值又不是那么多,或者轨距小的关系不构成递减的规律。

2. 预防整治措施

(1)将可动心轨尖端和竖切部分再切削一部分,切削多少根据实际轨距过小的数值确定。

(2)常用的有效整治措施是把可动心轨卸下来,刨切可动心轨上的帮轨及弯折基本轨贴靠的作用边,刨切数量根据可动心轨轨距小的部位和小的程度确定。

3. 注意事项

当可动心轨的轨距小至 1 428~1 430 mm 时,就不能采用砂轮打磨的办法,最好采用刨切可动心轨的帮轨,才能从根本上解决病害。

(十四)复式交分道岔尖轨开程小

复式交分道岔的尖轨及可动心轨的开程有时过小,将危及行车安全。尖轨的标准开程,直股为 142 mm,曲尖轨为 152 mm。由于道岔生产的年限和型号不同,尖轨成对联结的形式也不同,有的是 1—3 联结,有的是 2—4 联结,有的是 1—2 或 3—4 联结。

1. 产生原因

(1)连接杆过长,或尖轨耳铁过长,或耳铁孔位不够标准。

(2)在长期养护维修中,尖轨耳铁与轨腹联结处加了较厚的垫片,起到使连接两根尖轨距离加长的作用,造成两根尖轨的开程不足。

(3)基本轨横向移动。

2. 预防整治措施

(1)调整连接杆的长度,有的可用调整尖轨耳铁孔位来解决。如果尖轨开程过小,调整耳铁孔位不能解决时,就要采取更换连接杆的办法。

(2)根据尖轨开程的各部尺寸,确定开程的调整量。首先处理第一连接杆的开程,并且照顾到第二连接杆的开程和尖轨的顺直程度。

(3)需注意的是四根并列尖轨的连接杆联结形式。如果尖轨的联结为 1—3、2—4 位对应关系时,需适当缩短连接杆的长度;如为 1—2、3—4 位对应联结时,需要适当增加连接杆的长度,才能扩大尖轨的开程。

(4)在日常养护维修中,常用的简便方法是在尖轨耳铁与尖轨联结处加或撤垫片,以调整连接杆的长度,解决尖轨开程问题。

(5)因基本轨横向移动产生的尖轨开程少量不足,可采取解决基本轨横移的办法来处理。

(十五)菱形道岔中央钝角辙叉撞尖

线路上铺设的交叉渡线种类繁多,在各种尺寸间距的交叉渡线中,有的是由相同号数的四组单开道岔与菱形道岔组成,有的是由相同号数的四组交分道岔与菱形道岔组成。除单开和交分道岔常见的病害外,交叉渡线的菱形道岔是发生主要病害的常见部位,存在不安全因素,一定要及时整治。

1. 产生原因

(1)两个中央辙叉位置不对称,一个赶前,一个错后。当列车通过菱形中央钝角辙叉时,轮对不是同步通过有害空间,车轮瞬间失去护轨作用,在运动时发生横向移动游间,引起车轮撞尖。

(2)钝角辙叉的护轨折角被轮背磨成了圆弧,缩小了护轨作用,增大了有害空间的长度,也会发生撞尖。

(3)钝角辙叉轨距、轮缘槽不符合标准,影响查照间隔,也易造成撞尖。

2. 预防整治措施

(1)如果是辙叉位置不对称,就需先用钢尺丈量方法或绳正法确定两个中央钝角辙叉使其对称的中央位置,在此基础上进行窜轨,拨正中央辙叉,使辙叉尖保持在相对称位置。

(2)如果是钝角辙叉的护轨折角被轮背磨成圆弧,影响了护轨作用,造成撞尖,就需要用焊补的办法,调整辙叉护轨折角。

(3)如果是钝角辙叉轨距或查照间隔尺寸偏差而造成车轮撞尖,就要先拨正钝角辙叉与轨道的方向,改正轨距,再做好护轨轮缘槽标准宽度,使钝角辙叉的查照间隔尺寸符合相关标准要求。

(十六)交叉渡线方向不良

交叉渡线因受线间距和地形条件的限制,线间距不标准,组成的交叉渡线为非标准型,加之类型较多,有的是标准配套设备,有的是采用不同类型的同号道岔拼装而成。

1. 产生原因

(1)在既有线上铺设的交叉渡线有些线间距不是定型尺寸,在组成交叉渡线时,有的把单组道岔连接部位的尾部单侧锯掉一段长度,锯掉量与线间距和菱形有关,再与交叉渡线端部的锐角辙叉相连,因此在道岔连接上,常因长度误差、尺寸不正确等造成交叉渡线的某一侧渡线方向不顺直的病害。

(2)交叉渡线在铺设时,其中任一组在落位时位置不正确,道岔赶前或错后,都会促使渡线方向不良。

(3)道岔组装配套不标准,形成在平行线上互相对应的两组道岔首尾不齐、岔心和各部位互不对称,使方向不良。

(4)道岔和线路爬行。

2. 预防整治措施

(1)确因道岔本身构造长度不标准的病害,需调整或更换道岔用钢轨。

(2)因铺设产生的方向病害,无论是单组道岔或是菱形道岔本身的铺设位置不正确,务必重新定位,可用经纬仪测量或钢尺和线绳丈量校正。如果是单方向的道岔位置有纵向误差,可重新窜动道岔位置,并重新方正轨枕。如果是菱形道岔位置或方向有横向误差,应从根本上解决，先整正两平行线路轨道后，再拨正菱形道岔。

(3)重新定位，更换不标准的轨件，调整好各部位的相互关系。

(4)及时做好道岔和线路的防爬锁定。

3. 注意事项

(1)交叉渡线的方向病害除构造原因外，较多的是铺设造成的。因此，在铺设前务必做好测设和丈量工作，定准岔首、岔心和岔尾的位置，量准要铺设道岔的实际长度。

(2)施工中坚决做到道岔落位准确，一旦发现误差，决不迁就，必须及时窜动和拨正。

六、工电联合整治

工电联合整治道岔设备，对保障运输安全，减少道岔故障，特别是工电结合部故障具有重要作用，因此，应合理安排工电联合整治道岔周期，严格执行工电联合整治道岔的要求，确保工电联合整治道岔的质量，使道岔及转换设备处于良好状态。

1. 工务、电务部门要按周期开展联合检查和整治道岔工作。根据检查结果，共同确认联合整治道岔的地点和数量，研究、制定联合检查整治方案和计划，组织完成联合整治道岔任务。

2. 工务、电务部门凡涉及道岔结合部的作业，须提前通知对方，按照“谁提出、谁登记”的原则进行施工登记要点。工务部门在道岔尖轨前基本轨接头至尖轨跟端和可动心轨翼轨趾端至长心轨跟端处进行起、拨、改等维护作业，影响电务设备正常使用时，必须提前以配合通知单形式通知电务部门配合，电务人员不到位不得进行作业。作业完毕，电务部门进行检查试验，试验良好，工务、电务部门共同销记。

3. 工务、电务部门在日常的设备养护维修中发现结合部存在问题时，要及时填写配合作业通知单通知对方，加强配合，共同解决问题。

4. 联合整治道岔要严格执行作业标准化，确保作业效率和作业质量。凡经联合整治的道岔应达到“工电联合整治道岔项目及要求”的规定。

七、常见故障处理

普速道岔常见故障有道岔无表示、红光带、轨件折断等。道岔无表示、红光带的处理方法见本章“第二节　高速铁路道岔养护维修”部分；有缝道岔轨件折断可直接更换，无缝道岔轨件折断可按以下要求进行处理。

1. 尖轨损坏不能继续使用时，应首先钉固另一股尖轨，保证有一股线路正常行车。同时立即切割拆除尖轨，换入轨端带螺栓孔尖轨，在尖轨跟端用夹板和螺栓联结，临时恢复通车。临时处理后尽快安排用轨端无螺栓孔的尖轨进行焊接，恢复道岔正常状态。

2. 基本轨损坏不能继续使用时，在切割拆除基本轨后，先换入轨端带螺栓孔的基本轨，两端用夹板和螺栓联结，临时恢复通车。然后安排换入轨端无螺栓孔的基本轨，用铝热焊焊接，进行永久处理。

3. 辙叉损坏时，应拆除辙叉进行更换，必要时可先换入一根短轨开通直股，然后再换入新辙叉，开通线路。

4. 岔内钢轨折断时，参照无缝线路断轨处理方法办理。

第二节　高速铁路道岔养护维修

高速铁路道岔养护维修应按照“预防为主、防治结合、严检慎修”的原则,根据线路状态的变化规律,合理安排养护维修,做到精确检测、全面分析、精细修理,以有效预防和整治病害。

一、主要内容

(一)高速道岔养护维修分类

高速道岔维修工作分为周期检修、经常保养和临时补修。

1. 周期检修指根据道岔及其各部件的变化规律和特点,对道岔的钢轨件、扣件、无砟道床、各部联结零部件及轨道几何形位等按相应周期进行的全面检查和修理,以恢复道岔完好技术状态。

2. 经常保养指根据动、静态检测结果及状态变化情况,对道岔设备进行的经常性修理,以保持道岔质量经常处于均衡状态。

3. 临时补修指对几何尺寸超过临时补修容许偏差管理值或道岔设备伤损状态影响其正常使用的处所进行临时性修理,以保证行车安全和舒适性。

(二)高速道岔养护维修主要内容

1. 周期检修基本内容

(1)道岔设备质量动态检查。

(2)道岔几何尺寸静态检查。

(3)道岔结构状态检查。

(4)钢轨探伤。

(5)采用打磨列车对道岔钢轨进行预防性打磨或修理性打磨。

(6)联结零件涂油、复拧。

(7)根据刚度变化情况,更换弹性垫板。

(8)对道床进行检查及整修。

(9)道岔钢轨位移的周期观测和分析。

(10)对沉降量较大地段的道岔状态进行周期观测和分析。

(11)精测网检查、复测。

2. 经常保养基本内容

(1)对几何尺寸超过经常保养容许偏差管理值的处所进行整修。

(2)根据钢轨表面伤损、光带及动态检测情况,对钢轨进行修理。

(3)整修焊缝。

(4)整修伤损扣件、联结零部件等轨道部件。

(5)方正、更换轨枕。

(6)整治道床翻浆冒泥,补充道砟,整理道床;修补达到Ⅱ级及以上伤损的无砟道床。

(7)疏通排水,清除道床杂草。

(8)精测网维护。

(9)沉降地段轨道状态观测和分析。

(10)修理、补充和刷新标志、标识。

(11)根据季节特点对道岔进行重点检查。

(12)其他需要经常保养的工作。

3. 临时补修基本内容

(1)及时整修几何尺寸超过临时补修容许偏差管理值的处所。

(2)处理伤损钢轨(含焊缝)和失效胶接绝缘接头。

(3)更换伤损的道岔护轨螺栓、可动心轨咽喉和叉后间隔铁螺栓、长心轨与短心轨联结螺栓等。

(4)更换伤损失效的扣件及轨道部件。

(5)处理道岔设备故障。

(6)其他需要临时补修的工作。

二、主要标准

(一)轨道动态不平顺管理标准

动态不平顺是指轨道不平顺的动态反映,主要通过综合检测列车进行检测。轨道动态不平顺管理分为峰值管理和均值管理。动态不平顺检测项目有轨距、水平、轨向、高低、扭曲、复合不平顺、车体垂向振动加速度、车体横向振动加速度、轨距变化率等。各项偏差等级划分四级:Ⅰ级为经常保养标准,Ⅱ级为舒适度标准,Ⅲ级为临时补修标准,Ⅳ级为限速标准。线路区段整体不平顺(均值管理)的动态质量用轨道质量指数(TQI)评定。

对综合检测列车发现的Ⅲ级及以上偏差处所,应及时安排临时补修;对轨道质量指数(TQI)超过管理值的区段和超过经常保养偏差管理值的处所,应安排经常保养;对车辆动力学指标超限处所,应及时分析原因,安排整修;对Ⅳ级偏差处所,或Ⅲ级偏差且车辆动力学指标超限处所应立即限速。

(二)静态容许偏差管理标准

道岔静态容许偏差管理值,按照作业验收、经常保养、临时补修和限速(160 km/h)进行管理。轨道静态几何尺寸容许偏差管理值中,作业验收管理值为周期检修、经常保养和临时补修作业后的质量检查标准;经常保养管理值为轨道应经常保持的质量管理标准;临时补修管理值为应及时进行轨道整修的质量控制标准;限速管理值为保证列车运行平稳性和舒适性,需进行限速的控制标准。

(三)车辆动力学指标管理标准

车辆动力学指标包括脱轨系数、轮重减载率、轮轴横向力,横向力和垂向力通过综合检测列车的测力轮对来测量。

车辆动力学指标管理值见表13—2—1。

(四)结构养护标准

1. 应根据线路允许速度等运营条件采用相应的可动心轨无缝道岔,道岔各部尺寸按标准图或设计图办理。

表 13—2—1　车辆动力学指标管理值

项　目	脱轨系数 Q/P	轮重减载率 $\Delta P/\overline{P}$	轮轴横向力 H(kN)
管 理 值	≤0.8	≤0.8	$\leq 10+P_0/3$

注:(1)Q 为轮轨横向力;P 为轮轨垂向力;$\overline{P}$ 为平均静轮重;ΔP 为轮轨垂向力相对平均静轮重的减载量;P_0 为静轴重;

(2)间断式测力轮对的轮重减载率按双峰值评定。

2. 查照间隔(心轨工作边至护轨头部外侧的距离)不得小于 1 391 mm,测量位置按设计图纸规定。

3. 护轨轮缘槽宽度为 42 mm,容许误差为-1~+3 mm,斥离尖轨非工作边与基本轨工作边的最小距离不小于 63 mm。

4. 岔后到发线连接曲线半径不应小于该道岔导曲线半径,超高不应大于 15 mm,顺坡率不应大于 2‰。

5. 尖轨、心轨、叉跟尖轨出现以下不良状态或伤损,应进行修理或更换:

(1)尖轨尖端与基本轨或可动心轨尖端与翼轨间隙大于 1 mm,短心轨与叉跟尖轨尖端间隙大于 1.5 mm。

(2)尖轨、可动心轨侧弯,造成轨距不符合要求,或尖轨与基本轨、可动心轨与翼轨间隙超过 2 mm。

(3)尖轨、可动心轨拱腰,造成与滑床台间隙超过 2 mm。

(4)尖轨相对于基本轨降低值、心轨相对于翼轨降低值偏差超过 1 mm,且对行车平稳性有影响。

(5)尖轨与心轨因扭转或磨耗等原因造成光带异常,且对行车平稳性有影响。

(6)尖轨、心轨、叉跟尖轨肥边大于 1 mm。

(7)其他伤损达到钢轨轻伤标准。

6. 基本轨、翼轨、导轨和护轨出现以下不良状态或伤损,应进行修理或更换:

(1)弯折点位置或弯折尺寸不符合要求。

(2)高锰钢摇篮出现裂纹。

(3)其他伤损达到钢轨轻伤标准。

7. 防跳限位装置与斥离尖轨(标准开口)间隙应为 3~5 mm,尖轨防跳顶铁与密贴尖轨间隙应为 2~4 mm,心轨防跳顶铁、卡铁、间隔铁与心轨间隙应为 2~4 mm。

8. 道岔扣件系统及其零部件应满足以下要求:

(1)道岔扣件系统安装与调整应符合铺设图要求,各零部件应保持齐全,作用良好。

(2)应使用铁路专用防腐油脂定期对螺栓涂油,螺栓保持润滑状态。

(3)不得对转辙器滑床台涂油,辙叉滑床台可涂固体润滑剂。各部位螺栓涂油时不得污染橡胶垫板、弹性铁垫板和弹性基板。

(4)扣件有以下伤损情况,应及时更换:

①岔枕螺栓、T 形螺栓折断或严重锈蚀。

②调高垫板损坏。

③弹性铁垫板或弹性基板的橡胶与铁件间严重开裂。

④弹条、弹性夹、拉簧、弹片等损坏或不能保持应有的扣压力。弹性夹离缝、弹片与滑床板挡肩离缝、挡板前后离缝大于 2 mm。

⑤轨距块、挡板、缓冲调距块、偏心锥等严重磨损。

⑥套管失去固定螺栓的能力。

⑦垫板、滑床板、护轨垫板的焊缝开裂。

⑧滑床板损坏、变形或滑床台磨耗大于 3 mm。

⑨弹性垫板静刚度值超过设计上限的 25%。

⑩橡胶垫板、弹性铁垫板或弹性基板压溃、变形或作用不良。

9. 辊轮系统及其部件应满足以下要求：

(1)辊轮安装与调整应符合铺设图要求,各零部件应保持齐全,作用良好。

(2)闭合状态下,辊轮与尖轨轨底边缘间的空隙应为 1~2 mm;辊轮顶面应高于滑床台上表面 1~3 mm;CN 系列道岔有一个辊轮压在尖轨下,与尖轨轨底边缘间的空隙应为 1~2 mm。

(3)辊轮槽排水孔应保持畅通。

(4)辊轮上、下部分联结螺栓松动、折断、缺失或辊轮转动不灵活、破损时应立即修理或更换。

10. 其他零部件应满足以下要求：

(1)其他零部件安装应符合铺设图要求,缺少时应及时补充。

(2)应使用铁路专用防腐油脂定期对螺栓涂油,螺栓保持润滑状态。

(3)间隔铁、限位器的联结螺栓、护轨螺栓、长短心轨联结螺栓、接头铁螺栓必须齐全,作用良好,折断时必须立即更换。同一部位同时有两条螺栓(或接头铁螺栓有一条)缺少或折损时,道岔应停止使用。

(4)顶铁、心轨防跳铁、尖轨防跳限位装置等各部件的联结和固定螺栓变形、损坏或作用不良时应进行修理或更换。

(5)尖轨防跳限位装置、心轨防跳顶铁和心轨防跳卡铁损坏或作用不良时应进行修理或更换。

11. 无缝道岔应满足以下技术要求：

(1)道岔应铺设在无缝线路固定区,正线道岔除胶接绝缘接头外,其他接头应全部焊接。

(2)无缝道岔的设计锁定轨温应与两端区间无缝线路设计锁定轨温一致,且应满足跨区间无缝线路允许温降和允许温升要求,道岔各联结件应牢固可靠。

(3)无缝道岔尖轨尖端伸缩位移、可动心轨尖端伸缩位移应满足相关维修规则的要求,超过允许值应分析原因,并及时调整。

(4)应加强桥上及隧道口附近无缝道岔检查和锁定,防止碎弯和爬行。

(5)应按规定利用钢轨位移观测桩进行位移观测,及时分析锁定轨温变化及钢轨位移情况。应加强尖轨和心轨位移观测,防止转换卡阻。

三、主要特点

1. 实行"方案修":秉承"严检慎修"的理念,作业前必须制定方案并实行严格等级管理、分级审批制度,作业必须严格按批准的方案执行,严禁擅自变更。

2. 实行"天窗修":高速铁路严格执行"施工不行车,行车不施工"的天窗修制度,在天窗以外,任何人员不得进入栅栏以内。

3. 轨道长、短波不平顺控制:在高速行车条件下,必须对激振频率也为 1 Hz 左右的具有谐振波长特征的轨道不平顺进行严格控制;对应于 350 km/h 的不平顺,采用 120 m 弦长进行管理,对应于 250 km/h 的不平顺,采用 70 m 弦长进行管理。同时,高速行车条件下,幅值微小的轨面不平顺也可能引起轮轨强烈的冲击振动,产生很大的轮轨作用力,加剧轨道不平顺,恶化轨道几何状态。因此,应对高速道岔轨道长、短波不平顺均进行严格控制。

4. 注重道岔轮轨关系控制:我国高速道岔设计轮载过渡范围为尖轨顶宽 20~50 mm,当尖轨与基本轨顶面高差低于设计值时,易导致行车平稳性变差,造成晃车现象。因此,尖轨相对于基本轨降低值、心轨相对于翼轨降低值偏差超过 1 mm,且对行车平稳性有影响时,应进行修理或更换。

5. 重视轨道刚度维护:轨道刚度影响高速列车的运行舒适性,甚至安全性。弹性垫板静刚度超过标准要求时,应进行更换。

6. 实行“上线登销记制度”:在进行行车设备施工、维修、处理故障和恢复时应与行车调度员或车站值班员办理相关手续。

7. 实行“机具材料管理制度”:机具材料必须有允许上线许可、粘贴反光标识、统一编号、统一存放,实行上道前状态检查、上下道机具数量确认和专人管理等制度。

8. 实行“确认车确认制度”:每日作业天窗结束后,开行确认列车,对线路环境、轨道状态进行检查确认。

9. 建立“设备故障应急处理机制”:制定设备故障应急处理预案,建立科学的高速铁路快速应急处理机制,实现对事故、故障、灾害等情况的快速处理。

四、主要作业

(一)检查与分析

道岔设备检查是高速铁路道岔维修作业的依据,检查应坚持“严检慎修”和“动态检查为主,动、静态检查相结合,结构检查与几何尺寸检查并重”的原则,积极采用先进的检查设备,提高检查质量。

1. 动态检查内容与周期

(1)检查内容

轨道动态不平顺的检查项目为轨距、水平、轨向、高低、扭曲、复合不平顺、车体垂向振动加速度、车体横向振动加速度、轨距变化率等;轨道巡检检查项目为钢轨外观、扣件、道床外观等。

(2)检查周期及方式

①综合检测列车每 10~15 天检查 1 遍。

②探伤车对正线钢轨每年检查不少于 7 遍,冬季适当缩短检查周期。

③车载式线路检查仪每天对线路检查不少于 1 遍。

④利用便携式线路检查仪添乘检查线路每月不少于 2 遍。

⑤巡检设备检查线路每半年不少于 1 遍。

2. 静态检查内容与周期

(1)检查内容

线路周期性静态检查包括几何尺寸、轨道结构、扣件系统、无缝线路和道岔及钢轨伸缩调节器位移、焊缝平直度、钢轨外观及伤损、标志标识等。

(2)检查周期及方式

道岔每月检查1遍,每周至少对道岔结构及联结零件巡视检查1遍,尖轨各控制断面相对于基本轨、心轨各控制断面相对于翼轨高差每季度检查1遍。高速道岔设备检查周期见表13—2—2。

表13—2—2　高速道岔设备检查周期

序号	设备名称	检查项目	检　查　内　容	周期	检查方式
1	几何尺寸	道岔单元几何尺寸	轨距、水平、轨向、高低、扭曲、支距、护轨轮缘槽宽度、查照间隔、斥离尖轨非工作边与基本轨工作边最小间距	1遍/月	轨距尺、支距尺、钢板尺或精密测量设备
2	降低值	道岔降低值	尖轨降低值、心轨降低值	1遍/季	降低值测量仪
3	间隙	道岔各部间隙	尖轨与基本轨、心轨与翼轨、短心轨和叉跟尖轨间隙、尖轨与滑床台、心轨与滑床台间隙,尖轨与顶铁、心轨与顶铁间隙	1遍/月	塞尺或精密测量设备
4	扭力矩	道岔扭力矩	铁垫板、尖轨跟端、心轨联结螺栓、T形螺栓、翼轨跟端、联结螺栓	1遍/月	扭力矩扳手
5	轨道结构	道岔联结零件	轨枕大螺栓及扣件,弹性铁垫板、弹性基板状态	1遍/月	人工巡检或精密测量设备
			辊轮状态		
			滑床台与基板脱焊及台面磨耗情况		
			弹性夹、拉簧状态		
			尖轨防跳限位装置与斥离尖轨(标准开口)间隙,尖轨防跳顶铁与密贴尖轨间隙,心轨防跳顶铁、卡铁、间隔铁与心轨间隙		
			轮轨接触面(光带)检查,重点检查尖轨与基本轨、可动心轨与翼轨共同受力部位接触面(位置、塑性变形、磨耗、光带不良、鱼鳞纹等)		
			限位器、间隔铁、顶铁、轨撑、接头铁、连杆等联结螺栓松动、变形或损坏情况		
6	标志标识	线路标志标识	松动、清晰度、破损	1遍/月	人工巡检
7	位移观测	无缝道岔位移观测	尖轨相对于基本轨、心轨相对于翼轨的伸缩位移;两尖轨相对伸缩位移,位移观测桩位移	1遍/季	三角板或精密测量设备

3. 道岔区钢轨探伤

采用探伤仪对道岔(包括尖轨和心轨变截面部分)及其前后60 m钢轨进行周期性探伤。强化对可动心轨道岔尖轨、翼轨、长心轨的探伤检查,加强对道岔伤损的监控处理,防止因正线可动心轨道岔各部位出现伤损而引起折断影响行车安全,道岔探测范围如下:

(1)可动心轨道岔长心轨轨头

可动心轨道岔长心轨轨头探伤范围为长心轨尖端轨面轮轨接触点(光带起点)至短心轨尖端对应处,如图 13—2—1 所示。

图 13—2—1 长心轨轨头探伤范围示意

(2)可动心轨道岔长心轨轨底

可动心轨道岔长心轨轨底探伤范围为长心轨尖端轨面轮轨接触点(光带起点)至第一顶铁之间的轨底,如图 13—2—2 所示。

图 13—2—2 长心轨轨底探伤范围示意

(3)正线可动心轨道岔翼轨轨头

正线可动心轨道岔翼轨轨头探伤范围为间隔铁至翼轨轮轨接触点(光带起点)之间的轨头,如图 13—2—3 所示。

图 13—2—3 翼轨轨头探伤范围示意

(4)正线可动心轨道岔翼轨轨底

探伤范围为翼轨轨底两个变截面之间的轨底,如图 13—2—4 所示。

(5)正线尖轨轨头、轨底

探伤范围为尖轨顶面宽度 20~50 mm 范围内。

图 13—2—4　翼轨轨底探伤范围示意

(6)正线标准轨与 AT 轨过渡区轨底

探伤范围为标准轨变化起点至 AT 轨变化起点的轨底,如图 13—2—5 所示。

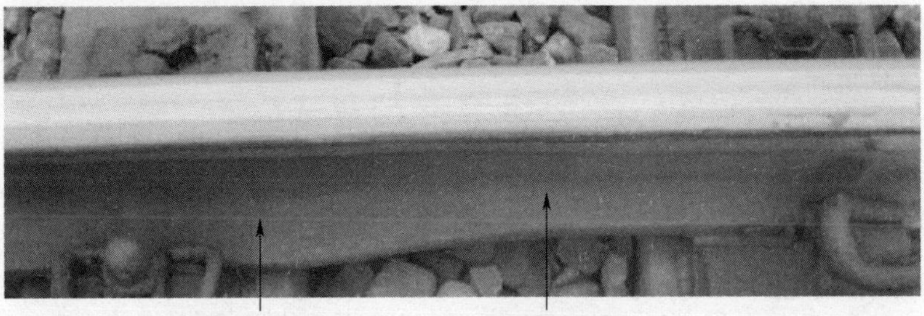

图 13—2—5　标准轨与 AT 轨过渡区轨底探伤范围示意

(二)日常养护作业

1. 有砟高速道岔起道捣固作业

(1)采用小型养路机械对道岔的水平、高低和三角坑偏差进行调整,恢复道岔平顺性。起道捣固作业应遵循“先整体、后局部,先高低、后水平,先基准轨、后非基准轨”的原则。捣固前,要拧紧岔枕螺栓,防止吊板;捣固后,要上足道砟,确保作业质量。

(2)作业主要机具:液压起道机、内燃捣镐、扳手、扭力扳手、九齿叉、三齿耙、轨距尺、L 型道尺、照明设备等。

2. 有砟高速道岔拨道作业

(1)采用拨道机整正道岔轨向不良处所,调整道岔横向位移和轨向偏差,恢复其平面线形。作业时应遵循“保证直股,兼顾曲股,转辙器及辙叉部位少动,道岔前后线路顺接”的原则。如果同时有其他作业项目,应先捣固、后拨道、再改道,防止无效作业。

(2)作业主要机具:液压拨道机、内燃捣镐、扳手、扭力扳手、轨距尺、弦绳、照明设备等。

3. 有砟高速道岔改道作业

(1)改道是整治轨距、轨向、轨距变化率等偏差的作业,改道作业应同步整修失效或不良的道岔扣件。为防止钢轨内倾或外翻,应注意扣件拧紧的顺序,连续 6 块板及以上改道作业时,在调整好扣件后,不能连续紧固钢轨单侧扣件,要每隔 2~3 根轨枕,先把内外侧螺栓交替拧紧后再紧固其他扣件,以免影响改道后轨距变化。

(2)作业主要机具:改道器、小撬棍、轨距尺、支距尺、扳手、扭力扳手、弦绳、钢卷尺、直钢尺、轨温计、尖嘴钳、照明设备等。

4. 无砟高速道岔高程调整作业

(1)高程调整通过更换不同规格的调高垫板实现。高程调整前,对调整区段进行精确测量,并同步调查既有调高垫板型号,精确制定每个承轨台调高方案。现场作业时,按照调高方案将基准股调整到位,再调整另一轨。当调高量超过 15 mm 时,应使用加长 B 型岔枕螺栓。

(2)作业主要机具:起道器、撬棍、扳手、扭力矩扳手、电子轨距尺、照明灯具等。

5. 无砟高速道岔平面调整作业

(1)通过调换轨距块(轨距调整片)和缓冲调距块(偏心锥)来实现。平面调整前,对调整区段进行精确测量,并同步调查既有轨距块(轨距调整片)和缓冲调距块(偏心锥)型号,精确制定每个承轨台调整量。现场作业时,按照调整方案将基准轨调整到位,再调整另一轨。道岔支距调整时,先将道岔直股调整到位,根据支距值调整导曲线上股,再根据轨距调整导曲线下股。调整前先整治转辙部位、可动心轨部位离缝及框架尺寸偏差,以消除精确测量中出现假轨距。对于 CN 系列道岔,按照先改正直尖轨轨向,再利用 FAKOP 加宽改正转辙部分直基本轨轨向。

(2)作业主要机具:改道器、撬棍、扳手、扭力矩扳手、支距尺、电子轨距尺、照明灯具等。

(三)大型养路机械维修作业

1. 道岔钢轨打磨列车作业

(1)打磨类别及周期

高速铁路道岔打磨可分为预打磨、预防性打磨和修理性打磨。对重复出现动车组抖车、构架横向振动加速度报警且光带不良,或出现伤损地段,应及时进行修理性打磨。

(2)技术要求

道岔打磨应根据打磨前钢轨状态,在满足目标廓形、保持打磨深度和消除病害的前提下使打磨切削量最小。道岔打磨区域应与两端线路的钢轨打磨区域相衔接,重叠打磨区域不得小于 10 m。道岔打磨以保证轨头廓形为主,打磨深度不宜过多。

①打磨车砂轮起落点位置应准确,误差不得超过 500 mm。

②大机打磨受限区域。

尖轨区域:尖轨非工作边距基本轨工作边 100 mm 处与尖轨尖端之间,如图 13—2—6 所示。

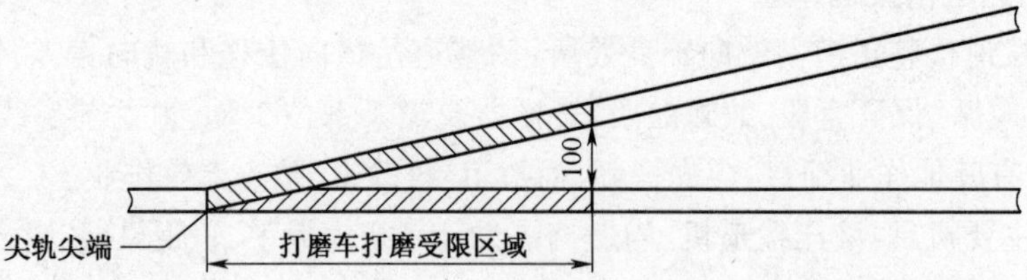

图 13—2—6 打磨车在尖轨打磨受限区域(单位:mm)

心轨区域:长、短心轨非工作边间距 100 mm 处与可动心轨尖端前 50 mm 处之间,如图 13—2—7所示。

上述区域的钢轨内侧可由打磨车打磨;钢轨外侧可采用小型打磨机打磨。

③打磨车打磨尖轨、可动心轨顶面宽度小于 20 mm 区域时应控制打磨角度和打磨量,以防止打伤尖轨、可动心轨。

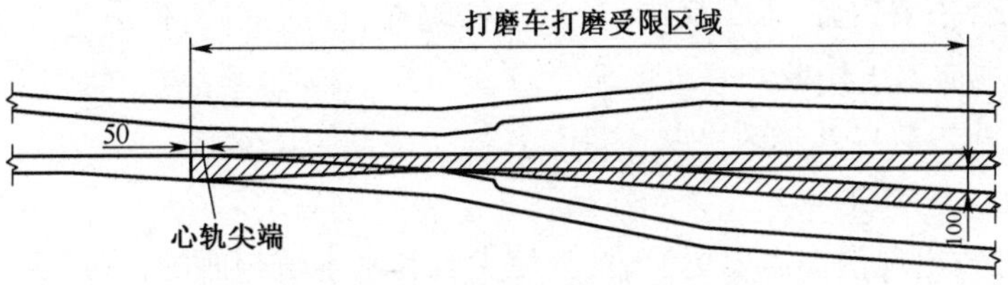

图 13—2—7　打磨车在可动心轨打磨受限区域(单位:mm)

④打磨车对轨距角区域应采用角度不大于 45°通打 2~3 遍(包括尖轨、可动心轨)。

⑤当受限区域的尖轨或可动心轨出现疲劳裂纹时应采用小型打磨机处理,且应沿线路纵向进行打磨,保证圆角光滑过渡。

⑥当受限区域因磨耗导致基本轨高于尖轨或翼轨高于可动心轨,并出现光带异常时,应按目标廓形采用小型打磨机打磨。

⑦小型打磨机打磨时不得灼伤钢轨。

(3)道岔打磨验收

道岔打磨验收项目包括打磨廓形、轮轨接触光带、打磨深度、打磨面粗糙度、发蓝带、打磨平面宽度、打磨砂轮起落部位的砂轮磨痕、波磨钢轨打磨前后谷深、滚动接触疲劳钢轨表面残留裂纹、擦伤轨表面硬度等。

2. 大型养路机械捣固作业

根据有砟道岔周期检修要求和技术状态,适时安排大型养路机械进行全面起道、捣固并进行稳定。大型养路机械维修作业一般由工务机械化段来实施,原则上应采取脱杆捣固,工务段应做好大型养路机械捣固配合工作。

(1)准备工作:工作量调查,平纵断面测量;方案编制,技术交底;起、拨道量标注,道砟预卸预上;劳力组织,机具安排;胶垫整正,联结零件紧固。

(2)大型养路机械作业:严格按照无缝线路作业轨温条件组织施工。道岔捣固车对道岔道床进行捣固前,应拆除道岔转换设备,并延伸至道岔前后 50 m。工务段应利用精测网对岔区的线路平、纵断面进行全面测量,以恢复原有道岔平、纵断面,起、拨道量按每 3 m 标注;捣固起道量一般不少于 10 mm,一次起、拨道量原则上控制在 30 mm 以下(接触网不需要调整),起道量超过 50 mm 时应分两次起道。

大型养路机械作业在叉心起道时,容易产生"吊板"情形,在长岔枕部位表现尤为突出,为确保捣固质量,应采用起道机同步辅助起道和捣固。在叉心处起道时,可根据产生的"吊板"量适当增加原有起道量;同时,做好人工捣固工作,尤其要加强叉心处人工补捣。

大型养路机械作业过程中,应对作业质量实行"双控"。一是安排人员在大型养路机械后利用轨距尺跟进测量(重点是水平),遇有问题随即叫停大型养路机械进行整改;二是利用轨道检查仪进行检查(重点是方向、高低),注意轨道检查仪与大型养路机械相距 50 m 及以上,以免大型养路机械振动影响测量精确度。

大型养路机械作业后质量未达到作业验收标准,水平及高低在经常保养范围内,且长度在 10 m 以内的,建议采取人工起道作业,因起道量和捣固量较小,如让大型养路机械返工作业往往得不到预期效果,甚至会产生破坏性作业。

(3)人工配合主要内容:人工捣固;复拧扣件螺栓;捣前上砟、捣后平砟、整理道床;几何尺寸检查;不良地段人工作业。

(四)尖轨、基本轨以及辙叉更换

1. 更换尖轨、基本轨

高速道岔尖轨出现伤损需要更换时,为使尖轨和基本轨相匹配,满足尖轨相对于基本轨的降低值,宜同时更换尖轨和基本轨,施工需电务及供电部门配合。

(1)更换伤损尖轨的程序

更换尖轨一般采用 2 台 16 t 或 25 t 轨道吊车在邻线配合施工,主要步骤:拆卸扣件及电务设备→切割旧尖轨→吊出旧尖轨放在线路外安全地点→吊进新尖轨和保护轨→新尖轨准确定位→安装紧固扣件→焊接尖轨后连接轨→几何尺寸全面检查、调整→打磨焊缝及探伤→电务部门安装、调试。

(2)同步更换尖轨和基本轨的程序

同步更换尖轨和基本轨一般采用 2 台 16 t 或 25 t 轨道吊车在邻线配合施工,主要步骤:拆卸扣件及电务设备→切割旧尖轨→吊出旧尖轨放在线路外安全地点→切割旧基本轨→吊出旧基本轨放在线路外安全地点→吊进新基本轨→新基本轨准确定位→吊进新尖轨和保护轨→新尖轨准确定位→安装紧固扣件→焊接前后基本轨连接轨→焊接尖轨后连接轨→几何尺寸全面检查、调整→打磨焊缝及探伤→电务部门安装、调试。

线路开通后首列限速不超过 160 km/h,之后恢复常速。

(3)作业主要机具

吊机、扳手、扭力矩扳手、支距尺、电子轨距尺、电子平直仪、钢卷尺、撬棍、抬杠、焊磨工具、倒棱器、切割机、钻孔机、回流线。

2. 更换辙叉

高速道岔辙叉轨件出现伤损需更换时,施工需电务部门拆除相关设备,供电部门停电及轨道吊车配合。

(1)更换伤损辙叉的程序

更换辙叉一般采用 2 台 16 t 或 25 t 轨道吊车在邻线配合施工,主要步骤:切割连接轨→拆除扣件及电务设备→轨道吊车将伤损辙叉吊出存放在两线间→新辙叉吊入→辙叉准确定位→紧固扣件→焊接前后钢轨→几何尺寸全面检查、调整→电务部门安装、调试→焊缝探伤。其中辙叉准确定位是关键控制点。

线路开通后首列限速不超过 160 km/h,之后恢复常速。

(2)作业主要机具

吊机、扳手、扭力矩扳手、支距尺、电子轨距尺、电子平直仪、钢卷尺、撬棍、抬杠、焊磨工具、倒棱器、切割机、回流线。

五、常见病害整治

(一)光带不良

1. 产生原因

光带不良产生的原因很复杂,轨面不平顺、轨头扭曲变形,尤其是焊接接头对轨错牙、扭曲;岔区尖轨、心轨设有 1:40 轨顶坡,而连接其前后的钢轨设置在带有轨底坡的铁垫板上,两者的衔接很难做到一致。以上因素都会产生光带不良,也是造成岔区晃车的重要因素之一。

2. 预防整治措施

消除光带不良的主要途径是钢轨打磨,分为大型养路机械打磨和人工打磨两种。一般在高速铁路精调以后、开通运营之前,通过钢轨预打磨,“修正”钢轨廓形,消除光带不良,确保轮轨接触面的一致性。人工打磨时,打磨机应由两人配合作业,一人负责推动打磨机,控制打磨机的平衡及倾斜度,使砂轮能磨及缺陷部位;另一人负责控制打磨质量及观看轨面弧度,同步控制电源开关。开始时,要坚持“哪里光亮打哪里”的基本原则;打磨中,要同步观看磨削火花情况判断轨面平顺度;打磨后,打磨区域轨道顶面形状与前后钢轨必须一致,光带宽窄相同。打磨一周后要进行复查,通过对车辆碾压后的光带进行观察,光带有偏斜的再打磨调整,直至光带纵向是一条直线为止。其实,光带不良整治工作要体现综合养护要求,不能一味地打磨,有时还要进行轨距和方向的配合整治。

(二)不密贴

1. 产生原因

不密贴病害一般分为尖轨与基本轨不密贴、可动心轨与翼轨不密贴、尖轨与滑床板不密贴等三种情形,产生的主要原因一是道岔在运营过程中,由于轨距、轨向变化,尖轨、基本轨的变形,导致缝隙的产生;二是道岔爬行,左右尖轨相错,曲基本轨弯折矢度或弯折位置不正确;三是道岔顶铁过长,电务转辙机动程不标准或推、拉力不均,导致不密贴的产生;四是尖轨不直,基本轨或尖轨有肥边,造成尖轨与基本轨、可动心轨与翼轨不密贴或假密贴;五是尖轨拱腰、基本轨轨底不落槽、滑床台磨耗或超限,直接导致尖轨与滑床板不密贴。

2. 预防整治措施

一是严格控制两基本轨的框架尺寸,采用拨、改、弯等方法调直基本轨方向,调整好曲基本轨的弯折矢距;二是抓好工电联合整治工作,利用不同厚度的轨距块和调整片,对尖轨与基本轨,心轨与翼轨进行调试,确保尖轨动程、开程尺寸正确,各连接杆件拉力均匀;三是加强结构病害的整治,打磨尖轨及长、短心轨的肥边;四是整治或更换超标的拱腰尖轨和磨耗超限滑床板,并加强后期的养护工作,消除存在的离缝病害;五是对转辙部分、辙叉心这类重点薄弱处所,日常作业加强检修,保持其状态良好。

(三)鱼鳞纹和掉块

1. 产生原因

曲尖轨接触应力过大;叉跟尖轨受力面较小,局部接触应力过大。

2. 预防整治措施

鱼鳞纹以预防为主,在鱼鳞纹出现早期,对于曲尖轨可以使用精磨机进行打磨;对于叉跟短尖轨鱼鳞纹可以使用手持砂轮机等设备进行打磨,打磨以消除钢轨表面鱼鳞纹为标准,不得将叉跟尖轨进行深度打磨。

(四)焊接不平顺

1. 产生原因

焊接不平顺大多是钢轨焊接不良造成的,因为焊接标准执行不严等多种因素,导致接头存在方向、高低等病害,现场普遍存在的是焊缝偏高问题,在岔区钢轨件更换后容易产生。

2. 预防整治措施

严格控制焊接时对轨上拱度和平顺度;采用精磨机进行精细打磨,不合格接头必须重新处理。焊接打磨时,轨头内侧工作边平直度要求控制在-0.2~0 mm,轨顶面平直度要求控制在0~+0.2 mm,以改善轮轨接触关系,减少钢轨件作用面不平顺对列车的影响。

(五)曲尖轨侧磨

1. 产生原因

尖轨存在方向、空吊等病害;列车侧向过车时,列车离心力造成曲尖轨存在固有磨耗;尖轨母材硬度不够。

2. 预防整治措施

消除转辙部位的方向、空吊等病害;提高尖轨硬度和耐磨性能,使用在线热处理尖轨,减缓磨耗速率;当尖轨作用边侧磨量超过6 mm时,应对尖轨进行更换。更换尖轨时,原则上曲尖轨与直基本轨应同步更换,以确保尖轨与基本轨密贴良好。考虑到技术经济因素,如果基本轨无磨耗或磨耗量较小,可以单根更换尖轨,但必须保证新换尖轨与基本轨密贴良好,降低值不超标。

(六)尖轨降低值超差

1. 产生原因

尖轨制造公差超标,顶面不平顺;滑床板(台)制造公差超标;CN系列道岔滑床台与基板间胶垫压溃变形;尖轨或基本轨伤损更换时未按组件更换。

2. 预防整治措施

对于局部尖轨断面高引起的尖轨降低值超标处所可用小型养路机械打磨修理;CN系列道岔可通过更换特制滑床台(根据尖轨降低值偏差值特制不同厚度滑床台),其主要步骤为电务部门拆除动作杆→拆除卡簧→尖轨拨至斥离状态并抬高→取下旧滑床台→换上新滑床台→尖轨拨至闭合状态安装卡簧→测量尖轨降低值→调整尖轨辊轮高度→几何尺寸全面检查、调整→电务部门安装、调试;客专线系列道岔则通过更换不同厚度基本轨轨下橡胶垫板进行调整,但需要注意的是降低了基本轨下橡胶垫板时要用相应厚度的铁垫片垫实滑床板卡口与基本轨轨脚上的间隙,以免损坏滑床板;当降低值调整量大于2 mm时,应更换尖轨与基本轨组件。

(七)间隔铁水平螺栓折断

间隔铁水平螺栓折断主要发生于CN—6118AS道岔105号枕间隔铁水平联结螺栓。

1. 产生原因

CN—6118AS道岔105号枕螺栓是连接长心轨与翼轨间隔铁的水平螺栓,温度变化使得翼轨和心轨位移不一致,产生纵向剪力,导致断裂。

2. 预防整治措施

一是修改间隔铁的联结方式,改善受力状态;二是当温度变化较大时,设备管理单位加强检查,如发现折断及时更换。

六、工电联合整治

工电联合整治是消除工电结合部设备病害、提高道岔设备运用质量的有效方式,是减少设备故障、保障行车安全的重要举措。工电结合部范围包括可动心轨道岔尖轨、基本轨全长、可动心轨翼轨趾端至长心轨跟端。工务部门负责紧固各类螺栓锁定道岔,控制道岔各部分框架及几何尺寸,打磨尖轨、基本轨、心轨、翼轨肥边,保证尖轨、心轨静态密贴状态良好;电务部门负责尖轨、可动心轨各牵引点的动程控制与调整,检测各部分的绝缘性能,保证道岔转换灵活、密贴状态良好;高速道岔工电结合部主要病害有竖切不靠、无表示、卡阻、红光带和 CN 系列道岔下拉装置失效等。

(一)工务部门的重点

1. 调整线形线位及各部间隔尺寸,调整轨距、高低、水平、轨向等轨道几何尺寸。调整转辙部位框架尺寸,配合调整尖(心)轨密贴、动程和开程。

2. 整修更换、补充缺损的各种螺栓螺帽。

3. 方正道岔,整治基本轨硬弯、曲折点矢度不良和尖轨拱腰、硬弯、翘头。

4. 打磨钢轨件光带异常、肥边。

5. 其他(影响道岔技术状态需电务部门配合)项目。

(二)电务部门的重点

1. 配合工务部门对道岔道床进行捣固前转换设备的拆除。

2. 配合工务部门调整检查各部滑床板辊轮,确保作用良好。

3. 配合工务部门整治顶铁间隙符合标准。

4. 整治外锁装置安装质量,尤其是 CN 系列道岔安装、连杆销接支架,确保符合标准。

5. 整治各牵引点动程、开口尺寸、锁闭量达标。

6. 同工务部门联合整治克服道岔虚假开口。

7. 联合消除影响道岔密贴的接合部病害。

8. 对 CN 系列道岔液压下拉装置安装质量进行整治。

9. 道岔设备和相关轨旁设备的紧固及防松。

(三)联合整治高速道岔的管理

1. 联合计划编制

工务、电务部门应在每年底联合编制次年度的年度联合整治检查计划,年度联合整治检查计划必须覆盖所有道岔,其中正线道岔、客车径路上的道岔、大站咽喉关键道岔、病害频发道岔按照每年不少于 2 次安排,其他道岔按照每年不少于 1 次安排。

2. 联合检查制度

工务、电务部门应严格依据年度联合整治检查计划进行检查,年度计划以外、根据病害实际确定或阶段性专项整治活动明确的道岔结合部检查也应按照联合检查制度执行。联合检查工作依据“工电联合整治道岔项目及要求”进行,检查结果须经工务、电务部门双方签认。

3. 联合整治方案制定

结合部病害整治前,应根据联合调查结果,由工务、电务部门共同制定联合整治方案。联合整治方案中须明确整治项目、技术标准、实施办法、作业人员、机具材料、安全措施、要点时间、停用范围等内容。联合整治方案须经工、电双方联合作业(车间)小组组长审核、签认。

4. 计划提报

道岔病害(缺陷)的工电联合整治作业处所,电务部门根据当月道岔设备运用质量、实际故障反映确定,由电务部门提报次月施工计划;工务部门根据道岔几何尺寸、轨检车检测结果确定,由工务部门负责向铁路局提报次月施工计划;根据年度联合调查计划发现病害需纳入整治的,由工务、电务部门商定提报。为消除严重病害需临时要点进行的联合作业,由作业主体单位负责申请临时要点,配合单位配合。更换伤轨(尖轨、基本轨、曲导轨)和伤损岔枕、晃车点整治、严重不良胶接绝缘处理等作业项目工务部门为主体单位,电务部门为配合单位;处理、更换道岔转换特性调整等作业项目电务部门为主体单位,工务部门为配合单位。道岔日常工电联合作业由工电双方按实际需求纳入日常维修天窗内进行。

5. 联合整治

联合整治作业前,作业主体单位牵头召开工务、电务人员参加的整治工作预备会,明确岗位责任和作业标准,确保整治效果。联合作业过程中,工务、电务作业人员严格按照已确定的联合整治方案进行整治。联合作业结束后,作业主体单位组织工务、电务双方召开总结会,对当日联合整治工作进行总结。

6. 联合质量验收

每次整治工作结束后,工电联合作业小组成员必须依据"工电联合整治道岔项目及要求"对整治工作质量进行验收,验收存在问题的,由工电联合作业小组共同制定整改措施,影响正常使用的病害必须立即整改。工电联合工作小组成员每季度对管内联合作业进行验收,验收必须覆盖全部工务、电务车间,验收比例不得少于整治工作量的1/3,验收表作为基础资料保存。铁路局工务处、电务处每半年组织对段级工电联合作业工作开展情况进行专项验收评比,随机抽查工电联合作业质量,检查结果纳入铁路局评比考核内容。

七、应急处理

高速铁路发生道岔设备故障时,应统一指挥、信息畅通、快速反应、正确处置,将故障对运输的干扰降低到最低。

(一)道岔晃车

1. 原因分析

道岔晃车主要由几何尺寸、结构病害或多种病害叠加产生,高速道岔发生晃车大多出现在转辙及辙叉部位。由于道岔结构复杂,所以道岔晃车处理须综合分析、全面整治。

2. 处置方法

(1)原因查找:检查人员经防护到达现场后,应按照"全面看,重点量"的原则,对晃车的道岔及前后各200 m线路进行检查,首先检查轨面几何状态,其次检查道岔结构状态。

(2)现场处理:立即组织对道岔几何尺寸超过临时补修管理值的偏差或结构性问题等进行整修,作业后应严格进行质量回检确认,视道岔型号和状态按有关规定放行列车,同时通过驻站防护员掌握通过列车对线路的反映,如司机反映还有晃车,要继续整修。如确认晃车点无危及安全的病害,现场人员应立即联系驻站防护员销记,常速放行列车。

(3)总结分析:发生晃车经现场抢修恢复常速后,应继续加强检查或整修,确保轨道几何状态受控。同时还应及时组织分析,查找真正原因,针对应急预案中存在不足,进行补充完善。

(二)道岔红光带

1. 原因分析

(1)道岔绝缘接头绝缘失效,或接头弹条与夹板接触连电造成绝缘失效。

(2)道岔内轨道电路回路钢轨件断轨,造成道岔内轨道电路回路断电。

2. 处置方法

(1)由于绝缘接头绝缘失效造成的红光带,应将绝缘接头解开,进行重新胶接。

(2)由于接头弹条与夹板接触连电造成绝缘失效时,整正扣件系统,将弹条与夹板分离。

(3)由于道岔内轨道电路回路钢轨件断轨造成红光带,处理办法同道岔断轨处理。

(三)轨件折断

1. 原因分析

(1)钢轨件材质不良。

(2)焊接质量不良。

(3)轨件与零部件长期点接触,应力集中。

(4)有砟道岔轨枕长期空吊,疲劳伤损。

2. 处置方法

发现道岔尖轨、基本轨、可动心轨和翼轨折断时应立即封锁线路,进行处理。

(1)紧急处理

①断缝位于尖轨与基本轨、可动心轨与翼轨密贴段范围以外,且能加固时,处理方法和放行列车条件同钢轨折断处理。

②断缝位于尖轨与基本轨、可动心轨与翼轨密贴段范围以外不能加固,或断缝位于尖轨与基本轨、可动心轨与翼轨密贴段范围内,且直股或曲股之一可单独放行列车时,根据现场实际情况,确定道岔开向,工务部门紧固,电务部门确认道岔尖轨及心轨密贴状态,道岔应现场加锁或控制台单锁,视道岔型号和状态确定放行列车速度,但最高不得超过60 km/h,并派人看守,邻线限速不超过160 km/h;直股和曲股均放行列车时,应进行永久处理。

(2)永久处理

更换尖轨、基本轨或辙叉并焊接,其焊接作业宜在当日天窗内或轨温适宜时临时要点进行焊复。

(四)道岔无表示

1. 原因分析

(1)道岔框架不方正造成卡阻:一般为直曲基本轨不方正、错牙或单尖轨大幅度窜移造成设计对应点位严重不对位,在道岔转换时电务各部杆件游动余量不足、磨卡别劲引起转换阻力大,使得各牵引点尖轨移动不一致。

(2)尖轨、心轨转换卡阻:一般为道岔连接件脱落或杂物影响道岔扳动。

(3)道岔尖轨存在假密贴:尖轨、心轨存在假轨距,当间隙大于1 mm时有可能使PLV处密贴点断开,导致无表示。

2. 处置方法

(1)工务部门解决尖轨窜动的问题,使得框架、方正良好。

(2)重点检查道岔转辙和岔心可动部位结构状态,补充结构部件缺失并清除杂物。

(3)加强道岔转辙、岔心维护,用撬棍拨动尖轨,使得密贴间隙小于1 mm,来回操动调试,使得尖轨、心轨密贴状态良好。

附录一 《铁路技术管理规程（普速铁路部分）》摘录

第 45 条 道岔应铺设在直线上，正线道岔不得与竖曲线重叠，其他道岔应尽量避免与竖曲线重叠。

正线道岔钢轨应与线路上的钢轨采用同一类型。其他道岔钢轨在不得已情况下采用与线路钢轨不同类型时，须保证道岔钢轨强度不低于线路钢轨强度，并在道岔前后各铺一节与道岔同轨型的钢轨。

第 46 条 道岔辙叉号数选择应符合下列规定：

1. 正线道岔的直向通过速度不应小于路段设计行车速度。

2. 用于侧向通过列车的单开道岔的辙叉号数应根据列车侧向通过的最高速度合理选用。

3. 侧向接发停车旅客列车的单开道岔，不得小于 12 号。

4. 侧向接发停车货物列车并位于正线的单开道岔，在中间站不得小于 12 号，在其他车站不得小于 9 号。

5. 列车轴重大于 25 t 的铁路正线单开道岔不得小于 12 号。

6. 其他线路的单开道岔不得小于 9 号。

7. 狭窄的站场采用交分道岔不得小于 9 号，但尽量不用于正线，必须采用时不得小于 12 号。

8. 峰下线路的对称道岔不得小于 6 号，三开道岔不得小于 7 号。

9. 段管线的对称道岔不得小于 6 号。

既有道岔的类型及辙叉号数不符合上述规定时，应按该道岔的辙叉号数限制行车速度，且应有计划地进行改造。

第 47 条 线路允许速度 120 km/h 及以下区段的正线道岔，采用固定型辙叉道岔；线路允许速度 120 km/h 以上至 160 km/h 及以下，或货车轴重 25 t 及以上区段的正线道岔，采用可动心轨道岔或固定型辙叉道岔；线路允许速度 160 km/h 以上区段的正线道岔，须采用可动心轨道岔。

第 48 条 道岔应保持良好状态，道岔各零部件应齐全，作用良好，缺少时应及时补充。道岔出现伤损或病害时，应及时修理或更换。

第 49 条 联锁道岔应配备紧固、加锁装置，以备联锁失效时用以锁闭道岔。联锁失效时防止扳动的办法，应在《车站行车工作细则》（简称《站细》）内规定。

未设联锁而需加锁的道岔也应安装加锁装置。

加锁装置包括锁板、勾锁器、闭止把加锁、带柄标志加锁。

第 238 条　道岔除使用、清扫、检查或修理时外，均须保持定位。

道岔的定位规定如下：

1. 单线车站正线进站道岔，为由车站两端向不同线路开通的位置；

2. 双线车站正线进站道岔，为各该正线开通的位置；

3. 区间内正线道岔及站内正线上其他道岔（引向安全线、避难线的除外），为正线开通的位置；

4. 引向安全线、避难线的道岔，为安全线、避难线开通的位置；

5. 到发线上的中岔，为到发线开通的位置；

6. 其他由车站负责管理的道岔，由车站规定。

车站道岔的定位，应在《站细》内记明。

集中操纵的道岔及不办理接发列车的非集中操纵的道岔可不保持定位（到发线上的中岔和引向安全线、避难线的道岔除外）。

段管线道岔的定位，由各段自行规定。

第 239 条　车站道岔及股道编号

道岔编号，从列车到达方向起顺序编号，上行为双号，下行为单号；尽头线上，向线路终点方向顺序编号。车站划分车场时，每个车场的道岔单独编号。一个车站的道岔不得有相同的编号。

股道编号，单线区段内的车站，从靠近站舍的线路起，向远离站舍方向顺序编号；双线区段内的车站，从正线起顺序编号，上行一侧为双号，下行一侧为单号；尽头式车站，向终点方向由左侧开始顺序编号，如站舍位于线路一侧时，从靠近站舍的线路起，向远离站舍方向顺序编号。一个车站（分场时为一个车场）的股道不准有相同的编号。

第 394 条　在站内道岔上（含警冲标至道岔尾部线路、道岔间线路）施工时，使用移动停车信号防护，防护办法如下：

1. 在站内道岔上施工，一端距离施工地点 50 m，另一端两条线路距离施工地点 50 m（距出站信号机不足 50 m 时，为出站信号机处），分别在线路上设置移动停车信号牌（灯）防护，如第 9 图；如一端距离外方道岔小于 50 m 时，将有关道岔扳向不能通往施工地点的位置，并加锁或紧固。

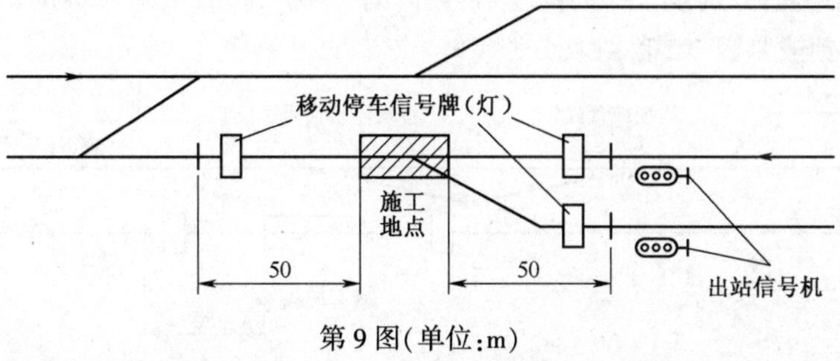

第 9 图（单位：m）

2. 在进站道岔上施工，对区间方向，以关闭的进站信号机防护；对车站方向，在距离施工地点 50 m 线路上，设置移动停车信号牌（灯）防护，如第 10 图。距邻近道岔不足 50 m 时，在邻近道岔基本轨接头处设置移动停车信号牌（灯）防护，将有关道岔扳向不能通往施工地点的位置,并加锁或紧固。

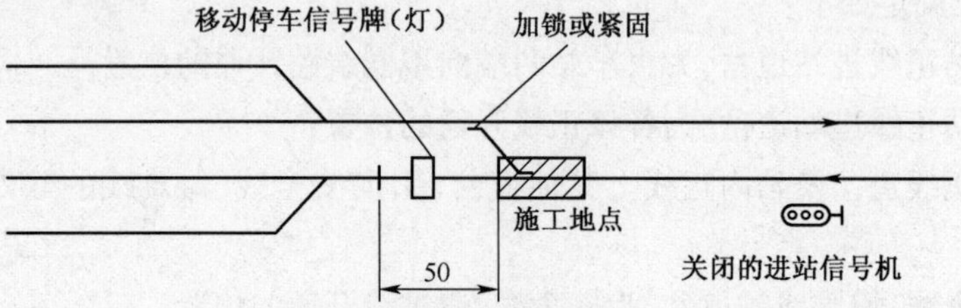

第10图(单位:m)

3. 在出站道岔上施工,对区间方向,以关闭的反方向进站信号机防护;对车站方向,在距离施工地段不少于50 m线路上,设置移动停车信号牌(灯)防护,如第11图。距邻近道岔不足50 m时,将有关道岔扳向不能通往施工地点的位置,并加锁或紧固。

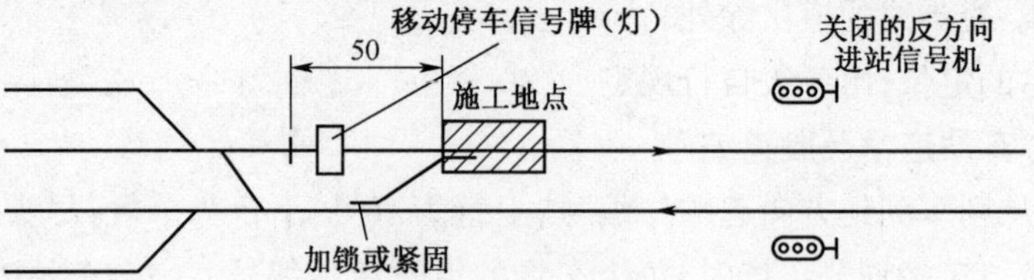

第11图(单位:m)

4. 在交分道岔上施工,将有关道岔扳向不能通往施工地点的位置,并加锁或紧固,在距离施工地点两端50 m处线路上,设置移动停车信号牌(灯)防护,如第12图。

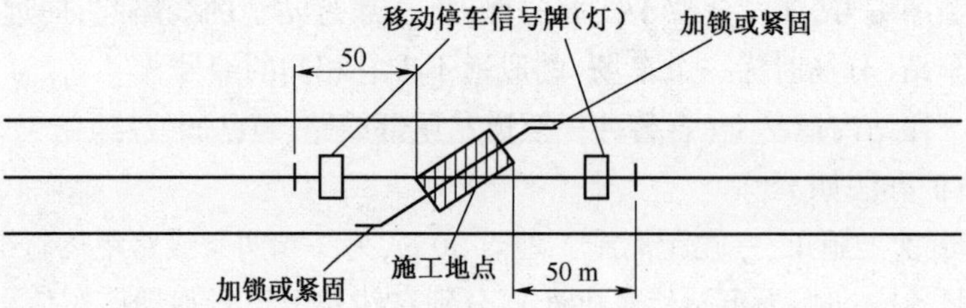

第12图(单位:m)

5. 在交叉渡线的一组道岔上施工,一端在菱形中轴相对处线路上,另一端在距离施工地点50 m处线路上,分别设置移动停车信号牌(灯)防护,将有关道岔扳向不能通往施工地点的位置,并加锁或紧固,如第13图。

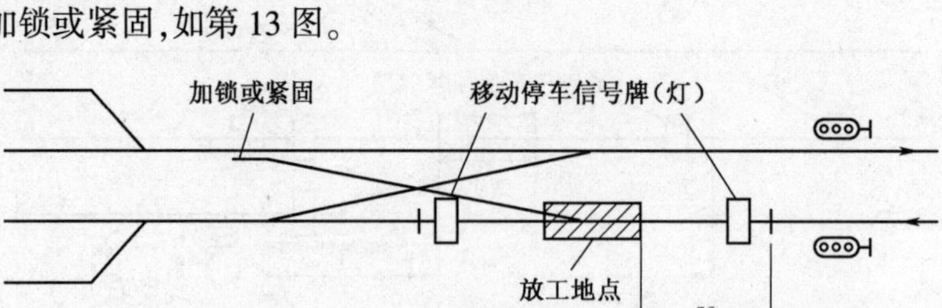

第13图(单位:m)

6. 在道岔上进行大型养护机械施工时,如延长移动停车信号牌(灯)防护距离后占用其他道岔时,对相关道岔应一并防护。

第 396 条 在站内线路或道岔上,根据线路速度等级,使用移动减速信号的防护办法如下:

1. 在站内正线线路上施工,当施工地点距进站信号机大于或等于 800 m 时,单线设立位置如第 18 图,双线设立位置如第 19 图。

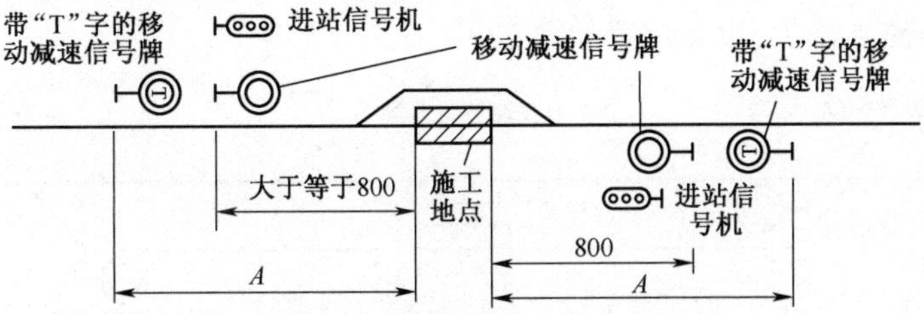

第 18 图(单位:m)

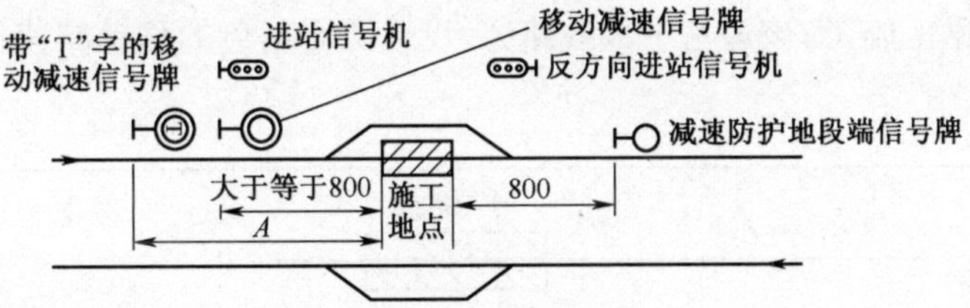

第 19 图(单位:m)

注:当施工地点距进站信号机不足 800 m 时,自施工地点起至 800 m 处区间线路列车运行方左侧,设移动减速信号牌防护;当施工地点距进站信号机大于或等于 A 时,不设置带"T"字的移动减速信号牌;当施工地点距反方向进站信号机不足 800 m 时,自施工地点起至 800 m 处区间线路列车运行方左侧,设减速防护地段终端信号牌;当施工地点距反方向进站信号机大于或等于 800 m 时,在反方向进站信号机处,设减速防护地段终端信号牌。

2. 在站内正线道岔上施工,当施工地点距进站信号机大于或等于 800 m 时,单线设立位置如第 20 图,双线设立位置如第 21 图。

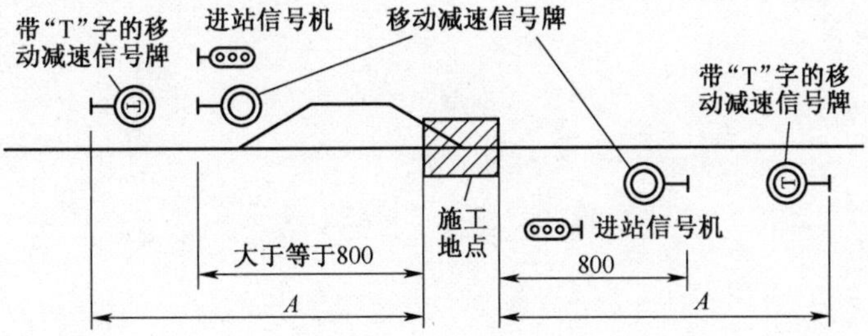

第 20 图(单位:m)

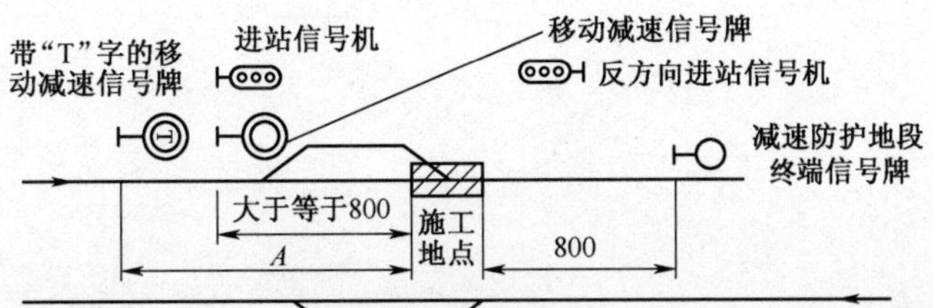

第 21 图(单位:m)

注：当施工地点距进站信号机不足 800 m 时，自施工地点起至 800 m 处区间线路列车运行方左侧，设移动减速信号牌防护；当施工地点距进站信号机大于或等于 A 时，不设置带"T"字的移动减速信号牌；当施工地点距反方向进站信号机不足 800 m 时，自施工地点起至 800 m 处区间线路列车运行方左侧，设减速防护地段终端信号牌；当施工地点距反方向进站信号机大于或等于 800 m 时，在反方向进站信号机处，设减速防护地段终端信号牌。

3. 在站线线路上施工，设立位置如第 22 图。

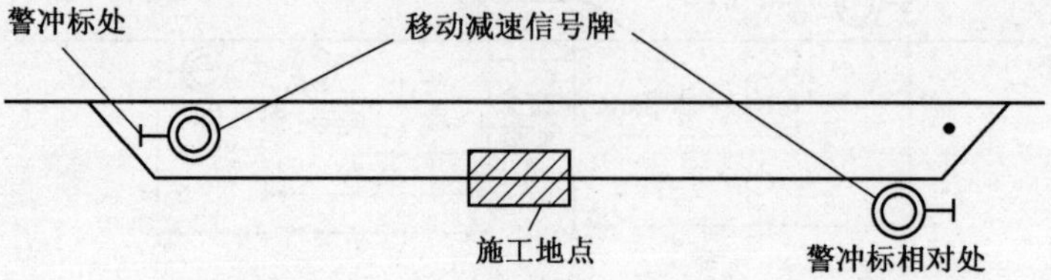

第 22 图

4. 在站线道岔上施工，该道岔中部线路旁，设置两面黄色的移动减速信号牌（灯），设立位置如第 23 图。

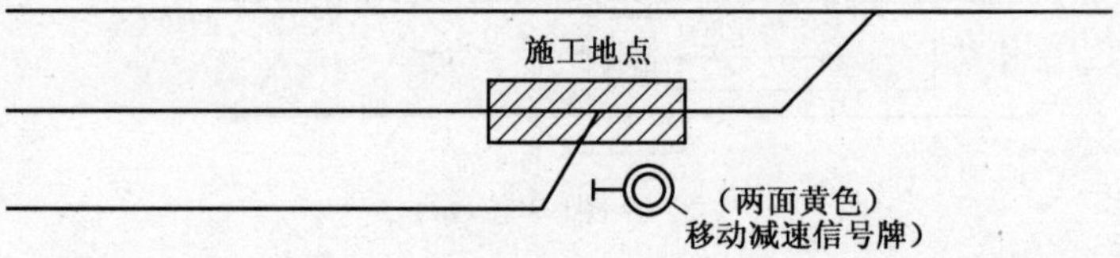

第 23 图

凡线间距离不足规定时，则应设置矮型（1 m 高）的移动减速信号牌。

在移动减速信号牌上，应注明规定的慢行速度。

附录二 《铁路技术管理规程（高速铁路部分）》摘录

第46条 道岔应铺设在直线上，正线道岔不得与竖曲线重叠。车站正线及到发进路上的道岔宜采用可动心轨道岔，道岔轨型应与正线和到发线的轨型相同。

钢轨伸缩调节器应铺设在直线上，避免与竖曲线重叠。

第47条 道岔辙叉号数选择应符合下列规定：

1. 正线道岔的直向通过速度不应小于路段设计行车速度。

2. 正线与到发线连接应采用18号道岔。两正线间的渡线应按功能需要选用18号及以上道岔。

3. 始发或终到车站以及改、扩建车站，在特别困难条件下，可采用12号道岔。

4. 正线与联络线连接的道岔辙叉号数应按联络线设计行车速度选用，并宜选用大号码道岔。

第48条 道岔应保持良好状态，道岔各零部件应齐全，作用良好，缺少时应及时补充。道岔出现伤损或病害时，应及时修理或更换。

第49条 联锁道岔应配备紧固、加锁装置，以备联锁失效时用以锁闭道岔。铁路局应制定联锁失效时防止扳动的办法。

紧固装置采用紧固器，加锁装置采用勾锁器。

第224条 引向安全线的道岔除使用、清扫、检查或修理时外，均须保持向安全线开通的位置。

第225条 道岔编号，从列车到达方向起顺序编号，上行为双号，下行为单号；尽头线上，向线路终点方向顺序编号。车站划分车场时，每个车场的道岔单独编号。一个车站的道岔不得有相同的编号。

第226条 股道编号，单线区段内的车站，从靠近站舍的线路起，向远离站舍方向顺序编号；双线区段内的车站，从正线起顺序编号，上行一侧为双号，下行一侧为单号；尽头式车站，向终点方向由左侧开始顺序编号，如站舍位于线路一侧时，从靠近站舍的线路起，向远离站舍方向顺序编号。一个车站（分车场时一个车场）的股道不准有相同的编号。

特大、大型客运车站，股道编号以主站房基本站台为基准，按顺序编号；划分多个车场时，各车场股道应按顺序连续编号，不按车场别单独编号。

第329条 施工作业防护（部分摘录）。

3. 在站内道岔上（含警冲标至道岔尾部线路、道岔间线路）施工时，使用移动停车信号防护，防护办法如下：

（1）在站内道岔上施工，一端距离施工地点50 m，另一端两条线路距离施工地点50 m（距出站信号机不足50 m时，为出站信号机处），分别在线路上设置移动停车信号牌（灯）防护，如第9图；如一端距离外方道岔小于50 m时，将有关道岔扳向不能通往施工地点的位置，并加锁或紧固。

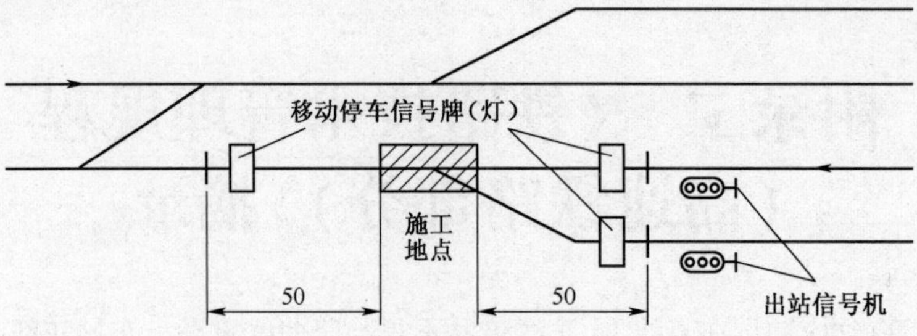

第9图(单位:m)

(2)在进站道岔上施工，对区间方向，以关闭的进站信号机防护；对车站方向，在距离施工地点50 m线路上，设置移动停车信号牌(灯)防护，如第10图。距邻近道岔不足50 m时，在邻近道岔基本轨接头处设置移动停车信号牌(灯)防护，将有关道岔扳向不能通往施工地点的位置，并加锁或紧固。

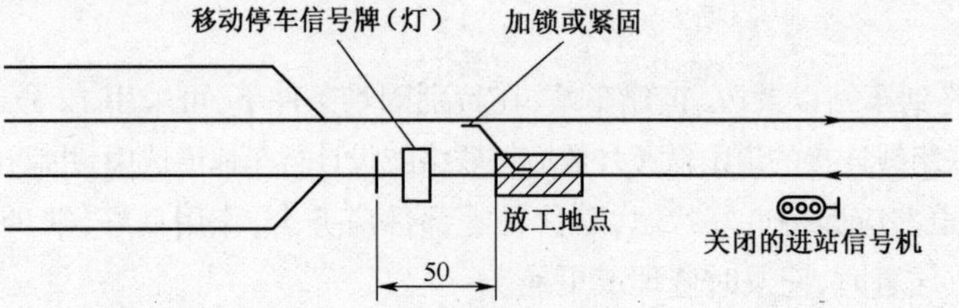

第10图(单位:m)

(3)在出站道岔上施工，对区间方向，以关闭的反方向进站信号机防护；对车站方向，在距离施工地段不少于50 m线路上，设置移动停车信号牌(灯)防护，如第11图。距邻近道岔不足50 m时，将有关道岔扳向不能通往施工地点的位置，并加锁或紧固。

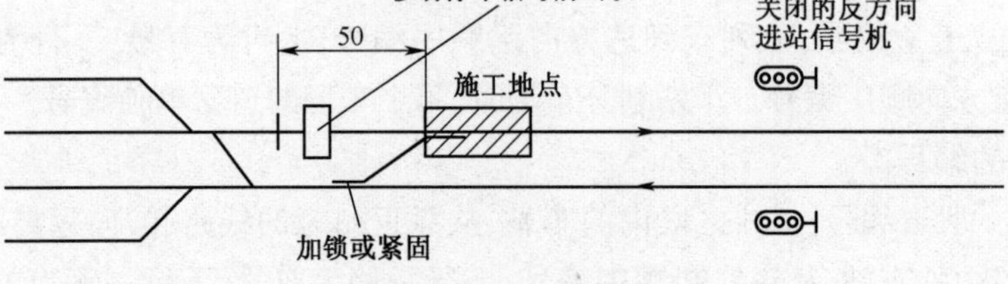

第11图(单位:m)

(4)在交分道岔上施工，将有关道岔扳向不能通往施工地点的位置，并加锁或紧固，在距离施工地点两端50 m处线路上，设置移动停车信号牌(灯)防护，如第12图。

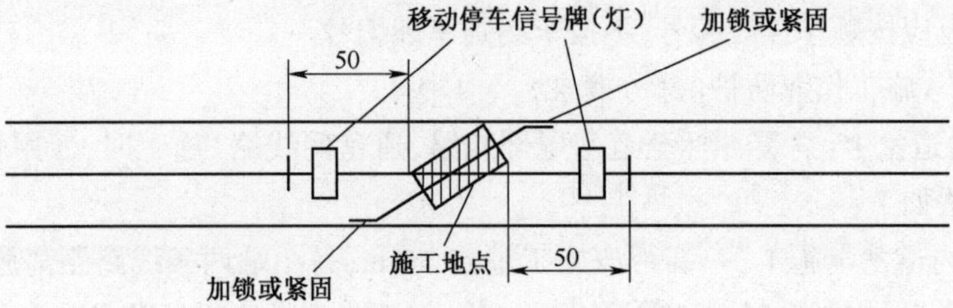

第12图(单位:m)

(5)在交叉渡线的一组道岔上施工,一端在菱形中轴相对处线路上,另一端在距离施工地点 50 m 处线路上,分别设置移动停车信号牌(灯)防护,将有关道岔扳向不能通往施工地点的位置,并加锁或紧固,如第 13 图。

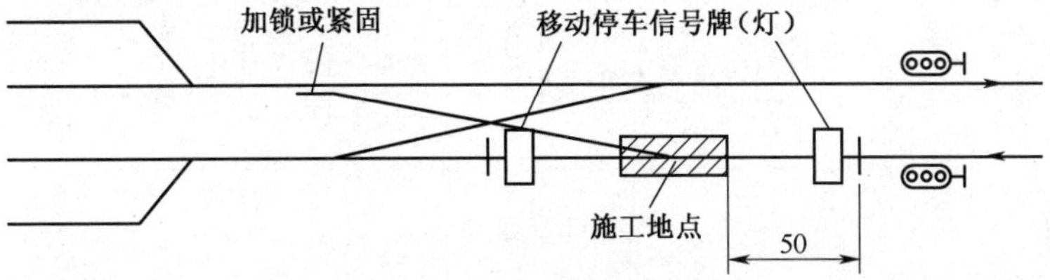

第 13 图(单位:m)

(6)在道岔上进行大型养护机械施工时,如延长移动停车信号牌(灯)防护距离后占用其他道岔时,对相关道岔应一并防护。

5. 仅运行动车组列车的站内线路或道岔不设置移动减速信号防护。在其余站内线路或道岔上,使用带"T"字和"减速"字的移动减速信号的防护办法如下:

(1)在站内正线线路上施工,当施工地点距进站信号机大于或等于 800 m 时,单线设立位置如第 18 图,双线设立位置如第 19 图。

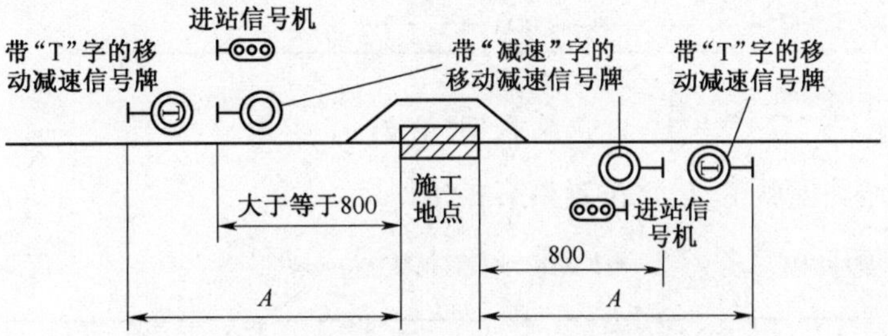

第 18 图(单位:m)

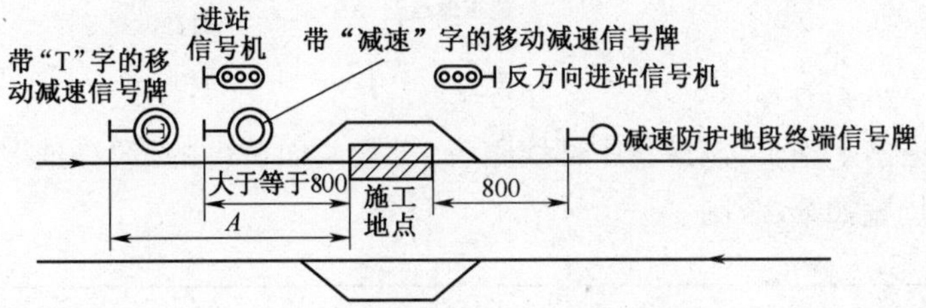

第 19 图(单位:m)

注:当施工地点距进站信号机不足 800 m 时,自施工地点起至 800 m 处区间线路列车运行方左侧,设移动减速信号牌防护;当施工地点距进站信号机大于或等于 A 时,不设置带"T"字的移动减速信号牌,A 取 1 400 m;当施工地点距反方向进站信号机不足 800 m 时,自施工地点起至 800 m 处区间线路列车运行方左侧,设减速防护地段终端信号牌;当施工地点距反方向进站信号机大于或等于 800 m 时,在反方向进站信号机处,设减速防护地段终端信号牌。

(2)在站内正线道岔上施工,当施工地点距进站信号机大于或等于 800 m 时,单线设立位置如第 20 图,双线设立位置如第 21 图。

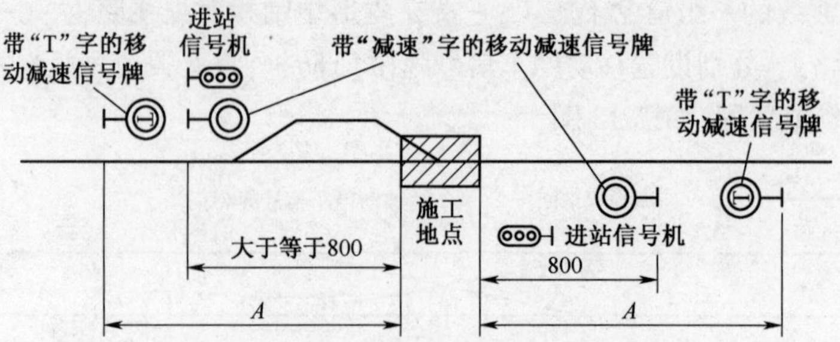

第 20 图(单位:m)

注:当施工地点距进站信号机不足 800 m 时,自施工地点起至 800 m 处区间线路列车运行方左侧,设移动减速信号牌防护;当施工地点距进站信号机大于或等于 A 时,不设置带"T"字的移动减速信号牌;当施工地点距反方向进站信号机不足 800 m 时,自施工地点起至 800 m 处区间线路列车运行方左侧,设减速防护地段终端信号牌;当施工地点距反方向进站信号机大于或等于 800 m 时,在反方向进站信号机处,设减速防护地段终端信号牌。

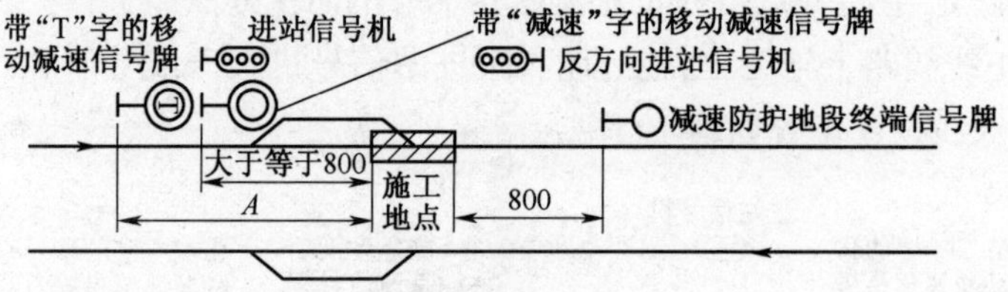

第 21 图(单位:m)

(3)在站线线路上施工,设立位置如第 22 图。

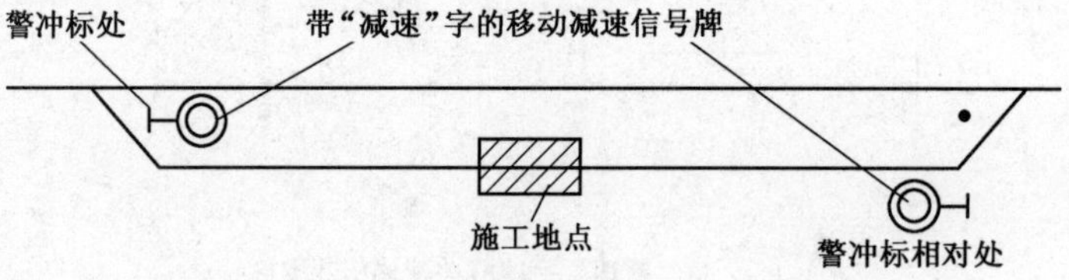

第 22 图

(4)在站线道岔上施工,该道岔中部线路旁,设置两面黄色的带"减速"字的移动减速信号牌(灯),设立位置如第 23 图。

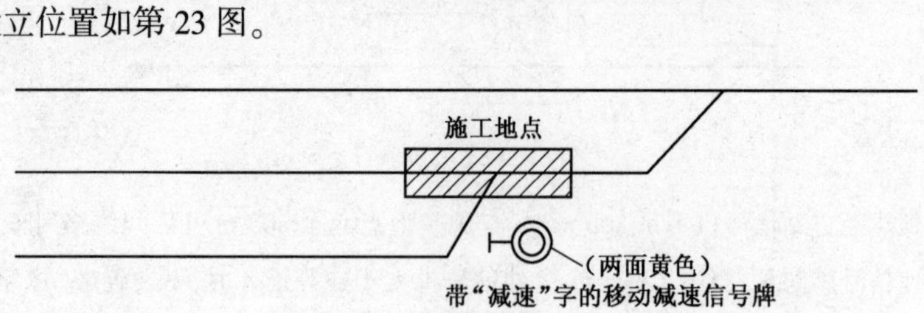

第 23 图

凡线间距离不足规定时,应设置矮型(1 m 高)的移动减速信号牌。

附录三　铁路道岔和交叉名词术语

(部分摘录自 TB/T 1353—79)

一、一般名词术语

附表 3—1　一般名词术语

编号	名词术语	说　明	编号	名词术语	说　明
201	道岔主线	单开道岔和三开道岔中的直线,其他道岔中主要方向的轨道(见附图 3—1)	215	辙叉趾端	辙叉(不包括钝角辙叉)与导轨相连接的一端(见附图 3—1)
202	道岔侧线	道岔中从道岔主线分支出来的轨道(见附图 3—1)	216	辙叉跟端	辙叉(不包括钝角辙叉)心轨伸出的一端(见附图 3—1)
203	导 曲 线	道岔中连接转辙器和辙叉的曲线轨道(见附图 3—1)	217	道岔基线	单开道岔指道岔主线中心线,对称道岔指对称轴线,其他道岔指道岔中作为基准的直线
204	道岔中心	辙叉跟端轨道中心线(中心线是曲线时,为其切线)与道岔始端轨道中心线的交点(见附图 3—1)	218	道岔全长	道岔始端至道岔终端在道岔基线上的投影长度(见附图 3—2)
205	辙 叉 角	辙叉跟端心轨两工作边(工作边是曲线时,为其切线)的交角	219	道岔理论导程	尖轨理论尖端至辙叉心轨理论尖端在道岔基线上的投影长度(见附图 3—2)
206	辙叉号数	以辙叉角余切表示的数值 $N=\cot\alpha$,α 为辙叉角	220	道岔前部理论长度	尖轨理论尖端至道岔中心在道岔基线上的投影长度(见附图 3—2)
207	道岔号数	以辙叉号数表示	221	道岔后部理论长度	道岔中心至辙叉心轨理论尖端在道岔基线上的投影长度(见附图 3—2)
208	道岔始端	尖轨尖端前的基本轨端轨缝中心(见附图 3—1)	222	道岔前部实际长度	道岔始端至道岔中心在道岔基线上的投影长度(见附图 3—2)
209	道岔终端	离道岔始端最远的辙叉跟端轨缝中心(见附图 3—1)	223	道岔后部实际长度	道岔中心至道岔终端在道岔基线上的投影长度(见附图 3—2)
210	尖轨理论尖端	一般指尖轨工作边的延长线与基本轨工作边的交点	224	尖轨长度	尖轨尖端至尖轨跟端的工作边长度
211	尖轨尖端	尖轨削尖的最前端(见附图 3—1)	225	尖轨尖端前基本轨长度	尖轨尖端前的基本轨在道岔基线上的投影长度(见附图 3—2)
212	尖轨跟端	尖轨与导轨相连接的一端(见附图 3—1)	226	辙叉趾长	辙叉心轨理论尖端至辙叉趾端的工作边长度(见附图 3—2)
213	辙叉心轨理论尖端	辙叉心轨两工作边延长线的交点(见附图 3—4)	227	辙叉跟长	辙叉心轨理论尖端至辙叉跟端的工作边长度(见附图 3—2)
214	辙叉心轨尖端	辙叉心轨的实际尖端(见附图 3—4)	228	辙叉趾宽	辙叉趾端两翼轨工作边之间的距离(见附图 3—4)

续上表

编号	名词术语	说　明	编号	名词术语	说　明
229	辙叉跟宽	辙叉跟端两心轨工作边之间的距离(见附图 3—4)	234	转 辙 角	道岔开通侧线时,侧线尖轨跟端工作边(工作边是曲线时,为其切线)和主线基本轨工作边的交角
230	动　程	尖轨或可动心轨在道岔拉杆中心位置上的扳动距离	235	冲 击 角	行驶中的车轮撞击钢轨的角度
231	护轨与心轨的查照间隔	辙叉心轨工作边至护轨工作边之间的距离	236	辙叉咽喉	两翼轨工作边相距最近处(见附图 3—4)
232	护背距离	翼轨(在钝角辙叉中为护轨)工作边至护轨(三开道岔中为翼轨)工作边之间为保证最小轮背距轮对通过的距离	237	轮 缘 槽	两根靠近的钢轨(或钢轨制件)之间专供轮缘通过的通路
233	有害空间	在道岔与交叉中,钢轨工作边中断的区段(见附图 3—4)			

二、转辙器与辙叉

附表 3—2　转辙器与辙叉

编号	名词术语	说　明	编号	名词术语	说　明
301	转 辙 器	在道岔中,引导车轮从一线进入它线的设备		合金钢组合辙叉	心轨采用合金钢钢锻造,翼轨和叉跟轨采用轧制钢轨制造,采用螺栓将各部件联结为整体(见附图 3—6)
302	可弯式尖轨转辙器	尖轨跟端固定,利用尖轨弹性改变位置的转辙器	306	钢轨组合辙叉	用钢轨及其他零件加工组成的辙叉
303	间隔铁式尖轨转辙器	尖轨跟端用辙跟接头夹板、间隔铁等形成活接头,尖轨跟端可以摆动的转辙器	307	可动心轨辙叉	心轨可动的辙叉(见附图 3—7)
304	辙　叉	轨线平面交叉的设备	308	钝角辙叉	设在交叉(包括交分道岔)中菱形钝角位置上的辙叉
305	高锰钢整铸辙叉	用高锰钢浇铸成的整体辙叉	309	锐角辙叉	设在交叉中菱形锐角位置上的辙叉
	高锰钢组合辙叉	心轨采用高锰钢铸造,翼轨和叉跟轨采用轧制钢轨制造,采用螺栓将各部件联结为整体(见附图 3—5)	310	曲线辙叉	两工作边一条或两条为曲线的辙叉
				直线辙叉	两工作边均为直线的辙叉

三、钢轨制件

附表 3—3　钢轨制件

编号	名词术语	说　明	编号	名词术语	说　明
401	基 本 轨	在道岔中接触尖轨和靠近护轨的钢轨;钝角辙叉中弯折的钢轨(见附图 3—3)	402	尖　轨	转辙器中经过刨切的可动钢轨(见附图 3—3)

续上表

编号	名词术语	说　　明
403	特种断面尖轨	用特种断面钢轨制造的尖轨
404	固定辙叉翼轨	辙叉中(钝角辙叉除外)两侧弯曲成翼状的钢轨(见附图 3—3)
405	固定辙叉心轨	辙叉中带有尖端的钢轨,钢轨组合辙叉的心轨是由长、短心轨组成(见附图 3—3),合金钢组合辙叉心轨由叉心和叉跟轨组成
406	可动心轨辙叉心轨	(见附图 3—7 和附图 3—8)
407	单肢弹性可弯心轨	可动心轨中,一侧心轨中断,和叉跟尖轨连接。一般用在 18 号及以下可动心轨辙叉中(见附图 3—7)
408	双肢弹性可弯心轨	可动心轨中,两侧心轨均连续,不设置叉跟尖轨,一般用在 42 号和 62 号道岔可动心轨辙叉中(见附图 3—8)
409	可动心轨辙叉翼轨	(见附图 3—7 和附图 3—8)
410	长 心 轨	(见附图 3—7 和附图 3—8)
411	短 心 轨	(见附图 3—7 和附图 3—8)
	叉跟尖轨	(见附图 3—7 和附图 3—8)

四、零　　件

附表 3—4　零　　件

编号	名词术语	说　　明
501	道岔拉杆	转辙器或可动心轨辙叉中与转辙设备相连接的杆件
502	道岔连接杆	转辙器中连接两根尖轨的杆件,可动心轨钝角辙叉中连接两根可动心轨的杆件
503	间 隔 铁	夹在两钢轨之间为保持其固定间隔的零件
504	尖轨补强板	为增强尖轨断面的刚度,在轨腰两侧嵌补的钢板
505	滑 床 板	承垫基本轨并供尖轨滑动或承垫翼轨并供可动心轨滑动的垫板

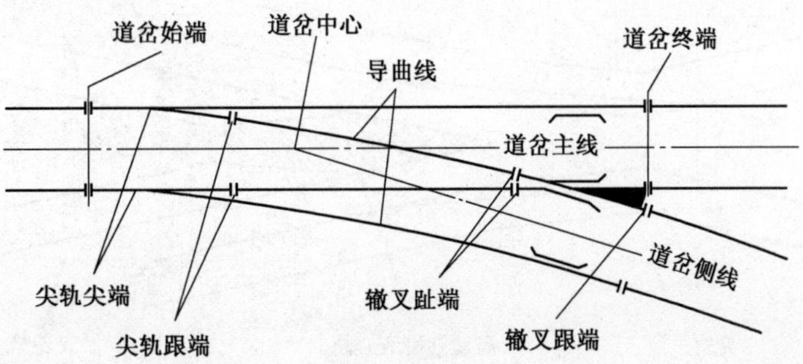

附图 3—1

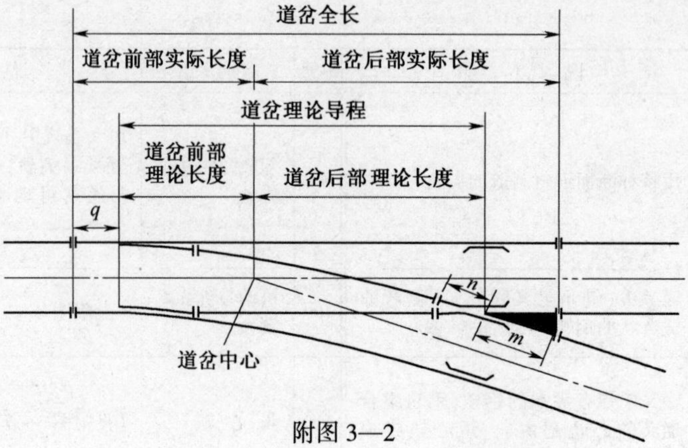

附图 3—2

h—辙叉趾长；m—辙叉跟长；q—尖轨尖端前基本轨长度

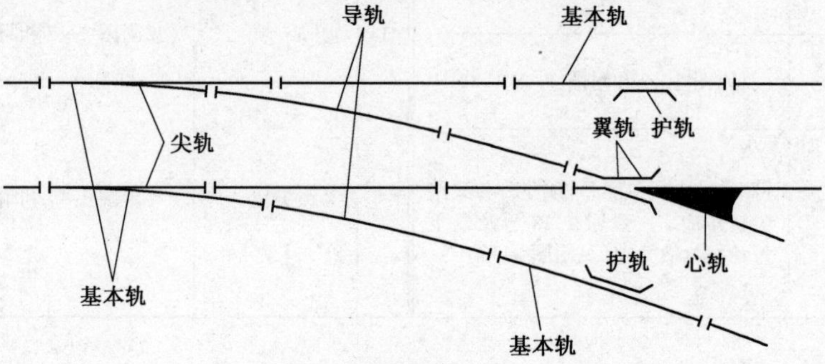

附图 3—3

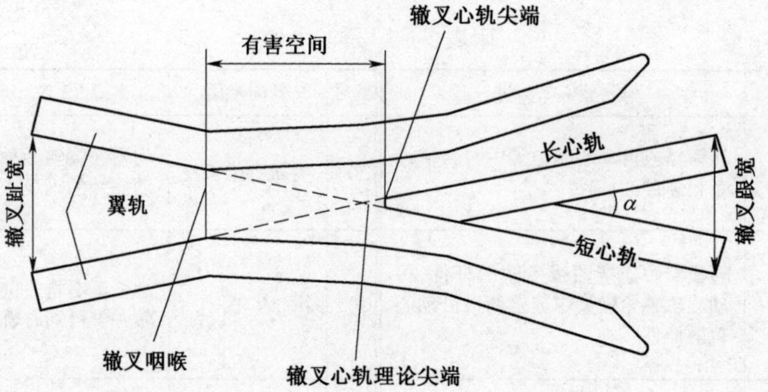

附图 3—4

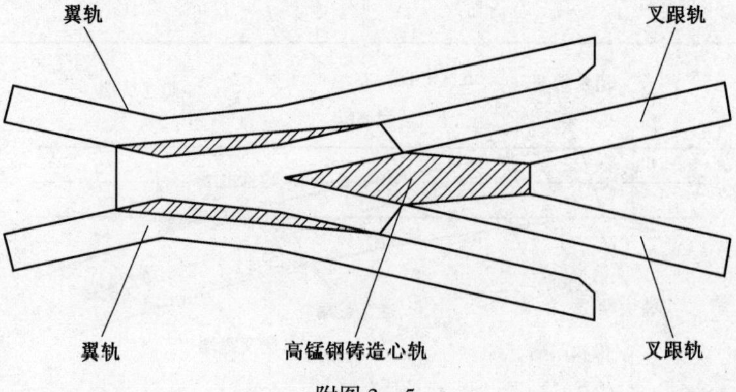

附图 3—5

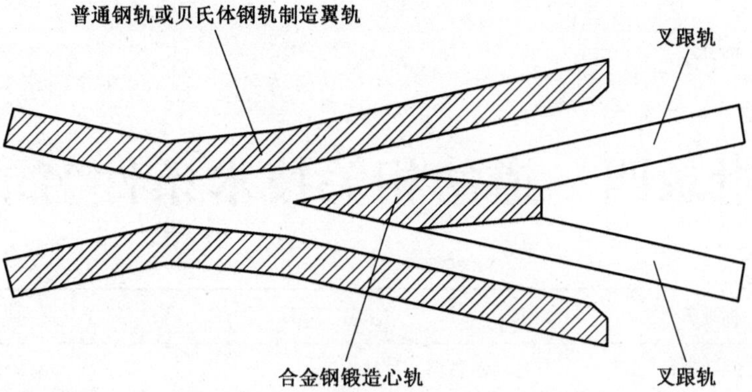

附图 3—6

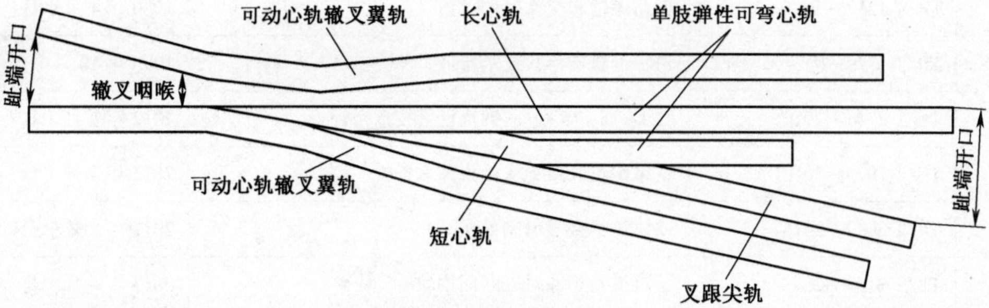

附图 3—7

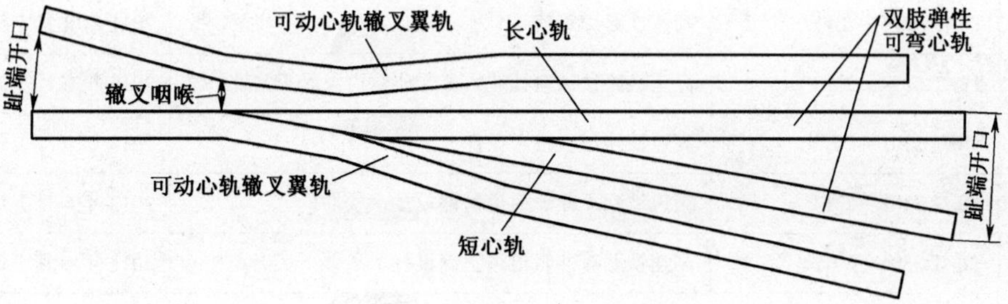

附图 3—8

附录四　道岔相关技术条件名录

序号	标准编号	名　　称	执行日期
1	TB/T 412—2014	标准轨距铁路道岔技术条件	2015 年 1 月 1 日
2	TB/T 447—2004	高锰钢辙叉技术条件	2004 年 10 月 23 日
3	TB/T 1353—79	铁路道岔和交叉名词术语	1980 年 4 月 1 日
4	TB/T 1779—93	道岔钢轨件淬火技术条件	1993 年 10 月 1 日
5	TB/T 2344—2012	43 kg/m~75 kg/m 钢轨订货技术条件	2012 年 7 月 1 日
6	TB/T 2975—2010	铁路钢轨胶接绝缘接头技术条件	2011 年 4 月 1 日
7	TB/T 3042—2016	铁路道岔型号编制方法	2017 年 2 月 16 日
8	TB/T 3109—2013	铁路道岔用非对称断面钢轨	2013 年 6 月 1 日
9	TB/T 3171—2007	铁路道岔号数系列	2007 年 8 月 13 日
10	TB/T 3276—2011	高速铁路用钢轨	2011 年 8 月 1 日
11	TB/T 3297—2013	高速铁路岔区轨枕埋入式无砟轨道混凝土岔枕	2013 年 6 月 1 日
12	TB/T 3301—2013	高速铁路道岔技术条件	2013 年 6 月 1 日
13	TB/T 3302—2013	高速铁路无砟轨道道岔铺设技术条件	2013 年 6 月 1 日
14	TB/T 3306—2013	高速铁路有砟轨道道岔铺设技术条件	2013 年 6 月 1 日
15	TB/T 3307—2014	高速铁路道岔制造技术条件	2015 年 1 月 1 日
16	TB/T 3080—2014	有砟轨道混凝土岔枕	2015 年 5 月 1 日
17	TB/T 3467—2016	合金钢组合辙叉	2017 年 7 月 1 日
18	TB/T 3110—2005	33 kg/m 护轨用槽型钢	2005 年 7 月 1 日
19	TB/T 2477—2006	铁路道岔的容许通过速度	2006 年 5 月 1 日
20	GB/T 50262—2013	铁路工程基本术语标准	2014 年 7 月 1 日
21	TB/T 2347—93	钢轨用高强度接头螺栓与螺母	1993 年 10 月 1 日
22	TB/T 2345—2008	43 kg/m~75 kg/m 钢轨接头夹板订货技术条件	2008 年 12 月 1 日
23	TB/T 3172—2007	防腐木枕	

附录五　道岔总布置图

一、普速单开道岔

附表 5—1　普速单开道岔

图　号	道岔图名	道岔图号	岔枕图号	备　注
附图 5—2—1	50 kg/m 钢轨 9 号单开道岔	CZ2209	CZ2209Z	“92”改进型
附图 5—2—2	50 kg/m 钢轨 12 号单开道岔	专线 4257	专线(01)3423	
附图 5—2—3	50 kg/m 钢轨 18 号单开道岔	专线(01)4275	专线(03)3425	
附图 5—2—4	60 kg/m 钢轨 9 号单开道岔	CZ577	CZ577Z	“92”改进型
附图 5—2—5	60 kg/m 钢轨 9 号单开道岔	SC402	SC402—500	
附图 5—2—6	60 kg/m 钢轨 12 号单开道岔	SC330	SC330—500	“92”改进型，固定型辙叉 v=120 km/h
附图 5—2—7	60 kg/m 钢轨 12 号单开道岔	专线 4249	专线 3399	固定型辙叉 v=160 km/h
附图 5—2—8	60 kg/m 钢轨 12 号单开道岔	GLC(08)01	GLC(06)01-300	可动心轨辙叉、有砟道岔
附图 5—2—9	60 kg/m 钢轨 18 号单开道岔	专线 4223	专线 3386	可动心轨辙叉、有砟道岔 v=160 km/h
附图 5—2—10	60 kg/m 钢轨 18 号单开道岔	GLC(07)02 GLC(07)02(w)	GLC(07)02—300 研线 1006	适用于客运专线站线；可动心轨辙叉、有砟（无砟）道岔、v=200 km/h
附图 5—2—11	60 kg/m 钢轨 18 号单开道岔	GLC(07)03 GLC(07)03(w)	GLC(07)03—300 GLC(07)03(w)—300	限于大修和困难条件时客专站线；可动心轨辙叉、有砟(无砟)道岔、v=160 km/h
附图 5—2—12	60 kg/m 钢轨 18 号单开道岔	GLC(09)04	GLC(07)04—300	限于大修使用；有砟道岔、v=200 km/h
附图 5—2—13	60 kg/m 钢轨 18 号单开道岔	GLC(09)05	GLC(09)05—300	适用于客运专线中间站站线；有砟道岔、v=120 km/h

二、高速单开道岔

附表 5—2　高速单开道岔

图　号	道岔图名	道岔图号	岔枕图号	备　注
附图 5—3—1	60 kg/m 钢轨 12 号单开道岔	客专线(10)017	客专线(10)019—I	可动心轨辙叉、无砟道岔 v=250 km/h(适用于 5 m 渡线)
附图 5—3—2	60 kg/m 钢轨 12 号单开道岔	客专线(10)018	客专线(10)020	可动心轨辙叉、有砟道岔 v=250 km/h(适用于 5 m 渡线)

续上表

图　　号	道岔图名	道岔图号	岔枕图号	备　　注
附图 5—3—3	60 kg/m 钢轨 18 号单开道岔	客专线(07)001	客专线(07)002	可动心轨辙叉、无砟道岔 v=250 km/h
		客专线(07)009		可动心轨辙叉、无砟道岔 v=350 km/h
附图 5—3—4	60 kg/m 钢轨 18 号单开道岔	客专线(07)004	客专线(07)005	可动心轨辙叉、有砟道岔 v=250 km/h
		客专线(08)016		可动心轨辙叉、有砟道岔 v=350 km/h
附图 5—3—5	60 kg/m 钢轨 18 号单开道岔	CN—6118AB	研线 1317	可动心轨辙叉、有砟道岔 v=250 km/h
附图 5—3—6	60 kg/m 钢轨 18 号单开道岔	CN—6118AS	—	可动心轨辙叉、无砟道岔 v=350 km/h
附图 5—3—7	60 kg/m 钢轨 18 号单开道岔	CN—6118AT	研线 1506	可动心轨辙叉、有砟道岔 v=350 km/h
附图 5—3—8	60 kg/m 钢轨 42 号单开道岔	客专线(07)006	客专线 07)007	可动心轨辙叉、无砟道岔 v=350 km/h
附图 5—3—9	60 kg/m 钢轨 42 号单开道岔	客专线(07)011	客专线(07)012	可动心轨辙叉、有砟道岔 v=350 km/h
附图 5—3—10	60 kg/m 钢轨 42 号单开道岔	CN—6142AS	—	可动心轨辙叉、无砟道岔 v=350 km/h
		CN—6142AT	研线 1318	可动心轨辙叉、有砟道岔 v=350 km/h

三、复式交分道岔

附表 5—3　复式交分道岔

图　　号	道岔图名	道岔图号	岔枕图号	备　　注
附图 5—5—1	50 kg/m 钢轨 9 号复式交分道岔	CZ2214	CZ2214Z	
附图 5—5—2	50 kg/m 钢轨 12 号复式交分道岔	CZ2220	CZ2220Z	
附图 5—5—3	60 kg/m 钢轨 9 号复式交分道岔	CZ2504	CZ2504Z	
附图 5—5—4	60 kg/m 钢轨 12 号复式交分道岔	SC350	SC350—500	

四、交叉渡线及菱形交叉

附表 5—4　交叉渡线及菱形交叉

图　　号	道岔图名	道岔图号	岔枕图号	备　　注
附图 5—6—1	50 kg/m 钢轨 9 号道岔 5.0 m 间距交叉渡线	叁标线 7091	木岔枕	“75”型
附图 5—6—2	50 kg/m 钢轨 12 号道岔 5.0 m 间距交叉渡线	叁标线 7404	木岔枕	“75”型
附图 5—6—3	50 kg/m 钢轨 9 号道岔 5.0 m 间距交叉渡线	专线 7512	木岔枕	“92”型
附图 5—6—4	50 kg/m 钢轨 9 号道岔 5.3 m 间距交叉渡线	专线 7520	木岔枕	“92”型

续上表

图　号	道岔图名	道岔图号	岔枕图号	备　注
附图 5—6—5	50 kg/m 钢轨 9 号道岔 5.5 m 间距交叉渡线	专线 7535	木岔枕	"92"型
附图 5—6—6	50 kg/m 钢轨 9 号道岔 6.5 m 间距交叉渡线	专线 7526	木岔枕	"92"型
附图 5—6—7	50 kg/m 钢轨 9 号道岔 5.0 m 间距交叉渡线	CZ2210	CZ2210Z	"92"改进型
附图 5—6—8	50 kg/m 钢轨 9 号道岔 5.3 m 间距交叉渡线	CZ2211	CZ2211Z	"92"改进型
附图 5—6—9	50 kg/m 钢轨 9 号道岔 5.5 m 间距交叉渡线	CZ2212	CZ2212Z	"92"改进型
附图 5—6—10	50 kg/m 钢轨 9 号道岔 6.5 m 间距交叉渡线	CZ2213	CZ2213Z	"92"改进型
附图 5—6—11	50 kg/m 钢轨 12 号道岔 5.0 m 间距交叉渡线	专线 7516	木岔枕	"92"型
附图 5—6—12	50 kg/m 钢轨 12 号道岔 5.3 m 间距交叉渡线	专线 7523	木岔枕	"92"型
附图 5—6—13	50 kg/m 钢轨 12 号道岔 5.5 m 间距交叉渡线	专线 7532	木岔枕	"92"型
附图 5—6—14	50 kg/m 钢轨 12 号道岔 6.5 m 间距交叉渡线	专线 7528	木岔枕	"92"型
附图 5—6—15	50 kg/m 钢轨 12 号道岔 5 m 间距交叉渡线	专线(01)7659	专线 01)3424	提速道岔
附图 5—6—16	50 kg/m 钢轨 12 号道岔 5.3 m 间距交叉渡线	专线(02)7660	专线(03)3433	提速道岔
附图 5—6—17	50 kg/m 钢轨 12 号道岔 5.5 m 间距交叉渡线	专线(02)7661	专线(03)3434	提速道岔
附图 5—6—18	50 kg/m 钢轨 12 号道岔 6.5 m 间距交叉渡线	专线(02)7662	专线(03)3435	提速道岔
附图 5—6—19	60 kg/m 钢轨 9 号道岔 5 m 间距交叉渡线	专线 7578	木岔枕	"92"型
附图 5—6—20	60 kg/m 钢轨 9 号道岔 5.3 m 间距交叉渡线	专线 7583	木岔枕	"92"型
附图 5—6—21	60 kg/m 钢轨 9 号道岔 5.5 m 间距交叉渡线	专线 7587	木岔枕	"92"型
附图 5—6—22	60 kg/m 钢轨 9 号道岔 6.5 m 间距交叉渡线	专线 7591	木岔枕	"92"型
附图 5—6—23	60 kg/m 钢轨 9 号道岔 5 m 间距交叉渡线	CZ580	CZ580Z	"92"改进型
附图 5—6—24	60 kg/m 钢轨 9 号道岔 5.3 m 间距交叉渡线	CZ581	CZ581Z	"92"改进型
附图 5—6—25	60 kg/m 钢轨 9 号道岔 5.5 m 间距交叉渡线	CZ582	CZ582Z	"92"改进型
附图 5—6—26	60 kg/m 钢轨 9 号道岔 6.5 m 间距交叉渡线	CZ583	CZ583Z	"92"改进型
附图 5—6—27	60 kg/m 钢轨 12 号道岔 5 m 间距交叉渡线	专线 7562	木岔枕	"92"型
附图 5—6—28	60 kg/m 钢轨 12 号道岔 5.3 m 间距交叉渡线	专线 7567	木岔枕	"92"型
附图 5—6—29	60 kg/m 钢轨 12 号道岔 5.5 m 间距交叉渡线	专线 7571	木岔枕	"92"型
附图 5—6—30	60 kg/m 钢轨 12 号道岔 6.5 m 间距交叉渡线	专线 7575	木岔枕	"92"型
附图 5—6—31	60 kg/m 钢轨 12 号道岔 5 m 间距交叉渡线	SC340	SC340—500	
附图 5—6—32	60 kg/m 钢轨 12 号道岔 5.3 m 间距交叉渡线	SC341	SC341—500	
附图 5—6—33	60 kg/m 钢轨 12 号道岔 5.5 m 间距交叉渡线	SC342	SC342—500	
附图 5—6—34	60 kg/m 钢轨 12 号道岔 6.5 m 间距交叉渡线	SC343	SC343—500	
附图 5—6—35	60 kg/m 钢轨 12 号道岔 5 m 间距交叉渡线	专线 7623	专线 3402	提速道岔
附图 5—6—36	60 kg/m 钢轨 12 号道岔 5.3 m 间距交叉渡线	专线 7628	专线 3409	提速道岔
附图 5—6—37	60 kg/m 钢轨 12 号道岔 5.5 m 间距交叉渡线	专线 7632	专线(01)3411	提速道岔
附图 5—6—38	60 kg/m 钢轨 12 号道岔 6.5 m 间距交叉渡线	专线 7636	专线(01)3413	提速道岔
附图 5—6—39	50 kg/m 钢轨 4.5 号菱形交叉	专线 7530	木岔枕	
附图 5—6—40	50 kg/m 钢轨 6 号菱形交叉	专线 7531	木岔枕	
附图 5—6—41	60 kg/m 钢轨 4.5 号菱形交叉	专线 7506	木岔枕	
附图 5—6—42	60 kg/m 钢轨 6 号菱形交叉	专线 7507	木岔枕	

五、其他道岔及铁鞋脱落器

附表 5—5 其他道岔及铁鞋脱落器

图 号	道 岔 图 名	道岔图号	岔枕图号	备注
附图 5—7—1	50 kg/m 钢轨 6 号对称道岔	专线 5816	木岔枕	
附图 5—7—2	50 kg/m 钢轨 6.5 号对称道岔	专线 5819	木岔枕	
附图 5—7—3	50 kg/m 钢轨 9 号对称道岔	专线 5812	木岔枕	
附图 5—7—4	50AT1 7 号对称三开道岔	专线(90)8668	木岔枕	
附图 5—7—5	50 kg/m 钢轨铁鞋脱落器	专线 8665		
附图 5—7—6	50 kg/m 钢轨 9 号 5 m 间距一渡一交组合道岔	叁站(90)8065—2111		
附图 5—7—7	50 kg/m 钢轨 12 号 5 m 间距一渡一交组合道岔	叁站(90)8065—2211		
附图 5—7—8	60 kg/m 钢轨 9 号 5 m 间距一渡一交组合道岔	叁站 8080—3		
附图 5—7—9	60 kg/m 钢轨 12 号 5 m 间距一渡一交组合道岔	叁站 8080—23		

六、钢轨伸缩调节器

附表 5—6 钢轨伸缩调节器

图 号	图 名	图 号	备注
附图 5—8—1	客货共线铁路有砟轨道单向钢轨伸缩调节器	研线 TF9912(09)	
附图 5—8—2	客货共线铁路有砟轨道双向钢轨伸缩调节器	研线 TF9922(10)	
附图 5—8—3	客货共线铁路无砟轨道单向钢轨伸缩调节器	研线 TF9919	
附图 5—8—4	客货共线铁路木枕明桥面单向钢轨伸缩调节器	研线 0618(09)	
附图 5—8—5	时速 250 公里客运专线(兼顾货运)有砟轨道单向钢轨伸缩调节器	研线 0726	
附图 5—8—6	时速 250 公里客运专线(兼顾货运)有砟轨道双向钢轨伸缩调节器	研线 0727	
附图 5—8—7	时速 350 公里客运专线无砟轨道单向钢轨伸缩调节器	研线 0706—1	
附图 5—8—8	时速 350 公里客运专线无砟轨道双向钢轨伸缩调节器	研线 0706—3	

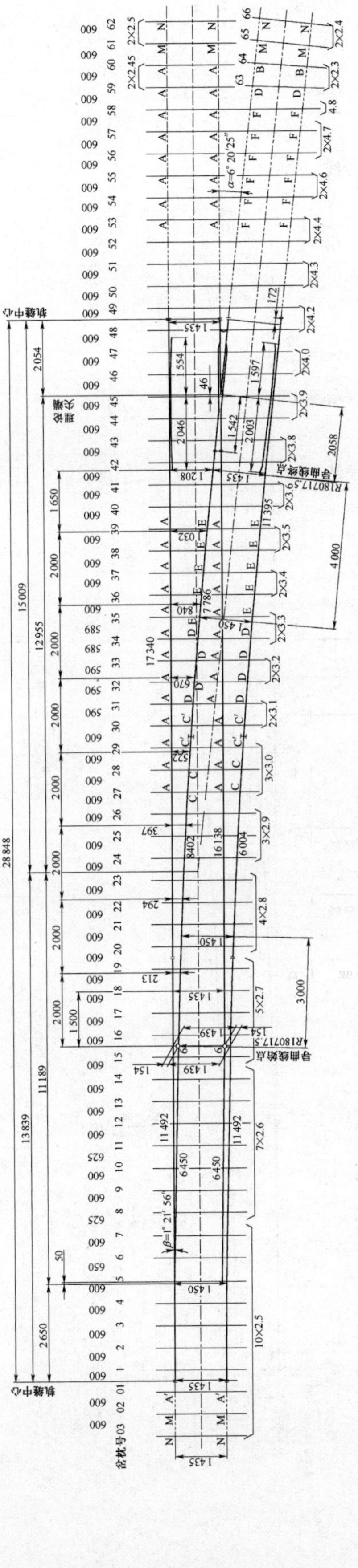

附图 5—2—1

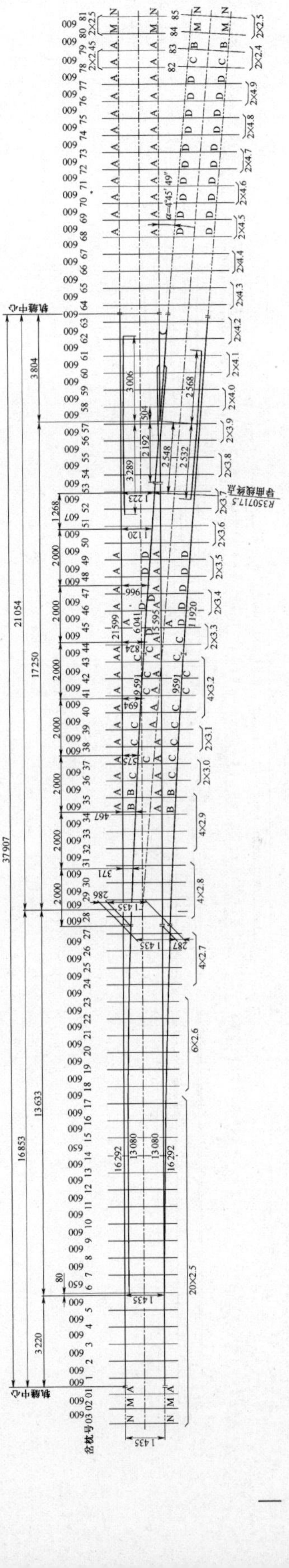

附图 5—2—2

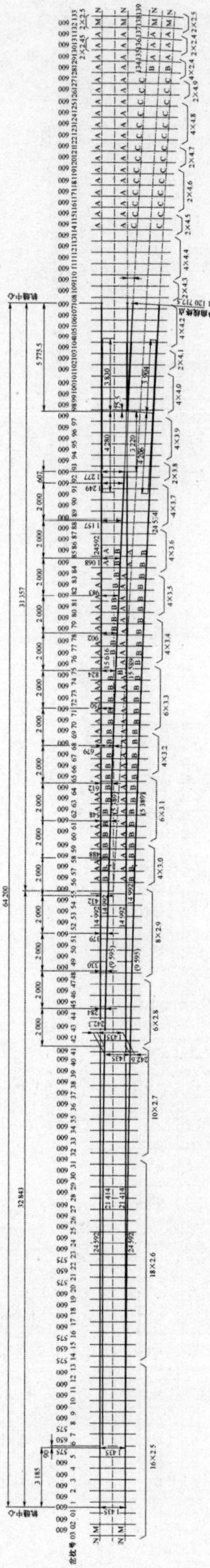

附图 5—2—3

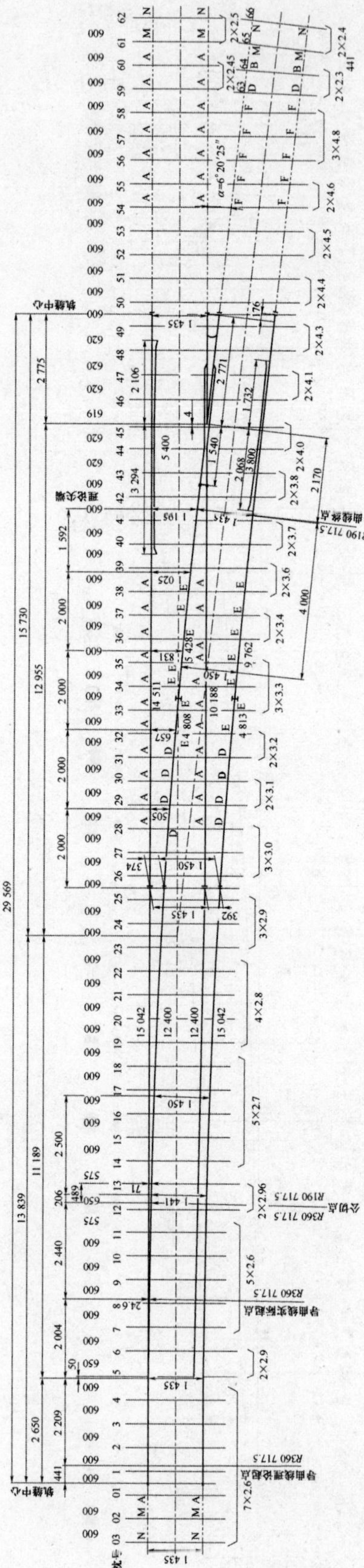

附图 5—2—4

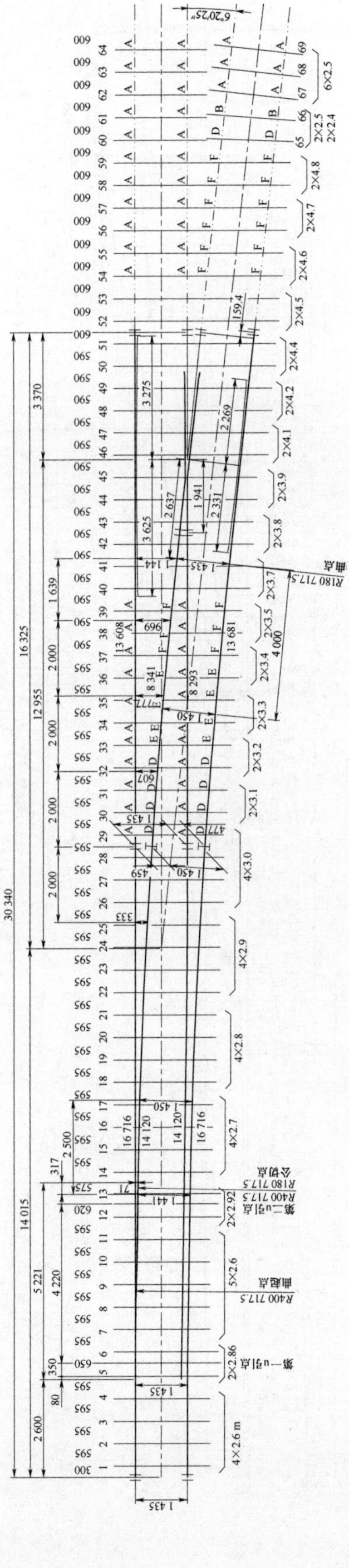

附图 5—2—5

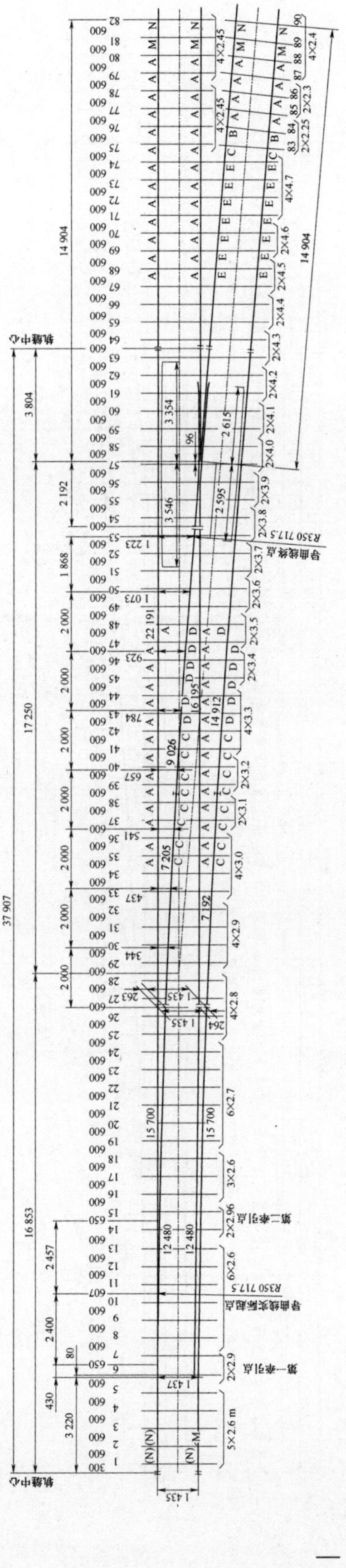

附图 5—2—6

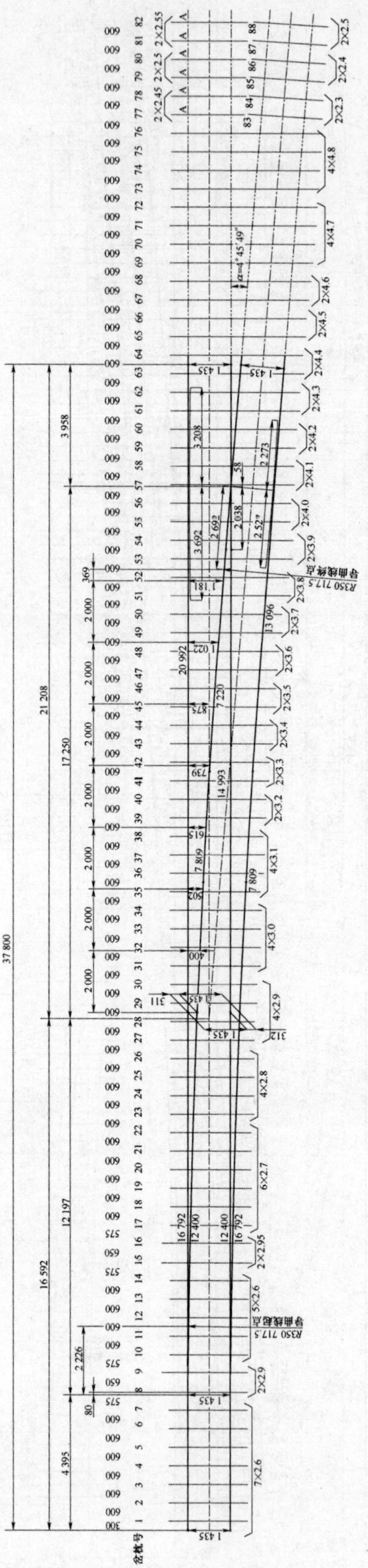

附图 5—2—7

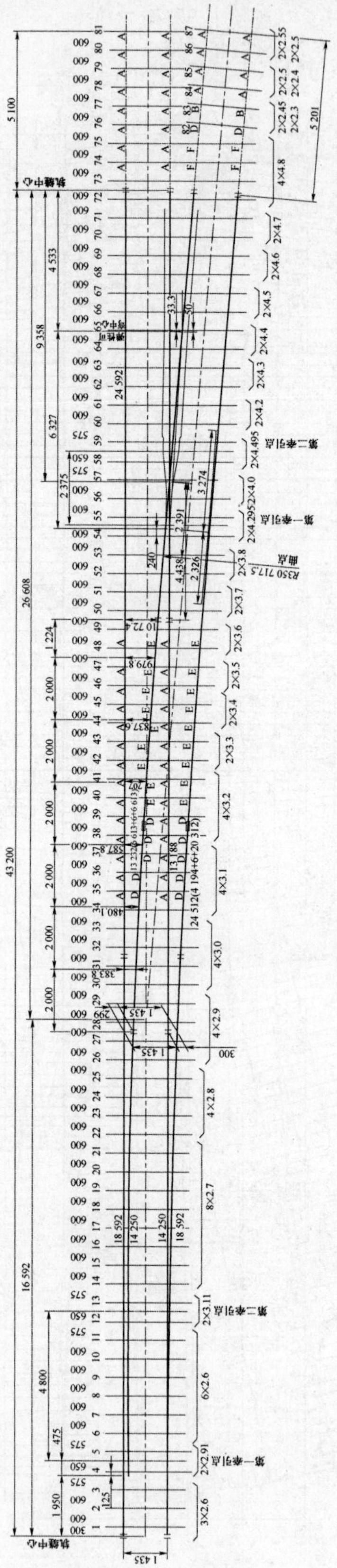

附图 5—2—8

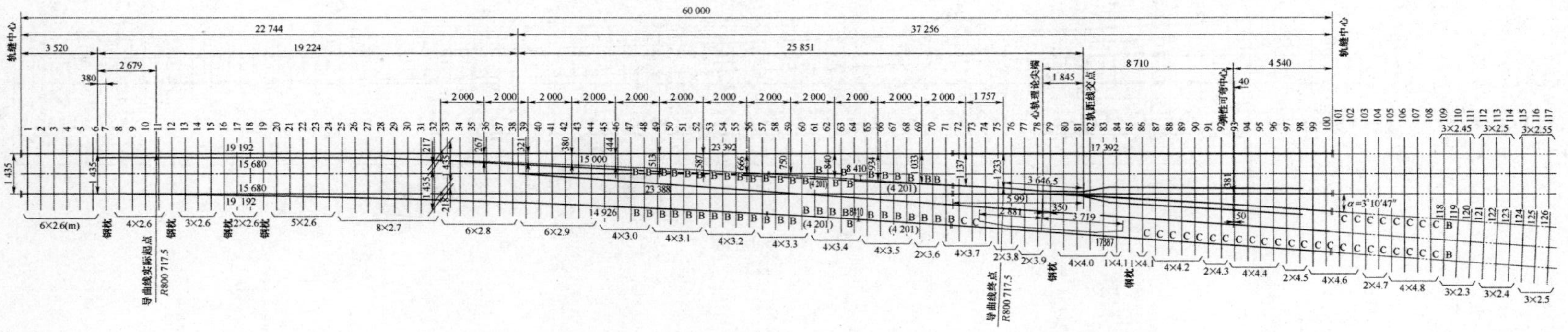

附图 5—2—9

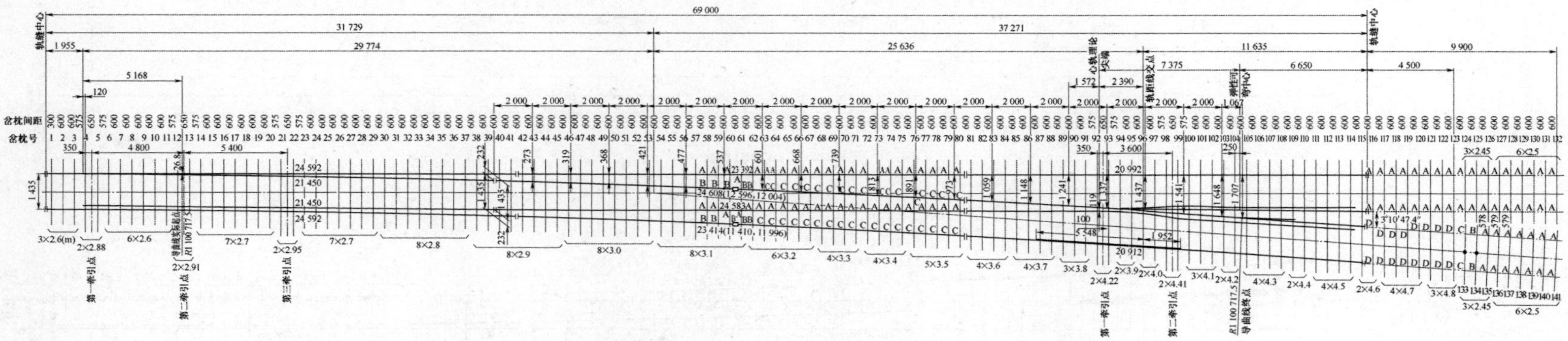

附图 5—2—10

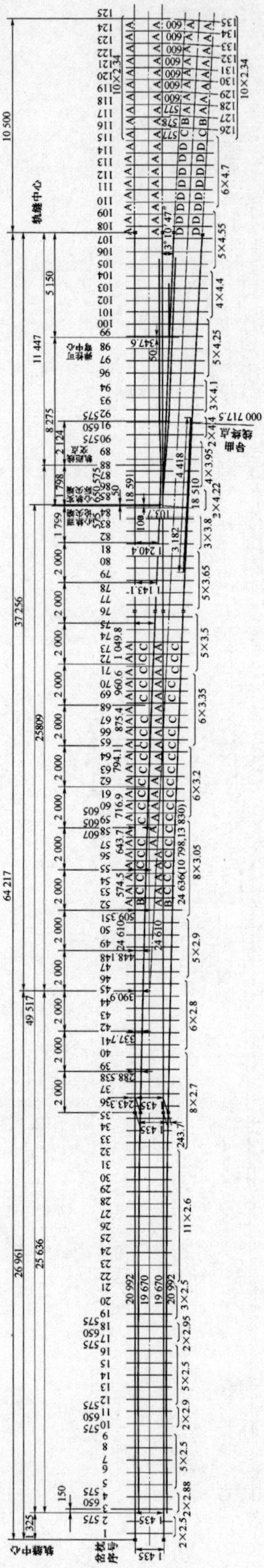

附图 5—2—11

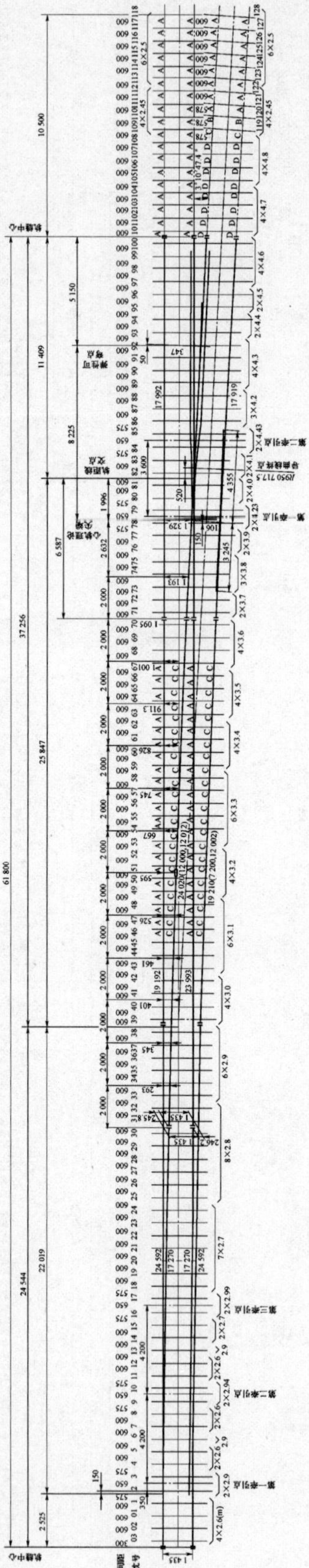

附图 5—2—12

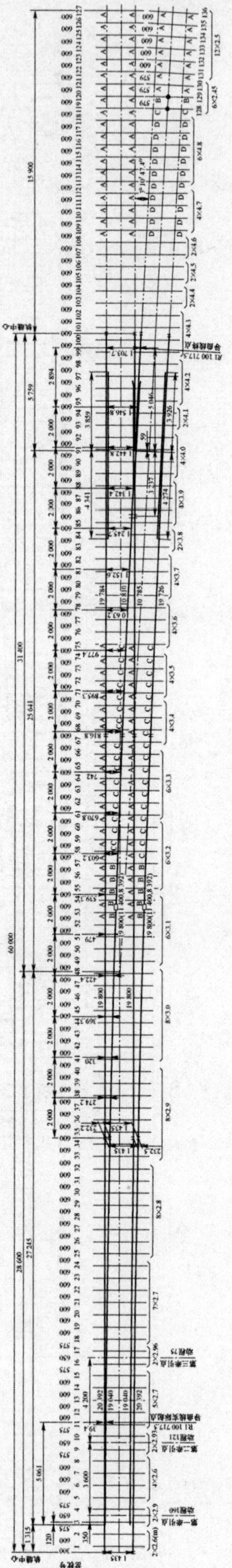

附图 5—2—13

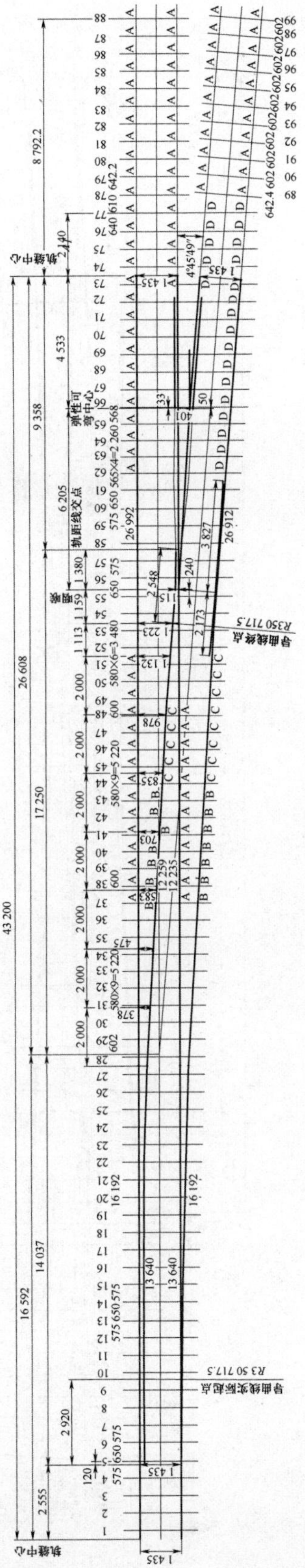
轨缝中心
43 200
16 592
14 037
26 608
17 250
9 358
4 533
8 792.2
6 205
2 920
2 555
1 435
16 192
13 640
26 992
26 912
4°45′49″
导曲线实际起点
R350 717.5
导曲线终点
弹性可弯中心
轨距线交点

附图 5—3—1

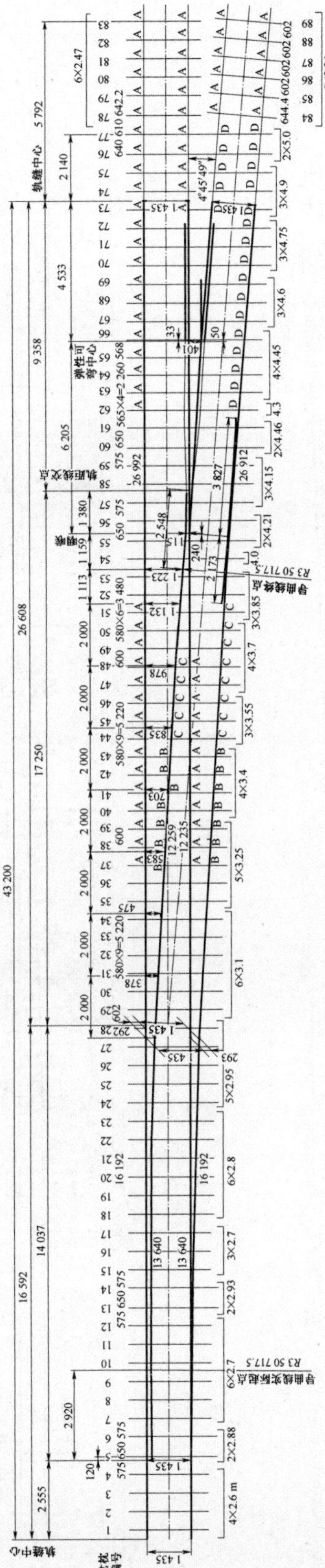
岔枕编号
轨缝中心
43 200
16 592
14 037
26 608
17 250
9 358
4 533
5 792
6 205
2 920
2 555
1 435
16 192
13 640
26 992
26 912
4°45′49″
导曲线实际起点
R350 717.5
导曲线终点
弹性可弯中心
轨距线交点
4×2.6 m

附图 5—3—2

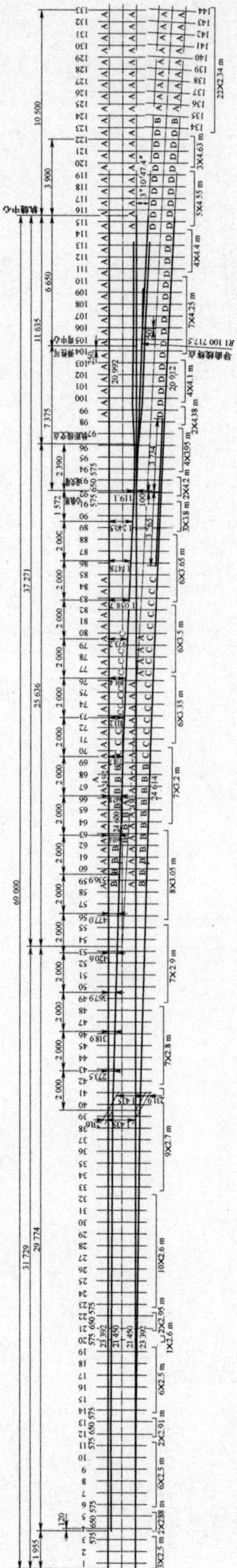

附图 5—3—3

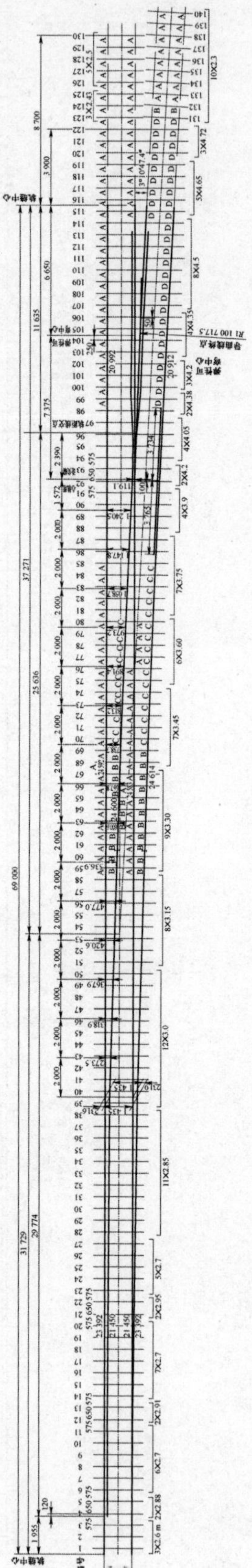

附图 5—3—4

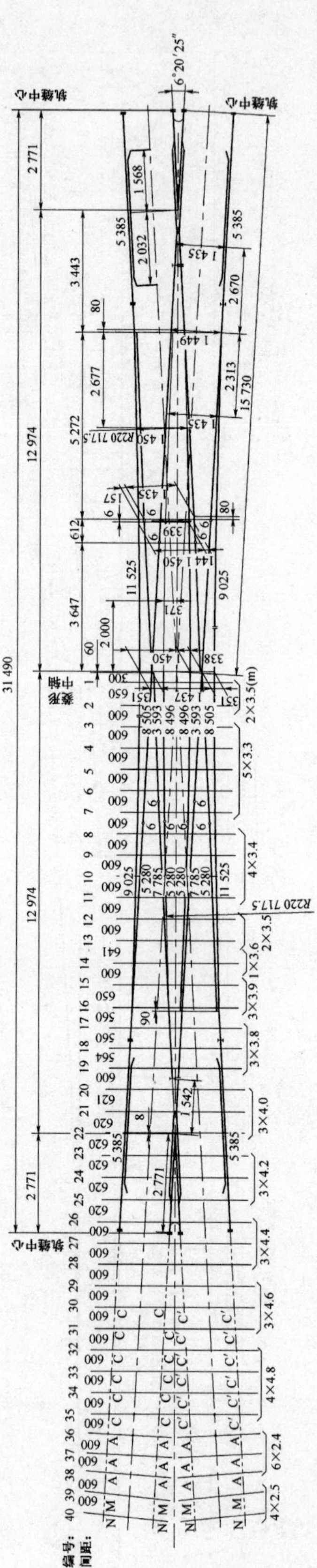

附图 5—5—1

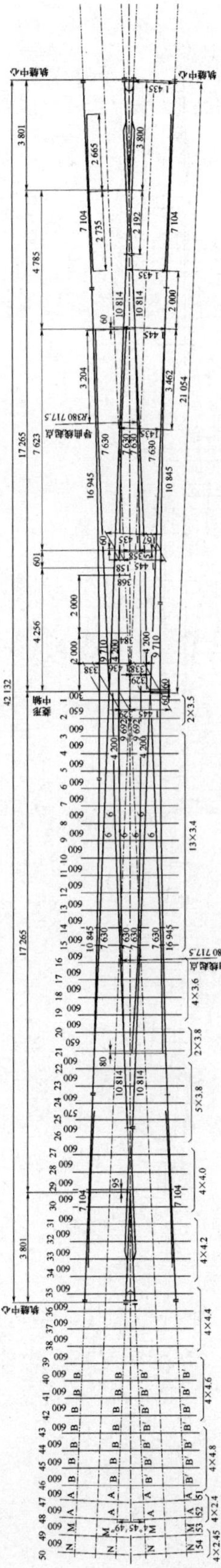

附图 5—5—2

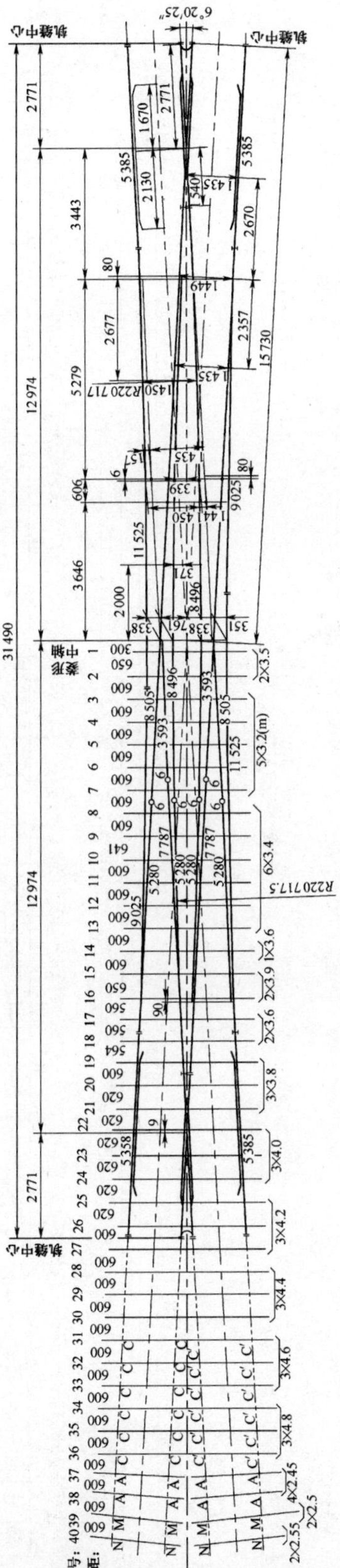

附图 5—5—3

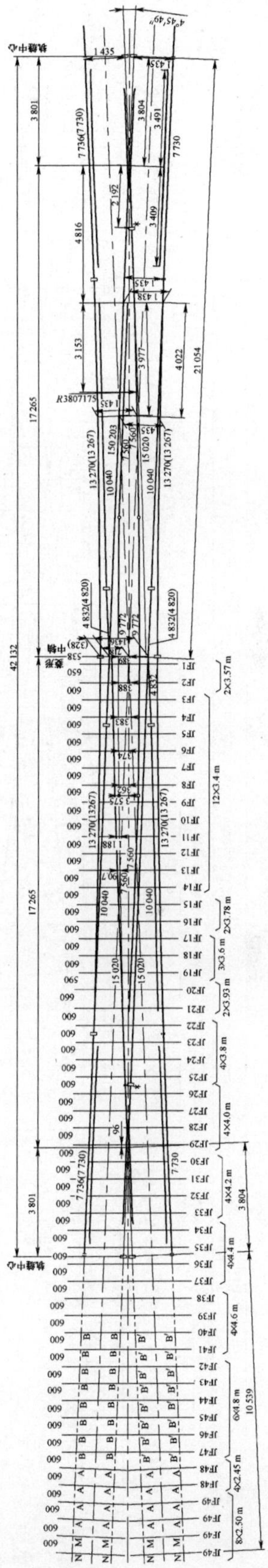

附图 5—5—4

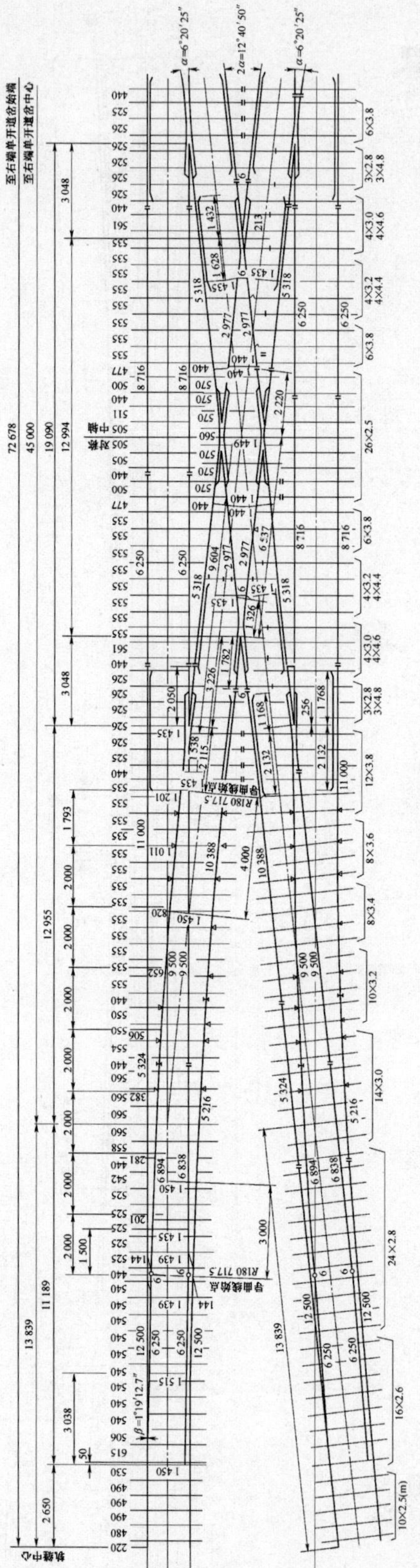
至右端单开道岔始端
至右端单开道岔中心
轨缝中心
辙叉中心
曲线终点
R180 717.5
5 000
72 678
45 000

附图 5—6—1

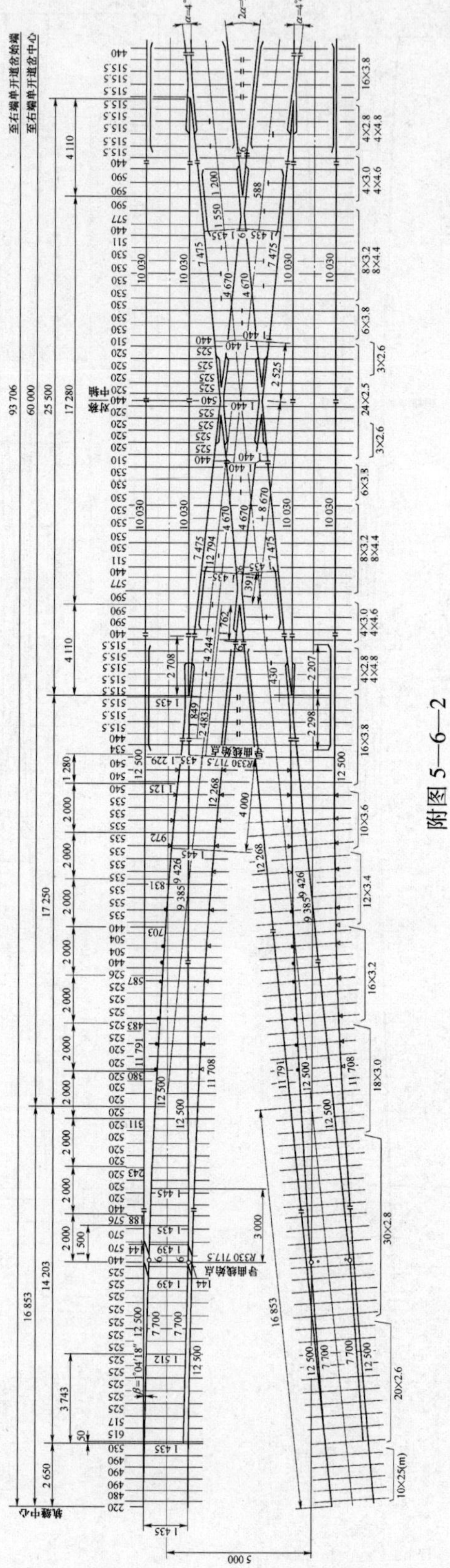
至右端单开道岔始端
至右端单开道岔中心
轨缝中心
辙叉中心
曲线终点
R330 717.5
5 000
93 706
60 000

附图 5—6—2

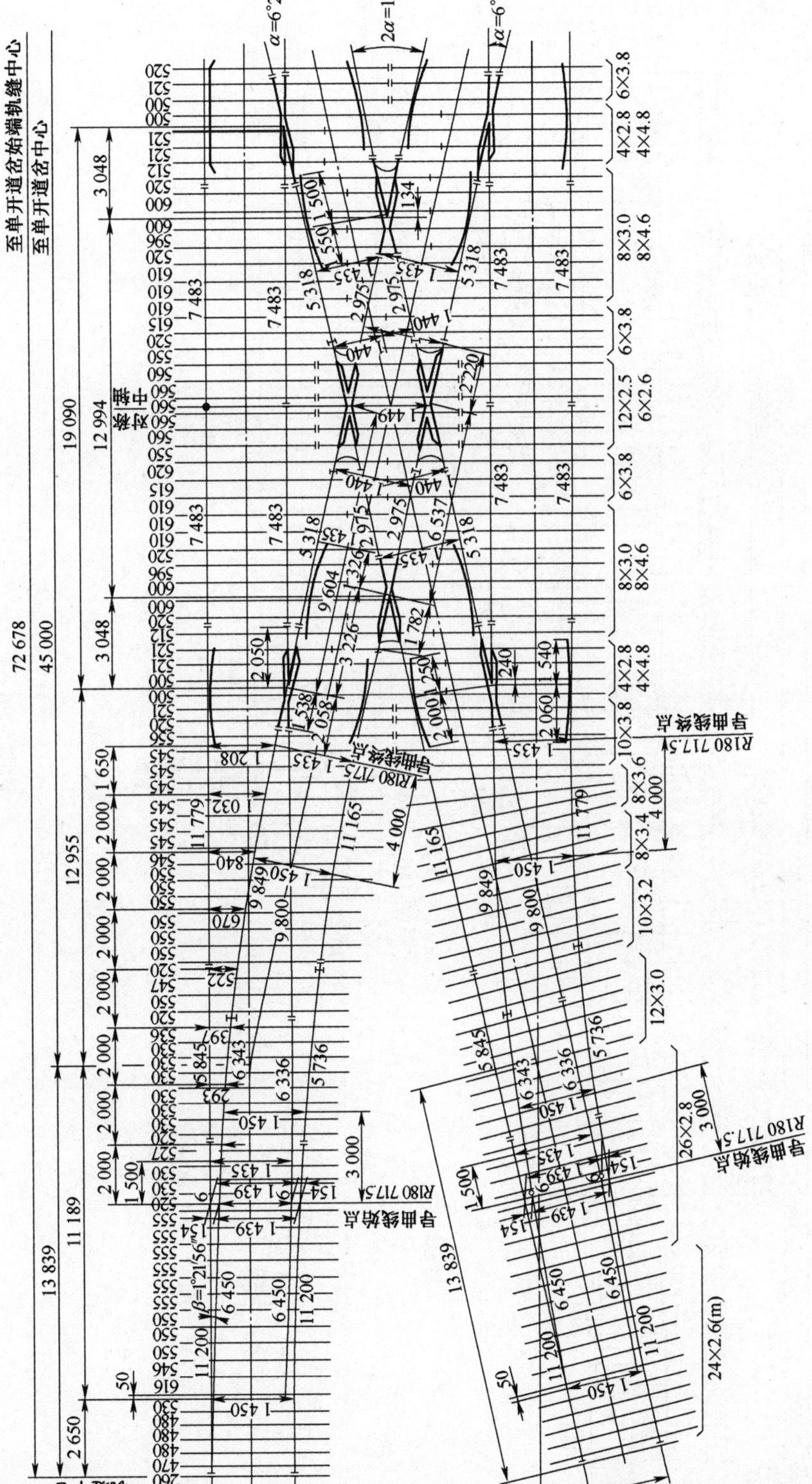
至单开道岔始端轨缝中心
至单开道岔中心
轨缝中心
72 678
45 000
19 090
12 994
13 839
11 189
2 650
5 000
α=6°20′25″
2α=12°40′50″
α=6°20′25″
R180 717.5
导曲线始点
导曲线终点
24×2.6(m)

附图 5—6—3

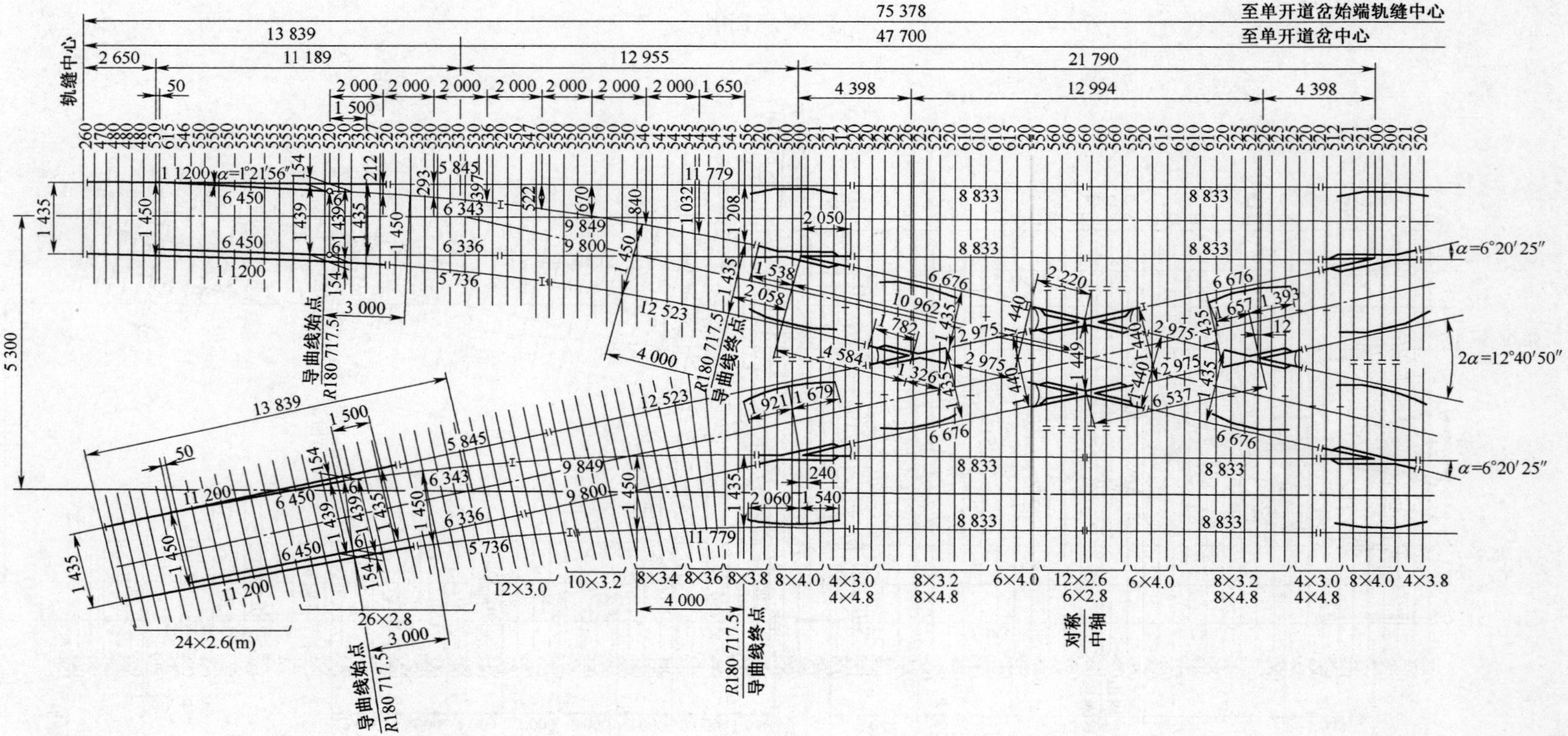
至单开道岔始端轨缝中心
至单开道岔中心
轨缝中心
75 378
47 700
13 839
2 650
11 189
12 955
21 790
4 398
12 994
导曲线始点
导曲线终点
R180 717.5
对称中轴
α=1°21′56″
α=6°20′25″
2α=12°40′50″
5 300
24×2.6(m)
26×2.8
12×3.0
10×3.2
8×3.4
8×3.6
8×3.8
8×4.0
4×3.0
4×4.8
8×3.2
8×4.8
6×4.0
12×2.6
6×2.8
4×3.8

附图 5—6—4

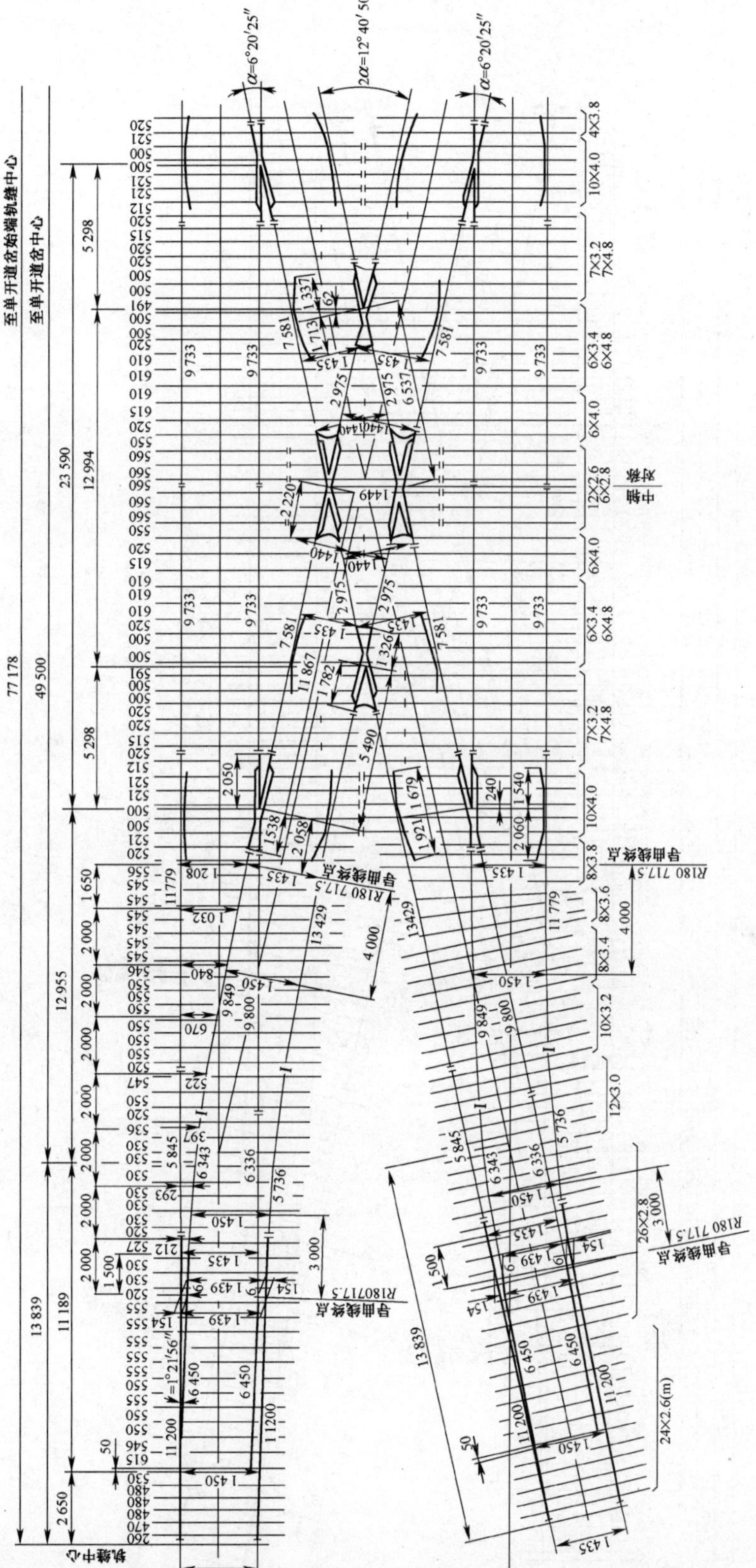
至单开道岔始端轨缝中心
至单开道岔中心
轨缝中心
α=6°20′25″
2α=12°40′50″
α=6°20′25″
中线对称
导曲线终点
R180 717.5
77 178
49 500
23 590
12 994
12 955
13 839
11 189
5 298
5 500
24×2.6(m)

附图 5—6—5

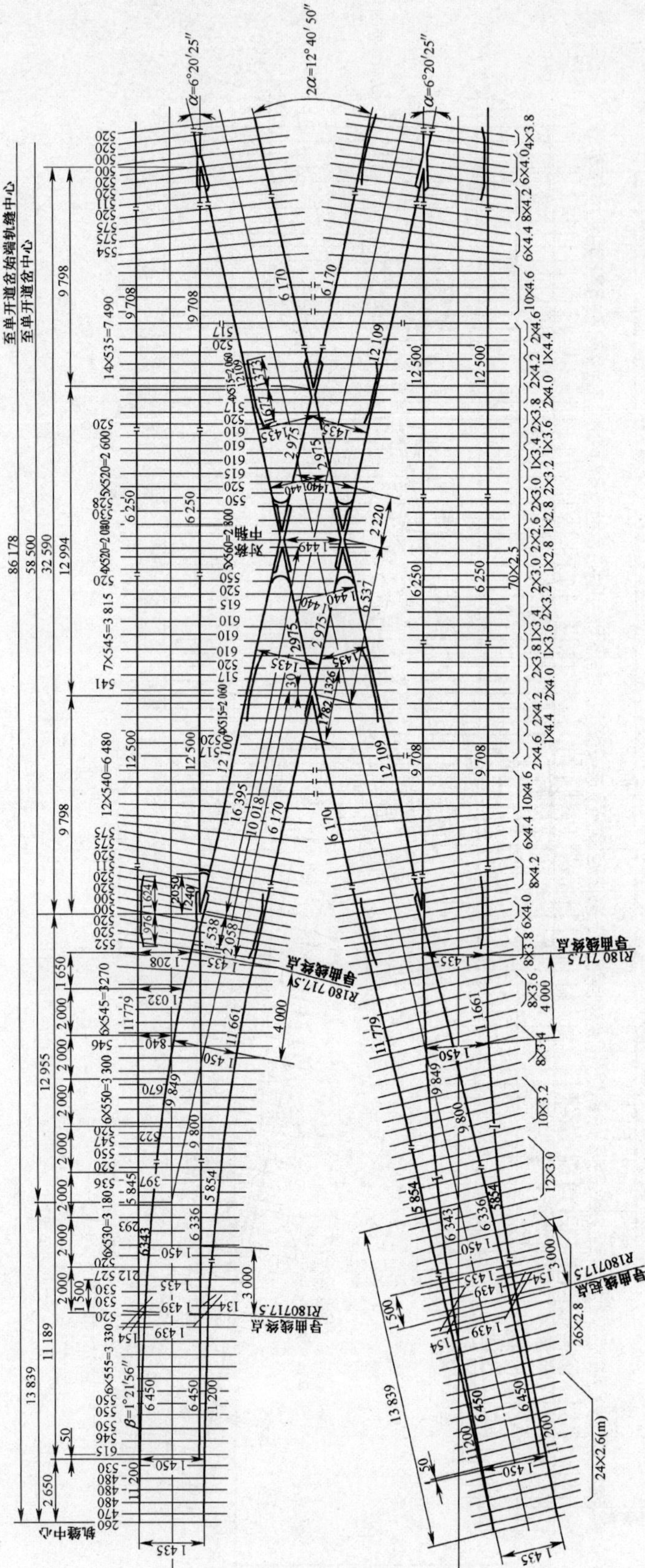

α=6°20′25″
2α=12°40′50″
α=6°20′25″
至单开道岔始端轨缝中心
至单开道岔中心
轨缝中心
86 178
58 500
32 590
12 994
9 798
12 955
11 189
13 839
2 650
β=1°21′56″
R180 717.5
导曲线起点
导曲线终点
6 500
1 435
24×2.6(m)

附图 5—6—6

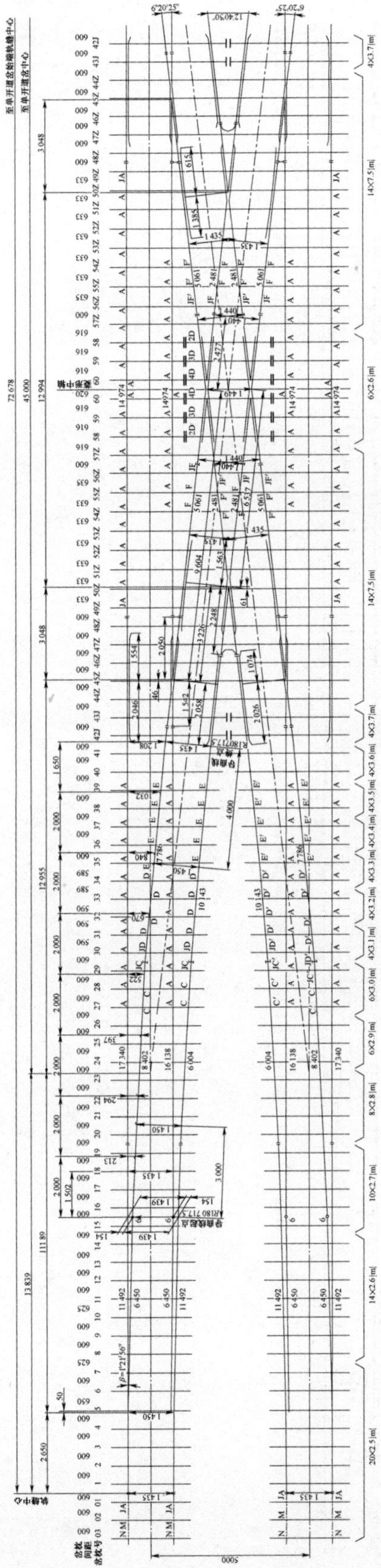

附图 5—6—7

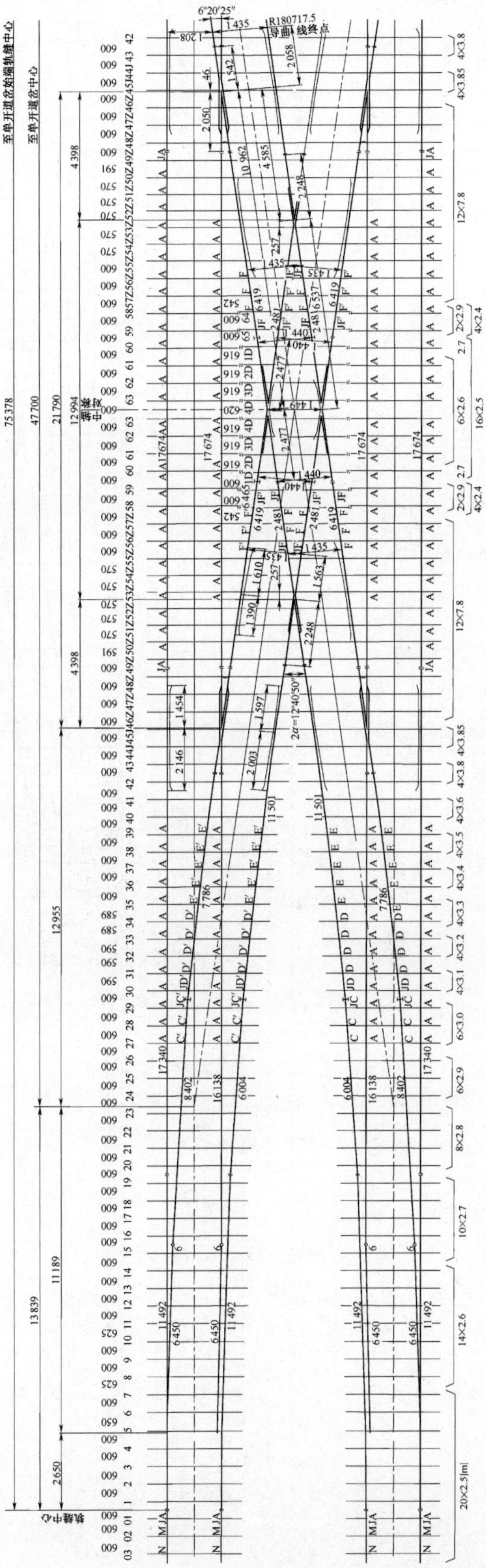

附图 5—6—8

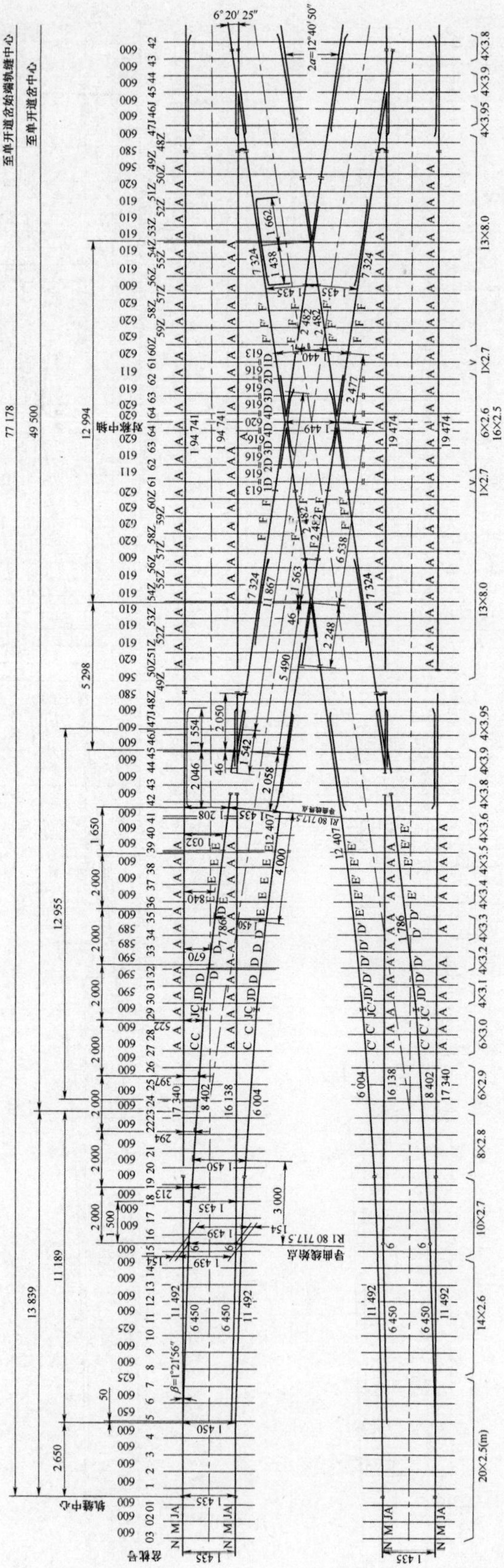
至单开道岔始端轨缝中心
至单开道岔中心
轨缝中心
岔枕号
导曲线始点
6°20′25″
2α=12°40′50″
77 178
49 500
13 839
11 189
12 994
12 955
20×2.5(m)

附图 5—6—9

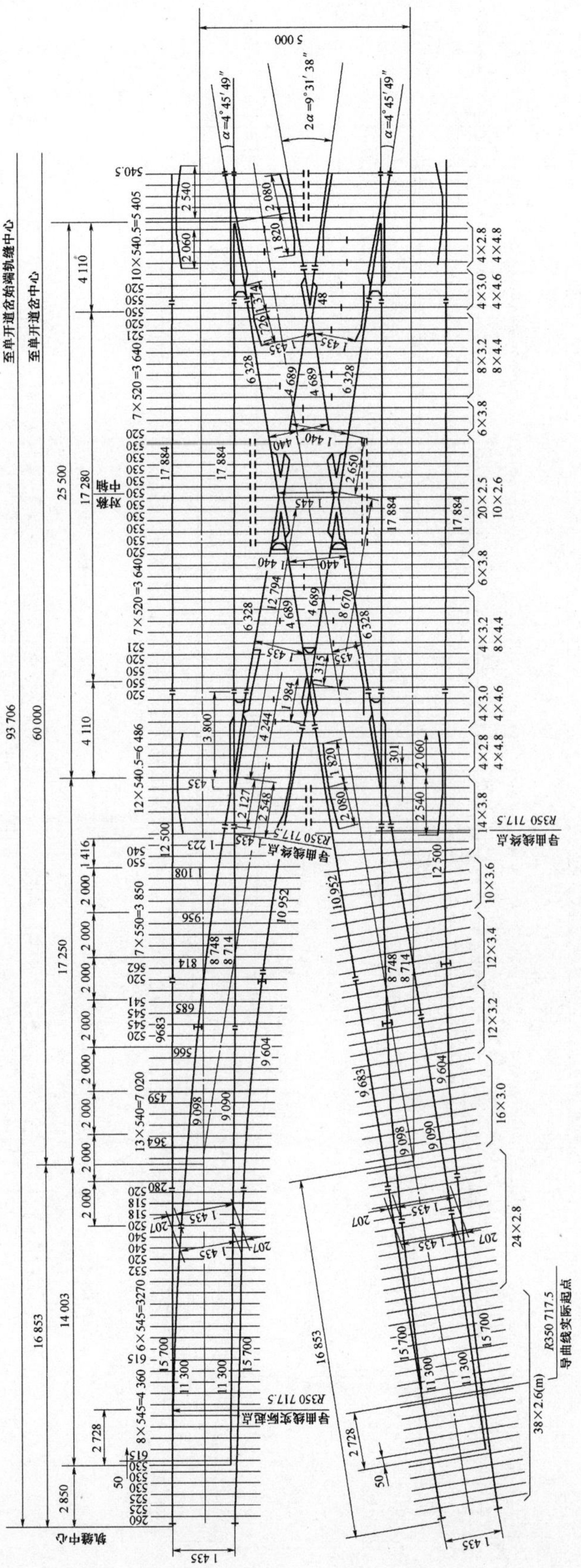
至单开道岔始端轨缝中心
至单开道岔中心
轨缝中心
辙叉中心
导曲线实际起点
R350 717.5
α=4°45′49″
2α=9°31′38″
93 706
60 000
25 500
17 280
17 250
16 853
14 003
5 000

附图 5—6—11

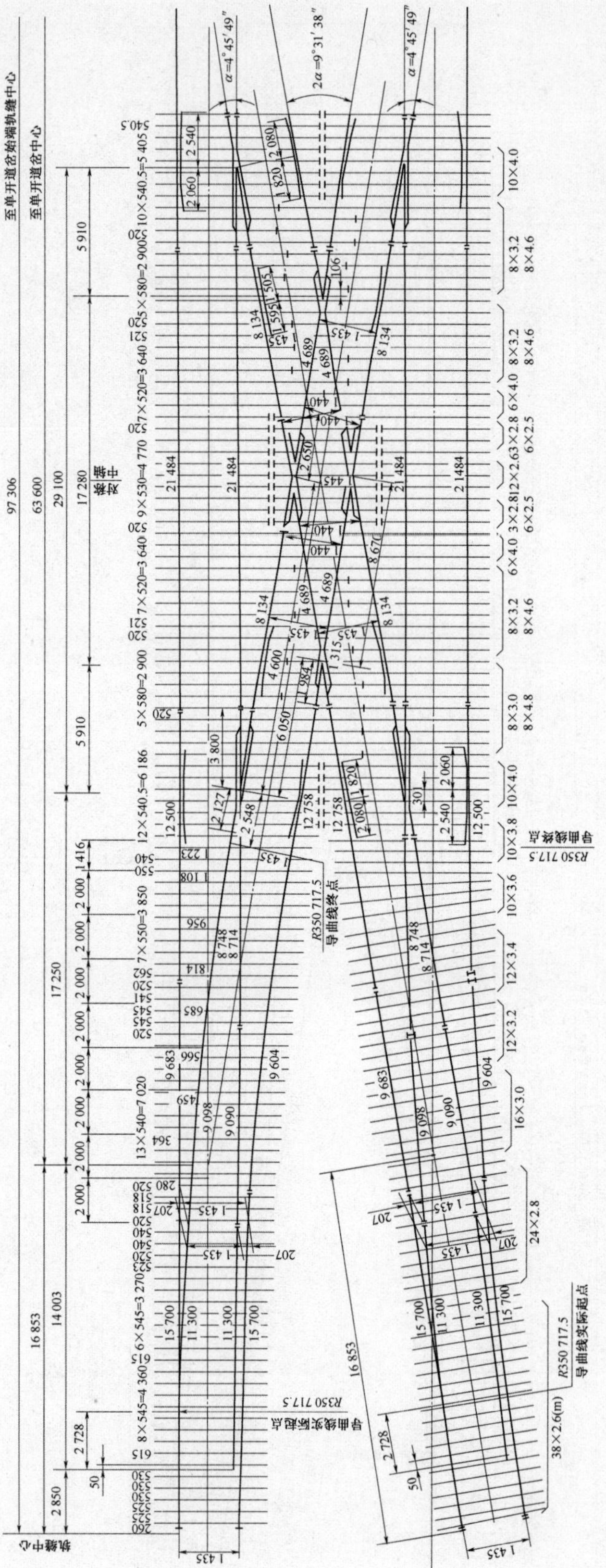
至单开道岔始端轨缝中心
至单开道岔中心
轨缝中心
交叉中心
97 306
63 600
29 100
17 280
17 250
16 853
14 003
5 910
5 300
1 435
α=4°45′49″
2α=9°31′38″
R350 717.5
导曲线终点
导曲线实际起点
38×2.6(m)

附图 5—6—12

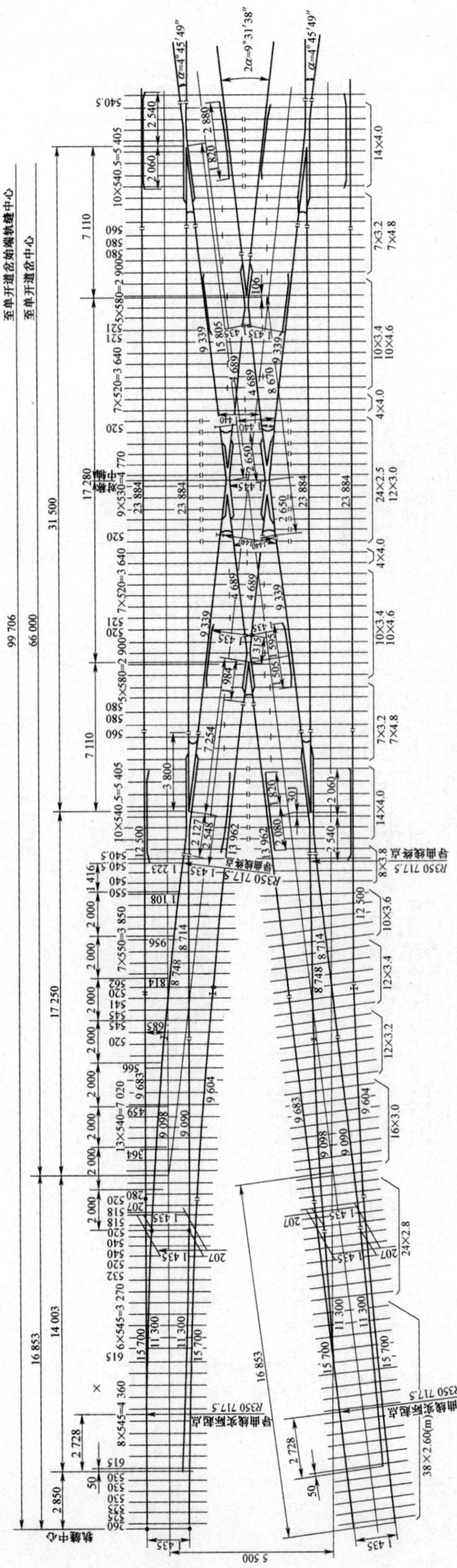

附图 5—6—13

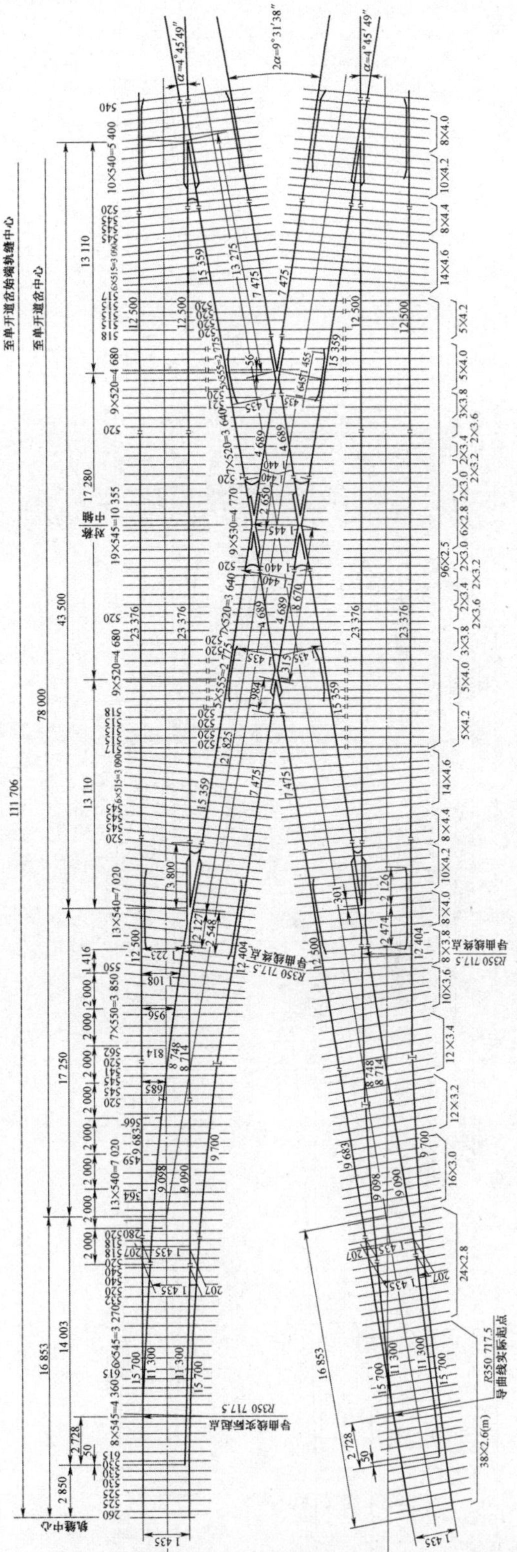

附图 5—6—14

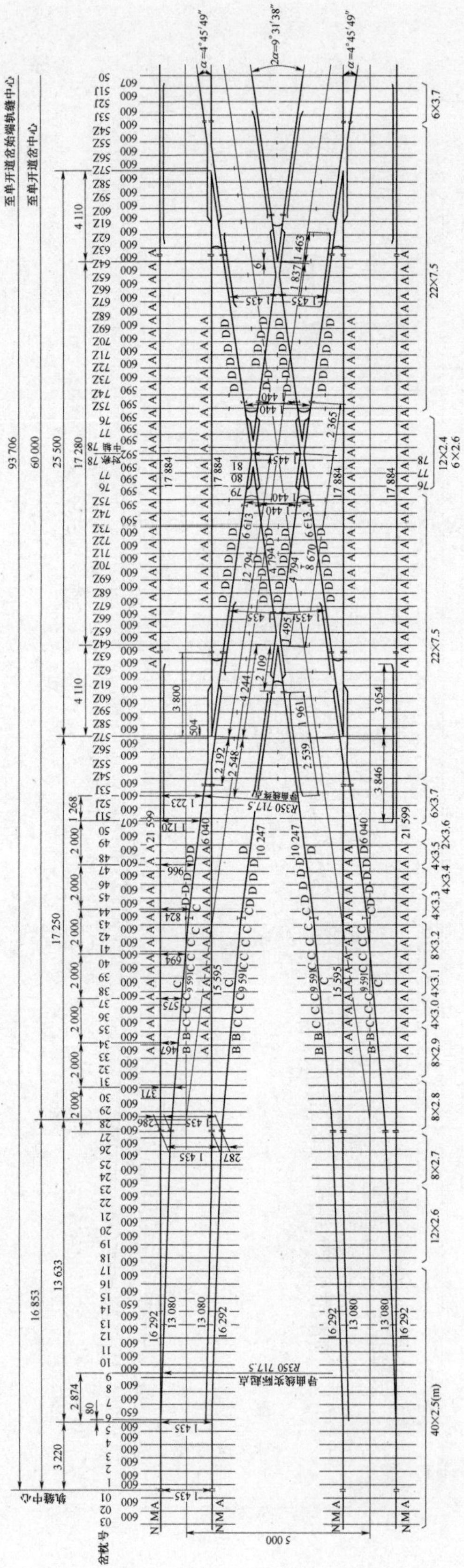

附图5—6—15

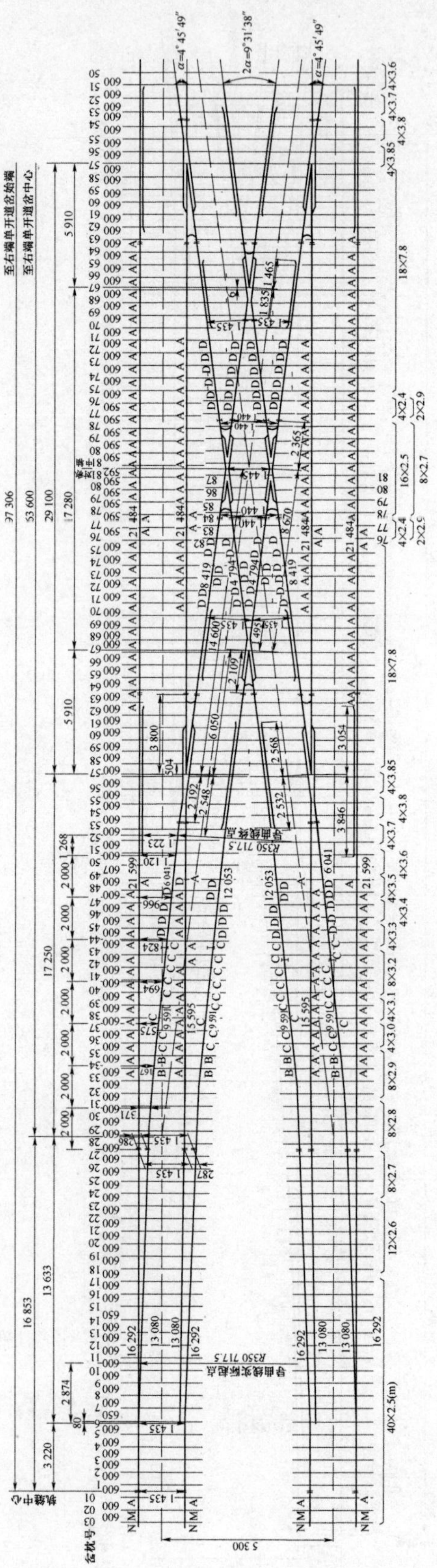

附图5—6—16

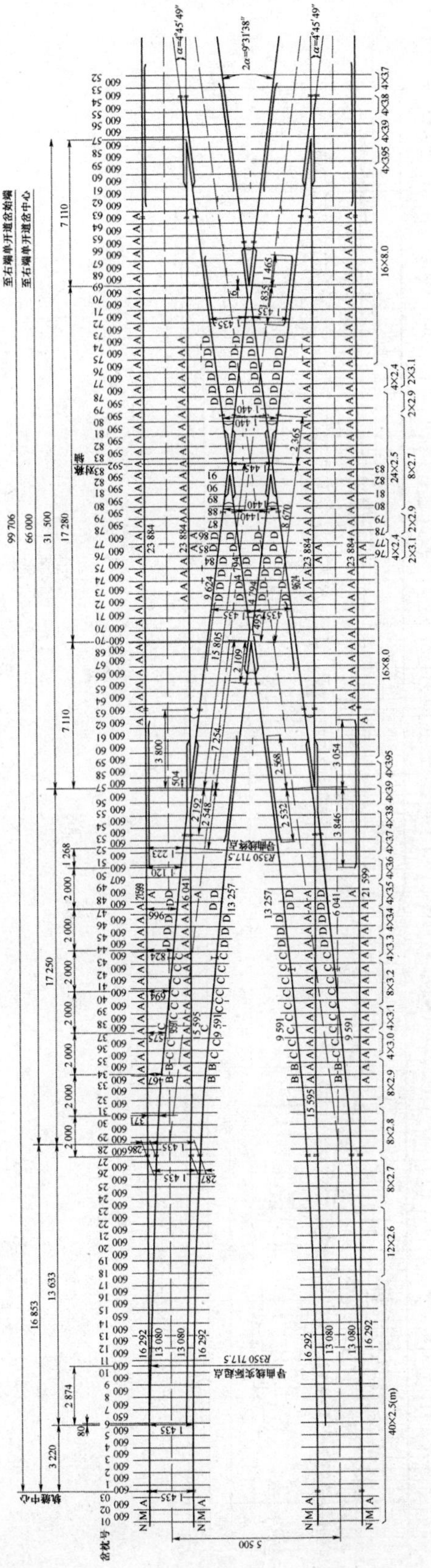

附图 5—6—17

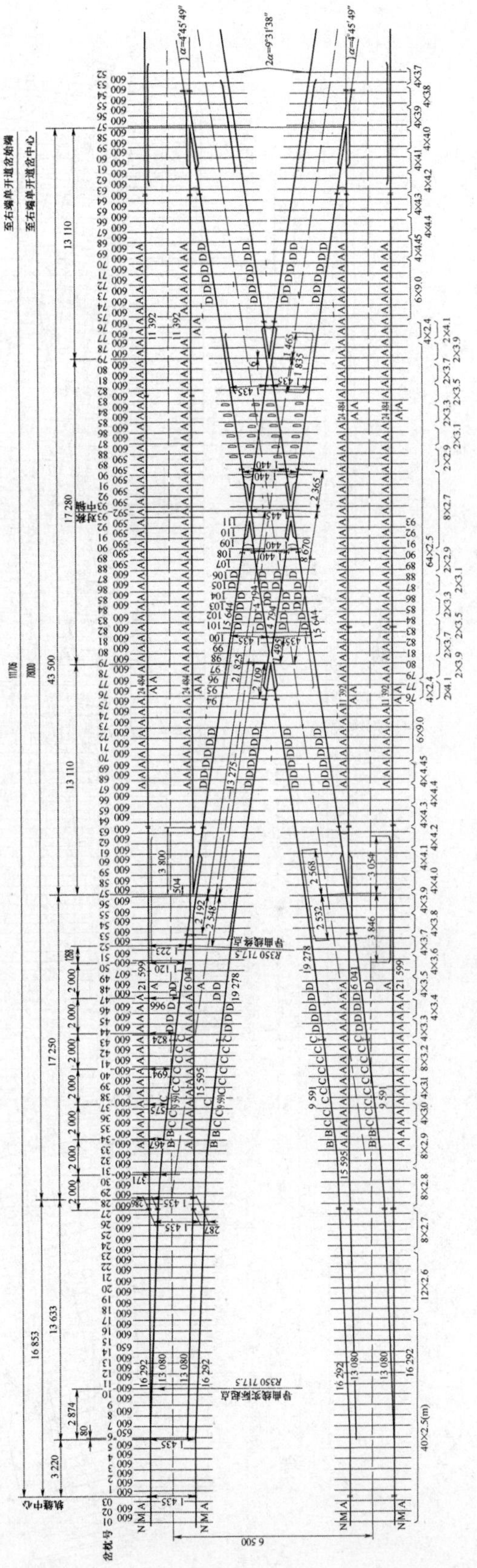

附图 5—6—18

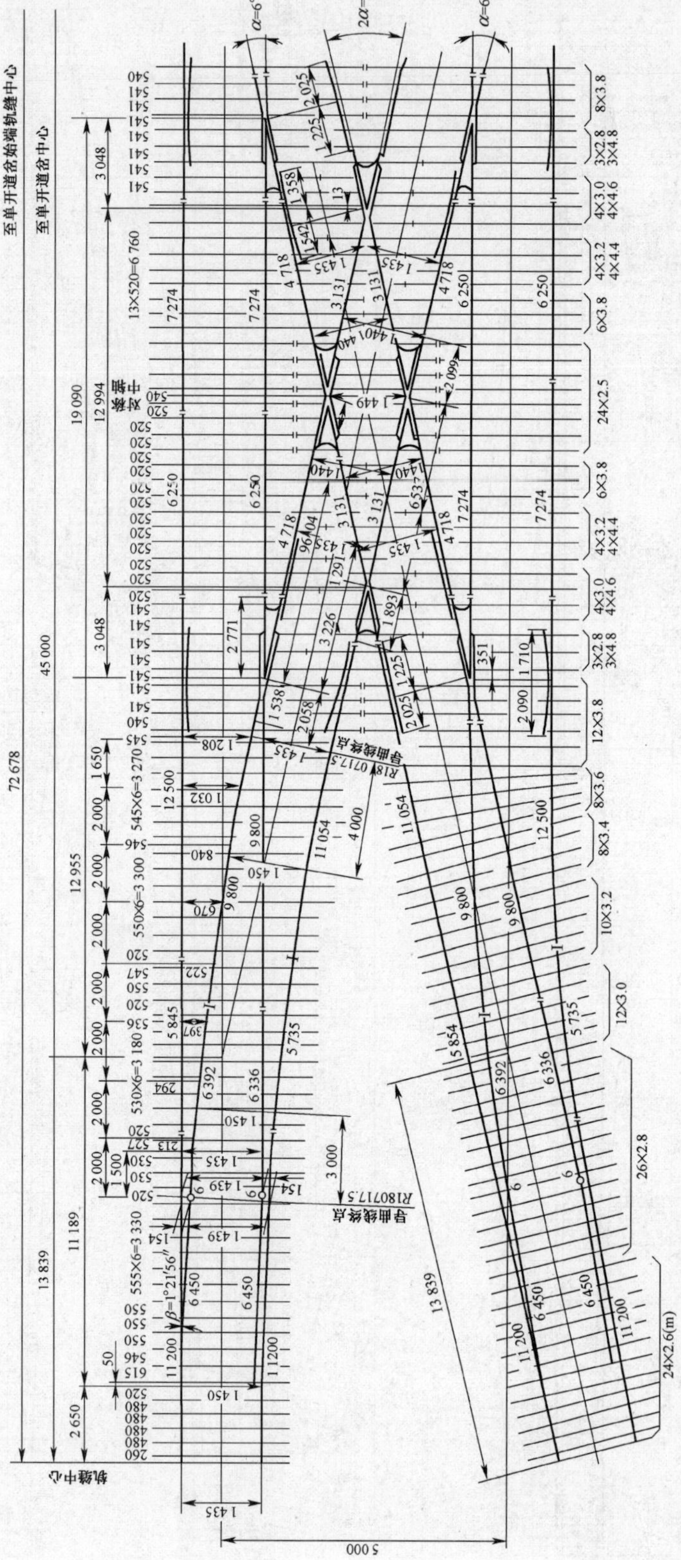

至单开道岔始端轨缝中心
至单开道岔中心
轨缝中心
对称中轴
曲线终点
R180717.5
α=6°20′25″
2α=12°40′50″
β=1°21′56″
24×2.6(m)

附图 5—6—19

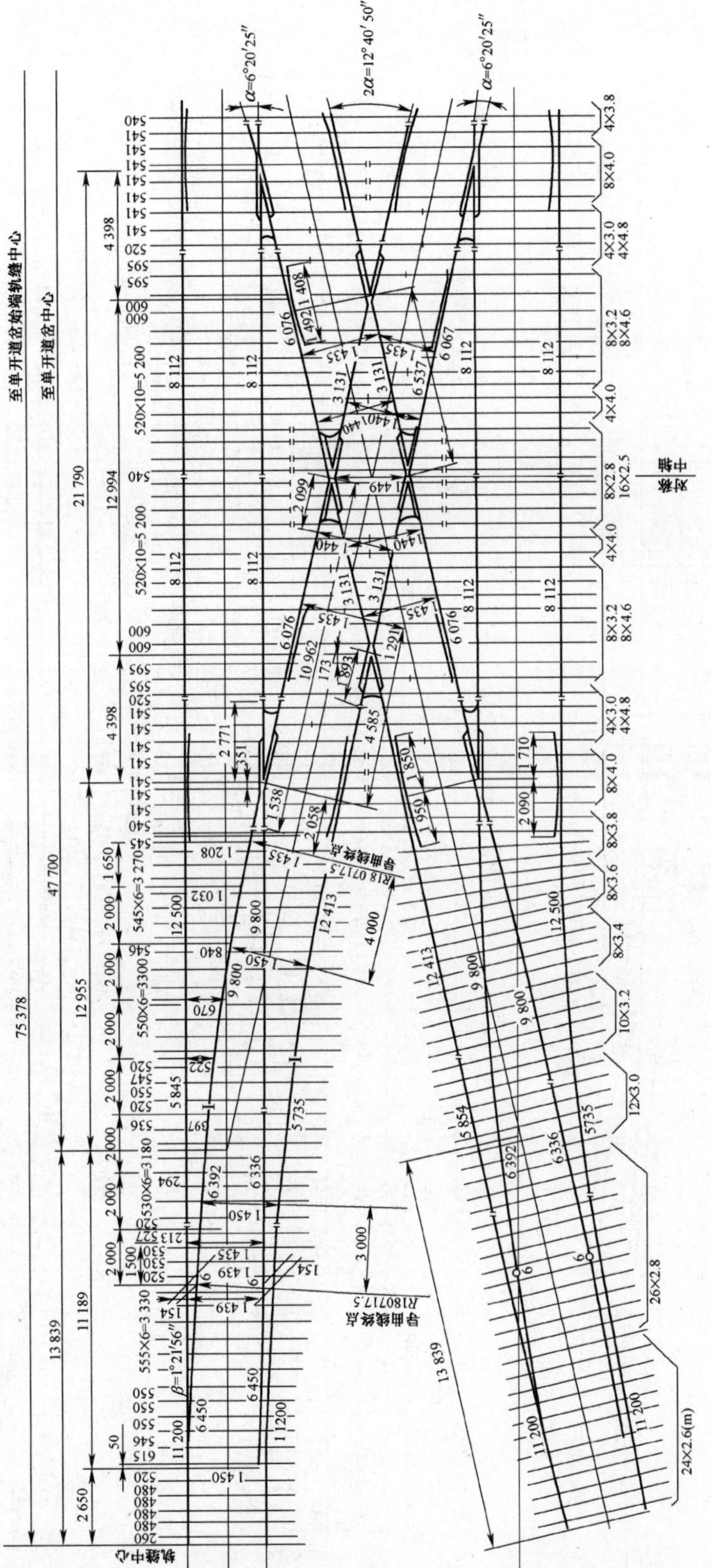

至单开道岔始端轨缝中心
至单开道岔中心
轨缝中心
辙叉中心
导曲线终点
R180717.5
α=6°20′25″
2α=12°40′50″
β=1°21′56″
75 378
47 700
21 790
13 839
12 955
12 994
11 189
1 435
5 300
24×2.6(m)

附图 5—6—20

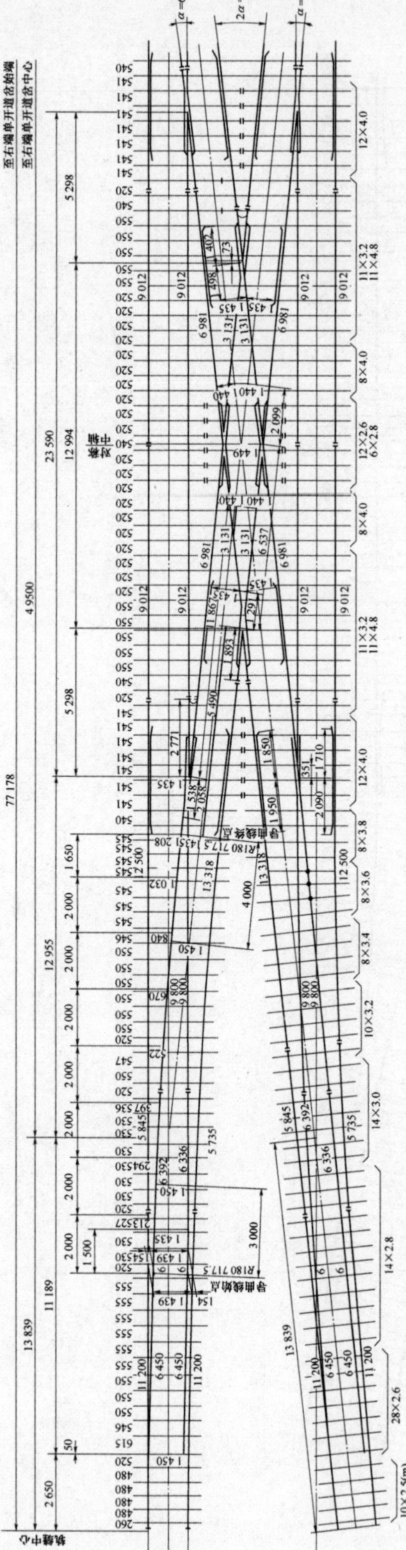

附图 5—6—21

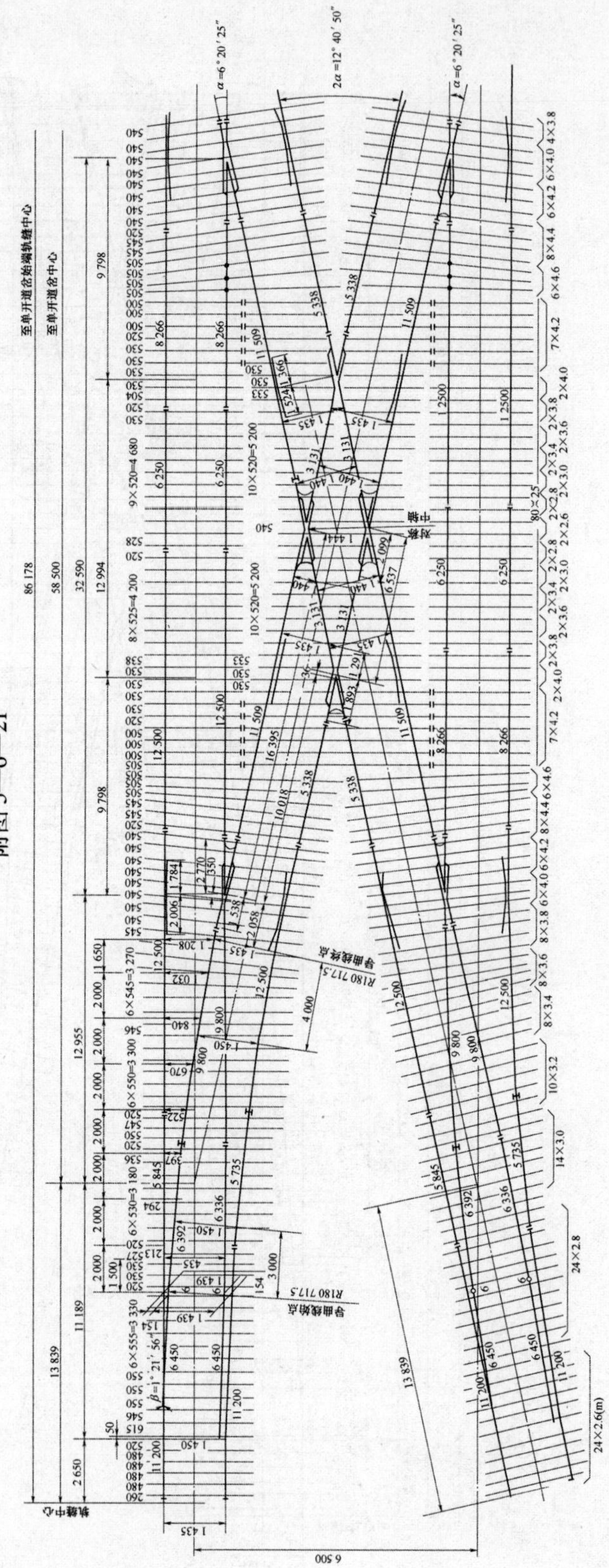

附图 5—6—22

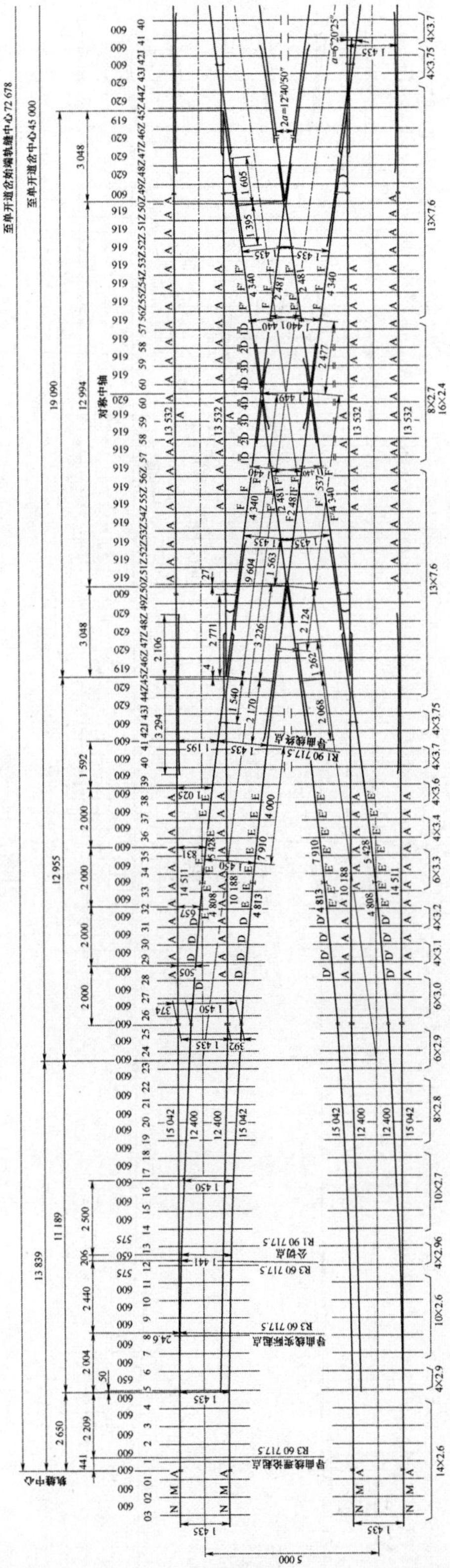

附图 5—6—23

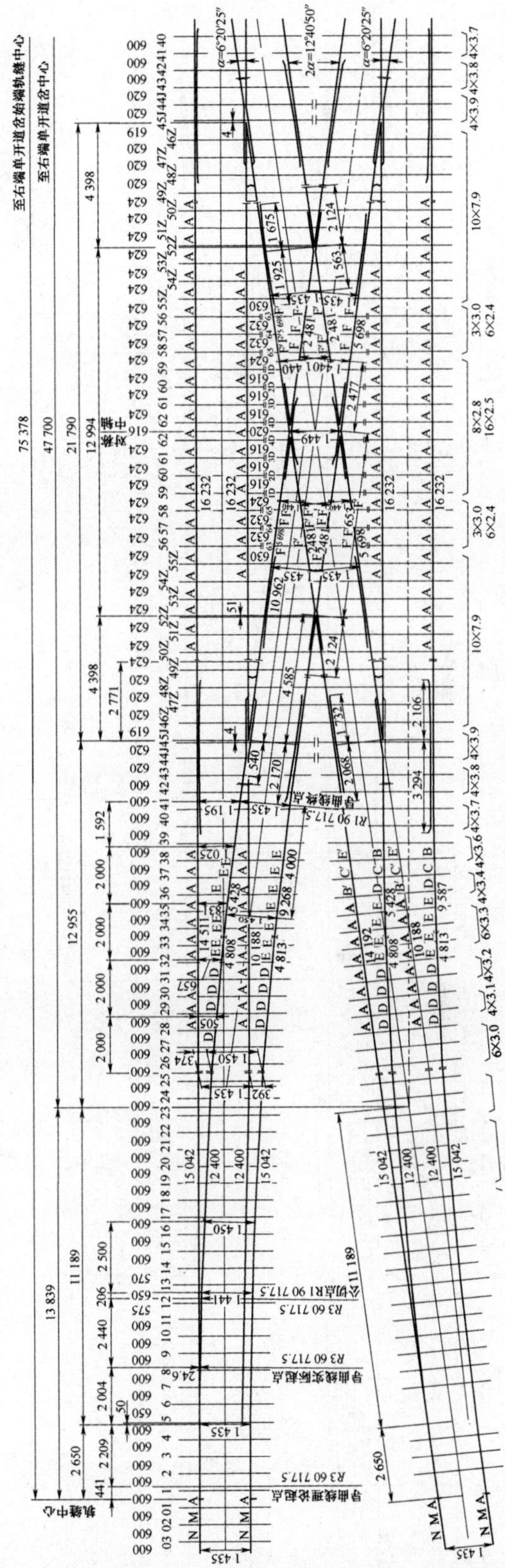

附图 5—6—24

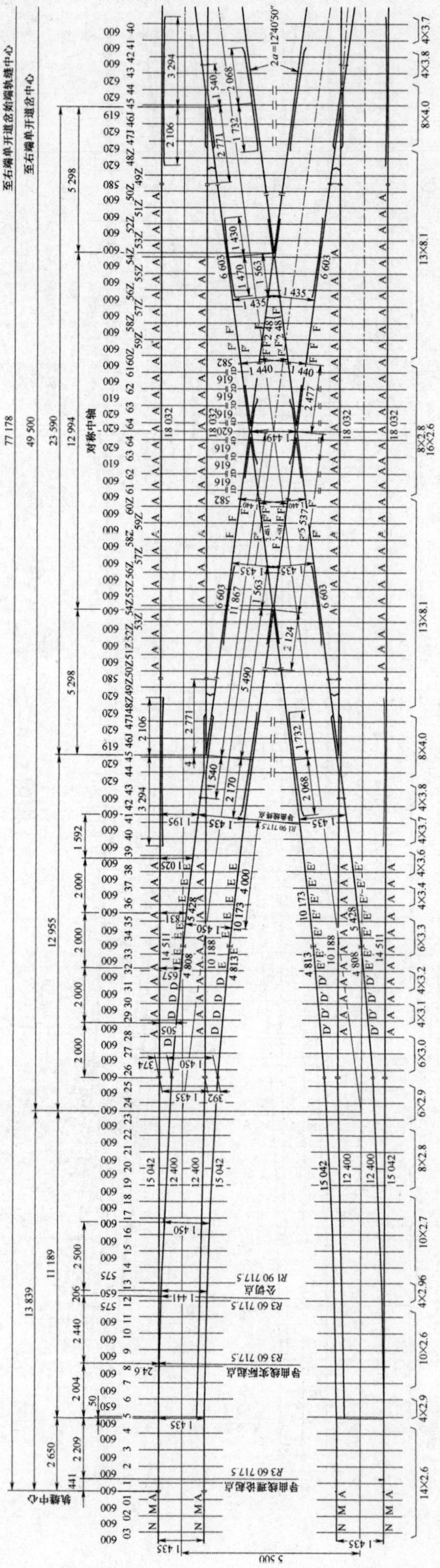

附图5—6—25

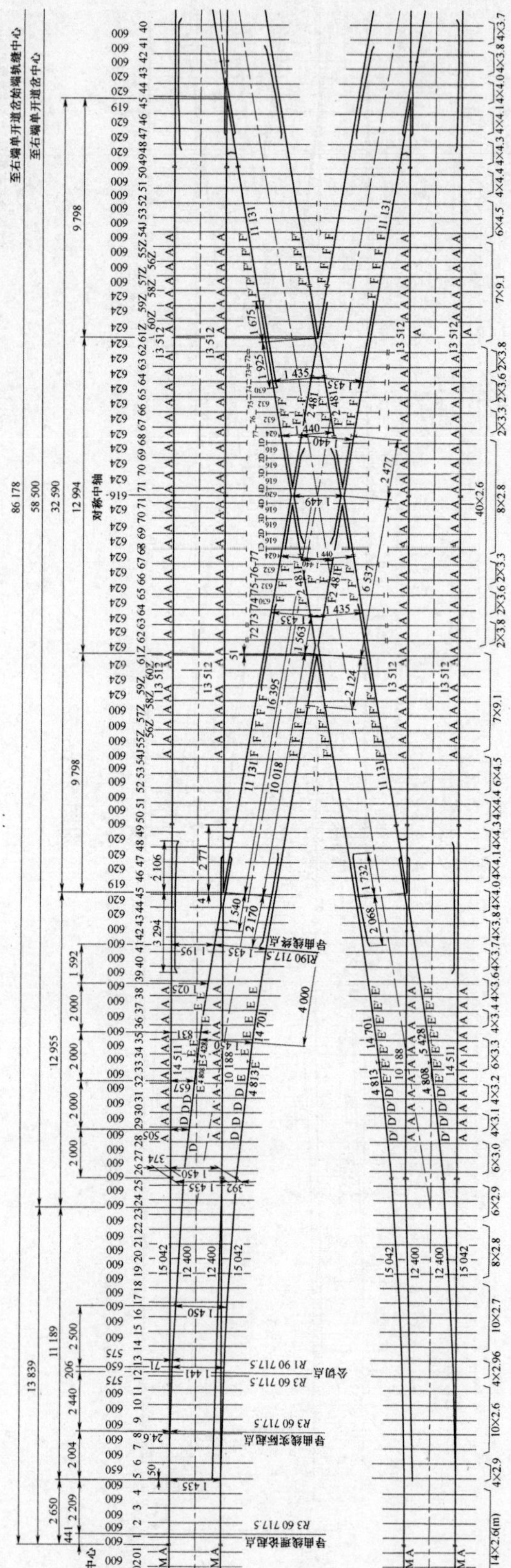

附图5—6—26

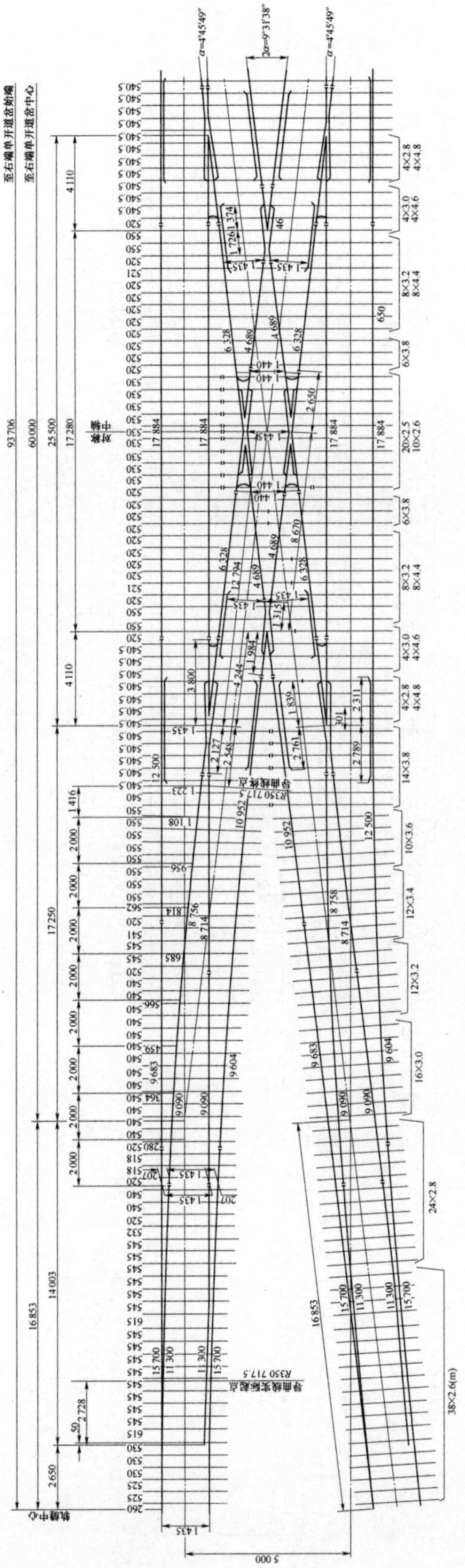

附图5—6—27

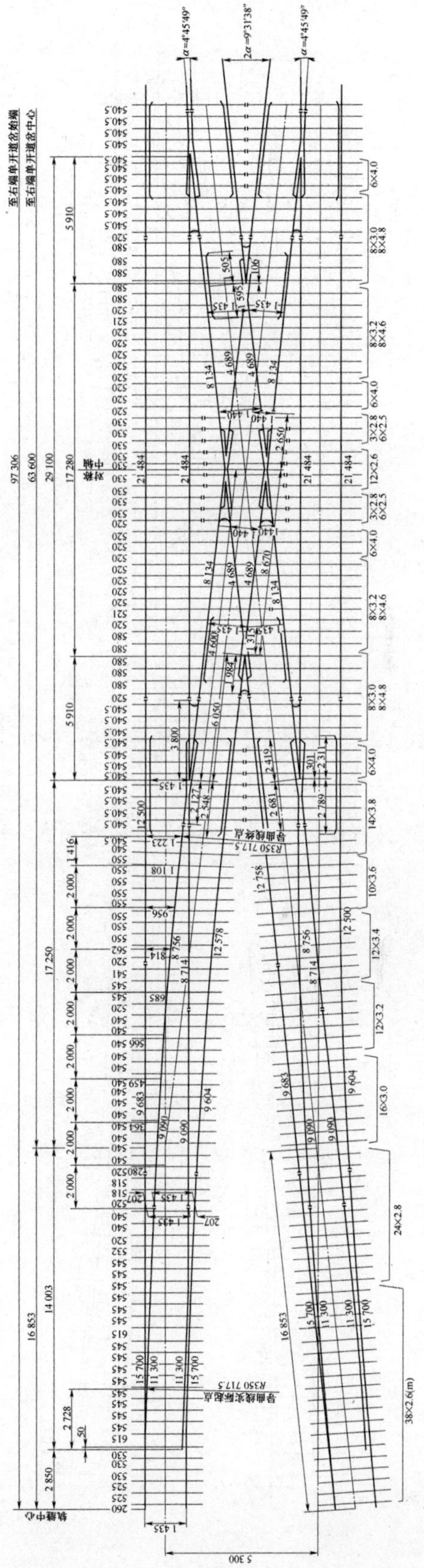

附图5—6—28

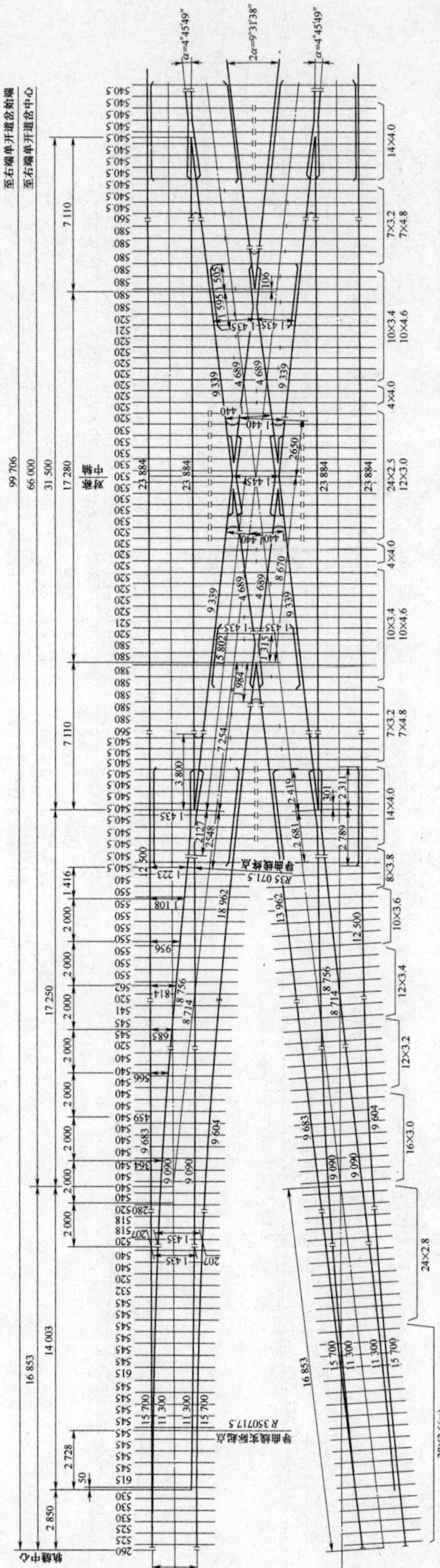

附图 5—6—29

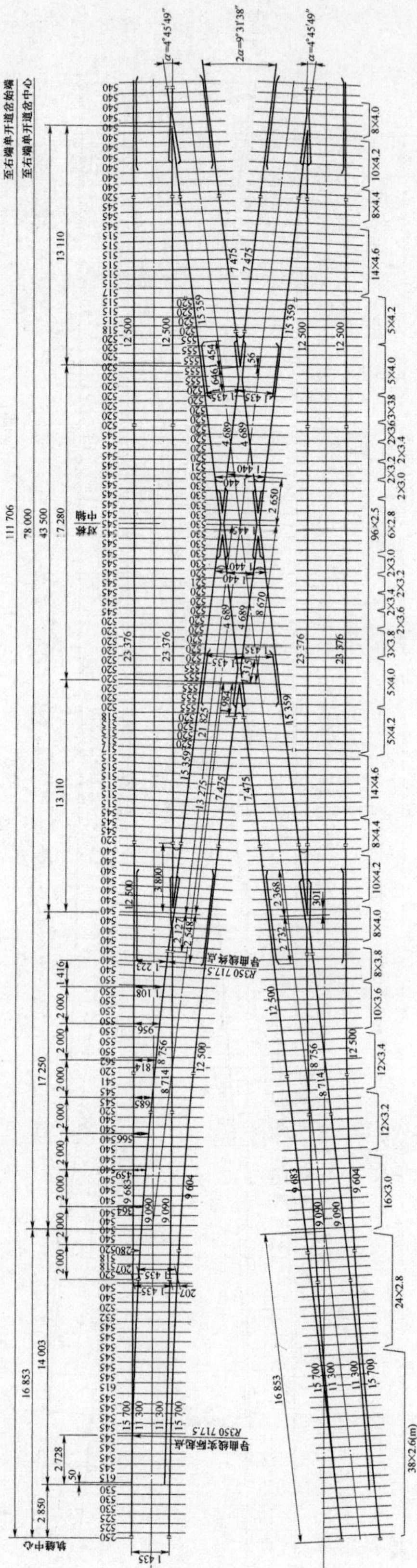

附图 5—6—30

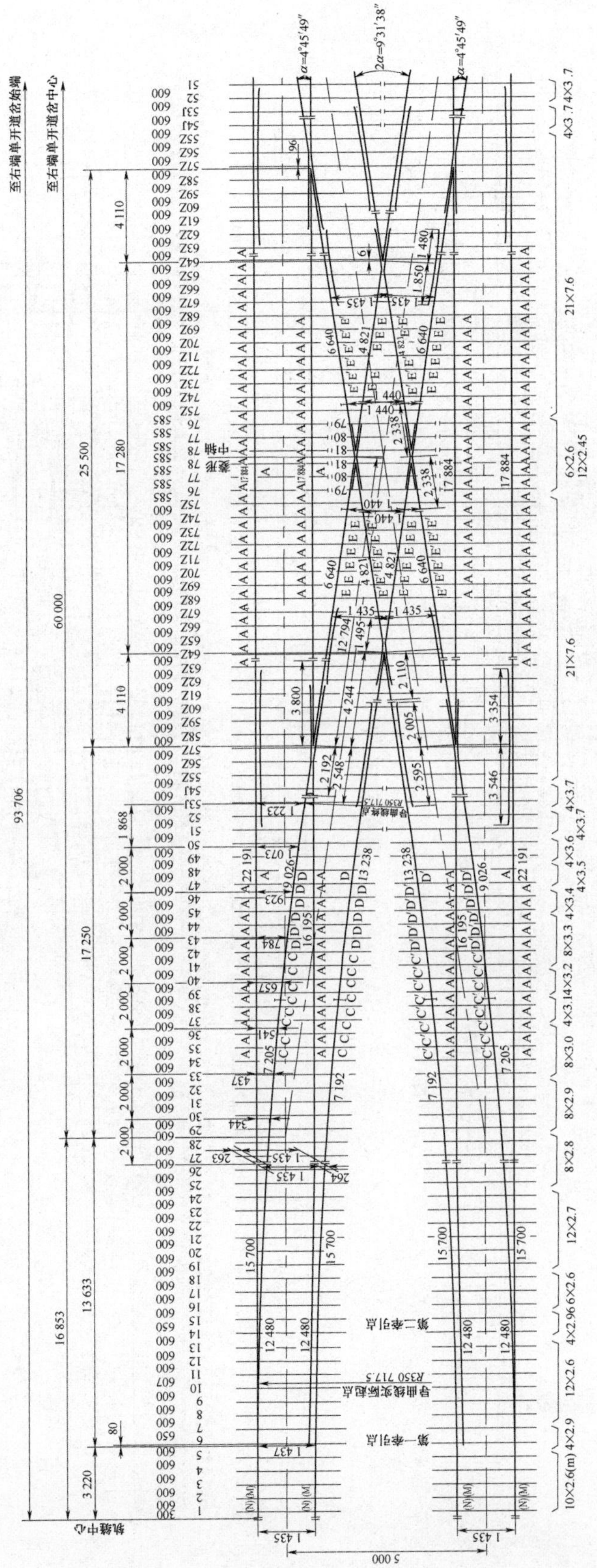
至右端单开道岔始端
至右端单开道岔中心
轨缝中心
第一牵引点
第二牵引点
导曲线实际起点
α=4°45′49″
2α=9°31′38″

附图 5—6—31

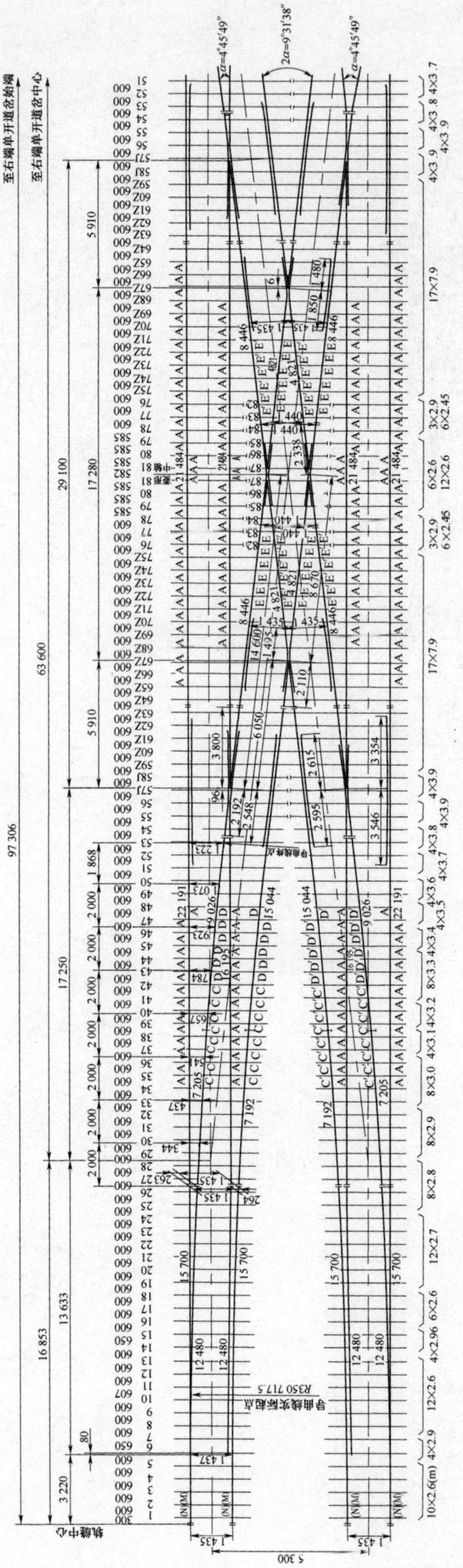

附图 5—6—32

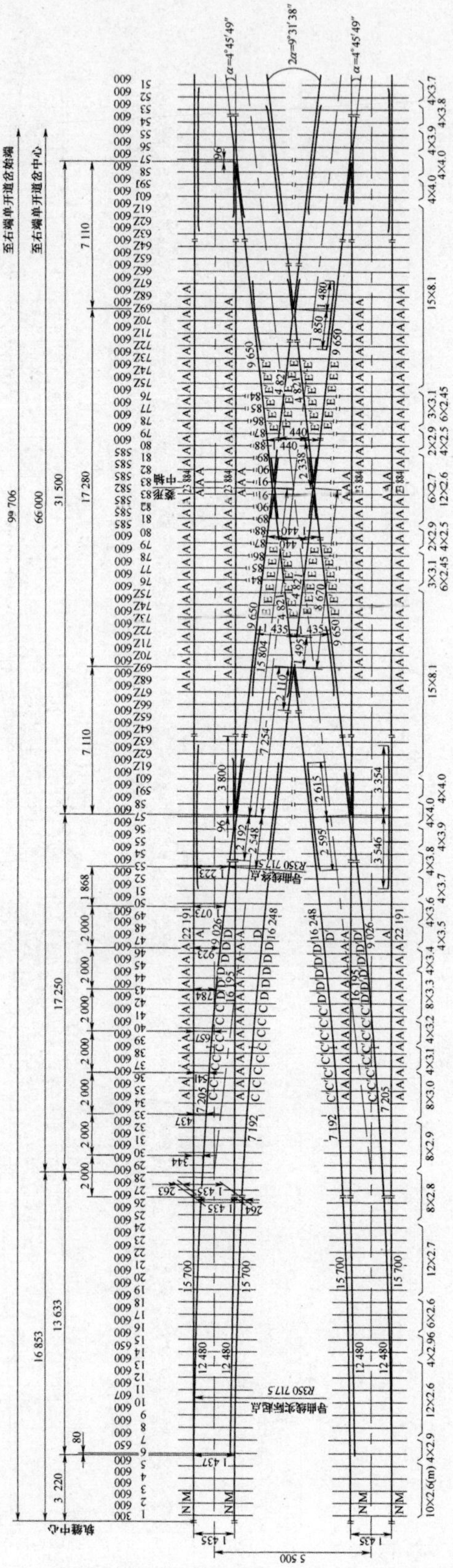

附图 5—6—33

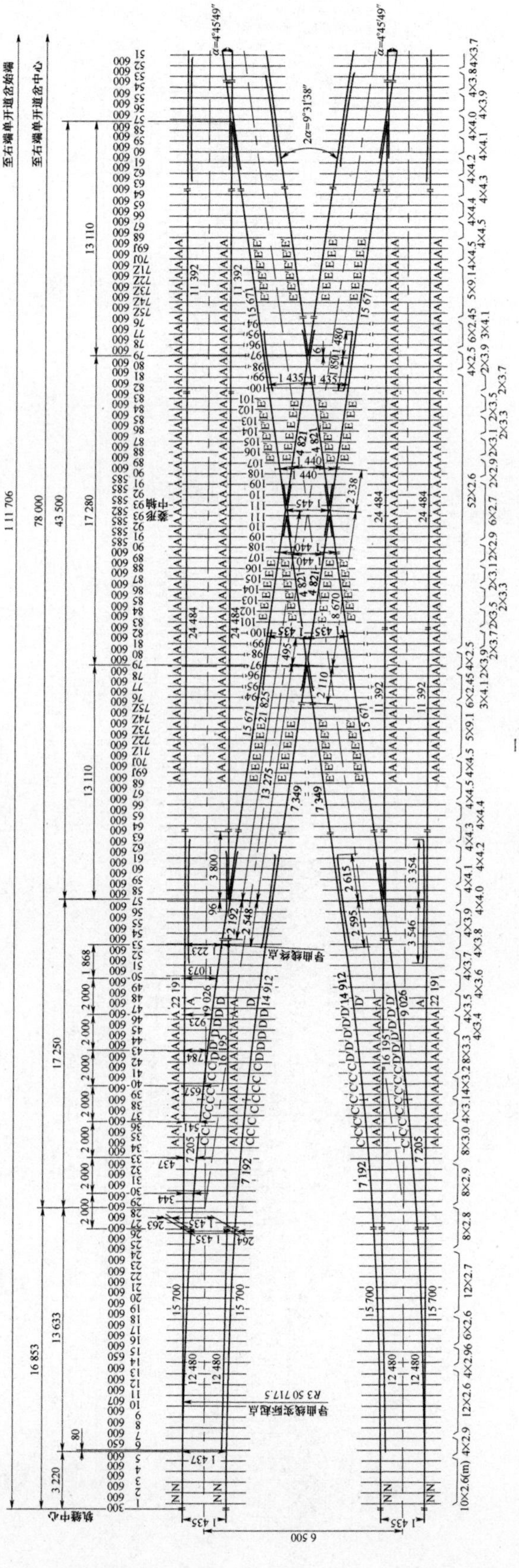

附图 5—6—34

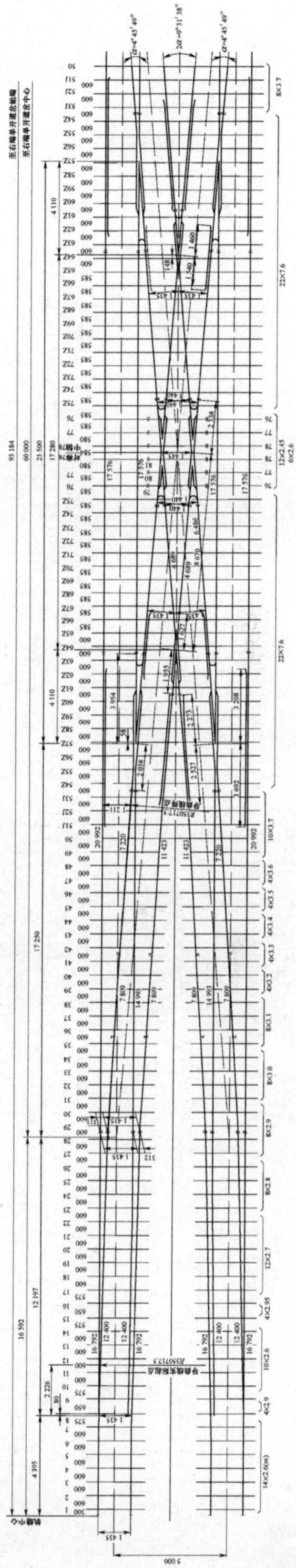

附图 5—6—35

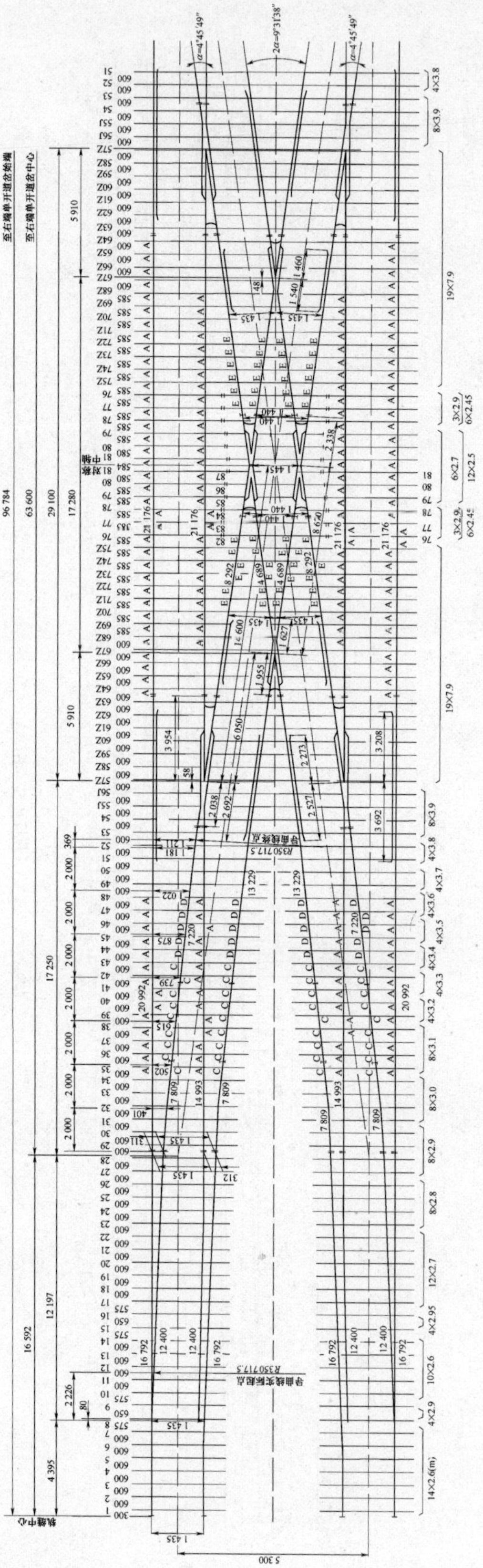

附图 5—6—36

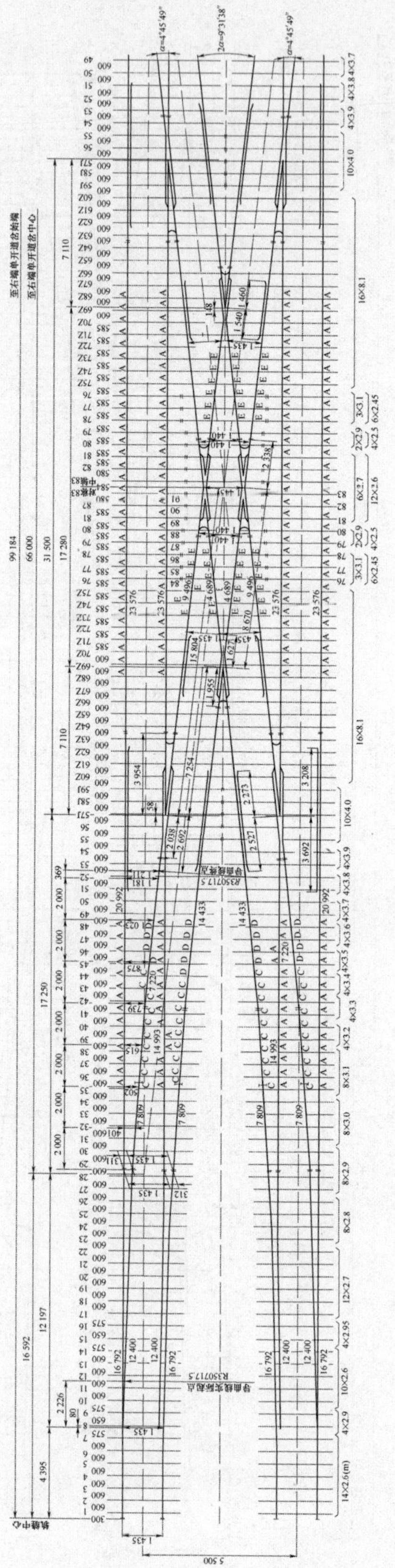

附图 5—6—37

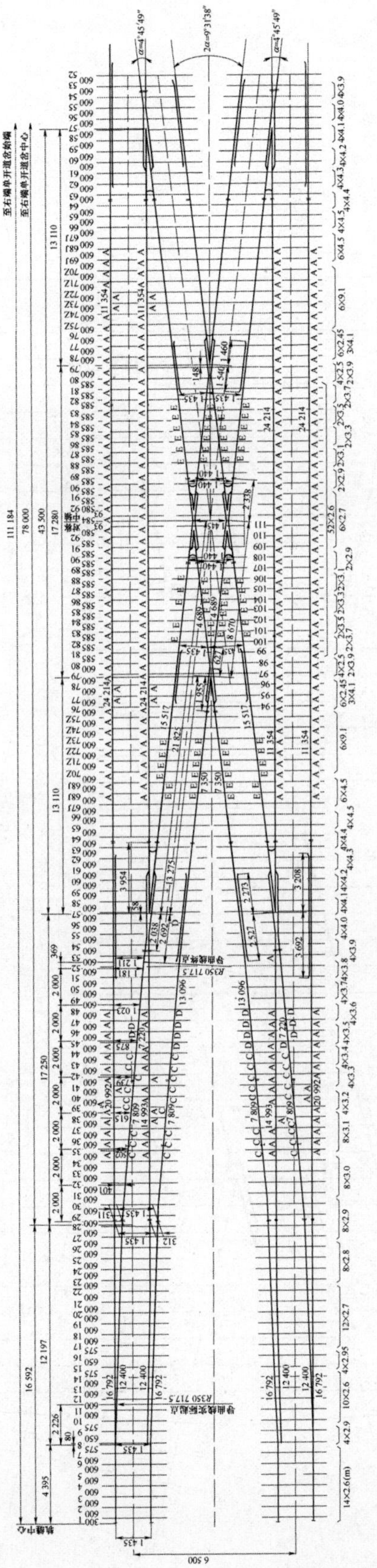

附图 5—6—38

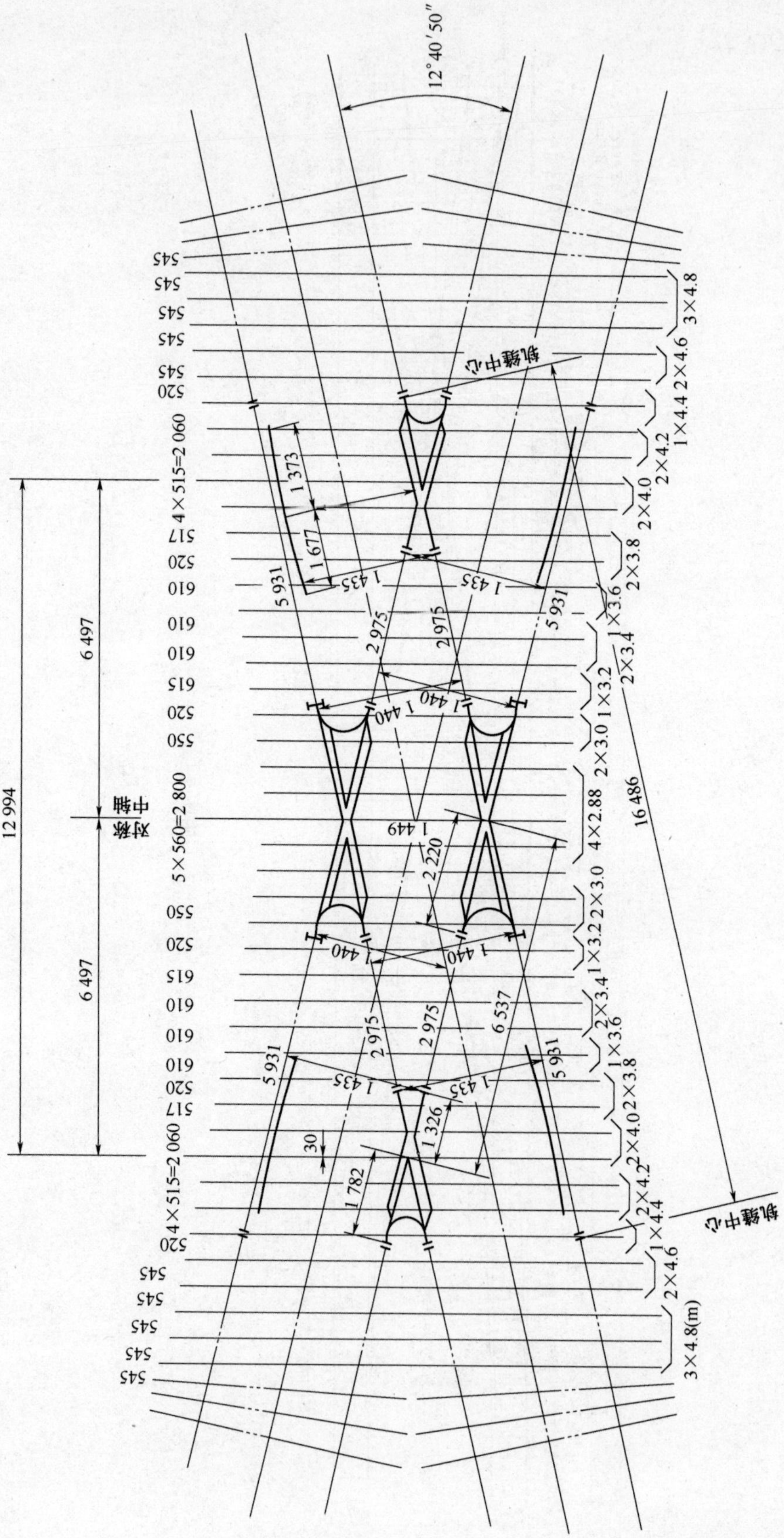
12°40′50″
机缝中心
对称中轴
12 994
6 497
6 497
4×515=2 060
5×560=2 800
4×515=2 060
16 486
3×4.8(m)

附图 5—6—39

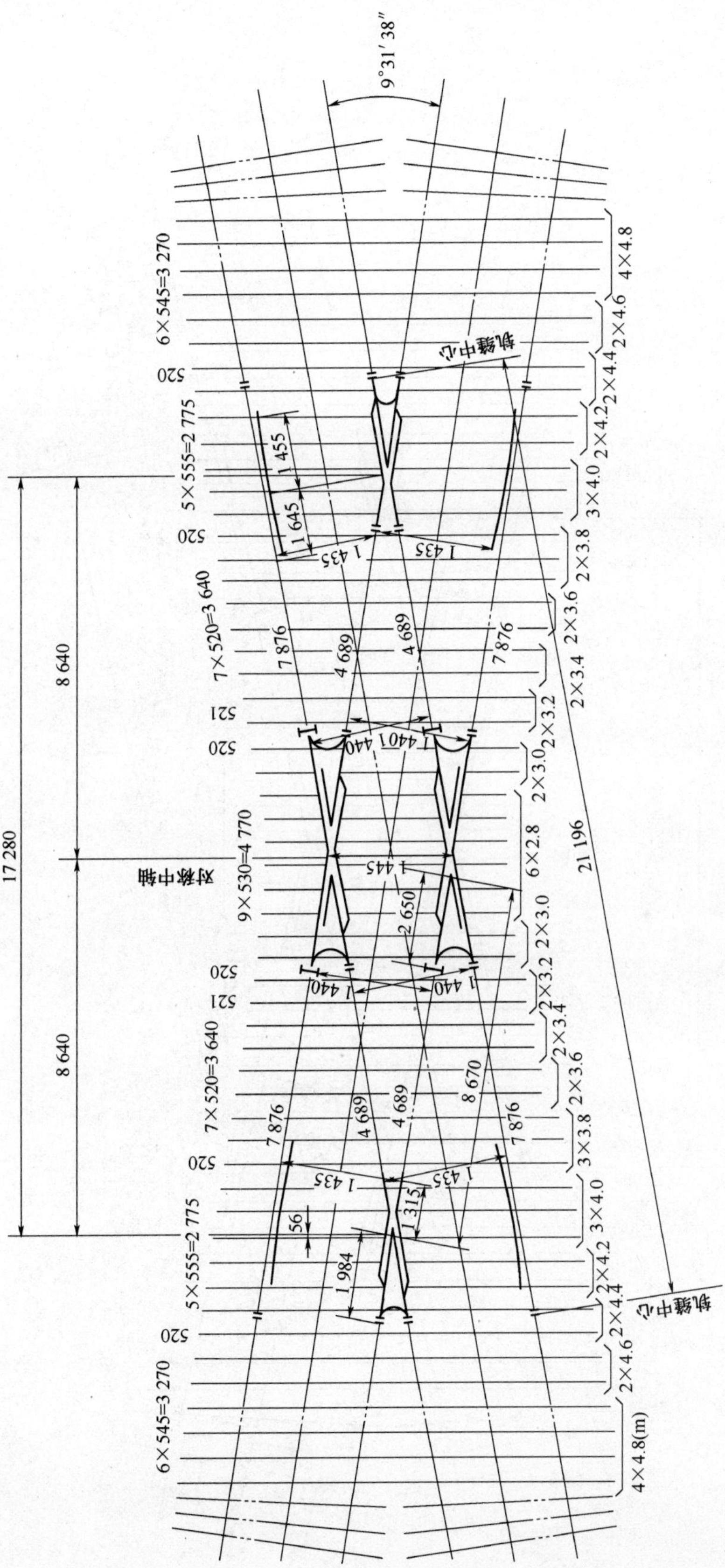
9°31′38″
6×545=3 270
520
5×555=2 775
1 455
1 645
1 435
7×520=3 640
7 876
4 689
521
1 440
9×530=4 770
对称中轴
1 445
2 650
8 670
56
1 315
1 984
轨缝中心
17 280
8 640
21 196
4×4.8
2×4.6
2×4.4
2×4.2
3×4.0
2×3.8
2×3.6
2×3.4
2×3.2
2×3.0
6×2.8
3×3.8
4×4.8(m)

附图 5—6—40

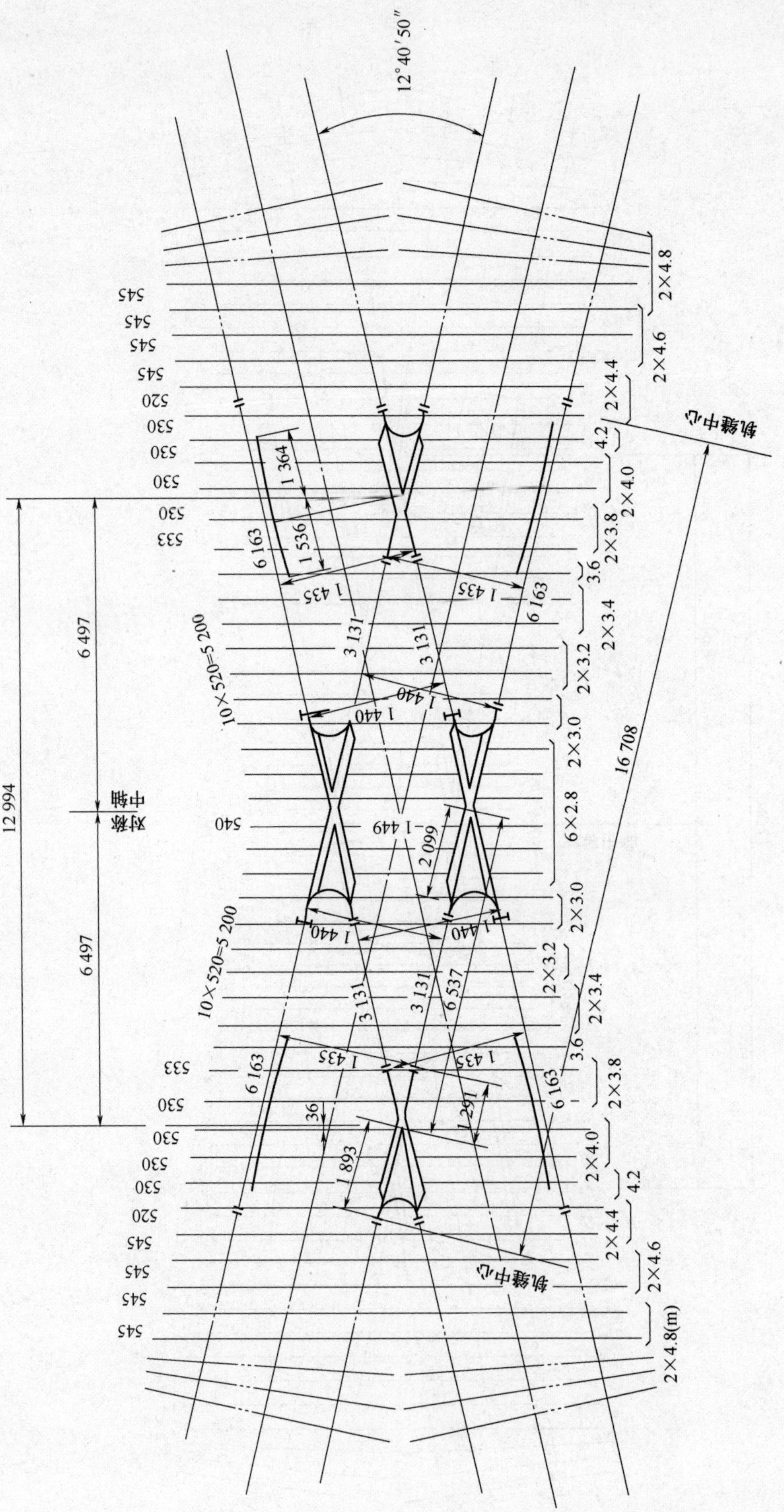
12°40′50″
2×4.8
2×4.6
2×4.4
4.2
2×4.0
2×3.8
3.6
2×3.4
2×3.2
2×3.0
6×2.8
2×3.0
2×3.2
2×3.4
3.6
2×3.8
2×4.0
4.2
2×4.4
2×4.6
2×4.8(m)
545
545
545
545
520
530
530
530
530
533
540
533
530
530
530
530
520
545
545
545
545
轨缝中心
轨缝中心
对称中轴
12 994
6 497
6 497
10×520=5 200
10×520=5 200
16 708
1 364
1 536
6 163
6 163
6 163
6 163
1 435
1 435
1 435
1 435
3 131
3 131
3 131
3 131
1 440
1 440
1 440
1 440
1 449
2 099
6 537
36
1 893
1 291

附图 5—6—41

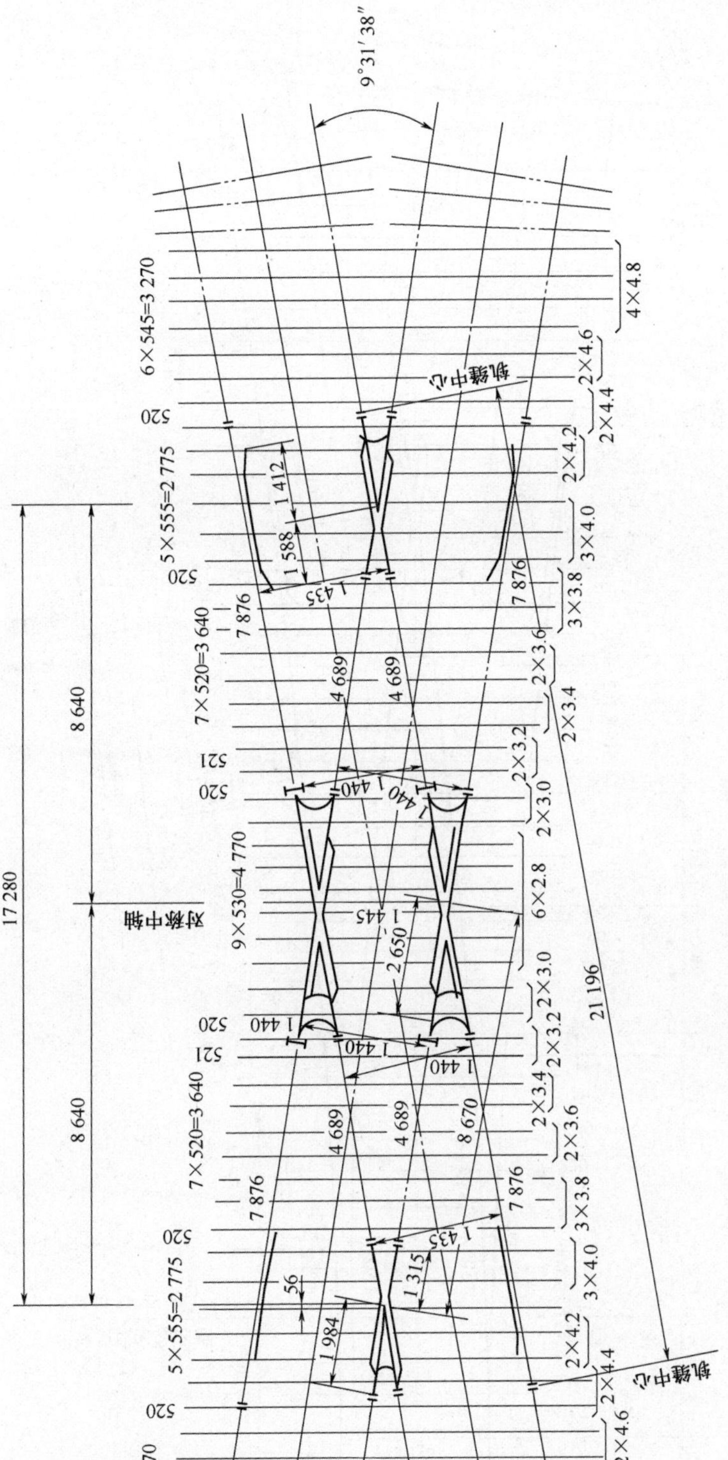

9°31′38″
6×545=3 270
520
5×555=2 775
7×520=3 640
521
9×530=4 770
17 280
8 640
对称中轴
1 412
1 588
1 435
7 876
4 689
1 440
1 445
2 650
8 670
1 315
1 984
56
21 196
4×4.8
2×4.6
2×4.4
2×4.2
3×4.0
3×3.8
2×3.6
2×3.4
2×3.2
2×3.0
6×2.8
4×4.8(m)

附图 5—6—42

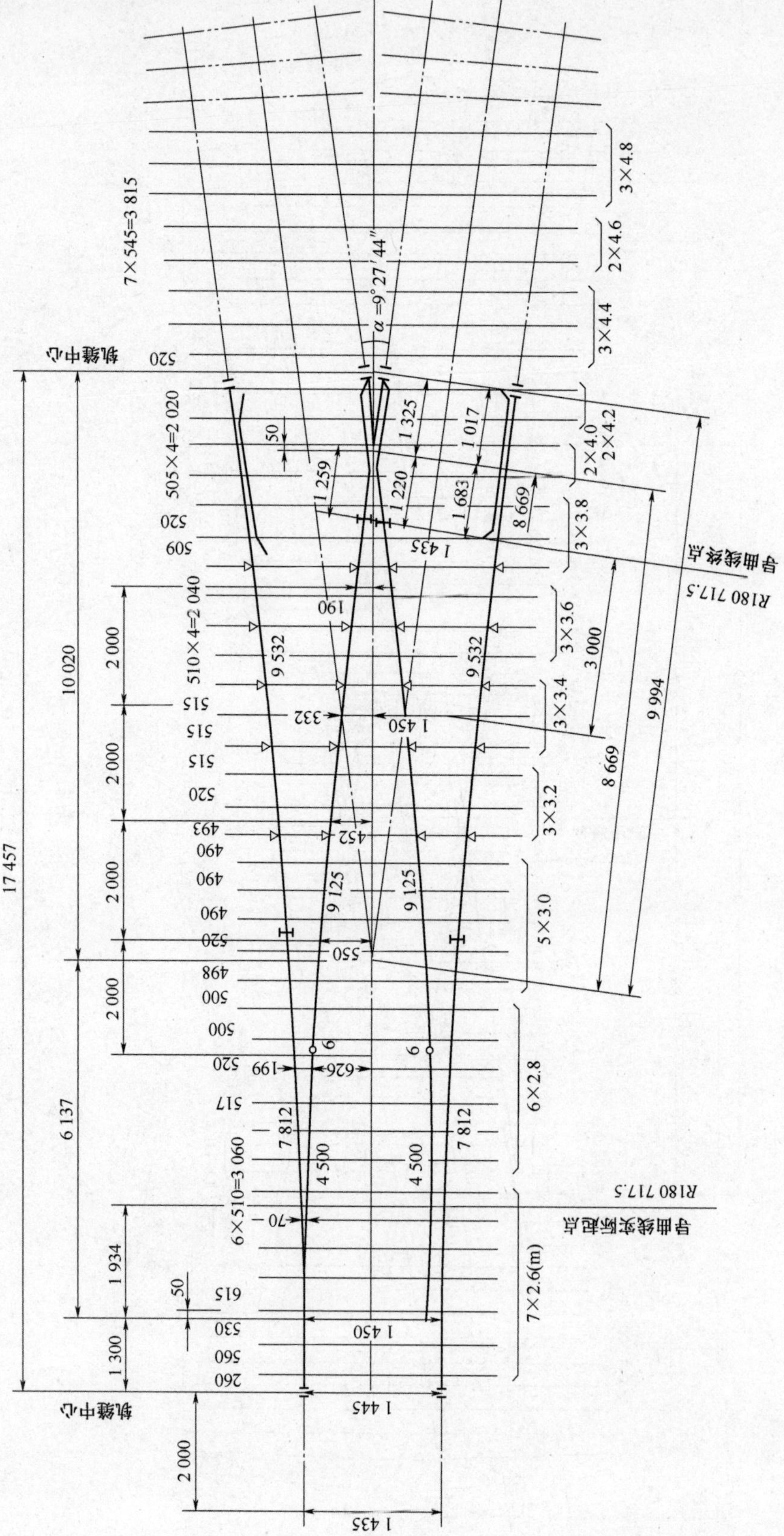
轨缝中心
导曲线终点
导曲线实际起点
R180 717.5
α=9°27′44″
7×545=3 815
505×4=2 020
510×4=2 040
6×510=3 060
17 457
10 020
6 137
1 934
1 300
9 994
8 669
3 000
9 532
9 125
7 812
4 500
1 435
1 445
1 450
3×4.8
2×4.6
3×4.4
2×4.0
2×4.2
3×3.8
3×3.6
3×3.4
3×3.2
5×3.0
6×2.8
7×2.6(m)

附图 5—7—1

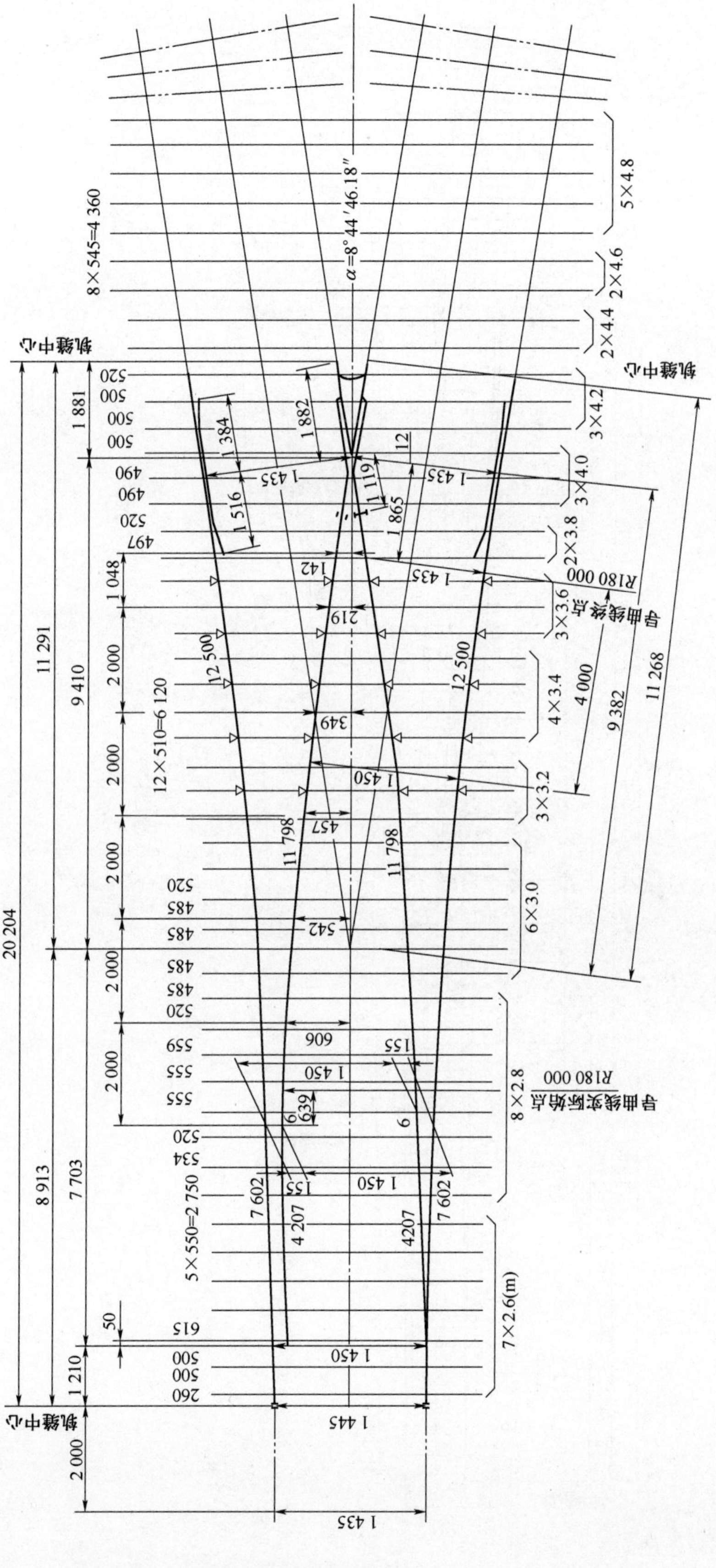

8×545=4 360
α=8°44′46.18″
5×4.8
2×4.6
2×4.4
3×4.2
3×4.0
2×3.8
3×3.6
4×3.4
3×3.2
6×3.0
8×2.8
7×2.6(m)
轨缝中心
导曲线终点
R180 000
导曲线实际始点
R180 000
20 204
11 291
9 410
8 913
7 703
1 881
1 048
12×510=6 120
5×550=2 750
1 210
2 000
1 435
1 445
1 450
12 500
11 798
7 602
4 207
11 268
9 382
4 000
1 882
1 384
1 516
1 119
1 865

附图 5—7—2

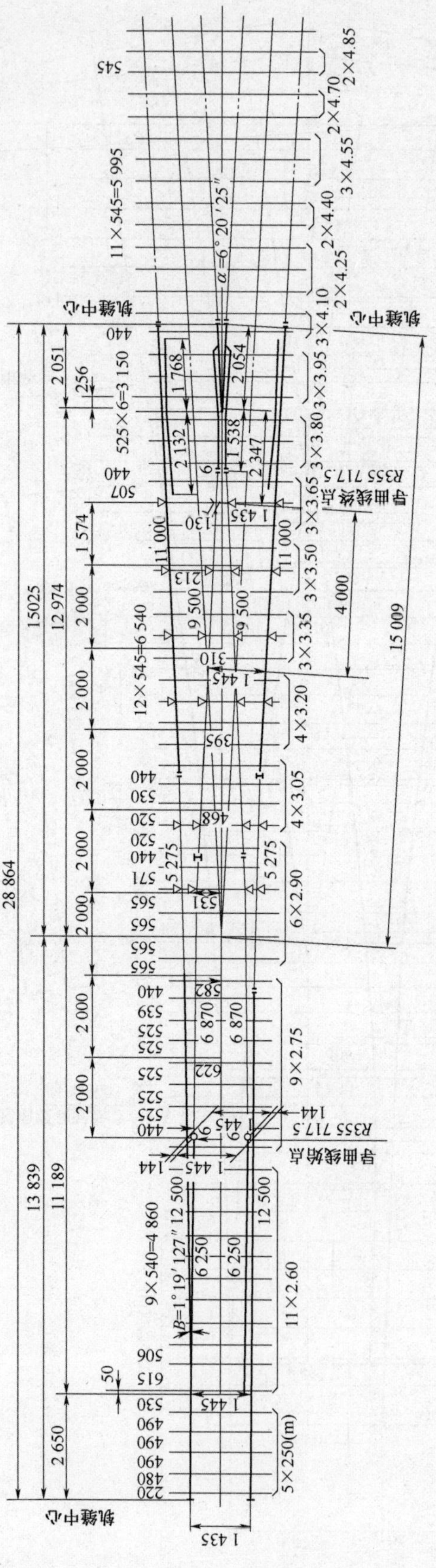
轨缝中心
导曲线终点
R355 717.5
导曲线始点
α=6°20′25″
B=1°19′127″
11×545=5 995
525×6=3 150
12×545=6 540
9×540=4 860
28 864
15025
12 974
13 839
11 189
2 650
15 009
1 435
1 445
5×250(m)
11×2.60
9×2.75
6×2.90
4×3.05
4×3.20
3×3.35
3×3.50
3×3.65
3×3.80
3×3.95
3×4.10
2×4.25
2×4.40
3×4.55
2×4.70
2×4.85

附图 5—7—3

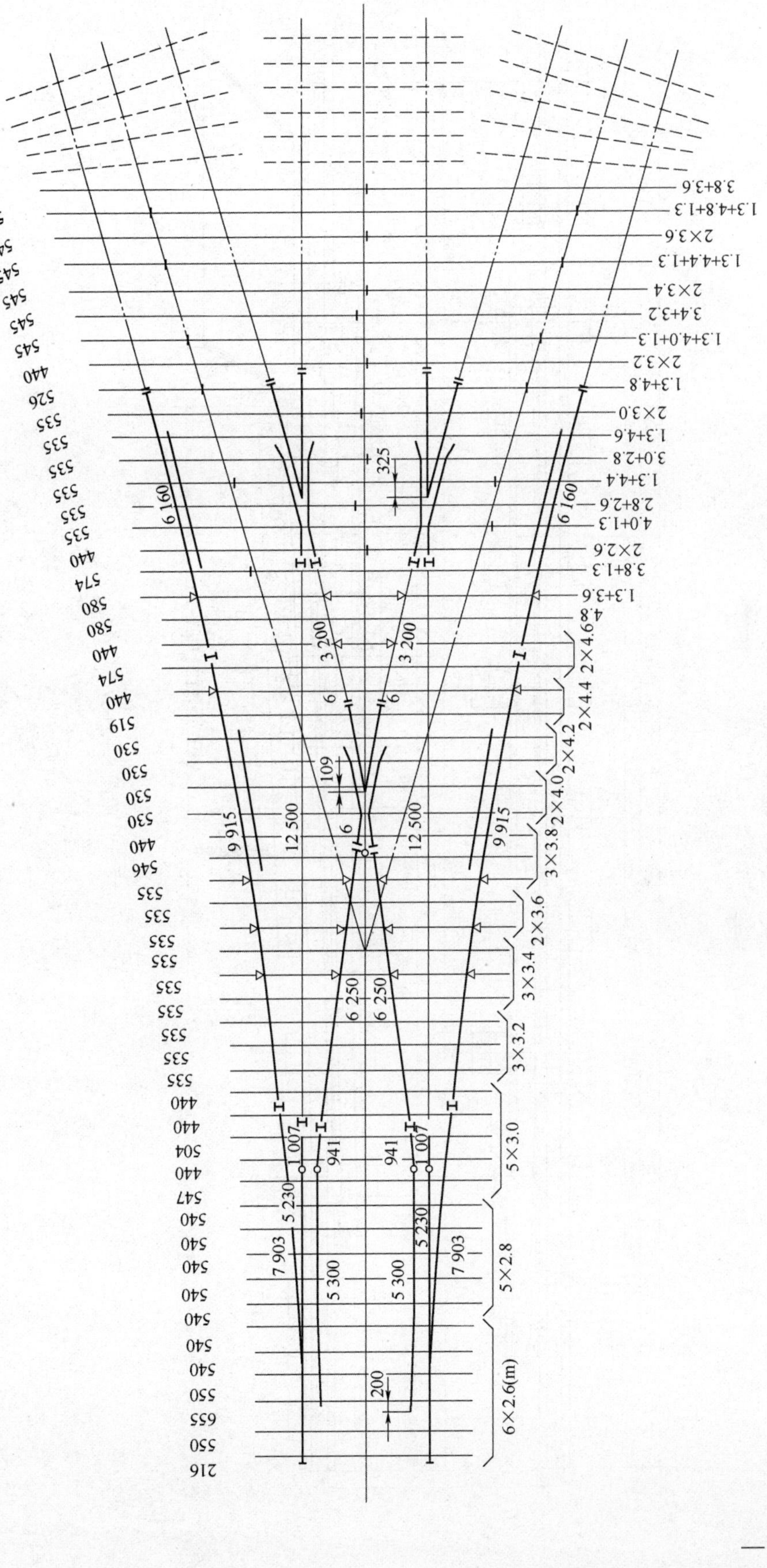
545
545
545
545
545
545
545
440
526
535
535
535
535
535
440
574
580
440
574
440
519
530
530
530
530
440
546
535
535
535
535
535
535
440
440
504
440
547
540
540
540
540
540
540
550
655
550
216
3.8+3.6
1.3+4.8+1.3
2×3.6
1.3+4.4+1.3
2×3.4
3.4+3.2
1.3+4.0+1.3
2×3.2
1.3+4.8
2×3.0
1.3+4.6
3.0+2.8
1.3+4.4
2.8+2.6
4.0+1.3
2×2.6
3.8+1.3
1.3+3.6
4.8
2×4.6
2×4.4
2×4.2
2×4.0
3×3.8
2×3.6
3×3.4
3×3.2
5×3.0
5×2.8
6×2.6(m)
6 160
6 160
325
3 200
3 200
6
6
109
9 915
12 500
12 500
9 915
6
6 250
6 250
1 007
941
941
1 007
5 230
5 230
7 903
5 300
5 300
7 903
200

附图 5—7—4

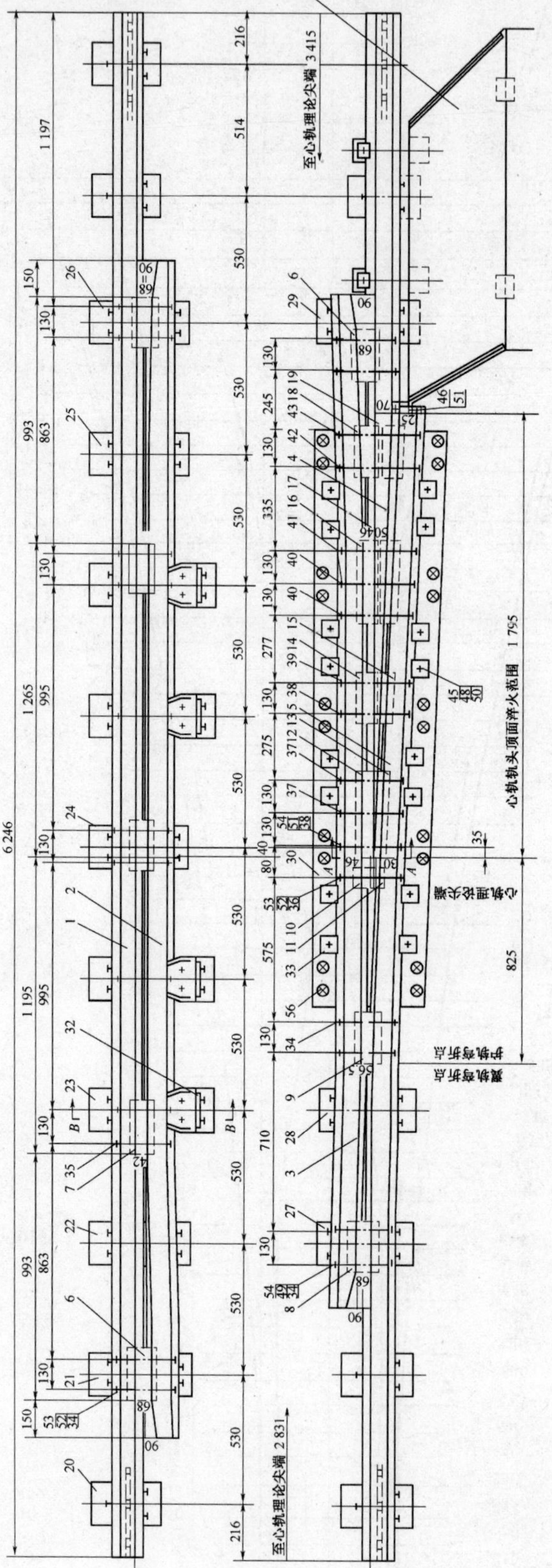
至心轨理论尖端 3 415
至心轨理论尖端 2 831
心轨轨头顶面淬火范围 1 795
心轨理论尖端
护轨弯折点
翼轨弯折点
6 246
1 435

附图 5—7—5

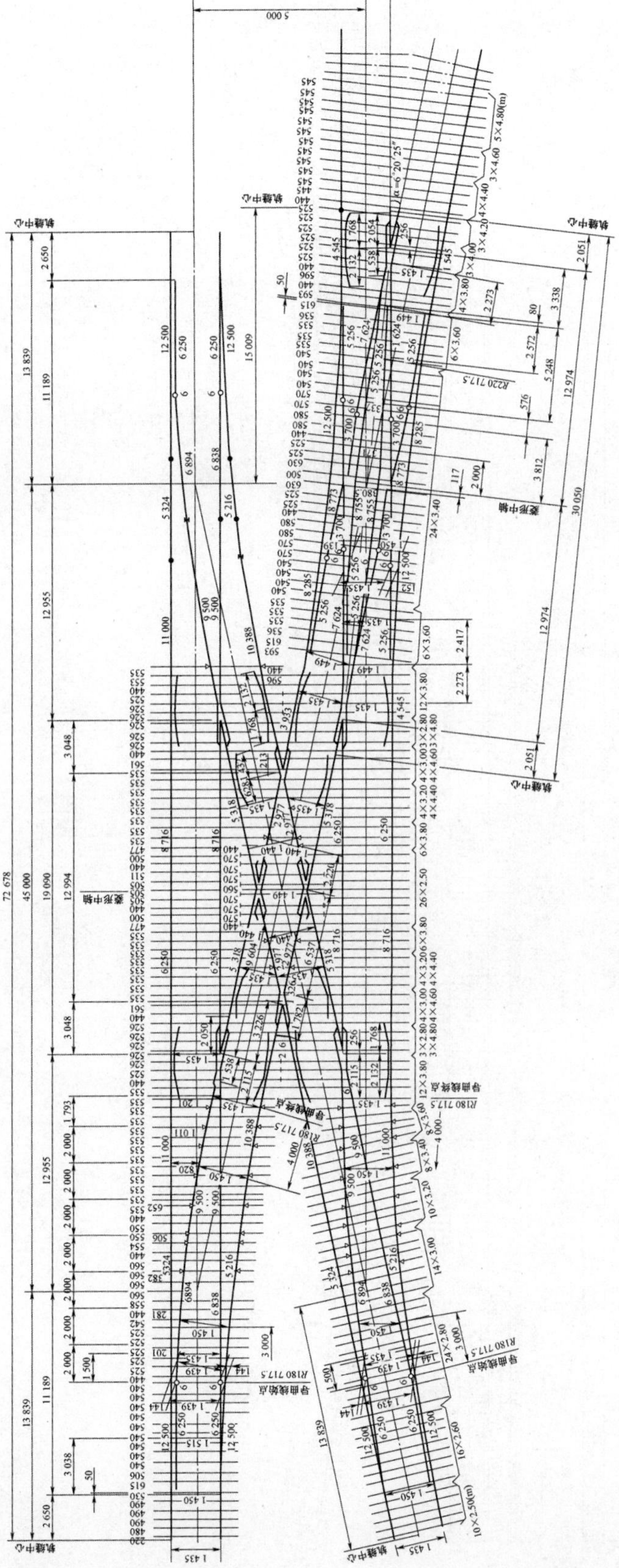

附图 5—7—6

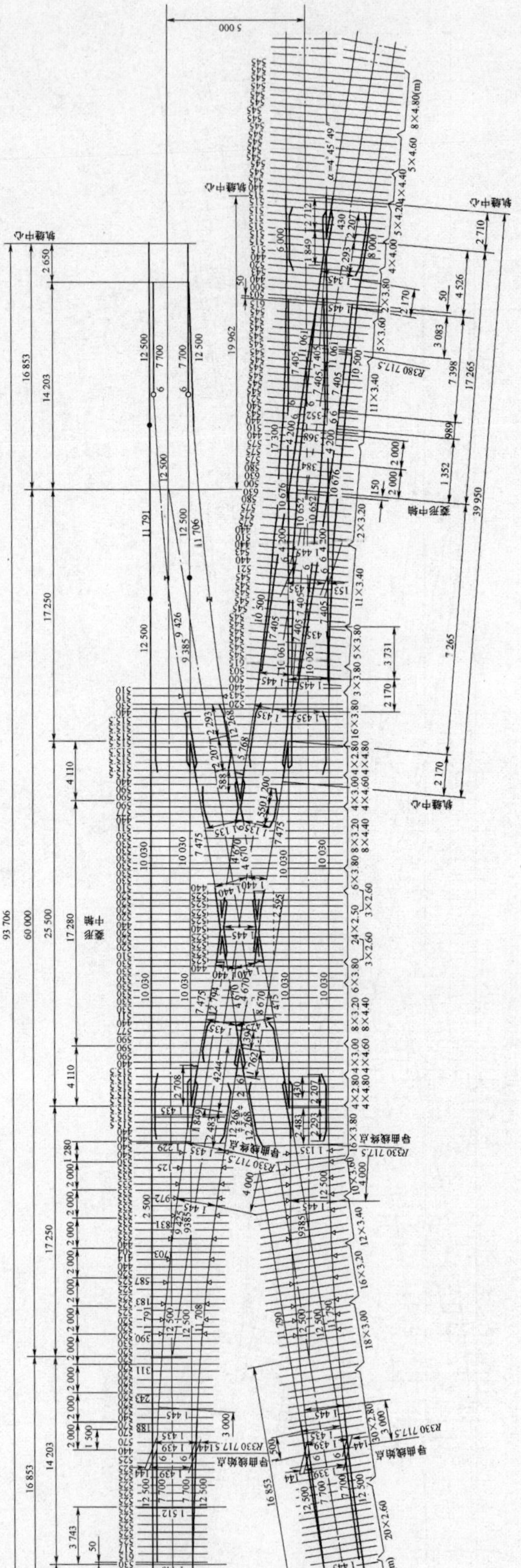
轨道中心
5 000
93 706
60 000
25 500
17 250
16 853
14 203
39 950
17 265
7 265
R330 717.5
α=4°45′49″
13×2.50(m)
8×4.80(m)

附图 5—7—7

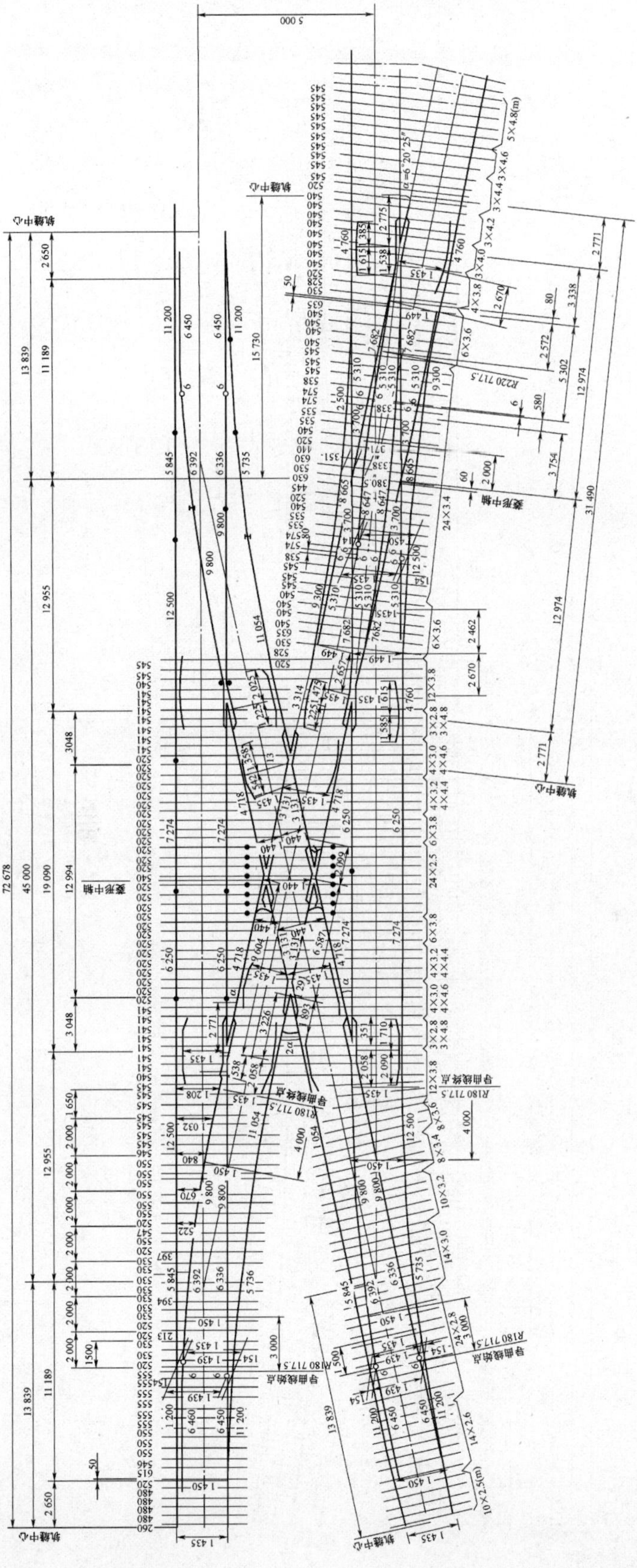

附图 5—7—8

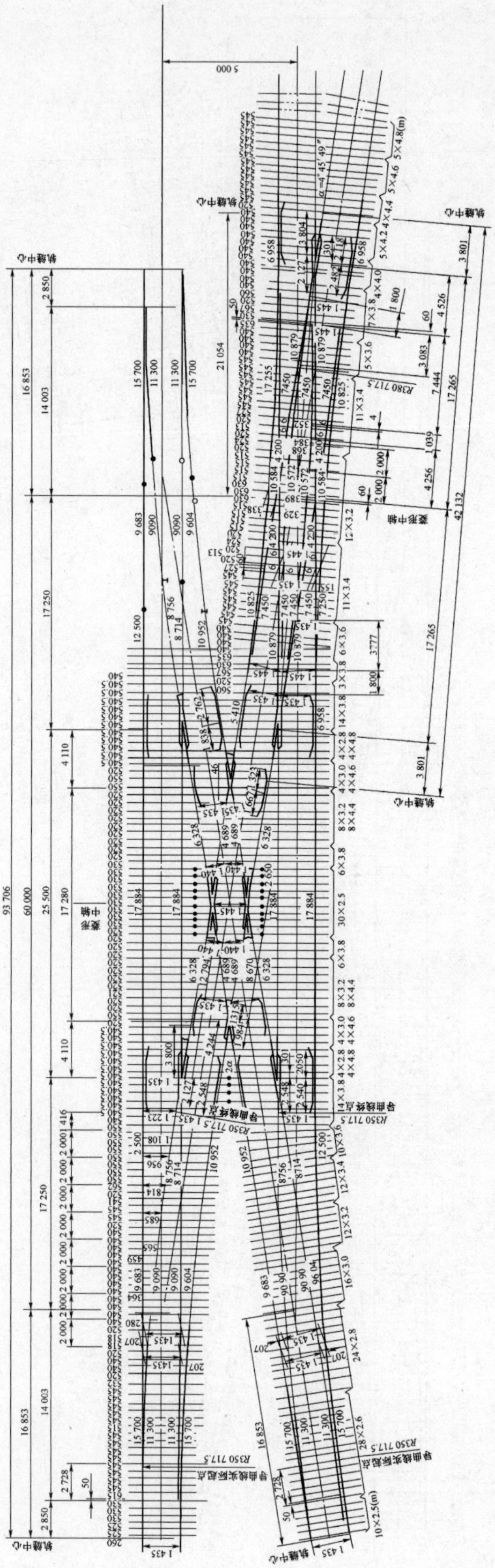

附图 5—7—9

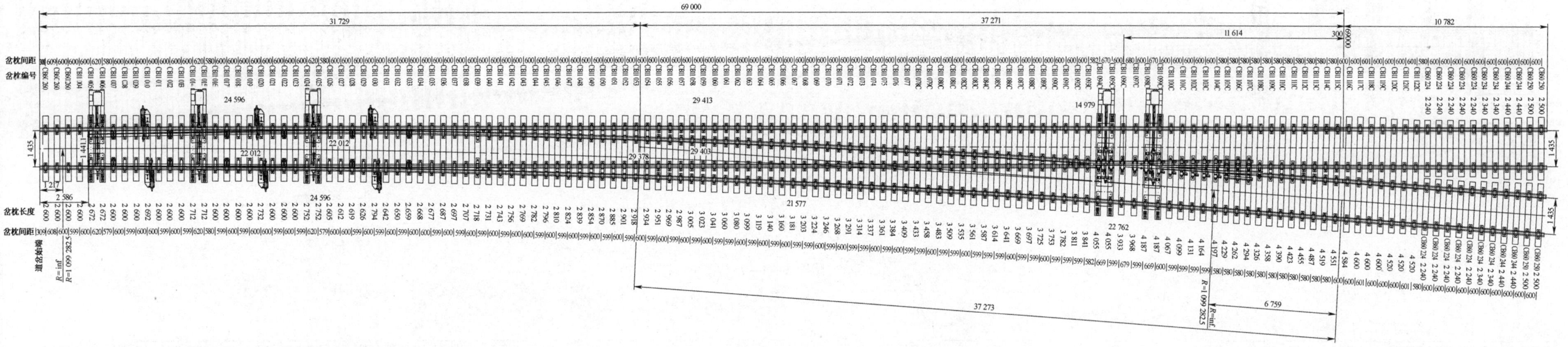
69 000
31 729
37 271
10 782
11 614
岔枕间距
岔枕编号
岔枕长度
道岔板编

附图 5—3—5

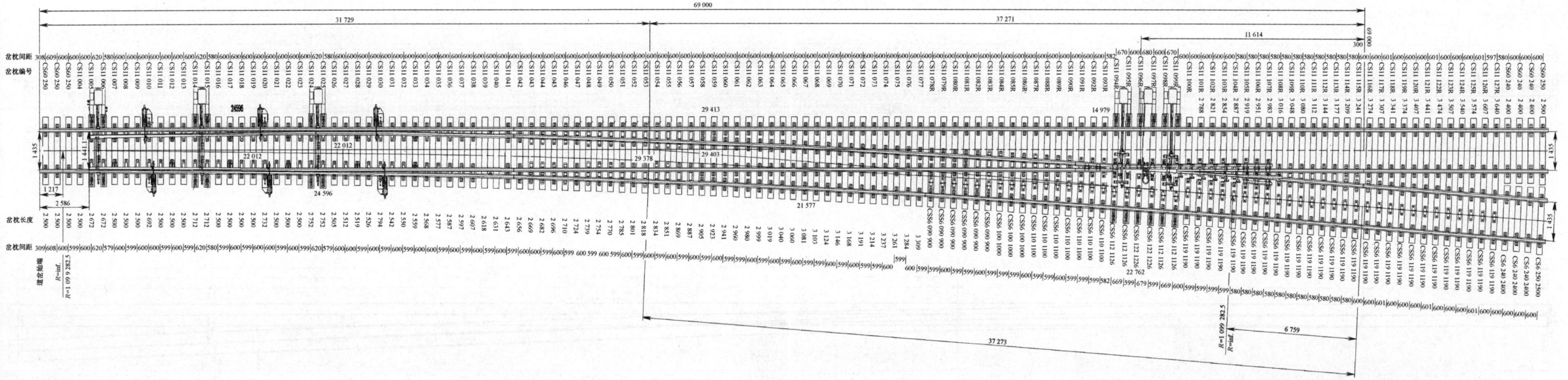
69 000
31 729
37 271
11 614
岔枕间距
岔枕编号
岔枕长度
道岔板编

附图 5—3—6

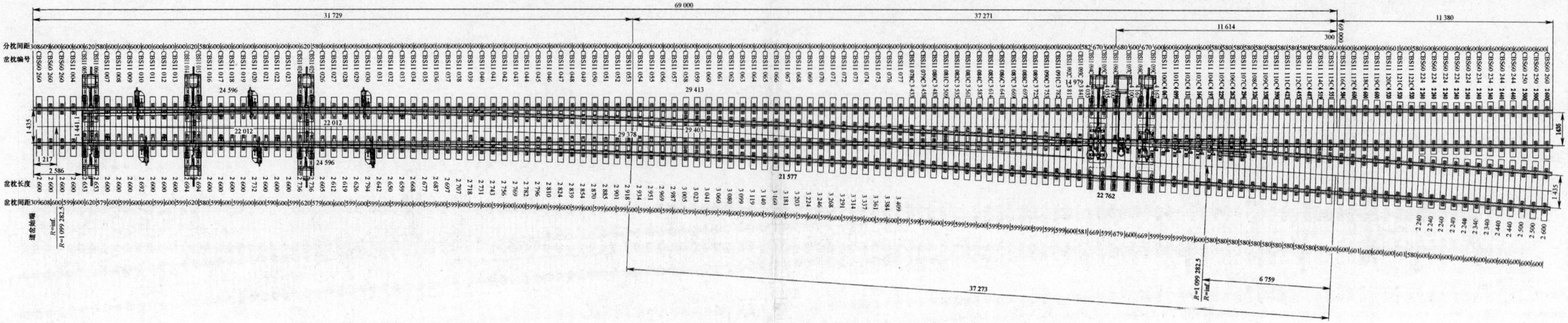

附图 5—3—7

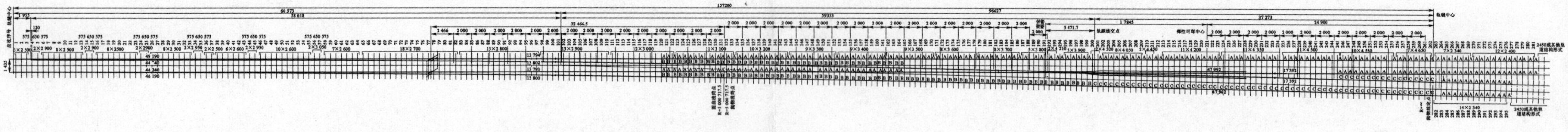

附图 5—3—8

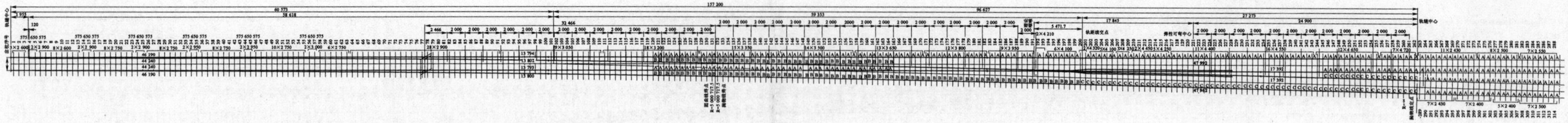

附图 5—3—9

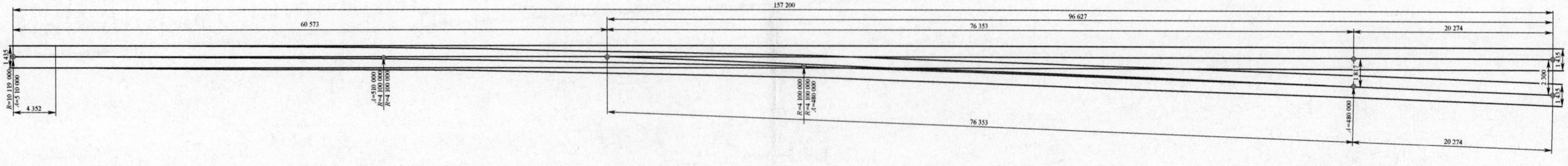

附图 5—3—10

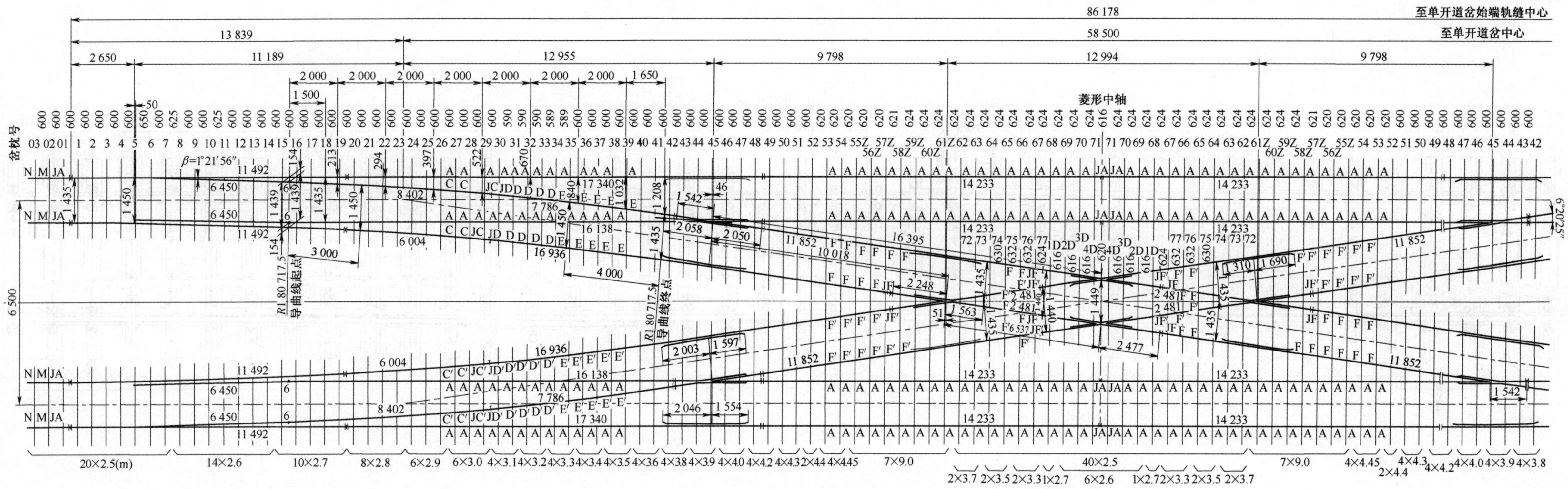

附图 5—6—10

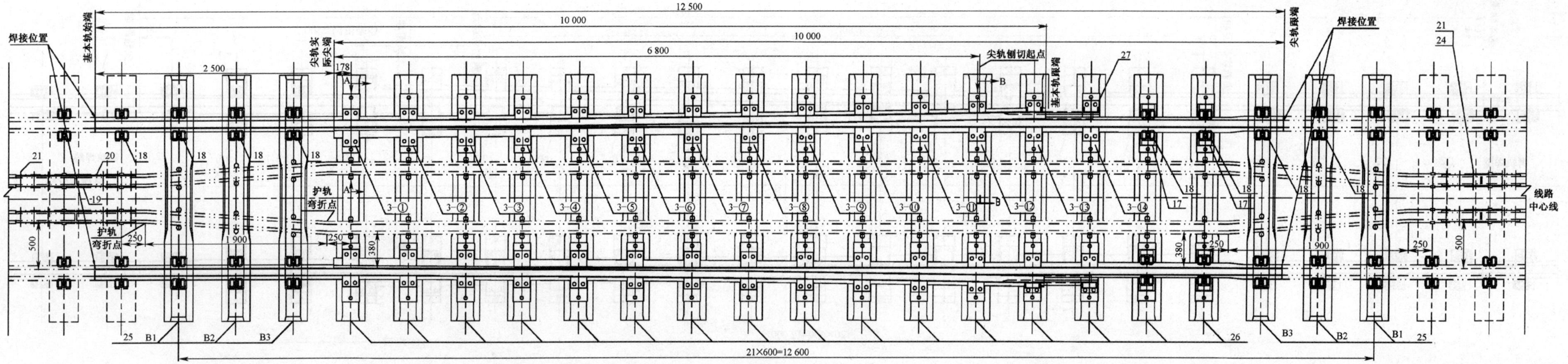

附图 5—8—1

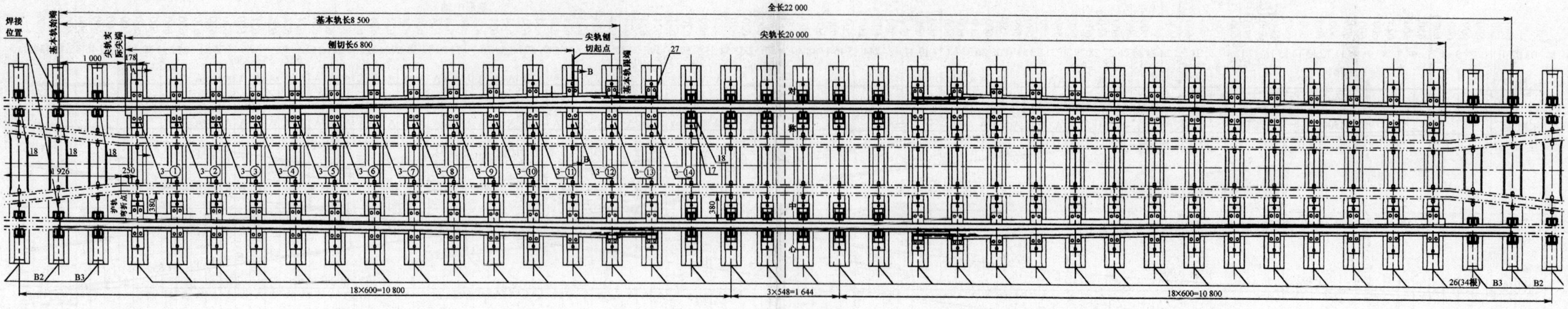

全长22 000
基本轨长8 500
尖轨长20 000
刨切长6 800
尖轨刨切起点
焊接位置
基本轨始端
尖轨实际尖端
基本轨跟端
1 000
178
27
18
1 926
250
380
对
称
中
心
B2
B3
18×600=10 800
3×548=1 644
26(34根)

附图 5—8—2

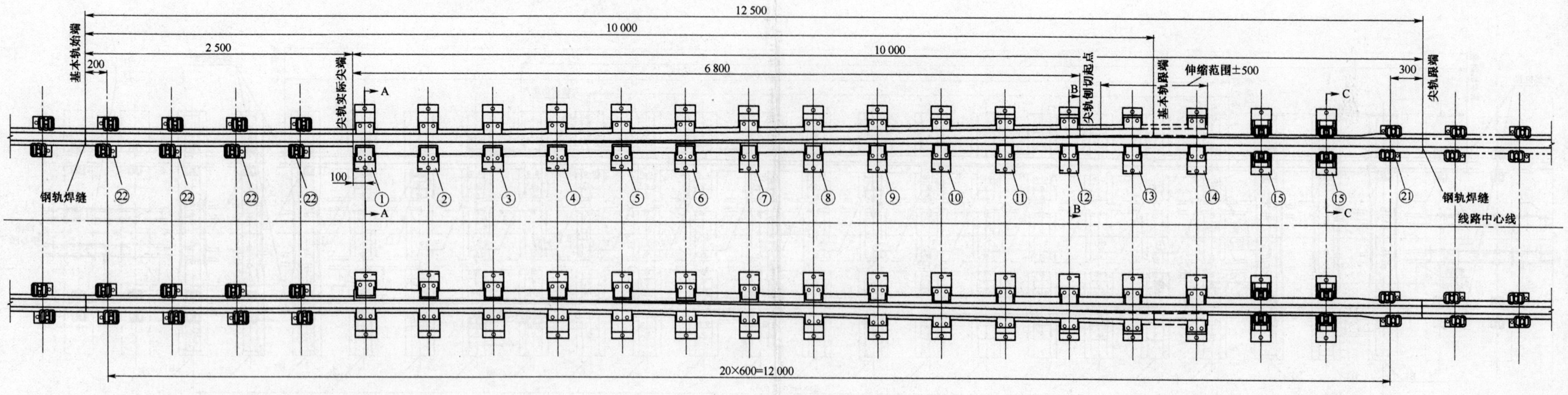

12 500
10 000
2 500
10 000
6 800
200
300
100
基本轨始端
尖轨实际尖端
尖轨刨切起点
基本轨跟端
伸缩范围±500
尖轨跟端
钢轨焊缝
钢轨焊缝
线路中心线
20×600=12 000

附图 5—8—3

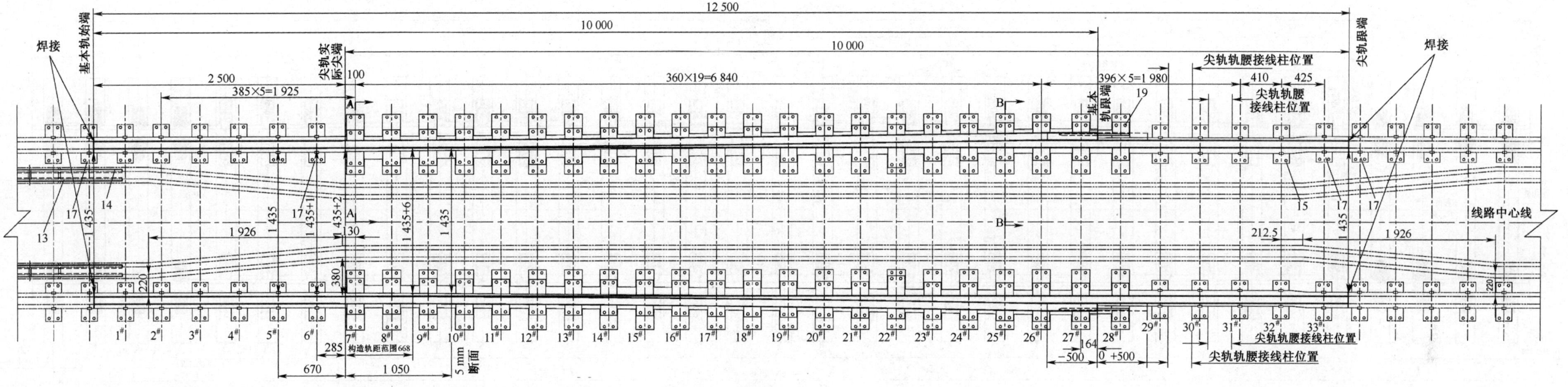
12 500
10 000
10 000
基本轨始端
尖轨实际尖端
尖轨跟端
焊接
焊接
2 500
385×5=1 925
360×19=6 840
396×5=1 980
尖轨轨腰接线柱位置
410
425
尖轨轨腰接线柱位置
基本轨跟端
线路中心线
1 926
1 926
212.5
构造轨距范围668
285
670
1 050
5 mm断面
−500
0
+500
164
尖轨轨腰接线柱位置
尖轨轨腰接线柱位置

附图 5—8—4

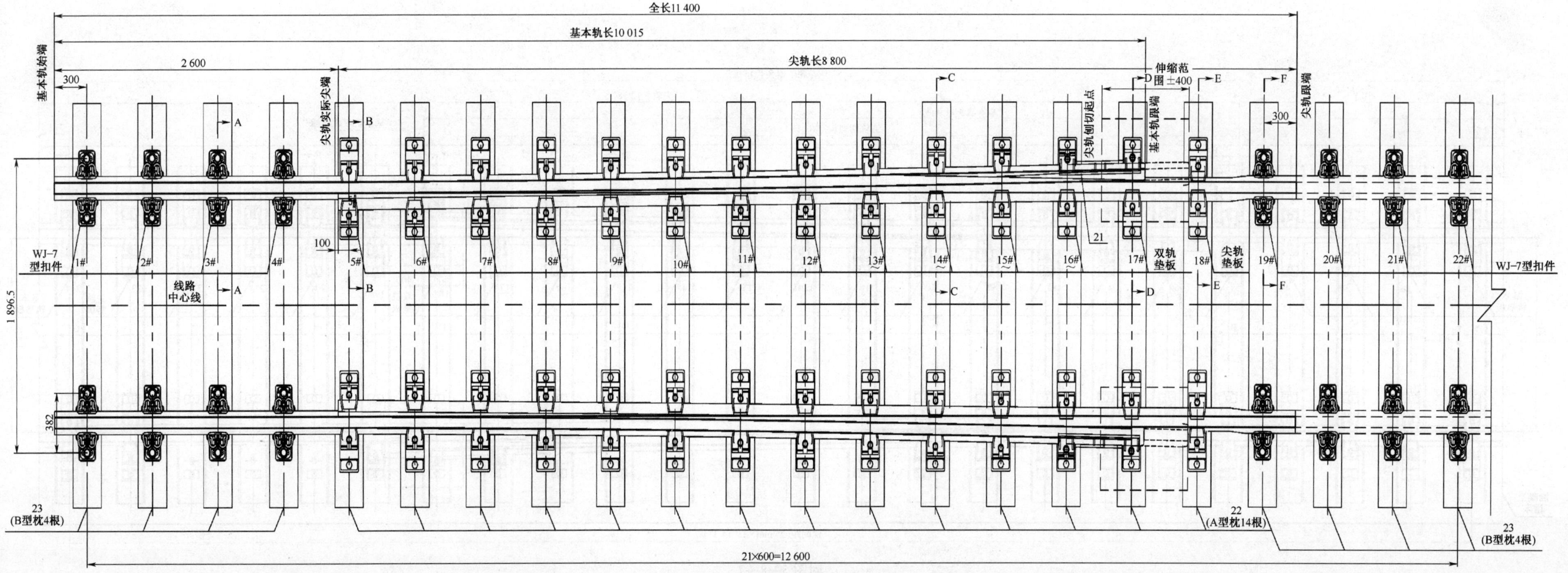
全长11 400
基本轨长10 015
尖轨长8 800
2 600
300
基本轨始端
尖轨实际尖端
伸缩范围±400
尖轨刨切起点
基本轨跟端
尖轨跟端
300
WJ-7型扣件
WJ-7型扣件
线路中心线
双轨垫板
尖轨垫板
1 896.5
382
100
23 (B型枕4根)
22 (A型枕14根)
23 (B型枕4根)
21×600=12 600

附图 5—8—5

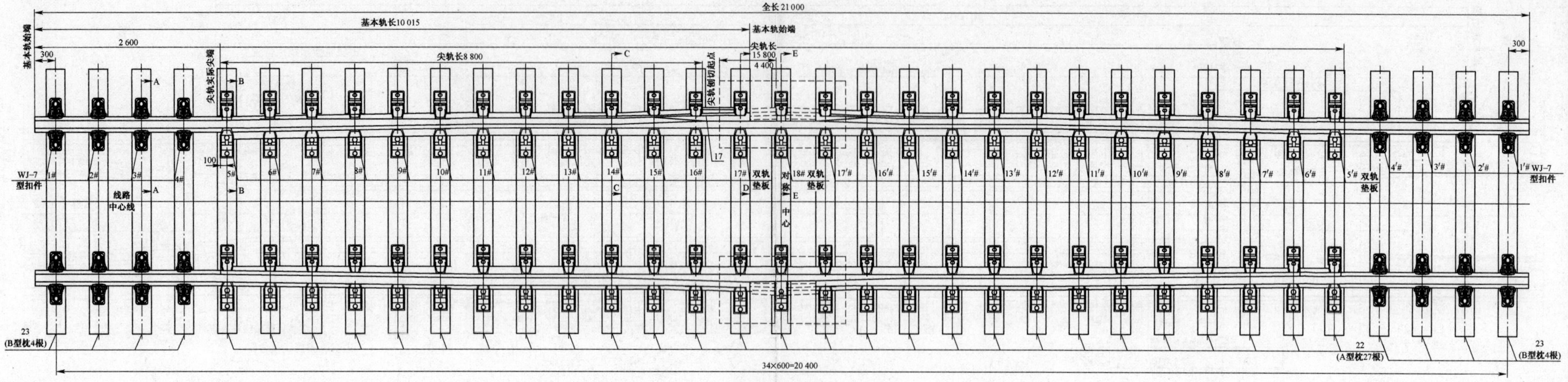
全长21 000
基本轨长10 015
基本轨始端
2 600
尖轨长8 800
尖轨长
15 800
4 400
300
300
基本轨始端
尖轨实际尖端
尖轨刨切起点
WJ-7
型扣件
线路
中心线
双轨
垫板
对
称
中
心
23
(B型枕4根)
22
(A型枕27根)
34×600=20 400

附图 5—8—6

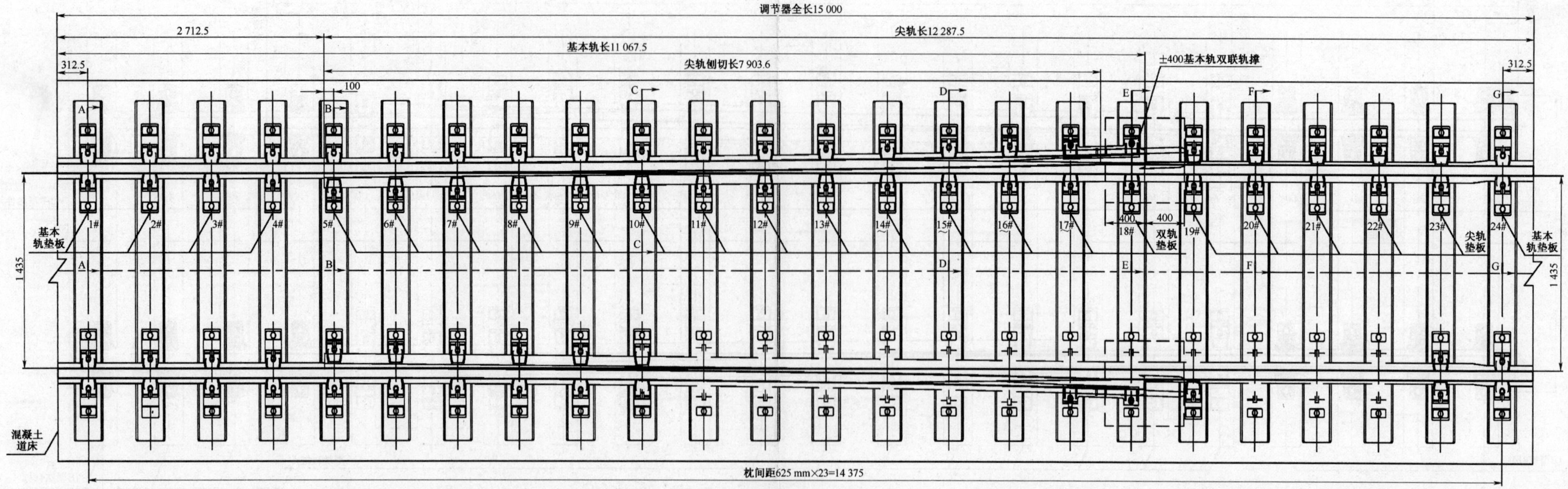
调节器全长15 000
2 712.5
尖轨长12 287.5
基本轨长11 067.5
312.5
尖轨刨切长7 903.6
±400基本轨双联轨撑
312.5
100
基本
轨垫板
1 435
双轨
垫板
尖轨
垫板
基本
轨垫板
1 435
混凝土
道床
枕间距625 mm×23=14 375

附图 5—8—7

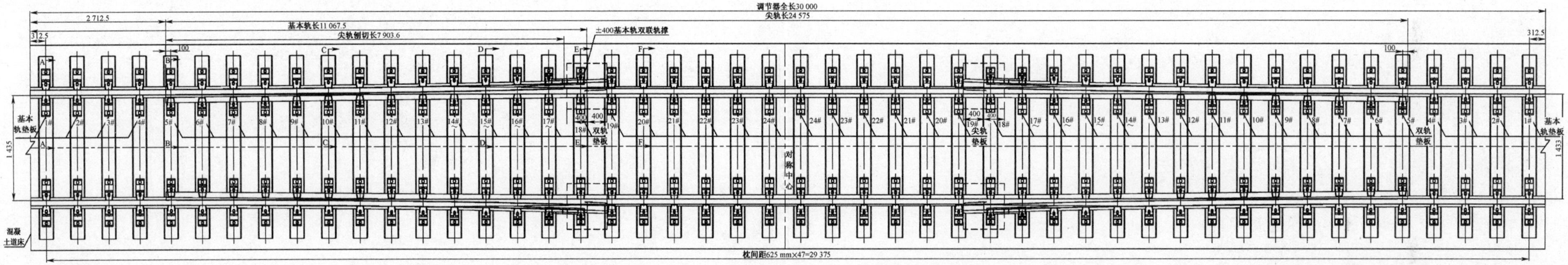

调节器全长30 000
尖轨长24 575
2 712.5
基本轨长11 067.5
尖轨侧切长7 903.6
±400基本轨双联轨撑
312.5
100
基本轨垫板
双轨垫板
尖轨垫板
对称中心
混凝土道床
枕间距625 mm×47=29 375
1 435
1 433

附图 5—8—8